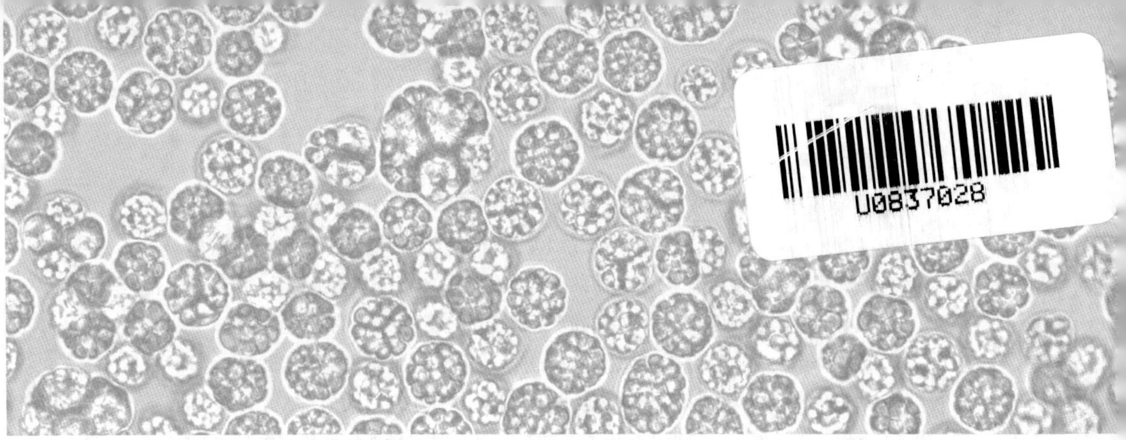

新形态教材
生物技术与生物工程系列

发酵工程原理与技术

（第2版）

主　　编　余龙江

副 主 编　李　为　鲁明波

编　　者（按姓名拼音排序）

陈守文（湖北大学）
金文闻（华中科技大学）
李　为（华中科技大学）
鲁明波（华中科技大学）
杨　光（华中科技大学）
杨海麟（江南大学）
余龙江（华中科技大学）
张长银（中国医药集团联合工程有限公司）
赵丽坤（河北大学）
朱明军（华南理工大学）
朱圆敏（华中科技大学）

高等教育出版社·北京

内容提要

发酵工程是生物技术、生物工程、生物制药等专业的核心课程之一。《发酵工程原理与技术》第2版在第1版基础上修订而成，全书紧扣学科前沿和生物产业发展需求，将生物科技与工程学、技术经济学有机结合，实施以“解决生物产业中重要共性基础及关键技术问题”为导向的研究型教学，重点介绍发酵工程的基本理论、技术、方法及其应用，通过理论与实践教学结合，培养具有工程和经济观念的生物产业高素质工程技术创新人才。本书适应学生新的学习方式和自主学习需要，将传统纸质教材与数字资源有机整合，形成新形态立体化教材，具有很强的实用性和针对性。全书共20章，分为两大部分：第一部分介绍发酵工程原理与技术；第二部分理论联系实际，介绍发酵工程主要应用实践及典型案例，涵盖了发酵工程学科的主要内容。

本书配套的数字课程提供了与纸质教材相结合的发现之旅、深入学习、延伸阅读、案例、图片、视频、动画、教学课件、自测题和参考文献等，便于教师教学和学生学习。

本书可为高等学校生物技术、生物工程、生物制药类等专业本科教学使用，也可为从事相关学科教学、科研的工作人员和研究生提供参考。

图书在版编目（CIP）数据

发酵工程原理与技术 / 余龙江主编 . --2 版 . -- 北京：高等教育出版社，2021.4（2023.12 重印）

生物技术与生物工程系列

ISBN 978-7-04-055592-9

Ⅰ. ①发… Ⅱ. ①余… Ⅲ. ①发酵工程－高等学校－教材 Ⅳ. ① TQ92

中国版本图书馆 CIP 数据核字（2021）第 025749 号

Fajiao Gongcheng Yuanli Yu Jishu

项目策划 吴雪梅 王 莉 单冉东

策划编辑 王 莉 单冉东 责任编辑 单冉东 田 红 封面设计 张志奇 责任印制 存 怡

出版发行	高等教育出版社	网 址	http://www.hep.edu.cn
社 址	北京市西城区德外大街4号		http://www.hep.com.cn
邮政编码	100120	网上订购	http://www.hepmall.com.cn
印 刷	北京华联印刷有限公司		http://www.hepmall.com
开 本	889mm×1194mm 1/16		http://www.hepmall.cn
印 张	22.5	版 次	2016 年 8 月第 1 版
字 数	750千字（含数字课程）		2021 年 4 月第 2 版
购书热线	010-58581118	印 次	2023 年12月第 7 次印刷
咨询电话	400-810-0598	定 价	46.00元

物 料 号 55592-00

新形态教材 · 数字课程（基础版）

发酵工程原理与技术（第2版）

主编　余龙江

登录方法：

1. 电脑访问 http://abook.hep.com.cn/55592，或手机扫描下方二维码、下载并安装 Abook 应用。
2. 注册并登录，进入“我的课程”。
3. 输入封底数字课程账号（20 位密码，刮开涂层可见），或通过 Abook 应用扫描封底数字课程账号二维码，完成课程绑定。
4. 点击“进入学习”，开始本数字课程的学习。

课程绑定后一年为数字课程使用有效期。如有使用问题，请点击页面右下角的“自动答疑”按钮。

Abook

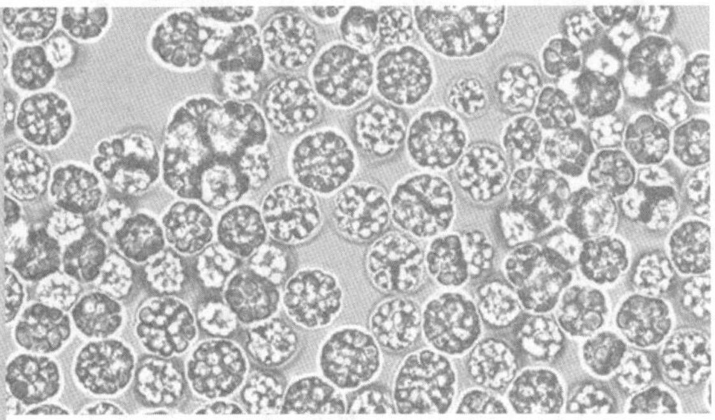

发酵工程原理与技术（第2版）

发酵工程原理与技术（第2版）数字课程与纸质教材一体化设计，紧密配合。数字课程涵盖发现之旅、深入学习、延伸阅读、案例、图片、视频、动画、教学课件、自测题和参考文献等栏目，充分运用多种形式的媒体资源，与纸质教材相互配合，丰富了知识呈现形式。在提升课程教学效果的同时，为学生学习提供更多思维与探索的空间。

用户名：　密码：　验证码：　5360　忘记密码？　登录　注册

http://abook.hep.com.cn/55592

扫描二维码，下载Abook应用

出版说明

2020年，首届全国教材工作会议的召开和全国教材建设奖的设立，标志着我国进入了全面加强教材统筹管理，大力提升教材建设科学化水平的新时期，将各学科教材建设带入了“十四五”时期的新起点。

2013年起，教育部高等学校生物技术、生物工程类专业教学指导委员会与高等教育出版社在“本科教学工程”的背景下，共同组织实施了“高等学校生物技术与生物工程专业精品资源共享课及系列教材”建设项目。2015年以来陆续出版了适应生物技术与生物工程专业教育教学、反映教改成果和学科发展的理论课及实验课教材，合计20种，得到全国综合、理工、师范、农林和医药类高校的广泛使用及好评。

为实现生物技术与生物工程专业系列教材的持续建设与完善提高，积极促进新时期一流教材、一流课程、一流专业建设，2019年，教育部高等学校生物技术、生物工程类专业教学指导委员会与高等教育出版社在武汉共同举办了“生物技术与生物工程专业课程及新形态教材建设研讨会”，决定在“十四五”时期开展本系列教材新一轮的编写与出版工作。会议深入研讨了教材建设的新形势和学科教学的新需求，提出新时期本系列教材的编写指导思想：

1. 充分认识高校教材建设在落实立德树人根本任务、培养面向未来的高素质创新人才中的基础性地位，认真落实《普通高等学校教材管理办法》的有关要求，以更强的责任心与使命感投入教材编写与出版工作。

2. 针对生物产业发展和专业人才培养需求，编写内容注重介绍基本原理、关键技术及其应用实践，强调工程化应用的系统知识和技能，注意引入相关的新理论、新技术、新工艺和新产品，体现培养学生综合能力的导向，促进创新意识与创新能力的形成。

3. 采用“纸质教材＋数字课程”的新形态教材出版形式，纸质教材内容精炼、主线突出，多种媒体形式的数字课程资源与纸质内容一体化设计、紧密结合，起到促进理解、拓展延伸、巩固深化等作用，形成立体化、网络化的课程综合知识体系。

4. 适应信息技术深度融入教育教学趋势下“教”与“学”方式的变化，强化前沿进展、应用案例、深入学习、习题自测等课程资源的建设与应用，引导学生自主学习与主动探索，支持翻转课堂、混合式教学等的开展，助力具有高阶性、创新性和挑战度的课程教学，有效支持一流课程建设。

感谢教育部高等学校生物技术、生物工程类专业教学指导委员会各位委员，本系列教材的各位编者及所在高校多年以来对教材建设的有力支持和倾力投入，使得本系列教材得以持续锤炼和不断完善。新一版生物技术与生物工程专业系列教材将在“十四五”期间陆续出版，诚挚希望全国广大高校师生继续关心本系列教材，提出更多宝贵意见与改进建议，以期共同为深化课程教学改革、提高课程教学质量、培养一流人才作出积极贡献。

高等教育出版社

2021 年 1 月

出版说明（2015 年）

前　言

近年来，网络化发展迅猛，互联网 + 教育的发展模式极大地促进了教育信息化和国际化，网络教育教学资源日益丰富，尤其是大量大规模开放在线课程（MOOC）快速发展，正在深刻改变人们的学习方式，传统教育模式和教学方法面临严峻挑战，教育教学改革不断深入，以适应教育信息化和国际化发展，培养具有国际竞争力的人才。为了配合教育教学改革和在线课程资源建设，相适应的配套教材建设就显得尤为重要，而且新的教材必须具备新的形态，能将纸质导读内容与更为丰富生动的图片、视频和动画等数字资源有机整合在一起，形成能与课程相配套的立体化教材，以适应新的学习方式和教学模式。本书作为发酵工程课程的新形态教材，其编写出版正是顺应了教育信息化迅猛发展的大背景。新形态教材整合了各种形式的数字资源，教学资源十分丰富，而且易于不断拓展。与传统教材的教学不同，新形态教材及其配套的丰富数字资源更加适合学生的自主学习和主动思考，学生可以自主安排学习进程，不受空间和时间的限制，可以通过网络开展循序渐进的自主学习和在线互动。可见，新形态教材突破了传统课堂教学人数的限制，能满足更多学生和有需要的读者学习，促进了学习型社会的发展和进步。

本教材共编写了 20 章，分为两个部分：第一部分为发酵工程原理与技术（第 1 ~ 14 章），以发酵产品典型生产过程为主线，以菌种选育和过程优化放大为重点，在分子、细胞和发酵罐三个层次上，以高强度、高转化率、低成本、低污染为目标，系统介绍发酵工程理论、发酵过程基本规律和基本技术；第二部分为发酵工程原理与技术的应用实践及典型实例（第 15 ~ 20 章），以发酵工程在不同领域的典型应用为例，理论联系实际，突出发酵工程在不同领域具体应用过程中的特点以及需要特别注意的问题，指导学生理论联系实际。

与传统教材不同，本教材在编写过程中，结合学生正在改变的学习习惯，将书中内容科学地分解为系列知识点，并由若干个知识点构成知识模块或知识段，再进一步构成知识线，所有知识线再构成整个知识网络。同时，各章前面均设计了教学目的与要求、重点和难点、知识导图、问题导读以及关键词，各章后面设计了开放讨论题、思考题、推荐阅读等知识模块，利于引导学生深入学习，保证学生在学习过程中带着问题，更有针对性地进行自主学习和深入思考，使学生的学习思路更加清晰，知识掌握更为扎实。本教材的数字课程与纸质教材相配套，包含了发现之旅、深入学习、延伸阅读、案例、图片、视频、动画、教学课件、自测题和参考文献等栏目，与正文相关知识点对应的数字资源在页面边栏分类标出。学生通过边学边思考，以期提高学习效果和创新思维能力。概括地讲，本书力求体现以下特点。

（1）系统性：本教材系统性强，深入浅出，重点突出。既注意避免只注重介绍发酵工程的某些方面，同时也避免了重复介绍微生物学等相关学科的基本知识；既注意介绍发酵工程原理与技术，以及与发酵工程相关的综合知识，又重视理论联系实际解读典型案例。此外，还特别注重不同章节所有知识的内在关联，以帮助学生构建发酵工程知识体系，培养学生将所学的知识进行综合运用的能力。

（2）专业性：不同于一般了解性地介绍发酵工程基本知识，而是针对生物产业发展对发酵工程的重大需求和应用实践需要，系统深入介绍发酵工程的专业知识，在保证教材基础性和通用性基础上，十分注重教材专业性和解决实际问题，培养学生解决工程实际问题的能力，以满足学生未来创新、创业需要。

（3）应用性：本教材突出其作为应用型专业核心课程教材的显著特点，强调其工程化应用的系统知识和技能，因此，注重从理论到应用系统地介绍。同时，有意识地给学生留有一定的思考空间，引导学生从发酵工程的上中下游内在的有机联系，学会如何系统地分析和解决发酵过程中的各种问题，特别注重从生物产业对人才需求的角度出发，培养学生将发酵工程原理和技术知识与工程应用融会贯通。

（4）前沿性：本教材注重发酵工程学科发展前沿，介绍与发酵工业密切相关的新理论、新技术、新工艺和新产品，将与发酵工程相关的最前沿发展动态及时呈现给读者，开阔学生的学科视野，增强学生对学科未来发展方向的前瞻意识。

本教材在编写过程中，由华中科技大学生命科学与技术学院余龙江教授担任主编，全面负责新版教材的写作理念及风格，以及整个知识架构和体系设计，并邀请华中科技大学、江南大学、华南理工大学、湖北大学、河北大学等高校和中国医药集团联合工程有限公司有丰富教研阅历和实际工作经验的专家参与编写。本教材第 1、4、7、12、13 章由余龙江编写，第 2 章由余龙江、鲁明波、朱圆敏编写，第 3、5、6、8 章由余龙江、李为编写，第 9 章由余龙江、杨海麟、陈守文编写，第 10 章由余龙江、鲁明波编写，第 11 章由余龙江、金文闻编写，第 14 章由余龙江、张长银编写，第 15 章由余龙江、陈守文、朱圆敏编写，第 16 章由余龙江、鲁明波、陈守文、朱圆敏编写，第 17 章由余龙江、杨海麟、杨光编写，第 18 章由余龙江、朱明军、杨海麟、赵丽坤编写，第 19 章由陈守文编写，第 20 章由余龙江、李为编写。全书第 1~14 章由余龙江统稿和定稿，第 15~20 章由李为统稿，余龙江和李为定稿。特别感谢余龙江教授团队的鲁明波、陈广奎、向梦雄、刘婷婷、陈玉龙、包镇东、卫云萍、李雁蓉参与了本书的审校、数字资源的优化和图表制作，感谢陈伟、张立伟、肖川、余潘潘、罗俊在教材编写过程中提供的大力协助。

由于出版时间较紧，作者水平有限，书中难免有错误和疏漏之处，敬请读者在使用过程中指正并提出宝贵修改意见，以便日臻完善。

编者

2020 年 10 月

目 录

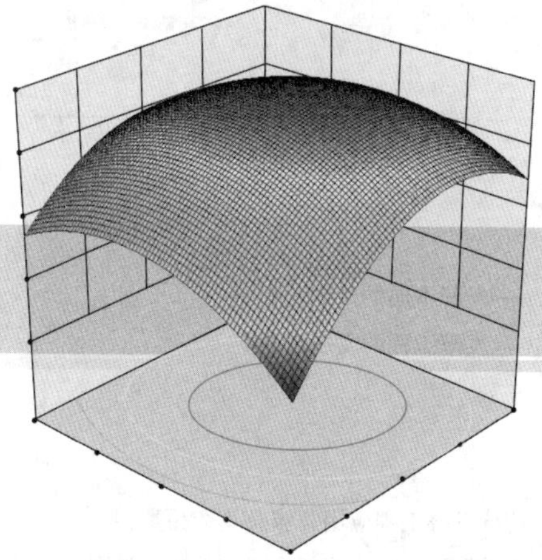

1 绪论

- **1.1 发酵工程概述**

  发酵工程概念；发酵工程与其他相关学科的关系；发酵工程的发展简史；发酵工业的类型及特点；工业发酵的一般过程

- **1.2 发酵工程应用领域及前景**

  传统发酵工程应用领域及产品类型；现代发酵工程应用新领域及其发展前景

- **1.3 发酵工程的特点及主要内容**

  发酵工程的特点；发酵工程的先修课程；发酵工程的主要内容；发酵工程的学科前沿；发酵工程的学习方法

发酵就是通过微生物的生长繁殖和代谢活动，产生和积累人们所需要的产品的生物反应过程。发酵工程是现代生物技术的重要组成部分，具有连接生物技术上下游的纽带作用，成为生物技术的中流砥柱，其学科地位显而易见。本章系统介绍了什么是发酵工程，为什么学习发酵工程以及如何学习发酵工程。

教学目的与要求

（1）掌握发酵及发酵工程概念，熟悉发酵工程发展简史及其在国民经济中的地位和巨大作用。

（2）掌握发酵工业的特点及其应用范围、工业发酵的类型与典型流程，深刻认识发酵工程的应用和发展前景。

（3）总体了解本课程的学习内容、方法及具体要求。通过典型案例激发学生学习发酵工程的兴趣和热情。

重点及难点

现代发酵工程的发展前景及其在国民经济发展中重要性认识，工业发酵类型和典型流程，发酵工业的应用范围及前景。

知识导图

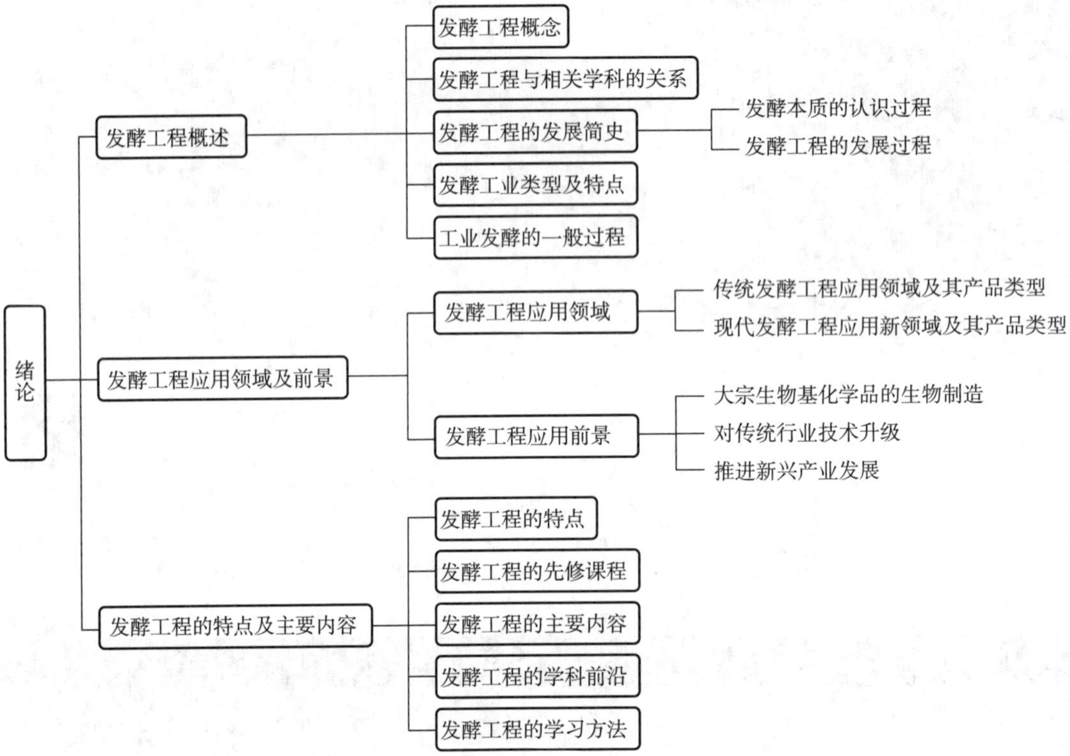

问题导读

（1）什么是发酵工程？

（2）简述发酵工程的应用领域及其发展简史，谈谈其发展前景。

（3）列举与发酵工程相关的学科，如何才能学好发酵工程？

关键词

发酵　发酵产品　发酵类型　发酵应用　发酵前景　发酵工业

1.1 发酵工程概述

1.1.1 发酵工程概念

很久以前，人们就知道酒暴露于空气中会慢慢变酸，熟大米加曲保温两天后会生成酒，并称这种现象为发酵。英语中发酵一词 fermentation 是从拉丁语“沸腾”（fervere）派生而来，它描述酵母作用于果汁或麦芽浸出液时的现象。沸腾现象是由于浸出液中糖在缺氧条件下降解而产生 CO_2 所引起。

生物化学家与工业微生物学家对发酵有不同的理解。生物化学家更关注能量代谢，从能量代谢的角度分析，认为发酵是酵母的无氧呼吸过程，即有机化合物的分解代谢，并产生能量；而工业微生物学家对发酵的含义则要广泛得多，指利用微生物代谢形成产物的过程，包括无氧过程和有氧过程，同时涉及分解代谢和合成代谢过程，而且有氧发酵在现代发酵工业中占有相当重要的地位。因此，发酵可以定义为：通过微生物的生长繁殖和代谢活动，产生和积累人们所需要的产品的生物反应过程。

发酵工程是指利用微生物的生长繁殖和代谢活动来大量生产人们所需产品过程的理论和工程技术体系，是生物工程与生物技术学科的重要组成部分。发酵工程也称作微生物工程，该技术体系主要包括菌种选育和保藏、菌种的扩大生产、微生物代谢产物的发酵生产和分离纯化制备，同时还包括微生物生理功能的工业化利用等。发酵工程学科支撑的传统发酵工业为人们的生产生活提供了大量所需的产品，包括白酒等酿造食品，以及抗生素、氨基酸、核苷酸、有机酸、酶制剂、单细胞蛋白等广泛应用的生物产品。随着分子生物学与基因工程以及细胞工程学科的不断发展，给传统发酵工程不断注入新的活力，促进了现代发酵工程学科及生物产业的进步。

现代发酵工程是指将DNA重组及细胞融合技术、组学及代谢网络调控技术、发酵过程优化放大与精准控制技术等新技术与传统发酵工程融合，大大提高了传统发酵技术水平，拓展了传统发酵应用领域和产品范围的一种现代工业生物技术理论与工程技术体系。现代发酵工程学科的发展促进了发酵工业的大发展，主要表现在：大幅提升了传统发酵工业的生产水平；形成了以基因工程菌发酵大量生产异源表达产物的新型发酵工业类型；催生了以生物资源和发酵技术替代为特征的非粮甚至非糖发酵生产传统石油工业制造的大宗量生物基化学品的绿色制造行业，促进了循环生物经济的发展。

1.1.2 发酵工程与其他相关学科的关系

发酵工程是现代生物技术的重要组成部分。21世纪是生命科学和生物技术的世纪，而现代生物技术作为生命科学的核心备受重视，因为它可以在解决人类社会可持续发展过程中所面临的几大问题，如人口、粮食、资源、能源、环境、健康等各个方面发挥关键性甚至在某些方面是不可替代的作用。通常将现代生物技术划分为基因工程、细胞工程、发酵工程、酶工程、生化工程等几个方面，它们之间彼此密切联系，不可分割。例如，基因工程和细胞工程主要是从源头上改良生物遗传特性，以获得具有优良生物加工和生物转化能力的生物新品种（或品系、株系），通常称为上游生物技术；发酵工程可使生物优良遗传性状通过微生物大量繁殖得到高效表达，生产所需的产品，包括代谢产物、酶制剂等；酶工程是指酶的修饰、生产和应用，以及利用酶的催化作用进行物质转化和产品的生产，主要内容包括酶的发酵生产、酶的分离纯化、酶分子修饰、酶和细胞固定化，酶的应用等方面；生化工程作为实验室所取得的生物技术成果产业化的工程技术支撑，生化工程与发酵工程密切相关，往往把发酵工程和生化工程统称为中下游生物技术，是现代生物技术实验成果产业化的关键技术。因此，发酵工程更是具有连接生物技术上下游的纽带作用，成为生物技术的中流砥柱，其学科地位显而易见。

1.1.3 发酵工程的发展简史

1.1.3.1 发酵本质的认识过程

虽然古人们在酿酒制醋时早已揭开了发酵工程应用的序幕，并在生产实践活动中广泛地自觉或不自觉地运用这种技术，但是，人们真正了解发酵的本质却是近200多年来的事。关于发酵现象本质的认识大致可以分为三个阶段。

（1）显微镜的出现

显微镜的出现使得对微生物观察成为可能，但此后自然发生说与关于发酵的生命理论争论不休。

（2）巴斯德实验

著名的巴斯德实验证明了发酵是微生物的作用，即以微生物代谢活动为基础的发酵本质理论。“关于乳酸发酵的记录”是微生物学界公认的经典论文。

发现之旅 1-1
发酵是由于微生物的作用

微生物学奠基人法国的巴斯德（Pasteur）经过反复实践，创造了巴氏瓶有力证明了发酵是由于微生物的作用。巴氏瓶是将一般烧瓶的头引伸成毛细管“S”形状，且与大气相通，即不影响空气进入瓶内，但由于弯管和重力的双重作用，空气中的微生物不易进入瓶内。此瓶内盛肉汁或其他物质，煮沸并冷却后，经过多时仍不至腐败；然而，支持自然发生说的学者认为由于汤汁经过加热，就不适于微生物的发生。Pasteur 将瓶头除去，则两日后汤汁即变腐败了。这是对自然发生说有力的反驳，彻底证明了汤汁的腐败是微生物作用的结果，且汤汁中的微生物不是自然发生的，而是来源于空气中已有的微生物。

延伸阅读 1–1
关于乳酸发酵的记录

1857 年，巴斯德以实验证明，要把培养基中所含的微生物杀灭，必须加热并要有一定的加热温度与加热时间。此外，培养基经过加热后仍然适用于微生物的繁殖。这不但为发酵的生命本质提供了有力的证据，而且为杀灭培养基中的微生物提供了理论和技术支持。同年，他又找到了能进行乳酸发酵的细菌，并对醋酸发酵和丁酸发酵也进行了研究。发现在无氧条件下，细菌发酵可以生成丁酸，进一步把微生物发酵分为好氧和厌氧两种，并确认各种发酵如酒精发酵、乳酸发酵、丁酸发酵等都是由不同的微生物作用所引起。自此，建立了发酵的生命理论，证明发酵是由于微生物的作用。

（3）毕希纳实验

发现之旅 1–2
发酵的本质是酶的作用

1897 年，德国人毕希纳（Eduard Buchner，1860—1917）发现将酵母的细胞壁磨碎，得到的酵母汁也可使糖液发酵产生酒精。他把酵母汁中所含有的具有发酵能力的物质，叫做酒化酶（酵素 enzyme）。由此得出结论：酵母可以产生酶，而这些酶即使离开酵母体，仍可利用糖汁引起酒精发酵，这就是近代酶学的基础。至此，人们才真正认识到发酵的本质就是由微生物的生命活动所产生的酶的生物催化作用所致。

1.1.3.2 发酵工程的发展过程

发酵工程的发展简史，可以根据发酵工业的重大进步大致划分为以下六个阶段。

（1）1900 年以前属于自然发酵阶段

主要是酿造工业，主要产品：酒、酒精、醋、干酪、酸乳等。17 世纪，第一次实现真正的大规模酿造，容量为 1 500 桶（一桶约 136 L）。到 1757 年，已应用温度计；1801 年，使用原始热交换器。这个阶段的主要特点：厌氧发酵（也称嫌气发酵、嫌氧发酵）、非纯种发酵，发酵过程无法控制，产品质量不稳定。

（2）1900—1940 年为纯培养发酵技术的建立阶段

发现之旅 1–3
琼脂培养基的发明

继巴斯德之后，微生物学发展史上的又一奠基人科赫（Koch）建立了微生物分离纯化和纯培养技术。科赫建立细菌的纯培养，并且改进了细菌的染色法。荷兰人汉森（Hansen）在研究啤酒发酵用的酵母时，创造了单细胞纯培养法。当时所用的固体培养基是由明胶制成，科赫的学生赫斯（Hesse）在研究细菌时，发现细菌可以液化明胶，以致在使用上出现困难。赫斯的妻子建议改用琼脂，这就是现在使用琼脂培养基的起源。随后，佩特里（Petri）创造一种培养皿（petri dish）用于微生物平板分离。维诺格拉斯基（Winograsky）和贝杰林克（Beijerink）发明富集培养法，可分离特定的微生物。这个阶段的主要产品有：酵母、甘油、乳酸、丙酮丁醇等。

第一次世界大战中，魏茨曼（Weizmann）发明了丙酮丁醇发酵，建立了真正的无杂菌发酵。在面包酵母的生产中首先采用了分批补料培养技术。这个阶段的主要特点：纯培养为主的厌氧发酵，产品产量、质量控制水平大幅提高。因此，可以认为纯培养发酵技术的建立是发酵工业发展的第一个转折时期。

（3）1940—1950 年为深层液体通气搅拌纯培养发酵技术的建立阶段

这个时期正值第二次世界大战，抗生素的需求量急剧增大，促进了发酵工业的发展。主要表现为深层液体通气搅拌纯培养发酵技术的建立。主要标志为纯种培养深层发酵生产青霉素。主要技术进展：通气搅拌解决了液体深层培养的供氧问题，无菌空气、培养基灭菌、无污染接种、大型发酵罐的密封与抗污染设计，解决了耗氧发酵中的杂菌污染问题。这个阶段的主要特点为：实现了规模化纯培养好氧发酵，一系列过程工程技术全面创新。这一阶段的发展推动了以抗生素发酵为主的整个发酵工业发展，建立了完整的好氧发酵放大技术体系及装备，奠定了现代发酵工业的理论和实践基础。

（4）1950—1960 年为诱变技术与代谢控制发酵技术的建立阶段

随着生物化学、微生物生理学及遗传学的发展，基于代谢调控实现菌种选育和控制发酵成为该阶段的主要特征。主要应用于氨基酸、核苷酸等初生代谢物的发酵生产过程。

（5）1960—1970 年为开拓发酵原料时期（也称石油发酵时期）

当时为解决粮食问题以及饲料需求，许多研究机构开发了以烃类为碳源生产微生物细胞作为饲料蛋白质来源的技术。这一阶段的主要技术进步有：发展了高压喷射式、强制循环式等多种发酵罐及其发酵技术，以及计算机和自动控制技术的运用、灭菌和发酵过程的自动控制等，促进发酵工业朝连续化、自动化方向发展。这个阶段主要特点有：解决发酵原料及人畜争粮问题；规模化和自动化程度显著提高。

（6）1970 年后进入基因工程菌发酵及细胞工程技术全面发展阶段

随着分子生物学发展，基因工程和细胞工程技术应用推广及新型基因工程菌发酵类型兴起成为这一阶段的主要标志。这个阶段主要特点有：基因工程和细胞工程技术迅猛发展以及过程工程技术的全面进步，形成了基因工程菌发酵生产同源或异源表达产物，不仅大幅提升了传统发酵水平，而且催生了新型发酵产业，促进了以非粮甚至非糖碳源发酵生产传统石油工业制造的大宗量生物基化学品的绿色制造行业的发展，成为当今发酵产业发展的主流方向。

案例 1-1
青霉素大规模发酵生产

案例 1-2
大肠杆菌中天冬氨酸生物合成代谢调节

深入学习 1-1
非粮、非糖碳源发酵

1.1.4 发酵工业的类型及特点

按微生物对氧的不同需求可以分为需氧发酵、厌氧发酵以及兼性厌氧发酵三大类型。

按培养基的物理性状区分可以分为液体发酵和固体发酵两大类型，其中，常见的液体发酵又分为浅层发酵和深层发酵。

按发酵的一般过程区分则可分为分批发酵、连续发酵和补料分批发酵等类型。

其中，深层液体需氧分批发酵属于典型的发酵工业类型。

发酵工业的主要特点有：①发酵过程一般在常温常压下进行；②一般采用较廉价原料生产高附加值产品；③发酵生产过程不受自然条件限制；④菌种是发酵工业的核心，发酵过程优化控制是关键；⑤纯种发酵过程要求严格无菌；⑥工业菌种通常能高度选择性地对某些化合物进行特定的生物转化修饰。

1.1.5 工业发酵的一般过程

除某些转化过程外，典型的深层液体需氧分批发酵工艺过程大致分为以下 6 个基本过程（图 1-1）：①用作种子扩大培养以及发酵生产的各种培养基的配制；②培养基、发酵罐系统及其附属的管道和设备的灭菌；③无菌接种并扩大培养有活性的适量纯种，再以一定比例将菌种接入发酵罐中；④控制最适的发酵条件使微生物生长繁殖并合成大量的代谢产物；⑤将微生物菌体与发酵液分离，提取并精制产物，以得到合格的发酵产品；⑥回收或处理发酵过程中所产生的三废物质。

视频 1-1
工业发酵的一般过程

1.2 发酵工程应用领域及前景

1.2.1 传统发酵工程应用领域及产品类型

通常把没有出现基因工程菌发酵以前的发酵过程称为传统发酵工程，对应的发酵工业产品主要是由该微生物菌种自身遗传特性和加工性能决定，即是由该微生物菌体或其代谢过程所形成的产品，所能

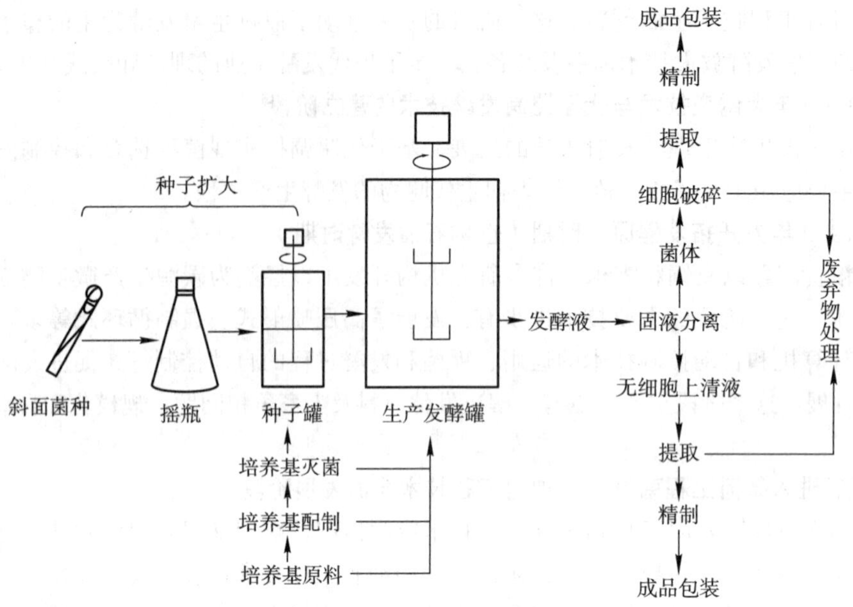

图 1–1 典型液体深层发酵过程

形成的产品种类很多，但大体上可以分为以下四个大的类型，此外，还包括微生物特殊机能的工业化利用。

（1）微生物菌体

单细胞蛋白（single cell protein，SCP）、药食两用菌体、富硒菌体、菌苗、微生物菌剂等，主要用作医药、食品、生物活性饲料、生物菌肥、生物杀虫剂、环境清洁剂等。

例如，酿酒酵母、富硒酵母、灵芝菌丝体、用于疫苗的菌苗、用于生物杀虫剂的芽孢杆菌及其伴孢晶体、用作生物活性饲料的富含多不饱和脂肪酸的菌体、用于环境清洁剂的富集重金属或降解环境污染物的菌剂等。

（2）酶制剂

药用酶制剂：胆固醇氧化酶、葡糖氧化酶、链激酶、天冬酰胺酶、溶菌酶、尿酸酶等。

食用酶制剂：果胶酶、淀粉酶、蛋白酶、糖化酶、单宁酶、乳糖酶、脂肪酶等。

饲料用酶制剂：木聚糖酶、β–葡聚糖酶、纤维素酶、植酸酶、角蛋白酶、麦芽糖酶、甘露聚糖酶等。

基因重组技术用酶制剂：核酸酶（nuclease），包括 DNA、RNA 的内切酶、外切酶，DNA 限制性内切酶、DNA 连接酶等。

（3）代谢产物

初级代谢产物：各种氨基酸、核苷酸、蛋白质、核酸、脂质和糖类等。

次级代谢产物：各种抗生素、类胡萝卜素、萜类、甾醇、生物碱、色素、酚类等。

（4）生物转化

利用微生物中特定的高活性酶实施生物催化转化，将廉价的底物转化为高附加值产物，尤其是利用生物酶的特异性及其在非对称催化中的作用，这种生物转化功能在生产手性化合物方面具有化学催化无法比拟的优势。例如，维生素 C 发酵生产中起主要氧化作用的葡糖酸杆菌可以将底物 D– 山梨醇或 L– 山梨糖的分子结构进行特异性改变，形成 2– 酮基 –L– 古洛糖酸，即维生素前体，经一步酸化后即为维生素 C 等。

（5）微生物特殊机能的工业化利用

由于微生物拥有许多特殊机能，在富集放射性元素或重金属、降解各种污染物等消除环境危害方面，以及微生物湿法冶金、微生物脱胶、微生物防腐等诸多领域都有很好的应用，因此，可以广泛应用于环境治理、生物冶金、造纸以及麻类等生物纤维材料的脱胶、金属管道硫酸盐还原菌腐蚀的防治、放射性尾矿及核电站废渣的生物富集处理等，尤其在各类废水废渣的微生物清洁处理与资源化方面应用极广。微生物特殊机能的工业化利用领域主要包括：

① 微生物降解与转化。指利用细菌或其他微生物的酶系活动分解有机物质的过程，主要用于生活废水废渣、农药、化肥等农业面污染，以及塑料、增塑剂、合成洗涤剂、印染剂、重金属排放等工业废弃物的微生物降解转化、无害化甚至资源化，形成以发酵工程技术支撑的新兴的环保产业。

② 微生物富集。利用特种微生物的特殊功能处理重金属或核废料。如利用球形芽孢杆菌处理被核废料污染的土壤，这种球形芽孢杆菌还能被用来富集重金属如铀、铅、铜、镉等。同时，还可以用硫还原地杆菌来清除多种毒素、油污甚至核废料。英国科研人员发现，大肠杆菌配合肌醇磷酸可以用来回收被铀矿污染的水中的铀等。

③ 微生物浸矿。在特种微生物的催化作用下，使矿石中的金属溶解，适合于处理贫矿、废矿及难采、难选、难冶矿的堆浸和就地浸出。

④ 微生物防腐。微生物防腐包括两个方面，一方面指利用微生物发酵产物作为天然防腐剂，具有抗菌性强、安全无毒、水溶性好、热稳定性好、作用范围广等优点，如乳酸链球菌素对革兰氏阳性菌的抑制作用等；另一方面指利用特定微生物抑制具有金属腐蚀作用的硫酸盐还原菌等有害微生物的生长繁殖，从而抑制其产生的腐蚀作用。

⑤ 生物脱胶。生物脱胶是指利用微生物及其分泌的降解酶系在造纸的纸浆纤维以及麻类纤维生产过程中脱去胶质，生物脱胶克服了传统化学脱胶带来的酸碱用量大以及污染严重难治理的问题，易于采用发酵工程技术实现传统造纸行业和麻类纤维生产行业的清洁生产。

1.2.2 现代发酵工程应用新领域及其发展前景

现代发酵工程应用是以基因工程和细胞工程技术的应用为标志，随着基因工程技术以及各种组学技术的迅猛发展，大幅提升了传统发酵工业的水平，尤其是大大拓展了传统发酵工业的应用领域。主要涉及利用微生物表达系统规模化发酵生产异源基因表达的产物，以及利用人工构建的微生物细胞工厂规模化发酵大量生产目标产物，这些产物主要包括医药、保健产品、生物材料以及大宗量的生物基化学产品等。因此，现代发酵工程应用的新领域主要包括新兴的医药工业、食品及保健产品行业、生物农药和生物饲料以及生物肥料行业、生物材料工业、生物环保以及生物能源和生物化工等诸多行业。需要特别说明的是，相对传统发酵工业，现代发酵工程技术正在致力于通过非粮和非糖原料发酵生产生物基化学品的技术突破，全面实现传统化石资源及其产品加工技术的替代，从而有望通过发酵工程等现代生物技术手段，改变现有的长期依赖化石资源所带来的资源枯竭和环境污染日益严重的危机局面，促进全社会产业结构调整和可持续发展。目前，以除粮食以外的秸秆等木质纤维素类农林废弃物为原料生产环境友好的生物基化学产品和绿色能源取得了长足的进展，主要有生物燃气、氢气、燃料乙醇和丁醇、1,3-丙二醇、生物乙烯、生物柴油以及乳酸、聚乳酸、聚羟基丁酸酯等生物可降解塑料等诸多产品投入工业化生产。

总之，以发酵工业为代表的现代生物制造业，已渗透到包括医药、化工、纺织和造纸以及制糖等轻工业、食品、农业、能源、环保、材料和冶金等重要工业领域，事关我国制造业可持续发展和资源节约型经济建设的成败。目前，现代发酵工程支撑的新兴的生物产业领域日益拓展，已逐步形成新兴的微生物制药业、基因工程药物工业、现代食品发酵工业、微生物脱胶造纸及纤维制造业、生物能源工业、生物材料工业、生物饲料和生物肥料工业、生物农药工业、生物环保工业、生物冶金工业等。由此可见，现代发酵工程的应用前景极为广泛，而且随着与之相关的信息技术、互联网技术、智能控制装备技术的快速发展，基于大数据分析的数字发酵及自适应控制发酵技术的进步，不仅可以大幅提升传统发酵工业的发酵单位和生产技术水平，促进传统发酵工业过程的优化与强化，进一步提高传统发酵行业的发酵产量、底物转化率和转化效率，全面实现节能减排；而且可以显著提升新兴的基因工程菌异源表达药物的发酵技术水平，以及大宗生物基化学品的生物制造工业发展水平。尤其是现代发酵工程技术不断发展，促进秸秆等木质纤维素生物资源替代传统的化石资源，越来越多的大宗生物基化学品采用以发酵技术为支撑的木质纤维素生物资源制造获得，从而促进全社会逐步由传统的碳氢经济生产方式向碳氧经济转型，使得利用煤炭和石油等碳氢化合物的高能耗、高污染的传统工业向环境友好的碳氧经济过渡，实现经济社会的可持续发展。因此，发酵工程应用前景巨大且作用非凡。

1.3 发酵工程的特点及主要内容

1.3.1 发酵工程的特点

发酵工程作为生物技术成果产业化的核心课程，综合性和实践性都很强，既强调生物学与工程学的有机结合，又强调理论联系实际，培养学生综合分析和解决以发酵技术为核心的生物产业中出现的各种实际问题。因此，发酵工程这门学科一方面要求学生能够在掌握微生物学、生物化学、细胞生物学、遗传学和分子生物学等生物学理论知识基础上理解和探索微生物发酵过程发生的生物学现象及其规律，并能运用所学的生物学知识和技能优化甚至改造这一过程；另一方面要求学生具有一定的工程技术基础，尤其在过程原理与装备、过程建模与优化控制、流体力学及流场分析、传递工程等方面具有一定的基础，这样学生就能很好地理解生物技术成果如何通过发酵工程进行产业化应用，并能在发酵过程中运用“四传一反”（信号传导、质量传递、动量传递、热量传递和反应工程）等工程学原理实施过程建模、过程放大与优化控制等，真正做到将生物学与工程学有机结合、融会贯通，运用发酵工程原理和技术统筹解决生物技术产业化过程中出现的各种生物学和工程学问题。可见，发酵工程课程具有多学科交叉的特点，需要先修一些相关课程。

同时，发酵工程又具有系统性特点，强调上中下游贯通统筹解决问题。一般地，上游是指优良菌株选育与保藏，中游是指发酵过程优化与控制，下游则是指发酵产品的提取分离与纯化，而且上中下游密切关联，需要统筹考虑才能建立很好的发酵技术体系及生产工艺过程。

1.3.2 发酵工程的先修课程

发酵工程涉及一些学科基础以及多学科交叉，所以，在学习发酵工程之前最好先修以下课程：微生物学、生物化学、细胞生物学、遗传学、分子生物学、基因工程、细胞工程、物理化学、化工原理与设备等课程或相关知识。

1.3.3 发酵工程的主要内容

本书分为两个部分，第一部分为发酵工程原理与技术，以发酵产品典型生产过程为主线，以菌种选育和过程优化与放大为重点，在分子、细胞和发酵罐三个层次上，以高强度、高转化率、低成本、低污染为目标，系统介绍发酵工程理论、发酵生产过程基本规律和基本技术。第一部分共分 14 章。第 1 章为绪论，主要介绍发酵工程的概念及其发展史、发酵工程的特点和范围、工业发酵的类型和流程以及发酵工程应用前景，让学生初步了解发酵工程内容，同时激发学生对课程的学习兴趣；第 2 章为发酵工业菌种，主要介绍工业菌种筛选与选育；第 3 章为发酵工业培养基设计与优化，主要讨论发酵培养基的设计原理与优化方法；第 4 章为发酵工业主要装备，介绍发酵工业生产中涉及的主要设备；第 5

章为无菌原理与技术，主要介绍无菌概念、培养基和发酵设备的湿热灭菌以及无菌空气制备的原理与技术；第 6 章为种子扩大原理与技术，主要讨论各种不同微生物菌种的种子扩大培养原理与技术；第 7 章为发酵动力学，主要介绍分批发酵、连续发酵以及补料分批发酵过程的定量描述及动力学特征参数；第 8 章为发酵过程氧的供需，主要介绍微生物细胞的耗氧特征、影响发酵体系供氧的因素，以及提高发酵设备供氧能力的技术和方法；第 9 章为发酵过程放大，主要介绍发酵罐的类型和结构，以及通用式发酵罐设计与放大的原理与方法；第 10 章为发酵过程优化控制，主要介绍发酵过程参数的检测及其影响与控制方法、发酵过程模拟与优化控制；第 11 章为发酵产物分离纯化，主要介绍发酵液的预处理以及产物的分离提取与精制技术；第 12 章为发酵工业的清洁生产，主要介绍如何实现发酵工业的清洁生产；第 13 章为发酵工厂工艺设计，主要介绍新的发酵工厂的建设规划、工艺设计及设备选型与车间布置等；第 14 章为发酵经济学原理与应用，主要介绍发酵过程的经济学评价、影响发酵产品成本的因素及其控制方法，培养学生发酵过程的经济学意识，认识到进行发酵产品研发与生产时通常需要综合考虑技术经济指标。

第二部分为发酵工程原理与技术的应用，共分 6 章。其中，第 15 章为发酵工程在医药领域中的典型应用，主要介绍发酵工程在维生素、核苷酸、医用酶制剂和甾体激素类药物等生产中的应用；第 16 章为发酵工程在食品领域中的典型应用，主要介绍发酵工程在营养补充剂和多糖的发酵生产中的应用；第 17 章为发酵工程在材料领域的典型应用，主要介绍发酵工程在生物乙烯、聚乳酸、聚羟基烷基酸酯、长链二元酸衍生物、细菌纤维素等生物材料发酵生产中的应用；第 18 章为发酵工程在生物基化学品及能源领域中的典型应用，主要介绍发酵工程在乙醇、丁醇、丙二醇、沼气、生物制氢以及微生物燃料电池等中的典型应用；第 19 章为发酵工程在现代农业中的典型应用，主要介绍发酵工程在生物农药、生物化肥、生物饲料等生产中的应用；第 20 章为发酵工程在工业有机废弃物处理中的典型应用，主要介绍发酵工程在医药工业、食品工业及其他轻工业中有机废弃物处理中的应用。

1.3.4 发酵工程的学科前沿

与其他学科一样，发酵工程学科不断创新发展，而且随着相关交叉学科发展的巨大促进作用以及国家重大需求的牵引，发酵工程学科展现了巨大的发展前景，这些发展既受生物产业快速发展的需求驱动，又很快为生物产业所应用。可见，发酵工程学科进入了一个良好的发展时期。其学科前沿及主要发展方向概述如下。

① 分子遗传学以及基因工程等相关学科的发展，尤其是组学技术和合成生物学的发展为发酵工程上游的菌种选育与改良提供了源源不断的新技术和新方法，促进了整个发酵工业水平的不断提升。组学技术对菌种发酵机理的深度解析、新发展的基因定向打靶技术以及合成生物学方法，为构建新菌种、发展全新的发酵产业以及显著提升传统发酵产业带来了巨大的活力。

② 新的传感技术快速发展，尤其是生物传感器的发展与应用，为发酵过程提供了越来越多的发酵过程参数检测方法，而且这些检测方法的灵敏度、稳定性显著提高，使人们可以深入了解发酵过程的动态变化，以便实施有效控制。同时，微量化、规模化检测，尤其是在线实时检测技术的发展将使发酵过程的检测与控制变得越来越方便、高效、可靠，可大幅提升发酵过程优化控制水平。

③ 基于信息化和互联网技术的发展，大数据分析技术、智能控制技术以及过程建模方法的发展，为更加全面地分析和模拟发酵过程、揭示高产和高强度发酵的机理及其主要影响因素、指导发酵过程最优控制提供了理论和技术支持。

④ 发酵过程集成优化技术和方法的发展，可以改变甚至颠覆传统发酵生产过程，使发酵过程上中下游一体化更加密不可分，一方面可以根据中游和下游需要改良上游菌种，以减少中游发酵及下游分离提取工序，如减少发酵副产物合成等，可显著提高产品的品质和生产效率，降低生产成本；另一方面可以通过改良设备和工艺，使发酵与产物分离过程实时耦合，这不仅可以提高生产效率，而且可以

实现节能减排和降低成本。

⑤ 发酵与产物分离技术及装备不断更新也是发酵工程的重要发展方向，相关工程技术、材料技术及智能化控制技术的不断进步，可以为发酵及产物分离装备的现代化提供越来越好的硬件平台。其中，发酵罐朝着传递性能更好、智能化更高、适应性更强且操作更方便的方向快速发展。

此外，随着越来越多的极端微生物菌种的发现和应用，发酵工程的传统应用领域也得到广泛拓展，这些具有特殊生理机能的极端微生物被用于传统化工、冶金、环保等诸多领域，颠覆传统生产技术，促进传统行业的清洁生产技术发展。而且，随着微生物生态学和分子生态学技术的不断进步，多种微生物的混合发酵技术的工业应用得到迅速推广，如在传统食品的多种微生物发酵生产、有机废弃物的多种微生物协同降解，以及新兴的中药微生物发酵处理技术应用等方面都有很好的应用前景。这些应用和需求的不断发展，势必将促进发酵工程学科的不断向前发展。

1.3.5 发酵工程的学习方法

发酵工程是一门面向需求、多学科交叉、实践性很强的学科，而且十分符合未来产业发展方向和国家重大需求，具有很强的生命力。但是，要学习掌握好这门学科并不容易，必须了解该学科的特点，打好前期多学科基础，并在学习过程中理论联系实际，深入实践，活学活用，不断提高理论认识水平和工程实践能力。

发酵工程是一门系统工程，要学好发酵工程必须要有系统观，能够从多个层次、多个不同侧面或视角全面认识和分析解决问题，做到发酵上中下游一体化，才能深刻领会如何实现发酵产业的清洁生产，如何做到高强度、高转化率、低成本、低污染发酵等。为此，本教材在发酵原理与技术部分按照一条主线、两个重点、三个层次、四个目标来设置编排教学内容，即按照典型的液体深层发酵工艺为主线介绍发酵过程原理和技术特点，突出工业菌种和过程优化与放大两个重点，引导学生从分子、细胞和发酵罐三个层次进行综合分析理解发酵过程，并围绕高强度、高转化率、低成本、低污染四个目标来强化工业菌种和发酵过程的放大与优化控制。

本书在编写过程中，注意凝练每章的主要关键问题，并以问题为导向，引导学生自主学习、主动实践探索，本书设想通过该课程的学习，尽可能提高生物大类专业的学生面向生物产业的实践创新创业能力和专业自信，以满足生物产业快速发展之所需。为此，在引导学生学习过程中，还会配套组织各种网络资源，帮助学生按照导读问题不断深入学习，尽可能深刻透彻地掌握好这门课程。

开放讨论题

现代发酵工程发展日新月异，请以小分子药物发酵生产为例，分析今后的发展趋势。

思考题

1. 简述现代发酵工程与传统发酵工程的区别。
2. 简述工业发酵的一般过程。
3. 列举发酵工程的主要应用领域。
4. 请举例说明什么是非粮发酵？
5. 怎样理解“现代发酵工业几乎渗透到所有的工业领域”这句话，试就你感兴趣的领域举例说明。

推荐阅读

1. Hornsey I S. A history of Beer and Brewing. London：Royal Society of Chemistry，2003.

点评：啤酒的酿造历史评介。1883 年 11 月 12 日，嘉士伯啤酒厂（Carlsberg Brewery）的埃米尔·克里斯蒂安·汉森（Emil Christian Hansen）分离出第一个拉格啤酒酵母菌株，并将其带入酿造界。

2. Zhang Y H P，Sun J，Ma Y. Biomanufacturing：History and perspective. Journal of Industrial Microbiology &Biotechnology，2017，44：773-784.

点评：发酵工程在生物制造业中有着举足轻重的地位，被广泛应用于农业、食品、材料、能源和制药业等众多领域。新世纪在面对可持续发展、粮食安全、新能源、新生物材料等种种问题时，发酵工程学和发酵工程学家仍任重而道远。

网上更多学习资源……

◆教学课件　　◆自测题

2

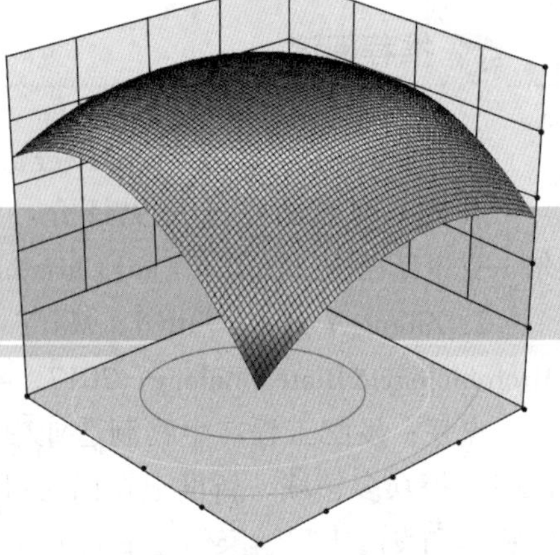

发酵工业菌种

菌种在发酵工业中起着重要作用，它是决定发酵产品是否具有商业化价值的关键因素，是发酵工业的灵魂。早期用于工业生产的优良菌种主要是从自然界分离得到，经过多年的选育，发酵性能稳步提高。常规菌种选育包括自然选育、诱变育种、杂交育种等技术。随着生物化学和分子生物学的发展，人们对微生物代谢途径有了较为全面的认识，同时发现了代谢过程中的各种调节机制，而且可以使人们在 DNA 水平上对微生物进行遗传改造，在此基础上，建立了基因工程育种、组合生物合成育种等技术，新的育种技术的出现给发酵工业带来了革命性的变化，可大幅提升工业微生物菌种性能，并拓展其生产能力。本章将介绍工业菌种选育及其保藏的原理和技术。

教学目的与要求

（1）掌握微生物分离筛选的基本概念、原理与技术应用。

（2）掌握菌种选育的基本原理、技术方法及其应用。

（3）掌握菌种保藏的基本原理、技术方法及其应用。

重点及难点

菌种高效筛选方法，优良菌种选育的原理、技术方法及其应用。

知识导图

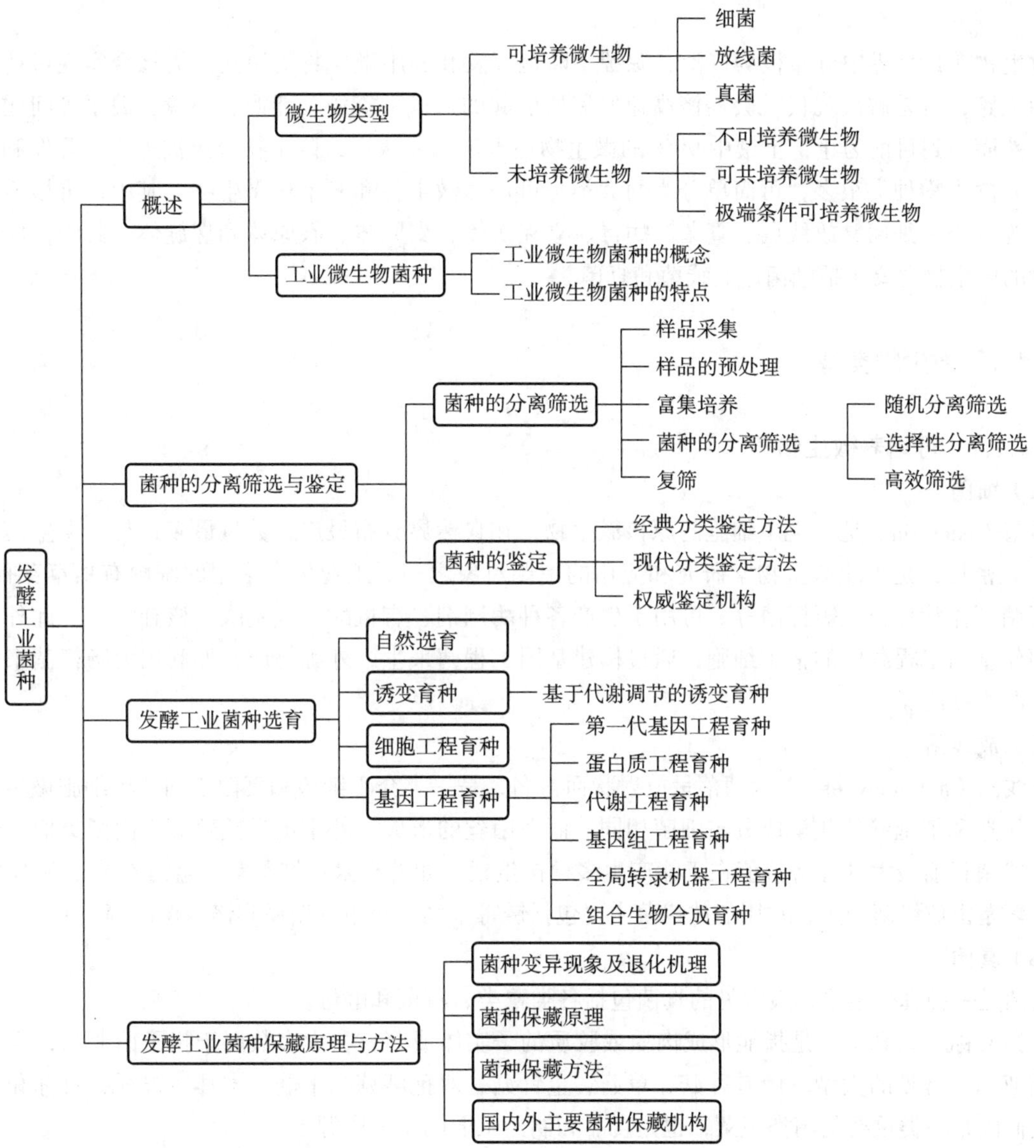

问题导读

（1）微生物有哪些种类，各有什么特点？

（2）满足发酵生产用的工业微生物菌种有哪些要求？

（3）如何建立目的菌种的高效筛选方法，如何鉴定所获得的菌种？

（4）如何有针对性地选育应用于工业发酵的高产菌株？请举例说明。

（5）对于不同的微生物菌种，如何选择相应的保藏方法？

关键词

菌种分离　菌种筛选　菌种鉴定　菌种选育　菌种保藏

2.1 概述

微生物在自然界中分布极为广泛，源源不断地开发和利用微生物资源是人类社会实现可持续发展的必由之路，也是解决现代社会经济高速发展所引起的人口、资源、能源、环境、健康等问题的重要途径。然而，到目前为止，土壤中99%的微生物还未被充分认识，微生物资源被进一步开发利用的潜力很大。微生物种类很多，可简单分为两大类，可培养微生物和未培养微生物。其中，可培养微生物又可分为八类：细菌、放线菌、真菌、病毒、立克次体、支原体、衣原体和螺旋体，其中，应用于工业发酵的微生物主要包括细菌、放线菌和真菌。

2.1.1 微生物类型

2.1.1.1 可培养微生物

（1）细菌

延伸阅读 2-1
细菌是重要的工业微生物资源

细菌（bacteria）是一类单细胞的原核微生物，在自然界分布最广，数量最多，与人类生产和生活关系十分密切，是工业微生物学研究和应用的主要对象之一。工业生产常用的细菌有枯草芽孢杆菌、醋酸杆菌、棒状杆菌、短杆菌等，可用于生产各种酶制剂、有机酸、氨基酸、核苷酸等。此外，细菌也可用作基因工程载体的宿主细胞，通过构建基因工程菌来生产外源物质，如利用大肠杆菌来生产核酸和蛋白质疫苗等。

（2）放线菌

放线菌（actinomycetes）因菌落呈放射状而得名，是一类介于细菌和真菌之间的单细胞微生物，它的细胞构造和细胞壁的化学成分与细菌相同，而在菌丝的形成、外生孢子繁殖等方面则类似于丝状真菌。放线菌目前最大的经济价值在于能产生多种抗生素，如链霉素、红霉素、金霉素等，有60%以上的抗生素是由放线菌产生，常用的放线菌主要包括链霉菌属、小单孢菌属和诺卡菌属等。

（3）真菌

真菌是一种真核生物，最常见的真菌包括各类蕈类、霉菌和酵母。

蕈类又称大型真菌，是指能形成肉质或胶质的子实体或菌核，大多数属于担子菌亚门，少数属于子囊菌亚门。常见的大型真菌有香菇、草菇、金针菇、双孢蘑菇、平菇、木耳、银耳、竹荪和羊肚菌等。它们既是一类重要的菌类蔬菜，也是食品和制药工业的重要资源。

霉菌（mould）指“发霉的真菌”，是一类在营养基质上形成绒毛状、网状或絮状菌丝真菌的通称，并非微生物分类学上的名词，主要分为四纲：藻状菌纲、子囊菌纲、担子菌纲和半知菌纲，其中，工业上常用的霉菌包括藻状菌纲的根霉属、毛霉属和犁头霉等，子囊菌纲的红曲霉属、青霉属和曲霉属等，半知菌的木霉属等，它们可广泛用于生产酶制剂、抗生素和有机酸等。

酵母菌（yeast）不是微生物分类学上的名词，通常是指一类单细胞，且主要以出芽方式进行无性繁殖的真核微生物。工业生产中常用的酵母有啤酒酵母、假丝酵母、红酵母、面包酵母、药用酵母等，可分别用于酿酒、制造面包、生产脂肪酶等，以及用于生产可食用、药用和饲料用的酵母菌体蛋白等。

2.1.1.2 未培养微生物

案例 2-1
极端微生物应用实例

未培养微生物 (uncultured microorganisms) 最早先是由 Colwell 在 1982 年提出的，后来有学者进一步将那些利用分子生物学技术能够检测到，但还不能获得纯培养的微生物定义为至今未培养微生物，其定义包括那些可获得纯培养，但在环境因子的胁迫下不能生长、处于休眠状态下的微生物。未培养微生物在自然环境微生物群落中占有非常高的比例（约为 99%），无论是其物种类群，还是新陈代谢途径、生理生化反应、产物等都存在着不同程度的新颖性和丰富的多样性，因而其中势必蕴涵着巨大的生物资源。

（1）不可培养微生物

Colwell 实验室于 1982 年发现，将霍乱弧菌和大肠埃希菌在正常实验室培养条件下会进入一种数量不减、有代谢活力、但不能生长产生菌落的状态，提出了“不可培养微生物”的概念，这一类微生物至今尚不能进行人工分离培养，这种不可培养状态是普遍存在的。

（2）可共培养微生物

这一类微生物能在与其他微生物共生的条件下得到培养，分离后就不能很好的生长，如在地衣中的真菌，真菌和光合生物（蓝细菌）可在一起共居相互分工协作，光合生物通过光合作用合成有机物，为真菌生长繁殖提供所需的碳源，真菌保护光合微生物，且在某些情况下，真菌还能向光合生物提供和运输无机营养，而将它们分开培养，真菌则不能正常生长。

（3）极端条件下可培养微生物

在极端环境条件下能够生长的微生物，称作极端微生物，又称嗜极菌（extremophiles）。极端环境通常指普通微生物不能生存的环境，如高温、低温、高压、高盐度、高辐射以及较强的酸碱环境等。通过人为模仿极端条件，研究极端微生物，有利于人们了解生命的本质，这些微生物具有极为重要的应用价值。

目前，未培养微生物的研究方法主要包括两种：一是模拟自然培养法，二是宏基因组分析法。模拟自然培养法就是模拟微生物生长的自然环境对未培养微生物进行可培养研究，即利用传统纯培养法，结合分子生态学方法对自然环境微生物进行分析，了解未培养微生物多样性、系统发育和基本的生理特性，然后依据其系统发育关系相近的可纯培养微生物的生理代谢特征和其生存的自然环境条件，设计培养基和培养条件，最终获得纯培养，目前主要集中在原位培养、培养条件优化、单细胞微操作等方面的研究。

发现之旅 2–1
未培养微生物的提出

宏基因组分析法是直接依据基因、基因组、蛋白质序列以及其调节表达机制，构建高效表达的工程菌等途径加以开发利用，即通过对未培养微生物的宏基因组分析（metagenomic analysis）来获得未培养微生物的基因资源，这一方法可以不经过对未培养微生物的纯培养过程，而直接在基因水平上开发利用未培养微生物。通过构建未培养微生物群落的集群基因组（collective genomes），并对其进行测序，得到各组成微生物的基因组序列，采用比较基因组学（comparative genomics）的方法，结合蛋白质组学的研究结果，鉴定存在于各物种的所有基因，以上研究使人们可以详细了解未培养微生物、极端微生物的新的代谢途径、基因表达的调控机制，找到病原、抗性等相关基因，并能发现新的基因。

同时，也有不少学者致力于新的分离培养技术的探索，突破传统的概念，建立新的方法，获得过去未曾发现的新的微生物种类，例如，发现利用有毒的电子传递物质的类群等，这些都为以后更好地利用未培养微生物奠定了基础。目前，研究较多的是诸如油层、环境污水及火山口、温泉、盐湖、深海等极端环境中的未培养微生物。

2.1.2 工业微生物菌种

（1）工业微生物菌种概念

工业微生物菌种指在工业上应用到的所有微生物，包括食品、发酵、轻化工、生物转化、生物医药、饲料以及环保等各种领域。通常，发酵工业菌种可由以下渠道获得：① 从自然界直接筛选；② 对野生菌株进行诱变改良或进行基因工程育种；③ 购买使用权，从保藏中心获取。

（2）工业微生物菌种的特点

通常工业微生物菌种具有以下特点：① 必须是纯培养物，不含其他微生物杂菌或噬菌体；② 必须是不产生有害物质和毒素；③ 菌种遗传稳定，不易变异退化；④ 菌种目的产物产量高；⑤菌种适应性强，易于控制和放大；⑥ 发酵周期较短，底物转化率高；⑦菌种副产物少，目的产物易于分离纯化；⑧ 菌种具有较好的抗噬菌体及杂菌污染的能力。

2.2 菌种分离筛选与鉴定

2.2.1 菌种分离筛选

菌种的分离筛选主要包括随机分离筛选和定向筛选两种，其中，随机分离筛选是指先分离获得所有候选菌株，再结合工艺逐一筛选确定最佳菌种，工作量大且效果较差；定向筛选即在预先确定的筛选条件下分离纯化菌株，可以较快获得所需的目标菌种，获得的菌种可作为下一步选育所需的出发菌株，有时甚至可以将其直接作为工业发酵菌种。为了提高定向筛选效果，在确定定向筛选方案时，要充分考虑筛选的灵敏度和选择性。菌种的分离筛选工作主要应用于以下方面：

发现之旅 2-2
青霉素的发现

① 从被污染的生产及科研用菌种中重新分离筛选所需菌株；②发酵生产中长期使用菌种的定期分离筛选纯化；③从各种菌种选育方法处理后的微生物样品中分离筛选所需的菌株；④从大自然中分离筛选新的菌株，包括寻找新的发酵产品的产生菌或寻找传统发酵产品的新的优良菌株等。

以从自然界分离筛选菌种为例，菌种的分离筛选主要有以下步骤。

2.2.1.1 样品的采集

图片 2-1
典型采样方法

为了更有效地获得目标微生物，采集样品时，可遵循一定的规律，总的原则是：样品来源越广泛，获得新菌种的可能性越大，特别是在一些如高温、高压、高盐、低 pH 等极端环境中，可找到能适应苛刻环境压力的微生物类群，这种方法已经获得成功。一般的原则是：根据目标产物或功能来确定所要选择的菌株类型，再根据菌株类型选择其生长环境，同时，要了解目标产物的性质和可能产目标产物的微生物种类及其生理特征，这样筛选微生物就能有的放矢，提高效率，事半功倍。

微生物在代谢上具有一定的规律，可根据系统进化的观点来选择目的菌株，各类微生物虽然有许多差别，但是它们在生长、繁殖、代谢方面也存在一些共性，如初生代谢基本相同。若以生产初生代谢产物为目的，从细菌和真菌中往往都能分离筛选到目的菌株。相反，并不是所有微生物都能进行次生代谢，通常，只有丝状真菌、放线菌以及产芽孢的细菌能进行次生代谢，因此，如果要获得产生某些次生代谢产物的菌种，在系统进化上必须是产芽孢菌及其以后的更高级的进化种类才能筛选得到。

分离不同种类的微生物时，还要考虑微生物生理特性，如 pH、温度等，微生物代谢类型与其生长环境有很大相关性。

一般从土壤中采集样品筛选菌种时要考虑土壤的以下特点：土壤的有机质含量和通风状况、土壤酸碱度和植被状况、地理条件以及季节因素等。若想进一步提高采集样品中目的微生物的浓度，可以采取诱饵法，在采样之前向预采样的环境中添加特殊物质，如石蜡等做成诱饵，以达到富集特定微生物的目的。

2.2.1.2 样品预处理

在分离筛选目标微生物之前，对包含微生物的样品进行预处理，可提高目标微生物分离的效率。通常使用的预处理方法包括物理方法和化学方法。

① 物理方法：主要有热处理、膜过滤和离心三种方法。热处理方法常用来增加耐热微生物的比例，膜过滤法和离心法常用来浓缩富集水中的微生物细胞数量。

② 化学方法：通过在培养基中添加某些化学成分来增加特定微生物细胞数量。

△ 案例 2–2
微生物分离筛选实例

2.2.1.3　富集培养

为了提高分离效率，可通过富集培养增加待分离目标微生物的数量，即根据不同种类的微生物生长繁殖过程对环境和营养要求的不同，使目的微生物在最适条件下迅速生长繁殖，增加数量，成为人工环境下的优势种。一般采用以下两类方法进行富集。

（1）控制培养基的营养成分

在分离具有特定功能的某一类微生物之前，在培养基中加入只有该类微生物可利用的底物作为唯一的碳源或氮源，该类微生物能分解利用底物而得到充分的营养，进行迅速增殖，而其他微生物由于不能分解利用这些物质，生长则受到抑制。

（2）控制培养条件

在培养过程中，常用的不同控制培养条件有：控制不同溶氧浓度，可将好氧和厌氧微生物分开；控制不同温度，可将嗜热和非嗜热微生物分开；控制 pH，可将嗜酸和嗜碱微生物分开；控制高糖或高盐浓度培养基，可获得耐高渗的微生物；控制高压培养条件，可获得耐高压的微生物。此外，在培养基中加不同的抗生素可以获得具有相应抗性的微生物菌株等。

富集培养按其培养方式可分为三类：分批培养、连续培养以及半连续培养。

分批培养是在同一种培养基上重建选择压力，在目的培养菌株占优势的情况下移种，经过几次富集继代分批培养后，可取少量富集的目的菌株接种到固体培养基上进行纯种分离。

目的菌株在富集培养过程中能否占优势，取决于它与其他微生物的最大比生长速率（比生长速率是指单位菌体在单位时间内生长所增加的菌体量）的竞争。因此，可采用连续富集培养。

连续培养是利用比生长速率进行富集。根据 Monod 方程：

$$\mu = \frac{\mu_{max} S}{K_S + S}$$

比生长速率（μ）与限制性基质浓度（S）有关，通过改变限制性基质浓度 S，可以控制各种不同菌体的比生长速率，从而可以富集分离得到所需的菌株。如图 2–1 所示，对于 A、B 两种菌，当 $S < S_0$（S_0 为 A、B 两种具有相同比生长速率时的限制性基质的浓度）时，B 菌株将维持比 A 菌株高的比生长速率，此时将富集 B 菌株；当 $S > S_0$ 时，A 菌株将维持比 B 菌株高的比生长速率，此时将富集 A 菌株。

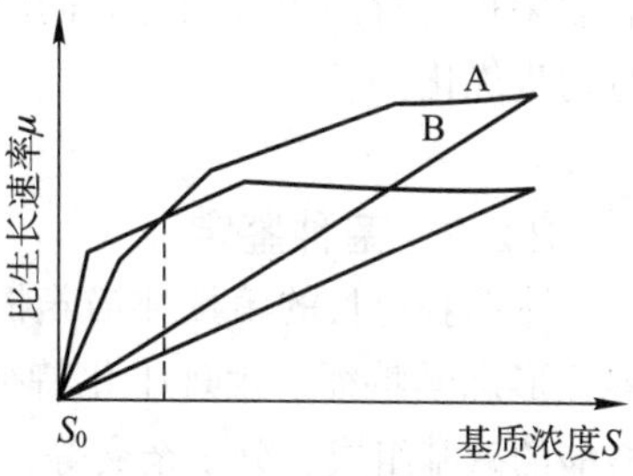

图 2–1　基质浓度对 A、B 两个菌株的比生长速率的影响

半连续培养即分批补料培养，它介于分批培养和连续培养之间，在没有条件实施连续培养时，半连续培养也是富集培养的较好方法。

2.2.1.4　菌种分离筛选

菌种常用的分离纯化方法有：平板划线分离法、稀释分离法、涂布分离法、毛细管分离法、小滴分离法等。

菌种常用的筛选方法有以下几种：

（1）随机分离筛选

随机分离筛选是根据菌种的产物设计高产培养基培养，并建立快速、灵敏和专一的产物检测方法，通过逐一检测随机分离纯化的大量菌株各自发酵产物浓度来决定所要筛选的目的菌株。主要技术关键：产物合成条件的选择与控制；相应快速、灵敏、专一的产物检测方法的确定。随机筛选工作量大、风险很高。

（2）选择性分离筛选

选择性分离筛选是通过采用选择性培养基或控制培养条件来实现，例如，控制培养基营养成分、酸碱度、添加特殊基质或抑制剂；控制特定的培养温度、通气条件等。该方法是通过增加特定的选择压力，实现定向筛选，其筛选效率显著高于随机分离筛选。

△案例 2–3
基于分子标记高效筛选产紫杉醇内生真菌的方法

当然，随着分子生物学发展，也可采用基于分子标记辅助筛选方法，从而显著提高随机筛选的效率。若将分子标记辅助筛选与选择性分离筛选进一步结合，则菌株筛选效率更高。当以上方法都不适用于筛选目的微生物时，需要随机分离微生物、并通过检测微生物产物确定，会使筛选工作量大大增加。目前，建立的高通量筛选方法对于加快筛选工作进度具有重要意义。

（3）高通量筛选

高通量筛选技术是一整套高通量技术的有机整合和合理匹配，具体包括：利用全自动培养基制备与分装系统实现培养基灭菌、倒平板、分装，自动细菌平板稀释仪对菌液稀释、涂平板，通过自动高通量克隆挑选系统挑取单克隆，微型高通量反应器（最多可培养孔数，96 孔 / 板 ×128 板 =12 288 孔）培养单克隆进行验证。利用高通量筛选仪器，实现了快速、准确、微量，一个星期即可筛选成千上万个样品，可以快速筛选大量诱变后的微生物群体，尤其适用无模型，且数量大的微生物筛选。该高通量筛选技术的优点是培养基可自动灌注、清洁、自动挑取单克隆，可在短时间内进行大量筛选，从而大幅提高了工作效率，而且利用机器人、计算机数据处理分析等手段，操作平行、结果具有可比性，可以快速优选出所需目的菌种，但目前自动筛选仪器的一次性设备投资还是很大，维护保养费用也较为昂贵。由于高通量筛选的真正目的是大幅度提高筛选效率，因此，开发无需采用大型高通量筛选设备的高效筛选方法更为重要。

2.2.1.5 复筛

复筛是在初筛基础上，结合发酵工业菌种的具体要求，进一步鉴定初筛所获得的几株菌种的安全性、稳定性和适应性等，尤其是其发酵生产能力，从而确定可用于发酵工业的生产菌株，或将其作为后续菌种选育的出发菌株。同时，在复筛过程中，还可以对所确定的目的菌株的发酵条件和培养基进行初步优化。

2.2.2 菌种鉴定

筛选获得目的菌株纯培养物后的首要工作就是菌种鉴定。目前，微生物鉴定工作主要包括以下内容：形态学特征、生理生化特征、全细胞脂肪酸组成、血清学试验与噬菌体分型、分子生物学鉴定、核酸的碱基组成、分子杂交等，具体如下：

（1）形态学特征

形态学特征主要包括细胞表面形态、细胞内部的显微及亚显微附属结构等，以及菌落形态、颜色、大小、染色反应等特征。

（2）生理生化特征

生理生化特征包括营养类型、对碳源、氮源的利用能力、对生长因子的需求、需氧性、对温度和 pH 以及渗透压的适应性、对抗生素及抑菌剂的敏感性、代谢产物分析及其与宿主的关系等。目前，应用较广的鉴定方法包括：BIOLOG 碳源自动分析鉴定、API 数值鉴定系统（主要应用于细菌和酵母的鉴定）、全细胞脂肪酸分析鉴定系统、细菌磷酸类脂分析等。

（3）血清学试验与噬菌体分型

在生物体外进行不同微生物之间抗原与抗体反应试验（血清学试验）进行微生物的分类和鉴定，通常是对全细胞或者细胞壁、鞭毛、荚膜或黏液层的抗原性进行比较分析。目前，主要使用的方法包括：凝集反应、沉淀反应（如凝胶扩散、免疫电泳）、补体结合、直接或间接的免疫荧光抗体技术、酶联免疫以及免疫组织化学等方法。此外，也可用纯化的蛋白质（酶）进行分析，以比较不同细菌同源蛋白质之间的相似性。

（4）分子生物学鉴定

利用分子生物学方法比较分析不同生物系统发育的关系，从遗传进化角度阐明微生物种群之间的分类学关系，序列相似性越高，其亲缘关系愈近。目前，主要鉴定方法包括：核酸序列分析法，分析细菌 16S rDNA/16S-23S rDNA 区间序列、酵母 18S rDNA/26S rDNA（D1/D2）序列及丝状真菌的 18S rDNA/ ITS1-5.8S-ITS2 序列等；蛋白质氨基酸序列分析等。对于真菌鉴定，18S rDNA 序列保守性强，存在着广泛的异种同源性，如 18S rDNA 序列比对低于 97.5%，该结果并不能真实反应菌种信息，而 ITS 序列保守性具有种内相对一致，种间差异较明显的特性，因此，ITS 序列分析比对更适合于真菌物种的分子鉴定以及属内物种间或种内差异较明显的菌群间的系统发育关系分析。

（5）核酸的碱基组成和分子杂交

生物的遗传信息以碱基排列顺序（遗传密码）形式排列在 DNA 分子中，碱基排列顺序的异同可直接反映生物亲缘关系的远近，且每一种生物都有不同的碱基组成，亲缘关系近的生物，G+C 含量相似。目前，该方法主要采用比较 DNA 的碱基组成（G+C 含量）和分子杂交（与模式菌株进行 DNA/DNA 同源性分析）。

目前，常用的菌种鉴定方法及其过程如下：首先，在获得该菌种纯培养菌落特征的基础上，进一步通过显微镜、电镜等对该微生物菌体形态结构进行观察；其次，对微生物生理生化特征进行分析；再次，通过分子生物学鉴定方法对微生物基因、氨基酸序列进行同源性分析。以上过程可通俗地概括为三个“一”，即：一幅图（该微生物菌落图、显微图以及电镜图）；一张表（该微生物生理生化特征分析结果一览表）；一棵树（基于核酸序列或氨基酸序列同源性分析的系统发育分子进化树）。该方法适用于大多数微生物菌种的鉴定。如需确定微生物的亚种，还可通过随机扩增多态性 DNA 分析（RAPD）、重复序列 PCR 指纹分析（rep-PCR）等方法进行进一步鉴定。

深入学习 2-1
权威菌种鉴定及保藏机构

2.3 发酵工业菌种选育

发酵工业菌种的主要来源有两种：从自然界中分离筛选获得，对已有菌种进行遗传改造。

从自然界分离得到的菌株，在长期进化过程中，形成了较为精密的代谢调控机制，例如，具有反馈抑制、阻遏等代谢调控系统，往往不能满足工业化生产的需求。因此，需要对从自然界筛选获得的菌种进行遗传改良，以满足工业化生产目的。发酵工业菌种选育的主要目标有：提高目标产物的产量；缩短发酵周期；适应较广的原料；提高目标产物的含量或浓度；改良菌种的性状以提高其适应性；改变生物合成途径，以获得高产的新产品等。

案例 2-4
菌种选育实例

2.3.1 自然选育

自然选育是从自然界直接分离获得单菌落或根据菌种的自发突变进行筛选而获得的菌种。自然选育还可达到纯化菌种、防止菌种衰退、稳定生产、提高发酵产量等目的。

2.3.2 诱变育种

诱变育种从广义上讲，可描述为采用各种科学技术手段（物理、化学、生物学以及不同组合）处理微生物菌种，并从中分离得到所需表型的变异菌种。诱变育种，是最常用的菌种改良手段，其理论基础是基因突变，主要方法是采用物理、化学或生物诱变的方法来修改目的微生物基因组（genome），产生突变型。微生物的自发突变频率在 $10^{-8} \sim 10^{-5}$，微生物细胞经诱变剂处理后，可大幅提高突变频率，达到 $10^{-6} \sim 10^{-3}$，这比自发突变提高了上百倍。因此，凡能诱发微生物基因突变，使突变频率远远超过自发突变频率的物理因子或化学物质，均可称为诱变剂。

2.3.2.1 传统诱变

（1）物理诱变

物理诱变是用物理诱变因子使微生物发生基因突变，物理诱变因子主要包括紫外线、X 射线、γ 射线、快中子等。近年来，又兴起了一批新型物理诱变方法，如常压室温等离子体诱变、空间技术诱变、激光及强磁场诱变等。

① 紫外诱变。DNA 和 RNA 的嘌呤和嘧啶对紫外线都有很强的吸收能力，最大吸收峰在 260 nm，紫外线可造成 DNA 链断裂，或使 DNA 分子内或分子之间发生交联反应，使同一条链相邻碱基之间或两条链碱基之间形成二聚体，阻碍碱基正常配对，从而引起微生物突变或死亡，且二聚体的形成还会影响 DNA 双链的解开，进而影响其复制和转录，其中，嘧啶较嘌呤对紫外线更敏感，紫外诱变主要是形成嘧啶二聚体。综上所述，紫外线主要是引起微生物碱基转换、颠换、移码或缺失等突变，导致微生物发生遗传变异。如将紫外线照射后的微生物立即暴露于可见光下，可明显降低其死亡率，该现象称为光修复，即可见光的光能（300 ~ 500 nm）可激活 DNA 光裂合酶，从而打开二聚体，修复 DNA。因此，紫外诱变整个操作过程需在暗箱或红外灯背景下进行，并在暗箱培养，以防止光修复。此外，细胞内还存在另外一种修复体系，这种修复与光无关，又称暗修复，即可通过核酸内切酶、核酸外切酶、DNA 聚合酶、连接酶四种酶协同修复 DNA 损伤。因此，紫外诱变还应注意诱变时和诱变后的培养条件，如温度等，从而避免暗修复。

② 常压室温等离子体诱变。常压室温等离子体是在大气压下产生，温度在 25 ~ 40℃，具有高活性粒子浓度的等离子体射流，如激发态的氦原子、氧原子、氮原子、OH 自由基等。等离子体中的活性粒子作用于微生物，能够使其细胞壁、细胞膜的结构及通透性改变，并能引起基因损伤，进而使微生物基因序列发生变化，最终导致微生物产生突变。该方法可有效造成 DNA 多样性损伤，突变率较高，并易获得遗传稳定性良好的突变株。

③ 空间技术诱变。空间技术诱变是物理诱变的一种特殊应用，即利用宇宙系列卫星、科学返回卫星、空间站及航天飞机等空间飞行器，进行搭载微生物材料的空间诱变育种，通过外层空间特殊的物理化学环境（主要诱变因素为太空辐射和微重力）引起菌种的 DNA 分子的变异和重组，从而得到目的产物产量更高的高产菌种。该方法突变频率高、突变谱广、变异幅度大，且变异性状稳定，可明显改良微生物的某些遗传特性。

（2）化学诱变

化学诱变是利用化学诱变因子使微生物发生基因突变。主要的化学诱变剂有三大类。

① 碱基类似物。碱基类似物是与 DNA 正常碱基结构类似的化合物，即在 DNA 复制过程中，碱基类似物能取代正常碱基被错误掺入 DNA，从而引起变异，如 5- 溴尿嘧啶（BU）和 2- 氨基嘌呤（AP），都能引起 AT 碱基对转换为 GC 碱基对。

② 烷化剂。烷化剂通常是指带有 1 个或多个活性烷基，该基团能够转移到其他电子密度高的分子上，使碱基许多位置上增加了烷基，从而在多方面改变氢键的能力。亚硝基胍（NTG）是最有效并应用广泛的化学诱变剂之一，诱发的突变主要是 GC-AT 的转化，还包括小范围切除、移码突变及 GC 对的缺失。

③ 移码突变剂。移码突变是使 DNA 序列中的一个或少数几个核苷酸发生增添或缺失，从而导致该处后面的全部遗传密码的阅读框发生改变，并进一步引起转录和转译错误的一类突变。该突变是一种点突变，仅针对突变发生处的编码基因，不影响突变点后其他基因的正常编码。如苯并芘、黄曲霉素、吖啶杂类染料等。

化学诱变剂通常都具有毒性，90% 以上是致癌物质或剧毒药品，因此，开展化学诱变实验不仅要注意自身安全，也要防止污染环境。

化学诱变剂也叫掺入诱变剂，这类诱变剂要求微生物细胞必须处在代谢旺盛期（如对数生长期），才能获得最佳诱变效果，而物理诱变不存在生长状态的限制，芽孢、孢子、活化的微生物细胞都可用于物理诱变。

由于物理诱变和化学诱变机制不同，因此，采用理化因素进行复合诱变（如紫外线与化学诱变剂联合使用等），可拓宽突变谱，显著提高诱变效果。

诱变育种基本过程包括：选择合适的出发菌株，制备待处理菌悬液，诱变，筛选，评价，保藏和扩大试验等环节。诱变育种的关键技术：选择简便有效的诱变剂；挑选优良出发菌株；选用合适的诱变剂量，通常低剂量诱变剂反复诱变筛选，更有利于高产菌株的稳定；处理单孢子悬液应均匀；充分利用复合处理的协同效应提高诱变效果；设计高效定向筛选菌株的方案。

2.3.2.2 基于代谢调节的诱变育种

基于代谢调节的诱变育种即代谢控制育种，是通过选育特定突变型，达到改变代谢通路，降低支路代谢终产物的生产，或切断支路代谢途径，并提高细胞膜的透性等，使代谢流向目的产物积累方向。常用的微生物代谢控制育种措施有以下几种：组成型突变菌株的选育、分解阻遏突变株的选育、抗（耐）反馈作用突变株的选育。

（1）组成型突变株的选育

组成型突变是指原来受调节基因和操纵基因调节的诱导酶或阻遏酶，由于调节基因或操纵基因发生变异，酶的合成变为组成型，即不再受生长条件限制，合成量恒定的一种现象。主要包括调节基因的组成型突变和操纵基因的组成型突变两种类型。

微生物在包含诱导酶或阻遏酶的情况下，阻遏物结构由特异的调节基因决定，阻遏物通过与操纵基因结合，就会使该操纵基因控制下的某结构基因簇（操纵子）的转录受到抑制，如果产生这种阻遏物的基因发生变异，它所表达的阻遏物将没有活性，不能和操纵基因结合，该现象称为调节基因的组成型突变；如果由于操纵基因发生变异，导致操纵基因不能与阻遏物相结合，这时操纵子的转录也就不再受抑制，操纵子所决定的蛋白质就会以组成型的方式被合成，该现象称为操纵基因的组成型突变。

在微生物发酵工业中，若想要获得大量高效降解某种多糖或蛋白质等生物大分子的水解酶，通常可采用组成型突变株选育方法，因为这类水解酶一般为诱导型酶，组成型突变株可以大大提高这类水解酶的表达量。目前，组成型突变育种较为有效的方法就是对菌株进行诱变处理，使调节基因发生突变，不产生有活性的阻遏物，或使操纵基因发生突变不再能与阻遏物相结合，两种方法都可达到以上目的。

组成型突变株选育的主要原则是创造一种利于组成型菌株生长而不利于诱导型菌株生长的培养条件，使组成型菌株具有生长优势。具体的定向筛选方法如下。

① 限量诱导物恒化培养法：控制低于诱导浓度的诱导物作为碳源进行恒化连续培养。诱导型菌株不能生长，而组成型突变株因可以产生分解底物的酶而正常生长，并通过连续补加新鲜的培养基，使组成型突变株数量逐渐增多，达到可以分离的浓度。例如，对大肠杆菌半乳糖苷酶的诱导型菌株进行诱变处理，在低浓度乳糖的恒化器中连续培养，不用诱导物，可生产半乳糖苷酶的突变株也可以大量生长，分离即可获得组成型突变株。

② 循环培养法：在一个不含诱导物的培养基上两种菌都可以正常生长，但组成型突变株已经合成特定的酶，因此，再将两种菌在一个含有诱导物为唯一碳源的培养基上进行培养时，组成型突变株适应快、调整期短，经短时间培养后，即可占较大比例，如此反复多次循环培养，组成型突变株所占比例逐渐提高，分离即可获得组成型突变株。

③ 低诱导能力底物培养法：利用诱导能力很低但能作为良好碳源的底物作为唯一碳源对诱导后的菌

液进行培养，组成型突变株因能合成分解该底物的酶，可以正常生长，而需要诱导的野生型菌则不能生长，分离即可获得组成型突变株。

④ 鉴别培养基法：利用在鉴别培养基平板上，两种类型（调节基因或操纵基因）的突变株均可形成不同颜色菌落的特性，可以直接挑选出组成型突变株。例如，利用甘油培养基培养大肠杆菌时，诱导型菌株不产酶，组成型突变株可产生半乳糖苷酶，菌落长出后喷洒邻硝基苯－半乳糖苷，组成型菌株的菌落由于能水解它而呈现硝基苯的黄色，诱导型则无颜色变化，分离即可获得组成型突变株。

⑤ 诱导抑制剂法：即有些化合物能阻止某些酶的诱导合成，利用诱导物作为唯一碳源或氮源，添加诱导抑制剂后，只有组成型突变株能合成酶利用底物进行生长。例如，利用乳糖为诱导剂培养大肠杆菌时，在培养基中添加诱导抑制剂 α－硝基苯基－β 岩藻糖苷，只有组成型突变株可利用底物乳糖进行正常生长，分离即可获得组成型突变株。

（2）抗分解代谢物阻遏突变株的选育

在微生物代谢过程中，一些易分解利用的碳源或氮源及其降解代谢产物，阻遏那些与较难分解的碳源或氮源利用相关的酶的合成，该现象称为分解阻遏。如果能筛选获得抗分解阻遏的突变株，则更便于发酵控制，简化发酵工艺，提高发酵水平。

① 分解代谢物阻遏。分解代谢物阻遏又称广义的葡萄糖效应，是指所有迅速代谢物质都能抑制较慢代谢物质所需酶的合成，涉及一种激活蛋白对转录作用的调控，即在分解代谢物阻遏中，只有当一种称为分解物激活蛋白 (CAP) 首先结合到启动子上游后，RNA 聚合酶才能与启动基因结合。cAMP 由腺苷酸环化酶催化 ATP 而产生，无论在原核生物或高等生物中，cAMP 都是多种调控系统的重要因素，葡萄糖能抑制 cAMP 形成并促进 cAMP 水解并分泌到胞外，葡萄糖进入细胞后，胞内的 cAMP 水平下降，RNA 聚合酶不能与启动子结合。因此，分解代谢物阻遏实际上是胞内 cAMP 缺少的结果。

在微生物发酵工业上，一般通过使用缓慢利用的碳氮源，如多糖、黄豆饼粉等，或流加低浓度的易利用的碳氮源，如葡萄糖、氨水等方法来避开分解代谢物阻遏作用。例如，高浓度的葡萄糖对青霉素转酰酶、链霉素转脒基酶和放线菌色素合成酶等抗生素产生的关键酶均具有分解阻遏作用。主要是由于葡萄糖分解产物的积累，阻遏了抗生素合成关键酶基因的表达，从而抑制了抗生素合成。因此，在实际生产中，通常采用流加葡萄糖或应用混合碳源的方式控制葡萄糖分解中间产物的积累来减少其对发酵的不利影响。

② 抗碳源分解代谢物阻遏突变株的筛选。碳源分解代谢物阻遏是指微生物在混合碳源条件下优先利用速效碳源，且该碳源的代谢产物会抑制其他非速效碳源代谢相关酶的基因表达和活性，从而影响非速效碳源的利用。抗碳源分解代谢物阻遏突变株的筛选即通过选育抗葡萄糖结构类似物突变株的方法，筛选抗碳源分解代谢物阻遏突变型。葡萄糖结构类似物包括 2– 脱氧 –D– 葡萄糖和 3– 甲基 –D– 葡萄糖等。如利用紫外线、亚硝基胍等对里氏木霉进行诱变处理，采用低剂量、多次复合诱变处理方法，以 2– 脱氧 –D– 葡萄糖作为降解产物阻遏物进行高效筛选，选育得到一株抗碳源分解代谢阻遏的突变株，使纤维素酶活力提高了 3 倍。

③ 抗氮源分解代谢物阻遏突变株的筛选。氮源分解代谢物阻遏主要是指分解含氮底物的酶受快速利用氮源的阻遏，次级代谢的氮降解物阻遏主要指铵盐和其他快速利用的氮源对抗生素等生物合成具有分解阻遏作用。通过选育抗氨类似物和氨基酸类似物抗性突变株的方法筛选抗氮源分解代谢物阻遏突变型。氨结构类似物主要是甲胺等。如螺旋霉素的生物合成受铵根离子的阻遏，通过诱变选育获得耐甲胺的突变株，就可以解除此阻遏作用，从而提高螺旋霉素的发酵效价。

（3）抗（耐）反馈作用突变株的选育

在生物合成途径中，广泛存在着反馈作用，即末端产物阻遏或抑制合成途径（包括分歧途径）中第一个酶的表达或活性，降低末端产物的浓度就能积累代谢途径中间体，克服反馈作用，可从以下两方面着手。

① 降低末端产物浓度。降低末端产物浓度主要是通过筛选代谢障碍突变株即营养缺陷型来实现。营养缺陷型是由结构基因突变引起合成代谢中一个酶失活直接使某个生化反应发生遗传性障碍，使菌株丧失合成某种物质的能力，导致该菌株在培养基中不添加这种物质，就无法生长，其在微生物遗传学上具有特殊的地位，不仅广泛应用于阐明微生物代谢途径，而且在工业微生物代谢控制育种中也具有重要意义。

营养缺陷型有三种主要利用形式：可以阻断代谢途径，积累中间代谢产物；可以通过阻断分支代谢途径，改变代谢流向，从而积累另一条代谢途径的代谢产物；可以改变代谢流向，解除代谢终产物对合成途径的反馈抑制。育种中可以利用营养缺陷型菌株这一特性来积累有用的中间代谢产物。利用营养缺陷型协助解除代谢反馈调控机制，已在氨基酸、核苷酸等初级代谢和抗生素次级代谢发酵中得到很有价值的应用。

渗漏缺陷型是一种特殊的营养缺陷型，是遗传性障碍不完全的突变型，其特点是酶活力下降但没有完全丧失，并能在基本培养基上少量生长。获得渗漏型的方法是把大量营养缺陷型菌株接种在基本培养基平板上，挑选生长特别慢且菌落小的即可。利用渗漏缺陷型的优点是既能少量地合成代谢产物，又不造成反馈抑制的现象。

改变细胞膜和细胞壁的通透性，使其有利于产物的分泌，也是降低末端产物浓度的一种途径。例如，谷氨酸生产菌的细胞膜磷脂含量高时，细胞的通透性较差；磷脂含量低时，通透性较好。

② 抗反馈作用突变株的选育。抗反馈作用突变株是一种解除合成代谢反馈调节机制的突变型菌株，其特点是所需产物不断积累，不会因其浓度超量而终止生产。有两种情况可以造成抗反馈调节突变，一种是由于结构基因突变而使变构酶不能和代谢终产物相结合，因此，失去了反馈抑制作用，称为“抗反馈抑制突变型”；另一种是由于调节基因突变引起调节蛋白不能和代谢终产物相结合而失去阻遏作用，因此，称为“抗阻遏突变型”。操纵基因突变也能造成抗阻遏作用，产生类似于组成型突变的现象。

一般来说，抗阻遏突变可能使胞内的酶成倍地增长，而抗反馈抑制突变胞内酶量无变化。从作用效果上讲，二者都会造成终产物大量积累，而且往往两种突变同时发生，难以区别，通常统称为“抗反馈调节突变型”。

在实际应用中，抗反馈突变株通常可以用添加末端产物类似物的方法来筛选。抗反馈调节的结构类似物主要有：Lys/ 苯酯基赖氨酸、α- 氯己内酰胺、γ- 甲基赖氨酸；Thr/ 邻甲基 -L- 苏氨酸；Met/ 乙硫氨酸，末端产物类似物和末端产物结构类似，因而能够引起反馈作用，但是它们不能参与生物合成，因此，在培养基中添加末端产物类似物，出发菌株由于代谢途径受阻不能合成所需的末端产物，从而导致细胞死亡；对类似物不敏感的突变体将不受反馈抑制或阻遏的影响，在有类似物存在情况下也能正常合成该末端产物。如添加类似物 D- 精氨酸，诱变选育获得的谷氨酸棒杆菌抗反馈突变株，可明显提高 L- 精氨酸产量。工业应用过程中，也可通过诱变选育改变菌体代谢流向，筛选无泡沫突变株。

△案例 2–5 无泡沫突变株的选育

2.3.3 细胞工程育种

细胞工程方法主要是指杂交育种，其本质是基因重组，其特点是在细胞水平上对菌种进行操作，采用杂交、接合、转化、转导、原生质体融合等遗传学方法，将不同菌种的遗传物质进行交换、重组，使不同菌种的优良性状集中在一个重组体中，从而提高产量或改善菌株发酵性能。

（1）杂交育种的遗传标记

微生物杂交育种所使用的配对菌株称为直接亲本，由于多数微生物尚未发现其有性世代，因此，直接亲本菌株应带有适当的遗传标记。常用的遗传标记有以下几种：营养缺陷型标记、抗性标记、温度敏感性标记以及其他性状标记。

（2）细菌杂交育种

细菌杂交育种一般是将供体菌株和受体菌株细胞接触，供体菌株通过 F 因子向受体菌株转移遗传物质，使两菌株间的基因进行连接、交换和重组，利用基本培养基或选择性培养基筛选重组体。其中，F 因子是菌株杂交行为的决定因素。

（3）放线菌杂交育种

放线菌与细菌一样是原核生物，没有完整的细胞核结构，有一条环状染色体，它的遗传结构与细菌相似，基因重组过程也类似于细菌，但放线菌的细胞形态和生长习性与霉菌很相似，具有复杂的形态分化，生长过程中产生菌丝体和分生孢子。放线菌杂交育种原理与霉菌差别较大，而放线菌杂交育种操作方法与霉菌基本相同。

（4）霉菌杂交育种

霉菌杂交育种是利用准性生殖过程中的基因重组和分离现象，将不同菌株的优良特性集合到一个新菌株中，然后通过筛选，获得具有新遗传结构和优良遗传特性的新菌株。霉菌杂交育种过程主要有以下几个环节：异核体的形成、杂合双倍体的形成和检出、体细胞重组（染色体交换和单倍化）和高产重组体的筛选等。

由此可见，有性生殖和准性生殖最根本的相同点是它们均能导致基因重组，从而丰富遗传基础，出现子代的多样性。

（5）原生质体融合

原生质体融合技术是现代生物技术的一个重要方面，它可将遗传性状不同的两个细胞融合为一个新细胞，通过原生质体融合进行基因重组的研究，最先在植物细胞中发展起来，随后应用于真菌，最后又扩展到原核微生物，并在原核生物方面形成了一个系统的实验体系，该技术已成为微生物育种的重要工具。

原生质体融合技术在工业发酵中的应用相当普遍，包括：①高产菌株的选育，如氨基酸、有机酸、抗生素、酶制剂、维生素、核苷酸、乙醇等工业菌株的选育；②把参与融合双方的优良性状结合在一起；③利用原生质体融合可以合成新产物，如紫色链霉菌能产紫霉素 B1，吸水链霉菌能产生保护霉素，两者融合后，构建出一株重组菌株，产生一种新的抗生素——杂种霉素。

2.3.4 基因工程育种

基因工程也称遗传工程、重组 DNA 技术，是现代生物技术的核心，是以人们可控制的方式来分离和操作特定的基因或蛋白，该技术已在氨基酸、核苷酸、维生素、抗生素、多糖、有机酸、酶制剂等成功应用，且部分工程菌已获准进行专门生产，如细菌 α- 淀粉酶、凝乳酶、L- 苏氨酸、L- 苯丙氨酸等。据悉，丹麦的诺维信（Novozyme）公司的工业酶已有 75% 是由工程菌生产，传统发酵领域里的基因工程菌数量也正在迅速上升。

随着基因工程和基因组学技术的发展，基因工程育种目前主要包括以下几种方式：第一代基因工程（经典基因工程）育种、蛋白质工程育种、代谢工程育种、基因组工程育种、全局转录机器工程育种、组合生物合成育种等。

2.3.4.1 第一代基因工程育种

案例 2–6
菌种改选以回收 CO_2 提高发酵产量

第一代基因工程育种主要是指将一种生物体（供体）的基因与载体、质粒等在细胞外进行 DNA 拼接重组，并转入另一种生物体（受体）内，进行持续稳定的繁殖，从而提高目的产物产量或表达出新产物和新性状。基因工程育种四要素包括：外源 DNA，载体，工具酶和受体细胞等。大肠杆菌被称作最好的受体系统之一，相关应用技术成熟，是现有大多数克隆载体的宿主，和酵母菌一起被看作是第一代基因工程受体系统。该技术发展较早，应用成熟，广泛应用于疫苗、抗生素、高分子多聚物等的发酵生产。

2.3.4.2 蛋白质工程育种

酶或蛋白质在医药、工业和环境保护中起着重要的作用，为了获得具有新功能的酶或蛋白质，可以通过以下方式实现：寻找新的物种，再从中分离筛选新蛋白，或者通过对现有菌株中天然功能蛋白进行改造。在实际需求中，通常对蛋白质的性质有特殊要求，天然蛋白质难以满足，因此，在体外对蛋白质进行改造已成为医药和工业领域中获得新功能蛋白质的重要方法，以该方法选育获得具有新功能蛋白质的菌种被称为蛋白质工程育种。目前，蛋白质工程育种的方法分为理性设计（定点突变、定向改造）和非理性的体外定向进化（随机突变、定向筛选）两大类。

（1）定点突变技术

定点突变（site-directed mutagenesis，SDM）是基于蛋白质工程的理论，以计算机预测的蛋白质结构和功能为基础，设计新蛋白质的氨基酸序列，应用重组 DNA 技术设计并构建具有新性质的蛋白质或酶的过程，这种方法称为理性设计方法，适用于三维结构已被解析的蛋白质，被视为第二代基因工程。定点突变现亦普遍用于菌种改良，通过改变蛋白质一级结构而改变蛋白质的性质，如蛋白酶在高 pH 和高温条件下获得新的稳定性或底物专一性。利用定点突变技术对天然酶蛋白的催化性质、底物特异性和热稳定性等进行改造已有很多成功的实例，但定点突变技术只能对天然酶蛋白中少数的氨基酸残基进行替换，酶蛋白的高级结构基本维持不变，因而对酶功能的改造较为有限。随着人们对蛋白质结构与功能认识的深入，近年来，出现了融合蛋白和融合酶技术。这种技术根据蛋白质的结构允许某个结构域的插入与融合，使用 DNA 重组技术让不同基因或基因片段融合，经合适的表达系统表达后即可获得由不同功能蛋白拼合在一起而形成的新型多功能蛋白。目前，融合蛋白技术已被广泛应用于多功能工程酶的构建与研究中，并已显现出较高的理论及应用价值。

（2）定向进化技术

定向进化（directed evolution，DE）是近几年新兴的一种蛋白质改造策略，可以在尚不知道蛋白质的空间结构，或者根据现有的蛋白质结构知识尚不能进行有效的定点突变时，借鉴实验室手段在体外模拟自然进化的过程（随机突变、重组和选择），使基因发生大量变异并定向选择出所需性质或功能的蛋白质。这类方法的共同特点是不需要了解目标蛋白的结构信息，依赖基因随机突变技术，建立突变体文库，辅以适当的高通量筛选方案，可简便快速地实现对目标蛋白的定向进化。

易错 PCR 是 DE 常采用的建立突变体文库的主要手段之一。

易错 PCR（error-prone PCR）：它是通过改变 PCR 反应条件，增加 DNA 聚合酶在扩增时碱基错配的概率，是一种相对简单、快速、廉价的随机突变方法。与正常的 PCR 相比，易错 PCR 一般通过改变以下条件来增加错配几率：

① 降低一种 dNTP 的量（降至 5%～10%），以 dITP 来代替被减少的 dNTP 等，使碱基在一定程度上随机错配而引入多点突变；

② 使用错配几率较高的 DNA 聚合酶。已知的 DNA 聚合酶中，*Taq* DNA 聚合酶的错配概率最高；

③ 增加 Mg^{2+} 的浓度，以稳定非互补的碱基配对；

④ 加入 0.5 mmol/L 的 Mn^{2+}，以降低聚合酶对模板的特异性。

2.3.4.3 代谢工程育种

随着生物化学、遗传学及分子生物学的发展，各种生物合成代谢途径及代谢调节机制逐渐被阐明，人们能够通过控制外因，也就是控制微生物外部的发酵条件来解除反馈调节，使生物合成的途径朝着人们希望的方向进行，从而实现代谢调控发酵，同时，还可以改变内因，根据微生物自身代谢途径，通过改变代谢流和代谢途径来提高发酵产品的产量、改善生产过程、构建新的代谢途径或产生新的代谢产物，以上就是通常所说的代谢工程育种，是近期非常重要的菌种改良手段。代谢工程育种可以大大减少育种工作中的盲目性，提高育种效率和效果。

（1）代谢工程育种

△ 案例 2-7
改造谷氨酸棒状杆菌提高L-赖氨酸产量

① 改变代谢途径。改变代谢途径是指改变分支代谢途径的流向，阻断其他代谢产物的合成，以达到提高目标产物产量的目的。改变代谢途径的方法有多种：加速限速反应、改变分支代谢途径流向、构建代谢旁路和改变能量代谢途径等。

② 扩展代谢途径。扩展代谢途径是指在引入外源基因后，使原来的代谢途径向后延伸，产生新的末端产物，或使原来的代谢途径向前延伸，可以利用新的原料合成代谢产物。

③ 转移或构建新的代谢途径。转移或构建新的代谢途径是以达到提高目标产物产量或合成新的化合物为目的，主要包括以下几个方面：将催化一系列生化反应的多个酶基因，克隆到不能产生某种代谢产物的微生物中，使之获得产生新的化合物的能力；克隆少数基因，使细胞中原来无关的两条代谢途径联结起来，形成新的代谢途径，产生新的代谢产物；将催化某一代谢途径的基因组克隆到另一微生物中，使之发生代谢转移，产生目的产物。

（2）反向代谢工程育种

经典的代谢工程主要是确定代谢途径中的限速步骤，通过关键酶的过量表达来解决限速瓶颈，常被称为推理性代谢工程（constructive metabolic engineering），该方法已在众多项域取得了成功，但对于复杂代谢网络而言，由于对其缺乏透彻的了解，代谢改造缺乏理论依据，这种直接基因改造结果与人们的想象相差甚远。20 世纪 90 年代兴起的反向代谢工程（inverse metabolic engineering）则从另一角度进行代谢设计，从而避免了对复杂代谢网络的充分认识过程。

反向代谢工程是依据反向遗传工程思想，利用具有高通量特点的转录组学等技术，对高产突变株与野生型菌株进行遗传差异分析，从而确定高产菌株的差异基因，并以此差异基因作为代谢工程改造的新靶标，以期通过对该新靶标基因进行遗传改造获得更好性能的菌株。

反向代谢工程育种的典型策略如图 2-2 所示。

反向代谢工程的关键在于确定希望表型的遗传基础，这对于依赖多基因的表型来说，是非常困难的。随着系列组学技术的快速发展，使得微生物基因与表型之间相关性分析变得相对简单，因此，基因和代谢的表型建立的一一对应关系，可使人类按照自己的意志构建和组装理想生物，反向代谢工程的应用更加自如。

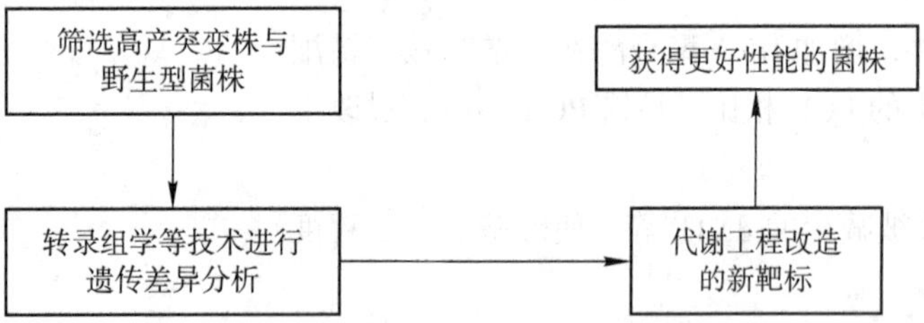

图 2-2 反向代谢工程育种

将代谢工程与蛋白质工程相结合，将打破代谢工程仅仅利用天然存在的基因克隆这一局限，通过对正常蛋白质的结构和功能的认识，构建变体蛋白以实现新的功能，从而解除原有细胞代谢的很多限制因素（如酶活性低、与底物亲和力不够、受调节物抑制等），这种逆向思维已经远超出了反向代谢工程创立之初的设想，并将成为代谢工程研究的主流方向。

2.3.4.4 基因组重排育种

基因组工程育种，它是分子定向进化在全基因组水平上的延伸，它将重组的对象从单个基因扩展到整个基因组，由无性进化向有性进化提升，是技术的重大进步，可以在更为广泛的范围内对菌种的目的性状进行优化组合，可分为基因组重排和基因组编辑、DNA 改组三种。

（1）基因组重排育种

构建一个包含各种不同正突变的基因组库，将正突变菌株通过原生质体融合对基因组进行随机重组，筛选目的性状改进的菌株来进行下一轮基因组重排，通过循环多轮的随机重组，可以快速、高效地选育出表型得到较大改进的杂交菌种。基因组重排技术提出后的短短几年时间，在菌种改进方面已经取得了突出成果。

（2）基因组编辑育种

指在基因组尺度对细胞进行有效设计与高效改造，可实现基因组上多个位点同步插入或删除实现多个代谢分支途径的组合优化，以及外源代谢路径的大片段基因组整合实现全新代谢功能的改造等。目前，主要通过以下几个策略实现。

① 基因组多重位点的同步编辑技术：该技术可在基因组范围内对任意的多个位点进行同步修饰，包括多个基因的 RBS（ribosomebinding site）序列修改、基因启动子的同步替换、多个基因的同步失活等，可实现组合调控多个酶的表达水平，同步实现分支路径弱化与主代谢路径强化等，从而克服多重代谢通量优化的细胞代谢网络改造的困难。

② 双链断裂介导的高效插入、替换和删除技术：是对基因组进行定点修饰的一项新技术，借助特异性 DNA 双链断裂（DNA double-strand breaks，DSBs）激活细胞天然的修复机制，利用该技术可精确定位到基因组的某一个位点，在该位点剪断靶标 DHA 片段并插入新的基因片段，是一种最直接有效的研究特定基因功能的方法，已经成为了近年来从不同物种中开发有价值的新性状的强大工具。其中，锌指核酸酶（ZFNs）、转录激活因子样效应物核酸酶（TALENs）和 CRISPR/Cas 系统是构成基因组编辑的三大核心技术，CRISPR/Cas9 作为第三代人工核酸酶成为目前研究的热点，相对于 ZFN 和 TALEN 具有独特的优势：构建简单方便快捷，适用于任何分子生物实验室；用于基因组的点突变编辑优于 ZFN 或 TALEN；CRISPR/Cas9 切口酶活性精确。

③ 基因组大片段的插入、删除、剪切和粘贴技术：在现有基因组基础上，采用低成本的大片段合成 DNA，并进行自定义改造，可提高基因组大片段编辑的效率，这种大片段 DNA 的插入或删除技术主要是由位点专一的重组酶和它的独特的特异性识别位点组成。包括 P1 噬菌体的 Cre/lox 重组系统，酵母的 Flp/FRT 重组系统等。

基因组工程育种可以对出发菌株进行定点、多重位点同步修饰，且可对基因组大片段进行编辑，达到高效定向筛选目标菌株的目的，该技术目前存在构建复杂等问题，但相对于其他传统的转基因技术优势明显，因此，利用基因编辑技术对微生物进行育种必将成为未来主要发展趋势。

（3）DNA 改组育种

DNA 改组又称 DNA 体外分子进化，是一种 DNA 体外反复突变、重组的过程，是将一组紧密相关的核酸序列随机片段化，这些片段通过自配对 PCR 或重组装 PCR 延伸，最后组装成一个完整的全长核酸序列。在这个过程中就引入了大量突变并进行了重组，通过定向筛选，可实现核酸序列的迅速进化，就可大幅提高核酸序列或其编码蛋白的功能。其原理如图 2-3 所示，主要包括以下步骤。

① 目的 DNA 片段的获得：目的基因既可以是单一基因或相关基因家族，也可以是多个基因、一个操纵子、质粒甚至整个基因组。

② 随机片段化：目的片段在 DNase I 的作用下，随机消化。随机片段的大小，视整个目的 DNA 的长度而定，常常是 50～100 bp，也可以更小，而且随机片段大小与重组频率、突变频率密切相关。片段越小，则突变、重组频率越高。通过控制 DNase I 的用量、作用时间，可以控制随机片段的大小。

③ 重组装 PCR/ 无引物 PCR：不添加引物，进行 PCR 反应。由于没有额外添加引物，在变性、退火过程中，根据不严格的序列同源性，小片段间就会随机地进行配对、缓慢延伸，经过多轮循环，产生一系列不同大小分子组成的混合物，最终逐渐组

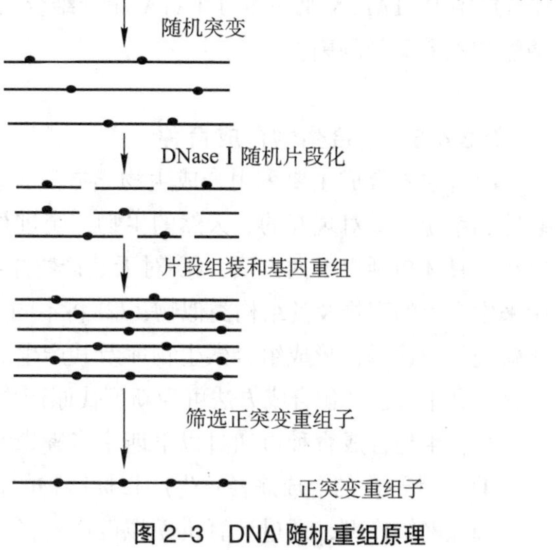

图 2-3 DNA 随机重组原理

装成全长的目的 DNA 片段。在这个过程中，由于配对的不精确性，就会引入突变及重组。并且其突变形式多样，可以包括点突变、缺失、插入、颠倒、整合等多种类型，以上几种类型突变一般不能通过常规突变技术实现。突变频率可以通过控制缓冲溶液的组成、DNA 随机片段的大小、DNA 聚合酶的选择（*Taq*、*Pfu*、*Pwo* 等）来控制，常常可以控制在 0.05% ~ 0.7% 之间。另外，由于任何同源短序列间都可以配对，因此，其重组是一种随机的、非位点特异性的，配对形式也是一种群体式而非两两配对，而且重组对同源性要求不高，通过合成不同的寡核苷酸片段，可以对同一基因的不同部分同时进行盒式插入替换。在常规 PCR 中，总是引物、模板间的两两配对（pairwise），突变是我们需要尽量避免的，而在该方法中，突变则被人为地加以利用，是众多小片段间的群体性配对（poolwise），并且还产生了类似于自然条件下的不同谱系间的重组，所以，基于此，有研究者 称其为有性 PCR。

④ 突变文库构建及筛选：利用基因两端序列为引物合成全长的重排产物，这些重排产物的集合被称为突变文库。在突变文库中添加引物，进行常规 PCR ，得到全长 DNA 片段，将其插入合适的表达载体，转化宿主进行表达，通过选择压力的设置、模型的建立进行定向选择或筛选得到目的功能有所提高的突变体。此突变体又可作为下一轮重排的出发点，继续进行定向改造，最终选育获得所要的菌株。通过多轮选择、筛选，可以将阳性突变迅速组合在一起，将有害突变去除，并且在每一轮重排的最后，如果用过量的野生型序列或起始序列去回交，通过选择、筛选，可以将中性突变也区分出来，这对于结构与功能的研究，将提供十分有用的信息。

DNA 随机重组成功的三个关键因素：相关基因组中基因的相似程度、酶切产生的 DNA 片段大小、退火温度。该方法是目前应用最广泛的随机突变方法，已被广泛地应用于生物制药领域中新蛋白的开发。

2.3.4.5 全局转录机器工程育种

全局转录机器工程又称为全局生理工程，最初由麻省理工学院的 Alper H 于 2006 年在《科学》杂志上提出，将酿酒酵母中的 *SPT15* 和 *TAF25* 基因随机突变后导入宿主中，筛选出耐乙醇的优良菌株，通过后续分析发现这两个基因上的两到三个氨基酸的突变最终导致下游一系列基因的扰动，最终得到优势菌株。随后，Alper H 于 2007 年在《代谢工程》上正式论述了这个概念。

全局转录机器工程技术，首先对 RNA 聚合酶的 σ 因子进行克隆，并采用易错 PCR 或 DNA 改组的方法进行随机突变，之后构建突变库，再进一步转入目标宿主菌株，构建重组菌株突变库，最后通过合适的筛选方法，筛选得到全局最优的目标表型。将 σ 因子进行改造使得其构象发生变化，可识别其他启动子，从而启动相关基因的转录与表达，从全局角度对菌株代谢途径进行改造，使得工程菌株获得各种优良性状成为可能，极大优于传统改造方法。例如，通过易错 PCR 对 RNA 聚合酶Ⅱ转录因子 TFIID 中 TAF25 亚基和与 TATA 序列结合的 SPT15 亚基进行多轮改组突变修饰，筛选出对高浓度葡萄糖和乙醇耐受的菌株。

延伸阅读 2–2
全局转录机器工程育种

2.3.4.6 组合生物合成育种

延伸阅读 2–3
组合化学开发药物

延伸阅读 2–4
组合生物合成开发药物

组合生物合成主要采用合成生物学方法，以工程学思想作为指导，从头设计并构建新的生物元件、装置和系统，或对现有的、天然的生物系统进行重新设计和改造，从而合成新型的复杂化合物的技术或方法。具体包括以下两方面：① 对天然产物生物合成途径特异性地遗传改造，以此获得基因重组菌株，用来生产目的产物及其结构类似物；② 将不同来源的天然产物生物合成基因进行组合，在微生物体内重建新型代谢途径，形成组合微生物库及其产生的新型产物库，从而有利于筛选具有应用价值的新型代谢产物。利用组合生物合成方法可为新型代谢产物的发现提供一条有效途径。

组合生物合成育种可通过以下四个步骤来实现：

① 设计最优的合成途径：生产目标产物的合成途径一般不会存在于单一生物中，根据基因组代谢网络和调控网络模型，通过计算机模拟设计，将不同的生化反应组装到一个底盘细胞中，形成一条完整的

目标产物合成的最优途径。

② 创建合成途径：依据设计最优的合成途径，采用DNA合成技术、多片段DNA组装技术，以及标准化结构元件和调控元件，结合高通量筛选，快速高效地实现功能模块组装和合成途径创建。

③ 优化合成途径：基于标准化调控元件文库，可以对创建的合成途径各个基因的表达进行精确调控，结合多重基因组改造技术对染色体上的多个基因进行改造，结合高通量筛选，确定最优的调控组合，显著提高合成途径的转化效率。

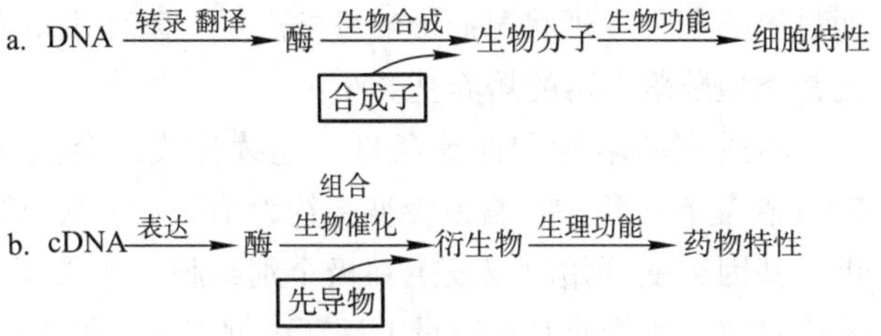

图 2-4 DNA 改组育种

④ 优化细胞生产性能：在提高人工细胞的生理性能和生产环境适应能力基础上，进一步通过进化代谢和全局扰动等基因工程育种技术有效地提高细胞的生产性能。

2.4 发酵工业菌种保藏原理与方法

2.4.1 菌种退化及其机理

2.4.1.1 菌种退化

所谓菌种退化，主要指生产菌种或选育过程中筛选出来的优良菌株，由于进行接种传代或保藏之后，群体中某些生理特征或形态特征逐渐减退或完全丧失的现象。集中表现在目的代谢物合成能力降低，产量下降。以生长代谢来讲，孢子数量减少或增多、部分菌落变小或变大、生长能力减弱或生长速度变慢等。

菌种退化不是突然变化的，而是从量变逐步累积到质变的过程。开始时，在群体细胞中仅出现产量下降的个别突变细胞，不会使群体菌株性能明显改变，经连续传代，负突变细胞达到一定数量，在群体中占了优势，从整体上反映产量下降及其相关的一些特性发生了变化，表现出现退化现象，菌种退化的原因决定于菌种遗传特性、培养条件及生理状态。

（1）遗传特性发生改变

① 自发突变。DNA复制过程会出现偶然差错；环境中某些物质和某些微生物代谢产物的微弱诱变作用，菌种以很低频率发生突变，并累积突变，最终导致菌种遗传特性发生改变。

② 回复突变。突变或杂交重组所产生的变种往往不很稳定，容易发生回复突变或产生分离子，以致在菌种这一群体中形成具有不同基因型的个体，导致菌种遗传特性发生改变。

③ 异核或多核现象。某些菌丝生长时会与邻近遗传特性相同或不同的菌丝细胞间发生融合，使一条菌丝里含有多个遗传特性相同或不同的细胞核，形成多核或异核菌丝体（异核体），所产生的单核或多核孢子具有不同遗传特性，导致菌种遗传特性发生改变。

④ 表观遗传修饰。表观遗传修饰是指在不改变DNA序列情况下，发生了一种可影响基因表达的基因组变化。DNA甲基化是最早发现的修饰途径之一，大量研究表明，DNA甲基化能引起染色质结构、DNA构象、DNA稳定性及DNA与蛋白质相互作用方式的改变，从而控制基因表达。对退化的绿僵菌研究表明，活性氧积累引起线粒体损伤，表现为线粒体DNA脱氧鸟嘌呤发生了非酶促糖基化以及线粒体膜电位下降，间接证明了DNA糖基化也影响了DNA的结构和功能，从而导致菌种遗传特性发生改变。

（2）培养条件对菌种特性的影响

培养基对发酵产量有重大影响：培养基性质可影响菌落类型的比例，进而影响发酵产量；培养基通过影响菌种生理状况而影响发酵产量。菌种用培养基应选择传代后生产能力下降不明显、不易衰老、正常类型菌落丰富的培养基。

不适宜的培养和保藏条件，连续传代，会加速衰退。微生物自发突变都是通过繁殖传代出现，DNA 在复制过程中，自发突变率约为 10^{-9} ~ 10^{-8}，移接代数越多，发生突变的概率就越高。从另一角度讲，基因突变开始时仅发生在极个别细胞，如果不传代，个别低产细胞并不影响群体表型，只有通过传代繁殖，才能使其在数量上逐渐占据多数，最终使得群体表型上出现了退化。

2.4.1.2 菌种退化的防治

遗传是相对的，变异是绝对的。因此，要求一个菌种永远不衰退是不可能的。所以，需要采取积极措施，使菌种优良特性延缓退化，或及时挑选未退化和正突变的菌株进行保藏和传代。通常主要采取以下措施进行有效防治：① 选择单核细胞的纯菌种；② 选择有效的保藏手段，减少传代，并经常纯化；③ 给菌种创造良好的培养条件，如在培养基中加入活性氧抑制剂 N- 乙酰 -L- 半胱氨酸，能使退化的菌株恢复部分产孢子能力；④ 对已退化的菌种进行复壮，不但可以使菌种保持优良的生产能力，还能使已退化的菌种的性能得到恢复提高。

2.4.1.3 菌种复壮

对于退化的菌种继续进行生产时要进行复壮。狭义的复壮是指在菌种已经发生衰退的情况下，通过纯种分离和性能测定，从已衰退群体中筛选出少数尚未退化个体，以达到恢复原菌株固有性状的措施。广义的复壮是指在菌种生产性状尚未衰退前，就经常有意识地采取纯种分离和性状测定，以期从中选择到自发正突变个体。菌种复壮的具体方法有纯种分离法和遗传育种法。

纯种分离法是将菌种通过纯种分离，可将衰退菌种细胞群体中仍保持原有典型性状的单细胞分离出来，经扩大培养，就可恢复原菌株的典型性状。遗传育种法是把退化的菌种重新进行遗传育种，从中再筛选出高产而不易退化的稳定性好的生产菌种。

2.4.2 菌种保藏原理

菌种保藏的基本原理主要是根据微生物的生理、生化特点，人工地创造条件，使微生物的代谢处于不活泼、生长繁殖受抑制的休眠状态。保藏时首先要挑选优良纯种，最好是它们的休眠体（孢子、芽孢等），其次是要创造一个最有利于休眠的环境条件，如低温、干燥、缺氧和缺营养等，以达到降低其代谢活动、延长保藏期的目的。一个较好的保存方法，首先应能较长期的保存原有菌种的优良特性，使菌种稳定，同时也要考虑到方法本身的经济简便。

2.4.3 菌种保藏方法

（1）斜面低温保藏法

斜面低温保藏法主要是利用低温条件，即将菌种接种在不同组分的斜面培养基上，待菌种生长完全后，便置于 4℃左右冰箱中保藏，每隔一定时间进行移植培养，生长后再转移至新斜面继续保藏。该方法适用范围较广。保藏特点是操作简单、不需特殊设备，但保存时间短，且因传代较频繁，菌种较易发生变异。

（2）液体石蜡保藏法

液体石蜡保藏法是传代培养的变相方法，该方法一方面可防止因培养基水分蒸发而引起菌种死亡，另一方面可阻止氧气进入，以减弱代谢作用，延长保藏时间。无菌液体石蜡的制备可通过高温蒸汽灭菌，然后在 120℃烘箱将水分烘干，备用。保藏方法即将生长良好的斜面在无菌条件下倒入已经灭菌的液体石蜡，油层要高于斜面末端 1 cm，直立放置于低温（4 ~ 6℃）干燥处进行保藏。该方法的适用范围主要是放线菌、霉菌、酵母菌等，不宜用能同化石蜡油等烃类物质的微生物。

（3）砂土管保藏法

砂土管保藏法的原理是低温、干燥、缺氧及缺营养。方法即取细砂过 40～60 目筛，用 10% 盐酸处理 2 h，水洗至中性，烘干，取肥沃园土过筛，将细土与砂按 1∶2（*m/m*）混合，分装入安培管内约 2cm 高，加棉塞，间歇灭菌三次，灭菌后的砂土，放培养基上培养，经检查确认无菌后备用。将菌苔已长好的斜面，注入无菌水 3～5 mL，用接种针轻轻将菌苔刮下，使成菌悬液，用无菌滴管吸取菌液滴入砂土管中，滴入菌液量以管中砂土全部湿润为度，砂土和菌液在管中高度约 2 cm，把装了菌液的砂土管放在装有干燥剂的真空干燥器中，接通真空泵抽真空后，置于 5～8℃低温干燥处保存。该方法的适用范围主要是产孢子的微生物，如产芽孢的细菌、放线菌和霉菌。其特点是简单易行，但工作量较大，费人力。

（4）冷冻真空干燥法

冷冻真空干燥法主要是利用低温、干燥和缺氧的条件，如图 2-4 所示。

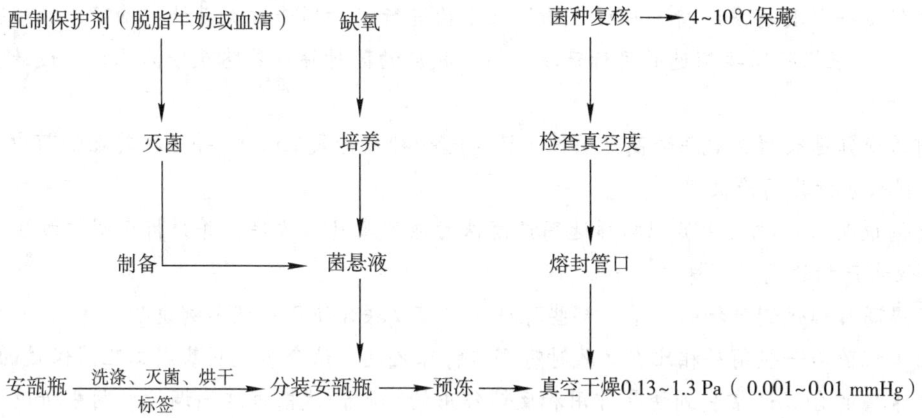

图 2-4　冷冻真空干燥法原理图

该方法的适用范围是各类微生物，但也有报道对不长孢子或长得很少孢子的真菌保藏效果不佳。其特点是保存时间长（一年至数十年），且存活率高，变异率低。但手续较麻烦，需要一定的设备，操作较严格。

（5）超低温保藏法

在超低温状态下，所有的代谢活动暂时停止并能持久和最大限度保持细胞生命延续，降低甚至阻断菌种遗传变异的方法，主要包括两种保藏方法：液氮超低温保藏法、-80℃超低温冰箱保藏法。

① 液氮超低温保藏法：将预保存的菌种加入保护剂（DMSO、甘油、海藻糖等）中制成菌悬液封于安瓿管内，贮藏在 -196～-150℃液氮冰箱（或液氮罐）内。该方法的适用范围是各类微生物，且是目前最可靠的一种长期保存菌种的方法，保存时间最长，但需特殊设备，操作较为复杂。

② -80℃超低温冰箱保藏法：将预保存的菌种加入保护剂（DMSO、甘油、海藻糖等）中制成菌悬液封于安瓿管内，4℃冰箱中放置 30 min，贮藏在 -80℃超低温冰箱内。该方法的适用范围是各类微生物。其特点是保存时间长，操作简单，且无需特殊设备，也是目前应用范围广且可靠的一种长期保存菌种的方法。

（6）保藏菌种的质量控制

保藏菌种要进行质量控制，一般要注意以下几个方面：

① 保藏样品制备前，应反复核对，监测生理生化指标，与亲本特征比较。

② 保藏样品制备后，仍要按 3% 抽样检查，一旦有误，此批全部废掉。

③ 注重菌种保藏的连续性。

📖 **深入学习 2-2** 国内外主要菌种保藏机构

尽管采用了一些手段来克服菌种的退化、变异等，但仍有此类情况发生。所以，保藏期到了，仍要活化检验，从中筛选高产菌种以再保存，这是一项长期坚持的工作。

开放讨论题

若要筛选一株高产 β－胡萝卜素的微生物，试分析相应的菌株筛选思路及流程，并设计提高高产菌株筛选效率的方法。

思考题

1. 选择任意一种具有发酵特定目标产物的微生物进行菌种筛选方案设计：细菌、放线菌、酵母菌或丝状真菌。（要求指明所要筛选的目标产物；写出相应的菌种筛选思路及分离流程；设计提高筛选效率的方法）

2. 如何诱变筛选获得某氨基酸高产菌株（请自选一种目标氨基酸）？并根据其在细菌中的代谢途径及其调节机制来分析其高产机理。

3. 试举例说明采用抗代谢类似物筛选高产菌株的原理及具体方法，并分析说明该方法可以用于筛选哪些类型代谢产物的高产菌株。

4. 为了提高目标代谢产物的产量，哪些育种技术可以联合使用？试举例说明。

5. 基因工程菌与一般菌种相比在保藏时有哪些特殊之处？试分析说明基因工程菌保藏的最佳方法。

6. 纤维素酶的合成通常受到诱导作用和反馈作用的调控，试根据这一调控机制分析说明如何设计纤维素酶高产菌株的选育方案。

推荐阅读

1. Lee S Y，Kim H U. Systems strategies for developing industrial microbial strains. Nature Biotechnology，2015，33：1061–1072.

点评：该文系统性地阐述了工业发酵微生物的开发策略，从目标产物的经济、法律等实际问题出发，立足于现代分子生物，详细讲述了目标菌株的代谢通路构建、代谢旁支通路及代谢通量调节、反馈抑制消除等内容，有助于学生了解发酵工业菌种育种的前沿方法与策略。

2. Steensels J，Gallone B，Voordeckers K，et al. Domestication of industrial microbes. Current Biology，2019，29：R381–R393.

点评：特定的环境会影响微生物的性状。在特定的环境下，微生物获得了消耗特定营养元素的能力，可以满足多种行业特定物质的生产。

网上更多学习资源……

◆教学课件　◆自测题

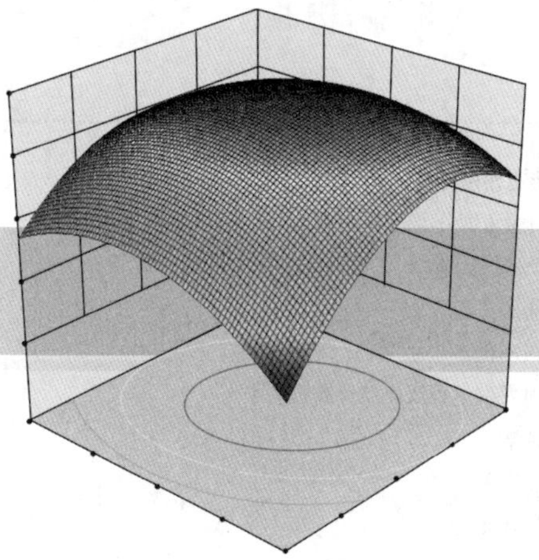

3

发酵培养基设计与优化

微生物生长繁殖需要不断地从外界吸收营养物质，以获得能量并合成新的物质。研究微生物的生长、繁殖和代谢产物的合成，首先要了解微生物的营养特性和培养条件，以便能有效地控制其生长及代谢产物的合成，提高微生物的生长速率和代谢产物的合成效率，达到利用该微生物发酵进行工业化生产的目的。因此，研究微生物的营养特性，确定合理的发酵工业培养基是实现微生物发酵产业化的关键因素之一。本章系统介绍了发酵培养基特点、设计原则及其优化方法，为帮助学习者今后在实际应用过程中对培养基的设计与优化打下良好的理论、技术及应用基础。

教学目的与要求

（1）掌握常用培养基的基本要求。
（2）掌握培养基的组成成分及其来源。
（3）掌握培养基的类型及其区别。
（4）清晰影响培养基质量的因素。
（5）掌握培养基设计原理与优化方法。

重点及难点

发酵培养基的设计原理与优化方法。

知识导图

- 发酵培养基设计与优化
  - 发酵培养基特点
    - 培养基分类
      - 从培养基形态角度分类
      - 从培养基用途角度分类
      - 从工业生产过程分类
    - 发酵培养基的基本特点
      - 来源广泛
      - 成本低
      - 对发酵过程及产品分离影响小
  - 发酵培养基组成及其来源
    - 碳源
      - 糖质碳源
      - 非粮碳源
      - 非糖碳源
    - 氮源
    - 大量元素
    - 微量元素
    - 水
    - 其他
      - 生长因子
      - 代谢调节物
  - 发酵培养基设计
    - 发酵培养基设计依据
      - 基于微生物本征特性
      - 基于微生物代谢机理
    - 发酵培养基设计原则
      - 适应性强
        - 不需要严格前处理
        - 对发酵无不良影响
      - 成本低
        - 原料来源广泛、廉价
        - 底物转化率高
        - 发酵过程能耗低
        - 发酵过程清洁
      - 发酵强度高
        - 发酵产量高
        - 发酵效率高
  - 发酵培养基优化
    - 发酵培养基优化依据
      - 微生物生长和代谢特征
      - 发酵目标
    - 发酵培养基优化方法
      - 优先确定主要影响因素
      - 优化多因素协同作用
      - 理论转化率的计算
      - 优选法
        - 单因素实验
        - 双因素实验
      - 多因素实验
        - 正交实验
        - 响应面分析法
        - 遗传算法
        - 神经算法

问题导读

（1）简述培养基类型以及发酵培养基的特点。

（2）培养基有哪几大类物质组成？简述这些物质的来源及其作用。

（3）如何进行发酵培养基的设计与优化？

关键词

种子培养基　发酵培养基　培养基设计　培养基优化　无菌技术　培养基组成

培养基是指用于维持微生物生长、繁殖和产物形成的营养物质。合适的发酵培养基是一个发酵产品能否成功实现工业化生产的前提之一。本章主要讲述发酵工业培养基的设计与优化。不同微生物或发酵产品对发酵培养基的要求不同，会受到各种相关因素的影响和制约，如菌种特性、发酵过程特征、原材料来源以及成本等。因此，工业发酵培养基的设计是一项可综合反映整个发酵过程的各项要求，实现发酵生产目标的多技术集成的研究工作。

3.1 发酵培养基特点

3.1.1 培养基分类

微生物的培养基类型较多，一般可根据其用途、物理性质以及培养基组成物质的化学成分特征等方面进行分类。工业发酵中，培养基往往是依据生产过程及其作用分为斜面培养基、种子培养基以及发酵培养基等。

3.1.1.1 根据培养基形态分类

（1）固体培养基

常温下呈固体状态的培养基统称为固体培养基，根据其功能及是否可遇热融化又分为凝固培养基、非可逆性凝固培养基以及天然固体培养基。

① 凝固培养基：即遇热可融化，冷却后则凝固的固体培养基。常规的微生物菌种的筛选、鉴定、分离及选育等均选用此种固体培养基。

② 非可逆性凝固培养基：指由血清凝固成的固体培养基或由无机硅胶配成的凝固后即不能再融化的固体培养基。此种培养基可用于菌种的运输和保藏等，也可很好地筛选及培养嗜热菌。

③ 天然固体培养基：由天然固体状基质直接制成的培养基，如麸皮、米糠、木屑等。一些大型真菌等的生产均采用这种培养基。

（2）液体培养基

对应于固体培养基而言，是微生物的液状培养基，是一类呈液态的培养基。培养基中 80% ~ 90% 是水。微生物在液体培养基中可进行大规模培养，得到大量的细胞或者细胞产物，从而易于实现微生物培养的规模化生产。

当向配制好的液体培养基中加入 0.5% 左右的琼脂作为凝固剂时，形成的培养基具有半流动半凝固的特点，此种培养基称为半固体培养基，主要用于菌种鉴定、观察细菌运动特征以及噬菌体的效价测定等。

3.1.1.2 根据培养基用途分类

与工业发酵过程直接相关的几种不同用途的培养基类型：孢子培养基；种子培养基；发酵培养基；补料培养基、生长培养基等。孢子培养基主要用于菌种的孵化和复壮；种子培养基用于菌种的扩大培养；发酵培养基用于微生物的大规模培养，从而获得大量的目标产物；补料培养基的作用是在较短的发酵周期内，通过向发酵培养基中添加某些营养物质，如碳氮源，从而促进目标产物的大量累积。其中，在两阶段发酵过程中，生长培养基用于快速大量积累菌体，以增加生物量，通常富含氮源，为第二阶段的产物大量生成做准备；而发酵培养基则主要用于菌体合成积累次生代谢产物，通常碳源丰富，碳氮比较高，此时菌体生物量已较大。

与菌种筛选相关的几种不同用途的培养基可分为：富集培养基；选择培养基；鉴别培养基。富集培养基主要是通过对培养基的特殊调配，使目标微生物大量繁殖，其包括加富培养基的概念；选择培养基更多地倾向于通过对其他微生物的抑制生长来获得目标微生物；鉴别培养基主要用于具有某种特征的微生物鉴别，如特定的细菌真菌等的鉴别。

3.1.1.3 根据发酵工业生产过程分类

（1）斜面培养基

斜面培养基是用于微生物菌种活化及其细胞生长、繁殖或菌种保藏，包括细菌、酵母等的斜面培养基以及霉菌、放线菌的产孢子斜面培养基等。

（2）种子培养基

种子扩大培养的目的是在短时间内获得数量多、质量高的大量菌种，以满足后续发酵生产的需要。

（3）发酵培养基

发酵培养基是发酵生产用到的培养基，它不仅要采用大量的原料，而且也是决定发酵生产成功与否的重要因素。

3.1.2 发酵培养基的基本特点

（1）来源广泛

① 必须提供合成微生物细胞及其发酵产物所需的营养成分。

② 原料价格低廉，质量稳定，取材容易。

（2）成本低

① 有利于减少培养基原料的单耗，即单位营养物质所合成产物多，也称为底物转化率高。

② 有利于提高产物的浓度，以提高单位容积发酵罐的生产能力。

③ 有利于提高产物的合成速率，以缩短发酵周期，也称为发酵效率高。

（3）对发酵过程及产品分离影响小

① 有利于减少副产物的形成，便于产物的分离纯化。

② 所用原料尽可能减少对发酵过程中通气搅拌的影响，有利于提高供氧的利用率，降低能耗。

③ 有利于产品的分离纯化，并尽可能减少产生“三废”的物质。

3.2 发酵培养基组成及其来源

3.2.1 碳源

凡是含有碳元素且能被微生物生长繁殖所利用的一类营养物质统称为碳源。常用的碳源有糖类、油脂、有机酸和低碳醇等。在特殊情况下，如碳源贫乏时，蛋白质水解物或氨基酸等也可被微生物作为碳源使用。微生物可利用的发酵碳源按照能否被人类食用，可分为粮食碳源和非粮碳源。粮食碳源及非粮碳源中，根据碳源的结构与性质，又可分为糖质碳源和非糖碳源。粮食碳源中的糖质碳源包括葡萄糖和可食用淀粉等；粮食碳源中的非糖碳源包括动、植物油脂和某些有机酸类等。非粮碳源中的糖质碳源包括木薯淀粉和黄姜淀粉等；非粮碳源中的非糖碳源类型主要包括甘油、烃和醇等。

3.2.1.1 粮食碳源

（1）糖质粮食碳源

糖质碳源是发酵培养基中最为常用的碳源，主要有葡萄糖和可食用淀粉等。

① 葡萄糖。葡萄糖是最容易被利用的碳源之一，几乎所有的微生物都能利用葡萄糖，葡萄糖常作为培养基的一种主要成分，是促进微生物生长的速效碳源。然而过多的葡萄糖会抑制微生物的生长、

繁殖以及产物的合成。

② 可食用淀粉。可食用淀粉等多糖也是常用的碳源，它们一般都要经过菌体产生的胞外酶水解成单糖后再被吸收利用，但通常也有将其先经过液化和糖化预处理后再作为培养基的碳源使用。属于此类的有玉米淀粉等。

（2）非糖粮食碳源

一些可被人类食用的动、植物油脂和部分有机酸等非糖类的粮食碳源，也可以在某些情况下为一些微生物的生长繁殖提供碳源。

① 动、植物油脂。油和脂肪也能被许多微生物作为碳源，这些微生物一般都具有活性较高的脂肪酶。当微生物利用脂肪作为碳源时，要供给比糖代谢更多的溶解氧，否则，会因为缺氧导致代谢不彻底，造成脂肪酸和有机酸中间体的大量积累，影响到微生物的正常生长和繁殖。

② 有机酸。某些微生物对有机酸，如乳酸、柠檬酸、乙酸等有很强的氧化能力。因此，有机酸及其盐类也可作为某些微生物的碳源。不同的有机酸碳源，不仅能影响微生物的代谢，而且可调控整个发酵过程中 pH。

3.2.1.2 非粮碳源

发酵培养基常用碳源大多是可供人畜食用的粮食、油料或以粮食为原料的产品，如有机酸和低碳醇等。为了节约用粮，进一步降低发酵成本，发酵工业选用目前不常用的非粮碳源的需求日益增加。经过多年的探索和应用，如下文所述的一系列非粮碳源被证实可有效取代糖质粮食碳源用于发酵生产。根据非粮碳源的结构与性质，其也可被分为糖质非粮碳源和非糖非粮碳源。

（1）糖质非粮碳源

经济农作物中不能被人类用来食用的糖类，但可用于一些微生物的发酵碳源，属于此类碳源主要包括两大类：一类是工业制糖业采用甘蔗、甜菜制糖产生的副产物糖蜜；另一类是来自不能被大量食用的药用植物原料中含有的大量淀粉，如石蒜淀粉、黄姜淀粉等。

① 糖蜜。糖蜜是制糖工业的副产物，它含有丰富的糖、氮类化合物、无机盐和维生素等，它是微生物发酵培养基价廉物美的碳源和培养基原料。一般糖蜜分甘蔗糖蜜和甜菜糖蜜，使用时要注意。

> **深入学习 3–1**
> 不同生产工艺的甘蔗糖蜜和甜菜糖蜜的组成比较

② 石蒜淀粉。石蒜为多年生草本植物，其所含石蒜碱可入药，具一定抗癌活性，并能抗炎、解热、镇静及催吐等功效。石蒜的根茎中含有大量淀粉，经过糖化、液化处理后，可用于一些微生物的发酵。

③ 黄姜淀粉。黄姜，又名盾叶薯蓣，其根状茎含有的薯蓣皂苷元具有极高的药用价值。而其根状茎中含有大量淀粉，经过预处理后，也可用于一些微生物的发酵。

（2）非糖非粮碳源

此类可作为微生物发酵碳源的结构中不含有单糖结构，且不能够被人类食用。如甘油以及化学工业中的某些烃类和醇类均属于该类碳源。

① 甘油。随着近来生物柴油工业的兴起，甘油作为其主要的副产物，出现了大量积累。为了降低生物柴油的生产成本，同时使副产物甘油得到充分利用，甘油已逐渐成为发酵工业的重要碳源之一，且相对于其他碳源而言，甘油用作发酵碳源时，具有一些优势，例如，甘油为非还原性三碳化合物，在高温灭菌过程中，可有效避免还原糖与氮源之间发生的非酶褐变；甘油代替还原糖作为发酵碳源可有效减少代谢副产物乙酸的积累，从而可避免 Crabtree 效应（即葡萄糖效应，又称葡萄糖阻遏或分解代谢产生阻遏作用）的出现；甘油相对于葡萄糖更易于穿过细胞膜进入微生物体内，降低碳源进入微生物体内对 ATP 的消耗；甘油代谢利用的转化率相对还原糖而言较高。

② 烃和醇。此外，需要说明的是，还有一大类非糖非粮碳源就是烃和醇类等石油产品。在 20 世纪 60—70 年代，一度出现粮食和饲料来源紧张，而当时的工业发展规模相对较小，石油开采和储量相对较大，因此，人们很早就开发了利用烃和醇类等石油产品进行酵母发酵生产单细胞蛋白技术及生产

工艺等，以缓解粮食和饲料短缺危机。近年来，随着石油工业的发展，微生物工业的碳源范围和发酵产品类型都在扩大，正烷烃已用于有机酸、氨基酸、维生素、抗生素和酶制剂的工业发酵。

深入学习 3–2
不同含碳量的碳源的细胞得率

3.2.2 氮源

氮源主要用于构成菌体细胞结构和合成含氮代谢物。常用的氮源可分为两大类：有机氮源和无机氮源。

（1）有机氮源

深入学习 3–3
发酵中常用的有机氮源成分分析

常用的有机氮源有黄豆饼粉、花生饼粉、棉籽饼粉、玉米浆、玉米蛋白粉、蛋白胨、酵母粉、鱼粉等。它们在微生物分泌的蛋白酶作用下水解成氨基酸，被菌体吸收后再进一步分解代谢。

玉米浆是玉米淀粉生产中的副产物，是一种很容易被微生物利用的良好氮源。尿素也是常用的有机氮源，但其成分单一，不具有上述有机氮源的特点，然而，其在青霉素和谷氨酸等生产中也常被采用，尤其是在谷氨酸生产中，尿素可使 α–酮戊二酸还原并氨基化，从而提高谷氨酸产量。

有机氮源不仅可为菌体生长繁殖提供营养，有的还可以为某些产物提供前体。例如，缬氨酸、半胱氨酸和 α–氨基己二酸都是合成青霉素和头孢菌素的主要前体，甘氨酸可作为 L–丝氨酸的合成前体等。

（2）无机氮源

常用的无机氮源有铵盐、硝酸盐和氨水等。微生物可快速利用的氮源常被称为速效氮源，其主要包括某些含有铵根离子的无机氮源和以蛋白质降解产物形式存在的有机氮源等。

硫酸铵等无机氮源由于其氮代谢往往会产生酸性物质，使发酵液 pH 下降，这种经微生物代谢后能形成酸性物质的营养基质叫生理酸性物质。同理，硝酸钠等无机氮源由于其氮代谢往往会产生碱性物质，使发酵液 pH 上升，这种经微生物代谢后能形成碱性物质的营养基质叫生理碱性物质。

氨水是一种容易被利用的快速氮源，也可以调节发酵液中的 pH，它在许多抗生素发酵生产中普遍使用。由于氨水碱性较强，因此，使用时要注意防止局部过碱，加强搅拌，并采用少量多次控制流加。

3.2.3 无机盐及微量元素

深入学习 3–4
无机盐作用及其浓度参考范围

微生物在生长、繁殖和生产过程中，需要某些无机盐和微量元素如磷、镁、硫、钾、钠、钙、氯、铁、锌、锰、铜、钼等，以作为其生理活性物质的构成或用于生理活性作用的调节，这些物质一般在低浓度时对微生物生长和产物合成有促进作用，但在高浓度时常常表现出明显的抑制作用。

3.2.4 水

水是所有发酵工业培养基的主要组成成分，也是微生物机体的重要组成成分。它除直接参与一些代谢外，又是进行代谢反应的内部介质。此外，微生物特别是单细胞微生物由于没有特殊的摄食及排泄器官，它的营养物、代谢物、氧气等必须溶解于水后才能进入细胞内参与正常的代谢活动。

对于发酵工厂来说，洁净、稳定的水源至关重要，尤其是在不同水源中各种矿物质含量的差异可显著影响微生物代谢，例如，水中矿物质的组成对酿酒工业和淀粉糖化均有较大影响。

3.2.5 代谢调节物质

发酵培养基中某些成分的加入有助于调节微生物生长和产物的形成，这些添加的物质一般被称为代谢调节物质，例如，生长因子、代谢抑制剂或促进剂等。

（1）生长因子

从广义上讲，凡是微生物生长不可缺少的有机物质，如氨基酸、嘌呤、嘧啶、维生素等均称为生长因子。生长因子不是对于所有微生物都必需的，它只是对于某些自身不能合成或极少合成这些成分的微生物才是必不可少的营养物，如微生物营养缺陷型菌株等。

（2）代谢抑制剂

在发酵过程中，加入代谢抑制剂会抑制某代谢途径的进行，同时会使另外一些代谢途径增强，从而实现人们所需要的某种代谢产物的积累。例如，微生物发酵生产甘油中，亚硫酸氢钠与代谢过程中的乙醛生成加成物，这就使乙醇代谢途径中的乙醛不能成受氢体，而使 NADH 在细胞中积累，从而激活 3- 磷酸甘油脱氢酶的活性，使磷酸二羟基丙酮取代乙醛作为 NADH 的受氢体，而还原为 3- 磷酸甘油，其水解后即形成甘油。

（3）代谢促进剂

代谢促进剂是指那些细胞生长非必需的，但加入后却能显著提高发酵产量的一些物质，常以添加剂的形式加入发酵培养基中（表 3–6）。如谷胱甘肽的发酵制备过程中，向培养基中添加 L- 半胱氨酸后，谷胱甘肽的合成酶体系活性增强，从而提高谷胱甘肽的产量。

深入学习 3–5
各种添加剂对产酶的促进作用

表 3–6　各种添加剂对产酶的促进作用

添加剂	酶	微生物	酶活力增加倍数
Tween（0.1%）	纤维素酶	许多真菌	20
	蔗糖酶	许多真菌	16
	β- 葡聚糖酶	许多真菌	10
	木聚糖酶	许多真菌	4
	淀粉酶	许多真菌	4
	脂酶	许多真菌	6
	右旋糖酐酶	绳状青酶 QM424	20
	普鲁兰酶	产气杆菌 QMB1591	1.5
大豆酒精提取物（2%）	蛋白酶	米曲霉	2.87
	肪酶	泡盛曲霉	2.50
植酸质（0.01% ~ 0.3%）	蛋白酶	曲霉、橘青酶、枯草杆菌、假丝酵母	2 ~ 4
洗净剂 LS（0.1%）	蛋白酶	栖土曲霉	1.6
聚乙烯醇	糖化酶	筋状拟内胞霉	1.2
苯乙醇（0.05%）	纤维素酶	真菌	4.4
醋酸 + 维生素	纤维素酶	绿色毛霉	2

（4）前体物质

前体物质是指加入到发酵培养基中，能直接被微生物在生物合成过程中结合到产物分子中去，其自身的结构并没有多大变化，但是产物的产量却因其加入而有较大提高的一类化合物。在实际生产中，前体的加入不但提高了产物的产量，而且还显著提高了产物中目的成分的比例，有利于产物分离和提高产品的品质。大多数前体如苯乙酸对微生物生长有毒性，在生产中为了减少毒性和增加前体的利用率，通常采用少量多次的流加工艺。

深入学习 3–6
发酵过程中常用的前体物质

（5）辅酶或辅因子

辅酶（coenzyme）是一类可以将化学基团从一个酶转移到另一个酶上的有机小分子，与酶较为松散地结合，对于特定酶的活性发挥是必要的。由于辅酶在酶催化反应中其化学组分发生了变化，因此，可以认为辅酶是一种特殊的底物或者称为“第二底物”。

辅助因子（也称辅因子）：全酶是由蛋白质部分和非蛋白质部分组成，蛋白质部分称为酶蛋白，非蛋白质部分称为辅助因子（cofactor），酶蛋白和辅助因子结合形成的复合物称为全酶（holoenzyme），只有全酶才有催化作用。酶的辅助因子为催化活性所必需的，是与酶蛋白疏松结合的小相对分子质量的有机物质或者是一些金属离子。

3.2.6 其他

对产生泡沫较多的发酵过程，为了消除泡沫对发酵的影响，同时防止逃液和染菌，常常需要在发酵培养基中加入少量消泡剂，消泡剂通常为表面活性剂，如植物油脂、吐温系列以及一些高分子化合物等。

3.3 发酵培养基设计

3.3.1 发酵培养基设计依据

尽管不同微生物生长、繁殖及其产物合成有较大差异，所需要的发酵培养基也相差很大。但是，在进行发酵培养基设计时，仍然有一些可行的依据可供参考。主要依据可基于微生物本征特性及其目标产物的代谢途径，其中，依据微生物本征特性，包括其生长特性、对碳源代谢利用的偏好、需氧程度、生长代谢过程中 pH 变化以及产生泡沫等，可以初步确定碳源类型、浓度及其添加方式，氮源等其他组成成分的类型和浓度，以及是否需要添加消泡剂等；而依据微生物目标产物合成途径，可以考虑在发酵培养基设计时是否增加促进产物合成代谢的调节剂等代谢调节物质。具体如下。

（1）基于微生物本征特性

不同的微生物对不同碳源的偏好及其亲和常数随着种属的不同而各有差异，在选用碳源时，可依据微生物对初始碳源浓度的适应性及其对该碳源的代谢情况，确定初始碳源浓度以及培养基中碳源总浓度和添加方式。

也可依据微生物好氧程度来确定培养基物性要求及主要原料。同时，通过了解微生物代谢对 pH 变化的影响以及 pH 变化对发酵的影响，从而确定碳源、氮源的选择，也可由此进一步选择对发酵体系中 pH 起到缓冲作用的无机盐的添加。

（2）基于目标产物合成途径

① 产物合成促进剂的添加，如前体物质的添加、限速酶的激活剂（辅酶或辅因子）的添加，以及能够促进辅酶的合成和促进能量代谢的物质的添加等。

② 旁路代谢抑制剂的添加，如利用林可链霉菌发酵产林可霉素的过程中，当在一定时间内向发酵液中添加一定量的旁路代谢酶抑制剂丙氨酸和三甲胺时，林可霉素的产量可得到显著提高。

③ 促进胞内产物释放，如谷氨酸发酵过程中，通过对生物素量的控制，使微生物细胞变形、拉长，改变细胞膜的通透性，从而促进谷氨酸的大量合成、分泌和积累。

3.3.2 发酵培养基设计原则

发酵工业培养基设计对发酵工业的安全、成本控制、菌体生长繁殖、产物的生物合成、产品的分离精制乃至产品质量都有重要影响，所以，在设计发酵培养基时，必须要在满足安全无害前提下，既利于微生物生长，又利于工业化应用，从而使目标产物的产量及生产成本方面均具有可行性。因此，发酵培养基设计原则是要在确保安全无害基础上，使所设计的发酵培养基在提高发酵强度、降低原料成本及发酵过程能耗等方面具有优势。

3.3.2.1 发酵强度高

（1）发酵产量高

① 单位培养基能够产生最大量的目的产物。

② 培养基对菌体代谢的阻遏与诱导的影响。

在配制培养基考虑碳源和氮源时，应根据微生物特性和培养目的，注意速效碳（氮）源和迟效碳（氮）源的相互配合，发挥各自的优势。

对于快速利用的碳源葡萄糖来讲，当菌体利用葡萄糖时产生的分解代谢产物会阻遏或抑制某些产物合成所需的酶系的形成或酶的活性时，即发生“葡萄糖效应”。因此，在抗生素发酵时，作为种子培养时的培养基所含的快速利用的碳源和氮源往往比作为合成目的产物发酵培养时培养基所含的多。一般也可考虑以分批补料或连续补料的方式来控制微生物对底物的合适的利用速率，以解除所谓的“葡萄糖效应”来得到更多的目的产物。

利用的碳源如淀粉、糊精等对产酶是有利的（表 3-1）。因而淀粉、糊精等多糖也是常用的碳源，特别是在酶制剂生产中几乎都选用淀粉类原料作为碳源。

微生物利用氮源的能力因菌种、菌龄的不同而有差异。多数能分泌胞外蛋白酶的菌株，在有机氮源（蛋白质）上可以良好地生长。同一微生物处于生长不同阶段时，对氮源的利用能力不同，在生长早期容易利用易同化的铵盐和氨基氮，在生长中期则由于细胞的代谢酶系已经形成，则利用蛋白质的能力增强。因此，在培养基中有机和无机氮源应当混合使用。

有些产物会受氮源的诱导与阻遏，这在蛋白酶的生产中表现尤为明显，除个别外（例如黑曲霉生产酸性蛋白酶需高浓度的铵盐），通常蛋白酶的产生受培养基中蛋白质或脂肪的诱导，而受铵盐、硝酸盐、氨基酸的阻遏。这时在培养基氮源选取时应考虑有机氮源，如以蛋白质类为主。

表 3-1 不同碳源对产酶活力的影响

碳源	地衣芽孢杆菌		黑曲霉
	生物量 /（g/L）	α－淀粉酶活力 /（U/mL）	果胶酶活力 /（U/mL）
葡萄糖	4.2	0	0.77
果糖	4.18	0	0
蔗糖	4.02	0	0.66
糊精	3.06	38.2	0.52
淀粉	3.09	40.2	1.92

（2）发酵效率高

① 能够提高产物的合成速率，缩短发酵周期。

② 能够使副产物合成的量最少。

③ 碳、氮比对菌体代谢的影响。

培养基中碳氮比是影响微生物生长繁殖和产物合成的关键因素之一。氮源过多，碳氮比低，会使菌体生长过于旺盛，导致 pH 偏高，不利于代谢产物的积累；氮源不足，碳氮比高，则菌体繁殖量少，从而影响产量。碳源过多则容易形成较低的 pH；若碳源不足则容易引起菌体的衰老和自溶。

微生物在不同的生长阶段，所需的最适碳氮比不同。一般来讲，碳源既作为碳架参与菌体和产物的合成又作为生命过程中的能源，所以比例要求比氮源高。一般工业发酵培养基的碳氮比为 100：

（0.2 ~ 2.0）。但在谷氨酸发酵中因为产物含氮量较多，所以，氮源比例就相对高些，一般在谷氨酸生产中取的碳氮比为 100 ：（15 ~ 21）；若碳氮比例为 100 ：（0.5 ~ 2.0），则出现只长菌体而几乎不合成谷氨酸的现象。应该指出，碳氮比也随碳源及氮源的种类以及通气搅拌等条件而异，因此，很难确定一个统一的比值。

3.3.2.2 原料成本低

（1）原料来源广泛

① 以粗加工代替精加工。“粗”与“精”的概念属于人为划分。对发酵工业培养基而言，“精”更多的是指原料的精细，突出的是原料在利用之前需要对其进行多重工序的预处理，从而使原料利用难度提高，增加发酵成本等。而“粗”指发酵原料在使用前，无需经过多道工序的处理而被直接利用，这样，在节省大量人力物力的同时，也可增加发酵原料的利用速率。

② 以废代好。以工农业生产中易污染环境的废弃物作为微生物培养基的原料，具有很大的利用空间，且利用有机废液进行微生物的发酵可有效降低废液中 COD、BOD 等指标，从而降低有机废水排放的处理难度和处理成本，对企业成本控制和可持续发展具有重要意义。例如，造纸厂的亚硫酸废液（含有戊糖和短小纤维）、各种发酵废液（酒精及丙酮丁醇发酵废醪、味精发酵废液）、各种酿造工业废弃物（啤酒糟、酒糟、酱渣）以及其他工业有机废弃物（花生麸、淀粉渣、胚芽饼、豆腐渣、屠宰水、黄浆水、蚕茧脱胶废水、粉丝厂废水）等，这些有机废弃物可以在某些发酵生产中加以利用。如在利用这类原料生产酵母菌等单细胞蛋白方面，国内外已有很多成功的例子。

③ 以非粮代替粮食发酵。

a. 以烃代粮。即以石油或天然气代替糖质原料来培养微生物。能利用石油作为碳源和能源的微生物在自然界中普遍存在，目前已知至少有 8 属细菌、6 属放线菌、6 属酵母和 6 属霉菌能利用石油。不同的微生物几乎能利用石油中所含的所有成分，除了合成菌体成分——石油蛋白外，还能将其氧化成醇、醛、酸等化工产品。

b. 以糖质非粮碳源代替粮食碳源。糖质非粮碳源主要指自然界中大量存在的不可被人类食用的糖质碳源，主要是淀粉类碳源，多见于一些药用植物的块根等部位的贮藏淀粉，因其中含有药用成分，一般不能大量食用这类淀粉，属于典型的非粮碳源。经过简单的处理后，即可用于一些微生物发酵。如具有药用价值的黄姜，它的块根中均含有大约 45% 的淀粉，如果将其中的薯蓣皂素提取后，剩余的淀粉就可用于一些微生物的发酵。这样不仅实现了非粮糖质碳源的利用，而且降低了黄姜皂素污水的处理难度，有利于黄姜产业的可持续发展。

c. 以纤代糖。纤维素是一种取之不尽、用之不竭的可再生资源，由 14 000 个左右的葡萄糖单位构成的 β-D- 葡萄糖长链，自然界中含量丰富。自然界中存在着能分泌各种纤维素酶的微生物，它们能大量分解纤维素。

事实上，还有一大类非粮原料有待开发利用，主要是指植物中难降解的纤维素或半纤维素原料。因此，木质纤维素高效生物降解技术的突破将为发酵工业大幅降低原料成本提供巨大的技术支撑。

（2）底物转化率高

适宜的培养基原材料需转化率高，且能满足产物的高效合成。一般只有小分子能够通过细胞膜进入细胞体内进行代谢。微生物能够利用复杂的大分子是由于微生物能够分泌各种各样的水解酶系，在体外将大分子水解为微生物能够直接利用的小分子物质。由于不同微生物来源和种类的不同，所能分泌的水解酶系不同。因而在考虑培养基成分选择的时候，必须充分考虑菌种的同化能力，从而保证所选用的培养基成分是微生物能够利用的。葡萄糖是几乎所有的微生物都能利用的碳源，因此，在培养基选择时一般被优先加以考虑。但工业上如果直接选用葡萄糖作为碳源，成本相对较高，一般采用淀粉水解糖。在工业生产上将淀粉水解为葡萄糖的过程称为淀粉的“糖化”，所得的糖液称为淀粉水解糖液。

淀粉水解糖液中主要的糖类是葡萄糖。因水解条件的不同，糖液中尚有少量的麦芽糖及其他一些二糖、低聚糖等复合糖类，这些低聚糖的存在不仅降低了原料的利用率，而且会影响糖液的质量。因此，为了生产出高产、高质量的发酵产品，水解糖液必须达到一定的质量指标（表 3-2）。影响淀粉水解糖液的质量因素除原料本身外，很大程度和制备方法密切有关，目前淀粉水解糖的制备方法有酸法、酸酶法和双酶法（酸法又称酸糖化法，它是利用酸为催化剂，在高温高压下将淀粉水解转化为葡萄糖的方法；酸酶法是指淀粉分子在酸性和一定的温度和压力条件下先水解反应，使淀粉初步转化，然后用淀粉酶转化，使淀粉和其它糖转化成葡萄糖；双酶法则是采用酶液化和酶糖化的工艺将淀粉转化成葡萄糖），其中以双酶法制得的糖液质量最好。

表 3-2 淀粉水解糖液基本要求

项目	要求	项目	要求
色泽	浅黄色、杏黄色透明	葡萄糖值（DE 值）	90%以上
糊精反应	无	透光率	60%以上
还原糖含量	18%左右	pH	4.6 ~ 4.8

许多有机氮源都是复杂的大分子蛋白质。有些微生物，如大多数氨基酸产生菌，缺乏蛋白质分解酶，不能直接分解蛋白质，必须将有机氮源水解后才能被利用。

📖 深入学习 3-7
不同糖化工艺所得糖液质量比较

3.3.2.3 发酵过程能耗低

在确定培养基配方时，不仅要比较它们的单耗成本，而且还应同时考虑利用不同培养基的通气量与搅拌功率成本。因为有的培养基黏度较大，溶氧传递困难，通气量和搅拌功率便会相应增大，导致相应的动力费用增加。因此，优化培养基时要充分考虑发酵过程能耗，使生产成本降低。

综上所述，按照发酵培养基设计依据和原则，就能进行发酵培养基初步设计。

3.4 发酵培养基优化

3.4.1 发酵培养基优化思路

（1）优先确定主要影响因素

① 根据之前的实验经验以及在培养基成分确定时必须考虑的一些问题，初步确定可能的培养基组分。

② 通过单因子优化实验确定最为适宜的各个培养基组分及其最适浓度。

（2）优化多因素协同作用

通过多因子实验，进一步优化培养基的各种成分及其最适浓度。

3.4.2 发酵培养基优化方法

理论转化率是指在理想状态下根据微生物代谢途径进行物料衡算得出的转化率大小。而实际转化率是指发酵实验所得的转化率大小。由于实际发酵过程中一般有副产物形成、原材料利用不完全等因素存在，实际转化率往往要小于理论转化率。因此，如何使实际转化率尽可能接近于理论转化率是发酵控制的一个重要目标，也是发酵培养基优化的重要依据。

3.4.2.1 理论转化率计算

对于确定的化学反应，其反应理论转化率可以通过反应方程式的物料衡算得出。生物反应其本质也是化学反应，因此，理论转化率也可以通过反应方程式的物料衡算得出。由于生物反应的复杂性，要给出反应物和产物的代谢总反应方程式，必须对生物代谢过程的每一步反应进行深入解析。一些主要代谢产物，因为它们的代谢途径比较清楚，所以，可以给出它们的代谢总反应方程式，然后对理论转化率进行计算。

深入学习 3–8
菌体在不同碳源中的细胞得率

一般地，按代谢公式计算出的得率都是理论转化率，指基质在理想状态下完全转化为产物时的转化率。在实际发酵过程中情况会比较复杂，如确定碳源的数量时，还要考虑到用于菌体生长和维持所消耗的量。

深入学习 3–9
常用单因素实验设计

3.4.2.2 单因素实验

最终的培养基成分和浓度都是通过实验获得。首先是通过单因子实验确定培养基组分，然后通过多因子实验进一步确定培养基各组分及其适宜的浓度。当然，也可以通过进一步的单因子优化实验确定主要影响因子的适宜浓度。如采用黄金分割法（0.618 法）、分数法、分批试验法以及对分法等。

案例 3–1
裂殖壶菌发酵产棕榈酸培养基优化案例

3.4.2.3 多因素实验

实验过程中，为了确定培养基中各个组分及其最佳浓度，大多需要进行多因子的优化实验，这种多因子的优化实验即为多因素实验，其主要包括正交实验、响应面分析法、遗传算法和神经算法等。

（1）正交实验

正交实验是研究多因素多水平的一种设计方法，它是根据正交性从全面实验中挑选出部分有代表性的点进行实验，这些有代表性的点具备了“均匀分散，齐整可比”的特点，正交实验是分析因式设计的主要方法。是一种高效率、快速、经济的实验设计方法。它利用一套规格化的表格，即正交表来设计实验方案和分析实验结果，能够在很多的实验条件中，选出少数几个代表性强的实验条件，并通过这几次实验的数据，找到较好的生产条件，即最优的或较优的方案。

图片 3–1
常用正交表

正交实验法实际上是优选法的一种。由于正交实验法的内容比较丰富，不仅可以解决多因素选优问题，而且还可以用来分析各因素对实验结果影响的大小，从而抓住主要因素。因此，它已从优选法中独立出来，自成系统。

（2）响应面分析法

案例 3–2
响应面分析法在裂殖壶菌发酵产棕榈酸的应用

响应面分析方法（response surface analysia，RSA）是数学与统计学相结合的产物，能以最经济的方式，用很少的实验数量和时间对实验进行全面研究，科学地提供局部与整体的关系，从而取得明确的、有目的的结论。它与“正交设计法”不同，响应面分析方法以回归方法作为函数估算的工具，将多因子实验中，因子与实验结果的相互关系，用多项式近似，把因子与实验结果（响应值）的关系函数化，依次可对函数的面进行分析，研究因子与响应值之间、因子与因子之间的相互关系，并进行优化。

（3）遗传算法

发酵过程机理复杂、影响因素众多。菌种的生理生化特性及发酵工艺确定之后，适宜的培养基配方成了发酵水平、原料成本高低的决定因素。为了优化培养基配方，采用遗传算法也是一种行之有效的方法。

遗传算法（genetic algorithm，GA）是一新型智能优化算法，由美国的 Holland 提出，是进化算法（evolutionary algorithm，EA）中的一种，是基于达尔文的进化论和孟德尔的遗传学说，仿效生物的进化与遗传，根据“生存竞争”和“优胜劣汰”的原则，借助复制、交换、突变等操作，使所要解决的问题从初始解一步步逼近最优解，遗传算法模拟生物遗传和进化原理，在反复迭代的过程中，将适应度高的个体更多地遗传到下一代，为确保在整个 n 维空间搜索最优解，群体由一定数量的个体组成，在遗传的同时，个体在一定的概率下发生交叉互换，并在一定的概率下发生变异，所以，将在最终的群体中得到一个或若干个优良的个体，其对应的表型即为达到或接近问题的最优解。

培养基配方优化的遗传算法基本过程见图 3–1，遗传算法在整个可行域内进行随机寻优，并对搜索空间的多个解进行评估，能有效防止搜索过程限于局部最优解最终达到或逼近全局最优解。由于它在培养基优化方面具有不需要建立数学模型确定各因素之间的相互影响，有目标函数值即可的优越性而受青睐。

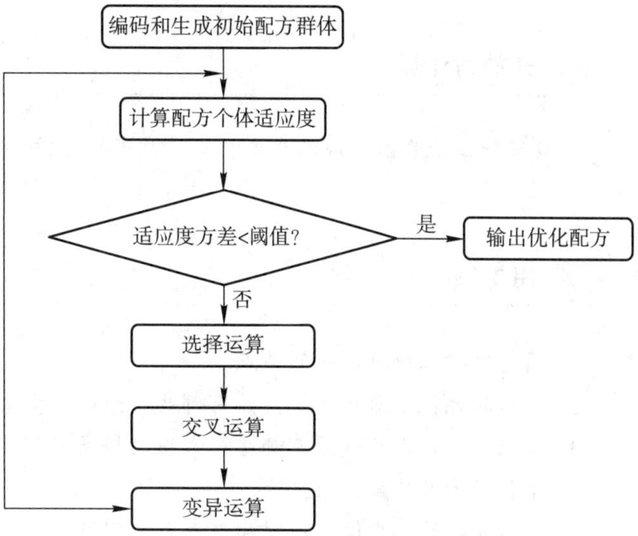

图 3–1 培养基配方优化遗传算法基本流程

与其他传统搜索方法相比，GA 在搜索过程中不易陷入局部最优，即使所定义的目标函数非连续、不规则或伴有噪声，它也能以很大的概率找到全局最优解，同时，由于 GA 固有的并行性，使得它适合于大规模的并行分布处理，而且 GA 容易介入到已有的模型中并且具有可扩展性，易于和其他技术如神经网络、模糊推理、混沌行为和人工生命等相结合，形成性能更优的问题求解方法。运用配方优化的遗传算法所搜索出的决策因素最优区间，可以反馈到进一步的配方试验中，有效地缩短确定优化配方的时间与减少试验次数。

△ 案例 3–3
遗传算法在丁二酸发酵过程中的应用

（4）神经算法

人工神经网络（artificial neural network，ANN）简称神经网络，是 20 世纪 80 年代重新兴起的一种模拟人脑及其活动的理论化的数学模型，由多个非常简单的处理单元按某种分时相互联接而形成的计算系统，具有自组织、自适应、自学习等特点，对解决非线性问题特别有效，还有很强的输入输出非线性映射能力，易于学习和训练等优点。它基本上类似黑箱理论，只根据输入数据和输出数据来建立模型，网络的统计信息储存在数量巨大的加权矩阵内，可以反映十分复杂的关系。目前，对于不同目的的神经网络有 60 多种，其中在发酵培养基优化中应用最多的是误差反传网络即 BP（back-propagation）神经网络。典型的 BP 神经网络如图 3–2 所示。

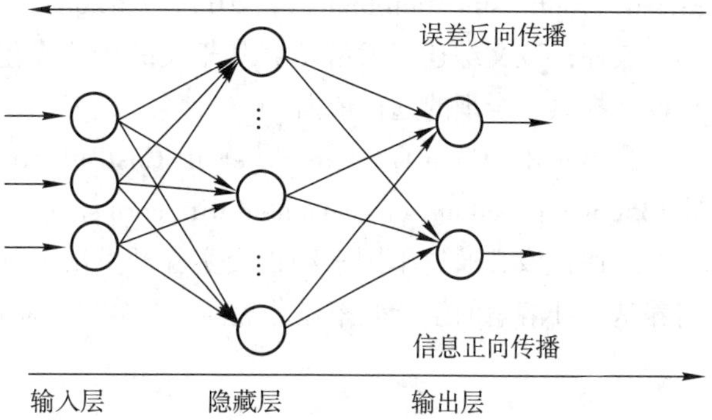

图 3–2 BP 神经网络模型

可以利用正交设计或是均匀设计来安排实验，得到一批准确的实验数据或者是以实验过程中积累的大量数据作为 BP 神经网络的学习样本。根据影响发酵的主要培养基成分和目标参数来设计神经网络的拓扑结构，选用合适的初始权值和学习速率，设定结束训练的条件，然后用实验数据对神经网络进行训练。完成训练之后的 BP 神经网络，其输入与输出之间形成了一种能够映射培养基成分与目标值内在联系的连接关系，此时就通过神经网络建立了发酵培养基与目标参数的模型。具体方法是取一定数量的数据作为网络验证样本来检查模型是否满足实验要求。在保证模型符合实验的精度要求后，使用一定的优化方法就可以得出最佳的发酵培养基配方。

另外，作为两种行之有效的优化方法，遗传算法和人工神经网络算法相结合的优化应用也被大量应用于发酵培养基的优化中，并取得了良好的优化效果。

△ 案例 3–4
遗传算法和神经网络算法的应用

开放讨论题

若要降低工业发酵碳源的成本，可采用哪些方法？

思考题

1. 简述发酵工业培养基的特点。
2. 常用的无机氮源和有机氮源有哪些？简述各类氮源在发酵培养基中的作用。
3. 工业发酵常用的碳源有哪些？常用的糖类有哪些？各有何特点？
4. 生长因子有什么作用？
5. 简述发酵培养基设计原则和应注意的问题。
6. 发酵工业培养基的常用优化方法有哪些？

推荐阅读

1. Singh V，Haque S，Niwas R，et al. Strategies for fermentation medium optimization：An in-depth review. Frontiers in Microbiology，2017，7：2087.

点评：该文综述了发酵培养基相关的传统优化技术和现代优化技术的优缺点，为发酵培养基的优化设计提供了合理的选择依据。

2. Wu R，Chen G，Pan S，et al. Cost-effective fibrinolytic enzyme production by *Bacillus subtilis* WR350 using medium supplemented with corn steep powder and sucrose. Scientific Reports，2019，9：1–10.

点评：该文通过单因素和正交实验开发出一种廉价、清洁的利用枯草芽孢杆菌生产纤溶酶的发酵培养基，纤溶酶的生产效率显著提高，且发酵成本降低了近 3 倍。

网上更多学习资源……

◆教学课件　◆自测题

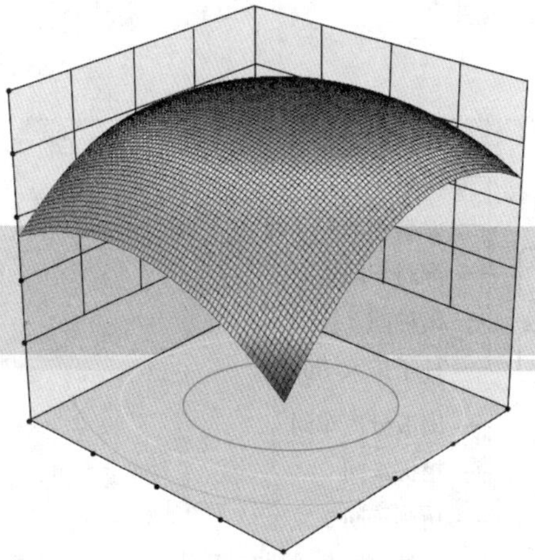

4 发酵工业主要装备

以发酵罐为核心的发酵系统是发酵工业的心脏，是生物技术产品实现规模化生产的关键装备。本章从发酵工厂的生产流程的角度，介绍发酵工业系统组成及其主要装备。

教学目的与要求

（1）掌握发酵工业系统组成。

（2）掌握发酵工业系统各部分的主要装备。

（3）总体了解发酵工业系统的装备组成及特点。

重点及难点

发酵工业系统组成及其主要装备。

知识导图

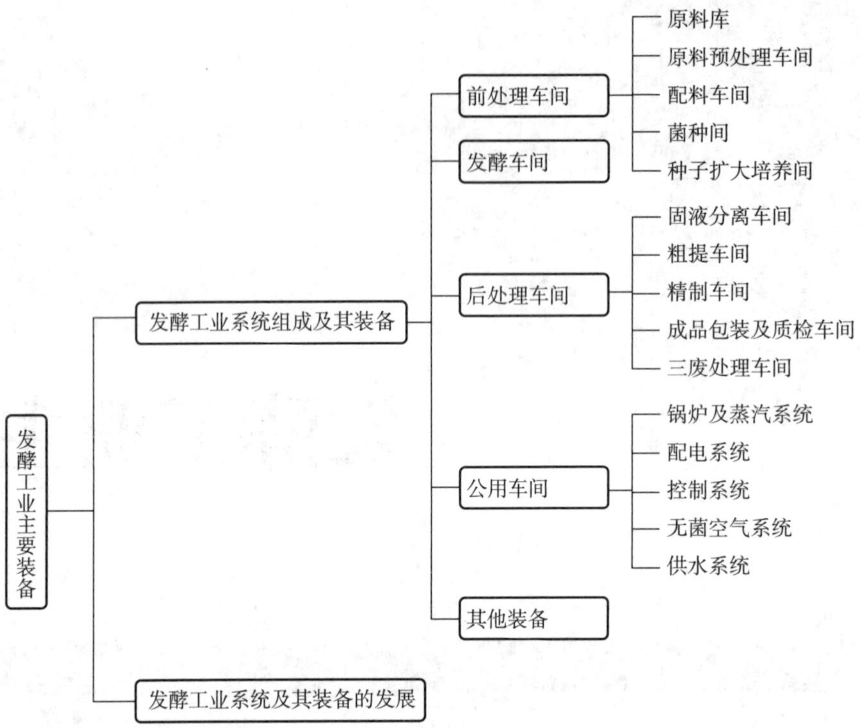

问题导读

（1）发酵工业生产流程涉及哪些车间，这些车间的主要装备有哪些？

（2）整个发酵工业系统中哪些是核心装备，并说明理由。

（3）简要说明在操作使用核心装备时要注意哪些问题。

（4）试分析发酵工业系统的发展趋势。

关键词

前处理车间　发酵车间　发酵罐　后处理车间　公用工程　装备发展趋势

4.1 发酵工业系统组成及其装备

☆ **动画 4–1**
发酵工业系统组成及其装备

4.1.1 前处理车间

一个批次的发酵生产进行之前，通常需要一系列的准备工作，包括：原料的运输、粉碎和配制，以及工业菌种的活化及种子扩大培养等。这些工作通常需要原料库、原料预处理车间、配料车间、菌种间以及种子扩大培养车间。

（1）原料库

通常发酵工厂需要适量贮存大宗的发酵原料以保证发酵生产的正常进行。因此，发酵工厂都会建立专门的原料库来储藏发酵所需的各种原料。储藏过程中通常需要用到机械输送设备和卸料装备，常用的原料输送设备分为：机械输送设备和气流输送设备。

需要根据输送原料的不同选用不同类型的机械输送设备，并根据储藏量的大小选用合适规格的输送设备。常用的机械输送设备主要有：带式运输机、斗式运输机和螺旋式运输机。气流输送设备分为：吸引式输送和压送式输送。此外，气流输送设备通常还配有装料设备、卸料设备、除尘设备和风机等。

图片 4-1
常见运输机类型

（2）原料预处理车间

用于发酵的原料，除粉料外，一般要对颗粒较大的物料进行粉碎处理以增大其比表面积，方便后续的配料工序。通常粉碎有湿式粉碎和干式粉碎。湿式粉碎是将原料和水一起粉碎，将原料处理成粉浆。干式粉碎则是将原料直接粉碎，通常为避免粉碎时出现粉尘，应配备除尘设备和通风设备。常用的原料粉碎设备有：锤式粉碎机和辊式粉碎机（图 4-1、图 4-2）。

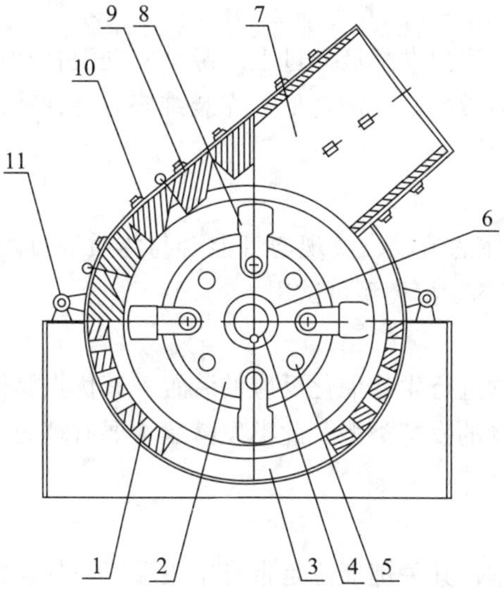

1. 筛板
2. 转子盘
3. 出料口
4. 中心轴
5. 支撑杆
6. 支撑环
7. 进料嘴
8. 锤头
9. 反击板
10. 弧形内衬板
11. 连接机构

图 4-1　锤式粉碎机

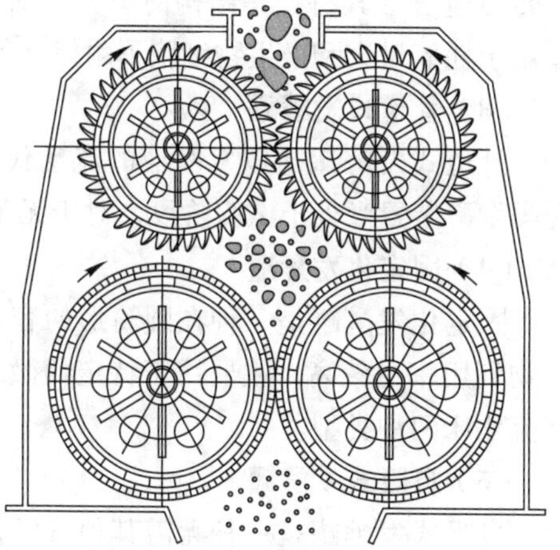

图 4-2　辊式粉碎机

（3）配料车间

配料间除了配备上述的输送设备外，还会根据生产规模配备相应的带搅拌装备的配料罐，对于需要预处理的淀粉物料还需要配备用于淀粉液化和糖化的蒸煮罐和糖化罐等装备。

深入学习 4-1
液化和糖化的定义及工艺

（4）菌种间

工业菌种是发酵的灵魂，因此，工厂菌种间属于发酵工厂的核心车间之一，是发酵工厂进行菌种保藏、菌种选育、菌种复壮、菌种活化和菌种检测的车间，一般需要采取一定的保密和安全措施。通常配备的设备有液氮罐、超低温冰箱、低温冰箱、超净工作台以及摇床等常规微生物实验室的设备。

（5）种子扩大车间

在最终进入发酵车间生产之前，通常需要采用多级种子罐实施种子无菌扩大培养，实现由保藏菌种到大规模生产。根据不同菌种的特点，选用不同规格和不同放大级数的种子罐，具体如何选用将在后续发酵放大设计的章节中具体介绍。

当然，也可把菌种间和种子扩大车间从前处理车间中单列出来，以突出其重要性。

4.1.2 发酵车间

发酵车间是进行发酵生产的主体车间，其核心装备是发酵罐系统。

实验室常用的发酵罐规模大多为 5 ~ 100 L，中试车间的发酵罐规模大多为 50 ~ 10 000 L，发酵生产工厂车间的发酵罐规模通常在 30 000 L 以上。一般来讲，实验室和中试规模的发酵罐通常带有自动检测及控制系统，可通过在线实时监测，增加对发酵过程的理解，可以为大规模发酵生产过程的优化提供参考数据。

4.1.2.1 发酵罐的类型

发酵罐的类型较多，主要包括通用式搅拌罐、气升式发酵罐、管道式发酵罐、固定化发酵罐、自吸式发酵罐以及伍式发酵罐等类型，以上各种类型的发酵罐可以适应不同发酵类型的应用需要。

（1）通用式发酵罐

深入学习 4-2
通用式发酵罐

通用式发酵罐是指带有通气和机械搅拌装置的发酵罐，是工业生产中最常用的发酵罐。其中，机械搅拌的作用是使发酵液充分混合，保持液体中的固型物料呈均匀的悬浮状态，并能打碎空气气泡以提高气液间的传氧速率，提高无菌空气的利用率。

（2）气升式发酵罐

气升式发酵罐是依靠无菌压缩空气作为液体的提升力，使罐内发酵液通过上下翻动实现混合和传质传热过程。其特点是结构简单，无轴封，不易污染，氧传质效率高，能耗低，安装维修方便，特别适用于耗氧量大和微生物细胞不耐搅拌剪切的发酵类型。

（3）管道式发酵罐

管道式发酵罐是以发酵液的流动代替搅拌作用，依靠液体的流动，实现通气混合与传质等目的。此类发酵装置尚处于试验阶段，对于无菌要求不高或需要光照的发酵类型可试用。

（4）固定化发酵罐

固定化发酵罐是一种在圆筒形的容器中填充固定化微生物进行生物催化反应的装置。其优点是微生物利用率比较高，主要用于特定的微生物催化底物转化产物的发酵类型。此类发酵罐主要有填充床和流化床两种类型。

（5）自吸式发酵罐

自吸式发酵罐是一种无需其他气源供应压缩空气的发酵罐，其关键部位是带有中央吸气口的搅拌器。在搅拌过程中可以自吸入过滤空气，适合于耗氧很低的发酵类型。

（6）伍式发酵罐

伍式发酵罐的主要部件是套筒、搅拌器。搅拌时液体沿着套筒外向上升至液面，然后由套筒内反回罐底，搅拌器是用 6 根弯曲的中空的不锈钢管子焊于圆盘上，兼作空气分配器。无菌空气由空心轴导入，经过搅拌器的空心管吹出，与被搅拌器甩出的液体相混合，发酵液在套筒外侧上升，由套筒内部下降，形成循环。这种发酵罐多应用于纸浆废液发酵生产酵母等发酵类型。设备的缺点是结构复杂，清洗筒套较困难，且消耗功率较高。

4.1.2.2 发酵罐的结构

在现代发酵工业生产中，各种发酵罐均有应用，其中，通用式搅拌发酵罐最为普遍，现以通用式通气搅拌发酵罐为例对发酵罐的结构进行简介。

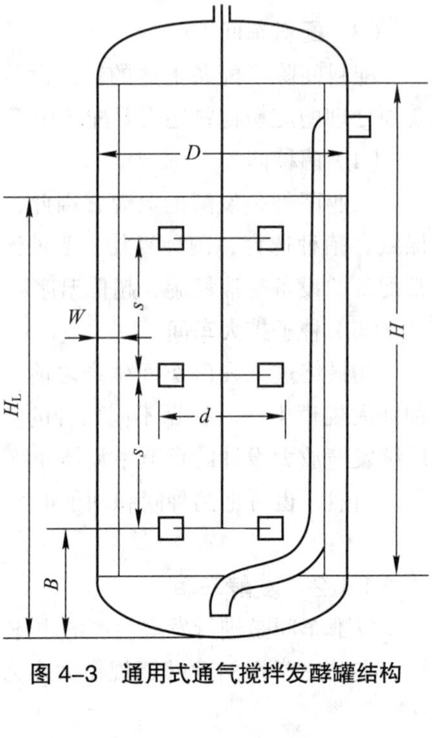

图 4-3 通用式通气搅拌发酵罐结构

通用式通气搅拌发酵罐结构如图 4-3 所示

（1）外形、结构及几何尺寸

① $H/D = 1.7 \sim 3$；（H 为罐体上、下封头高度）$/D = 2 \sim 3$；$H_L/D = 2 \sim 2.5$，H_L 按照装料体积 $V_L = 70\% V_{总}$ 计算（$V_{总}$ 为

发酵罐总体积，V_L 为发酵液装料体积）；$d/D = 1/3 \sim 1/2$。

② $W/D = 1/12 \sim 1/8$（取 0.1，并在挡板与罐壁之间留 1 ~ 2 cm 间隙，以消除死角）。

③ $B/D = 0.8 \sim 1.0$。

④ 当采用双层搅拌桨时，$(s/d)_2 = 1.5 \sim 2.5$；当采用三层搅拌桨时，$(s/d)_3 = 1 \sim 2$，也可以取相同的值，满足 $1.5 \leqslant s/d \leqslant 2$。

（2）搅拌装置

通用式通气搅拌发酵罐都具有搅拌装置，搅拌有 4 个目的：①打碎气泡，增加气液接触面积；②产生涡流，延长气泡在液体中的停留时间；③造成湍流，减小气泡外滞流膜的厚度；④动量传递，有利于混合及固体物料保持悬浮状态。总之，搅拌器可以使被搅拌的液体产生轴向流动和径向流动，采用不同型式的搅拌器产生两种流向的侧重不同，对于发酵液来讲，通常希望同时兼顾以径向流和轴向翻动。所以，一般在评价搅拌效果时要综合考虑传质、传热及混合效果。

搅拌器的形式多样，一般的通用式发酵罐大多采用涡轮式搅拌器，且以圆盘涡轮搅拌器为主，这样可以避免气泡在阻力较小的搅拌器中心部位沿着搅拌轴周边快速上升逸出。

桨叶类型有平叶、弯叶、箭叶 3 种类型，叶片数量至少 3 个，通常为 6 个，多至 8 个。

图片 4–2
常见搅拌器类型

桨叶类型不同，破碎气泡能力不同，翻动流体的能力也不同。在相同的搅拌功率下，破碎气泡能力大小顺序依次为：平叶、弯叶、箭叶；而翻动流体的能力大小顺序依次为：箭叶、弯叶、平叶；可见，综合传质和混合能力则是弯叶较好。

搅拌桨的层数 n 一般可根据 H/D 及 $(s/d)_n$ 的要求进行计算，通常 3 ~ 4 层，其中，底层搅拌最重要，占轴功率的 40%，其所具有的叶片数最多，一般 6 ~ 8 片，通常选用 6 片。

（3）挡板

在所有搅拌式发酵罐中，一般都装有四块挡板，以防止涡流形成和提高通气效率。挡板的作用是改变液流方向，由径向流变为轴向流，促使流体翻动，增加传质和混合。

挡板宽 W 为：$W/D = 1/12 \sim 1/8$（一般取 0.1）

全挡板条件是指在一定的搅拌转速下，在搅拌罐中增加挡板或其他附件时，搅拌功率不再增加，而旋涡基本消失，一般要满足下式：

$$(W/D) \cdot Z = 0.4$$

式中，W 为挡板宽；D 为罐直径；Z 为挡板的数量。

需要说明的是：①进行挡板设计时，要注意发酵罐内有竖立的蛇管、列管、排管，都可起挡板作用，不需要另加挡板。②挡板长度一般自液面起，至罐底封头上边缘（即圆柱底端）为止。③挡板与罐壁间留缝隙，间距为 $(0.2 \sim 0.4)W$，目的是消除发酵罐内死角。

（4）消泡器

消泡器的作用是破碎气泡，改善供氧和防止杂菌污染。在罐体内部的消泡器为锯齿状，少量泡沫上升时可将泡沫打碎。但这一类型消泡器装于搅拌轴上，往往因搅拌轴转速太低而效果不佳。对于下伸轴发酵罐，可在罐顶装半封闭涡轮消泡器，使用单独电机驱动，消泡器一般采用旋风分离式或叶轮离心式（适于不易染菌的工艺），利用离心力将泡沫粉碎，液体仍返回罐内。消泡桨直径一般为罐径的 0.8 ~ 0.9 倍，以不妨碍旋转为原则（图 4–4）。

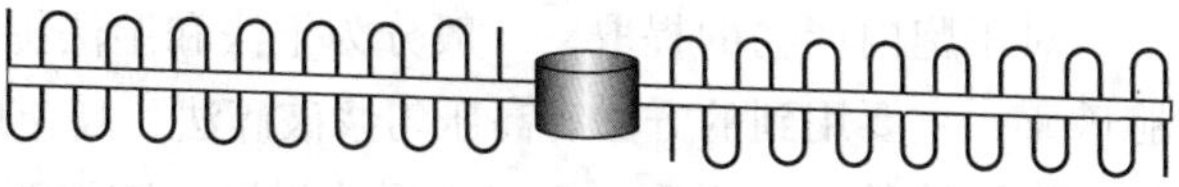

图 4–4 消泡桨

单独使用消泡器往往不能达到很好的消泡效果。因此，在实际生产中常常与消泡剂配合使用。

（5）空气分布器

空气分布器的作用是向发酵液中吹入无菌空气，并使其分布均匀。空气分布器有两种，一种是生产规模的发酵罐常采用单孔管，开口朝下，以防止固体物料在管口堆积形成堵塞，管口距罐底 40 mm 左右。另一种是采用带小孔朝下的环形空气分布管，但此种分布管容易使喷气孔堵塞。因此，只适用于细度极小且易溶于水的固体发酵原料溶解后的液体发酵。

（6）装料容积的计算

一般情况下，装料高度取发酵罐圆柱部分高度的 70%，但当发酵产生极少泡沫时，装料体积亦可达罐圆柱部分高度的 80%，对于易起泡的物料则控制装料高度不超过其 60%。此外，加入消泡剂和采用有效的机械消泡装置可以适当提高发酵罐的装液量。

（7）换热装置

换热装置有多种形式，夹层式换热装置多用于容积较小的发酵罐以及种子罐。夹层的高度比静止液面高度稍高即可，无需进行冷却面积的设计。这种装置的优点是结构简单，加工容易，罐内无冷却装置，死角少，容易进行清洁灭菌工作。其缺点是传热壁较厚，冷却水流速低，降温效果较差，较大型的发酵罐不宜单独采用这种换热装置。容积在 5 t 以上的发酵罐，多采用蛇形管换热装置。蛇形管换热装置是将竖式的蛇管分组安装于发酵罐内，根据发酵罐的直径大小有四组甚至六组或八组不等。这种换热装置的优点是冷却水在管内的流速大、传热能力强、热量交换快，但易形成发酵罐内死角，并给清洗发酵罐带来一定的麻烦。

（8）搅拌电机及其他附属设备

发酵罐的另一个重要部分就是搅拌电机，搅拌电机应根据实际的发酵情况选用功率不同的电机。在选用时有以下原则：通常按不通气情况下选择电机功率，确保功率满足最大需求时条件；电机在启动时功率比运行时大得多，在选用时要求考虑启动因素；应考虑减速传动装置的机械效率；在考虑电机转速时要注意，高速小直径有利于微观混合，但损伤大。低速大直径有利于宏观混合，但传质差，应根据实际情况选择合适转速的电机；目前一般按照每立方米发酵液消耗 1 ~ 3.5 kW 功率来选择电机。此外，发酵罐系统还有轴封轴承等构件，整个附属管道系统还涉及多路蒸汽管道及取样管道等。

在使用发酵核心设备（如发酵罐、灭菌锅等）时假，要严格遵守操作规程，经过专业培训才能独立操作，既保证安全操作，又确保灭菌彻底。

4.1.3 后处理车间

（1）固液分离车间

发酵结束后，需要对产品进行分离提取，无论目标产物是胞内产物还是胞外产物，通常第一步都是对发酵培养物进行固液分离。通常在固液分离之前要对发酵液进行预处理，添加絮凝剂，调节发酵液 pH 等改变其物理特性，以方便后续处理。一般固液分离的手段是过滤或离心。常用的过滤设备有真空抽滤机、板框压滤机、真空转鼓过滤机以及膜分离装备等。离心设备包括卧式离心机、螺旋式离心机等低速离心机以及连续流离心分离机等。

图片 4–3
常见固液分离设备

（2）粗提车间

粗提车间的目的是尽可能快地获得更多的目标产物，由于提取手段可能比较粗放，通常所得产物含有比较多的杂质。

对于胞内产物的提取，一般分为干法和湿法提取。对于湿法提取，一般是在固液分离之后进行细胞破碎，主要用到的方法有高压匀浆破碎法、高速球磨法和超声破碎法等，以及酸热法、化学渗透法、生物酶溶法等方法提取；而对于干法提取，则需要对固液分离后的湿菌体进行干燥，通常所用的干燥设备包括：流化干燥床（流化床干燥器）、大型真空干燥箱、旋转式干燥床等。然后再对干燥的菌体进行粉碎，主要用到的粉碎设备与前处理中提到的原料粉碎设备相似。通常粉碎后的物料投入提取罐，并采用溶剂提取。

视频 4–1
粗提车间各主要装备

图片 4–4
常见干燥器

对于胞外产物的提取可在固液分离之后，对滤液部分作进一步处理，滤液粗提主要涉及盐析沉淀或浓缩、萃取等提取过程，通常要用到盐析罐、真空浓缩装置、萃取塔等装备。

（3）精制车间

经过粗提的产品已除去了大量的杂质，但仍需要进一步精制，才能达到目标产品的原料质量要求。常用的精制技术有层析分离技术、膜分离技术、结晶技术和干燥技术等，通常要用到层析柱系统、膜分离系统、结晶罐以及干燥设备等。

图片 4–5
萃取设备

（4）成品包装及质检车间

产品经过提纯精制以后，如果是原料产品就可以进行成品包装，经过质检环节后就成为合格的产品。若要作为药物原料或其中间体产品，则需要将已精制的原料送入精烘包，在高洁净度的区域进行重新溶解、结晶分离并干燥、粉碎制成达标的药物原料或其中间体产品。

（5）三废处理车间

在整个发酵生产过程中，可能伴随一些三废的产生。其中，废气较少，主要有含尘废气和有机废气。含尘废气主要来自原料粉碎及锅炉烟气等，采用机械除尘、洗涤和过滤除尘达标后即可排放。有机废气主要在产品发酵、提取等过程中，多数为烃类、醇类等，其处理方法主要有：燃烧法、吸附法、吸收法、冷凝法和催化转化法。主要为蒸汽等，经过简单的装置处理就能达标排放，而溶剂则严格回收。发酵过程中产生的废渣主要来自菌体，属于安全无毒的高蛋白原料，可开发成为饲料或饲料添加剂。而发酵过程产生的废水则要经过专门的废水处理系统处理，达到相应的排放标准后才能排放。

图片 4–6
层析柱系统

4.1.4 公用车间

（1）锅炉及蒸汽系统

在发酵罐及其附属设备使用过程中需要采用湿热灭菌，因此，需要锅炉及配套管路进行灭菌。

蒸汽锅炉按照不同的特点有不同的分类，但在实际应用中，一般根据产能选取蒸汽量和蒸汽压合适的型号。同时，在选择合适型号锅炉的基础上选择合适的管道设备。

（2）配电系统

配电设备也是整个发酵工厂的重点，要保证稳定可靠的供电，同时要有一定的系统冗余应对停电等突发事件，发酵工厂一般采用双回路供电以防停电带来的影响。

（3）控制系统

控制系统主要针对发酵车间而言，采用中央控制系统，通常配备各种传感器。通过该系统实现对发酵过程中各种参数的检测及调控，实时监测发酵过程，对于发酵异常现象实现早发现早处理。

（4）无菌空气系统

在好氧发酵过程中需要大量的无菌空气，因此，需要合适的无菌空气系统，提供发酵所需的无菌空气。空气过滤除菌是发酵工业生产中最常用、最经济的空气除菌方法。过滤除菌是采用灭菌的过滤介质来阻截流过该介质的空气所含有的所有微生物，从而取得无菌空气。

图片 4–7
空气除菌单元

（5）供水系统

生产过程的用水包括饮用水、纯化水及注射用水等。其中，饮用水通常为自来水和天然水（井水、深井水、池水、江水、河水、湖水），水质应符合国家标准《生活饮用水卫生标准》。纯化水为饮用水经蒸馏或离子交换、反渗透等方法处理，其水质应符合《中华人民共和国药典》纯化水项下的各项要求。注射用水为纯水经蒸馏法制得，其水质应符合《中华人民共和国药典》注射用水项下规定的各项要求。

在整个生产过程中，需要大量的水，以及冷却水循环系统，因此，需要完善的供水系统。

4.1.5 其他装备

此外，工厂还应该配备安全防爆装备以及应对突发事件的装备，确保安全生产。

4.2 发酵工业装备发展趋势

（1）工业发酵生产装备控制系统更加完善，朝着更加自动化、智能化和网络化方向发展

① 计算机自动控制技术在发酵工业的应用更加完善。计算机自动控制技术集中体现在发酵参数的检测和过程控制，针对各级发酵罐的相关参数，例如，发酵温度、发酵液 pH、罐顶压力（即排气压力）、空气流量、溶解氧含量（DO）、发酵液体积、尾气二氧化碳和尾气氧含量、搅拌速度、泡沫位置、移种量等。在公用工程部分，主要体现在：空气总管温度、空气总管压力、空气总管流量、空气总管湿度、环境湿度；蒸汽温度、蒸汽压力、蒸汽流量；循环水进口温度、循环水进口压力、循环水出口温度；菌种车间的温度、湿度等。在发酵过程控制方面，主要有：多种营养剂流加补料（如青霉素发酵中的糖 / 硫铵 / 苯乙酸 / 玉米油 / 氨水）、发酵温度、发酵液 pH、消泡剂、通气量、罐顶压力、溶解氧、电机转速、连消控制等。同时，对参数的检测和控制精度也更高。

此外，在原材料预处理及发酵后处理环节的单元操作过程中，机械化程度和自动化程度也更高，劳动强度更低，生产效率更高。

② 发酵生产过程更加自动化、智能化和网络化。在未来的发酵生产中，发酵设备的自动化程度将更高，主要表现在两方面：一方面，自动化范围不再是以发酵罐等关键设备为核心，将更加广泛，从上游的菌种、发酵原料预处理、发酵过程控制，到下游的产物分离提取及三废处理，整个发酵生产过程一体化；另一方面，对于发酵过程研究将进一步深入，基于发酵过程大数据的分析和建模，将进一步实现发酵过程的自适应控制和精准控制。

发酵过程的自动化、智能化和网络化程度的增加，使发酵过程的优化控制、发酵流场分析及其控制变得更加高效，大数据分析利用使发酵的数字化程度更高，发酵过程控制更加有效、精准，从而使发酵产量更高、成本更低。

（2）生物技术全面进步将促进整个发酵工业生产体系及其装备不断进步与高度集成

① 生物技术全面进步，将通过现代育种技术全面改造生产菌株，并促进发酵工艺过程及其装备系统发生相应改变。

工艺更加集成。例如，通过菌株改造能直接适应并利用广谱碳源，从而减少原料预处理环节及相关装备。

设备要求及操作过程更加简单。通过菌株改造提高其环境适应性，如提高工业发酵菌种的温度及 pH 适应范围，就可显著降低发酵设备的温度和 pH 控制系统要求，从而降低固定资产投入和生产技术人员的操作精度，甚至大幅节省控温所需的能耗。

② 生物技术全面进步促进生物过程工程技术发展，有利于发酵生产工艺过程优化及其发酵装备系统发生相应改变。

发酵工艺过程更加紧凑。例如，通过对生产胞外产物的发酵过程进行重新设计，实现胞外产物发酵过程与产物分离耦合，实现边发酵边分离，从而大幅提高生产率。同时，可将发酵车间与分离车间紧密相连，发酵过程装备将更加紧凑，还可减少粗分离车间。

发酵生产过程更加清洁。例如，通过对生产胞内产物的发酵过程进行重新设计，改进发酵系统装备，实现胞内产物发酵结束时菌体与发酵液无菌分离，且发酵液可在无菌条件下补料继续多次循环套用多次，将可显著降低工业发酵用水量及废水量，发酵生产过程更加清洁。

③ 生物技术全面进步，将促进发酵工程上中下游技术全面改进和不断集成，将更全面改造发酵及产物分离全过程生产工艺，甚至包括将发酵前处理和后处理工艺及其装备高度集成，从而使发酵及分离系统装备发生深刻改变。

工艺技术的不断发展，是计算机科学在发酵过程中广泛应用的内因，技术集成促使装备集成，二者相互结合、相互促进，使发酵生产效率更高，且发酵生产控制更加精准。

（3）新材料及材料加工技术发展可为发酵工业提供性能优良的装备

新的材料的应用，如新型不锈钢材料，新型密封材料的使用等，将可使发酵罐等装备的密封性能更好，无菌保持能力更强，且装备使用寿命更长。与此同时，材料加工技术的进步，一方面使装备的加工精度更高，可靠性更好；另一方面，更先进的材料加工技术，赋予材料更好的物理特性，例如，提高装备的光洁度等，使设备更容易清洗，节能节水。

（4）新型传感器的研发

现代发酵工业装备研发中，新型传感器是重点发展方向之一。新型传感器不断被开发出来，使发酵过程中可在线检测的参数更多，且更加快捷及时，因而可以更准确地认识发酵过程并实施精准控制。

开放讨论题

能否通过菌种改良及发酵工艺优化来减少发酵工厂车间数或车间设备数量？若可以，试举例说明。

思考题

1. 在开展发酵生产之前涉及大量准备工作，试列举可能涉及的设备名称，并简述其用途。
2. 简述发酵罐的类型及其特点。
3. 什么是通用式发酵罐？机械搅拌发酵罐的基本结构包括哪些部件？

推荐阅读

Singhal G，Verma V，Bhagyawant S S，et al. Fermentation Technology Prospecting on Bioreactors/Fermenters：Design and Types. In：Kuila A，Sharma V. Principles and Applications of Fermentation Technology. New York：Scrivener Publishing LLC，2018：65-83.

点评：该书图文并茂地介绍了不同类型发酵罐的结构及其作用，有助于全面了解发酵罐各部件在发酵过程中的作用。

陶兴无 . 发酵工艺与设备 . 北京：化学工业出版社，2015.

点评：该书将发酵工艺与发酵设备两方面的内容结合起来，介绍了厌氧发酵设备、好氧发酵设备等在不同发酵工艺中的应用。

网上更多学习资源……

◆教学课件　◆自测题

5

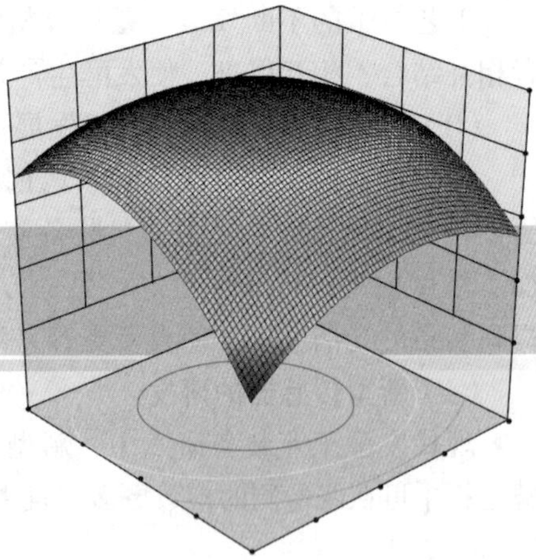

无菌原理与技术

- **5.1 无菌概念**
  消毒；灭菌；过滤除菌；抑菌
- **5.2 发酵工业污染危害及其防治**
  污染的危害；杂菌污染防治
- **5.3 发酵工业的湿热灭菌**
  湿热灭菌原理；湿热灭菌在发酵罐及其附属设备灭菌中的应用
- **5.4 空气除菌原理与流程设计**
  空气除菌的重要性；空气除菌的一般过程；空气除菌流程设计原则；空气除菌流程设计方法

现代大规模发酵生产往往都需要采用纯种发酵，为了防止杂菌污染，在生产中经常要采用无菌技术。本章系统介绍了发酵生产中无菌技术的基本概念、技术原理及其应用，为帮助学习者今后在实际生产中有效防治发酵污染打下良好的理论、技术及应用基础。

教学目的与要求

（1）掌握发酵工业无菌技术的基本概念。
（2）掌握发酵工业污染的原因及防治策略。
（3）掌握发酵工业的无菌技术。
（4）掌握培养基及设备灭菌基本原理及灭菌时间估算。
（5）掌握空气除菌基本原理、流程及无菌空气预处理设计。

重点及难点

培养基及设备灭菌基本原理以及灭菌时间的估算；空气除菌基本原理、流程以及无菌空气预处理工艺设计。

知识导图

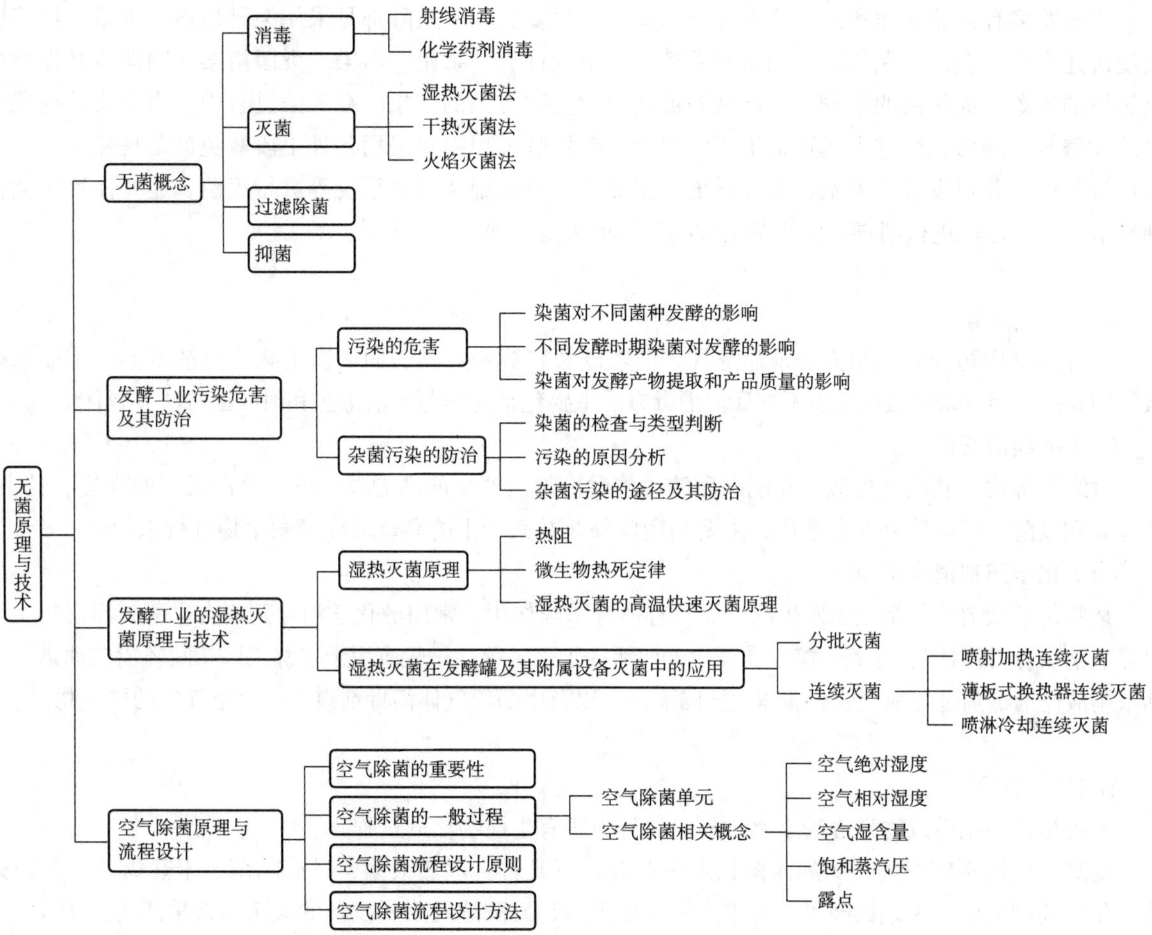

问题导读

（1）发酵生产过程中为什么要保证整个发酵系统无菌？

（2）工业发酵生产过程中如何保证无菌，通常需要采取哪些措施？

（3）湿热灭菌过程中为什么提倡高温快速灭菌？如何估算实罐灭菌和连消灭菌所需的灭菌时间，预计哪种方式灭菌所需的时间更长，为什么？

（4）如何判断污染原因并采取有效措施控制污染或尽量减少污染的影响？

（5）简述空气除菌系统的结构及其功能，开展有针对性的压缩空气除菌流程设计主要注意哪些问题，为什么？

关键词

发酵污染及防治　湿热灭菌　微生物热死定律　分批灭菌　连续灭菌　空气过滤除菌　空气相对湿度　空气湿含量

5.1 无菌概念

工业发酵有自然发酵和纯培养发酵等类型，绝大多数工业发酵都是采用纯种培养，本章从纯培养角度讲述发酵工业的无菌技术。纯培养发酵中，不允许有“杂菌”污染。染菌指某些物体被其他微生物污染的现象。如灭菌的培养基、器械等被其他微生物污染的现象。在发酵过程中，出现染菌现象会导致发酵水平降低，严重干扰正常生产。因此，在发酵过程中要采用各种手段避免染菌现象发生。在生产过程中，要对发酵培养基、空气系统、流加料、发酵罐及管道系统等进行灭菌，还要注意无菌接种环节，并对环境进行消毒，防止杂菌和噬菌体的大量繁殖。

案例 5–1
染菌造成生产损失

5.1.1 消毒

视频 5–1
常用消毒法

消毒是指用物理或化学方法杀死空气、地表以及容器和器具表面的微生物。但消毒不一定能杀死微生物芽孢，而且杀灭微生物也不彻底。消毒方法主要包括化学药剂消毒法和射线消毒法，具体如下：

（1）射线消毒法

射线消毒法是利用紫外线、高能电磁波或放射性物质产生的高能粒子进行消毒灭菌的方法。其中，实验室和发酵工厂以紫外线最常用，主要利用紫外线及其产生的臭氧对环境微生物进行杀菌。

（2）化学药剂消毒法

某些化学试剂能与微生物发生反应而具有消毒杀菌作用。常用的化学消毒药剂有甲醛、漂白粉（或次氯酸钠）、高锰酸钾、环氧乙烷、季铵盐（如新洁尔灭）等。一般应用于发酵工厂车间环境的消毒，包括采用液体消毒剂进行地表面和墙体表面的消毒，以及甲醛等气体消毒剂熏蒸杀灭空气中的微生物。

5.1.2 灭菌

灭菌是指用化学或物理方法杀死物料或设备中所有生命物质的过程。

发酵工厂的不同车间用到的无菌技术主要有以下几种：湿热灭菌、过滤除菌、干热灭菌、射线灭菌、化学药剂灭菌、火焰灭菌等。其中，发酵培养基、发酵罐及附属设备的灭菌通常采用湿热灭菌。

（1）湿热灭菌法

利用饱和蒸汽进行灭菌的方法称为湿热灭菌法。由于蒸汽具有很强的穿透能力，而且在冷凝时会放出大量热能，使微生物细胞中的蛋白质、酶和核酸分子内部的化学键，特别是氢键受到破坏，引起不可逆的变性，造成微生物死亡。通常，湿热灭菌条件为 121℃维持 20 ~ 30 min。

（2）干热灭菌法

大多数的干热灭菌是利用电热或红外线在某设备内将待灭菌物品加热到一定温度（一般规定：135 ~ 140℃灭菌 3 ~ 5 h；160 ~ 170℃灭菌 2 ~ 4 h；180 ~ 200℃灭菌 0.5 ~ 1 h）将微生物杀死。干热灭菌多用于一些要求保持干燥的实验器具和材料等的灭菌。

（3）火焰灭菌法

利用火焰直接杀死微生物的灭菌方法称为火焰灭菌法。最简单的火焰灭菌是将金属或其他耐热材料制成的器物在火焰上灼烧，称为灼烧灭菌法，在接种操作时常用这种方法。该方法简单，灭菌彻底，但适用范围有限，仅适用于金属小用具，如接种针、接种环、接种铲、小刀、镊子等以及三角瓶口等器具的灭菌。

5.1.3 过滤除菌

除菌是指用物理阻留的方法除去空气或液体中的微生物及其孢子。过滤除菌法是利用过滤方法阻留微生物，达到除菌的目的。此法仅适用于澄清液体和空气的除菌。工业上常用过滤法大量制备无菌空气，提供给好氧微生物进行液体深层发酵使用。

5.1.4 抑菌

抑菌是指用物理或化学方法杀死或抑制微生物的生长和繁殖。

5.2 发酵工业污染危害及其防治

5.2.1 污染的危害

如果发酵过程中污染了杂菌，会严重影响发酵结果，例如，大量消耗营养或改变发酵液 pH，使正常发酵无法进行或发酵单位显著下降；合成新物质使发酵产物分离困难；菌体自溶、发黏等严重造成后续的分离困难；杂菌分解目标产物致使产量显著下降，等等。又如，细菌发酵污染噬菌体将导致发酵失败等。

5.2.1.1 染菌对不同菌种发酵的影响

在细菌发酵过程中，发酵周期较短，主要是防止噬菌体污染，如谷氨酸发酵采用的菌种为棒状短杆菌，该生产菌繁殖快，发酵周期短，且培养基营养不太丰富。因此，一般杂菌难以污染，主要是噬菌体污染威胁较大，噬菌体蔓延迅速，难以防治，且易造成连续污染；但在营养缺陷型细菌发酵中，如肌苷发酵主要采用枯草杆菌和产氨短杆菌，这些生产菌通常是营养缺陷型菌株，生长能力较差，所需的培养基营养非常丰富，因此，容易受各种生长较快的杂菌污染，如芽孢杆菌，且染菌后培养基中营养成分迅速消耗，严重影响生产菌的生长和代谢产物生成。

在霉菌发酵过程中，由于发酵周期较长，产物类型各不相同，因此，染菌后的情况比较复杂。如青霉素发酵，染菌后产物很容易被杂菌所产生的青霉素酶水解，因此，染菌后会导致青霉素迅速破坏，使发酵一无所获。又如柠檬酸等有机酸发酵，由于产酸后的发酵液 pH 很低，一般杂菌不易生长，因此，在发酵过程的中、后期不太会发生染菌。所以，有机酸发酵主要是防止前期染菌。但是，对于能在较低 pH 发酵液中生长的杂菌来讲，其对柠檬酸发酵的危害很大，如青霉菌。

在酵母菌发酵过程中，易遭到生长较快的细菌污染以及野生酵母菌的污染，故尤其注意要特别防止此两类杂菌的污染。

疫苗发酵生产通常采用基因工程菌，由于医用疫苗要求很高，一旦受杂菌污染，就必须全部废弃。

染菌对不同菌种发酵的影响差别较大，而且污染杂菌的种类对不同发酵的影响也是不同的。如在抗生素发酵中，青霉素发酵污染细短产气杆菌比污染粗大杆菌危害更大；链霉素发酵污染细短杆菌、假单孢杆菌和产气杆菌比污染粗大杆菌更有危害；四环素发酵最怕污染双球菌、芽孢杆菌和荚膜杆菌；柠檬酸发酵最怕污染青霉菌；肌苷和肌苷酸发酵最怕污染芽孢杆菌；谷氨酸发酵最危险的是污染噬菌体。

5.2.1.2 不同发酵时期染菌对发酵的影响

（1）种子扩大时期染菌

种子扩大培养期主要是进行微生物菌体的生长与繁殖，此时染菌，若不及时处理对后续发酵危害极大，必然导致发酵失败。因此，应严格控制种子污染。由于种子扩大的培养液体积相对较小，一旦发现种子受污染，均应灭菌后弃去，重新开展种子扩大培养工作。

（2）发酵前期染菌

发酵前期的微生物菌体主要处于生长繁殖、积累菌体量阶段，对于次生代谢发酵来讲，代谢产物生成很少。当发酵前期污染杂菌时，通常应迅速重新灭菌，再接种，进行从头发酵。有时还要根据前期染菌时营养成分的消耗情况适当补充必要的营养成分，再重新灭菌、接种发酵。

（3）发酵中期染菌

发酵中期染菌，由于营养成分大量消耗，发酵产物正在大量累积，一般挽救处理困难，危害性较大，故在实际生产过程中应尽力做到早发现、快处理。处理方法应根据各种发酵的特点和具体情况而定。如抗生素发酵，考虑到代谢产物的抑菌作用，可将另一罐发酵正常、单位高的发酵液的一部分体积输入染菌罐中，以抑制杂菌繁殖；又如柠檬酸发酵中期染菌，可根据所染杂菌的性质分别处理，如污染细菌，可加大通气量，促进发酵加速产酸，降低 pH，以抑制细菌生长，必要时甚至可人为加入盐酸调节 pH 3.0 以下来抑制杂菌生长；如污染酵母菌，可加入对生产菌无影响的酵母菌的生长抑制剂硫酸铜（0.025 ~ 0.035 g/L）等，并提高通气量，加速产酸；如污染黄曲霉，可加入另一罐将近发酵成熟的醪液，使 pH 迅速下降，促使黄曲霉自溶，以减少发酵中期霉菌污染的影响。

（4）发酵后期染菌

发酵后期产物积累较多，糖等营养物质接近耗尽。此时染菌对发酵的影响相对来说要小一些，一般可继续进行发酵，即使污染迅速加重，也可以采取措施提前放罐来减少染菌造成的损失。

案例 5–2
不同发酵时期染菌对发酵的影响

5.2.1.3 染菌对发酵产物提取及产品质量的影响

杂菌污染对发酵后处理也有极大的影响，尤其是增加了发酵产物的提取难度，同时还会影响发酵产品的质量。例如，丝状菌发酵被产酸的杂菌污染后，由于杂菌大量繁殖导致 pH 不断下降，促使生产菌的菌丝大量自溶，发酵液黏度增加，导致发酵后处理时发酵液过滤困难。在这种情况下，过滤之前通常需要进行预处理，如先将发酵液加热后再加入助滤剂，或者先加絮凝剂，使蛋白质凝聚后沉淀，以便有利于发酵液过滤操作。发酵液中增加黏性的胶体物质应尽可能事先去除，否则将对后续产物精制如采用离子交换分离等工艺不利，因为这些未去除的胶体物质黏附在树脂表面或被树脂吸附，使树脂吸附能力大大降低，有的不易被水洗掉，而在产物分离时一起被洗脱，混杂在产物中，从而影响产物的纯度和品质；又如污染的杂菌在发酵液分泌较多蛋白质杂质时，对发酵后处理过程中采用溶媒萃取的提取工艺十分不利，使水相和溶媒之间极易发生乳化，很难使水相和溶剂相分离，从而严重影响产物的提取收率。

案例 5–3
染菌对后期分离及产品质量的影响

5.2.2 杂菌污染防治

5.2.2.1 染菌的检查与类型判断

在发酵过程中，如何及早发现杂菌并及时处理是避免染菌造成严重损失的重要手段。因此，生产上要求能用准确、迅速的方法来检查出污染杂菌的类型，并对其可能的染菌途径作出判断。目前常用的方法主要有以下几种。

（1）显微镜检查法

通常用简单染色法或革兰氏染色法，将菌体染色后在显微镜下观察。对于霉菌、酵母发酵，先用低倍镜观察生产菌的特征，然后再用高倍镜观察有无杂菌存在。根据生产菌与杂菌的不同特征来判断是否染菌，必要时还可进行芽孢染色和鞭毛染色。此法简单、直接，是最常用的检查杂菌方法之一。但是，由于整个镜检过程需要一定的时间，这对于发酵周期较短的生产菌判断其早期污染不利，往往还需要与其他方法结合。

（2）平板划线培养或斜面培养检查法

先将待检样品在无菌平板上划线，根据可能的污染类型分别置于 37℃、27℃下培养划线平板，以适应嗜中温和低温菌的生长，一般 8 h 后即可观察是否有杂菌污染。

对于噬菌体检查，可采用双层平板培养法，上层和底层同为肉汤琼脂培养基，上层减少琼脂用量，先将灭菌的下层培养基熔化后倒入平板，凝固后再将上层培养基溶解并保持 40℃，加入生产菌作为指示菌和待检样品混合后迅速倒在下层平板上。置培养箱保温，经 12～20 h 培养，通过观察有无噬菌斑来检查是否被噬菌体污染。

（3）肉汤培养检查法

将待检样品接入无菌的肉汤培养基中，分别置于 37℃和 27℃下进行培养，随时观察微生物生长情况，并取样镜检，判断是否污染杂菌。

（4）发酵过程的异常现象观察法

发酵过程出现的异常现象如溶解氧、pH、尾气中的 CO_2 含量以及发酵液黏度等的异常变化，都可能是产生污染的重要信息，可以根据这些异常现象分析发酵是否染菌。如图 5-1 所示，实线为谷氨酸正常发酵溶解氧水平曲线。在正常发酵中，发酵初期菌体处于适应期，耗氧量很少，溶解氧变化较小；当菌体进入对数生长期，耗氧量增加，溶解氧浓度很快下降，并且维持在相对稳定的较低水平（5%饱和度以上），这阶段由于操作条件（pH、温度、加料等）的变化，溶解氧可能会有所波动，但变化不大；到了发酵后期，菌体衰老，耗氧量减少，溶解氧浓度又迅速上升。而图中虚线①表示的是感染噬菌体后溶解氧变化曲线，虚线②表示的是异常发酵菌体浓度的变化。感染噬菌体后，生产菌的呼吸作用受到抑制，溶解氧浓度很快上升。因此，可据此判断是否染菌。这种方法属于在线观察，能及时了解发酵过程中的污染情况，以便尽早采取防治措施。

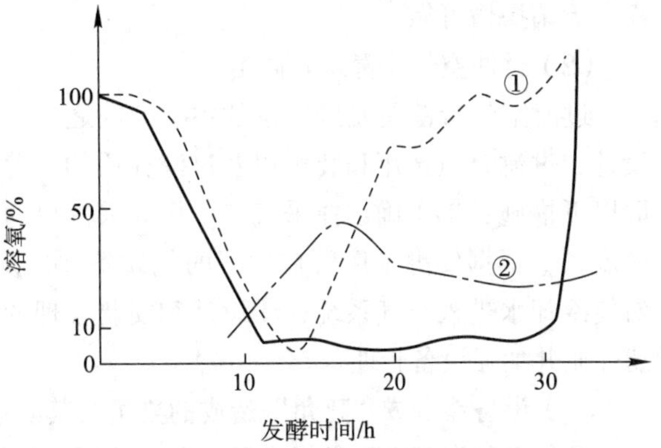

图 5-1　谷氨酸正常与异常发酵的溶解氧变化曲线

5.2.2.2　染菌原因分析

造成发酵染菌的原因很多，比较复杂，主要有：种子带菌、压缩空气带菌、设备渗漏、灭菌不彻底、操作失误和技术管理不善等。

（1）从污染的杂菌种类进行分析

若污染的是耐热芽孢杆菌，可能是培养基或设备灭菌不彻底所造成；若污染的是球菌、无芽孢杆菌等不耐热杂菌，则有可能是种子带菌、压缩空气除菌不彻底、设备渗漏或操作失误所引起；若检查污染发现是浅绿色菌落的杂菌，可以判定很可能是冷却盘管等循环水系统出现渗漏所引起；若污染的是霉菌，一般是无菌室环境消毒不够彻底或无菌操作失误所引起；若污染的是酵母菌，则主要是由于糖液灭菌不彻底，特别是糖液放置时间较长引起的。

（2）从污染时间进行分析

若发酵前期染菌，可能是由于种子带菌、培养基或设备灭菌不彻底、接种操作不当或无菌空气带菌等原因引起；若发酵后期染菌，可能是由于中间补料污染、设备渗漏或操作失误等原因所引起。

> **案例 5-4**
> 摇瓶发酵及发酵罐发酵染菌原因分析

（3）从染菌的程度进行分析

如果各个发酵罐或多数发酵罐染菌，而且所污染的是同一种杂菌，一般是压缩空气系统存在问题，如空气系统结构不合理、空气过滤器介质失效等；如果个别发酵罐连续染菌，一般是该发酵罐系统存在问题。

综上所述，一旦发酵过程中出现了染菌情况，就可以从以上几个方面具体问题具体分析，很快找到染菌原因。

5.2.2.3　杂菌污染的途径及其防治

（1）种子带菌及其防治

种子带菌是导致发酵前期染菌的重要原因之一，种子带菌的途径及防治措施主要有以下几种：①培养基及器具彻底灭菌；②确保纯种保藏可靠；③避免菌种在移接过程中受污染，确保无菌室及设备可靠，无菌操作可靠。

（2）过滤空气带菌及其防治

过滤空气带菌是发酵染菌的主要原因之一。要杜绝过滤空气带菌，必须从空气净化流程和设备的设计、过滤介质选用和装填以及过滤介质的灭菌和管理等方面完善整个压缩空气净化系统。通常应采取以下措施：①正确选择采气口，提高采气口的位置并安装前置粗过滤器，提高空压机进口空气的洁净度；②根据发酵工厂所在地区的气候条件，设计合理的空气预处理过程；③防止空气冷却器渗漏，勿使冷却水进入空气系统；④设计和安装合理的空气过滤器，防止过滤器失效，选用除菌效率高的过滤介质并加强设备管理。

（3）设备渗漏或“死角”造成的染菌及其防治

设备渗漏染菌主要是指发酵设备、管道、阀门等在长期使用过程中，由于化学腐蚀、电化学腐蚀、磨蚀、加工制作不良等原因形成微小漏孔后发生渗漏而染菌。为了避免设备、管道、阀门等出现渗漏，应选用优质的材料和设备制造工艺，提高设备制造精度和使用寿命，同时经常进行检查。

设备的“死角”是指由于操作、设备结构、人为因素造成的屏障等原因，使蒸汽不能有效到达预定的灭菌部位或该部位的冷空气不易在加热过程中排净，从而不能达到彻底灭菌要求的部位。实际发酵生产过程中，“死角”可以是发酵设备或连接管道的某一部位，特别是发酵罐和设备的盲端。

（4）发酵罐的“死角”及其消除方法

发酵罐内的部件及其支撑件，如拉手扶梯、搅拌轴拉杆、联轴器、冷却盘管、挡板与罐壁之间的空隙、空气分布管及其支撑件、温度计套焊接处、灯孔等周围容易积集污垢，形成“死角”。培养基中的固形物堆积，形成硬块，这些硬块包藏有脏物，且有一定的绝热性，使藏在里面的脏物、杂菌不能在灭菌时被彻底杀死而染菌（图 5–2）。通过加强罐体清洗、适当降低搅拌桨位置都可减少罐底积垢，从而减少染菌。

发酵工厂实际生产过程中，为了减少管材，经常将一些管路汇集到一条总的管道上。如将若干个发酵罐的排气管汇集在一条总的排气管上，在使用中会产生相互串通、相互干扰，一只罐染菌往往会影响其他罐，造成其他发酵罐的连锁染菌，不利于染菌的防治。因此，采用单独的排气、排水和排污管可有效防止染菌的发生。对于接种、取样和补料等管道一般要求配置单独的灭菌系统，能在发酵罐灭菌后或发酵过程中进行单独的灭菌。发酵车间的管道大多数以法兰连接，但常会发生诸如垫圈大小不配套、法兰不平整、法兰与管道的焊接不好、受热不均匀使法兰翘曲以及密封面不平等现象，从而形成“死角”而染菌（图 5–3）。

一般加强清洗并定期铲除污垢，可以消除这些“死角”，还可以在发酵罐设计制造时在一些死角部

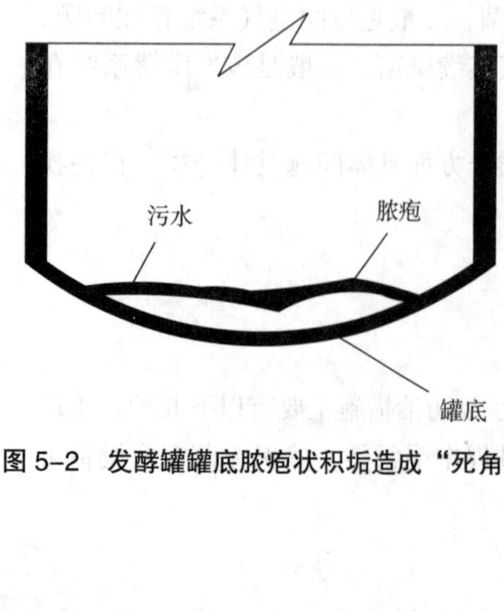

图 5–2　发酵罐罐底脓疱状积垢造成“死角”

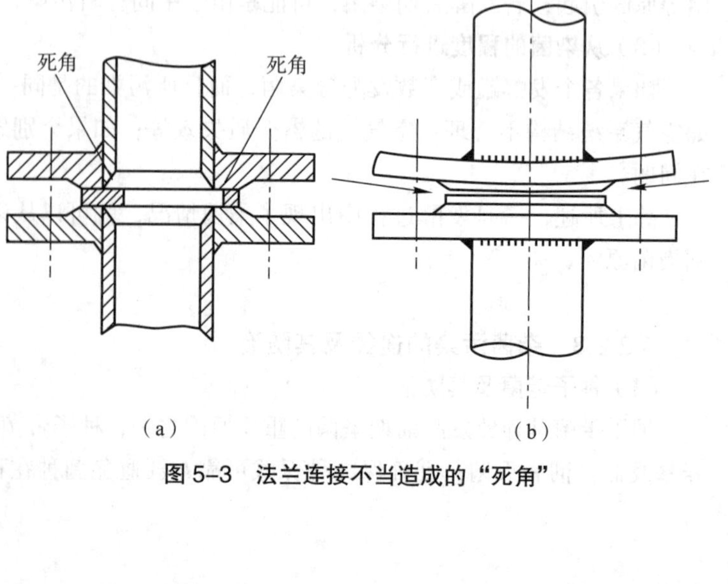

图 5–3　法兰连接不当造成的“死角”

位如发酵罐上连接的管道盲端等处专门设计一路小径蒸汽管道通达此处进行专门的灭菌处理。同时，发酵罐封头上的人孔、排气管接口、进料管口、取样口等也是造成“死角”的潜在因素，一般通过安装边阀（图 5-4），使灭菌彻底。此外，还应该加强管理，定期排查，排除总物料管路“死角”且无泄漏，总物料管路灭菌时注意压力变化等。

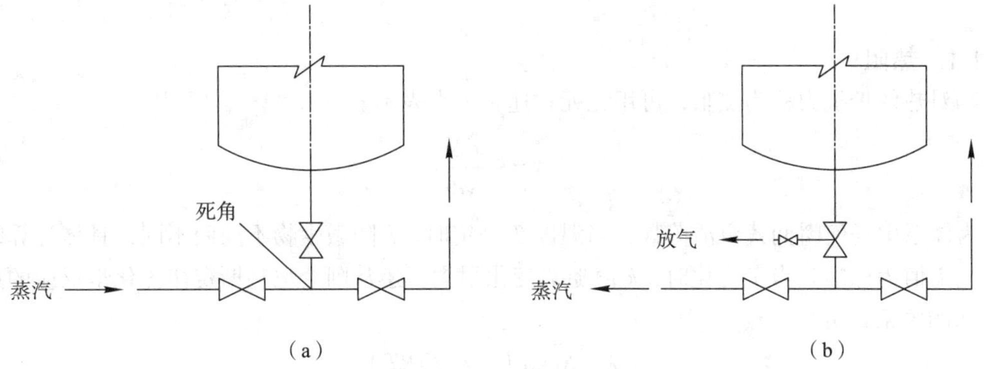

图 5-4 灭菌时蒸汽不易到达的“死角”及其消除方法

（5）培养基灭菌不彻底的原因及其防治措施

① 原料性状的影响。淀粉质原料、麸皮及黄豆饼一类的固形物含量较多的原料，在升温过快或混合不均匀时容易结块，使团块中心部位“夹生”，包埋有活菌，蒸汽不易进入将其杀灭，但在发酵过程中这些团块会散开，导致染菌。

② 灭菌时温度与压力不对应造成染菌。灭菌时由于操作不合理，未将罐内的冷空气完全排除，造成压力表显示“假压”，使罐内温度与压力表指示的不对应，培养基的温度及罐顶空间局部温度达不到灭菌要求，导致灭菌不彻底而染菌。

③ 灭菌过程中产生的泡沫造成染菌。培养基在灭菌过程中很容易产生泡沫，严重时泡沫可上升至罐顶甚至逃逸，以致泡沫顶罐，杂菌很容易藏在泡沫中，由于泡沫的薄膜及泡沫内的空气传热差，使泡沫内的温度低于灭菌温度，一旦灭菌操作完毕并进行冷却时，这些泡沫就会破裂，杂菌就会释放到培养基中，从而造成染菌。

④ 连续灭菌维持时间不够或压力波动大而造成染菌。在连续灭菌过程中，培养基灭菌的温度及其停留时间必须符合灭菌的要求，如果连续灭菌时蒸汽压力波动大，培养基未达到灭菌温度，导致灭菌不彻底而染菌。因此，培养基连续灭菌时应避免蒸汽压力的波动过大，确保灭菌温度满足要求。

⑤ 灭菌后期的罐压剧变而造成染菌。在灭菌操作完成后，当用冷却水冷却发酵罐时，由于操作不当，如冷却过快造成罐内负压而使外界带菌空气从密封不严处渗入，造成染菌。一般正确操作是在发酵罐冷却前先通入无菌空气维持罐内一定的正压，再进行冷却，就可以避免染菌的发生。

⑥ 操作不当造成染菌。在发酵过程中，操作不当也会引起染菌，如在放大移种时或发酵过程中，罐内压力跌至零，使外界空气进入而染菌；泡沫顶盖、管道阀门操作不当致使压缩空气的压力突然下降，罐内压力高造成发酵液倒流进入与发酵罐液面下相连的各个管道以及空气过滤器等原因，使污染可能性大大增加。因此，操作一定要严格规范，防止操作失误引起染菌。

⑦ 噬菌体污染及其防治。在细菌或放线菌进行的发酵过程中，容易受噬菌体污染。噬菌体易在空气中传播，因此，环境污染是噬菌体染菌的主要根源。目前，最有效的防治噬菌体染菌的方法是以净化环境为中心的综合防治法，主要有净化生产环境、消灭污染源、提高空气洁净度、保证纯种培养、轮换使用不同类型的菌种、使用抗噬菌体的菌种、改进设备装置消灭“死角”、严格遵从操作规范等措施。

5.3 发酵工业的湿热灭菌

5.3.1 湿热灭菌原理

5.3.1.1 热阻

视频 5-2
实验室湿热灭菌操作

微生物对热的抵抗力称为热阻，可用比死亡速率 k 来表示。

$$k=-\frac{dN}{Ndt}$$

式中，N 为体系中任何瞬间残留活菌数，当温度 T 一定时，k 随微生物不同而不同，具体计算时，可取芽孢细菌的 k 值为标准。当 T 变化时，k 值随 T 变化很大，遵从阿仑尼乌斯定律（化学反应的速率常数与温度之间的关系式）：

$$k=A\exp(-\triangle E/RT)$$

可见，k 与微生物耐热性能（活化能）及 T 有关。

5.3.1.2 微生物热死定律——对数残留定律

一定温度下，微生物受热致死遵循分子反应速率理论，微生物受热死亡的速率（$-dN/dt$）与任何瞬间残留的活菌数 N 成正比（图 5-5，图 5-6）。

即

$$-\frac{dN}{dt}=kN$$

积分后可得，$\ln\frac{N_t}{N_0}=-kt$（对数残留定律），求得 t 为

$$t=\frac{2.303\lg\frac{N_0}{N_t}}{k}$$

当 $N_t=0$ 时，$t=\infty$，因此，根据实际应用，一般选取 $N_t=0.001$，即 1 000 次灭菌只有一次失败。

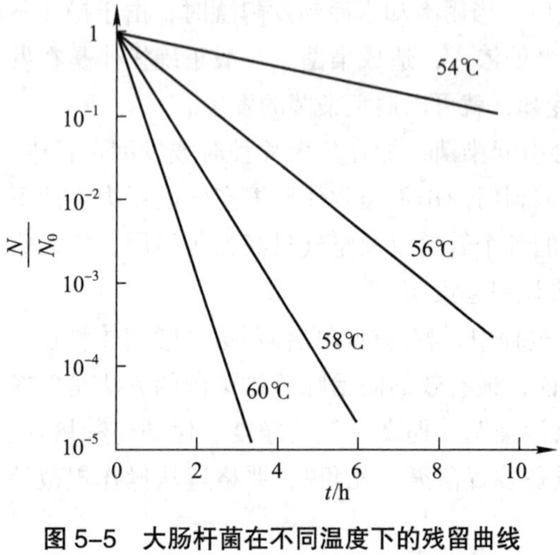

图 5-5 大肠杆菌在不同温度下的残留曲线

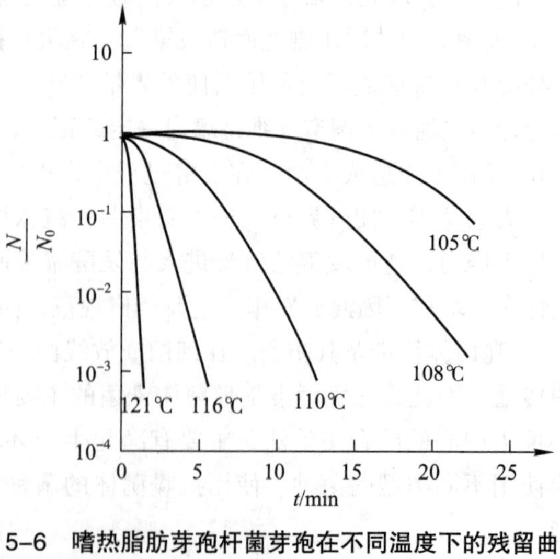

图 5-6 嗜热脂肪芽孢杆菌芽孢在不同温度下的残留曲线

5.3.1.3 微生物热死定律——非对数残留定律

某些微生物受热死亡的速率不符合对数残留定律，如一些具有芽孢的耐热微生物，在受热过程中，先转变为对热敏感的微生物，然后再受热死亡。因此，耐热微生物热死定律不满足对数残留定律，将其所满足的定律称为非对数残留定律（图 5–7）。耐热性芽孢（R 型）先转变为对热敏感的中间态芽孢（S 型），然后转变成死亡的芽孢（D 型），这一过程可用下式表示：$N_R \xrightarrow{k_R} N_S \xrightarrow{k_S} N_D$

于是有

$$\frac{dN_R}{dt} = -k_R N_R$$

$$\frac{dN_S}{dt} = k_R N_R - k_S N_S$$

式中，N_R—耐热性活芽孢数（R 型）；

N_S—敏感性活芽孢数（S 型）；

N_D—死亡的芽孢数（D 型）；

k_R—耐热性芽孢的比死亡速率，s^{-1}；

k_S—敏感性芽孢的比死亡速率，s^{-1}。

联立上述微分方程组，可求得其解为：

$$\frac{N_t}{N_0} = \frac{k_R}{k_R - k_S}\left\{\exp\left[k_s t - \frac{k_S}{k_R}\exp(-k_R t)\right]\right\}$$（非对数残留定律）

式中，N_t—任一时刻具有活力的芽孢数，即 $N_t = N_S + N_R$；

N_0—初始的活芽孢数。

这些耐热微生物相对不耐热的微生物在相同灭菌温度下灭菌所需的时间要长。

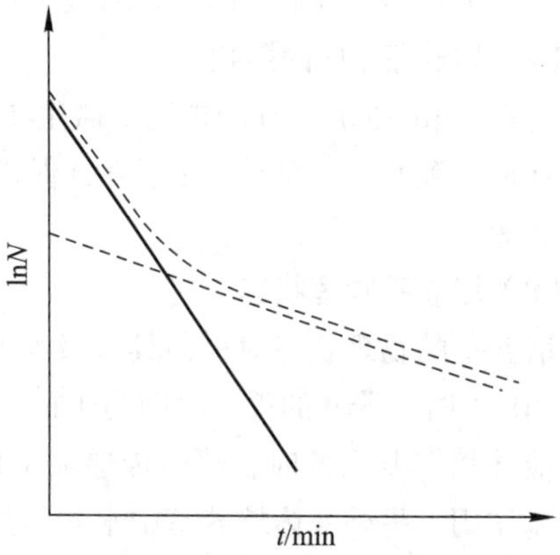

图 5–7 培养基中含有大量的热敏感微生物和相对数量的耐热性微生物，在一定温度下的残留曲线

——敏感性 ----- 耐热性

5.3.1.4 灭菌温度和时间的选择

培养物质受热破坏也可认为是一级反应，其反应动力学方程为：

$$\frac{dC}{dt} = -k'C$$

式中，C—对热不稳定物质的浓度，mol/L；k'—分解速率常数，s^{-1}，随反应物质种类和温度而不同。

培养基受热分解速率常数和温度的关系，与微生物受热死亡和温度的关系一样，都可用阿仑尼乌斯公式表示，因此，对营养物质受热分解以及微生物受热死亡而言，分别有

案例 5–5
灭菌温度和时间的选择

$$k' = A\exp\left(-\frac{\Delta C}{RT_1}\right)$$

$$k = A\exp\left(-\frac{\Delta E}{RT_2}\right)$$

两式都与相应的反应活化能及绝对温度 T 有关，当 T_1 上升至 T_2 时，可得

$$\frac{\ln\left(\frac{k_2}{k_1}\right)}{\ln\left(\frac{k'_2}{k'_1}\right)} = \frac{\Delta E}{\Delta E'}$$

式中，k_1、k'_1 分别为温度 T_1 时微生物死亡速率常数、培养基中 C 物质的分解速率常数大小；k_2、k'_2 分别为温度上升至 T_2 时微生物死亡速率常数、培养基中 C 物质的分解速率常数大小。ΔE、$\Delta E'$ 分别为微生物死亡反应、培养基中 C 物质的分解反应活化能，$\Delta E > \Delta E'$。

由于 $\Delta E > \Delta E'$，随着温度 T 上升，菌体死亡速率增加大于培养基成分 C 的分解速率增加，因此，为了实现既杀灭微生物又保证营养成分受热分解破坏较少，一般尽量选择高温快速灭菌方法。

5.3.1.5 影响培养基灭菌的其他因素

（1）培养基成分的影响

油脂、糖类等碳源可增加微生物耐热性；一定浓度的蛋白质、有机物等氮源也可增加微生物耐热性；低浓度（1%～2%）NaCl 等无机盐对微生物有保护作用，但随着浓度增加，其保护作用减弱，当无机盐浓度达 8% 以上，则会减弱微生物耐热性。

（2）培养基 pH 的影响

通常在 pH 6.0～8.0 的情况下微生物最耐热；当 pH < 6.0，H^+ 易渗入微生物胞内，改变细胞生理反应，促使其死亡，且随着 pH 下降，促进微生物死亡的作用越大。因此，培养基 pH 愈低，灭菌所需的时间愈短。

（3）培养基物理状态

培养基的物理状态对灭菌具有极大的影响，固体培养基的灭菌时间要比液体培养基的灭菌时间长，假如 100℃时培养基的灭菌时间为 1 h，而固体培养基则需要 2～3 h 才能达到同样的灭菌效果。其原因在于液体培养基灭菌时，热的传递除了传导作用外还有对流作用，而固体培养基则只有传导作用而没有对流作用，另外液体培养基中水的传热系数要比有机固体物质大得多。

培养基的溶解性越好，越容易实现彻底灭菌。若有不溶性颗粒物存在，就会增加微生物的耐热性，影响灭菌效果，尤其是颗粒内部包裹的微生物杂菌，就会显著增强其耐热性，导致灭菌不彻底。因此，必须在灭菌前对颗粒物培养基进行预处理。

（4）泡沫

泡沫中的空气形成隔热层，对灭菌极为不利，尤其是泡沫中间包含的微生物不易在灭菌时被杀灭，因此，可通过加入少量消泡剂消除泡沫。

（5）培养基中微生物数量

如果培养基中含有大量的微生物杂菌，就必须加大灭菌强度，适当增加灭菌温度或延长灭菌时间，确保灭菌彻底。

5.3.2 湿热灭菌在发酵罐及其附属设备灭菌中的应用

5.3.2.1 分批灭菌

（1）分批灭菌工艺流程

分批灭菌也称实罐灭菌。开始灭菌时，应排放夹套或蛇管中的冷水，开启排气管阀，夹套和蛇管内通入蒸汽，当发酵罐温度升至 70℃左右时，开始由空气过滤器、取样管和放料管等几路液面下管路同时通入蒸汽，当发酵罐内温度达到 120℃，压力达到 1×10^5 Pa（表压）时，灭菌进入保温阶段。在保温阶段，凡液面以下各管道都应保持通入蒸汽，液面以上其余各管道则应排出蒸汽，不留死角，维持压力、温度恒定直到保温结束；再依次关闭各排汽、进汽阀门，并通过空气过滤器所在管路迅速向发酵罐内通入无菌空气，确保发酵罐降温过程中维持正压，同时，在保证罐内正压的情况下，开始在夹套和蛇管中通入冷却水，使罐内的培养基温度逐渐降到所需的发酵温度。

☆ **动画 5-1**
分批灭菌流程

（2）**分批灭菌时间的估算**

灭菌主要在保温阶段进行，故可利用下式

$$\ln(N_t/N_0)=-kt$$

来估算灭菌所需的时间。由于在罐内升温和冷却两个阶段也有一定的灭菌效果，所以，以上估算的时间通常偏大。

（3）**分批灭菌的优缺点**

分批灭菌优点：设备简单，不需要专门的灭菌设备，投资少，灭菌效果可靠。

分批灭菌缺点：对发酵罐的利用率低，并且灭菌时间较长，导致发酵工厂的非生产时间较长，影响了设备利用率和生产效率。此外，实罐灭菌会在一定程度上破坏培养基营养成分。

5.3.2.2 连续灭菌

（1）**连续灭菌工艺流程**

连续灭菌也称连消。连续灭菌可采用高温短时灭菌，营养成分破坏少，有利于提高发酵产率；且发酵罐利用率高；蒸汽负荷均衡；采用板式换热器时，可节约大量能量；适宜采用自动控制，劳动强度小。组成培养基的耐热性物料和不耐热性物料可在不同温度下分开灭菌，以减少物料受热破坏的程度，也可将糖和氮源分开灭菌，以避免醛基与氨基受热发生反应生成有害物质。连续灭菌工艺流程按照所用的设备类型可分为喷射加热连续灭菌、薄板式换热器连续灭菌以及喷淋冷却连续灭菌，具体如下：

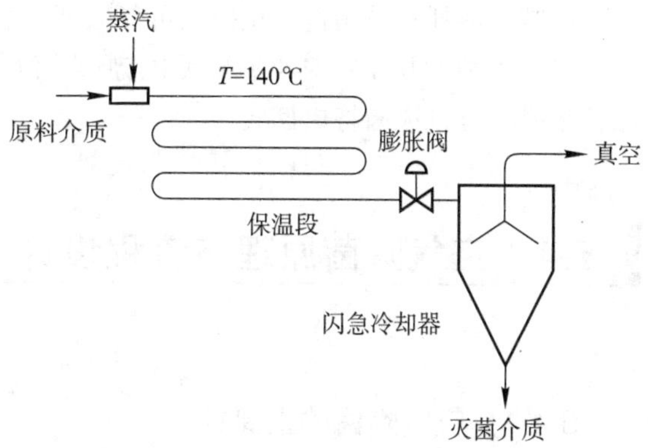

图 5-8 喷射加热连续灭菌流程

① 喷射加热连续灭菌（图 5-8）。

② 薄板式换热器连续灭菌（图 5-9）。

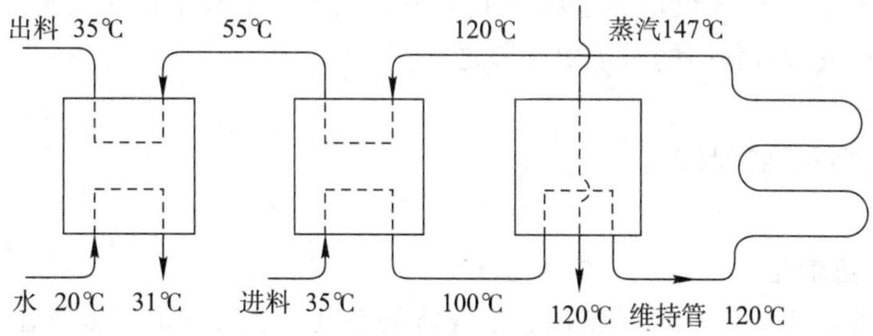

图 5-9 薄板换热器连续灭菌流程

③ 喷淋冷却连续灭菌（图 5-10）。

（2）**连续灭菌时间的估算**

连续灭菌时间可根据下式估算：

$$\ln(C_t/C_0)=-kt$$

$$t=2.303/k\,[\lg(C_0/C_t)]$$

式中，C_0、C_t 分别为单位体积培养基灭菌前、后的含菌数。

（3）**连续灭菌的优缺点**

连续灭菌的优点：适用于大型罐；灭菌时间短，营养成分破坏较少，且可将耐热性和不耐热物料

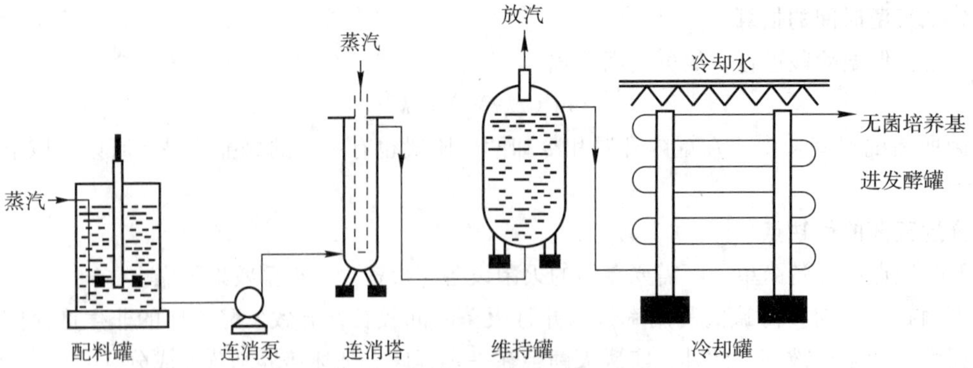

图 5-10 喷淋冷却连续灭菌流程

在不同温度下分开灭菌，进一步减少营养成分损失；发酵罐利用率高；蒸汽负荷均衡；采用板式换热器可以减少能耗；采用自动化控制可降低劳动强度。

连续灭菌的缺点：对小型罐无优势；蒸汽波动时会导致灭菌不彻底；当培养基中有固体颗粒或泡沫较多时，分批灭菌将更彻底。

5.4 空气除菌原理与流程设计

5.4.1 空气除菌的重要性

在好氧发酵过程中需要通入大量的无菌空气。以一个 50 m^3 的发酵罐为例，若装料系数为 0.7，要求每立方米发酵液每分钟通气 0.8 m^3，培养周期 170 h，那么每个周期需通气量 2.86×10^5 m^3。而每立方米大气中约有 $10^3 \sim 10^4$ 个微生物，如果这些杂菌随空气都进入培养系统，便会在合适条件下大量繁殖，并与目的微生物竞争，从而消耗培养基中的营养物质，并产生各种副产物，必然会干扰或破坏纯种培养过程的正常进行，甚至导致培养过程彻底失败、倒罐。空气带菌是发酵染菌的主要原因之一。因此，空气除菌是好氧发酵过程中的最重要环节之一。

5.4.2 空气除菌的一般过程

5.4.2.1 空气除菌单元

△ 案例 5-6
工厂空气除菌实例

空气过滤除菌是发酵工业生产中最常用、最经济的空气除菌方法。过滤除菌是采用灭菌的过滤介质来阻截流过该介质的空气所含有的所有微生物，从而取得无菌空气。完整的空气处理系统如下图所示（图 5-11）。

空气过滤除菌系统的主要组成单元及其功能包括：采气单元、空气前处理单元、空气增压单元、稳压单元、降温冷去单元、气水分离单元、压缩空气升温单元、压缩空气过滤单元等。

该流程属于比较完善的空气过滤除菌流程，能充分地冷却并进行空气和冷凝水的分离，使压缩空气达到较低的相对湿度下进入过滤器，以提高过滤效率。该流程的特点是两次冷却、两次分离、适当加热。两次冷却、两次分离的好处是能有效地控制压缩空气的湿含量和相对湿度，几乎适用于所有气候条件的不同地区。经过第一次冷凝器冷却后，大部分的水都已结成较大的雾粒，适宜于旋风分离器分离。第二次冷凝使压缩空气进一步冷却后析出一部分较小雾粒，宜采用丝网分离器分离，这样就可发挥丝网能分离较小直径的微粒且气水分离效果好的作用。通常，第一级冷却到 30 ~ 35℃，第二级冷

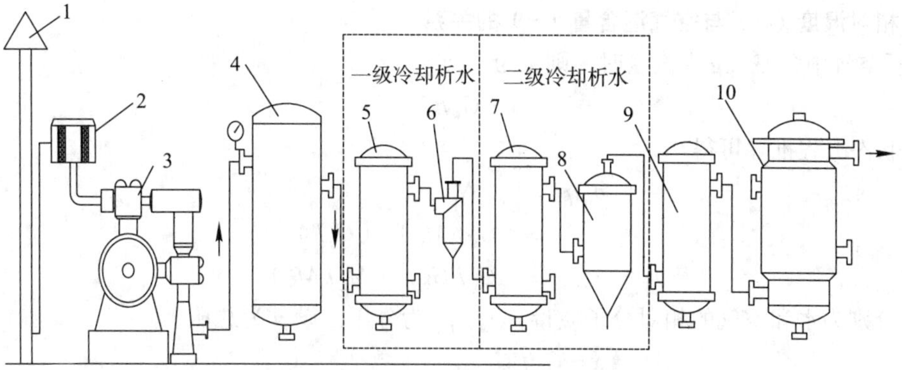

图 5-11 空气除菌系统标准流程图

1- 吸风塔；2- 粗过滤器；3- 空压机；4- 贮罐；5,7- 冷却器；6- 旋风分离器；8- 丝网分离器；9- 加热器；10- 过滤器

却到 20～25℃。除水后，空气的相对湿度仍是 100%，因此，还须用加热器加热，将空气中的相对湿度降低至 50%～60%，以保证过滤介质的干燥及过滤器的正常运行。

用于空气过滤的介质有纤维状物或颗粒状物、过滤纸、微孔滤膜、金属或陶瓷烧结滤芯等类型。由于目前所采用的过滤介质均需要在干燥条件下才能进行除菌。因此，需要围绕介质来提高除菌效率。提高除菌效率有以下几个方面的措施：

① 减少进口空气的含菌数量。具体方法有：正确选择进风口，压缩空气站应设在上风口；提高进口空气的采气位置，以减少菌数和尘埃数；设置粗过滤，以加强空气压缩前的预处理。

② 设计和安装合理的空气过滤器，选用除菌效率高的过滤介质。

③ 针对不同地区，设计合理的空气预处理流程，以达到除去水和其他杂质的目的。

④ 采用无油润滑的空气压缩机，并设计合理的空气预处理流程，以降低进入空气过滤器的空气相对湿度，保证过滤介质能在干燥状态下运行。

⑤ 采用合适容量的贮气罐，以达到稳定压缩空气压力的目的。

5.4.2.2 空气除菌相关概念

（1）空气绝对湿度

1 m^3 湿空气中含有的水蒸气绝对量（kg）称为空气的绝对湿度。

（2）空气相对湿度（φ）

空气的绝对湿度与相同温度下水的饱和蒸汽的绝对湿度之比，或空气中水蒸汽分压与相同温度下饱和水蒸汽压之比，称为空气的相对湿度。

$$\varphi = \frac{p_w}{p_s}$$

式中，p_w—空气中水蒸汽分压，Pa；p_s—相同温度下水的饱和蒸汽压，Pa，可由手册查到。

（3）空气湿含量（x）

1 kg 干空气中含有的水汽量（kg/kg 干空气），称为空气湿含量。

（4）饱和蒸汽压

在密闭条件中，在一定的温度下，与固体或液体处于相平衡的蒸汽所具有的压力。

（5）露点温度

空气在水汽含量和气压都不改变的条件下，冷却至饱和（或称为相对湿度 100%）时的温度称为露点温度，也称为露点，用 T_d 表示。

（6）空气相对湿度（φ）与空气湿含量（x）的关系

设 G_g kg 干空气中含 G_w kg 水汽量时，则 x 为

$$x = G_w / G_g$$

又由理想状态方程推导可得

$$\begin{aligned} p_w / p_g &= N_w / N_g \\ &= (G_w / M_w) / (G_g / M_g) \\ &= (G_w / G_g) \cdot (M_g / M_w) \end{aligned}$$

（M_w，M_g 分别为水和空气的相对分子质量，p_w、p_g 为分压，设 p 为总压）

$$\begin{aligned} x &= G_w / G_g \\ &= (p_w M_w) / (p_g M_g) = (18 / 28.94) \cdot (p_w / p_g) \\ &= 0.622 p_w / (p - p_w) \end{aligned}$$

将 $p_w = \varphi p_s$ 代入 $x = 0.622 p_w / (p - p_w)$ 得

$$x = 0.622 \varphi p_s / (p - \varphi p_s)$$

若已知某一温度 T 时的 φ 值，查此温度下的 p_s 值，则可求得 x。

① 当 x 一定时，温度上升，导致 $\varphi_1 \rightarrow \varphi_2$，此时有

$$x_1 = 0.622 \varphi_1 p_{s1} / (p_1 - \varphi_1 p_{s1})$$

$$x_2 = 0.622 \varphi_2 p_{s2} / (p_2 - \varphi_2 p_{s2})$$

$\because$ $x_1 = x_2$ 即 $\Delta x = 0$

$\therefore$ $\varphi_2 = \varphi_1 (p_{s1}/p_{s2})(p_2/p_1)$

当 $\Delta x = 0$ 时，在空气压缩过程中，随着温度 T 升高，饱和蒸汽压 p_s 升高，空气总压 p 升高，空气相对湿度 φ 下降；但在压缩空气随后的降温过程中，p 值保持不变，随着温度 T 下降，p_s 随着下降，由上式可知，压缩空气的相对湿度 φ 升高。

② 当 x 发生变化，即有水析出时，x 降低，则此时 $\varphi_2 = 100\%$。

当 $\varphi = 1$ 时，空气中水蒸汽已达到饱和，此时温度称为露点 T_d。当温度继续下降低于露点，即 $T < T_d$ 时，便有水析出，此时 x 降低。

5.4.3 空气除菌流程设计原则

要满足好氧发酵对无菌空气的要求，经过空气除菌系统的压缩空气必须满足以下条件：空气无菌、温度和相对湿度合适，并具有一定的压力。其中，首先要满足无菌达标原则；其次，在无菌达标前提下，整个空气除菌系统还要满足经济实用原则，既可减少固定资产投入，又可降低设计投入使用后的运行费用。依据以上设计原则，对空气除菌流程设计展开分析如下：

图 5–11 所示的标准流程可适应各种气候条件，尤其适用于南方潮湿地区。而对于其他地区，可根据当地的气候条件，对流程中的各单元进行适当的增减。

如在中等湿含量地区建立发酵工厂，可以将上述空气除菌标准流程中的二级冷却设备删减成为一次冷却和析水的空气除菌流程（图 5–12）。

又如在北方和内陆气候干燥地区建立发酵工厂，还可将一级冷却后的析水设备和二级冷却析水设备及空气加热设备全部删去，仅保留一级冷却设备，即可设计成为将空气冷却至露点以上的空气除菌流程。

此外，从节能角度考虑，对于中等湿含量地区，还可采用一次冷却后的压缩空气与冷热空气直接混合的空气过滤除菌流程，即将图 5–11 中的第一次冷却后的旋风分离器直接换成丝网分离器，删去第二级冷却及析水分离设备，并将空气再加热设备改成冷、热空气直接混合的装置（图 5–13），以便利用压缩后的部分热空气直接加热一级冷却析水后的冷空气，达到过滤除菌空气所需的温度和相对湿度要求，从而充分利用热能，降低能耗。当然，也可将空气再加热设备改成空气热交换器（图 5–14），

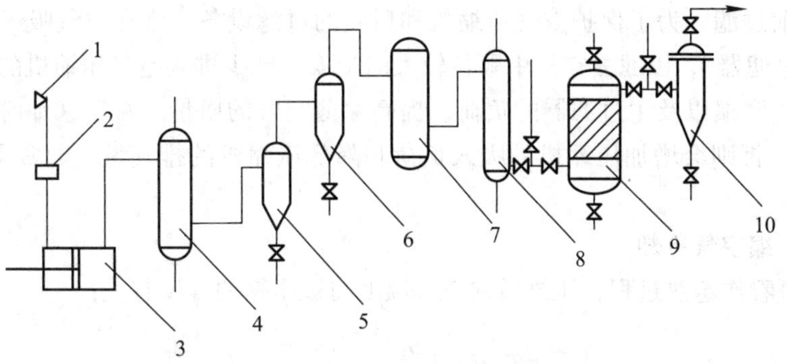

图 5-12 一级冷凝空气除菌流程图

1- 高空采风；2- 粗过滤器；3- 压缩机；4- 冷却器；5,6- 析水器；7- 贮罐；
8- 加热器；9- 空气总过滤器；10- 空气分过滤器

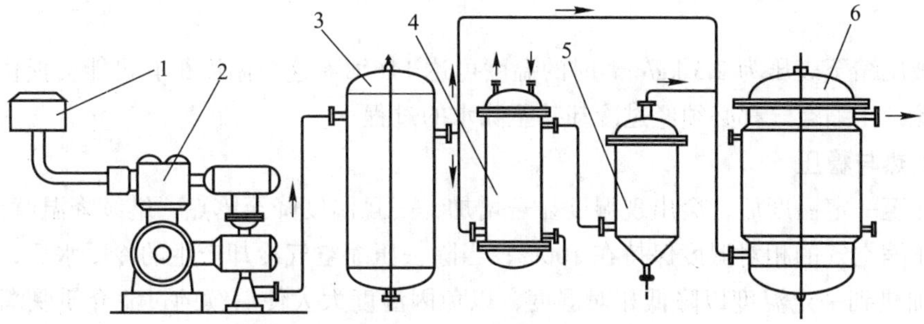

图 5-13 冷热空气直混空气除菌流程图

1- 粗过滤器；2- 压缩机；3- 贮罐；4- 冷却器；5- 丝网分离器；6- 过滤器

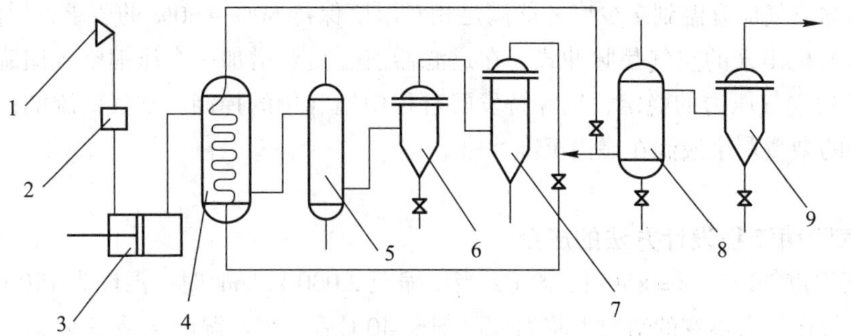

图 5-14 冷热空气交换空气除菌流程图

1- 高空采风；2- 粗过滤器；3- 压缩机；4- 热交换器；5- 冷却器；6，7- 析水器；
8- 空气总过滤器；9- 空气分过滤器

以便将压缩后的部分热空气通过热交换器，与冷却后的冷空气进行热交换，同样可以达到节能目的，这在中等湿含量地区应该有很好的实用价值。

5.4.4 空气除菌流程设计方法

5.4.4.1 空气除菌流程设计思路

（1）外源空气的前处理

提高空气压缩前的洁净度对于后续空气过滤除菌十分重要，其主要措施有：提高空气吸气口的位置和加强吸入空气的前过滤。为了保护空气压缩机和后续的过滤设备，常在空气吸入口处设置粗过滤器（也称为前置高效过滤器），以滤去空气中颗粒较大的尘埃，减少进入空气压缩机的灰尘和微生物含量，以减小空气压缩机磨损以及主过滤器的负荷，提高除菌空气的质量。对于这种前置过滤器，要求过滤效率高，阻力小，否则会增加压缩机的吸入负荷和降低压缩机的排气量。通常采用布袋过滤器、填料过滤器等。

（2）空气压缩及压缩空气冷却

空气的压缩过程可看作绝热过程，压缩后的空气温度与被压缩的程度有关：

$$T_2 = T_1\left(\frac{p_2}{p_1}\right)^{\frac{k-1}{k}} \tag{5-20}$$

式中，T_1，T_2—压缩前后空气的绝对温度，K；

p_1，p_2—压缩前后空气的绝对压强，Pa；

k—绝热指数，空气为1.4。若压缩为多变过程，则可用多变指数 m（对于空气 $m = 1.2 \sim 1.3$）代替绝热指数 k。

20℃的大气被压缩至表压为2.5 kg/cm^{2}时的温度可达116℃，这个温度很有可能会损伤过滤介质进而影响发酵，因此，压缩空气都必须经过冷却甚至除水的过程。

（3）空气的加热与稳压

压缩空气冷却至一定温度后，会出现湿度显著增加，一旦温度降至露点，继续降温就会有水析出，需要除水，此时压缩空气的相对湿度保持在100%；当除去压缩空气冷却产生的冷凝水后，还需要对冷却后的压缩空气加热到一定温度以降低相对湿度，以免因湿度太大使后续的过滤介质受潮而丧失其过滤效能。冷却后的压缩空气加热温度选择对保证过滤器除菌效率很重要。一般而言，冷凝后的温度与再升温后的温度相差10～15℃，即能保证相对湿度降至50%～60%，满足进入过滤器的要求。

在冷却后的压缩空气升温阶段，由于其空气湿含量变化 $\Delta x = 0$，可以根据前面的相对湿度计算公式求出析水后的压缩空气应升温到多少度才能满足相对湿度保持50%～60%的要求，后面将举例说明。

此外，由于压缩机出来的空气是脉冲式，在过滤器前还需要增加一个压缩空气储罐来消除压力脉冲，维持罐压和压缩空气压力的稳定，以保持发酵过程中通气量的控制。空气储罐的作用除稳定压力外，还可使空气中的微量剩余液滴在罐内沉降除去。

5.4.4.2 空气除菌流程设计方法的应用

【例5-1】大气温度20℃，$\varphi = 85\%$ 的空气，当压缩至2.000 kg/cm^{2}时，温度为120℃，求此时空气相对湿度是多少？若在压力不变的情况下将温度冷却至40℃后，相对湿度又是多少？

已知：20℃时，$p_{s1} = 0.023\,8$ kg/cm^2；120℃时，$p_{s2} = 2.025$ kg/cm^2；40℃时，$p_{s3} = 0.075\,2$ kg/cm^2

解：120℃时，相对湿度为

$$\varphi_2 = \varphi_1 \frac{p_{s1}}{p_{s2}} \frac{p_2}{p_1} = 85\% \times \frac{0.023\,8}{2.025} \times \frac{1.033+2.000}{1.033} = 2.93\%$$

40℃时，相对湿度为

$$\varphi_3 = \varphi_2 \frac{p_{s2}}{p_{s3}} \frac{p_3}{p_2} = 0.029\,3 \times \frac{2.025}{0.075\,2} = 78.9\%$$

可见，将120℃高温的压缩空气降温至40℃时，尚未降至露点，故没有水析出。

【例5-2】若将例5-1中空气继续冷却，至水析出，求露点 T_d。（假定压力不变）

解：已知 $\varphi_4 = 100\%$，x 一定，p 一定

由
$$\varphi_4=\varphi_3\frac{p_{s3}}{p_{s4}}\frac{p_4}{p_3}=\varphi_3\frac{p_{s3}}{p_{s4}}$$

所以
$$p_{s4}=\varphi_3\frac{p_{s3}}{\varphi_4}=78.9\%\times\frac{0.075\ 2}{1}=0.059\ \text{kg/cm}^2$$

查蒸汽压表，0.059 kg/cm^2 饱和蒸汽压对应温度 $T_d=35$℃

所以，当 $T<35$℃，继续冷却时，则有水析出。

【例 5-3】若将例 5-2 中的空气继续冷却至 28℃（压力不变），求其湿含量为多少？并求每千克干空气将析出多少水分？（已知：28℃时，$p_{s5}=0.038\ 5\ \text{kg/cm}^2$）

解：

$$x_5=0.622\frac{\varphi_5 p_{s5}}{p-\varphi_5 p_{s5}}=0.622\times\frac{1\times0.038\ 5}{3.033-1\times0.038\ 5}=0.008\ 0\ \text{kg 水汽 /kg 干空气}$$

而最初

$$x_1=0.622\frac{\varphi_1 p_{s1}}{p-\varphi_1 p_{s1}}=0.622\times\frac{0.8\times0.023\ 8}{1.033-0.8\times0.023\ 8}=0.012\ 4\ \text{kg 水汽 /kg 干空气}$$

所以，每千克干空气将析出水分 $\Delta x=x_1-x_5=0.012\ 4-0.008\ 0=0.003\ 7$ kg 水

若将例 5-3 中冷却至 28℃的压缩空气送入空气过滤器，将会因有水滴析出而使过滤介质的性能受到影响，所以，还需要再经加热升温处理，将 φ 调至 50%～60% 为宜。

【例 5-4】若将例 5-3 中空气加热至 38℃ 时，求其 φ_6。（38℃时，$p_{s6}=0.067\ 5\ \text{kg/cm}^2$）

解：升温时 x 不变，$\varphi_5\rightarrow\varphi_6$ 时，φ 值下降，即：

$$\varphi_6=\varphi_5\frac{p_{s5}}{p_{s6}}\frac{p_6}{p_5}=100\%\times\frac{0.038\ 5}{0.067\ 5}=57.0\%$$

也可根据 $x_6=x_5=0.008\ 0$ 不变，由 $x=0.622\dfrac{\varphi p_s}{p-\varphi p_s}$ 得

$$\varphi_6=\frac{p}{p_{s6}}\frac{x_6}{0.622+x_6}=\frac{3.033}{0.067\ 5}\times\frac{0.008\ 0}{0.622+0.008\ 0}=57.0\%$$

因此，升温后的空气湿度和温度合适，可进入总过滤器。

应注意的是，由于析出水不可能全部被除去，所以，加热后的实际 φ 值比理论计算值要高些，而且最后进入罐中空气的温度应与发酵温度相近，不使水分损失。

视频 5-3
空气除菌流程设计原理

开放讨论题

试说明空气过滤除菌系统的主要组成单元及其功能，并分析在中国南方和北方分别设计该除菌系统时是否应有差别？

思考题

1. 试述消毒和灭菌的区别。

2. 染菌对发酵有什么危害，对产物提取有什么危害？试从污染杂菌的种类分析发酵污染的原因，染菌以后应采取哪些措施？

3. 发酵污染的原因一般有哪些？举例说明如何分析污染原因。

4. 若在柠檬酸发酵生产过程中出现染菌现象，试分析污染出现的阶段、原因，并说明补救措施。

5. 影响培养基灭菌效果和灭菌时间的因素有哪些？

6. 为提高空气过滤除菌效率可采用哪些有效措施？

7. 现有培养基 30 m^3，采用处理量 6 m^3/h 的连消塔进行加热，设原污染程度为微生物个数达 10^5 个 /mL，要求灭菌程度达到 10^{-3} 个 / 批，灭菌温度为 125℃，已知 $k=1\ min^{-1}$，试求维持时间及维持罐容积。

8. 在气温和相对湿度较低的季节与气温和相对湿度较高的季节，分别采用什么样的空气预处理流程？试以节能原则考虑。

9. 某除菌流程，空气压力为 4 个标准大气压，要求空气加热到 35℃时相对湿度达 $\varphi=60\%$，求第二级冷却器应至少将空气冷却到多少度（假定冷却后空气中水雾全部分离）？

10. 某发酵采用冷热空气直接混合式空气除菌流程，设吸入空气的温度 $t_1=25℃$，$\varphi_1=80\%$，$p_{s1}=3197\ Pa$，压缩至 4 个 atm，冷却后空气温度 $t_2=25℃$，$\varphi_2=100\%$，现要求控制混合后的空气参数为：$t_3=35℃$，$\varphi_3=60\%$，$p_{s3}=5\ 619\ Pa$，求冷热空气量混合比。

推荐阅读

1. Armenante P M，Akiti O. Sterilization processes in the pharmaceutical industry. In：am Ende M T，am Ende D J. Chemical Engineering in the Pharmaceutical Industry：Drug Product Design，Development and Modeling. 2nd Ed. New York：Wiley，2019：311–379.

点评：该文介绍了目前工业灭菌的原理与过程，主要包括热杀菌、辐射杀菌、化学杀菌和无菌过滤工艺等。针对待灭菌物品的物理化学特性选择合适的灭菌方式。

2. Bykowski T，Stevenson B. Aseptic technique. Current Protocols in Microbiology，2008，11：A. 4D. 1–A. 4D. 11.

点评：该书描述了无菌技术的规范操作及流程，其描述的操作规程适用于植物移栽、药物分配、培养基制备、微生物接种、微生物传代等诸多实验操作。

网上更多学习资源……

◆教学课件　　◆自测题

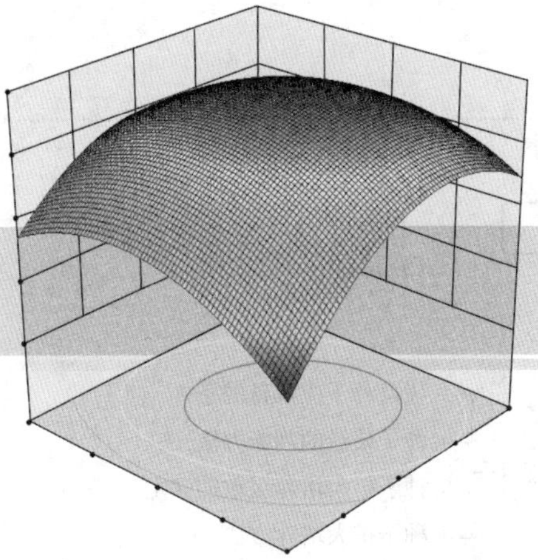

6 种子扩大原理与技术

在现代发酵工业生产中，对于规模化大容积发酵而言，要获得足够数量的代谢旺盛的种子，就必须将微生物菌种从保藏管中逐级扩大培养，因此，种子扩大培养是发酵工业的重要环节。本章系统介绍了发酵生产中的种子扩大的原理与技术、影响种子质量的主要因素、种子质量的控制措施以及种子扩大过程的实例。

教学目的与要求

（1）掌握种子扩大培养有关概念。

（2）掌握种子扩大培养原理及方法。

（3）掌握影响种子质量的主要因素及控制措施。

（4）掌握不同类型微生物种子扩大培养特点。

重点及难点

微生物种子扩大培养原理及方法；影响种子质量的因素及其控制措施；不同类型微生物种子扩大培养特点。

知识导图

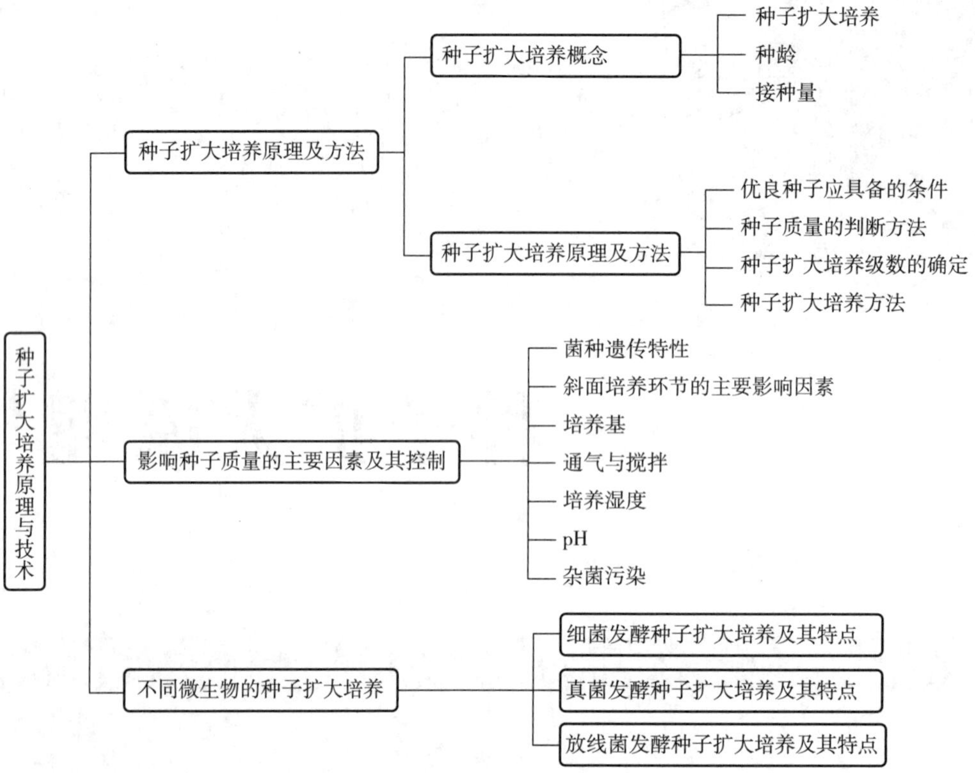

问题导读

（1）简述种子扩大培养原理及方法，并说明种龄和接种量的含义。

（2）如何判断种子质量，其影响因素有哪些，如何有效控制种子质量？

（3）试举例说明不同类型微生物的种子扩大培养有何不同特点？

关键词

种子扩大　种子制备　种子罐级数　种龄　种子质量

6.1　种子扩大培养原理

现代发酵工业生产呈现两大显著特点，一方面，高附加值的基因工程菌发酵规模较小、产值高。另一方面，更多的是对于大宗量产品发酵，其规模越来越大，每只发酵罐的容积有几十立方米到几百立方米，若按5%～10%的接种量计算，就要接入几立方米到几十立方米的种子，单靠试管到摇瓶里的少量种子直接接入发酵生产罐不可能达到必需的种子数量和质量要求，必须从保藏管中的微生物菌种逐级扩大为发酵生产所需的种子。不仅如此，作为发酵工业的微生物种子，其质量是决定发酵成败的关键，只有提供数量多、代谢旺盛、活力强的种子接入发酵生产罐中，才能实现缩短发酵时间、提高发酵效率和抗杂菌能力等目标。所以，发酵工业的种子制备非常重要，其目的就是要为每次工业规模的发酵生产提供相当数量的代谢旺盛的种子。

6.1.1 种子扩大培养的相关概念

（1）种子扩大培养

种子扩大培养是指将保存在沙土管、冷冻干燥管等保藏中处于休眠状态的生产菌种接入试管斜面活化后，再经过扁瓶或摇瓶和种子罐逐级扩大培养，最终获得一定数量的高质量的纯种过程。其中，发酵工业所说的种子是指保藏休眠状态的生产菌种经种子扩大培养所得的纯种培养物。

（2）种龄

种龄（seed age）是指微生物种子自接种培养后所经历的培养时间。通常所说的接种龄是指在种子罐中培养的菌体自接入该种子罐培养到转入下一级种子罐或发酵罐时所培养的时间。

在种子罐中，随着培养时间延长，菌体生物量逐渐增加，同时基质不断消耗，代谢产物不断积累，直至菌体生物量不再增加，菌体趋于老化。种龄过老或时间过短，不但延长发酵周期，而且会降低发酵产量。因此，选择适当的接种龄十分必要。一般情况下，接种龄以处于生命力旺盛的对数生长期的菌体最为合适。过老的种子，虽然菌体量多，但菌体老化，接入发酵罐后菌体容易出现自溶，不利于发酵产量的提高；过于年轻的种子接入发酵罐后，往往会导致延迟期增长，并使整个发酵周期延长，且产物形成时间延迟，甚至会因菌体量过少，造成发酵异常。

不同菌种或同一菌种在不同发酵工艺条件下，其接种龄要求不同。一般要经过多次实验，根据最终发酵产物的产量来确定最适接种龄。图 6-1 显示的是在放射形土壤杆菌多糖（ARPS）发酵过程中不同的接种龄对多糖产量的影响，从图中可以看出，接种龄约为 16 h 的时候多糖产量最高。

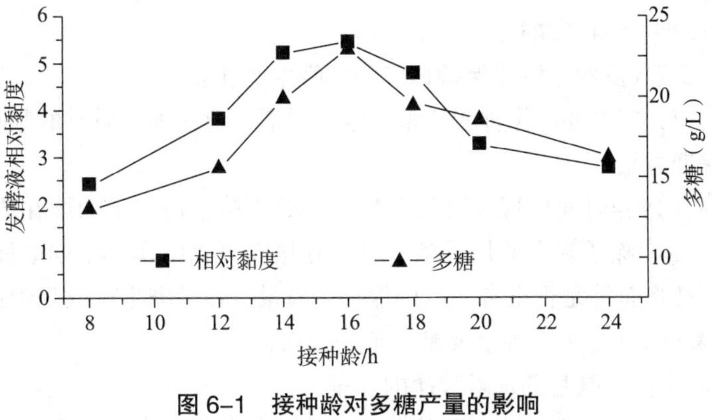

图 6-1 接种龄对多糖产量的影响

（3）接种量

接种量是指移入的种子液体积与接种后培养液总体积的比例。接种量的大小取决于生产菌种在发酵罐中的繁殖速率。采用较大的接种量可以缩短发酵罐中菌体繁殖到达高峰的时间，使产物的合成期提前到来，因为种子液中含有大量的体外水解酶类，有利于基质的利用，促进菌体快速生长；同时种子量多，使生产菌迅速占据了整个培养环境，成为优势菌，减少了杂菌污染的概率。但是如果接种量过多，菌体往往会生长过快，培养液黏度增加，造成溶解氧不足，导致衰老细胞增加，发酵后劲不足，影响产物的合成和积累；而且有些发酵类型其接种量过大也无必要，因为种子扩大培养同样费时费力，接种量过大还会导致将菌体代谢废物过多地移入发酵罐，反而会影响正常发酵。当然，接种量过少则会延长发酵周期，形成异常形态，且易造成染菌。一般说来，接种量和培养物生长过程延迟期的长短成反比。

在抗生素工业中，大多数抗生素发酵的最适接种量为 7% ~ 15%，有时可以增加至 20% ~ 25%。而氨基酸、有机酸、溶剂发酵接种量则一般为 1% ~ 5%。图 6-2 显示的是在放射形土壤杆菌多糖

案例 6-1
接种量的确定（生长因子含量高可降低接种密度）

（ARPS）发酵过程中不同的接种量对多糖产量的影响，从图 6-2 可以看出，接种量约为 10%时多糖的发酵产量最高。

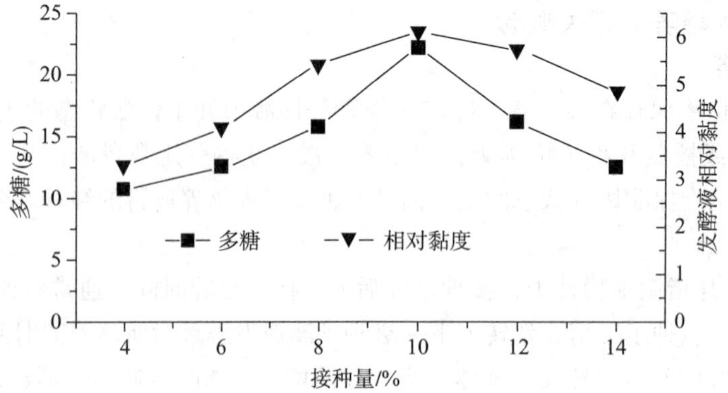

图 6-2　接种量对多糖产量的影响

6.1.2　种子扩大培养原理及方法

种子扩大培养原理及方法是指以优质的种子在合适的时间以一定的接种量接入到下一级种子罐进行扩大培养，以获得数量多、代谢旺盛、活力强的大量纯种用于后续的发酵生产。具体涉及以下方面：

（1）种子应具备的条件

① 菌种细胞的生长活力强，转种至发酵罐后能迅速生长，延迟期短；

② 菌种生理状态稳定，如菌体形态、生长速率以及种子培养液特性等符合要求；

③ 菌体浓度及总量能满足大容量发酵罐接种量的要求；

④ 无杂菌污染，以确保纯种发酵；

⑤ 菌种适应性强，接入发酵罐后能保持稳定的发酵生产性能。

从以上条件可以看出，就是要确保种子质量，因此，需要建立种子质量的判断方法。

（2）种子质量的判断方法

由于种子在种子罐中培养时间较短，可供分析的参数较少，使种子的内在质量难于控制。为了保证各级种子移种前的质量，除了规定的培养条件外，在培养过程中还要定期取样测定一些参数，来了解基质的代谢变化和菌体形态等是否正常，以确保种子质量。在发酵生产过程中通常测定的参数有：

① 检测种子培养液的 pH 是否在种子要求的范围之内；

② 检测种子培养液中糖、氨基氮、磷酸盐的含量；

③ 检查种子培养液中菌体形态、浓度和培养液外观（色泽、气味、混浊度、颗粒等）；

④ 检查有无杂菌污染；

⑤ 根据具体需要检测其他相关参数，如某些酶的活力、种子罐的溶氧和尾气情况等。

（3）种子扩大培养级数的确定

种子罐级数：是指由摇瓶培养到种子罐制备大量种子需逐级扩大培养的次数，主要取决于菌种生长速率和生长环境以及所采用发酵罐容积。一般来讲，菌种在良好的生长环境中生长越快，所需扩大培养的种子罐级数越少；而发酵罐容积越大，所需扩大培养的种子罐级数则越多。

确定种子罐级数通常需要注意的问题：①种子罐级数越少越好，可简化工艺和控制，减少染菌机会；②对于生长较慢的菌种，若种子罐级数太少，接种量就会偏低，则发酵时间延长，不仅降低了发酵罐生产率，而且增加了染菌机会；③种子罐级数确定不仅与菌种特性及生产规模相关，而且与所选的发酵工艺条件相关。对于十分有利于该菌种扩大培养的种子罐培养条件，则其种子罐放大级数可能会相应减少。

(4)种子扩大培养方法

种子扩大培养的制备过程大致可分为以下几个步骤：

① 将砂土管或冷冻干燥管中的菌种接入到斜面培养基中进行活化培养。

② 将生长良好的斜面菌种（包括细菌、孢子或菌丝体）转接到扁瓶固体培养基或摇瓶液体培养基中进行种子扩大培养，完成实验室阶段的扁瓶孢子或摇瓶液体种子的制备。

③ 将实验室阶段扩大培养获得的扁瓶孢子或摇瓶液体菌种接入到种子罐进行扩大培养，第一级种子罐称为一级种子罐，依次类推。如果一级种子罐制备的种子直接转入发酵罐进行发酵生产，则称为二级发酵，同理类推到多级发酵。在实际生产中，根据种子扩大级数的需要，可将一级种子再转入二级种子罐进一步扩大培养，从而完成三级发酵罐所需的种子制备；同理类推，直至在种子制备车间完成发酵罐发酵生产所需的种子扩大量。

因此，从工业发酵过程来看，种子制备分成两个阶段：实验室种子制备阶段和生产车间种子制备阶段。其中，实验室种子制备阶段包括琼脂斜面、固体培养基或摇瓶液体培养基扩大培养。生产车间种子制备阶段则包括种子罐扩大培养。种子扩大培养的总工艺流程如图 6-3 所示。现就实验室的种子制备和生产车间的种子制备具体方法分述如下。

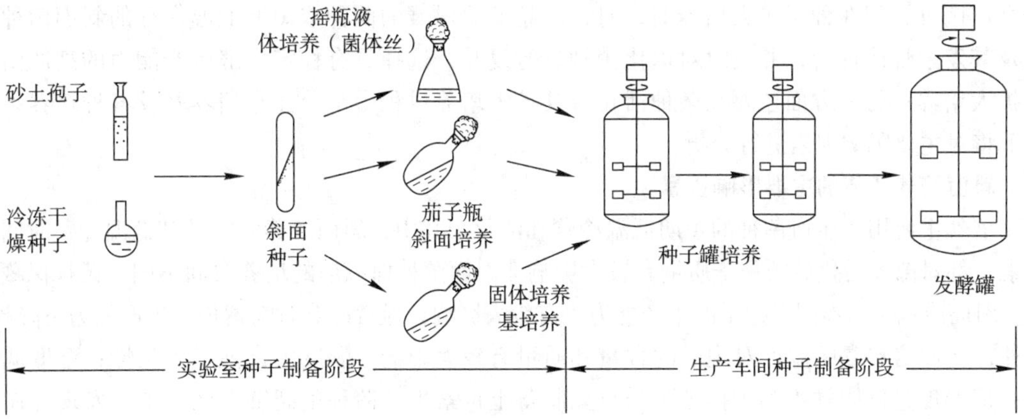

图 6-3 种子扩大培养流程图

① 实验室的种子制备

保藏在砂土管或冷冻管中的菌种，经无菌操作接入合适的培养基将菌种活化。对于产孢子能力强及孢子发芽、生长繁殖迅速的菌种可以采用固体培养基培养孢子，孢子可以直接作为种子罐的种子，这样操作简便，不易污染。对于产孢子能力不强或孢子发芽慢的菌种，可以采用摇瓶液体培养法，将孢子接入含液体种子培养基的摇瓶中，控温振荡培养，获得的菌体即可作为种子。对于不产孢子的菌种，生产上一般采用斜面营养细胞保藏法保存，使用时，先在一定温度下活化，再移入摇瓶液体培养基中在一定条件下培养一段时间后即可作为种子罐的种子。

② 生产车间的种子制备

孢子或摇瓶菌体扩大培养的种子在实验室制备好后，可移种至种子罐进行扩大培养。种子罐的种子培养基虽因不同菌种而异，但其对于保障种子质量至关重要，将在后续内容中重点分析。生产车间的种子扩大培养总的原则是采用易被生产菌种利用的营养成分如葡萄糖、玉米浆、无机盐等，同时还需向种子罐提供足够的无菌空气以保证好氧菌的生长需求，并不断搅拌，使菌体在培养液中均匀分布，以充分利用营养物质和溶解氧。

6.2 影响种子质量的主要因素及其控制

我们已在第 2 章中讲到如何确保菌种遗传特性在长期保藏过程中不易出现退化。本节主要介绍良好的保藏菌种如何在其活化及种子扩大培养过程中，不仅要继续保持其遗传特性稳定（工业生产菌种遗传特性一般在扩大培养及发酵生产过程中都比较稳定），更重要的是如何在菌种扩大培养过程中获得大量高活力的种子，以保障后续的发酵生产水平。为了对种子扩大培养过程中的种子质量实施有效控制，首先就必须弄清楚影响种子质量的因素。下面将从菌种活化及其扩大培养过程对其主要影响因素进行具体分析，并建立相应的控制方法。

（1）菌种遗传特性

尽管用于工业发酵的生产菌种都是经过严格筛选和选育获得，其遗传稳定性良好。但是，在种子扩大培养实践中，仍需要十分注意选择合适的种子培养基和培养条件，尽量避免引起种子扩大培养过程中出现少量种子变异（自然变异或回复突变等）导致种子退化现象发生，即使是少量种子出现退化，也可能对后续发酵产生极为不利的影响。因此，一方面要经常开展菌种发酵性能评估工作，定期考察和挑选高产菌种，即在种子扩大培养前，对长期超低温保藏的菌种或短期低温保存的斜面菌种进行纯度鉴定及其发酵性能评价，并及时对退化菌种进行复壮，选择具有稳定发酵生产能力的高产菌株进行保藏或扩大培养；另一方面还要在菌种活化及其扩大培养过程中十分注意培养基及各种培养条件的影响，以下将对主要影响因素进行分析。

延伸阅读 6-1
斜面培养对种子质量的影响

（2）斜面培养环节的主要影响因素

斜面培养主要用于生产菌种的短期低温冷藏和活化。其中，斜面培养时间及其低温冷藏时间是主要影响因素，都对菌种活化后的种子质量有较大影响。斜面菌种保藏前的培养时间不同，菌种保藏质量差异较大。斜面冷藏时间不同对孢子的生产能力也有较大影响，通常冷藏时间越长，生产能力下降越多。

此外，斜面培养基的湿度对孢子的数量和质量有较大影响。湿度大，孢子生长慢；湿度低，孢子生长快；但湿度过低同样不利于孢子生长。如制备土霉素生产菌种龟裂链霉菌孢子时发现，在北方气候相对干燥地区，在含有少量水分的试管斜面培养基下部孢子长得较好，而斜面上部由于水分迅速蒸发呈干瘪状，孢子稀少；而在南方气候相对湿润的地区，由于湿度大，试管下部冷凝水多不利于孢子形成，故斜面孢子长得慢。

（3）培养基

① 原材料的影响：发酵生产过程中，经常会出现种子质量不稳定现象。其中，一个很重要原因就是用于种子培养基的原材料质量波动，从而影响到种子质量。造成原材料质量波动的主要原因是其中无机离子含量发生变化，如微量元素 Mg^{2+}、Cu^{2+}、Ba^{2+} 能刺激孢子的形成，而磷酸盐含量过多或很少也会影响孢子的质量，等等。

② 种子培养基组成的影响：一般来说，种子培养基皆为富营养的培养基，尤其是氮源较为丰富，以促进种子大量繁殖。但是，其中具体的碳源和氮源比例，以及氮源中的无机氮源与有机氮源的比例，甚至包括无机氮源中的铵态氮与硝态氮的比例，将因不同类型的菌种而存在一定的差异，需要通过细致的实验来评价，看哪一种比例组合更有利于获得大量高质量的种子。

此外，种子培养基组成不同还会影响到种子扩大后进入发酵阶段的种子质量。为此，对于二级及以上级数的发酵过程，应十分注意与发酵罐相连的最后一级种子培养基组成成分对种子质量的影响。通常情况下，为了减少种子接入发酵罐的适应期，缩短菌种从种子罐移至发酵罐的延迟期，往往设计最后一级种子罐中的培养基尽量与发酵罐培养基相同或相近，甚至补充一些发酵期间要添加的产物合成的前体物质或其安慰剂，使菌种提前适应这种环境或提前被诱导产生相应的代谢酶，以提高菌种后续发酵效能。需要进一步说明的是，由于发酵培养基通常为来源广泛的农副产品原料，非常廉价，但不同批次原料的组成成分差异大，最后一级种子培养基能否使用与发酵培养基一样的品质波动较大的原料，还需通过试验确定，对那些影响种子质量较大的菌种，其种子培养基要谨慎使用这类原料。

（4）通气与搅拌

在种子罐中培养的种子除保证供给易于利用的营养物质外，对于好氧菌而言，还应有足够的通气量，以保证菌种代谢正常，提高种子的质量。例如，青霉素生产菌种在制备过程中将通气充足和不足两种情况下得到的种子分别接入发酵罐内，它们的发酵单位可相差1倍。但也有例外，如土霉素生产中，一级种子罐的通气量小对发酵有利。搅拌可以提高通气效果，促进微生物的生长繁殖，但过度搅拌对于丝状菌的种子扩大极为不利，容易造成菌丝受损，影响种子质量。同时，过度搅拌还会导致培养液大量涌泡，降低通气效果，增加能耗，而且泡沫过多容易增加染菌机会，也会增加发酵过程的能耗。

（5）培养温度

各种微生物菌种都有自己最适的培养温度，培养温度偏高或偏低都会影响微生物斜面孢子质量以及种子罐扩大培养的种子质量。培养温度偏低会导致菌种生长缓慢，而培养温度偏高则会导致菌丝过早自溶。如在制备土霉素生产种子过程中，在高于37℃培养时，孢子接入发酵罐后表现出糖代谢变慢、氨基氮回升提前、菌丝过早自溶、效价降低等现象。因此，一般实际生产过程中，对微生物孢子斜面培养以及种子罐扩大培养的温度都有较严格控制。

（6）pH

各种微生物菌种生长都有其最适的pH，包括最适的初始pH以及菌种扩大培养过程中pH最优控制。为了促进微生物菌种生长繁殖，种子扩大培养基通常需要保持适宜的pH。选择最适种子扩大培养pH的原则是在此pH条件下可获得最大比生长速率和大量高活力菌种。

一般情况下，通常将最后一级种子培养基的pH调节到与发酵培养基所需的最适pH相同或接近，以便种子接入发酵生产罐能尽快适应新的环境。

（7）杂菌污染

种子制备不仅是发酵生产过程的第一道工序，而且也是最重要工序之一。在种子扩大培养过程中，若侵入了非接种的微生物杂菌污染，轻者影响产率、产物提取收得率和产品质量，重者造成“倒罐”。所以，杂菌污染不仅严重影响种子质量，还会造成严重经济损失。由于种子培养基通常属于氮源丰富的富营养培养基，更有利于杂菌生长。因此，在种子扩大过程中要严格控制杂菌污染，可采用第五章中详细介绍的各种无菌技术，对种子扩大培养过程进行检测分析和有效控制，确保获得大量没有污染的种子，用于后续纯种发酵。

6.3 不同微生物的种子扩大培养

由于各种微生物菌种的生长特性及其对培养环境要求不同，因此，其种子扩大培养过程也有特点。本节将根据微生物几大类型分别介绍其种子扩大培养过程特点。

6.3.1 细菌发酵种子扩大培养及其特点

细菌发酵过程中种子扩大培养的主要目的是为了获得大量的活力强的种子，以便在发酵罐的发酵培养过程中尽可能缩短延滞期。延滞期的长短通常与种子的接种量及其质量有关，而种子质量与接种龄及其活力密切相关。所以，接种龄最好选择对数生长期，此时不仅种子浓度达到一定水平，而且微生物细胞具有较强的代谢活力。种龄对于能生成芽孢的种子尤为重要，由于芽孢是在对数生长期后期才开始形成，如果接种物中含有很大比例的芽孢时，将给随后的发酵带来较长的延滞期。

案例6-2 乳酸杆菌的种子扩大

深入学习6-1 典型种子扩大培养流程

6.3.2 真菌发酵种子扩大培养及其特点

本节将分别以酵母和丝状真菌为例，较系统介绍真菌的种子扩大培养过程及其特点。

6.3.2.1 酵母发酵的种子扩大培养

（1）酿酒酵母的种子扩大培养

Hansen 等人最初采用纯种进行酵母发酵并设计出酵母繁殖流程，他将每一步的接种量规定为 10%，并将繁殖条件控制得与酿造时一致。然而，在现代的种子扩大流程中，接种量为 1% 或更低，控制的条件也与酿造时不同。Curtis 和 Clark 曾报道了一个二级发酵系统，从单菌落经摇瓶培养繁殖后作为接种物，并可进行半连续发酵培养。Thorne 采用由一个 1.5 L 和一个 150 L 发酵罐相互连接的二级发酵系统。小罐中盛以麦芽汁，灭菌后冷却，将摇瓶中培养的接种物接入 1.5 L 发酵罐通气培养，经 3 ~ 4 天扩大培养后，利用空气压力将发酵液压入预先盛有经灭菌冷却后的麦芽汁的 150 L 发酵罐中通气培养，同时将 150 L 发酵罐中混合有接种物与麦芽汁的培养物压回一部分到 1.5 L 小罐中。150 L 罐培养 3 ~ 4 天后，再移入 1 000 L 发酵罐中。此时，在 1.5 L 小罐中的培养物也可作为种子接入另一个 150 L 的二级发酵罐中。

（2）面包酵母的扩大培养

工业发酵生产面包酵母需经过多级扩大培养，虽然在其生产过程中没有严格的无菌要求，但在初始的种子培养时要采用纯种培养，使早期生长时的染杂菌机会降到最低限度。工业上生产面包酵母时的种子扩大培养过程如图 6-4 所示。

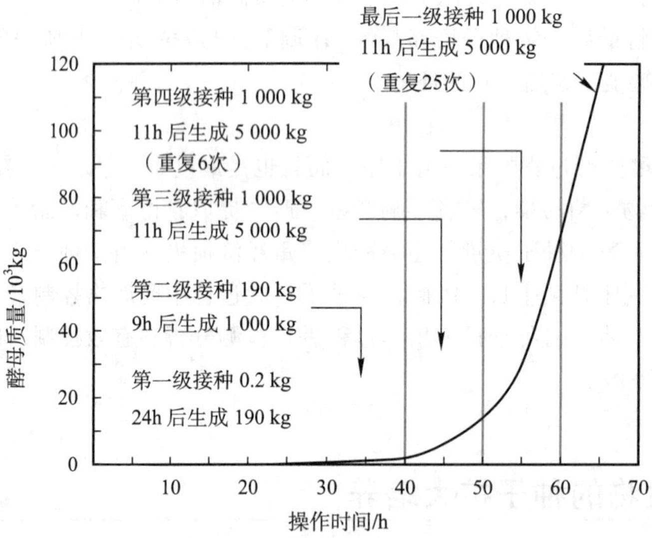

图 6-4 工业生产面包酵母时种子扩大培养

面包酵母生产过程中的种子扩大过程可分为五步，第一步和第二步是在无菌条件下进行，不通气，也不补料。其他几步可以在无菌要求相对较低的容器中进行。

根据以上实例分析可以看出，酵母发酵种子扩大培养过程具有种子罐级数较多，种子培养时间较长等特点，这对于开展酵母发酵的种子扩大培养具有很好的指导作用。

案例 6-3
毕赤酵母的种子扩大实例

6.3.2.2 丝状真菌发酵的种子扩大培养

丝状真菌发酵相对较为复杂，因此，制备丝状真菌发酵所需的种子所包含的工作内容比细菌和酵母都要多。丝状真菌既可以利用孢子，也可以利用菌丝体作为接种物接入发酵罐进行发酵。

（1）利用孢子作为接种物

目前，大多数具有重要工业应用价值的丝状真菌，都能形成无性孢子，所以，在种子扩大培养的程序中，通常是采用孢子的悬浮液作为种子，以下 3 种基本操作技术可为接种物提供高浓度的孢子。

① 在固化培养基上产生孢子。大多数丝状真菌能在适当的琼脂培养基上产生孢子，但必须具有较大的面积，Paker 曾报道，将“滚瓶”技术应用于产黄青霉的孢子生产上。将 300 mL 含 3%琼脂培养基置于 1 L 圆柱形瓶中，灭菌后待冷到 45℃时置于滚动机上，使琼脂固定在瓶的内壁上，然后将少量孢子悬浮液接种到瓶壁，24℃培养 6 ~ 7 天。Paker 还主张在使用滚瓶时，可以用肉眼观察剔除一些菌种生长不佳瓶子。在固化培养基上产生大量孢子可以在一个实验室采用较多适当大小的容器培养来实现。

② 在固体培养基上产生孢子。许多丝状真菌能在谷类的颗粒表面形成大量的孢子。如大麦、小麦、麸皮和玉米颗粒，适合于绝大多数丝状真菌作用产生孢子的底物。灭菌前谷类中的加水量和大气中相对湿度能十分明显地影响到真菌产孢子能力，在产孢子时水分要尽量地高。Singh 等曾经报道曲霉的产孢子方法：在一个 2.8 L 弗氏烧瓶中放入 200 g 去壳大麦粒和 100 g 麸皮，在相对湿度 98 %时 28℃培养 6 天，可产生 5×10^{11} 个分生孢子。这个产量是在罗氏瓶中 Sabourand 氏琼脂上培养同样时间的产量的 5 倍，也是 Difco 营养琼脂上的产量的 5 倍。Vezina 等曾报道一批藻状菌纲（Phycomycetes）、子囊菌纲（Ascomycetes）、半知菌纲（Deuteromycetes）的丝状真菌能在谷类的颗粒上产生大量孢子。Sansing 和 Ciegtem 曾报道有些曲霉和青霉能在大块的小麦面包上产生大量孢子。

③ 在液体深层培养基中产生孢子。有些丝状真菌能在液体培养基中深层培养时产生孢子。以工业上灰黄霉素发酵时制备接种物的方法为例，Rhodes 等报道灰黄霉素产生菌展青霉（*penicillium patulum*）形成沉没孢子的培养基见表 6-3。试验表明，在良好通气条件下，培养基中含氮量在 0.05% ~ 0.1%（*m*/*V*）之间时，可以产生大量孢子。同时还证明了通气与氮水平之间的相互关系，在低通气量时，只有在含氮量较低时才能形成孢子。将上述培养基 600 mL 置于 2 L 摇瓶中，将 Czapek-Dox 琼脂上培养而得的孢子接入，25℃培养 7 天，而产生的孢子悬浮液可按 10%的接种量接入生产罐发酵。种子繁殖和生产用的培养基见表 6-1。

表 6-1 展青霉产生沉没孢子的培养基

组分	含量
乳清粉（主要提供乳糖、氮）	4%
KH_2PO_4	0.4%
KCl	0.05%
玉米浆（干重，含 N 约 0.04%）	0.38%

（2）利用丝状真菌的菌丝体作为接种物

有些丝状真菌不能产生无性孢子或者产量很低，因此，必须采用繁殖体菌丝作为接种物，如用于工业上生产赤霉素的菌种——藤仓赤霉（*Gibberella fujikuroi*）就是这类真菌。Hansen 曾报道过赤霉素发酵中的接种物扩大培养的程序。菌种先接种在土豆—葡萄糖琼脂斜面上，24℃培养 1 周，挑取三支斜面上的菌丝接入盛有 4 L 培养基的 9 L 大玻璃瓶中，28℃通气培养 75 h，然后转移到含有同样培养基 100 L 的种子罐中。

利用繁殖体菌丝作为初级种子的主要问题在于难以获得均一的接种物。为了改进这一缺点，可以在接种前用匀浆器将菌丝打成碎片，形成大量的菌丝段，它具有大量的生长点，可以较快生长。

此外，有些菌种制备种子时需要同时培养孢子和菌丝体。如高山被孢霉发酵的种子扩大培养时，首先采用被孢霉保藏菌种经斜面活化长出孢子之后，采用一定量的无菌水洗下孢子制成孢子悬液；再按 100 ml 种子培养基加 8～10 ml 孢子悬液接种至种子培养基；最后在 20℃且摇床转速为 150 r/min 条件下，培养 3～5 天，得到菌丝体即可作为发酵生产用的种子培养物。

△ **案例 6–4**
三孢布拉霉种子扩大

根据以上实例分析可以看出，丝状真菌发酵种子扩大培养过程具有种子扩大工艺条件较为复杂、种子级数较多等特点，这对于开展丝状真菌发酵的种子扩大培养具有很好的指导作用。

6.3.3 放线菌发酵种子扩大培养及其特点

放线菌在工业上有巨大应用价值，而且通常能产生无性孢子。因此，其种子扩大培养都可通过孢子培养来获得，即采用斜面培养生产孢子，然后制备孢子悬浮液作为初级种子。但也有一些放线菌种子扩大培养是采用培养摇瓶菌丝体作为初级种子。具体采用哪种种子扩大流程比较合理将具体问题具体分析，根据生产实践结果来确定。

放线菌发酵种子扩大培养种子级数介于好氧细菌和真菌之间。此外，丝状菌通常具有耗氧量比较大的特点，因此，在开展放线菌发酵的种子扩大培养时应十分注意这个问题。

开放讨论题

在大规模发酵的种子制备过程中，实验室阶段和生产车间阶段在培养基选择上各有何特点？

思考题

1. 举例说明种子制备的工艺流程。
2. 简要阐述影响种子质量的主要因素。
3. 发酵工业中主要用哪些措施来控制种子的质量的？
4. 试举例说明放线菌发酵时接种物扩大需要注意的问题。

推荐阅读

1. Thiry M，Cingolani D. Optimizingscale-up fermentation processes. Trends in Biotechnology，2002，20：103–105.

点评：该文介绍了目前主要使用的工业微生物（如大肠杆菌、酿酒酵母、毕赤酵母等）的扩大培养及其优化过程。

2. Junker B H，Hesse M，Burgess B，et al. Early phase process scale-up challenges for fungal and filamentous bacterial cultures. Applied Biochemistry and Biotechnology，2004，119（3）：241–277.

点评：丝状菌形态复杂，培养过程中菌体易抱团成球，其生物活性物质的放大生产具有挑战性。该文介绍了丝状菌培养过程中成球的可能因素，并结合几种丝状菌工业发酵的中试实验实例，提出了适用于丝状菌种子扩大培养的策略。

网上更多学习资源……

◆教学课件　◆自测题

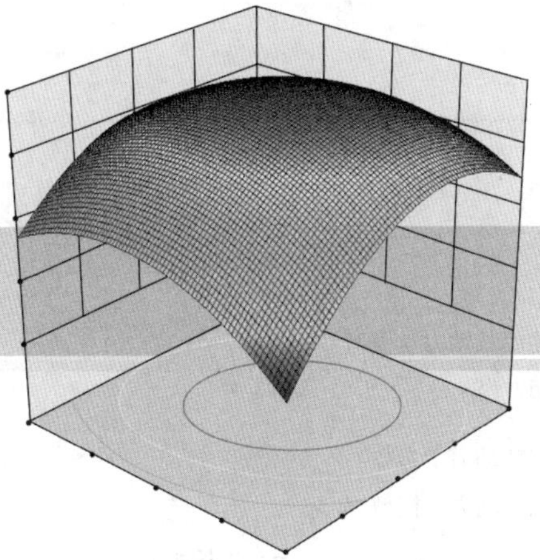

7 发酵动力学

● **7.1 概述**

发酵动力学概念；发酵动力学主要内容

● **7.2 分批发酵动力学**

微生物生长动力学；底物消耗动力学；发酵产物合成与微生物生长的动力学关系；分批发酵的优缺点及其应用

● **7.3 连续发酵动力学**

单级连续发酵动力学模型；多级连续发酵动力学模型；连续发酵的优缺点及其应用

● **7.4 补料分批发酵动力学**

补料分批发酵动力学模型；补料分批发酵的优缺点及其应用

● **7.5 发酵动力学应用**

认识发酵过程特征；用于发酵过程的优化与控制；指导发酵过程放大

发酵动力学主要是研究微生物生长、发酵产物合成、底物消耗之间动态定量关系，确定微生物生长速率、发酵产物合成速率、底物消耗速率及其转化率等发酵动力学参数特征，以及各种理化因子对这些动力学参数的影响，并建立相应的发酵动力学过程的数学模型，从而达到认识发酵过程规律及优化发酵工艺、提高发酵产量和效率的目的。本章以液体深层发酵为例，介绍其分批发酵动力学、补料分批发酵动力学和连续发酵动力学研究内容及其应用。为帮助学习者今后在实际生产中运用发酵动力学打下良好的理论、技术及应用基础。

教学目的与要求

（1）掌握发酵动力学主要研究内容及相关参数概念。

（2）掌握细胞生长、基质消耗、产物形成的质量衡算方法。

（3）掌握 Monod 方程的生物学意义及其参数求解。

（4）掌握分批发酵、连续发酵及补料分批发酵的动力学特征。

重点及难点

微生物细胞生长、基质消耗以及产物合成的质量衡算；Monod 方程应用及发酵动力学参数求解；连续发酵动力学方程的生物学意义及其应用。

知识导图

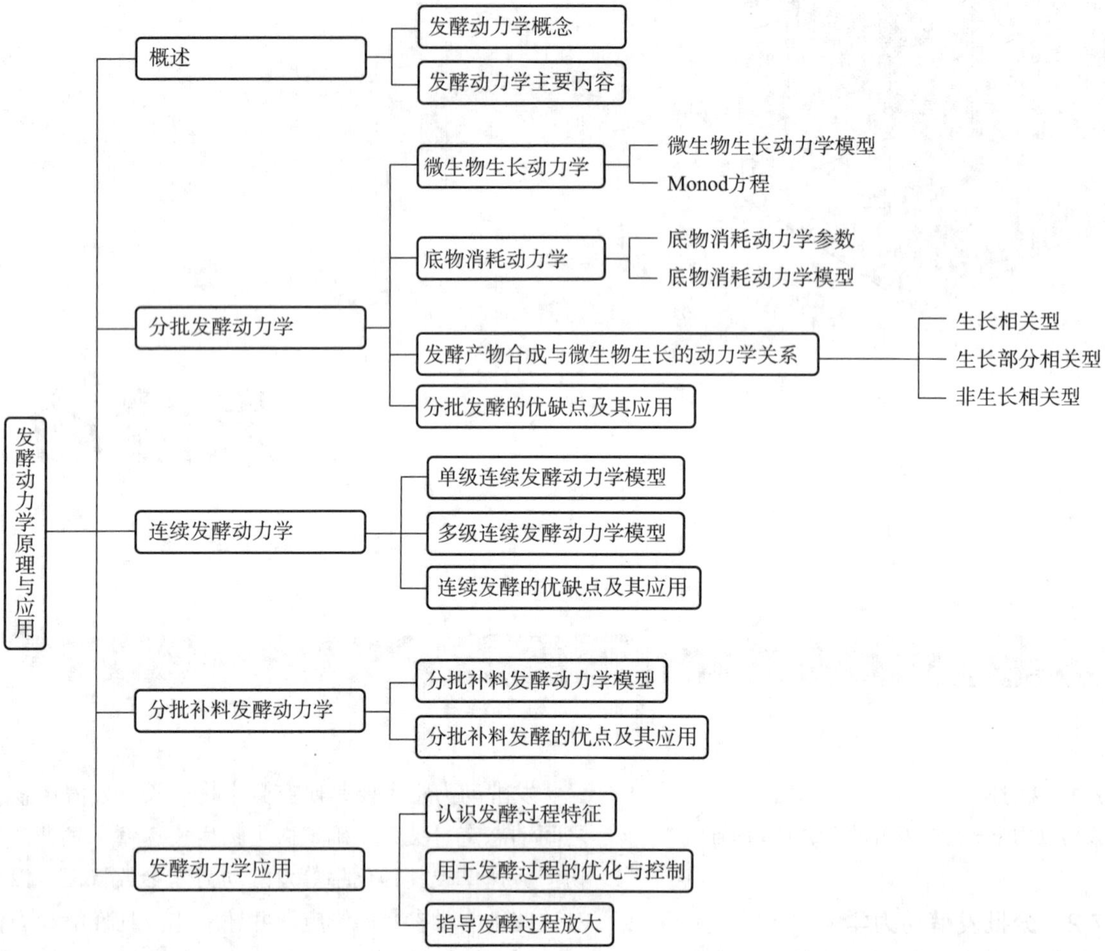

问题导读

(1) 简述发酵动力学主要研究内容及方法?

(2) 如何进行微生物细胞生长、基质消耗以及产物合成的质量衡算?

(3) Monod 方程及其参数的生物学意义是什么? 如何求解方程中的参数?

(4) 分批发酵、连续发酵、分批补料发酵的动力学特征各是什么?

(5) 发酵动力学有哪些应用? 试举例说明。

关键词

发酵动力学　分批发酵　连续发酵　细胞回流连续发酵　补料分批发酵　细胞生长动力学　基质消耗动力学　产物合成动力学

7.1 概述

7.1.1 发酵动力学概念

（1）发酵动力学定义

发酵动力学是对微生物生长、发酵产物合成、底物消耗动态过程的定量描述及相互之间的定量关系研究。

（2）发酵动力学研究目的

① 认识微生物发酵过程的动态变化规律，并建立相应的发酵动力学的数学模型；

② 优化微生物发酵工艺条件，确定其最优发酵过程参数控制；

③ 提高发酵产量、发酵生产强度以及底物转化率。

通过提高发酵产量和底物转化率，就可以显著提高发酵水平，降低发酵成本。一般来讲，提高发酵产量涉及高产菌株选育、发酵过程优化与控制，以及发酵罐规模化放大等多个方面。其中，发酵过程优化与控制就需要通过发酵动力学研究，了解微生物发酵动力学参数及其主要影响因素，然后对这些因素实施有效控制，从而优化发酵过程，提高发酵产量。

在发酵工业中，发酵生产强度（也称发酵生产率）是衡量发酵水平的重要指标，即单位时间内单位发酵体积中发酵产物的产量。发酵生产率的提高需要通过对发酵过程的动力学研究来实现。

（3）发酵动力学研究方法

发酵动力学是研究整个发酵体系中微生物细胞群体生长、产物合成、基质消耗等过程变化情况，并基于物质守恒以及发酵过程变化数据建立相应的发酵动力学模型，从而揭示微生物发酵过程动力学特征及其变化规律，用于指导发酵过程优化与控制。因此，发酵动力学研究是基于整个发酵体系中微生物细胞群体展开，包括发酵体系中生长细胞、休眠细胞（休止细胞或静止期细胞）以及死亡细胞等几种类型的细胞群体形成产物过程的定量研究。

7.1.2 发酵动力学主要内容

（1）发酵动力学参数及其数学模型

发酵动力学参数包括微生物本征动力学参数和表观动力学特征参数。

① 微生物本征动力学参数是指在特定培养条件下某种微生物所特有的生长、产物合成、基质消耗等代谢过程变化的特征参数，例如，微生物对某种底物的亲和常数 K_S、最大比生长速率 μ_m，以及理论细胞得率系数 $Y^*_{X/S}$ 等，都是反映每一种微生物在特定培养条件下自身所特有代谢特征的动力学参数。不同的微生物其本征动力学参数大小不一样，即使是同一种微生物在不同的培养条件下其本征动力学参数大小也不一样。

② 微生物表观动力学参数是指该微生物群体在发酵体系中生长、产物合成、底物消耗等所表现出来的宏观动力学特征参数，也称之为宏观动力学参数。例如，微生物比生长速率 μ、表观细胞得率系数 $Y_{X/S}$、表观产物得率系数 $Y_{P/S}$、底物消耗速率（$-\mathrm{d}S/\mathrm{d}t$）等，微生物表观动力学参数能够表征发酵体系中微生物细胞群体代谢的宏观特征，因此，通过发酵动力学研究，确定微生物表观动力学参数，就能很好地了解整个发酵过程特征及其变化规律。

③ 发酵动力学的数学模型。定量描述是实现工程化的重要方面，通过测定发酵过程中各种参数的变化，尤其是微生物表观动力学参数，依据这些参数，并运用质量守恒定律，建立包含有微生物细胞生长、产物合成及底物消耗的动态定量关系的数学模型，可根据该模型求解微生物的本征动力学特征参数，也可根据该模型优化发酵过程，确定最优发酵条件等。

（2）**发酵动力学研究的基本过程**

① 研究微生物细胞发酵体系中该微生物生长及产物合成的相互关系；

② 建立微生物细胞生长、产物合成及基质消耗及产物合成的数学模型；

③ 确定模型相关参数；

④ 实验验证模型的可行性及适用范围；

⑤ 根据模型实施最优控制。

7.2 分批发酵动力学

微生物分批发酵动力学主要是研究微生物在分批发酵过程中细胞生长动力学、基质消耗动力学及产物合成动力学及其之间的动态定量关系。

7.2.1 微生物生长动力学

7.2.1.1 微生物生长动力学模型

在生长过程中，微生物通过代谢活动将部分营养物质转变成微生物细胞构成的物质，表现出微生物细胞体积的增大。当生长到一定阶段，微生物细胞开始分裂、增殖，表现出细胞数量的增多。所以，微生物生长是指细胞体积的增加和细胞数目的增多。

延伸阅读 7-1
分批发酵流程

分批发酵是指一次性投料、接种直到发酵结束，发酵液始终留在发酵罐内。因此，分批发酵过程属于典型的非稳态过程。在发酵初期，接入微生物细胞，随着该细胞对培养环境的适应和生长，基质将逐渐被消耗，代谢产物不断积累。分批发酵过程中，微生物生长通常要经历延滞期、对数生长期、衰减期、稳定期（静止期）和衰亡期五个时期，如图 7-1 所示。

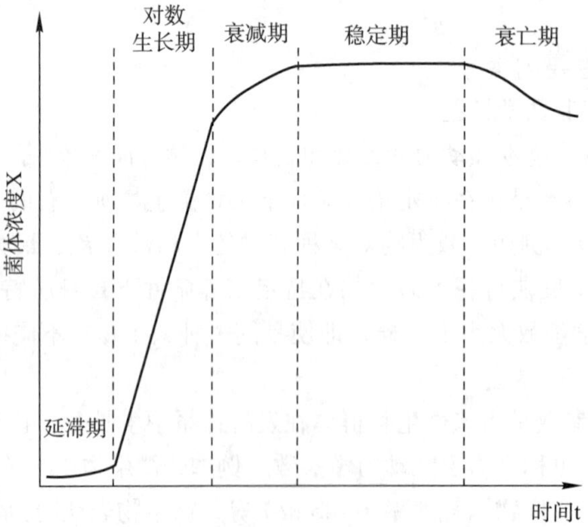

图 7-1 分批发酵时典型的微生物生长动力学曲线

延迟期指微生物在接种后一段时间内并未增殖，细胞数量几乎保持不变的一段时期。延迟期长短主要取决于种子质量、接种量以及培养基营养成分的特性和浓度。在工业生产中，综合考虑发酵生产率、生产成本以及染菌污染等原因，应采取适当措施尽量缩短延迟期。采用对数生长期且达到一定浓度的微生物种子，可有效缩短延迟期。对数生长期（又称指数生长期）指微生物在分批发酵过程中的第二个阶段，微生物生长速率快速增加，逐渐达到最大值的时期。

在分批发酵的微生物生长第二个阶段，微生物生长速率逐渐增加，然后达到最大生长速率，这个时期称为对数（或指数）生长期。由于在此封闭系统内所有发酵液不与外界交换，微生物生长特性通常以细胞浓度或细胞数量倍增所需要的时间来表示，根据定义，用式（7–1）、（7–2）和（7–3）来定量描述。

$$\frac{\mathrm{d}X}{\mathrm{d}t}=\mu X \text{或} \frac{\mathrm{d}N}{\mathrm{d}t}=\mu N \tag{7–1}$$

对上式积分得

$$X_t=X_0e^{\mu t} \text{或} N_t=N_0e^{\mu_n} \tag{7–2}$$

取自然对数，可得

$$\ln X_t=\ln X_0+\mu t \text{或} \ln N_t=\ln N_0+\mu_n t \tag{7–3}$$

式中，X 为微生物细胞浓度，g/L；N 为微生物细胞个数；X_0、X_t 为初始微生物浓度和经培养 t 时间后的微生物细胞浓度；N_0、N_t 为初始微生物细胞个数和经培养 t 时间后的微生物细胞个数；t 为培养时间；μ 为以细胞浓度表示的比生长速率；μ_n 为以细胞数量表示的比生长速率。

由公式（7–2）表示的生长模型来看，微生物的生长是无限制的，但实际上，在分批发酵中，由于微生物快速生长所导致的营养物耗尽，或微生物分泌出的代谢产物，都可能明显影响微生物的进一步生长。因此，微生物经过一段时间发酵培养后，微生物生长速率会出现衰减，即微生物生长进入了衰减期，当微生物净生长速率降至零时，表明微生物进入了静止期（也称为稳定期）。

由公式（7–3）可知，微生物细胞浓度的自然对数与时间呈直线关系，斜率为 μ，即比生长速率。在良好的培养条件下，对数生长期的微生物以最大比生长率 μ_m 生长，不同的微生物，其 μ_m 也不同，可以 μ_m 值大小来反映微生物的生长特性，这属于微生物本征动力学特征参数之一。

深入学习 7–1
典型微生物的 μ_m。

稳定期指微生物在分批发酵过程中的净生长速率等于零的时期，该时期微生物处于生长和死亡的动态平衡，即 $\mu=\alpha$（α 为比死亡速率），该时期微生物的次级代谢十分活跃，许多次级代谢产物在此期间大量合成，微生物细胞的形态也发生较大变化，如形成空泡等。

衰亡期是指微生物在分批发酵中，由于发酵液中营养物质大量耗尽，对生长有害的代谢物在发酵液中大量积累的时期，此时 $\alpha>\mu$，出现微生物死亡、自溶，总细胞数呈负增长。在工业发酵中，发酵终点一般选为衰亡期出现之前。

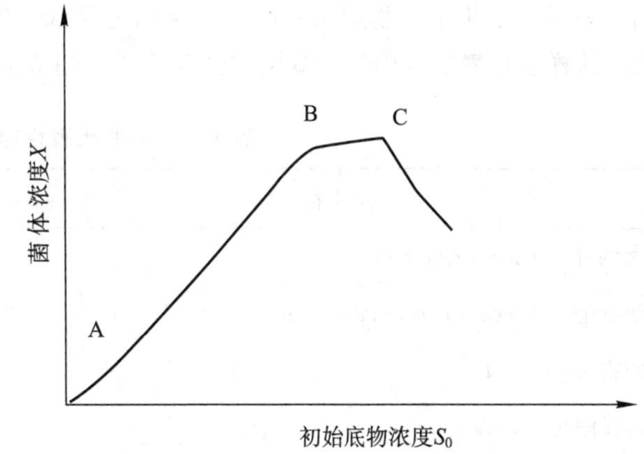

图 7–2 分批发酵中初始底物浓度对稳定期菌体浓度的影响

在分批发酵体系中，可以通过探究在一定底物浓度范围内的微生物生长情况，来了解微生物生长受底物浓度限制的特性，其结果如图 7–2 所示。在此图中的 A ~ B 区域中，可见到稳定期的菌体浓度是与初始底物浓度成正比，这个状态可用下式表示。

$$X=Y_{X/S}(S_0-S_t) \tag{7–4}$$

式中，X 为菌体浓度，$Y_{X/S}$ 为针对底物的细胞生长得率，或称为底物转化率（即转化为细胞的得率）；S_0 为底物初始浓度；S_t 为底物残留浓度。

在 A ~ B 区域中，由于初始底物浓度 S_0 较低，发酵罐内菌体积累量相对较少，菌体量随着初始底物浓度 S_0 的增加而增加；在 B ~ C 区域中，随着初始底物浓度 S_0 的增加，菌体浓度达到最高水平，即使再增加底物的初始浓度，菌体量不再增加；在 C 区域及以后，菌体活性受到初始高浓度底物及其形成的高渗作用等的强烈抑制，菌体不能生长。

7.2.1.2 Monod 方程

由于限制性底物减少，使微生物生长速率下降，如图 7-3 所示的 C ~ A 区域，这正好反映了分批发酵的衰减期生长特征，即比生长速率 μ 受培养基中残留的生长限制性底物浓度的控制，且 μ 与培养基中残留的生长限制性底物浓度 S 的关系可用 Monod 方程表示如下：

$$\mu = \frac{\mu_m S_t}{K_S + S_t} \tag{7-5}$$

延伸阅读 7-2
Monod 方程

式中，K_S 是底物亲和常数，其数值相当于 μ 正处于 μ_m 一半时的底物浓度，表明微生物对该底物的亲和力。K_S 与 μ 成反比，当 K_s 越大，表明微生物对该底物的亲合力越低，利用的越慢，比生长速率越小。

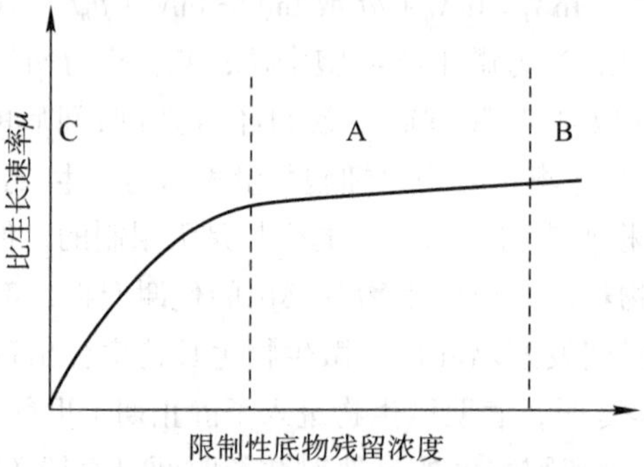

图 7-3 残留的限制性底物浓度对微生物比生长率的影响

在图 7-3 中的 A ~ B 区域，由于在分批发酵中有过量的底物存在，微生物比生长率达到最大值 μ_m；而在 C ~ A 区域，底物浓度成为生长限制性因子，比生长率 μ 小于 μ_m。如果微生物对限制性底物具有很高的亲和力，则该底物浓度降低到很低的水平时，才会影响到微生物生长。这时培养过程中的衰减期很短促。如果微生物对某一底物的亲和力很低，即使该底物尚有较高的浓度时，也会使生长速率衰减，这样在培养过程中的衰减期就会较长。一些微生物与底物的 K_S 值见表 7-1。

表 7-1 一些代表性微生物与底物的 K_S 值

微生物	底物	K_S/（mg/L）
大肠杆菌 *Escherichia coli*	葡萄糖	6.8×10^{-2}
酿酒酵母 *Saccharomyces cerevisiae*	葡萄糖	25.0
曲霉 *Aspergillus*	葡萄糖	5.0
假丝酵母 *Candida*	甘油	4.5
隐球酵母 *Cryptococcus*	维生素 B_1	1.4×10^{-7}
假单胞菌 *Pseudomonas* sp.	甲醇	0.7

K_S、μ 及 S 的关系如图 7-4 所示。由图可知，分批培养的中后期，由于底物浓度下降成为生长限制因子，而培养中前期的比生长速率一直维持很高，直到底物浓度迅速下降到 K_S 以下的水平，μ 迅速下降，最后跌为零。μ 值下降快慢取决于微生物对限制性底物浓度的亲和力 K_S 大小，K_S 越小，则对底物的亲和力越大。

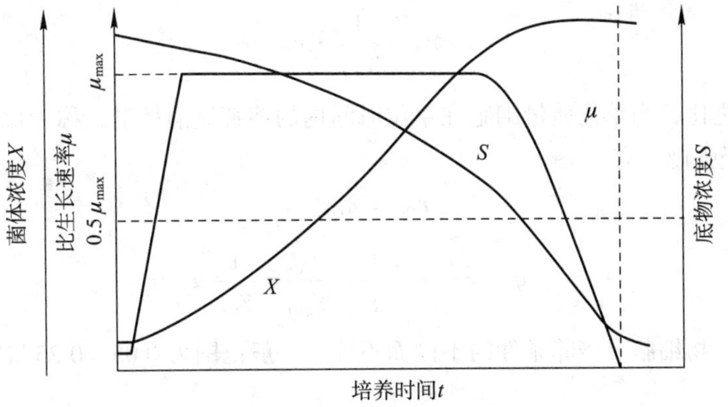

图 7–4 分批发酵过程中若干重要动力学参数的变化示意图

7.2.2 底物消耗动力学

在微生物发酵过程中，底物消耗主要用于三个方面：①合成构成新的细胞物质；②合成代谢产物；③提供细胞生命活动的能量。这三个方面相互关联，共同维持细胞的生长、繁殖，促进代谢产物的合成积累。因此，底物的消耗与微生物细胞的生长、繁殖及产物合成密切相关。

7.2.2.1 底物消耗动力学参数

底物消耗速率可与细胞生长得率系数（简称细胞得率系数）与细胞生长速率相关联。若定义底物消耗速率为$\frac{dS}{dt}$，并以r_S表示；细胞生长速率为$\frac{dX}{dt}$，并以r_X表示；细胞得率系数为$Y_{X/S}$，菌体浓度为X，底物浓度为S，最大比生长速率为μ_m，则单位体积培养液中底物浓度S的消耗速率$\frac{dS}{dt}$可表示为$\frac{dS}{dt}=\frac{1}{Y_{X/S}}\cdot\frac{dX}{dt}$。因为$\mu=\frac{1}{X}\cdot\frac{dX}{dt}$，所以

视频 7–1
底物消耗动力学公式推导

$$\frac{dS}{dt}=\frac{\mu X}{Y_{X/S}}$$

又因为$\mu=\frac{\mu_m S}{k_S+S}$，所以

$$r_S=\frac{dS}{dt}=\frac{1}{Y_{X/S}}\cdot\frac{\mu_m SX}{k_S+S} \tag{7-6}$$

底物比消耗速率定义：单位质量细胞在单位时间内的底物消耗量，用q_S表示，即$q_S=\frac{1}{X}\cdot\frac{dS}{dt}$，由式（7–6）得

$$q_S=\frac{1}{Y_{X/S}}\cdot\frac{\mu_m S}{k_S+S} \tag{7-7}$$

若定义$q_{S,\max}$为底物最大比消耗速率，则$q_{S,\max}=\frac{1}{Y_{X/S}}\mu_m$，

因此，

$$q_S=q_{S,\max}\frac{S}{k_S+S} \tag{7-8}$$

单位体积培养液中的细胞在单位时间内摄取溶解氧的量称为摄氧率（γ）或溶解氧的消耗速率（以r_{O_2}表示），若定义$Y_{X/O}$为针对溶解氧作为底物的细胞得率系数，则同样有：

$$r_{O_2}=\frac{1}{Y_{X/O}}\cdot r_X \tag{7-9}$$

r_{O_2} 与细胞浓度之比，为单位质量细胞在单位时间内的溶解氧消耗量，称为比耗氧速率 q_{O_2}，也可称为微生物细胞的呼吸强度，有

$$r_{O_2}=q_{O_2}\cdot X \tag{7-10}$$

$$q_{O_2}=\frac{r_{O_2}}{X}=\frac{1}{Y}\cdot\frac{r_X}{Y_{X/O}}=\frac{1}{Y_{X/O}}\mu \tag{7-11}$$

q_{O_2} 的数值因微生物细胞及培养条件的不同而不同，一般范围为 0.05 ~ 0.25 h^{-1}。

7.2.2.2 底物消耗动力学模型

当代谢产物的生成与能量代谢过程相耦联，即在底物降解产能的过程中形成产物，如底物水平磷酸化时，不仅提供细胞生化反应过程所需的能量，而且底物也同时降解为如乙醇、乳酸等简单产物。如图 7–6（a）所示，细胞是在生长和能量代谢的过程中生成产物，没有独立的用于细胞生成产物的底物。此时，产物的生成直接与能量的产生相联系。

（1）底物消耗的速率方程不考虑单独的产物生成项

底物消耗动力学模型可采用式（7–12）

底物消耗速率可表示为：

$$r_S=\frac{1}{Y_{X/S}^*}r_X+mX \tag{7-12}$$

式中，$Y_{X/S}^*$ 为生成细胞的质量与完全消耗于细胞生长的底物的质量之比，它表示针对底物的细胞绝对得率，也可称为理论细胞得率；m 为维持细胞结构和生命活动所需能量的细胞维持系数，g/（g · s）或 s^{-1}。式（7–12）两边均除以 X，得到

$$q_S=\frac{1}{Y_{X/S}^*}\mu+m \tag{7-13}$$

将式 $q_S=\frac{\mu}{Y_{X/S}^*}$ 代入式（7–12），又可得

$$\frac{1}{Y_{X/S}}=\frac{1}{Y_{X/S}^*}+\frac{m}{\mu} \tag{7-14}$$

式中，$Y_{X/S}$ 为对于底物的总消耗而言的细胞得率，即表观得率；$Y^*_{X/S}$ 为仅用于细胞生长所消耗底物而言的细胞得率，即理论得率。

以式（7–13）的 q_S 对 μ 或以式（7–14）的 $\frac{1}{Y_{X/S}}$ 对 $\frac{1}{\mu}$ 分别作图，均可求出 $Y^*_{X/S}$ 和 m 的值。不同微生物在利用不同底物时，$Y^*_{X/S}$ 和 m 不同。但对于确定的微生物在确定的底物上生长，且培养条件一定的条件下，$Y^*_{X/S}$ 和 m 为常数。

图 7–5 是以 q_S 对 μ 作图，求出有关底物消耗动力学参数值。

对于利用底物时的溶解氧消耗，同样也可表示如下：

$$r_{O_2}=\frac{1}{Y_{X/O}^*}r_X+m_{O_2}X \tag{7-15}$$

式 7–15 两边除以 X，可得，$q_{O_2}=\frac{1}{Y_{X/O}^*}\mu+m_{O_2}$，变换可得：

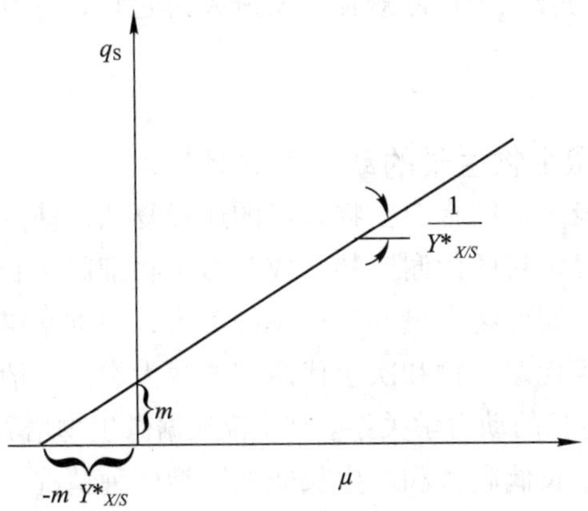

图 7-5 基于微生物本征和表观代谢特征关联的底物消耗动力学模型及其参数求解

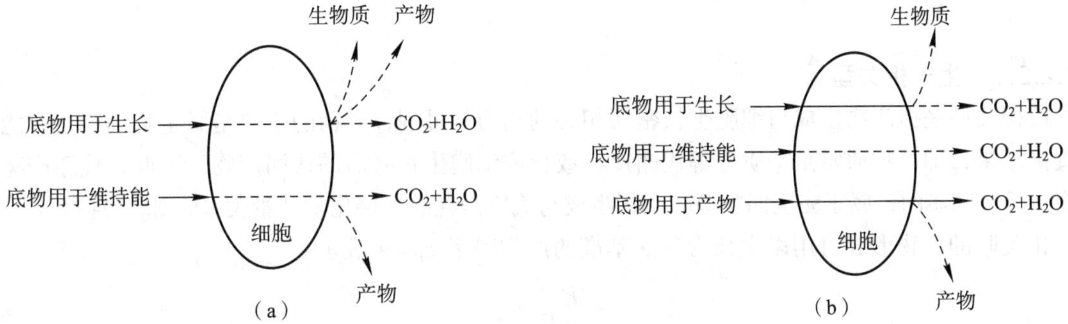

图 7-6 底物消耗与产物生成的关系示意图

$$\frac{1}{Y_{X/O}} = \frac{1}{Y^*_{X/O}} + \frac{m_{O_2}}{\mu} \tag{7-16}$$

（2）涉及产物生成的底物消耗动力学

当产物生成不与或仅部分与能量代谢相联系，则用于生成产物的底物全部或部分是以单独物流进入细胞内，如图 7-6（b）所示。此时产物生成与能量代谢仅为部分相关。底物消耗速率取决于三个因素：细胞生长速率、产物生成速率以及底物用于维持能耗的速率。可利用细胞和产物的得率系数与维持系数 m 相关联。其底物消耗动力学模型如下：

$$r_S = \frac{1}{Y^*_{X/S}} r_X + mX + \frac{1}{Y_{P/S}} r_p \tag{7-17}$$

式中，$Y_{P/S}$ 为产物得率系数（也是底物转化为产物的转化率）；r_P 为产物生成速率。

当限制性底物的消耗速率 r_S 用比消耗率 q_S 表示时，则有：

$$q_S = \frac{1}{Y^*_{X/S}} \mu + m + \frac{1}{Y_{P/S}} q_p \tag{7-18}$$

式中，q_p 为产物比生成速率，即单位质量的细胞在单位时间内生成产物的速率。

有关底物消耗动力学的上述讨论都是建立在单一的限制性底物基础上。对于微生物发酵过程而言，却包含着复杂的多种酶促生物化学反应过程同时进行，即有多种不同底物存在，此时底物的消耗和转化机理可表现为同时消耗、依次消耗和交叉消耗等多种情况，相应的底物消耗动力学模型也将变得较为复杂。尽管如此，在实际工作中，仍然可以针对某一特定的微生物发酵过程或特定的代谢产物，来研究主要的限制性底物的消耗与微生物生长及产物合成的动力学关系，通常围绕限制性碳源开展相关研究，以了解微生物生长及产物合成的代谢规律，实施发酵过程优化与控制，以提高发酵产量和生产强度。

7.2.3 发酵产物合成与微生物生长的动力学关系

微生物合成代谢产物种类较多，细胞内生物合成的途径复杂，使其代谢调节机制也各不相同。因此，在工业发酵过程中，快速确定目的代谢产物合成与微生物细胞生长的发酵动力学关系，优化发酵过程控制策略，是提高微生物代谢产物产量和生产率的关键，通常来讲，可以根据代谢产物的理化性质及其合成途径将其划分为初生代谢产物和次生代谢产物两大类。一般可采用一定的定量模型来描述代谢产物的合成与微生物细胞生长的动力学关系。Pirt 曾根据微生物培养过程中产物形成与微生物生长的动力学关系，将其划分为与生长偶联型和与生长非偶联型两种情况。与生长偶联的产物，是由正在生长的细胞合成的初级代谢物，而非生长偶联的产物，则相当于次级代谢物。Gaden 进一步根据产物生成速率与细胞生长速率之间的动态关系，将这种动力学关系划分为生长相关型、生长部分相关型和非相关类型三种，下面分别进行介绍。

7.2.3.1 生长相关型

深入学习 7-2
发酵产物合成与微生物生长的动力学关系应用

生长相关型是指产物生成与细胞生长密切相关的动力学过程，产物的生成是微生物细胞主要能量代谢的直接结果，即产物通常是基质分解代谢产物或合成细胞生长必需的代谢产物。因此，代谢产物生成和细胞生长是同步的，属于完全偶联型。产物生成与底物消耗的直接化学计量关系，如图 7–7（a）所示。与生长相关联的产物形成可用以生长为参照基准的产物得率 $Y_{P/X}$ 来表示：

$$\frac{\mathrm{d}P}{\mathrm{d}X}=Y_{P/X} \tag{7–19}$$

式中，产物得率 $Y_{P/X}$ 为以生长为参照基准的产物得率，将上式转换成对时间的变化速率：

$$\frac{\mathrm{d}P}{\mathrm{d}t}=Y_{P/X}\frac{\mathrm{d}X}{\mathrm{d}t} \tag{7–20}$$

因为 $\mu=\frac{1}{X}\cdot\frac{\mathrm{d}X}{\mathrm{d}t}$，所以

$$\frac{\mathrm{d}P}{\mathrm{d}t}=\mu XY_{P/X} \tag{7–21}$$

由产物比合成速率 q_p 的定义可知：

$$q_p=\frac{1}{X}\cdot\frac{\mathrm{d}P}{\mathrm{d}t} \tag{7–22}$$

代入式（7–21）得

$$q_p=\mu Y_{P/X} \tag{7–23}$$

由式（7–23）可知，产物生成速率与比生长速率成正比。这类产物通常是微生物的分解代谢产物或更广泛意义上的初生代谢产物，如由根霉产生的脂肪酶和由树状黄杆菌产生的葡萄糖异构酶都属于这一类型。

7.2.3.2 生长部分相关型

生长部分相关型指微生物代谢产物为能量代谢的间接结果，不是底物的直接氧化产物，而是菌体内生物氧化过程的主流产物，产物的生成与底物的消耗仅有时间关系，并无直接的化学计量关系，产物生成与微生物生长部分偶联，属于中间发酵类型。属于此类型的有柠檬酸、氨基酸的发酵等。

从图 7–7（b）可以看出，对此类生长模型，其 μ 和 q_S 下降到一定值后，产物生成才较明显，q_p 增大；当进入产物生成期，q_p、μ 和 q_S 基本同步。其动力学方程为：

$$\frac{\mathrm{d}P}{\mathrm{d}t}=\alpha\frac{\mathrm{d}X}{\mathrm{d}t}+\beta X \tag{7-24}$$

式中，$\frac{\mathrm{d}P}{\mathrm{d}t}$ 为产物生成速率；α 为与菌体生长相关的产物生成系数；β 为与菌体浓度相关的产物生成系数。

公式（7–24）被称为 Luedeking-Piret 方程，该方程能准确反映产物形成与菌体生长的部分相关性。人们曾用该模型描述亮氨酸和异亮氨酸的发酵，都能较好地拟合发酵过程。

7.2.3.3 非生长相关型

非生长关联型指微生物产物的生成与能量代谢和细胞生长均无直接关系，即产物生成与微生物细胞生长不偶联。该类型产物均为次生代谢产物，发酵类型较复杂，其特点是细胞处于生长阶段，并无产物的合成与积累，当细胞生长进入稳定期后，细胞才开始大量生成产物，如图 7–7（c）所示。所以，此类型的产物生成只与细胞的积累量有关，可用式（7–25）表示：

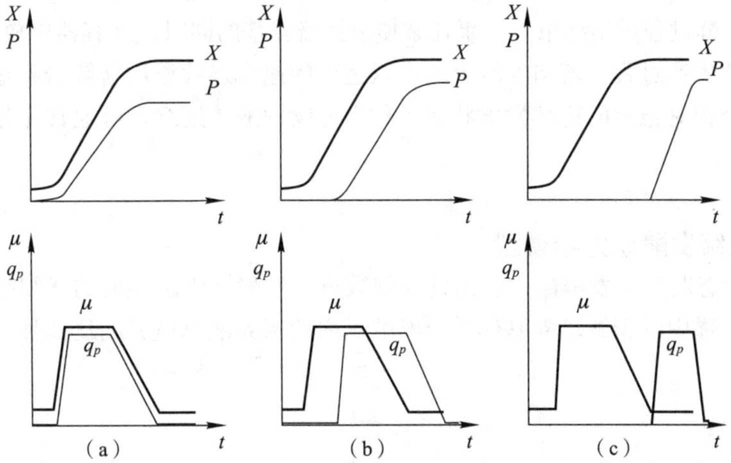

图 7–7 产物合成与生长相关、部分相关、非相关的动力学模型示意图

$$\frac{\mathrm{d}P}{\mathrm{d}t}=\beta X \tag{7-25}$$

由上式（7–25）可知，产物生成速率与微生物生长速率无关，只与菌体生物量积累有关。因此，此类型的发酵过程通常可以划分为两个阶段，即菌体生长阶段和产物合成阶段。绝大多数次级代谢产物如抗生素发酵等都属于这一类型。

案例 7–1
杀假丝菌素分批发酵的中参数动态变化

7.2.4 分批发酵的优缺点及其应用

（1）分批发酵的优缺点

① 优点：操作简单、投资少；运行周期短；染菌机会减少；生产过程、产品质量较易控制。

② 缺点：不利于测定微生物发酵本征动力学参数，因使用复合培养基，存在底物限制或抑制问题，或出现底物分解阻遏效应及二次生长现象；对底物类型及初始高浓度敏感的次级代谢产物，如一些抗生素等就不适合采用分批发酵，尤其是菌体生长与产物合成的培养条件差别较大时，分批发酵不

适用；养分耗竭快，无法满足微生物继续生长和生产；非生产时间长，生产率较低。

（2）分批发酵的应用

根据不同产物合成与微生物细胞生长的动力学关系类型，采用不同的发酵生产工艺。如产物为微生物细胞本身，可采用能支持最高生长量的培养条件；如产物为初级代谢物，可设法延长与产物合成关联的对数生长期；如产物是次级代谢物，则可设法快速提高菌体生物量，并延长稳定期发酵时间，或采用二阶段培养（也称二步法培养，即第一阶段主要积累生物量，第二阶段合成次生代谢产物），从而使次级代谢产物大量积累。

目前，分批发酵在工业生产应用上仍具有重要地位。但是，分批发酵由于养分消耗较快，容易导致底物限制或代谢产物抑制等问题，而且当采用两种不同类型的碳源底物时，发酵过程还会出现底物分解阻遏效应以及二次生长（diauxic growth）现象，尤其是分批发酵非操作时间长，生产率相对较低。因此，工业发酵在分批发酵基础上进一步发展了补料分批发酵技术（也称为半连续发酵）和连续发酵技术。

7.3 连续发酵动力学

在发酵过程中，向发酵容器中添加新鲜培养基，可延长对数生长期，增加生物量，且可以克服由于养分不足导致的发酵过程过早结束。如果在添加新鲜培养基的同时，从容器中放出等体积的发酵液，就可以形成一个连续生产过程。若向发酵容器中以适当的速率连续添加新鲜培养基和放出等量的发酵液，则可以获得一个相对稳定的连续发酵状态，称为连续发酵。连续发酵通常又分为单级和多级连续发酵。

7.3.1 单级连续发酵动力学模型

连续发酵达到稳态时，从发酵罐中流出的细胞数量与发酵罐中所形成的新细胞数量相等。将单位时间内连续流入发酵罐中的新鲜培养基体积与发酵罐内的培养液总体积的比值称为稀释率 D，可以用下式表示：

$$D=\frac{F}{V} \tag{7-26}$$

式中，F 为流速；V 为发酵罐中原有的培养液总体积。

经过一段时间的培养后，细胞浓度的变化可描述如下：

发酵罐中细胞积累的变化 = 流入细胞 + 生长细胞 − 流出细胞 − 死亡细胞

如果流出的细胞不回流，则流入细胞项为 0，由于连续培养过程可控制细胞不进入死亡期，因此，死亡细胞可忽略不计，故可用公式（7-27）描述为

$$\frac{\mathrm{d}X}{\mathrm{d}t}=\mu X-DX \tag{7-27}$$

视频 7-2
连续发酵动力学

当连续发酵达到稳态时，细胞浓度为常数，即此时 $\frac{\mathrm{d}X}{\mathrm{d}t}=0$，那么公式（7-27）可变为

$$\mu X=DX \tag{7-28}$$

则有

$$\mu=D \tag{7-29}$$

即在稳态时，比生长速率等于稀释率，也就是说，单级连续发酵的比生长速率受到稀释率的控制。

同样，经过一段时间的培养后，生长限制性底物残留浓度 S 的变化可描述如下：

底物残留浓度变化 = 流入底物量 − 排出底物量 − 细胞消耗底物量

用公式表示为

$$\frac{dS}{dt}=DS_{in}-DS_{out}-\frac{1}{Y_{X/S}}\cdot\frac{dX}{dt} \tag{7-31}$$

式中，S 为底物浓度；S_{in} 为流入底物的量；S_{out} 为排出底物的量；$Y_{X/S}$ 为表观细胞得率。

因为 $\frac{dX}{dt}=\mu X$，所以，公式（7–31）可变为

$$\frac{dS}{dt}=DS_{in}-DS_{out}-\frac{\mu X}{Y_{X/S}} \tag{7-32}$$

连续发酵达到稳态时，$\frac{dS}{dt}=0$，那么，公式（7–32）可变为

$$D(S_{in}-S_{out})=\frac{\mu X}{Y_{X/S}} \tag{7-33}$$

又因为 $\mu=D$，所以，由公式（7–33）可得

$$X=Y_{X/S}(S_{in}-S_{out}) \tag{7-34}$$

式（7–29）和式（7–34）即为单级连续培养的两个稳态方程。其中，两个稳态方程包含以下几点假设：$Y_{X/S}$ 对于特定微生物及其具体操作参数（D）来讲是常数；细胞浓度除了一种限制性营养成分 S 外，与其他营养成分无关；$Y_{X/S}$ 只受限制性营养成分 S 的影响，S 一定，μ 一定，则 $Y_{X/S}$ 一定。

从式（7–29）可以看出，稀释率 D 可以控制比生长速率 μ。在单级连续发酵系统中，细胞的生长可导致底物的消耗，直至底物的浓度足以支持比生长速率与稀释率相等时达到平衡。如果底物被消耗到低于支持适当的比生长速率的浓度，则细胞洗出率将会大于所能产生的新细胞，则系统中的底物 S 浓度又会增加，并使比生长速率上升至恢复与稀释率的动态平衡，这就是单级连续发酵系统的自身动态平衡。

连续培养系统又称为恒化器（chemostat），即培养物的比生长速率是受到培养基中某一限制性化学组分的控制作用。

连续培养系统也被称为恒浊器（turbidostat），它可以通过控制培养基流加的流速，使得发酵容器内发酵液中细胞浓度保持相对恒定，即将发酵液的浊度保持在某一窄小的范围内。具体实现是利用光电倍增管测定浊度来表征细胞浓度，并将检测信号输入到向发酵罐中注入新鲜培养基的泵的控制系统，以便控制流加的培养基的流速。当细胞浓度超过设定值时，控制系统启动补料泵；如果细胞浓度低于设定值时，则控制系统停止泵的运转。

广泛运用恒化器的原因是因为它具有明显优于恒浊器的地方，即保持稳态时不需要控制系统。然而在连续发酵时，采用恒浊器独特的优点，是在发酵早期避免细胞完全被洗出。

在恒化器中，微生物发酵动力学特性可用多个常数予以描述。如 $Y_{X/S}$、μ_m 和 Ks 等。$Y_{X/S}$ 值能影响稳态时的细胞浓度，μ_m 值能影响所采用的最大稀释率，K_S 值能影响底物残留浓度以及可采用的最大稀释率。图 7–8 是一个对限制性底物具有低 Ks 值的细菌在恒化器中培养时，稀释率对稳态时菌体浓度和底物残留浓度的影响。

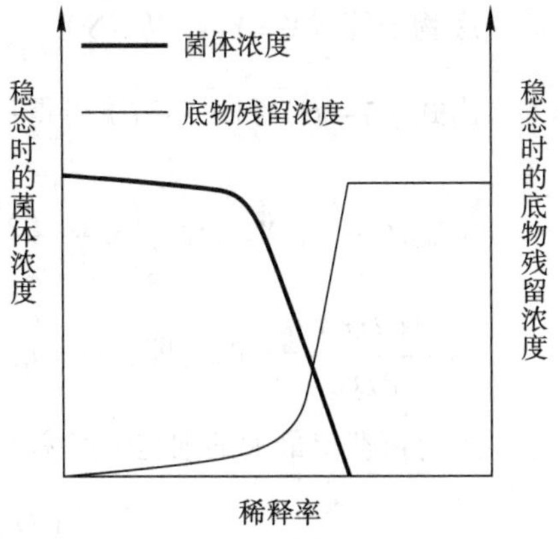

图 7–8　对限制性底物具有低 K_S 值的细菌连续培养特性

从图 7–8 可以看出，对于限制性底物的培养，当稀释率开始增加时，底物残留浓度增加的很少，绝大部分都为细菌生长所消耗。直至稀释率 D 接近 μ_m 时，残留底物浓度 S 才因过量而

显著上升。如果继续增大稀释率，菌体将开始从系统中洗出，稳态菌体将随稀释率的增大而迅速下降，而残留基质浓度则因其过量将随稀释率的增大而迅速增加。将导致菌体开始从系统中洗出时的稀释率定义为临界稀释率 D_c，其表达式为

$$D_C=\frac{\mu_m S_0}{K_S+S_0} \tag{7-35}$$

图 7–9 所示的是一株对限制性底物具有高 Ks 值的细菌，在连续培养时，D 值对限制性底物残留浓度与菌体浓度的影响。由于细菌对限制性底物利用率低（即 K_S 较高），所以，随着稀释率增加，底物残留浓度显著上升，接近于 D_c 时，S 很快增加，X 值很快下降。

图 7–10 所示的为在不同的限制性底物初始浓度下，稀释率对稳态时的菌体浓度和底物残留浓度的影响。由图可知，当限制性底物初始浓度 S_0 增加时，菌体浓度 X 也增加；由于初始底物浓度增加，而使菌体浓度增加，但残留底物浓度未受影响。此外，随 S_0 的增加，Dc 也稍有上升，同时也使底物残留浓度 S 上升。

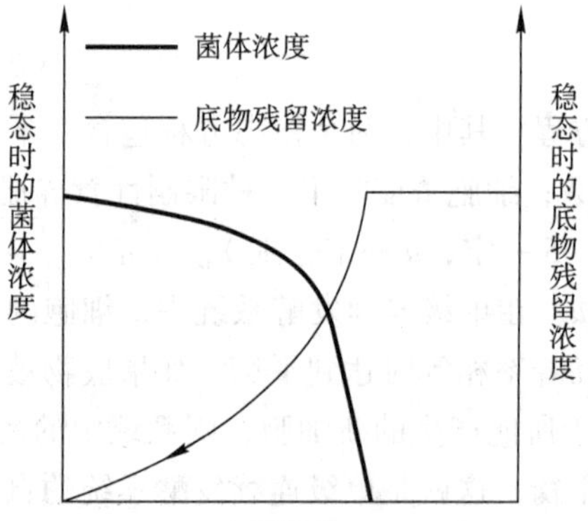

图 7–9　对限制性底物具有高 K_s 值的细菌连续培养特性

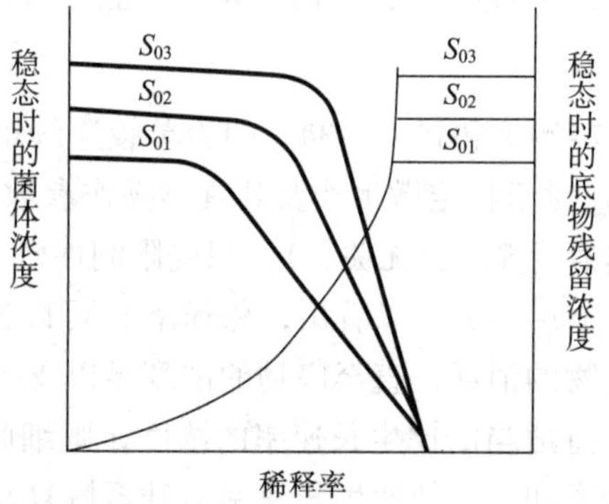

图 7–10　在恒化器中不同的限制初始底物浓度下稀释率对稳态时的菌体浓度及底物残留浓度的影响

——稳态时的菌体浓度　——稳态时的底物残留浓度

S_{01}、S_{02}、S_{03} 为依次增大的三种不同的补料浓度

单级连续发酵的生长模型可由上述两个稳态方程得到：

当 $D<D_C$ 时

细胞衡算：$D=\mu=\dfrac{\mu_m S}{K_S+S}\Rightarrow S=\dfrac{K_S D}{\mu_m-D}$　（7–36）

底物衡算：$X=Y_{X/S}(S_0-S)$　（7–37）

由式（7–36）和（7–37）可得：$X=Y_{X/S}\left(S_0-\dfrac{K_S D}{\mu_m-D}\right)$　（7–38）

细胞产率：$DX=DY_{X/S}\left(S_0-\dfrac{K_S D}{\mu_m-D}\right)$　（7–39）

当 $\dfrac{d(DX)}{dD}=0$ 时，即：$D=\mu_m\left(1-\sqrt{\dfrac{K_S}{K_S+S_0}}\right)$　（7–40）

此时可获得最大的细胞生产率：

$$(DX)_m=Y_{X/S}\mu_m S_0\left(\sqrt{\frac{K_S+S_0}{S_0}}-\sqrt{\frac{K_S}{S_0}}\right) \tag{7-41}$$

若 $S_0\gg K_S$（$S_0>10K_S$），底物供给浓度很大，为非限制性，则有：

$$(DX)_{\mathrm{m}} = Y_{X/S}\mu_{\mathrm{m}}S_0$$

此时，最大临界稀释率：$\frac{\mu_{\mathrm{m}}S_0}{K_S+S_0} \to \mu_{\mathrm{m}}$，可知，当 $D > D_{\mathrm{m}} = \mu_{\mathrm{m}}$ 时，$\frac{\mathrm{d}X}{\mathrm{d}t} < 0$。

7.3.2 多级连续发酵动力学模型

基本恒化器的改进有多种方法，但最普通的方法是增加发酵罐的级数和将菌体送回罐内。图 7–11 是多级恒化器系统的示意图。

视频 7–3 两级连续发酵动力学

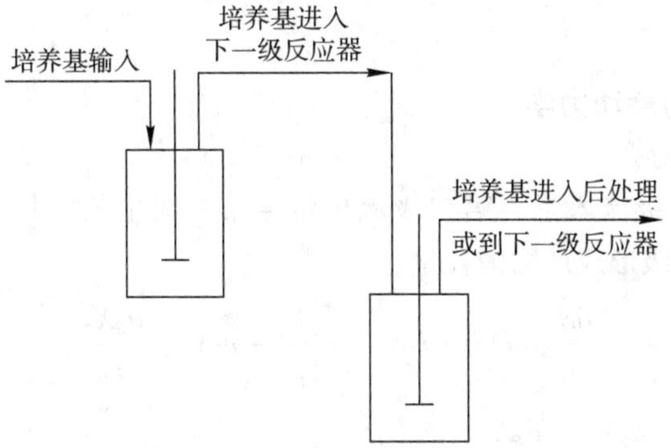

图 7–11 两级恒化器示意图

以两级连续发酵为例，介绍其动力学模型。

假设两级发酵罐内培养体积相同，即 $V_1 = V_2$；且第二级不加入新鲜培养基，则对于第一级动力学模型（方程）与单级相同。

稳态时：$\mu_1 = D$

$$X_1 = Y_{X/S}(S_0 - S_1)$$

$$S_1 = \frac{K_S D}{\mu_{\mathrm{m}} - D} = \frac{K_S D}{D_c - D}$$

$$DX_1 = DY_{X/S}\left(S_0 - \frac{K_S D}{\mu_{\mathrm{m}} - D}\right)$$

$$DP_1 \approx q_P X_1$$

第二级动力学模型

$$\mu_1 = \frac{\mu_{\mathrm{m}}S_1}{k_S + S_1} = \frac{\mu_{\mathrm{m}}}{1 - K_S/S_1}$$

$$\mu_2 = \frac{\mu_{\mathrm{m}}S_2}{k_S + S_2} = \frac{\mu_{\mathrm{m}}}{1 - K_S/S_2} \tag{7–42}$$

由于，$S_1 < S_0$，$S_2 < S_1$，所以，有 $\mu_2 < \mu_1$，可见从第二级开始，比生长速率不再等于稀释率。

7.3.2.1 第二级微生物生长动力学

对第二级细胞进行物料衡算

积累的细胞（净增量）= 第一级流入的细胞 – 第二级流出的细胞 + 第二级生长的细胞 – 第二级死亡的细胞

$$\frac{dX_2}{dt}=DX_1-DX_2+\mu_2X_2-\alpha X_2$$

第二级稳态时

$$\frac{dX_2}{dt}=0,所以有：\mu_2=D\left(1-\frac{X_1}{X_2}\right) \quad (7\text{–}43)$$

同理由稳态方程可得：

$$\mu_n=D\left(1-\frac{X_{n-1}}{X_n}\right) \quad (7\text{–}44)$$

7.3.2.2 第二级底物消耗动力学

对第二级基质物料进行衡算

积累的营养组分 = 第一级流入量 − 第二级流出量 − 第二级生长消耗量 − 第二级维持生命需要量 − 第二级形成产物消耗量

$$\frac{dS_2}{dt}=DS_1-DS_2-\frac{\mu_2X_2}{Y_G}-mX_2-\frac{q_PX_2}{Y_P}$$

稳态时，$\frac{dS_2}{dt}=0$，$mx_2\ll\frac{\mu_2X_2}{Y_G}$，$\frac{q_PX_2}{Y_P}\approx 0$，$Y_G\approx Y_{X/S}$

$$X_2=\frac{DY_{X/S}}{\mu_2}(S_1-S_2)=Y_{X/S}\frac{D}{\mu_2}(S_1-S_2),\ \mu_2=D\left(1-\frac{X_1}{X_2}\right)$$

可得：$X_2-X_1=Y_{X/S}(S_1-S_2)$

即：$X_2=X_1+Y_{X/S}(S_1-S_2)$

$=Y_{X/S}(S_0-S_1)+Y_{X/S}(S_1-S_2)$

求得：$X_2=Y_{X/S}(S_0-S_2)$ （7–45）

对于 S_2 的求解有以下过程：

由以上推导可知

$\mu_2=D\left(1-\frac{X_1}{X_2}\right)$（7–37），$X_2=Y_{X/S}(S_0-S_2)$

$X_1=Y_{X/S}(S_0-S_1)$，$S_1=\frac{K_SD}{\mu_m-D}$

又有 $\mu_2=\frac{\mu_mS_2}{K_S+S_2}$

令式（7–43）与式（3–42）相等，可得

$$(\mu_m-D)S_2^2-\left(\mu_mS_0-\frac{K_SD^2}{\mu_m-D}+K_SD\right)S_2+\frac{K_S^2D^2}{\mu_m-D}=0$$

解此方程可得第二级发酵罐中稳态限制性基质浓度 S_2，再由式（7–45）可确定 X_2，再求出 DX_2。

对于细胞形成产物的速率（DP_2）有：

产物变化率 = 第一级流入产物量 − 第二级流出产物量 + 第二级合成产物量 − 分解项

$$\frac{dP_2}{dt}=DP_1-DP_2+\left(\frac{dP_2}{dt}\right)_{细胞合成}-kP_2=DP_1-DP_2+q_PX_2$$

稳态时可得$\frac{dP_2}{dt}=0$

$$DP_2 = DP_1 + q_P X_2 = q_P X_1 + q_P X_2 \tag{7-46}$$

第二级发酵罐产物浓度

$$P_2 = P_1 + \frac{q_P X_2}{D} \tag{7-47}$$

同理

$$P_n = P_{n-1} + \frac{q_P X_n}{D} \tag{7-48}$$

7.3.2.3 细胞回流单级恒化器连续发酵动力学

单级连续发酵时，发酵罐流出的发酵液经适当的固液分离浓缩，部分浓缩的细胞悬浮液再回流到发酵罐中，其余部分流出系统外。这种发酵流程提高了发酵罐中细胞浓度和底物利用率，也有利于提高系统操作稳定性（图7-12）。

图 7-12 中，α 为再循环比率（回流比），$\alpha<1$；c 为浓缩因子，$c>1$。

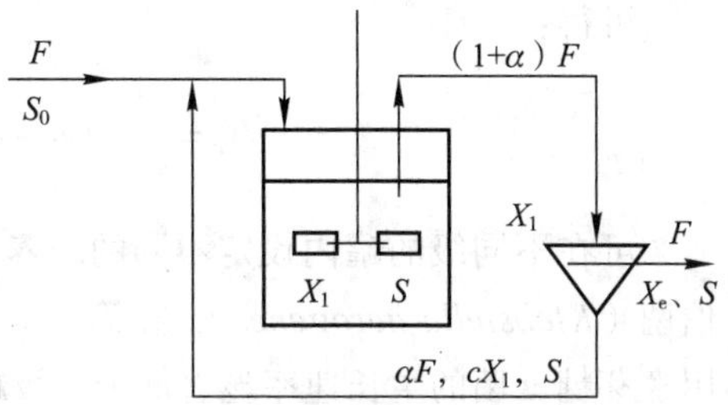

图 7-12 单级细胞回流示意图

视频 7-4
细胞回流单级恒化器连续发酵动力学

在该模型中，其细胞的物料衡算如下：

积累的细胞 = 进入的细胞 + 再循环流入的细胞 − 流出的细胞 + 生长的细胞 − 死亡的细胞

$$\frac{dX_1}{dt} = \frac{F}{V}X_0 + \frac{\alpha F}{V}\cdot cX_1 - \frac{(1+\alpha)F}{V}X_1 + \mu X_1 - \alpha X_1 \tag{7-49}$$

假定：细胞死亡很少；$X_0=0$（培养基无菌加入）；$D=F/V$

由稳态条件 $\frac{dX_1}{dt}=0$

得：$\alpha DcX_1-(1+\alpha)DX_1+\mu X_1=0$

即：$\mu = D(1+\alpha-\alpha c)$ （7-50）

其限制性基质的物料衡算如下：

积累的基质 = 进入基质 + 循环流入基质 − 流出基质 − 消耗基质

$$\frac{dS}{dt} = \frac{F}{V}S_0 + \frac{\alpha F}{V}\cdot S - \frac{(1+\alpha)F}{V}S - \frac{\mu X_1}{Y_{X/S}} \tag{7-51}$$

稳态时 $\frac{dS}{dt}=0$

$$DS_0 + \alpha DS - (1+\alpha)DS = \frac{\mu X_1}{Y_{X/S}}$$

$$X_1 = \frac{D}{\mu}Y_{X/S}(S_0 - S) \tag{7-52}$$

将式（7-50）（7-52）代入，有

$$X_1 = \frac{1}{1+\alpha-\alpha c}\cdot Y_{X/S}(S_0 - S) \tag{7-53}$$

$$\frac{1}{1+\alpha-\alpha c} > 1$$

$\therefore$ x_1 比单级无再循环的 X 大

又 $\mu = \dfrac{\mu_m S}{K_S + S} \Rightarrow S = \dfrac{K_S\mu}{\mu_m - \mu} = K_S \cdot \dfrac{D(1+\alpha-\alpha c)}{\mu_m - D(1+\alpha-\alpha c)}$，代入（7–53）式，得：

$$X_1 = \frac{Y_{X/S}}{1+\alpha-\alpha c}\left[S_0 - K_S \cdot \frac{D(1+\alpha-\alpha c)}{\mu_m - D(1+\alpha-\alpha c)}\right] \tag{7-54}$$

假定在分离器中没有细胞生长和基质消耗，则有物料衡算式：

流入分离器细胞 = 流出分离器细胞 + 再循环的细胞

$$(1+\alpha)FX_1 = FX_e + \alpha F \cdot cX_1$$

可得：

$$X_e = (1+\alpha-\alpha c)X_1 = Y_{X/S}\left[S_0 - \frac{K_S D(1+\alpha-\alpha c)}{\mu_m - D(1+\alpha-\alpha c)}\right] \tag{7-55}$$

可在不同级的罐内设定不同的培养条件，有利于多种碳源利用和次级代谢产物生成。如产气克雷伯菌（*Klebsiella aerogenes*），在第一级罐内只利用葡萄糖，显著提高菌的生长速率，在第二级罐内利用麦芽糖，菌的生长速率显著低于一级罐，但可大量形成次级代谢产物。多级连续发酵系统比较复杂，用于实际生产还有较大困难。

① 限制菌体从恒化器中排出，使流出的菌体浓度低于罐内菌体浓度；

② 收集流出的发酵液至菌体分离设备，通过沉降或离心，浓缩菌体，部分菌体送回发酵罐内。菌体返回恒化器不仅能够提高底物利用率、菌体生长量和产物产量等，还可以改进系统的稳定性，该方法适用于处理料液较稀的发酵类型，如酿酒和废液处理。

7.3.3 连续发酵的优缺点及其应用

7.3.3.1 连续发酵的优缺点

连续发酵与分批发酵相比较，具有如下优点：非生产时间少，发酵设备利用率高；发酵过程操作简单；产品质量较稳定；对蒸汽锅炉、泵等外围设备利用率高；可及时排出不利于发酵过程的有害物质。连续发酵技术仍存在较多问题，如设备复杂、易染杂菌以及菌种不稳定等，具体如下：

（1）杂菌污染

在连续发酵过程中需长时间不断地向发酵系统供给无菌的新鲜空气和培养基，增加了染菌的可能性。目前，可通过选取耐高温、耐极端 pH 和能够同化特殊营养物质的菌株作为生产菌株来控制杂菌的生长，但应用范围有限，故杂菌污染仍然是连续发酵技术中较为突出的问题。

假设连续培养系统被外来的杂菌 Y、Z 和 W 污染，这些杂菌的积累速率可用式（7–56）的物料平衡式表示：

杂菌积累的速率 = 杂菌进入速率 – 杂菌流出速率 + 杂菌生长速率，即

$$\frac{dX'}{dt} = DX'in - DX'out - \mu X' \tag{7-56}$$

式中，X′—污染的杂菌 Y、Z 和 W 的浓度，在稀释速率为 D 时残留限制性养分浓度为 S。

图 7–13（a）、（b）、（c）分别将杂菌 Y、Z 和 W 的生长速率对底物浓度曲线与连续培养系统中生产菌 X 对 S 的曲线作比较，在底物浓度为 S 情况下杂菌 Y 的生长速率 μ_y 比系统的稀释速率 D 要小 [图 7–12（a）]，故 Y 的积累速率由公式（7–57）表示

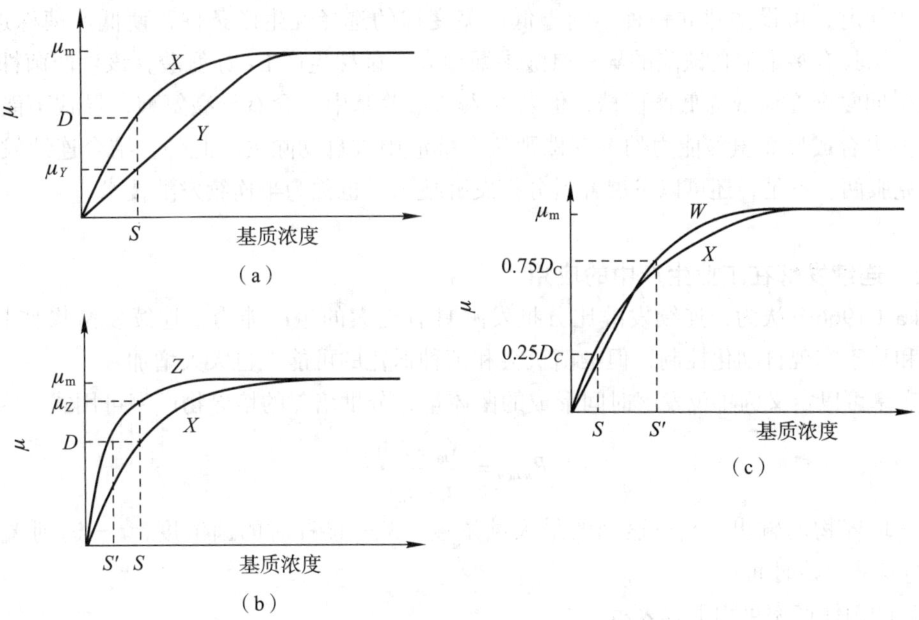

图 7–12 连续培养系统中杂菌生长速率和基质浓度之间关系

$$\frac{dY}{dt}=\mu_Y Y-DY \tag{7–57}$$

结果是负值，表明杂菌不能在系统中存留。

在图 7–12（b）中底物浓度为 S 的情况下，杂菌 Z 能以比 D 大的比生长速率 μ_Z 下生长，杂菌积累速率由式（7–58）表示为：

$$\frac{dZ}{dt}=\mu_Z Z-DZ \tag{7–58}$$

μ_Z 比 D 值大得多，故 dZ/dt 是正的，杂菌 Z 开始积累，结果造成系统中底物浓度下降到 S'，此时杂菌的比生长速率 $\mu_Z=D$，从而建立了新的稳态。而生产菌 X 以比生长速率 μ_X 生长，小于原有比生长速率，因 $\mu_X<D$，故生产菌将从系统中被淘汰。

$$\frac{dX}{dt}=\mu_Z X-DX \tag{7–59}$$

杂菌 W 入侵的成败取决于系统的稀释速率。由图 7–12（c）可见，在稀释速率为 $0.25D_C$（D_C 为临界稀释速率）下，W 竞争不过 X 而被冲走。

在分批培养中，任何能在培养液中生长的杂菌将长期存活和生长。但在连续培养中杂菌能否积累取决于它在培养系统中的竞争优势。故用连续培养技术可选择性的富集一种能有效使用限制性养分的菌种。

（2）生产菌种突变及不稳定

微生物细胞的遗传物质 DNA 在复制过程中出现差错的概率为百万分之一，如在连续培养系统中的生产菌中的某一个细胞出现突变，该突变使得这一细胞获得高生长能力，无生产能力，它会像图 7–14（b）中的杂菌 Z 那样，最终取代系统中原来的生产菌株，而使连续发酵过程失败。连续发酵时间越长，所形成的突变株越多，发酵过程失败的可能性就越大。

实际上，较多工业生产菌株都是经过多次诱变选育获得，其发生回复突变的倾向性较大，因此，在连续发酵过程中，该类型的生产菌种很不稳定，易出现突变，有时低产菌株最终会取代原有高产菌株。

针对上述问题，可设法建立一种不利于低产突变株的选择性生产条件，使低产菌株逐渐被淘汰。例如，利用一株具有多重遗传缺陷的异亮氨酸渗漏型高产菌株生产L-苏氨酸，该生产菌株在连续发酵过程中易发生回复突变而成为低产菌株，但若补入的培养基中不含有异亮氨酸，导致不能大量积累苏氨酸且同时失去合成异亮氨酸能力的突变株则从发酵液中被自动除去。此外，结合连续发酵和分批发酵的优点，克服两者不足，还可以发展补料分批发酵技术，也称为半连续发酵技术。

7.3.3.2 连续发酵在工业生产中的应用

Hospodka（1966）认为，连续发酵比分批发酵具有更大的生产能力，连续发酵操作具有均一性、生产稳定性和易于实现自动化控制，但染菌机会和菌种退化的可能性也大大增加。

培养物产率可以定义为单位发酵时间形成的菌体量，分批培养的培养物产率可用式（7-60）表示：

$$R_{batch}=\frac{X_m-X_0}{t_i-t_{ii}} \tag{7-60}$$

式中，R_{batch}—培养物的输出；X_m—达到的最大菌浓度；X_0—接种时的菌浓度；t_i—达到X_m所需时间；t_{ii}—接种后的发酵起始时间。

连续培养的菌体产率可用下式表示

$$R_{cont}=\frac{DX}{1-t_{iii}/T} \tag{7-61}$$

式中，R_{cont}—连续培养菌体的输出；t_{iii}—连续培养前（包括发酵罐的准备、灭菌和分批培养直到稳态）所需的时间；T—连续发酵稳态下维持的时间。

菌体产率DX随着稀释率的增加而增加，直到一个最大值，这之后随D的增加而下降（图7-13），故连续发酵中可采用能达到最大菌体生产率DX的稀释速率。

用公式（7-60）所表示的分批发酵的产量是发酵全程的平均值，由于菌体生产率依赖于初始菌体量，而大部分菌体是在发酵过程产生。所以，分批发酵时的最大菌体生产能力是出现于发酵终点。然而在连续培养时，以最适稀释率使培养处于稳态条件下，则细胞的生产能力成为一个常数。因此，连续发酵的生产能力必然大于分批发酵。一个连续发酵过程可以连续很长时间（几周甚至几个月），全过程中非生产时间只占很小的比例。而在分批发酵时全程的操作时间较为有限，其非生产时间占有显著的比例。所以，分批发酵的生产效率相对来讲要低得多。

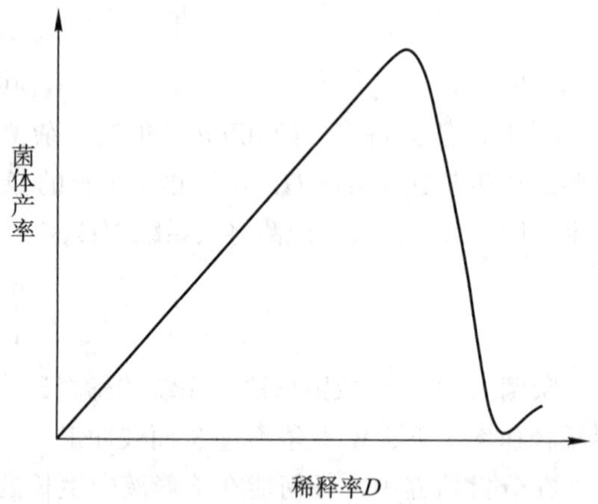

图7-13 在稳态连续培养时稀释率对菌体产量的影响

7.4 补料分批发酵动力学

7.4.1 补料分批发酵动力学模型

Yoshida等（1973）首先发展了补料分批发酵（fed-batch culture），即在分批发酵过程中补充培养基，而不从发酵体系中排出发酵液，使发酵液的体积随着发酵时间延长逐渐增加。该发酵方式介于分批发酵和连续发酵之间。如果在发酵过程中每隔一定时间，取出一定体积的发酵液，同时在同一时间间隔内加入相等体积的培养基，如此反复进行的发酵，这种方式称为重复补料分批发酵或半连续发酵。按照补料方式可分为：连续流加、不连续流加和多周期流加。按照流加方式可以分为：快速流加、恒速流加、指数速率流加和变速流加。按照反应器中发酵液体积可以分为：变体积和恒体积。按照反应器数目可分为：单级和多级。按照补加培养基成分可分为：单一组分补料和多组分补料。

在分批发酵中，生长会受到某一底物浓度的限制，在任何发酵时间的菌体浓度均可用下式表示：

$$X_t = X_0 + Y_{X/S}(S_R - S_t) \tag{7-62}$$

式中，X_{ti}—经过 t 小时（h）培养后的菌体浓度，g/L；X_{0i}—接种后的菌体浓度，g/L；$Y_{X/Si}$—表观菌体细胞得率；S_{Ri}—初始底物浓度与补入发酵罐中的底物浓度之和，g/L；S_t—经过 t 小时（h）培养后的残留底物浓度，g/L。

当 $S\approx 0$ 时，最终的菌体浓度可以成为 X_m，此时 X_0 与 X_m 相比可以忽略不计，则式（7-62）可变为：

$$X_m \approx Y_{X/S}S_R \tag{7-63}$$

如果在 $X_t = X_m$ 时开始补加培养基，这时的稀释率小于 μ_m，实际上底物的消耗速率接近于补入发酵罐的新鲜培养基速率。因此可得：

$$FS_R \approx \mu \frac{X}{Y_{X/S}} \tag{7-64}$$

式中，F—培养基补入速率；X—培养液中菌体总量。

从式（7-64）可以计算出加入的底物量与被细胞消耗的底物量相等。因此（dS/dt）≈ 0，虽然细胞的总量（X）随着时间的延长而增加，然而细胞浓度（X）实际上仍为一个常数，即（dX/dt）≈ 0，所以，$\mu \approx D$（D 为稀释率），这种状态称为半稳态。随着时间的推移，由于发酵体积增加，即使补料速率不变，稀释率也相对下降。D 值的动态变化可用公式（7-65）表示：

$$D = \frac{F}{V_0 + F_t} \tag{7-65}$$

式中，V_0—发酵体系原有的体积，t—发酵进程时间。

按照 Monod 方程，由于 D 的下降而使底物的残留浓度下降。在分批补料发酵中，大多数的 μ 值都大大超过 S_R 值。所以，实际上残留底物浓度是极小的，可以视作为零。在 D 比 μ_m 和 Ks 都小，且大大小于 S_R 时，即可成为半稳态。半稳态的特性曲线如图 7-14 所示，恒化器中的稳态分批补料发酵中的半稳态的主要差别是 μ 值在稳态时为常数，而在半稳态时是逐步下降的。

分批补料发酵过程中，整个反应器中细胞、限制性基质和产物总量的变化速率分别可用下式表示：

$$\frac{d(xV)}{dt} = \mu x V \tag{7-66}$$

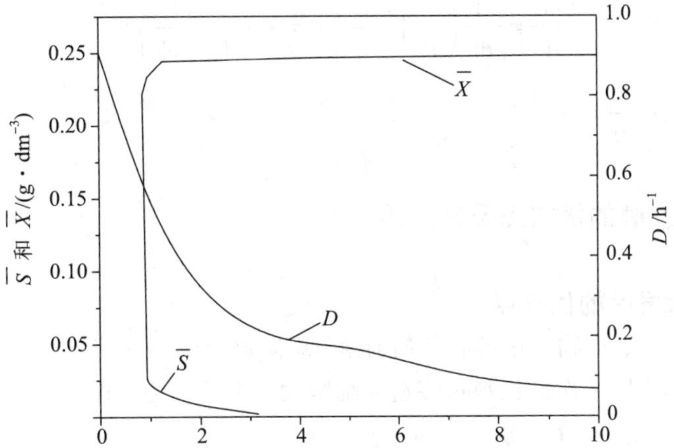

图 7-14　分批补料发酵中，假设的半稳态时稀释率、限制性底物浓度和菌体浓度的时间变化曲线

$$\frac{\mathrm{d}(SV)}{\mathrm{d}t}=FS_0-\frac{1}{Y_{X/S}}\cdot\frac{\mathrm{d}(XV)}{\mathrm{d}t} \tag{7-67}$$

$$\frac{\mathrm{d}(PV)}{\mathrm{d}t}=q_PXV \tag{7-68}$$

细胞总量的变化率为

$$\frac{\mathrm{d}(XV)}{\mathrm{d}t}=V\frac{\mathrm{d}X}{\mathrm{d}t}+X\frac{\mathrm{d}V}{\mathrm{d}t} \tag{7-69}$$

若为恒速流加，培养基流量为 F，则 $\frac{\mathrm{d}V}{\mathrm{d}t}=F$ （7–70）

由式（7–66）（7–69）（7–70）可得 $\mu XV=V\frac{\mathrm{d}X}{\mathrm{d}t}+xF$

$$\frac{\mathrm{d}X}{\mathrm{d}t}=\left(\mu-\frac{F}{V}\right)X=(\mu-D)X \tag{7-71}$$

视频 7–5
分批补料发酵动力学

同样可以推导出限制性基质和产物浓度的变化率：

$$\frac{\mathrm{d}(SV)}{\mathrm{d}t}=V\frac{\mathrm{d}S}{\mathrm{d}t}+S\frac{\mathrm{d}V}{\mathrm{d}t}=V\frac{\mathrm{d}S}{\mathrm{d}t}+SF \tag{7-72}$$

由式（7–67）和（7–72）可得 $FS_0-\frac{1}{Y_{X/S}}\cdot\frac{\mathrm{d}(XV)}{\mathrm{d}t}=V\frac{\mathrm{d}S}{\mathrm{d}t}+SF$

将式（7–66）代入上式，得：$\frac{\mathrm{d}S}{\mathrm{d}t}=D(S_0-S)-\frac{\mu X}{Y_{X/S}}$ （7–73）

$$\frac{\mathrm{d}(PV)}{\mathrm{d}t}=P\frac{\mathrm{d}V}{\mathrm{d}t}+V\frac{\mathrm{d}P}{\mathrm{d}t}=FP+V\frac{\mathrm{d}P}{\mathrm{d}t}=q_PXV$$

$$\frac{\mathrm{d}P}{\mathrm{d}t}=q_PX-\frac{F}{V}P=q_PX-PD \tag{7-74}$$

拟稳态时 $\frac{\mathrm{d}X}{\mathrm{d}t}\approx 0$，$\frac{\mathrm{d}S}{\mathrm{d}t}=0$

这时 $\mu\approx D$

对于恒速流加，细胞的比生长速率对时间的变化率为：

$$\frac{\mathrm{d}\mu}{\mathrm{d}t}=\frac{\mathrm{d}}{\mathrm{d}t}\left(\frac{F}{V}\right)=-\frac{F^2}{V^2}=-\frac{F^2}{(V_0+Ft)^2} \tag{7-75}$$

长时间流加培养之后 $\frac{\mathrm{d}\mu}{\mathrm{d}t}=-\frac{1}{t^2}$ （7–76）

7.4.2 补料分批发酵的优缺点及其应用

7.4.2.1 补料分批发酵的优缺点

① 可以解除底物抑制、产物反馈抑制和葡萄糖分解阻遏效应。

② 避免在分批发酵中因一次性投料过多造成细胞大量生长，耗氧过多，以至通风搅拌设备不能匹配的状况。

③ 菌体可被控制在一系列连续的过渡态阶段，可用来作为控制细胞质量的手段。

④ 与连续发酵相比，补料分批发酵的优点还在于：无菌要求低；菌种变异退化少；适用范围更广。

7.4.2.2 补料分批发酵的应用

在发酵工业中，采用分批补料发酵可以使底物的残留浓度保持在较低的水平，具有如下优点：

(1)利用补料分批发酵可消除底物分解阻遏作用，同时可保障通气条件和生产能力

在以酵母菌体为产物的发酵中，如果培养基中含有过量的麦芽，酵母就会大量繁殖，其菌体浓度一旦超过了设备的供氧能力，就会形成厌氧环境，进而影响了菌体的形成，产生乙醇（Reed and Peppler，1973）。因此，微生物发酵初期应在较稀的培养基中生长，然后逐渐补料，但是补料率应不高于微生物利用底物的能力，使这个过程达到以上描述的半稳态，即处于底物限制性发酵状态。Crabtree（1929）等发现面包酵母的呼吸活力对游离葡萄糖十分敏感，当其浓度在 5 μg/L 时，即出现分解阻遏作用。因此，在现代酵母补料分批发酵中，是通过自动测定发酵罐尾气中微量乙醇含量来严格控制糖蜜补入量。这样使得酵母的生长率降低，但菌体的产量却接近发酵的理论值（Fiechter，1982）。

青霉素发酵是利用补料分批发酵方法生产次级代谢产物的一个很好的例子。发酵全过程分为两个时期，即菌体快速生长期和菌体缓慢生长期（或称为生产期）。补入葡萄糖以控制这两个时期的微生物代谢。在快速生长期，过量的葡萄糖可以引起有机酸的积累，并且使菌体对氧的需求量超过发酵罐的供氧能力。但是葡萄糖的缺乏又会导致将培养基中的有机氮源作为碳源消耗，促使培养液的 pH 上升，妨碍了菌体的充分生长（Queener and Swartz，1979）。Queener 和 Swartz 研究表明，在快速生长期利用计算机控制葡萄糖控制补料速度，使溶解氧或 pH 保持在一定范围内，可以明显的增加生产能力。当葡萄糖过量时，由于增加了呼吸速率和有机酸产量，发酵液中的溶解氧和 pH 都会大大地下降。

青霉素发酵生产期的补料率，要能限制生长率并有适当浓度的溶解氧，才能获得高的青霉素生产率。在生产期控制溶解氧比 pH 更好，因为 pH 对青霉素生物合成的影响没有溶解氧对菌体生长影响大。在补料分批发酵中，总菌体量、黏度和溶解氧的需求量都在逐步增加，直到溶解氧成为限制因素为止。在发酵过程中，降低补糖率，可以使限制性因素的作用推迟出现，并可用计算机予以控制。在青霉素补料分批发酵中，有时会出现由于不断地间歇补料，造成发酵罐中的发酵液体积不断增加，达到了其最大装液量，而青霉素生产率还处于高峰，此时要保持生产能力的方法就是从发酵罐中放出一部分发酵液，再继续补料，以进一步提高青霉素发酵产量。

有许多酶的合成能力受到代谢分解物的阻遏作用，快速分解利用的碳源能阻遏这些酶的合成。因此，这个现象应避免出现在酶的发酵生产中，而补料分批发酵的主要技术优点，就是可以防止这种现象的出现，采取向发酵液中不断补加新鲜培养基的方法，就能够保证碳源浓度始终达不到分解物阻遏作用的阈值。

(2)利用补料分批发酵可以降低高浓度培养基的抑制作用并延长发酵生产时间

如果培养基中某一组分浓度高对微生物生长具有抑制甚至毒性作用时，可以采用补料分批发酵的方式控制该组分的浓度水平。青霉素发酵就是一个很好的例子。苯乙酸钠是生物合成青霉素的前体，但是它对产黄青霉（*Penicillium chrysogenum*）具有抑制作用，采用少量多次或者连续的补入苯乙酸钠，使它在培养液中的浓度维持在发生抑制作用的水平以下，而且这样做也可以使前体的羟基化降低到最低限度，同时使之最大限度地掺入到产物分子中去。又如，在谷氨酸发酵中，如果是采用传统的高浓度分批发酵，最好也改为采用缓慢的补料分批发酵，使那些能抑制菌体生长和谷氨酸合成的培养基组分浓度控制在发生抑制作用水平以下，使其在作为底物时能够及时的被消耗，以利于发酵产物的合成。

7.5 发酵动力学应用

研究发酵动力学，建立发酵过程的数学模型是为了发酵过程的优化与控制服务。发酵过程中环境因素与微生物代谢活动之间的相互作用非常复杂，如果要认识和精确控制发酵过程，仅凭经验很难实现，发酵动力学的研究可以在这方面发挥重要作用。因此，发酵动力学研究的应用有以下几个方面。

7.5.1 认识发酵过程特征

发酵动力学研究就是从大量复杂数据出发，研究发酵过程中重要的输入变量（接种量、培养基成分、补料量、环境条件等）和过程输出变量（生物量、产物、DO、尾气成分等）之间的关联。通过生长动力学参数、底物消耗动力学参数以及产物合成动力学参数的计算及其关联方程的建立，可以定量描述微生物生长和产物形成过程，认识发酵过程特征，这些发酵过程特征包括：微生物生长和产物合成的时相关系如何？最适于微生物生长或产物合成的底物分别是什么？在最适碳源及相应的培养条件下微生物最大比生长速率是多少？培养基的碳源中有多少碳源用于菌体生长，另有多少碳源用于产物合成？等等，了解和掌握这些发酵特征对于指导发酵生产过程优化与控制十分重要。

7.5.2 用于发酵过程的优化与控制

发酵过程属于多输入多输出的复杂系统，机理也十分复杂。了解发酵过程的特性是实现发酵过程优化与控制的先决条件。发酵动力学研究可以建立变量之间的数学模型，揭示发酵过程的特性。然后借助计算机完成发酵过程的最优控制。

由于生命现象的复杂性，构建一个适用范围广的发酵动力学模型往往很困难，而基于一些较为简单的动力学模型的优化控制往往不是很准确，需要进一步实验验证和修正。即使如此，从一个能大致反映发酵过程的模型出发进行优化控制，对于提高实际发酵生产效果仍然具有十分重要的指导意义。

7.5.3 指导发酵过程放大

延伸阅读 7–3
发酵动力学应用实例

发酵过程的放大方法以前基本沿用的是化学工程中的放大方法，包括系统的几何相似、流体运动学相似和流体动力学相似等，只考虑了周围环境传递条件，而没有考虑微生物反应的特殊性。因而发酵过程放大仍然是一个让人感到困惑的问题，反应器从几十升到几十立方米，即使操作条件尽可能相同，发酵结果往往相差很大。近年来，出现了发酵过程多尺度的研究方法，从分子尺度、细胞尺度和反应器尺度作综合考虑，找到不同尺度参数间的关联，就有可能从现象到本质，发现反应器水平上的“四传”（动量、质量、热量传递以及细胞之间的信号传递）参数如何影响到分子水平上的基因表达和酶的活性，进而影响到细胞水平上的代谢通量的变化，建立多尺度参数之间的关联模型。在这一模型的指导下，就可能实现发酵过程的顺利放大。

开放讨论题

试分析发酵动力学有哪些应用？并请举例说明。

思考题

1. 发酵动力学的主要概念和研究内容是什么？
2. 在分批发酵过程中，微生物生长可分为几个阶段？次级代谢产物通常在什么阶段开始合成？
3. 什么是 Monod 方程？其使用条件是什么？请说明各参数的意义？
4. 影响分批发酵过程中总产率的因素有哪些？简述生产上提高发酵产率的有效方法？

5. 什么是连续培养？什么是连续培养的稀释率？

6. 补料分批发酵有哪些优点？

推荐阅读

1. Guo J, Liu J, Yang Y, et al. Fermentation and kinetics characteristics of a bioflocculant from potato starch wastewater and its application. Scientific Reports, 2018, 8: 1-11.

点评：该文利用红串红球菌（*Rhodococcus erythropolis*），以马铃薯淀粉废水为发酵培养基，生产生物絮凝剂，建立细胞生长和生物絮凝剂生产的发酵动力学模型，为红串红球菌工业化生产生物絮凝剂提供了可靠的依据与指导。

2. Nimbalkar P R, Khedkar M A, Kulkarni R K, et al. Strategic intensification in butanol production by exogenous amino acid supplementation: Fermentation kinetics and thermodynamic studies. Bioresource Technology, 2019, 288: 121521.

点评：该文通过发酵动力学和热力学研究，评估了外源氨基酸的添加对丙酮丁醇梭菌生产丁醇的影响，进一步优化了丙酮丁醇梭菌生产丁醇的发酵体系。

网上更多学习资源……

◆教学课件　　◆自测题

8

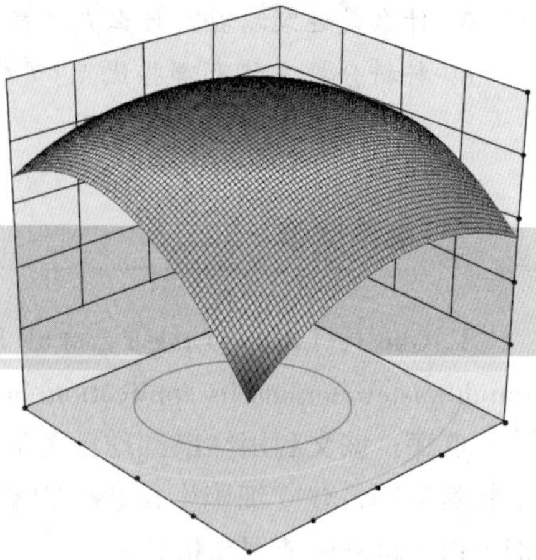

发酵过程氧的供需

目前，大多数工业发酵属于好氧发酵，在发酵过程中需要不断地向发酵罐中供给足够的无菌空气，以保障发酵过程中好氧菌对溶解氧的需求，从而满足微生物生长代谢需要。氧是一种难溶气体，而且随着温度上升，氧的溶解度减小。液体培养基中含有大量的有机物和无机盐，由于盐析等作用造成氧在液体培养基中的溶解度更低。如果不能及时地向发酵罐中供给氧，将严重影响菌体的正常代谢。因此，在发酵过程中有效而经济地供氧极为重要。本章将系统讲解发酵过程中氧的需求、传递过程以及影响供氧的因素，同时介绍溶解氧、摄氧率和 K_La 的测定方法，为帮助学习者在今后的实际工作中掌握好发酵过程氧的供需理论、技术及其应用打下坚实基础。

教学目的与要求

（1）了解微生物对氧的需求，并掌握基本概念。

（2）掌握发酵过程中氧的传递阻力及氧传递方程。

（3）深入理解 K_La 的意义，掌握影响氧传递的因素。

（4）掌握溶解氧、摄氧率及 K_La 的测定方法。

重点及难点

影响发酵过程氧的供需主要因素，氧的传递过程阻力及氧传递方程，K_La 的意义及其测定方法。

知识导图

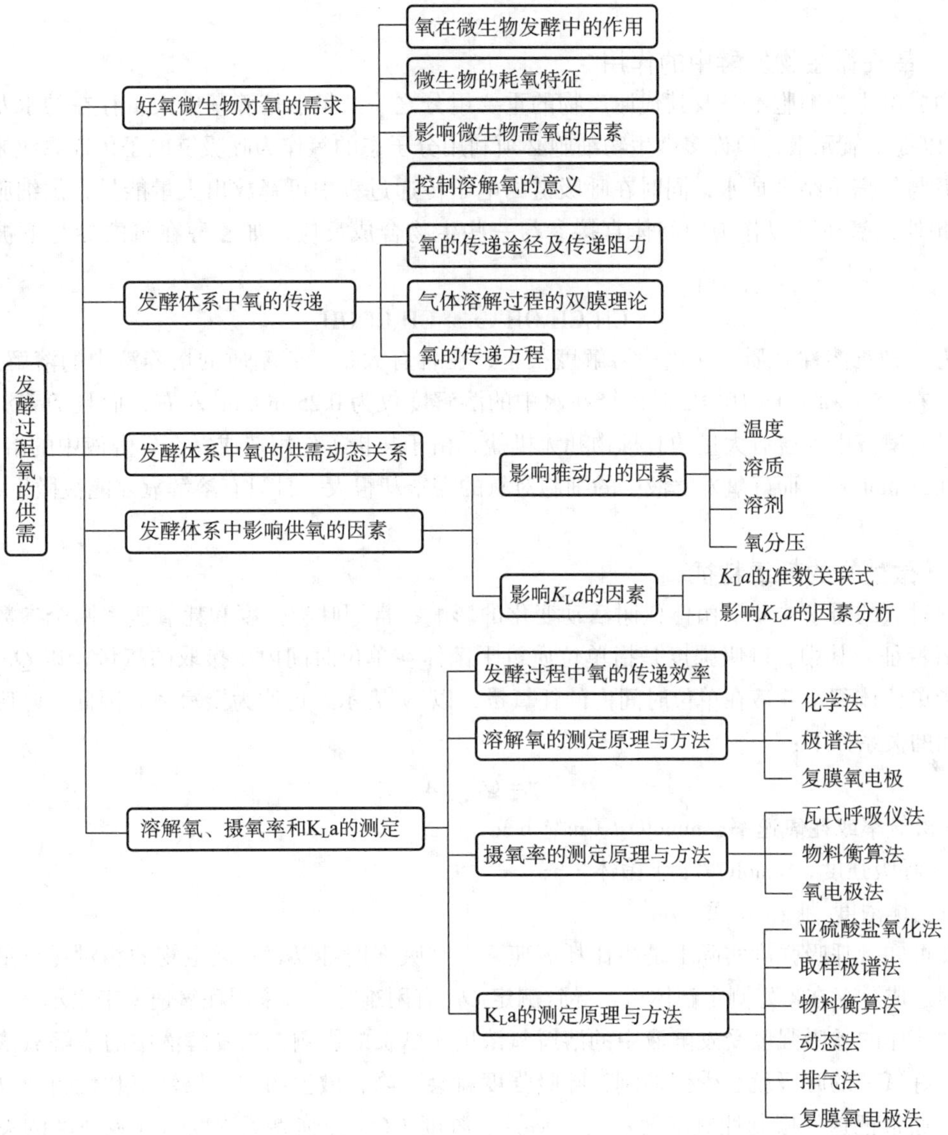

问题导读

(1) 发酵过程为什么需要供氧？实验室和发酵工业如何实现供氧？

(2) 影响发酵体系中供氧的因素有哪些？如何提高供氧能力？

(3) 什么是供氧效率？为什么要控制发酵液中的溶解氧？

关键词

摄氧率　溶解氧　临界氧浓度　最适氧浓度　亨利定律　双膜理论　单位体积传氧速率　K_La

8.1 好氧微生物对氧的需求

8.1.1 氧在微生物发酵中的作用

氧是构成微生物细胞本身及其代谢产物的重要组分之一。虽然培养基中大量存在的水及其他成分（如糖）可以提供氧元素，但许多微生物细胞必须利用分子态的氧作为呼吸链电子传递系统末端的电子受体，最后与氢离子结合成水，同时在呼吸链的电子传递过程中可释放出大量能量，供细胞生长和代谢使用。此外，氧还可以作为中间体直接参与一些生物合成反应，如乙醇在氧的参与下被催化合成乙酸：

$$CH_3CH_2OH \xrightarrow{O_2} CH_3COOH$$

📖 深入学习 8-1
好氧微生物对氧的需求

氧作为一种难溶性基质，在水中溶解度很小，在含有大量营养基质的培养液中的溶解度就更小。一般来讲，在 25℃和 1.0×10^5 Pa 时，氧在水中的溶解度仅为 0.25 mol/m^3 左右，而且随着温度上升会不断减小。发酵液中因含有大量的有机物和无机盐，由于盐析等作用造成氧在发酵液中的溶解度更低，一般约为 0.21 mol/m^3。而好氧发酵液中的细胞对氧的需求却很大，且只有溶解氧才能被微生物利用。

8.1.2 微生物的耗氧特征

微生物对氧的需求主要受菌体代谢活动变化的影响，常用呼吸强度和耗氧速率两个参数来表征微生物的好氧特征。其中，呼吸强度是指单位质量干菌体在单位时间内所摄取的氧量，以 Q_{O_2} 表示。耗氧速率是指单位体积培养液在单位时间内的耗氧量，以 γ 表示，也称为摄氧率。因此，呼吸强度与耗氧速率之间的关系如下：

$$\gamma = Q_{O_2} \cdot X \tag{8-1}$$

式中，γ — 摄氧率或耗氧速率，mmolO_2/（m^3 · h）；

Q_{O_2}— 呼吸强度，mmolO_2/kg 干菌体 · h；

X — 菌体浓度，kg（干重）/m^3。

由定义可知，呼吸强度实际上是指比耗氧速率。呼吸强度可以表示微生物的相对耗氧量，但当培养液中有固定成分存在不好测定菌体量，导致测定 Q_{O_2} 有困难时，可采用耗氧速率来表示。

微生物菌体的呼吸强度受发酵液中的溶解氧浓度（C_L）的影响，当发酵液中的溶解氧浓度低于一定浓度时，好氧菌的呼吸就会受到抑制，呼吸强度就会下降，微生物的生长繁殖和代谢产物合成都会受到影响。通常把这一限制性氧浓度定义为临界氧浓度（C_{cr}）。临界氧浓度与呼吸强度的关系可用图 8-1 表示：

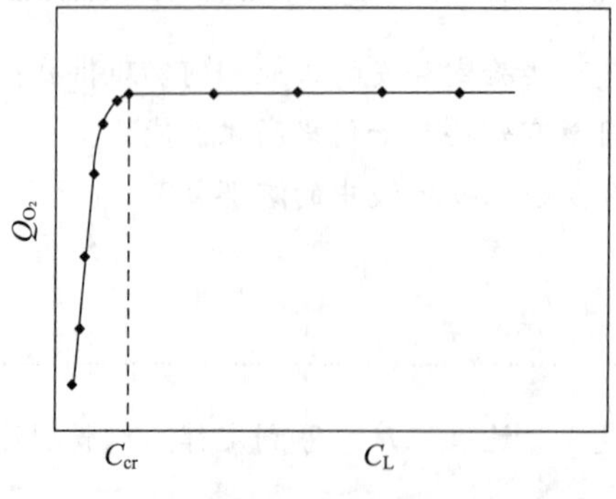

图 8-1 临界氧浓度与呼吸强度的关系图示

对于好氧菌而言，溶解氧肯定是限制性基质，呼吸强度或微生物比生长速率与发酵液中溶解氧浓度之间关系同样满足 Monod 方程：

$$(Q_{O_2})=(Q_{O_2})_m\frac{C_L}{(K_o+C_L)} \qquad (8-2)$$

式中，$(Q_{O_2})_m$—该微生物在特定发酵液和培养条件下获得的最大呼吸强度；K_o—微生物细胞对溶解氧的亲和常数，其数值相当于呼吸强度处于其最大值一半时的溶解氧浓度，因此也称为半饱和常数，反映微生物细胞对氧的亲和力。K_o 越大，表明微生物对氧的亲和力越弱，耗氧能力越小，Q_{O_2} 越小。

8.1.3 影响微生物需氧的因素

分批发酵过程中，微生物细胞耗氧的一般规律如图 8-2 所示。由图分析可知：

在培养初期，呼吸强度 Q_{O_2} 逐渐增高，此时菌体浓度很低；在对数生长期初期，呼吸强度就达到了最大值即 $(Q_{O_2})_m$，但此时菌体浓度还较低，因此，发酵液的摄氧率并不高；随着微生物细胞浓度在对数生长期迅速增高，发酵液的摄氧率也迅速增高，并在对数生长期的后期达到最大值，此时的呼吸强度略低于其最大值，且菌体还在生长，此时的菌体浓度也低于其最大值；在对数生长期末，由于发酵液中营养物质的消耗带来的底物限制以及代谢产物的抑制作用，细胞活力已经下降，同时，发酵罐的氧传递能力因受菌体浓度大量增加等的影响也在下降，所以，呼吸强度明显下降，虽然这时的菌体浓度仍有增加甚至达到了最大值，但发酵液的摄氧率已出现下降；到发酵后期，因基质耗尽，细胞出现自溶，呼吸强度进一步下降，摄氧率也随之迅速下降。

以上所述的只是呼吸强度和摄氧率变化的一般规律，这一规律还要受到以下因素的限制和影响。

（1）微生物遗传特征的影响

不同种类微生物的耗氧量不同，一般为 25 ~ 100 mmol O_2/（L · h），但也有少数微生物很高。同一种微生物的耗氧量，随着菌龄和培养条件不同而异。菌体生长和大量形成代谢产物时的耗氧量也往往不同。

（2）培养基成分和浓度的影响

培养基成分尤其是碳源种类对微生物细胞的耗氧量有很大影响，且培养基浓度也会影响细胞的耗氧速率。在细胞适应的浓度范围内，培养基浓度越大，细胞代谢越旺盛，耗氧增加；反之亦然，如碳源成为限制性基质时，细胞呼吸强度下降明显，当补充碳源后，呼吸强度又迅速上升。此外，若培养基中含有生长抑制剂时，呼吸强度也会受到抑制。

（3）菌龄

一般幼龄菌体生长旺盛，呼吸强度大，老龄菌生长慢，呼吸强度较小。

（4）培养条件

pH、温度等因素通过影响菌体的酶活性而影响到菌体的呼吸强度，而且温度还会通过改变发酵液中溶解氧浓度来影响菌体的呼吸强度。

（5）代谢类型

若产物是通过三羧酸循环（TCA）产生，则代谢旺盛，呼吸强度高，需氧量大；若产物是通过糖酵解途径（EMP）产生，则代谢较弱，呼吸强度低，耗氧量小。

8.1.4 控制溶解氧的意义

溶解氧浓度对细胞生长和产物合成的影响可能是不同的，即对于细胞生长的最佳氧浓度不一定是合成产物的最佳浓度，换言之，发酵不同阶段对氧的需求不同。例如，谷氨酸发酵过程中，在菌体生长繁殖阶段比谷氨酸生成阶段对溶氧要求低，在菌体生长繁殖阶段，若供氧过量，在生物素限量的情况下，抑制菌体生长；而在发酵产酸阶段，若供氧不足，发酵的主产物将由谷氨酸转为乳酸。但是，如果供氧过量，则不利于 α - 酮戊二酸进一步还原氨基化而积累大量 α - 酮戊二酸。因此，了解菌体

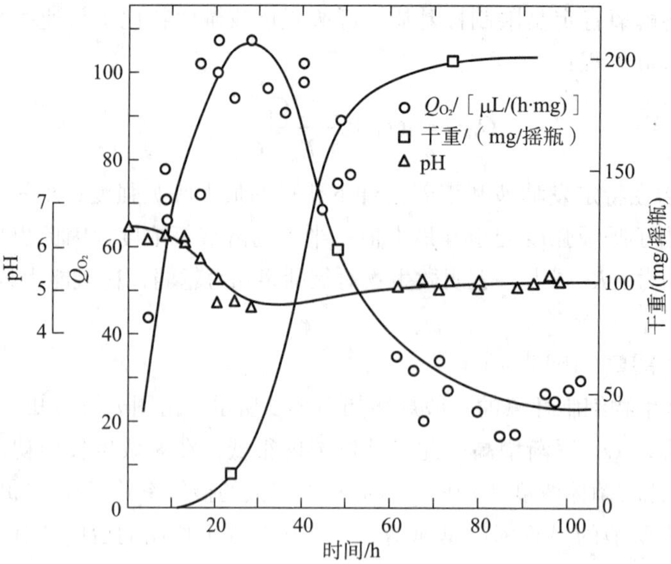

图 8-2 疣孢漆斑霉在分批发酵时呼吸强度的变化情况

生长繁殖阶段和代谢产物形成阶段的最适耗氧量，就可以合理地控制整个发酵过程不同阶段氧的供给。

由于空气中的氧在发酵液中溶解度很低，因此，发酵行业中给发酵液通气时空气中氧的利用率很低。如在抗生素发酵过程中，被微生物利用的氧不超过空气中含氧量的 2%；在谷氨酸发酵过程中，氧的利用率仅为 10%～30%。所以，大量经过净化处理的无菌空气在给发酵液通气过程中因溶解少被大量浪费掉。因此，必须设法提高发酵工业好氧发酵的传氧效率，从而大大降低无菌空气消耗量，降低设备运行成本和动力消耗，而且还可以减少泡沫形成和染菌的可能。

8.2 发酵体系中氧的传递

8.2.1 氧的传递途径及传递阻力

在好氧发酵中，给微生物通气供氧过程是气相中的氧分子首先溶解在发酵液中，然后再传递到细胞内的呼吸酶位置而被利用。这一系列的氧传递过程，又可分为供氧与需氧两个方面。供氧是指空气中的氧气从空气泡里通过气膜、气－液界面和液膜扩散到液体主流中。需氧是指溶解于液体主流中的氧分子自液体主流通过液膜、液－固界面、菌丝丛或细胞团，再由单个细胞膜扩散到细胞内需氧反应的位置。可见，氧在传递过程中必须克服一系列的阻力，才能到达反应部位，被微生物细胞所利用。这些阻力主要包括如下几种（图 8-3）。

☆ 动画 8-1
氧从气泡到细胞的传递过程

（1）气膜传递阻力 $1/k_G$

指气体主流及气－液界面以内的气膜传递阻力，与通气状况有关，通常相对较小。

（2）气－液界面传递阻力 $1/k_I$

只有具备高能量的氧分子才能透到液相中去，而其余的则返回气相。

（3）液膜传递阻力 $1/k_L$

指从气－液界面至液体主流间的液膜阻力，与发酵液成分及其浓度有关。

（4）液相传递阻力 $1/k_{LB}$

该阻力也与发酵液成分及其浓度有关，一般认为，在有适当搅拌存在的情况下，液体主流中溶解氧浓度分布均匀、保持不变，表明溶解氧在液相主体中扩散很快，因而该阻力很小。

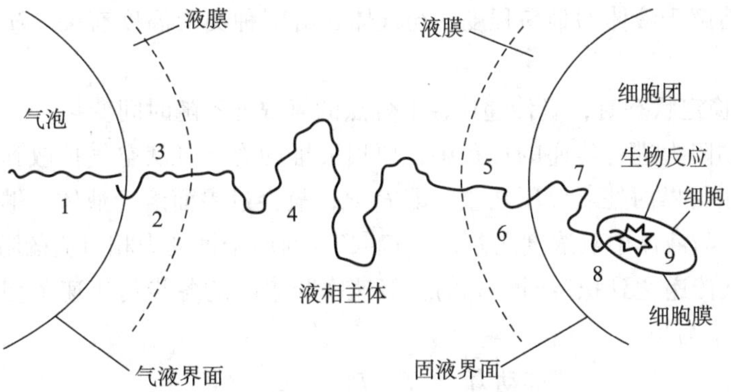

图 8-3 氧从气泡到细胞的传递过程示意图

（5）细胞或细胞团表面的液膜阻力 $1/k_{LC}$

指从液相至液—固界面间的液膜阻力，该阻力也主要与发酵液成分及其浓度有关。

（6）液—固界面传递阻力 $1/k_{IS}$

液—固界面的固相是指细胞或细胞团表面，该阻力与发酵液的特性以及微生物的生理特性有关。

（7）细胞团内的传递阻力 $1/k_A$

该阻力与微生物的种类及其细胞生理特性有关，属于单细胞的细菌和酵母不存在这种阻力，对于菌丝来讲，这种阻力最为突出。

（8）细胞膜和细胞壁的阻力 $1/k_w$

该阻力与微生物的生理特性有关。

（9）细胞内反应阻力 $1/k_R$

是指氧分子参与细胞内呼吸酶系反应时所遇到的阻力，与微生物的种类及生理特性有关。

从氧的溶解和利用过程可知，供氧方面的主要阻力来自气膜和液膜阻力，所以，工业上常将通入培养液的空气分散成细小的泡沫，尽可能增大气液两相的接触界面和接触时间，以促进氧的溶解；同时，通过搅拌等措施尽可能减小液膜厚度来降低供氧方面的阻力。微生物耗氧方面的阻力主要来自细胞团内与细胞膜的阻力，采用搅拌也可以减少逆向扩散的梯度，因此，也可以降低这方面的耗氧阻力。发酵工业实践过程中，更多的是考虑如何最大限度降低供氧阻力，从而提高供氧能力。

8.2.2 气体溶解过程的双膜理论

气体溶解于液体是一个复杂过程，至今还未能从理论上完全揭示，最早提出并沿用至今的是双膜理论（图 8-4），双膜理论以三点假设为前提。

① 气泡与包围着气泡的液体之间存在着界面，在界面的气泡一侧存在着一层气膜，在界面的液体一侧存在着一层液膜，故称为双膜结构。其中，气膜内的气体分子和液膜内的液体分子都处于层流状态，氧分子以浓度差的方式透过双膜；而气泡内除气膜以外的气体分子则处于对流状态，称为气体主流，任一点的氧浓度、氧分压相等；液膜以外的液体分子亦处于对流状态，称为液体主流，任一点的氧浓度、氧分压相等（图 8-4）。

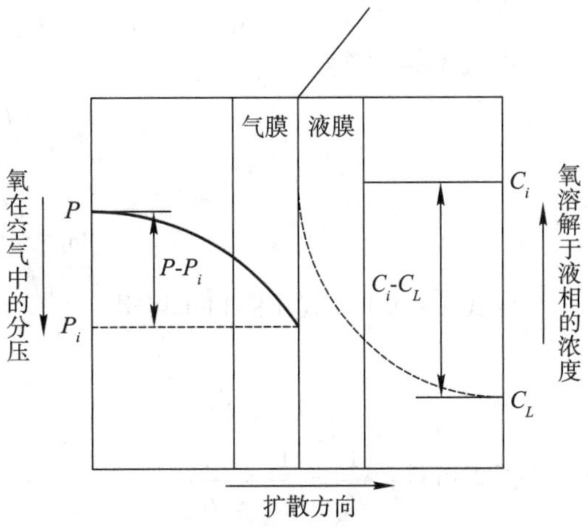

图 8-4 双膜理论的概念图

延伸阅读 8-1
双膜理论

② 在双膜之间气液接触面上，氧分压与溶于液体中氧浓度处于平衡关系，满足亨利方程：$P_i = HC_i$，H

为亨利常数，表示气体溶解于液体的难易程度，与气体、溶剂种类及温度有关。H 值越大，反映该气体越难溶。

延伸阅读 8-2

亨利定律

③ 氧传递过程处于稳定状态时，氧传递途径上各点的氧浓度不随时间变化。

氧在克服前面所述的阻力进行传递的过程中，要损失推动力。氧从空气扩散到气液界面这一段的推动力是空气中氧的分压与界面处氧分压之差，即 $P-P_i$，氧穿过界面溶于液体，继续扩散到液体中的推动力是界面处氧的浓度与液体中氧浓度之差，即 C_i-C_L。与两个推动力相对应的阻力是气膜阻力 $1/k_G$ 和液膜阻力 $1/k_L$。根据氧传递达到稳定时，总的传氧速率与串联的各步传氧速率相等的假设，则单位接触界面氧的传递速率 n_{O_2} 为：

$$n_{O_2}=\frac{\text{推动力}}{\text{阻力}}=\frac{P-P_i}{(1/k_G)}=\frac{C_i-C_L}{1/k_L} \tag{8-3}$$

式中，n_{O_2}—单位接触界面的氧传递速率，$kmolO_2/(m^2\cdot h)$；

P，P_i—气相中以及气－液界面处氧的分压，MPa；

C_L，C_i—液相中以及气－液界面处氧的浓度，$kmol/m^3$；

k_G—气膜传质系数，$kmol/(m^2\cdot h\cdot MPa)$；

k_L—液膜传质系数，m/h。

通常情况下，不可能测定界面处的氧分压和氧浓度，所以，式（8-3）不能直接用于实际。为了方便计算，并不单独使用 k_G 或 k_L，而是改用总传质系数和总推动力。即在稳定状态时，

$$n_{O_2}=K_G(P-P^*)=K_L(C^*-C_L) \tag{8-4}$$

式中，K_G—以氧分压差为总推动力的总传质系数，$kmol/(m^2\cdot h\cdot MPa)$；

K_L—以氧浓度差为总推动力的总传质系数，m/h；

P^*—与液相中氧浓度 C_L 相平衡时氧的分压，MPa；

C^*—与气相中氧分压 P 达平衡时氧的浓度，$kmol/m^3$。

根据亨利定律，难溶性气体达到平衡时的气体分压与该气体被溶解的分子分数成正比，即有：

$$P=HC^* \tag{8-5}$$

$$P^*=HC_L \tag{8-6}$$

$$P_i=HC_i \tag{8-7}$$

式中，H 为亨利常数。

由式 $n_{O_2}=K_G(P-P^*)$ （8-8）

得

$$\frac{1}{K_G}=\frac{P-P^*}{n_{O_2}}=\frac{P-P_i}{n_{O_2}}+\frac{P_i-P^*}{n_{O_2}}=\frac{P-P_i}{n_{O_2}}+\frac{H(C_i-C_L)}{n_{O_2}} \tag{8-9}$$

由式（8-3）得

$$n_{O_2}=\frac{P-P_i}{1/k_G}\Rightarrow\frac{1}{k_G}=\frac{P-P_i}{n_{O_2}} \tag{8-10}$$

$$n_{O_2}=\frac{C_i-C_L}{1/k_L}\Rightarrow\frac{1}{k_L}=\frac{C_i-C_L}{n_{O_2}} \tag{8-11}$$

由式（8-9）～式（8-11）可得

$$\frac{1}{K_G}=\frac{1}{k_G}+\frac{H}{k_L} \tag{8-12}$$

同理可得：$\frac{1}{K_L}=\frac{1}{k_L}+\frac{1}{Hk_G}$ （8-13）

由于氧气难溶于水，H 值很大，$\frac{1}{Hk_G} << \frac{1}{k_L}$，所以，$K_L \approx k_L$，由此说明在氧的传递过程中，液膜阻力是主要因素。

传质理论随着生产实践的丰富而不断发展。目前，双膜理论已不能全面说明气液间传质现象。例如，是否存在双膜仍有疑问，而且传质现象也并不限于分子扩散，如湍流情况下的传质就不是单纯的分子扩散，等等。

关于气液传质问题到目前为止已提出了许多其他理论，如渗透理论、表面更新理论等，但这些理论也尚待完善。尽管如此，采用双膜理论指导生产实践，在大幅提高发酵过程供氧能力方面还是取得了很好的效果。

8.2.3 氧的传递方程

由上一节中双膜理论的三点假设及亨利定律，可以获得单位接触界面氧的传递速率 n_{O_2} 的表达式如下：

$$n_{O_2} = \frac{C^* - C_L}{1/K_L} \qquad (8\text{-}14)$$

式中，K_L—以氧浓度差为总推动力的总传质系数，m/h；

C^*—与气相中氧分压 P 达平衡时氧的浓度，kmol/m^3；

C_L—液相中氧的浓度，kmol/m^3。

公式（8–14）表示的是单位接触界面氧的传递速率。在实际工作中，更多地是采用单位体积氧传递速率，用 OTR 表示单位体积发酵液中氧的传质速率，为了计算 OTR 值，还需要知道单位体积发酵液中气液两相直接接触的内界面的面积（即单位体积发酵液中气液比表面积），用 α 表示，则由式（8–14）可知，OTR 大小可表示如下：

$$\text{OTR} = n_{O_2}a = K_L\alpha（C^* - C_L） \qquad (8\text{-}15)$$

式中，OTR—单位体积发酵液氧传递速率，kmol/（m^3 · h）；

a—单位体积发酵液中气液比表面积，m^2/m^3；

K_La—以浓度差为推动力的体积传氧系数，h^{-1}。

通常将 K_La 作为一项处理，称为体积传氧系数或体积传质系数。式（8–15）就是难溶性气体气液传质的基本方程，在此章讲述的是氧的传递，因此，该方程也称为氧的传递方程。

8.3 发酵体系中氧的供需动态关系

溶解氧浓度对好氧发酵过程影响较大，发酵液中的溶解氧浓度主要取决于氧的传递和微生物耗氧两方面的相对速率之差。若微生物细胞耗氧量大于发酵设备供氧量，则发酵生产能力受到发酵设备的限制，需要进一步提高发酵设备的供氧能力；若微生物细胞耗氧量小于发酵设备的供氧量，则发酵生产能力主要受微生物自身的限制，可通过进一步选育高产菌株和优化发酵条件来提高微生物摄氧率，以促进微生物生长代谢和产物合成。

对于好氧发酵而言，通气供氧成本在整个发酵成本中占有相当的比例，不容忽视。因此，为了保障发酵过程中微生物对氧的需求，同时能够最大限度降低供氧成本，常常需要在发酵过程中使氧的供需保持平衡，当两者达到平衡时，可用以下方程式表示：

$$\text{OTR} = \gamma \qquad (8\text{-}16)$$

将 $\text{OTR} = K_La（C^* - C_L）$，$\gamma = Q_{O_2}X$ 分别代入上式，可得：

$$K_La（C^* - C_L）= Q_{O_2}X \qquad (8\text{-}17)$$

将式（8–2）$Q_{O_2}=(Q_{O_2})_m\dfrac{C_L}{K_o+C_L}$ 代入（8–17）得

$$\left(1-\frac{C_L}{C^*}\right)=\frac{(Q_{O_2})_m\cdot X}{K_La C^*}\cdot\frac{C_L}{K_o+C_L} \tag{8–18}$$

▶视频 8–1
发酵体系中氧的供需动态关系

设

$$D_a=\frac{(Q_{O_2})_m}{K_La C^*}\cdot X \tag{8–19}$$

$$\beta=K_o/C^* \tag{8–20}$$

$$y=C_L/C^* \tag{8–21}$$

则有：

$$\frac{1-y}{D_a}=\frac{y}{\beta+y}\Rightarrow y^2+(D_a+\beta-1)y-\beta=0 \tag{8–22}$$

设 $B=D_a+\beta-1$

则有：

$$y=-\frac{B}{2}+\frac{\sqrt{B^2+4\beta}}{2} \tag{8–23}$$

式（8–19）中的无量纲数 D_a 为 Damköhler 准数，它的含义是指细胞的最大耗氧量与发酵设备的最大供氧量之比。当 $D_a<1$ 时，表明细胞的最大耗氧量小于最大供氧量，整个过程受细胞呼吸速率控制；当 $D_a>1$ 时，细胞的最大耗氧量超过发酵设备的最大供氧能力，表明存在供氧限制，整个过程受氧的传递速率控制。

对于一个已知的发酵设备和微生物，当 C^*、K_o 和 $(Q_{O_2})_m$ 已知时，假定呼吸只与氧的限制有关，则令：

$$D_a=\frac{(Q_{O_2})_m}{K_La C^*}\cdot X=\alpha_1 X \tag{8–24}$$

式中，α_1 为常数。所以，D_a 为 X 的线性函数。

由式（8–17）、式（8–21）可得

$$y=C_L/C^*=1-\frac{Q_{O_2}X}{K_La C^*} \tag{8–25}$$

可见，y 和 C_L 都将随着 X 增大而减小。

由 $Q_{O_2}=(Q_{O_2})_m\cdot\dfrac{C_L}{K_o+C_L}$ 可得，$\dfrac{Q_{O_2}}{(Q_{O_2})_m}=\dfrac{1}{1+\dfrac{K_o}{C_L}}$，所以，当 X 增大时，C_L 将减少，$\dfrac{Q_{O_2}}{(Q_{O_2})_m}$ 也随之减少，如图 8–5 所示。

在实际发酵过程中，OTR 与 γ 之间这种动态平衡的建立往往比较短暂。由于发酵过程中培养物的理化性质随时变化，相应的氧传递情况也发生改变，平衡被不断打破，又重新建立。对于一个培养物来说，最低的通气条件可由式 $K_La=\dfrac{Q_{O_2}\cdot X}{C^*-C_L}$ 求得。K_La 可用来衡量发酵罐的通气供氧能力，其高值表示通气供氧能力强，低值则表示通气供氧能力弱。在发酵过程中，培养液中溶氧浓度变化可用下式表示：

$$\frac{dC_L}{dt}=K_La(C^*-C_L)-Q_{O_2}\cdot X \tag{8–26}$$

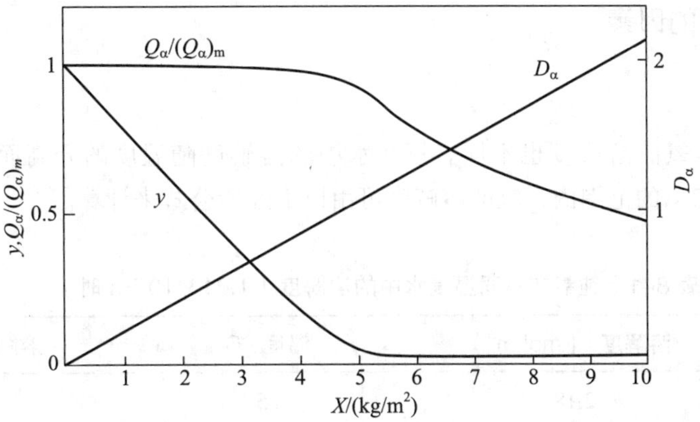

图 8-5 稳态过程中，在 K_La 一定时，细胞浓度对呼吸强度的影响

式中，$X=X_0e^{\mu t}$（X_0 为初始菌体浓度），设 $\theta=\mu t$，$x=\dfrac{X}{X_0}$（x 为细胞生长倍数），则 $x=e^{\theta}$。

在非稳态过程中，不同的 K_La 条件下，x 和 y 随着 θ 的增加呈现如下变化规律：由于初始菌体浓度 X_o 较低，y 的起始值将随着供氧能力（K_La）的提高而增加，但随着菌体生长时间的延长和菌体浓度的增加，y 将由起始值逐渐下降；而 x 则相反，它将随着 θ 值的增加而呈指数增长，且其增长随着 K_La 的增加而增加，如图 8-6 所示。

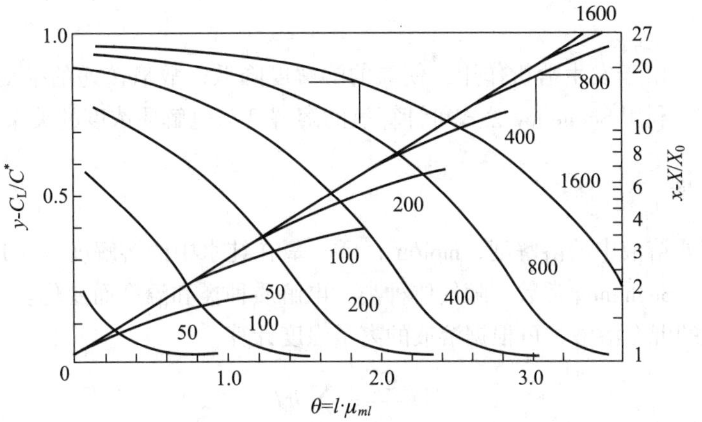

图 8-6 非稳态过程中 K_La、溶解氧浓度与细胞生长的关系

在稳态时，$\dfrac{dC_L}{dt}=0$，则 $C_L=C^*-\dfrac{Q_{O_2}\cdot X}{K_La}$ （8-27）

8.4 发酵体系中影响供氧的因素

在氧的传递过程中，其传递阻力来源于气液间的传递过程。根据气液传递速率方程：

$$\text{OTR}=K_La(C^*-C_L) \tag{8-28}$$

由方程可知，凡影响推动力（C^*-C_L）、气液接触界面的比表面积 a 和传递系数 K_L（或统称为体积传氧系数 K_La）的因素都会影响氧的传递速率，从而影响供氧。

8.4.1 影响推动力的因素

（1）温度

发酵液中温度不同，氧的溶解度也不同。氧在水中的溶解度随温度的升高而降低（表 8-1），在 1.01×10^5 Pa 和温度 4 ~ 33℃的范围内，氧的溶解度可由以下经验公式来计算。

表 8-1 纯氧在不同温度水中的溶解度（1.01×10^5Pa 时）

温度 /℃	溶解度 /（mol/m^3）	温度 /℃	溶解度 /（mol/m^3）
0	2.18	25	1.26
10	1.70	30	1.16
15	1.54	35	1.09
20	1.38	40	1.03

$$C_w^* = \frac{14.6}{t + 31.6} \tag{8-29}$$

式中，C_w^*—与空气中氧分压平衡的水中氧浓度，mol/m^3；t—温度，℃。

因此，氧传递过程中的推动力将随发酵液温度的升高而下降。

（2）溶质

① 电解质

在电解质溶液中，由于发生盐析作用，使氧的溶解度降低，故氧传递的推动力随着发酵液中电解质浓度的增加而下降。利用 Sechenov 公式可计算氧的溶解度与电解质浓度的关系。

对于单电解质有 $\lg\frac{C_w^*}{C_e^*} = KC_E$ （8-30）

式中，C_e^*—氧在电解质溶液中的溶解度，mol/m^3；C_w^*—氧在纯水中的溶解度，mol/m^3；C_E—电解质溶液的浓度，$kmol/m^3$；K—Sechenov 常数，随气体种类、电解质种类和温度而变化。

对于几种电解质的混合溶液，可根据溶液的离子强度计算。

$$\lg\frac{C_w^*}{C_e^*} = \sum_i h_i I_i \tag{8-31}$$

式中，h_i—第 i 种离子的常数，$m^3/kmol$；I_i—离子强度，$kmol/m^3$（$I_i = \frac{1}{2}Z_iC_{Ei}$，$Z_i$—第 i 种离子的价数；C_{Ei}—第 i 种离子的浓度，$kmol/m^3$）。

② 非电解质

在非电解质溶液中，氧的溶解度一般也随着溶质浓度的增加而下降，其变化规律与在电解质溶液中的变化情况相似，即

$$\lg\frac{C_w^*}{C_n^*} = KC_N \tag{8-32}$$

式中，C_n^*—氧在非电解质溶液中的溶解度，mol/m^3；C_N—非电解质或有机物浓度，kg/m^3。

③ 混合溶液

发酵液中同时含有电解质和非电解质，在这种混合溶液中，氧的溶解度可用下式计算：

$$\lg \frac{C_w^*}{C_m^*}=\sum_i h_i I_i+\sum_j \lg \frac{C_w^*}{C_{nj}^*} \tag{8-33}$$

式中，C_m^*—氧在混合溶液中的溶解度，mol/m^3。

（3）溶剂

发酵过程中，通常使用的溶剂为水。由于氧在一些有机化合物中的溶解度比水中高，因此，实际发酵过程中也可以通过合理添加少量有机溶剂来降低水的极性，从而增加溶解氧的浓度。

（4）氧分压

增加氧分压也是提高气液传递推动力的有效途径。方法之一是提高空气总压，即增加罐压，从而提高了氧分压，对应的氧溶解度也得到提高。例如，抗生素发酵中罐压一般为 $0.6\times10^5\sim1\times10^5$ Pa（表压）。但是，增加罐压虽然提高了氧分压，但其他气体成分，如二氧化碳的分压也同样增加。由于二氧化碳的溶解度比氧大得多，因此，增加罐压不利于液相中溶解的二氧化碳的排出，所以，增加罐压有一定的限度。方法之二是保持空气总压不变，提高其中的氧分压，即改变空气中氧的组分浓度，如进行富氧通气，但此方法成本较高。

8.4.2 影响 K_La 的因素

8.4.2.1 K_La 的准数关联式

气液比表面积 a 的测定比较困难，一般将它与液膜传递系数 K_L 合并，作为一个参数处理，即 K_La。影响 K_La 的因素较多，总的来讲，K_La 与以下几大类因素有关。

（1）发酵罐设备参数

发酵罐的几何形状和结构、搅拌器、挡板、空气分布器等参数都会影响 K_La，由于以上参数与搅拌器直径都有一定的关联，且搅拌器直径对 K_La 影响大，因此，通常以搅拌器直径 d 作为基本参数。

（2）发酵罐操作参数

通气表观线速度 W_s、搅拌转速 N、搅拌功率 P_w、发酵体积 V、液柱高度 H_L 等操作参数都会影响 K_La，其中，W_S、N 为主要影响因素，实际中通常以 Ws、N 作为基本参数。

（3）发酵液性质

发酵液的密度 ρ、黏度 η、界面张力 σ 及扩散系数 D_L 等参数都会影响 K_La，由于这些参数都会独立地影响 K_La，因此，都要作为基本参数。

综合以上三大类影响因素中的基本参数，用函数式表示如下：

$$K_La=f(d,\ N,\ W_S,\ D_L,\ \eta,\ \rho,\ \sigma,\ g) \tag{8-34}$$

式中，d—搅拌器直径，m；N—搅拌器转速，s^{-1}；ρ—液体密度，kg/m^3；η—液体黏度，Pa · s；D_L—扩散系数，m^2/s；σ—界面张力，N/m；W_S—表观线速度，m/s；g—重力加速度，9.81 m/s^2。

通过量纲分析，可得出以下准数关联式：

$$\frac{K_Lad^2}{D_L}=\alpha_1\left(\frac{\rho Nd^2}{\eta}\right)^{\alpha_2}\left(\frac{N^2d}{g}\right)^{\alpha_3}\left(\frac{\eta}{\rho D_L}\right)^{\alpha_4}\left(\frac{\eta W_s}{\sigma}\right)^{\alpha_5}\left(\frac{Nd}{W_s}\right)^{\alpha_6} \tag{8-35}$$

写成上式的意义是可以直接了解各种准数与 K_La 的关系，其中

$\dfrac{K_Lad^2}{D_L}$ = Sherwood 准数

$\dfrac{\rho Nd^2}{\eta}$ = Renolds 准数（简称 R_{em}），搅拌状态下，R_{em} 的物理意义是 $\dfrac{\text{惯性力}}{\text{黏性力}}$ 的比值，可用作流态的判断。当 $R_{em}<10$ 时为层流；当 $R_{em}>10^4$ 时为湍流。

$\frac{N^2 d}{g}$ = Froude 准数，与搅拌状态有关，在全挡板条件下可以忽略。

$\frac{\eta}{\rho D_L}$ = Schmidt 准数，与液膜传质系数 K_L 有关的准数。

$\frac{\eta W_s}{\sigma}$ 气流准数，与气流有关。

$N_a = \frac{Nd}{W_s} \to \frac{Q_g}{Nd^3}$ 通气准数，与通气搅拌功率 P_G 的计算有关。Q_g 为工况通气量，是指发酵操作条件下的通气量。

8.4.2.2 影响 K_La 的因素分析

（1）操作条件的影响

对于牛顿型流体发酵液，K_La 关联式可以下式表示：

$$K_La = K\left(\frac{P_G}{V}\right)^{\alpha} W_s^{\beta} \tag{8-36}$$

式中，P_G—通气时的搅拌功率；V—发酵液体积。

Cooper 等在小型通气搅拌罐（液量 3 ~ 65 L）中，采用亚硫酸盐氧化法测定 K_La，研究通气和搅拌的影响，得出 $\alpha = 0.95$，$\beta = 0.67$，这说明通气和搅拌对 K_La 的影响中，搅拌功率的影响更明显。

① 搅拌对 K_La 的影响

对于带有机械搅拌的通气发酵罐，搅拌有以下几方面的作用：

a. 将通入发酵液的空气分散成细小的气泡，防止小气泡的凝并，从而增大气液相的接触比表面积。

b. 搅拌使发酵液产生涡流，延长气泡在液体中的停留时间。

c. 搅拌造成液体的湍流，减小气泡外滞流液膜的厚度，从而减小传递过程的阻力。

d. 搅拌使发酵液中的成分均匀分布，使细胞均匀地悬浮在发酵液中，有利于营养物质的吸收和代谢物的分散。对于没有机械搅拌的鼓泡培养设备及气升式培养设备，则利用气泡在液体中的上升带动液体运动，产生搅拌作用。

但是，搅拌转速并非越大越好，过度强烈地搅拌，产生的剪切作用力大，对细胞造成损伤，特别对丝状菌的发酵类型，更应考虑到剪切力对菌体细胞的损伤。同时，激烈地搅拌还会产生大量搅拌热，加重传热的负荷。此外，搅拌器的型式、直径大小、转速、组数、搅拌器间距以及在罐内的相对位置等对氧的传递速率都有影响。

② 通气对 K_La 的影响

当通气量较低时，随着通气量的增加，空气表观线速度增加，K_La 值增加。但是，通气量的增加有一定的限度，且并非通气量越大 K_La 越大。当通气量超过一定上限时，搅拌器就不能有效地将空气泡分散到液体中去，而在大量气泡中空转，发生所谓的“过载”的现象，此时的搅拌功率会大大下降，K_La 也会下降（图 8-7）。

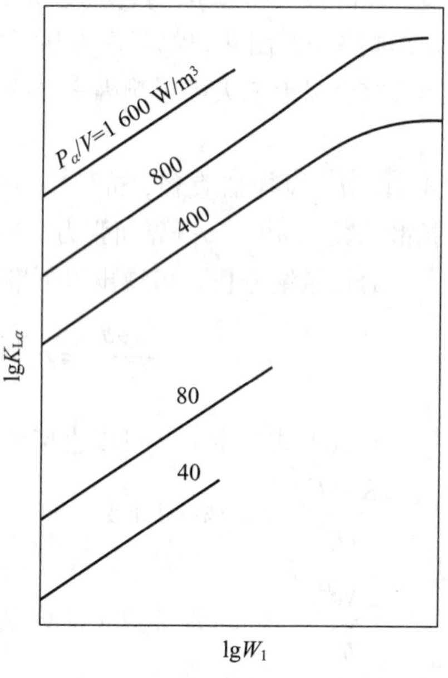

图 8-7 通气对 K_La 的影响

（2）设备参数的影响

在式（8-36）中，单位体积液体的搅拌功率的指数 α 随发酵设备的规模而有所变化，Bartholomew 指出，装液量 9 L 的发酵罐，α 为 0.95，装液量 0.5 m^3 的中试规模发酵罐，α 降到 0.67；而生产规模的发酵罐（液量 27 ~ 57 m^3），α 只有 0.50。而且指数 α 和 β 也随通气搅拌罐的形状、结构而变化，例如，在 20 m^3 的伍式发酵罐中培养啤酒酵母时，α 为 0.72，β 仅为 0.11。搅拌器的形式不同，也会影响 α 和 β 的数值。对于 α 值，弯叶 > 平叶 > 箭叶；对于 β 值，则是弯叶 > 箭叶 > 平叶。但是，破碎细胞的能力是平叶 > 箭叶 > 弯叶，而翻动流体的能力则是箭叶 > 弯叶 > 平叶。表 8-2 是在带有二层搅拌器的小型发酵罐中，不同形式搅拌器的 α 和 β 值。

表 8-2 搅拌器形式对指数 α、β 的影响

搅拌器形式	α	β
六平叶涡轮	0.925	0.488
六弯叶涡轮	1.00	0.713
六箭叶涡轮	0.785	0.578

（3）发酵液性质的影响

在发酵过程中，由于微生物的生命活动，分解并利用发酵液中的基质，大量繁殖菌体，积累代谢产物等都引起发酵液的物理性质的改变，特别是黏度、表面张力、离子浓度等，从而影响气泡的大小、气泡的稳定性和氧的传递效率。此外，发酵液黏度的改变还影响液体的湍动性以及界面或液膜阻力，从而影响传氧速率。特别是非牛顿型流体的霉菌发酵液，传氧系数与培养基组成有关。通常当发酵液浓度增大，黏度增大时，则 K_La 降低。

有些影响发酵液性质的因素如表面活性剂、离子强度、细胞浓度等亦会影响 K_La 值。

① 表面活性剂的影响

消泡用的油脂就属于具有亲水端和疏水端的表面活性剂，加入发酵液后，分布在气液界面，会增大氧的传递阻力，使 k_L 下降。图 8-8 表明，在水中加入表面活性剂月桂基磺酸钠后对 K_La、k_L 和 d_B 的影响。在水中加入少量月桂基磺酸钠（$NaLSO_4$）后，K_La 和 k_L 均急剧下降。虽然气泡直径 d_B 也有相当的减小，造成比表面积增加，但 k_L 下降的影响超过 a 增大的作用，所以，K_La 仍然有很大的下降。随着月桂基磺酸钠浓度的增加，K_La 值达到最低后，稍有增大的趋势。

在发酵液中加入消泡剂后，由于 K_La 的下降会造成液相氧浓度 C_L 明显下降。在发酵旺盛时，发酵液中产生大量稳定不易破碎的泡沫，会造成逃液并引起杂菌污染。在这类稳定的泡沫中，氧分压很低而二氧化碳分压则很高。这时加入消泡剂消沫，虽会引起

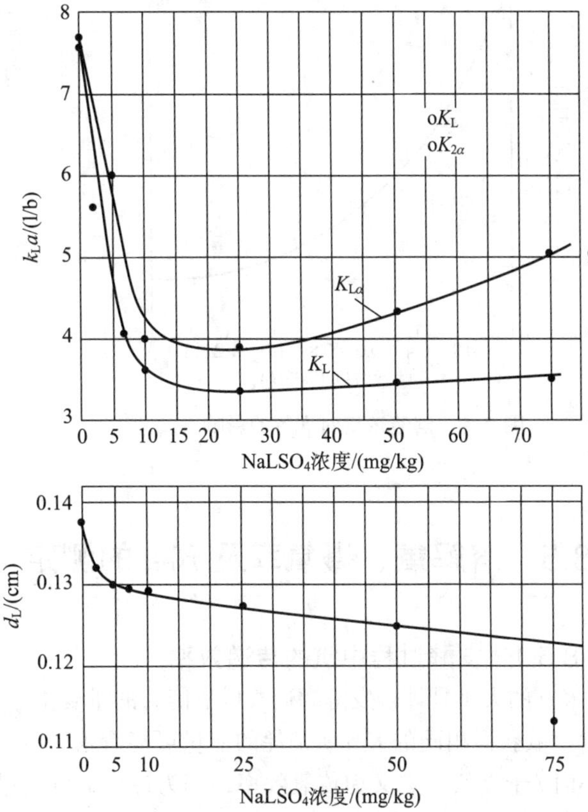

图 8-8 表面活性剂月桂基磺酸钠浓度对 K_La、k_L 和 d_B 的影响

溶氧浓度暂时下降，但对改善通气状况十分必要。

② 离子强度的影响

在电解质溶液中生成的气泡比在水中小得多，因而有较大的气液接触界面的比表面积。在同一气－液接触的发酵罐中，在同样的操作条件下，电解质溶液的 K_La 比水大，而且随电解质浓度的增加，K_La 也有较大的增加。图 8-9 表示电解质溶液的浓度对 K_La 的影响。当盐浓度达到 5 kg/m^3 时，电解质溶液的 K_La 就开始比水大。盐浓度在 50 ~ 80 kg/m^3 时，K_La 迅速增大。根据式（8-30）可以得出，随着电解质溶液浓度的增加，K_La 增加，但溶氧特性差即 C^*_e 降低。具体地，离子强度会影响式（8-36）的 α、β 和 K 值的大小。当离子强度在 0 ~ 0.4 时，$\alpha = 0.40+0.862I/(0.274+I)$，且随着离子强度的增加，常数 K 增加。当离子强度超过 0.4 时，$\alpha = 0.9$，K 值不再变化。指数 β 也随 I 增大而增大，但 I 对 β 的影响较小，β 在 0.35 ~ 0.39 之间变化，不如 α 变化大。

③ 菌体浓度的影响

发酵液中菌体浓度的增加会使 K_La 变小，图 8-10 是黑曲霉菌丝浓度与 K_La 的关系。菌体形态对 K_La 的影响很显著，例如，球状菌悬浮液的 K_La 约是同样浓度丝状菌悬浮液的 2 倍，这主要是由于两种悬浮液的流动特性有较大差别，丝状菌悬浮液的稠度指数为球状菌的 10 倍，流动特性指数几乎为零，而球状菌约为 0.4，因此，丝状菌悬浮液非常稠厚，非牛顿特性更为明显，气液传递效果差。将丝状菌悬浮液加水稀释 10% ~ 15%，稠度指数可降到原来的一半，从而明显提高通气效率和液相的溶解氧浓度。

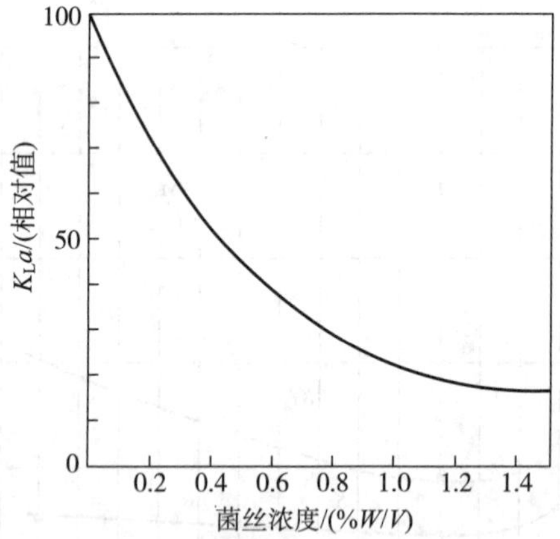

图 8-9 溶液浓度对 K_La 的影响

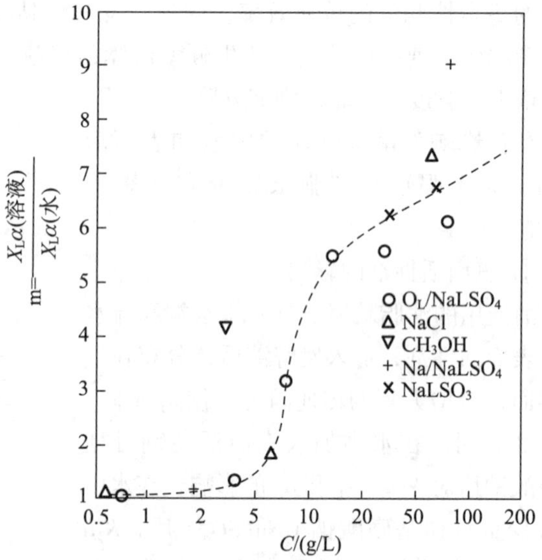

图 8-10 菌丝浓度对 K_La 的影响

8.5 溶解氧、摄氧率及 K_La 的测定

8.5.1 发酵过程中氧的传递效率

K_La 的大小是评价发酵罐通气供氧能力的重要指标，但不是唯一的指标。不同型式或不同大小的发酵罐，欲获得相同的 K_La 所消耗的能量可能有很大的不同。因此，把每溶解 1 kg 氧所消耗的电能（千瓦小时 / 千克氧）定义为传氧效率，作为评价通气发酵罐供氧能力的另一个重要指标。当然，这两个指标有内在联系。

根据小型发酵罐推导的K_La与操作参数间关系式（8–36）可以得到如下的一般性结论：①对于牛顿流体，大罐与小罐相比，为达到相同的K_La，小罐的P_G/V要小，也就是说，其传氧效率高。②在其他条件相同的情况下，非牛顿流体与牛顿流体相比，非牛顿流体K_La关系式中的K_L与a都相对较低，因此，牛顿流体比非牛顿流体的传氧效率高。

由此可见，应用小型试验设备得到的K_La关系式作为放大到大型发酵生产设备的依据，而放大的倍数过大时，最终可能导致严重的误差，值得注意。

8.5.2 溶解氧的测定原理与方法

8.5.2.1 化学测定法

在样品中加入硫酸锰和碱性KI溶液时，立即生成Mn（OH）$_2$沉淀。Mn（OH）$_2$极不稳定，迅速与样品中溶解氧化合生成锰酸锰。加入硫酸酸化后，已化合的溶解氧（以锰酸锰的形式存在）将KI氧化并释放出与溶解氧量相当的游离碘，然后用硫代硫酸钠标准溶液滴定，换算出溶解氧的含量。测定过程的反应式如下：

延伸阅读 8–3
化学法测定溶解氧

$MnSO_4 + 2NaOH \longrightarrow Mn(OH)_2 + Na_2SO_4$

$2Mn(OH)_2 + O_2 \longrightarrow 2MnO(OH)_2\downarrow$

$MnO(OH)_2 + Mn(OH)_2 \longrightarrow MnMnO_3 + 2H_2O$

$MnMnO_3 + 3H_2SO_4 + 2KI \longrightarrow 2MnSO_4 + I_2 + 3H_2O + K_2SO_4$

$I_2 + 2Na_2S_2O_3 \longrightarrow 2NaI + Na_2S_4O_6$

前四步反应要与空气隔绝，这些反应需在具塞磨口瓶中进行，并使反应液充满磨口瓶，不能混有气泡。化学法的优点是测定比较准确，能直接得到氧的浓度值，往往是其他测定方法的基础，也常用于衡量其他方法的准确性。但是，如果样品带有颜色时，这些颜色会干扰测定的终点判断。除此之外，样品中如果有一些氧化还原性物质存在，也会影响测定的准确性。因此，化学法不适于直接测定发酵液中溶解氧的浓度。

8.5.2.2 极谱测定法

给浸没在待测样品液体中的贵金属阴极和参考电极（阳极）加上直流电压，当电解电压固定在0.8 V左右时，与阴极接触的液体中的溶解氧发生如下氧化还原反应而被消耗，阴极表面酸性时：$O_2 + 2H^+ + 2e \longrightarrow H_2O_2$；碱性或中性时：$O_2 + 2H_2O + 2e \longrightarrow H_2O_2 + 2OH^-$。这样与液体主体之间存在氧的浓度差，于是液体主体的溶解氧就会扩散到阴极的表面参加电极反应，使电路中维持一定的电流。当氧的扩散过程达到稳定状态时，可测得回路中的扩散电流，并按下式计算：

$$C_L - C_C = \frac{i \cdot L}{2F \cdot D_L \cdot A} \quad (8\text{–}37)$$

式中，i—扩散电流，A；F—Faraday常数；A—阴极表面的表面积；C_L—溶液中溶解氧的浓度，mol/m^3；C_C—阴极表面的氧浓度，mol/m^3；L—液膜厚度，m。

延伸阅读 8–4
极谱法测定溶解氧

由于电极反应速度很快，C_c实际上可视为零，因此有式：

$$C_L = \frac{i \cdot L}{2F \cdot D_L \cdot A} \quad (8\text{–}38)$$

由此可见，溶解氧的浓度与测得的扩散电流成正比。根据对一系列已知氧浓度的样品的电流进行测定，将获得的电流值对氧浓度作图，就可得到如图8–11的标准曲线。然后根据待测样品测得的电流值，在标准曲线上可以查得待测样品的溶解氧浓度。

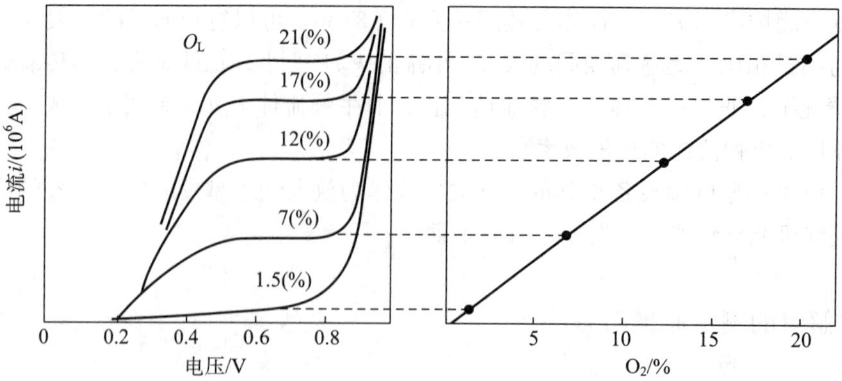

图 8-11 扩散电流与氧浓度的关系

由于阴极表面极易被污染，影响重现性。所以，一般采用滴汞电极作为阴极，阳极则可用甘汞电极。由于汞滴不断从滴汞电极上滴下，在滴汞电极上始终有清洁的表面，从而有较好的重现性，但记录的扩散电流曲线则因汞滴大小变化而形成锯齿状。

极谱法的缺点同化学法一样，如果样品中含有其他的氧化还原性物质也会影响电极反应，从而影响到该法的准确性，使测定结果有误差。

8.5.2.3 复膜氧电极测定法

复膜氧电极主要由两个金属电极、电解质和透气的塑料薄膜构成。将阴极、阳极和电解质溶液装入一个壳体，用能透过氧分子的塑料薄膜封闭起来，就构成了复膜氧电极。复膜氧电极可分为极谱型复膜氧电极和原电池型复膜氧电极。

延伸阅读 8-5
复膜氧电极法测定溶解氧

如图 8-12 所示，极谱型复膜氧电极通常用贵金属如铂、金等作阴极，银作阳极，而原电池型复膜氧电极的阴极材料为铂或银，阳极材料为铅，电解质一般为氢氧化钾或醋酸缓冲液。极谱型复膜氧电极在实际使用时需要外界加给一定的电压才能工作；原电池型复膜氧电极在使用时则不需要外界施加电解电压，其电极反应为：

阴极：$O_2 + 2H_2O + 4e \rightarrow 4OH^-$

阳极：$Pb \rightarrow Pb^{2+} + 2e$

与极谱法一样，复膜氧电极所测得的实际上是氧从液相主体到阴极的扩散速率。氧从被测介质主体经过电极膜外侧的滞流液膜、电极膜和电解质到达阴极表面，推动力是氧分压差。当扩散过程达到稳定状态时，电极内外氧分压的分布见图 8-13。这时单位面积氧的扩散速率为：

$$n_{O_2} = k_L(p_L - p_1) = k_m(p_1 - p_2) = k_e(p_2 - p_c) = K(p_L - p_c) \tag{8-39}$$

式中，n_{O_2}—氧的扩散通量，mol/（m^3·s）；k_L—液膜传递系数，mol/（N·s）；k_m—膜传递系数，mol/（N·s）；k_e—电解质膜传递系数，mol/（N·s）；K—总传递系数，mol/（N·s）。

如果所用复膜氧电极的阴极面积为 A，根据 Faraday 定律，原电池型氧电极的稳定电流为：

$$i = 4FAn_{O_2} = 4FAK(p_L - p_C) \tag{8-40}$$

由于复膜氧电极在使用时，阴极表面的氧分压 $P_C = 0$，于是有：

$$i = 4FAKp_L = K'p_L \tag{8-41}$$

从式（8-41）可以看出，使用复膜氧电极测定溶解氧时，测定的实际上是液体中氧分压。

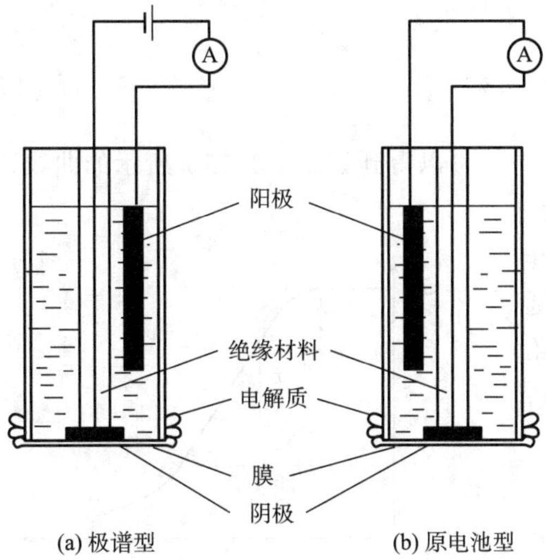

(a) 极谱型　(b) 原电池型

图 8–12　复膜氧电极示意图

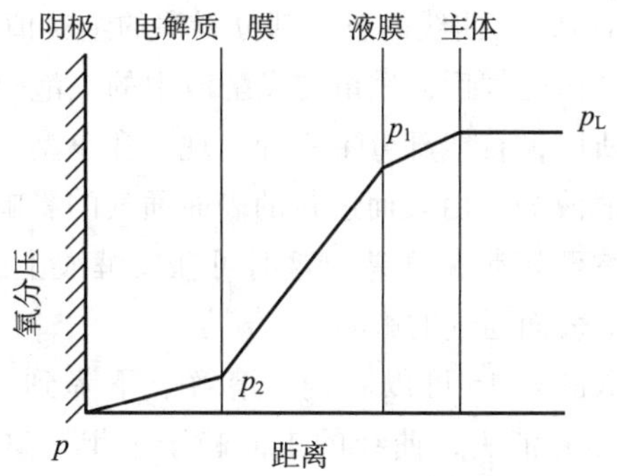

图 8–13　复膜氧电极内外氧电压的分布

8.5.3　摄氧率的测定原理与方法

8.5.3.1　瓦氏呼吸仪测定法

瓦氏呼吸仪是由一个测压计及与之相连的密闭三角瓶组成，瓶中心有一小杯，用来盛放氢氧化钾溶液，杯外盛放培养液样品（图 8–14）。将三角瓶置恒温槽中，以一定的频率振荡，培养过程中产生的二氧化碳被 KOH 溶液吸收，从测压计读出的三角瓶压力变化速率就是氧的消耗速率。根据样品液的体积计算出摄氧率 γ，如果已知细胞浓度，则可同时可求出呼吸强度。

如果要测定最大呼吸强度（Q_{O_2}）$_m$，就不应有溶解氧及其他基质限制，这可以用新鲜培养基对培养液进行适当的稀释来实现。

延伸阅读 8–6
瓦氏呼吸仪测定摄氧率

8.5.3.2　物料衡算测定法

在通气搅拌罐中进行沉没培养时，可列出以下关于氧的物料衡算关系：

氧的变化量 = 进入氧气量 – 排出氧气量 – 呼吸消耗氧气量

$$V_L\frac{dC_L}{dt}=\frac{Q_ip_i}{RT_i}-\frac{Q_op_o}{RT_o}-QXV_L \qquad (8–42)$$

式中，Q_i，Q_o—进入和排出发酵罐的空气流量，m^3/s；P_i，P_o—进入和离开发酵罐的空气氧分压，Pa；R—通用气体常数，8.314 J/（K · moL）；T_i，T_o—进入和离开发酵罐的空气热力学温度，K；X—菌体浓度，kg 干重 /m^3；V_L—发酵体积，m^3。

延伸阅读 8–7
物料衡算法测定摄氧率

当处于稳态时，$\frac{dC_L}{dt}=0$，于是

$$\gamma=QX=\frac{1}{V_L}\left(\frac{Q_ip_i}{RT_i}-\frac{Q_op_o}{RT_o}\right) \qquad (8–43)$$

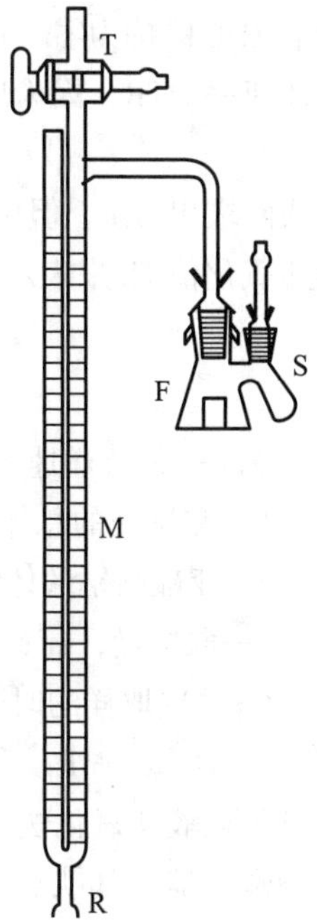

图 8–14　瓦式呼吸仪
F—反应瓶；S—侧臂；M—测压管；T—三通活塞；R—贮液器

8.5.3.3　氧电极测定法

如果在某一时刻停止向培养液通气，而维持原来的搅拌转速，由

于 $Q_i = Q_o = 0$，式（8–43）便简化为

$$\frac{dC_L}{dt} = -QX = -\gamma \quad (8\text{–}44)$$

延伸阅读 8–8
氧电极测定摄氧率

用响应很快的溶氧电极测定培养液中溶解氧变化，就可以得到如图（8–15）所示的曲线，根据式（8–49），曲线的直线部分斜率的绝对值即为摄氧率 γ。

停止通气后，残留在发酵液中的气泡仍有氧传递作用，所以，直线部分不立即出现。在小型发酵罐中，通过发酵液的自由表面进行的表面通气的影响较大，会给摄氧率测定带来误差。这时可在发酵液上方充以氮气，以消除表面通气的影响。

从图 8–15 可以看到，溶解氧下降到一定程度后，直线部分消失，曲线的走向趋于平坦，这是因为溶解氧浓度低于临界值时，细胞的呼吸强度降低的缘故。

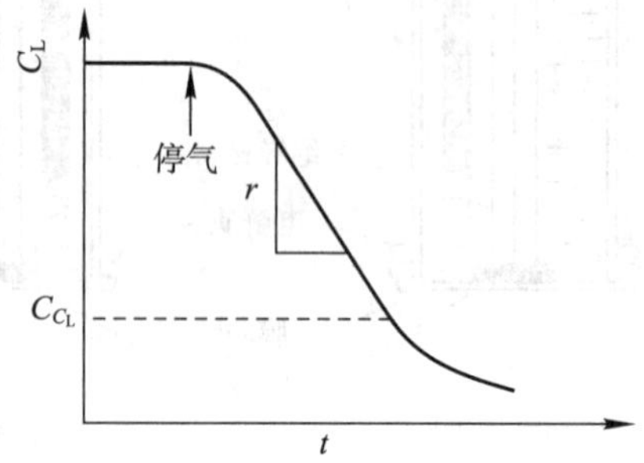

图 8–15　停止通气后发酵液中溶解氧浓度的变化

8.5.4　K_La 的测定原理与方法

K_La 的测定方法有多种，通常有亚硫酸盐氧化法、取样极谱法、物料衡算法、动态法、排气法、复膜电极法等，各种方法原理不同，各有优点和缺点。

8.5.4.1　亚硫酸盐氧化法

延伸阅读 8–9
亚硫酸盐氧化法测 K_La

亚硫酸盐氧化法是利用亚硫酸根在铜或镁离子作为接触剂时被氧迅速氧化的特性，在非培养情况下测定发酵罐的氧传递系数，进而估计发酵设备的通气效率。该法在发酵罐中加入含有铜离子或钴离子、镁离子作为催化剂的亚硫酸钠溶液，进行通气搅拌，使亚硫酸钠与溶解氧生成硫酸钠。由于亚硫酸盐的氧化速率远高于氧的溶解速率，反应速度由气液相的氧传递速率控制，在一定的浓度范围时（0.018 ~ 0.5 kmo1/m^3）与亚硫酸钠的浓度无关，也即当氧一旦溶解于液体中就立即被耗尽，从而使溶液中氧浓度保持为零，通过用碘量法测定亚硫酸钠的消耗速率，便可根据亚硫酸钠的氧化量来求出氧的传递速率 OTR。因为反应速度很快，液相中氧的浓度 $C_L = 0$，式（8–15）将变为：

$$OTR = K_La \cdot C^* \quad (8\text{–}45)$$

从而求出 K_La。但由于溶液中亚硫酸钠的 C^* 无法测定，故计算 K_La 值比较困难。因此，也常用亚硫酸盐氧化值 K_d 来表示氧的传递系数：

$$K_d = \frac{OTR}{p} = \frac{cV}{4\,000StP}[mo1O_2/(mL \cdot min \cdot MPa)] \quad (8\text{–}46)$$

式中，OTR—氧传递速率，kmol/（m^3 · h）；

V—测试液的总体积，m^3；

c—亚硫酸钠的体积摩尔浓度，kmol/m^3；

S—取样量，m^3；

t—两次取样的时间间隔；

P—罐压，MP。

用亚硫酸盐氧化法测定溶氧系数的优点是氧溶解速度和亚硫酸盐的浓度无关，且反应速度快，不需要特殊仪器。其缺点是准确度不及极谱法，同时由于亚硫酸盐对微生物的生长有影响，故测定不能在培养状态的真实发酵条件下进行，同时由于发酵液的成分、消泡剂、表面张力及黏度等，特别是菌体浓度均会影响氧的传递，因此，测得的数据不能完全反映真实发酵状态下的溶氧情况。亚硫酸盐氧化法仅能测定发酵设备的溶氧系数，只能表示发酵设备的通气效率的优劣，同时，测定的工作容积只

能在 4 ~ 80 L 以内才较可靠。

8.5.4.2 取样极谱法

取样极谱法测定溶氧系数的原理是：当在溶液中加入电解电压 0.6 ~ 1.0 V 时，扩散电流的大小与液体中溶解氧的浓度成正比。由于氧的分解电压最低，因此，发酵液中的其他物质对测定的影响甚微，故此法可直接用于发酵状态下的溶氧系数测定。

具体方法是将从发酵罐中取出的样品置入极谱仪的电解池中，记下随时间而下降的发酵液中氧的浓度 C_L 数值，以时间为横坐标，溶解氧浓度为纵坐标作图，见图 8–16。

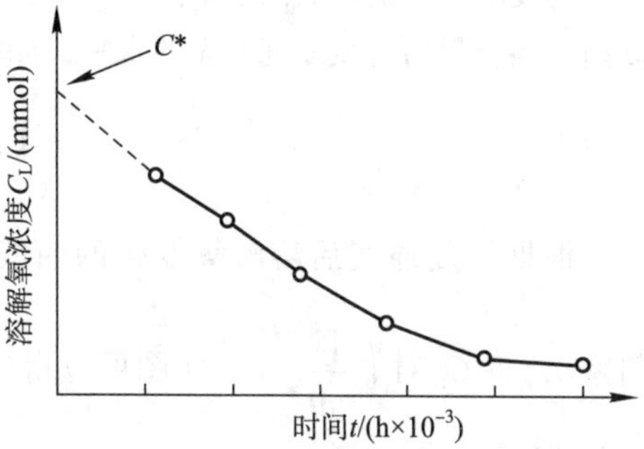

图 8–16 极谱法工作曲线

延伸阅读 8–10
取样极谱法测 K_La

图中曲线斜率的负数即为微生物的耗氧速率 γ，同时，用外推的方法求出培养液中氧的饱和浓度 C^*，就可按式（8–47）计算溶氧系数 K_La。

$$K_La=\frac{\gamma}{C^*-C_L}=\frac{Q_{O_2}X}{C^*-C_L}=-\frac{斜率}{C^*-C_L} \quad (8\text{–}47)$$

式中，K_La—以浓度差为推动力的溶氧系数，h^{-1}；

Q_{O_2}—微生物的呼吸强度，mmol/（g 干重 · h）；

X—菌体细胞的浓度，g/L；

C^*—与气相氧分压 p 平衡时溶液中氧的浓度，kmol/m^3；

C_L—发酵液中氧的实际浓度，kmol/m^3。

极谱法可以通过测定真实培养状态下发酵液中的溶解氧浓度，进而可计算出溶氧系数，但是当从发酵设备中取出样品后，样品所受的压力从罐压降至大气压，此时测定得到的氧浓度已不准确，且在静止条件下所测得的 Q_{O_2} 与在发酵设备中的实际情况不完全一致，因而误差还是比较大。

8.5.4.3 物料衡算法

延伸阅读 8–11
物料衡算法测 K_La

对发酵液中的氧进行物料衡算，有

$$\frac{dC_L}{dt}=K_La（C^*-C_L）-\gamma \quad (8\text{–}48)$$

当发酵过程中氧的传递处于稳态时，即 $\frac{dC_L}{dt}=0$，于是有

$$K_La=\gamma/（C^*-C_L） \quad (8\text{–}49)$$

式中，摄氧率可由进气和排气中氧的分压变化而获得。对于理想混合的发酵罐，C^* 为与排气中氧分压平衡的氧浓度。如果已知氧在发酵液中的溶解特性，测定了排气氧分压和液相氧浓度，就可求出 K_La。

对于大型发酵罐来说，一般不能获得理想混合，这时可用平均推动力（C^*-C_L）$_m$ 代替（C^*-C_L）:

$$(C^*-C_L)_m=\frac{(C_i^*-C_L)-(C_o^*-C_L)}{\ln\frac{(C_i^*-C_L)}{(C_o^*-C_L)}} \quad (8\text{–}50)$$

式中，C_i^* 和 C_o^*—与进气和排气氧分压平衡的液相氧浓度。

物料衡算法求得的 K_La 比较真实可靠，但其准确性受到测定指标准确性的影响，且步骤较繁琐。

8.5.4.4 动态法

延伸阅读 8-12
动态法测 K_La

发酵过程中停止通气片刻，溶解氧浓度因菌的利用而迅速下降，人为地制造一个不稳定状态（即溶氧速率与好氧速率不平衡）来求 K_La。当停止向发酵液通气时，从发酵液中溶氧浓度变化速率可以求出摄氧率。待发酵液中的溶氧浓度下降到一定程度时（不应低于临界氧浓度），恢复通气，则发酵液中溶解氧浓度逐渐升高，最后可恢复到原先的水平，如图 8-17 所示。根据氧的物料衡算，式（8-48）可以改写成

$$C_L=\left(-\frac{1}{K_La}\right)\left(\frac{dC_L}{dt}+\gamma\right)+C^* \tag{8-51}$$

根据恢复通气后溶解氧变化的曲线，可用图解法求出与一定溶解氧浓度对应的$\frac{dC_L}{dt}$（即曲线的斜率），将 C_L 对 $\left(\frac{dC_L}{dt}+\gamma\right)$作图可以得到一条直线，其斜率为 $-\frac{1}{K_La}$，而在 C_L 轴上的截距为 C^*，如图 8-18 所示。

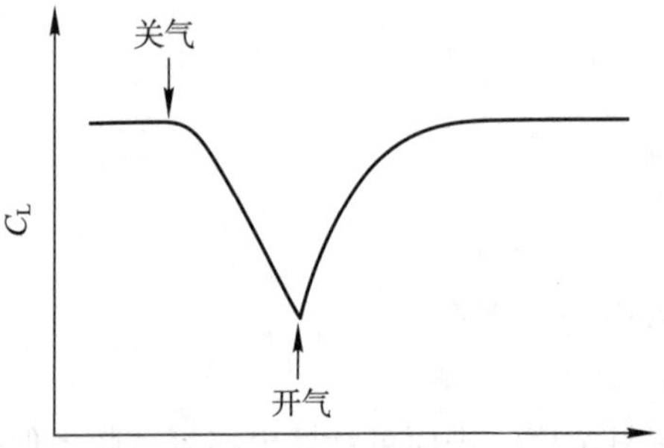

图 8-17 停气和通气后发酵液中溶氧浓度的变化情况

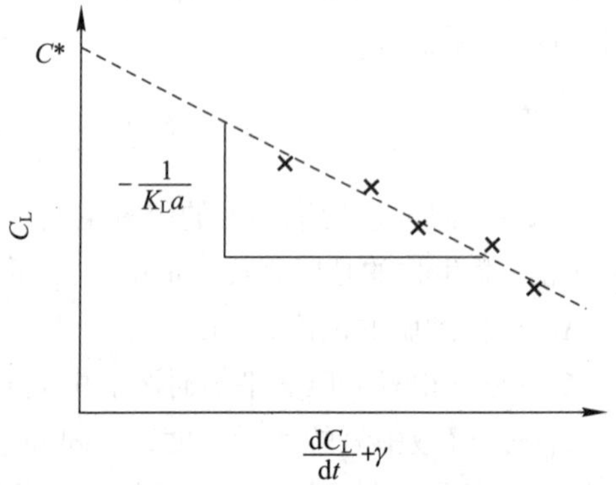

图 8-18 利用动态过程测得的数据求出 K_La 和 C^*

动态法的优点是可以测定真实培养状态下发酵液中溶解氧浓度，并可计算出溶氧系数。其缺点是人为停止通气后的情况与在发酵罐中连续通气的实际情况会有一定的差异，而且停止通气会影响微生物的正常生长，因而存在一定的误差。

8.5.4.5 排气法

排气法是一种在非发酵状态下进行的测定方法。在被测定的发酵设备中先用氮气赶去液体中的溶解氧或装入已除去溶解氧的 0.1 mol/L 的 KCl 溶液，然后再通入空气并进行搅拌，定时取样用极谱仪或其他溶氧测定仪测出溶解氧的浓度，记录溶液中的溶解氧浓度随时间的变化情况。以时间 t 为横坐标，溶解氧浓度为纵坐标，标绘所得的曲线，可求出溶液中饱和的溶氧浓度 C^*，见图 8-19a。

延伸阅读 8-13
排气法测 K_La

在不稳定情况下，且发酵液中没有微生物细胞时，氧分子从气体主流扩散至液体主流的传递速率可由下式表示：

$$\frac{dC_L}{dt}=K_La\,(C^*-C_L) \tag{8-52}$$

当 $t=0$ 时，应有 $C_L=0$，对上式积分后可以得到

$$\ln\frac{C^*-C_L}{C^*}=K_Lat \tag{8-53}$$

以 $\frac{C^*-C_L}{C^*}$ 对时间 t 在半对数坐标上作图，可以得到一条直线，其斜率为 $-\frac{1}{K_La}$。

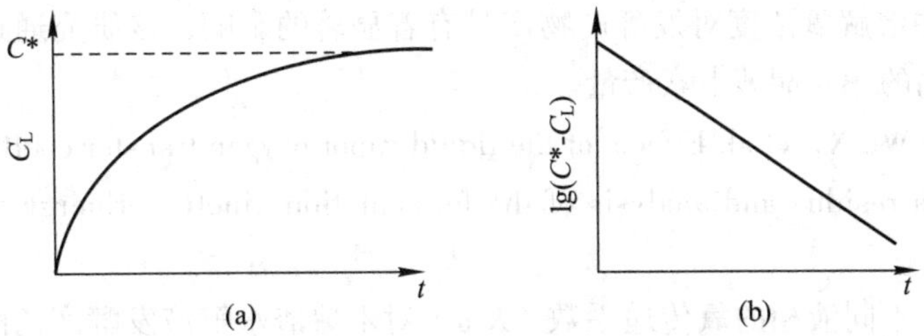

图 8–19 排气法测定溶氧系数的曲线

排气法的缺点是不能代表发酵过程中的实际情况，也不能反映当时发酵液的特性，同时也没有考虑到氧浓度差△ C 对溶氧系数 K_La 的影响。可见，取样法和排气法测定溶氧系数都不能反映发酵过程中的实际情况，因此，最好能应用复膜电极的溶氧测定仪直接测定发酵过程的溶氧系数。

8.5.4.6 复膜电极法

利用复膜电极可在发酵过程中测定发酵液的溶解氧浓度、微生物菌体的耗氧速率 γ 及溶氧系数 K_La，这样测出的溶解氧浓度、微生物菌体的耗氧速率及溶氧系数可代表发酵过程中的实际情况，是比较理想的测定方法，也是目前较为常用的方法。

ⓔ 自测题 8–4

开放讨论题

试分析发酵过程中供氧与微生物呼吸代谢的动态关系。分批发酵过程中溶氧浓度的高低如何反映菌种的生长状态？

思考题

1. 简述微生物生长中呼吸强度和摄氧率变化的一般规律。
2. 影响微生物的好氧因素有哪些？
3. 什么是临界氧浓度及氧饱和度？
4. 氧在传递过程中的传质阻力有哪些？
5. 什么是双膜理论，该理论基于哪些科学假设？
6. 写出发酵液中的体积氧传递方程，并指出其中 K_La 的物理意义。
7. 写出发酵液中某瞬间溶氧浓度的变化关系式。简述发酵过程中供氧与耗氧的动态关系。
8. 影响发酵体系中供氧的因素有哪些？
9. 氧从气相传递到液相的推动力是什么？简述影响推动力的因素有哪些？
10. 测定 K_La 的方法有哪些？可以采取哪些措施提高发酵液中 K_La？

推荐阅读

1. Lv P J，Qiang S，Liu L，et al. Dissolved-oxygen feedback control fermentation for enhancing β-carotene in engineered *Yarrowia lipolytica*. Scientific Reports，2020，10：1–11.

点评：发酵体系中溶解氧浓度对发酵产物产量有着显著的影响，该研究通过控制发酵过程中溶解氧溶度，发酵获得较高的 β－胡萝卜素产量。

2. Li X，Deng Y，Wu X，et al. Effects of the liquid vapor oxygen transfer coefficient（K_La）on ethanol production from cassava residue and analysis of the fermentation kinetics. Energy Science & Engineering，2018，6：83–92.

点评：该文研究了不同液相的氧传递系数（K_La）对木薯渣水解液发酵产乙醇的影响，并基于溶解氧分析，通过优化的实验方案，获得最优的产乙醇发酵体系。

网上更多学习资源……

◆教学课件　　◆自测题

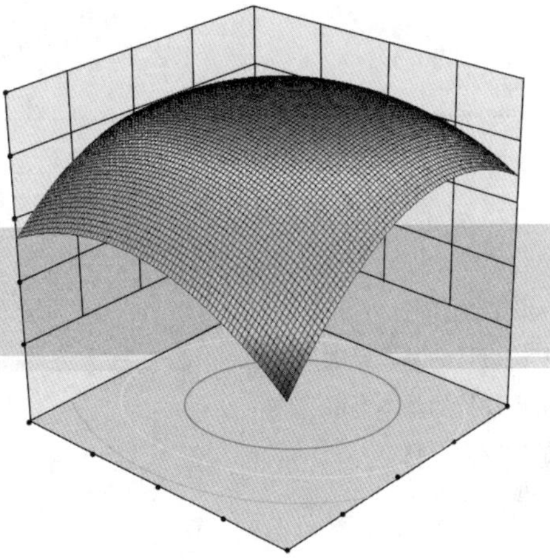

9 发酵过程放大

- **9.1 概述**
- **9.2 发酵罐放大设计目标及主要依据**
  发酵罐放大设计目标；发酵罐放大设计的主要依据
- **9.3 发酵罐的设计与放大**
  发酵罐的放大设计任务；发酵罐设计的基本原则；发酵罐设计的基本要求；发酵罐放大准则；发酵罐放大方法
- **9.4 发酵过程放大的应用**
  细菌发酵过程放大；放线菌发酵过程放大；真菌发酵过程放大

发酵过程放大到发酵生产设备放大及其操作参数放大，尤其是发酵罐的放大设计是发酵工程和生化工程的重要内容。常见的实验室规模大多为 5 ~ 100 L，中试工厂大多为 50 ~ 10 000 L，生产工厂大多在 5 000 L 以上。小试用的发酵罐通常带有自动检测与控制系统。通过在线实时监测，可以增加人们对发酵过程的理解，以便更好地优化大规模发酵放大生产过程。本章重点介绍通用式发酵罐放大设计的一般原则及放大原理。

教学目的与要求

（1）掌握发酵罐放大设计的基本原则和要求。

（2）掌握发酵过程放大设计的基本方法。

重点及难点

发酵罐放大设计的基本原则、要求和方法。

知识导图

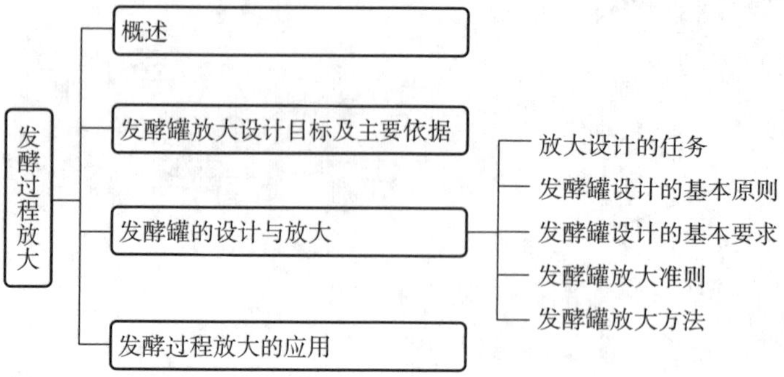

问题导读

（1）发酵罐放大设计目标及主要依据是什么？

（2）发酵罐的放大设计原则是什么？

（3）什么是发酵过程放大规律，发酵罐放大准则有哪些？

关键词

发酵罐设计与放大　放大准则　经验放大法　几何相似放大法　非几何相似放大法　放大应用

9.1 概述

发酵过程放大是发酵工业生产的重要研究内容之一，是生物技术产品能否实现产业化的关键。本章简述发酵过程放大的主要内容，重点介绍发酵罐放大设计的基本原则、要求和放大准则。

发酵过程放大主要包含两大方面的内容：

延伸阅读 9-1
大型发酵罐介绍

① 以发酵罐为核心的发酵装置放大，主要涉及发酵罐的结构设计，包括：发酵罐外形几何设计及内部结构关联设计；发酵罐系统相关功能组件及连接部位的安装设计。

② 发酵罐放大的操作参数设计，主要包括：搅拌转数及搅拌功率；通气流量或空气直线速率等发酵罐放大后的操作参数设计。

9.2 发酵罐放大设计目标及主要依据

9.2.1 发酵罐放大设计目标

通常需要在中试优化的发酵工艺指导下进行发酵罐系统的放大设计，发酵罐放大设计的主要目标是使放大设计后的发酵生产罐具有与中试规模的发酵罐相似的发酵效果甚至更好的发酵效果，确保小试和中试的成果能够进行转化和产业化应用。在发酵罐放大设计过程中，一般会重点关注以下方面。

① 使放大设计后的发酵生产罐能达到最佳传递效果，保障放大后的发酵生产罐具有良好的混合、

传质和传热效果。

② 使放大设计后的发酵生产罐能达到最佳性价比，即效果好且制造成本相对较低。

当然，要设计好的发酵生产罐，还需要结合具体的发酵生产过程所提供的详细设计依据，才能做到精确设计。

9.2.2 发酵罐放大设计的主要依据

发酵罐放大设计不仅仅是一个发酵体积和几何尺寸的放大，要真正实现放大后的设计目标，使发酵过程放大后仍然能达到甚至超过小试和中试的发酵水平，还必须充分了解中试发酵过程的具体工艺情况，以此作为发酵罐放大设计的主要依据。

（1）发酵类型及菌种特性

涉及发酵罐放大设计主要需要了解以下几个方面的情况：

① 属于基因工程菌发酵还是普通菌种发酵？

② 是固体发酵还是液体发酵？

③ 属于好氧、兼性好氧还是厌氧发酵？

④ 若为好氧发酵，其好氧程度如何？

⑤ 发酵菌种的抗杂菌能力如何？

（2）发酵培养基的特点

发酵培养基影响发酵罐放大设计的因素主要有以下几个方面：

① 发酵培养基的配制是否需要进行前处理？

② 发酵培养基中有无不耐热灭菌的基质？

③ 发酵液中的离子浓度及其腐蚀性如何？

④ 发酵过程是否还需要通过流加补料或以此控制 pH？

⑤ 发酵液是否需要考虑多次重复使用？

（3）发酵产物的特性

充分了解发酵产物的特性也是发酵罐放大设计的重要方面：

① 发酵产物属于胞内或胞外产物还是胞内外都存在？

② 若为胞外产物，其溶解性如何，是否易于形成结晶或产生泡沫？

③ 发酵产物化学性质是否稳定？

④ 发酵产物的酸碱性如何？

⑤ 发酵产物是否存在严重的反馈抑制？

（4）发酵动力学特征

发酵动力学特征也是发酵罐放大设计需要考虑的方面：

① 发酵过程中菌体生长与产物合成的动态关系如何？

② 发酵过程是否需要分阶段控制发酵参数？

（5）影响发酵产量、效率和转化率的主要因素

通常，发酵罐放大设计尤其要重点关注那些影响发酵产量、效率和转化率的主要因素，这些因素主要包括一些发酵过程物理参数和发酵罐操作参数，对于那些影响较大的参数，要求在发酵罐放大设计过程中保持不变或以此参数作为主要放大依据，一般也称之为放大准则，这也反映了具体发酵过程放大所应遵从的放大规律。例如，放大的发酵过程与中试保持相同或相似的溶解氧含量变化规律等。

（6）发酵生产直接成本的组成情况

发酵生产直接成本的组成主要包括原料成本、蒸汽及供电等能耗成本、发酵产物分离成本及后处理成本。因此，发酵罐放大设计将会根据影响发酵生产成本的主要因素进行优化设计，尽可能做到节能减排。

9.3 发酵罐的设计与放大

9.3.1 发酵罐的放大设计任务

微生物发酵产品产业化研究通常分为三个阶段：实验室小试阶段→中试阶段→工厂化生产阶段。各阶段的任务不同：①实验室小试阶段主要是菌种选育及发酵条件优化；②中试阶段的试验主要是确定发酵放大规律及发酵罐最佳操作条件；③工厂化阶段的放大试生产研究则主要是通过产业化试验，评价和优化放大效果及实际经济效益。

通过①②两个阶段不仅可以通过选育和实验评价确定合适的发酵菌种，还可以确定相应的优化发酵培养基和培养条件；同时，明确影响发酵效果的主要因素，据此确定发酵放大规律和放大准则，以便有效实施发酵放大设计，实现发酵放大目标，获得更显著的经济效益。因此，在①②两个阶段的研究完成之后，就可以在工厂实施进一步的发酵放大设计，从而实现大规模发酵生产。所以，微生物发酵能否最终实现产业化的重要一环就是解决发酵设备及工艺放大问题。

发酵工程的目的和任务是实现生物技术成果走向规模化生产。具体地，就是力求在发酵放大过程中，保障放大后的不同发酵规模都有最佳的外部条件，以获得最大发酵生产能力。发酵罐是大规模发酵生产获得最大生产能力的核心设备，因此，发酵罐的性能是以生产能力为最终评价标准，即发酵罐的放大不能影响实验室小试阶段和中试阶段所获得的最大发酵生产能力的实现，也就是要求在发酵放大过程中必须遵守“发酵单位相似”原则。要保持“发酵单位相似”，就必须认真考虑放大设计，使不同规模的放大设备其外部条件相似。所谓外部条件，主要包括两个方面：①物理条件：传热、传质能力、混合能力、单位功率消耗以及搅拌桨末端剪切力等；②化学条件：发酵基质浓度、pH 及前体浓度等，易于人为控制恒定，不受规模放大限制。

在放大过程中，通常物理条件会随规模扩大而发生明显变化，必须进行科学设计，才能使放大后的设备满足发酵工艺放大要求。最大限度地实现发酵过程达到前面所述的高产、高效、高转化率、节能减排及低成本的目标。

9.3.2 发酵罐设计的基本原则

通用式发酵罐的设计原则是指能否保证该发酵罐适合于生产工艺的放大要求，可以获得最大的生产效率。在确定发酵罐最大生产能力时，需要考虑两个主要方面的因素：①必须考虑微生物生长率和产物转化率；②必须考虑发酵罐传递性能，包括传质效率、传热效率以及混合效果。如果微生物生长率和产物转化率本征值低，则发酵工艺对发酵设备要求不高，易于实现发酵放大设计。当然，可通过不断选育菌株并优化相应的发酵条件，进一步提高发酵设备的利用率，充分发挥设备潜力。如果微生物生长率及产物转化率本征值高，可能会出现在放大后的发酵罐中菌株特性比小型罐中的表现效果差，这表明放大后的发酵罐最大设计能力偏低，不符合生产要求，需要进一步优化发酵罐放大设计，提高发酵生产能力，以满足微生物生长及产物合成的需要。由此可见，发酵罐放大设计主要是要解决氧的供需平衡问题，即如何使放大后的发酵罐能提供微生物生长及产物合成所需的外部条件，其中，最为重要的就是要解决发酵罐放大过程中出现传递性能下降的问题。因此，提高发酵罐的最大生产能力就是要重点改善发酵罐传递能力，如传质、传热及混合性能等。

实际上，随着发酵规模扩大，发酵罐的比表面积不断下降，导致在同等条件下放大后的发酵罐传质和传热效果下降，例如，反映发酵罐供氧能力的 K_La 会随着发酵罐放大后的比表面积减小而下降，即在同等条件下放大后的传氧效果将会下降。因此，对于耗氧量高的微生物发酵工艺的放大设计，必须采取有效措施来提高传氧效果。同样地，对于传热而言，由于放大后的发酵罐比表面积下降，若无合理的冷却装置，小型罐依靠夹套的热交换性能也会受到放大的限制，必须增加强制热交换装置。即在同等条件下放大后的发酵产热增加超过了热交换冷却能力的增加。所以，除了选育耐高温菌株以适应发酵放大外，改善发酵罐放大后的传热性能就显得十分重要。

9.3.3 发酵罐设计的基本要求

由于发酵罐需要在无杂菌污染的条件下长期运转，必须保证微生物在发酵罐中正常的生长代谢，并且能最大限度地合成目的产物，所以，发酵罐设计必须满足以下基本要求：

① 发酵罐应具有适宜的高径比。发酵罐的高度与直径比为 2.5 ~ 4 倍，因为罐体高，通气中氧的利用率相对较高。

② 发酵罐能承受一定的压力。由于发酵罐在灭菌及正常工作时，罐内有一定的压力和温度，因此，罐体要能承受一定的压力，罐体加工制造好后，必须进行探伤和水压试验，试验压力应不低于工作压力的 1.5 倍。有时甚至还需要进一步采用高温压力试验评估。

③ 发酵罐的搅拌通风装置要能使气泡破碎并分散良好，气液混合充分，保证发酵液有充足的溶解氧，以利于好氧菌的生长代谢需要。

④ 发酵罐应具有良好的循环冷却和加热系统。微生物生长代谢过程放出大量的发酵热，再加上机械搅拌热，过多的热量积累将会导致发酵液的温度升高，不利于微生物的正常生长；当然，也有些微生物需要在较高的温度下生长。因此，为了保持发酵罐体系中稳定的内环境，以及控制发酵过程不同阶段所需的最适温度，应安装有循环冷却和加热系统，以利于温度的有效控制。

延伸阅读 9-2
发酵罐放大实例

⑤ 发酵罐内壁应抛光到一定精度，尽量减少死角，避免藏垢积污，易于彻底清洗和灭菌，以有效防止杂菌污染。此外，考虑到材质对发酵的可能影响，以及发酵培养基和产物化学性质对材质的要求，因此，需要选择合理的制造发酵罐的材质。

延伸阅读 9-3
发酵罐内壁抛光工艺及要求

⑥ 搅拌器的轴封应严密，要尽量避免泄漏。

⑦ 发酵罐传递效率要高，能耗要低。

⑧ 需要设计机械消泡装置，同时要求放料、清洗、维修等操作简便。

⑨ 根据发酵生产的实际要求，可以为发酵罐安装必要的温度、pH、液位、溶解氧、搅拌转速及通气流量等参数在线实时检测和控制的传感器装置及补料控制装置，以提高发酵水平。

9.3.4 发酵罐放大准则

发酵罐放大不仅包括发酵体积和几何尺寸的放大，而且还包括发酵罐操作参数或物理条件的放大。由于发酵罐放大后的各种物理参数会随着发酵规模的放大发生变化，并导致“发酵单位”在规模放大过程中发生相应的改变。因此，要保证规模放大过程中的“发酵单位相似”，就必须遵循一定的放大准则，即参照何种物理条件或发酵罐操作参数进行放大，才能使规模放大过程中发酵单位基本相似。通常所选定的物理条件或发酵罐操作参数都是影响发酵产量、效率和底物转化率的关键因素，对于这些影响大的参数，要求在发酵罐放大设计过程中保持不变或以此参数作为主要放大依据，一般称之为放大准则。例如，一般采用 K_La 相等，或单位体积功率（P/V）相等，或末端剪切力（nd）相等的原则进行放大。

放大过程中究竟采用何种物理参数不变为依据，主要取决于哪种参数对放大过程中的“发酵单位”产生影响的程度更大。

9.3.5 发酵罐放大方法

目前，发酵罐的放大方法主要分为以下几种：

① 经验放大法。它是依靠对已有装置的操作经验所建立起来的以认识为主而进行的放大方法。根据经验和实用的原则进行放大设计仍是目前主要的放大设计方法。

② 因次分析法。根据 N_a 或 R_{em} 等准数相等的原则进行放大的方法。

③ 时间常数法：时间常数是指某一变量与其变化率之比。常用的时间常数如下。

反应时间常数 $t_r = \dfrac{C}{r}$，C—浓度，r—反应速率；

扩散时间常数 $t_D = \dfrac{L^2}{D_Z}$，L—长度，D_Z—轴向扩散系数；

混合时间常数 $t_m = \dfrac{T_m}{n}$，T_m—无因次混合时间，n—转速；

停留时间常数 $\tau = \dfrac{L}{u}$，L—长度，u—流体线速度；

传质时间常数 $t_{mt} = \dfrac{1}{K_L a}$，$K_L a$—体积传氧系数；

传热时间常数 $t_h = \dfrac{L^2}{c}$，L—长度，c—传热系数。

有了以上时间常数，就可通过常数间的相互比较作出判断，哪个时间常数大，将可能是放大过程中的主要限制因素，应据此进行发酵过程的放大。

此外，还有数学模型放大法，即根据有关的原理和大量的发酵实验结果，对一实际发酵对象用数学方程的形式加以描述，然后再用计算机进行模拟研究、设计和放大。随着信息技术发展，利用发酵大数据分析确定发酵放大方法将会有越来越多的应用。

在以上发酵放大方法中，经验放大法包括：①几何相似法：即首先采用几何相似原则进行发酵罐结构尺寸放大，然后，按照一个放大准则进行放大设计。如按照 $K_L a$ 相等，或 P/V 相等，或 nd 相等的准则进行发酵操作参数的放大设计。②非几何相似法：即放弃几何相似原则，采用两个甚至多个放大准则进行发酵操作参数的放大设计。

几何相似方法的优点是发酵罐的放大设计可以按照几何尺寸进行等比例放大。一般情况下，几何相似的条件下经常采用等 $K_L a$ 放大准则，如对于牛顿型流体发酵，若只存在溶氧限制，可以 $K_L a$ 相等为放大准则进行几何相似条件下的发酵操作参数放大。若要采用一种以上的放大准则，如同时采用等 $K_L a$ 和等 P/V 放大，则无法保持几何相似，只能采用非几何相似放大法。非几何相似放大通常应用于不耐剪切的发酵过程的放大，如丝状真菌发酵过程的放大等。下面对这两种经验方法进行具体介绍：

（1）几何相似放大法

在发酵罐几何相似的放大中，主要是要解决放大后生产罐的空气流量、搅拌转速和功率消耗等问题，即发酵罐操作参数的放大设计。

①几何尺寸放大

该方法是发酵罐各个部件的几何尺寸按比例进行放大，放大倍数实际上就是罐体积的增加倍数。放大倍数 m 指罐的体积增加倍数，即 $m = \dfrac{V_2}{V_1}$（下标 1 为实验模型罐，下标 2 为放大生产罐）。

因为几何相似，所以，$\dfrac{H_1}{D_1} = \dfrac{H_2}{D_2}$，则

$$\frac{V_2}{V_1} = \frac{\frac{\pi}{4}D_2^2 H_2}{\frac{\pi}{4}D_1^2 H_1} = \frac{\frac{\pi}{4}D_2^2 D_2}{\frac{\pi}{4}D_1^2 D_1} = \left(\frac{D_2}{D_1}\right)^3 = m \tag{9-1}$$

所以
$$\frac{H_2}{H_1}=\frac{D_2}{D_1}=\sqrt[3]{m} \tag{9-2}$$

在进行几何放大的计算以后，其他参数，如 d、B、s、W 就可以根据 H、D 值来计算，从而确定生产罐的几何尺寸。具体地，根据几何相似$\frac{d_2}{D_2}$，$\frac{d_2}{B_2}$，$\frac{d_2}{s_2}$，$\frac{W_2}{D_2}$值一定，求出放大后的发酵罐的 d_2、B_2、s_2、W_2 等几何尺寸。

几何尺寸确定后，就要确定放大后的操作参数：通气线速度 W_S，搅拌转速 n。因此，相应的操作参数的放大设计有两大类放大准则可供选择：一类是空气流量相等的放大准则，二是搅拌转速相等的放大准则。

②按照空气流量相等准则进行发酵操作参数的放大设计

空气流量表示法：发酵过程中的空气流量一般有两种表示方法。

表示一：
$$\frac{\text{通入空气量（以标准态计）}}{\text{单位培养液体积，单位时间}}=\frac{Q_0}{V_L}=\text{VVM}\left[\frac{m^3}{[m^3\cdot \text{min}]}\right] \tag{9-3}$$

表示二：
$$\frac{\text{通入空气量（操作状态下）}}{\text{单位罐截面积，单位时间}}=(\text{空气直线速度})W_S\left[\frac{m^3}{(m^2\cdot \text{h})}\right] \tag{9-4}$$

根据理想气体状态方程换算，两种表示的 W_S 与 VVM 的换算关系如下：

$$W_S=\frac{Q_0(60)(273+t)(9.81\times10^4)}{\frac{\pi}{4}D^2(273)p}=\frac{27\,465.6Q_0(273+t)}{pD^2} \tag{9-5}$$

$$=\frac{27\,465.6(\text{VVM})(V_L)(273+t)}{pD^2}\left(\frac{m}{h}\right)$$

$$Q_0=\frac{W_S pD^2}{27\,465.6(273+t)}\left(\frac{m^3}{min}\right) \tag{9-6}$$

$$=\text{VVM}=\frac{W_S pD^2}{27\,465.6(V_L)(273+t)}\left(\frac{m^3}{m\cdot min}\right) \tag{9-7}$$

式中，D—罐径，m；t—罐温，℃；V_L—发酵液体积，m^3；p—为液柱平均绝对压力，Pa。

$$p=(p_t+9.81\times10^4)+\frac{9.81}{2}H_L\cdot\rho \tag{9-8}$$

式中，p_t—液面上承受的空气压强，即罐顶压力表所表示的压力，Pa；H_L—发酵罐液柱高度，m；ρ—发酵液密度，$kg\cdot m^{-3}$。

空气流量的放大又有三类准则可选：a. 以单位培养液体积中空气流量相同的原则放大，即 VVM 一定；b. 以空气直线流速相同的原则放大，即 W_S 一定；c. 以供氧能力 K_La 值相等的原则进行放大。

下面分别介绍这三类放大准则对应的放大方法及计算结果。

a. 以单位培养液体积中空气流量相同的原则放大，即放大前后 VVM 一定，$(\text{VVM})_1=(\text{VVM})_2$，也就是单位培养液体积中空气流量相同。由式（9-6）、（9-7）可知，

$$W_S\propto\frac{(\text{VVM})\cdot V_2}{pD_2}\propto\frac{(\text{VVM})\cdot D}{p} \tag{9-9}$$

所以
$$\frac{W_{S2}}{W_{S1}}=\frac{D_2}{D_1}\cdot\frac{p_1}{p_2} \tag{9-10}$$

结合几何相似原则，当已知 D_1、P_1 时，可根据上式求 D_2、P_2 以及其他关联参数。

b. 以空气直线流速相同的原则放大，W_S 一定，即 $W_{S1}=W_{S2}$，也就是空气线速度相等。

因为 $$\frac{W_{S2}}{W_{S1}}=\frac{(\mathrm{VVM})_2}{(\mathrm{VVM})_1}\cdot\frac{p_1D_1^{\ 2}}{p_2D_2^{\ 2}}\cdot\frac{V_{L2}}{V_{L1}}=1 \tag{9-11}$$

所以 $$\frac{(\mathrm{VVM})_2}{(\mathrm{VVM})_1}=\frac{p_2}{p_1}\cdot\frac{D_2^{\ 2}}{D_1^{\ 2}}\cdot\frac{V_{L1}}{V_{L2}}=\frac{p_2}{p_1}\cdot\frac{D_1}{D_2} \tag{9-12}$$

结合几何相似原则，当已知 D_1、P_1 时，可根据上式求 D_2、P_2 以及其他关联参数。

c. 以 K_La 值相等的原则放大，放大前后 K_La 一定，即

$$(K_La)_1=(K_La)_2$$

根据大量实验结果报道，K_La 在通气操作条件具有以下关联式

$$K_La\propto\left[\frac{Q_g}{V_L}\right]\cdot H_L^{\frac{2}{3}} \tag{9-13}$$

式中，Q_g—工况通气量，$m^3.min^{-1}$；H_L—液柱高度，m；V_L—发酵液体积，m^3。

则 $$\frac{(K_La)_2}{(K_La)_1}=\frac{\left(\frac{Q_g}{V_L}\right)_2\cdot(H_L)_2^{\frac{2}{3}}}{\left(\frac{Q_g}{V_L}\right)_1\cdot(H_L)_1^{\frac{2}{3}}}=1 \tag{9-14}$$

$$\frac{\left(\frac{Q_g}{V_L}\right)_2}{\left(\frac{Q_g}{V_L}\right)_1}=\frac{(\mathrm{H_L})_1^{\frac{2}{3}}}{(\mathrm{H_L})_2^{\frac{2}{3}}} \tag{9-15}$$

因为 $$Q_g\propto W_SD^2,\ V\propto D^3,\ H_L\propto D$$

所以 $$\frac{Q_g}{V_L}\propto\frac{W_SD^2}{D^3}=\frac{W_S}{D} \tag{9-16}$$

代入（9-15），得

$$\frac{\frac{W_{S2}}{D_2}}{\frac{W_{S1}}{D_1}}=\left(\frac{D_1}{D_2}\right)^{\frac{2}{3}}\Rightarrow\frac{W_{S2}}{W_{S1}}=\left(\frac{D_2}{D_1}\right)^{\frac{1}{3}}\Rightarrow\text{可求 }W_S \tag{9-17}$$

又

$$W_S\propto\frac{(\mathrm{VVM})\cdot V_L}{pD^2}\propto\frac{(\mathrm{VVM})\cdot D}{p} \tag{9-18}$$

所以

$$\frac{(\mathrm{VVM})_2}{(\mathrm{VVM})_1}=\frac{W_{S2}\cdot p_2\cdot D_1}{W_{S1}\cdot p_1\cdot D_2}=\frac{p_2}{p_1}\cdot\frac{D_1}{D_2}\cdot\frac{W_{S2}}{W_{S1}}=\frac{p_2}{p_1}\cdot\left(\frac{D_1}{D_2}\right)^{\frac{2}{3}} \tag{9-19}$$

结合几何相似原则，当已知 D_1、p_1 时，可根据上式求 D_2、p_2 以及其他关联参数。

【例】三种空气流量放大的理论计算比较。

若放大倍数 $m=125$，即 $\frac{V_2}{V_1}=125$，$\frac{D_2}{D_1}=\sqrt[3]{m}=5$，$P_2=1.5\,P_1$，比较 VVM 相等、$W_S$ 相等以及 K_La 相等三种放大原则的方法计算出来的空气流量，计算公式按（9-20），（9-21），（9-22）进行，结果如表 9-1。

$$(\mathrm{VVM})_2=\frac{p_2}{p_1}\cdot\frac{D_1}{D_2}\cdot(\mathrm{VVM})_1 \tag{9-20}$$

$$W_{S2}=\frac{D_2}{D_1}\cdot\frac{p_1}{p_2}\cdot W_{S1} \tag{9-21}$$

$$(K_La)_2=\frac{W_{S2}}{W_{S1}}\cdot\left(\frac{D_1}{D_2}\right)^{\frac{1}{3}}\cdot(K_La)_1 \tag{9-22}$$

表 9-1　等 VVM、等 W_S 与等 K_La 三种方法计算的空气流量对比表

	VVM 值		W_S 值		K_La 值	
	放大前	放大后	放大前	放大后	放大前	放大后
VVM 相等	1	1	1	$\frac{D_2}{D_1}\cdot\frac{p_1}{p_2}\times 1=3.33$	1	1.95
W_S 相等	1	$\frac{p_1}{p_2}\cdot\frac{D_1}{D_2}=0.3$	1	1	1	0. 58
K_La 相等	1	$\left(\frac{D_1}{D_2}\right)^{\frac{2}{3}}\frac{p_2}{p_1}\times 1=0.513$	1	$\left(\frac{D_1}{D_2}\right)^{\frac{1}{3}}\times 1=1.71$	1	1

从表 9-1 的计算结果可知：a. 按 VVM 相等放大，W_S 增加到 3.33 倍，通气流速过大，搅拌桨为空气泡所包围，K_La 增加到 1.95 倍；b. 按 W_S 相等放大，VVM 则降为原来的 30%，通气量过小；c. 按 K_La 相等放大，VVM 降为原来的 51.3%，W_S 增加到 1.71 倍，空气流量减小，但压力增加，W_S 增加，可基本满足要求。所以，空气流量放大常以等 K_La 放大为好。

③ 按搅拌功率相等的准则放大

按搅拌功率相等也是常用的放大方法，通常有以下两种具体放大方法来进行搅拌功率及搅拌转速的放大。

a. 以单位培养液体积所消耗的功率相等进行放大，即 P/V = 常数

因为
$$P\propto n^3d^5,\ V\propto D^3\propto d^3$$

所以
$$\frac{P}{V}\propto n^3d^2 \tag{9-23}$$

因为
$$\frac{P}{V}=常数$$

所以
$$\frac{n_1^{\ 3}d_1^{\ 2}}{n_2^{\ 3}d_2^{\ 2}}=1$$

即
$$n_2=n_1\left(\frac{d_1}{d_2}\right)^{\frac{2}{3}},\ p_2=p_1\left(\frac{d_2}{d_1}\right)^3 \tag{9-24}$$

b. 以单位培养液体积所消耗的通气功率 P_g 相等进行放大，即 P_g/V = 常数。这是工业上应用较多的放大方法。

因为
$$P\propto n^3d^5,\ V\propto D^3\propto d^3,\ Q_g\propto W_SD^2\propto W_Sd^2$$

代入 P_g 公式

$$P_g=C\left(\frac{P^2nd^3}{Q_g^{\ 0.56}}\right)^{0.45}\propto\left[\frac{n^6d^{10}\cdot nd^3}{W_S^{\ 0.56}d^{1.12}}\right]^{0.45}\propto\frac{n^{3.15}d^{5.346}}{W_S^{\ 0.252}} \tag{9-25}$$

所以

$$\frac{P_g}{V} \propto \frac{n^{3.15}d^{2.346}}{W_S^{0.252}} \tag{9-26}$$

因为 P/V = 常数，所以，

$$\frac{n_1^{3.15}d_1^{2.346}}{W_{S1}^{0.252}} = \frac{n_2^{3.15}d_2^{2.346}}{W_{S2}^{0.252}} \tag{9-27}$$

$$n_2 = n_1\left(\frac{d_1}{d_2}\right)^{0.745}\left[\frac{W_{S2}}{W_{S1}}\right]^{0.08} \tag{9-28}$$

$$P_2 = P_1\left(\frac{n_2}{n_1}\right)^3\cdot\left(\frac{d_2}{d_1}\right)^3 = P_1\left(\frac{d_1}{d_2}\right)^{2.235}\cdot\left(\frac{d_2}{d_1}\right)^5\cdot\left(\frac{W_{S2}}{W_{S1}}\right)^{0.24} = P_1\left(\frac{d_2}{d_1}\right)^{2.765}\cdot\left(\frac{W_{S2}}{W_{S1}}\right)^{0.24} \tag{9-29}$$

延伸阅读 9-4
非几何放大

以上有关发酵操作参数放大的方法，都是基于几何相似这一条件，并结合某一关键发酵参数一致性准则进行放大设计，但当出现必须同时考虑两个或两个以上的发酵参数保持一致时，往往需要牺牲几何相似性放大原则，才能实现有效放大。

（2）非几何放大

在发酵放大过程中，如果参数设计中矛盾突出，就要牺牲几何相似原则，按照非几何放大，以解决传质、混合及剪切力敏感等诸多放大问题，从而实现发酵放大的目标：使放大后的发酵单位相似。

非几何放大法的应用范围：一般多用于菌株对剪切力敏感的发酵过程放大设计。

非几何放大方法：选用几种准则来综合设计，通过周线速度 πnd，以及输送量 Q 来评价 n、d 设计值的合理性，通常要改变放大后的发酵罐几何相似原则来达到设计目的。几何相似的改变可通过改变原有的 d/D 比值反映出来。

延伸阅读 9-5
流场特性分析在发酵中的应用

目前，采用较多的非几何放大方法：将等 K_La 与等 nd 放大准则相结合，放弃几何相似原则，调整 d/D 值，并反复调整 n、d 设计值以达到放大设计要求。

此外，近年来流场分析等技术在解决放大问题中得到应用。通过对不同发酵规模下的流场特性分析比对，可以找出发酵放大的关键限制因素，从而指导发酵放大。

9.4 发酵过程放大的应用

发酵过程放大是整个发酵工业中非常重要的环节，已在真菌、细菌、放线菌等各种工业菌种发酵产业化放大过程中得到广泛应用。

有关种子扩大已在第 6 章中详细介绍，本章主要介绍发酵过程放大中的操作参数放大。

9.4.1 细菌发酵过程放大

根据细菌对氧的需求不同，可将细菌发酵分为好氧发酵、厌氧发酵和兼性厌氧发酵。在细菌发酵放大过程中，对于好氧细菌而言，其比较耐剪切力，一般在发酵放大过程中采取几何相似方法，控制放大前后的搅拌、通气量、搅拌转速、K_La 等操作参数，保证放大前后溶解氧满足发酵需求。厌氧发酵不需要溶解氧，因此，在放大过程中约束条件比好氧发酵少，主要考虑传质效率和均质问题，因此，发酵放大通常采用几何相似放大。兼性厌氧发酵特点介于好氧发酵和厌氧发酵之间，在发酵放大中综合考虑好氧发酵放大和厌氧发酵放大特点。例如，在乳酸发酵过程的放大应用中，所用的乳酸杆菌为兼性厌氧菌，发酵过程在高温下进行。所以，在发酵罐的放大设计中要保证封闭无氧的环境和较高的温度。乳酸发酵过程中菌体生长和产物合成相关，因此，在发酵过程放大过程中要考虑这一因素，选用发酵罐放大的方法。另外，乳酸发酵的产酸反馈抑制严重，这是整个发酵过程的难题。据报道，乳酸发酵实验在 50 L 基础上，通过流场数值模拟实验将生产规模放大到 60 t 生产罐，其结果与 50 L 罐中优化后的发酵结果相似。

案例 9-1
乳酸发酵过程放大

9.4.2 放线菌发酵过程放大

放线菌发酵生产过程中通常耗氧量比较大，并且放线菌耐剪切力较差，通常在发酵放大中要牺牲几何尺寸相似，以等 K_La 等参数进行放大。保证其耗氧需求。

在用阿维链霉菌工业化生产阿维菌素 B1a 时，以摄氧速率为主要参数进行放大，通过控制在菌体生长时期的摄氧速率值使得放大后发酵罐阿维菌素 B1a 的产率提高了约 21.8%。在红霉素发酵过程中，利用摄氧速率作为主要参数，从实验室发酵规模 50 L 成功放大到生产规模 132 m^3 和 372 m^3。

9.4.3 真菌发酵过程放大

（1）酵母发酵过程放大：以乙醇发酵为例

酵母发酵通常为兼性厌氧发酵，并且酵母耐剪切力较强。在发酵过程中通常采用几何相似方法进行放大。

采用酒精酵母进行乙醇发酵，菌体生长与产物合成直接相关，且产物具有挥发性。据报道，在自絮凝颗粒酵母酒精连续发酵新技术工业性放大试验中，最终发酵生产装置为一套单级发酵罐有效容积为 100 m^3，四级串联的装置。在工作条件下，以糖液流量计算的运行负荷设计指标为 15 m^3/h，分别流加至一级发酵罐和二级发酵罐，流量分别为 10 m^3/h 和 5 m^3/h。该系统在实际过程中各项指标均超过现有酒精发酵工艺水平。

案例 9-2
酒精酵母乙醇发酵

（2）丝状真菌发酵过程放大：以柠檬酸发酵为例

丝状真菌多为耗氧发酵，并且由于菌丝体较长，通常不耐剪切，因此，丝状真菌在发酵放大过程中通常要采用非几何放大法。

柠檬酸发酵的菌种为丝状真菌，是典型的好氧发酵，一般在常温下进行，其产酸反馈抑制严重。在种子扩大阶段，将斜面孢子接种于麸曲培养基上，培养 7 ~ 10 d，孢子着生密集。取麸曲孢子接种于工作容积为 7 m^3，最大容积为 8 m^3 种子罐中。20 h 后，泵入 75 m^3 搅拌式发酵罐中。发酵周期 60.3 h，产酸 141 g/L，转化率 100.4%，发酵强度为 2.34 g ·（L^{-1} · h^{-1}）。

案例 9-3
柠檬酸发酵放大

开放讨论题

基于空气流量的发酵放大设计方法一般有哪几种？请比较这些方法的异同点。

思考题

1. 简述发酵过程放大的主要内容。
2. 简述发酵罐放大设计的主要依据。
3. 简述发酵罐的放大方法。
4. 简述几何放大与非几何放大方法的区别。

推荐阅读

1. Wang G, Haringa C, Noorman H, et al. Developing a computational framework to advance bioprocess scale-up. Trends in Biotechnology, 2020, 38 (8): 846–856.

点评：该文介绍了一种发酵过程放大的计算机辅助算法，通过计算流体动力学（computational fluid dynamics）和强刺激－反应代谢模型（powerful stimulus-response metabolic models）更好地提供发酵放大过程的预测、模拟和评估，能够以最小的损失扩大发酵规模。

2. Mahdinia E, Cekmecelioglu D, Demirci A. Bioreactor scale-up. In: Berenjian A. Essentials in Fermentation Technology. Berlin: Springer, 2019: 213–236.

点评：该文详尽地描述了发酵放大过程中需要注意物理因素（热量传递、氧传递速率、混合效率）、生化因素（培养基组成等）和工艺因素（预培养条件、接种条件）等，并通过具体实例来探讨解决方案。

网上更多学习资源……

◆教学课件　　◆自测题

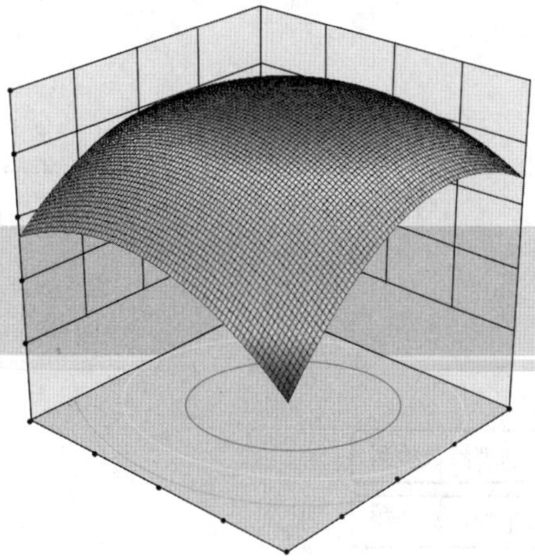

10

发酵过程优化与控制

- **10.1 概述**
  发酵过程参数及其重要性；发酵过程参数的优化与控制概述
- **10.2 发酵过程参数的检测**
  发酵过程物理参数检测；发酵过程化学参数检测；发酵过程生物参数检测；发酵过程代谢通量分析
- **10.3 发酵过程的主要影响因素及其控制**
  温度对发酵的影响及其控制；pH 对发酵的影响及其控制；溶解氧对发酵的影响及其控制；基质浓度对发酵的影响及其控制；泡沫对发酵的影响及其控制；二氧化碳对发酵的影响及其控制；多参数的综合控制；发酵终点的判断
- **10.4 发酵过程模拟**
  过程方程及主要状态参数的确定；发酵过程优化控制模型；发酵过程建模和人工智能控制
- **10.5 高密度发酵过程的优化控制**

发酵体系是一个非常复杂的系统，主要体现在以下几个方面：①微生物细胞内部结构及代谢反应的复杂性；②所处的生物反应器环境的复杂性，存在气相、液相、固相三相混合系统，且系统中各项参数复杂多变；③系统状态的时变性及所包含参数的复杂性，且这些参数互为条件，相互制约。因此，掌握发酵体系中各种参数的变化特征、微生物代谢过程的变化规律，以及发酵工艺条件对发酵过程的影响，可以帮助优化发酵过程，有效地控制微生物生长和代谢产物的发酵生产。

教学目的与要求

（1）掌握发酵过程主要参数检测及分析方法。
（2）掌握发酵过程优化控制原理及主要方法。
（3）掌握发酵过程主要影响因素及其控制方法。
（4）了解高密度发酵及其控制方法。

重点及难点

发酵过程参数检测分析与优化控制方法，发酵过程主要影响因素及其控制方法。

知识导图

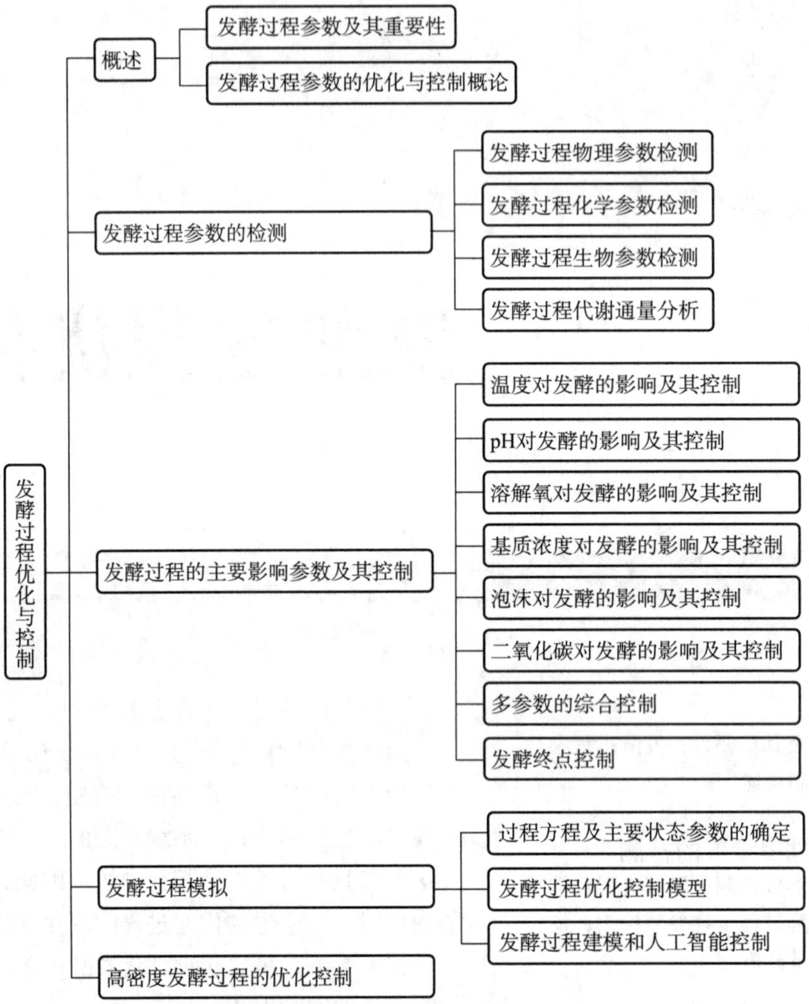

问题导读

（1）简述发酵过程主要参数及其特点，并分别说明如何检测这些参数。
（2）简述发酵过程优化控制原理及方法。
（3）影响发酵过程的主要因素有哪些？如何控制这些因素？
（4）简述高密度发酵的特点，如何实现高密度发酵？

关键词

过程优化　发酵参数　传感器　发酵热　搅拌热　二阶段发酵　补料控制原则　高密度发酵

10.1 概述

10.1.1 发酵过程参数及其重要性

要实施发酵过程控制，首先必须了解发酵过程的各种参数及其检测控制方法。常规的发酵工艺控制参数有：温度、pH、搅拌转速、空气流量、罐压、液位、补料速率及补料量等。能表征发酵过程性质的直接状态参数有：pH、溶解氧（DO）、溶解 CO_2、氧化还原电位（r_H），尾气中的 O_2 和 CO_2 含量、基质（如葡萄糖）或产物浓度、代谢中间体浓度、菌体浓度（以 OD 值或细胞干重 DCW 等表示）等，通过这些直接参数还可以求得各种间接状态参数，如比生长速率（μ）、摄氧率（OUR）、CO_2 释放速率（CER）、呼吸商（RQ）、氧得率系数（$Y_{X/O}$）、氧体积传质速率（K_La）、基质消耗速率（q_s）、产物合成速率（q_p）等（表 10–1）。

表 10–1　发酵过程中的直接参数测定方法及意义

参数名称	单位	测定方法	意义
pH	—	传感器	反映菌体的代谢情况
溶解氧	mg/L	传感器	反映氧的供给和消耗情况
排气氧浓度	Pa	传感器，热磁氧分析仪	了解耗氧情况
氧化还原电位	mV	传感器	反映菌体的代谢情况
溶解 CO_2 浓度	（饱和）/%	传感器	了解 CO_2 对发酵的影响
排气 CO_2 浓度	%	传感器，红外吸收	了解菌体的呼吸情况
总糖	kg/m^3	取样	了解发酵进程及是否补料
前体或中间体浓度	mg/mL	取样	产物合成情况

发酵过程参数大致可以分为：状态参数和操作参数。

发酵过程的状态参数是指那些显示过程状态及其特征的参数，如菌体浓度、基质浓度、代谢产物浓度、溶氧浓度（DO）、生物酶活性、细胞的比增殖速率、CO_2 生成速率等。反映生物浓度、生物活性以及反应速率的参数。发酵过程的状态参数与操作参数之间存在着对应的因果关系，一般情况下，这种关系可以通过被称为状态方程式的常微分方程（组）来加以描述和表达。

发酵过程的操作参数通常是指环境因子或操作条件，而改变操作参数，可以使发酵过程的状态变量改变。发酵过程的典型操作参数包括温度、压力、pH、基质流加速率、稀释率、搅拌速率、通气量等。在某些条件下，状态参数也可以当成操作参数，例如，发酵液中的溶氧浓度（DO），DO 可以通过搅拌速率和通气量的改变来调控，这时它是一个状态变量；DO 的调控水平会直接影响其他状态参数的变化，这时，也可以将其看成是操作参数。

对于状态参数和操作参数而言，有的参数可以通过传感器直接测量，有的则需要通过直接测量的参数经过计算才能得到，因此，发酵过程参数又可分为直接参数和间接参数。

10.1.1.1 直接参数

直接参数是指能直接反映发酵过程中微生物生理代谢状况的参数，也称为直接状态参数，如 pH、

DO、溶解 CO_2、尾气 O_2、尾气 CO_2、黏度等（表 10–2）。发酵过程中在线实时监测状态参数的传感器除了必需耐高温蒸汽反复灭菌外，还要避免探头表面被微生物黏附导致测量误差甚至失败的危险。其中，pH 和 DO 电极有时还会出现失效或监测过程中显著漂移等问题。为了克服以上问题，现已发明了探头可伸缩的适合于大规模生产的装置。这样，探头可以随时拉出，重新校正和灭菌，然后再推进去而不会影响发酵罐的无菌状况。

📖 深入学习 10–1
直接参数的测定方法

表 10–2 发酵过程直接测定参数一览表

参数名称	单位	测定方法	意义及主要作用
温度	K，℃	温度传感器	维持生长、合成
罐压	Pa	压力表	维持正压、增加溶氧
空气流量	m^3/h	传感器	供氧，排出废气
搅拌转速	r/min	传感器	物料混合，提高传质效果
黏度	Pa · s	黏度计	反应菌体生长情况，K_La
密度	g/cm^3	传感器	反应发酵液性质
装量	m^3，L	传感器	反应发酵液体积
浊度	透光度 %	传感器	反应菌体生长情况
泡沫	—	传感器	反映发酵代谢情况
传氧系数 K_La	1/h	间接计算，在线检测	反映供氧效果
糖速率	kg/h	传感器	反映耗氧及糖代谢情况
加消泡剂速率	kg/h	传感器	反映泡沫情况
加中间体或前体速率	kg/h	传感器	反应前体和基质利用

10.1.1.2 间接参数

间接参数是指那些采用直接状态参数计算求得的参数，也称为间接状态参数，如比生长速率（μ）、摄氧率（γ 或 OUR）、CO_2 释放速率（CER）、呼吸商（RQ）、氧得率系数（$Y_{X/O}$）、氧体积传质速率（K_La）等（表 10–3）。通过对发酵罐进行物料平衡分析，可计算出 OUR 和 CER 以及 RQ 值，以上数值可反映微生物的代谢状况，尤其能提供从生长向生产过渡或主要基质间的代谢过渡指标。用此方法也能在线求得 K_La 等间接参数，若在其他影响因素已知的情况下，它能提供培养物的黏度状况。间接状态参数更能反映发酵过程的整体状况，更有助于发酵过程的优化与控制，以便取得更好的发酵效果。

综合各种状态参数，可以提供反映过程状态、反应速率、设备性能、设备利用效率等信息，以便及时做出调整。例如，用于维持一定环境变量恒定的过程控制操作，如加酸 / 碱、发酵罐的加热 / 冷却、消泡剂的添加等常与菌体生长和产物合成关联，这些操作也受过程干扰、代谢迁移和其他控制操作的影响。如 pH 变化受系统反馈控制，也同时受到代谢变化及溶氧控制操作的综合影响。又如，从冷却水的流量和测得的温度可以准确计算大规模发酵时发酵罐的总热负荷和热传质系数，而热传质系数的变化能反映黏度和积垢状况。

📖 深入学习 10–2
间接参数的计算

表 10-3 通过直接状态参数求得的间接状态参数

计算对象	所需基本参数	计算公式
摄氧 OUR	空气流量 V，发酵体积 V_L，进气和尾气中的 O_2 含量 $C_{O_2,in}$，$C_{O_2,out}$	$OUR=V(C_{O_2,in}-C_{O_2,out})/V_L=Q_{O_2}\cdot X$
呼吸强度 Q_{O_2}，$Y_{X/O}$	OUR，菌体浓度 X，$(Q_{O_2})_m$，μ	$Q_{O_2}=OUR/X$ $Q_{O_2}=(Q_{O_2})_m+\mu/Y_{X/O}$
CO_2 释放率 CER	空气流量 V，发酵体积 V_L，进气和尾气中的 O_2 含量，菌体浓度 X	$CER=V(C_{O_2,in}-C_{O_2,out})/V_L=Q_{CO_2}\cdot X$
比生长速率 μ	Q_{O_2}，$Y_{X/O}$，$(Q_{O_2})_m$	$\mu=[Q_{O_2}-(Q_{O_2})_m]Y_{X/O}$
菌体浓度 X	$Y_{X/O}$，Q_{O_2}，$(Q_{O_2})_m$，X	
呼吸商 RQ	进气和尾气中的 O_2 和 CO_2 含量	RQ=CER/OUR
体积传氧系数 K_La	OTR，C_L，C^*	$K_La=OTR/(C^*-C_L)$

尽管直接状态参数能直接检测，但目前还没有一种可在线监测培养基成分和代谢产物的传感器。所以，发酵液中的基质（糖类、脂质、无机盐、氨基酸）、前体和代谢产物（抗生素、酶、有机酸或氨基酸等）以及菌量的监测，目前还是依赖于人工取样后进行离线分析。所采用的分析方法主要有：化学法、分光光度分析、原子吸收、液相色谱（HPLC）、气相色谱（GC）、气－质联用（GC-MS）等。离线分析的特点是所得的过程信息是不连贯和滞后的，但离线分析在发酵过程中亦十分重要。表 10-4 介绍了离线测定生物量的方法。

表 10-4 离线测定生物量的方法

方法	原理	评价
压缩细胞体积	离心沉淀物	粗糙和快速
干重	悬浮颗粒干燥至恒重后的质量	如培养基含有固体，结果不准确
光密度	浊度	要保持线性稀释
荧光或其他化学法	分析与生物量有关的化合物如 ATP、DNA、蛋白质等的含量	只能间接测量计算
显微观察	血球计数器上进行细胞计数	费力，但可通过成像分析实现可视化、简单化
平板计数	经适当稀释后，在平板上计数	只能测活菌，需要培养时间长，结果滞后

10.1.2 发酵过程参数的优化与控制概述

发酵过程控制是指把发酵过程的某些状态变量控制在某一期望的恒定水平上或者时间轨道上。控制和最优化是两个不同的概念，但是彼此之间又紧密关联。很多情况下，过程的最优化就是通过把某些状态变量定值控制在某一水平，或者程序控制在某一时间轨道上才得以实现。比如，在酵母菌和大肠杆菌的流加培养中，将底物浓度控制在 Crabtree 效应的临界值附近，实际上就是一种间接形式的最优化控制，因为此时细胞的增殖速率最大、生产强度最高，且代谢副产物的生成水平最低。

根据对某一发酵过程动力学状况的了解，尤其是能否在线测定某些反映发酵过程特征的状态变量，可以将发酵过程的控制分成两类：离线控制和在线控制。离线控制的最大特点，就是它不需要在线测量任何状态变量，也不需要进行有关控制系统稳定性、响应特性和定常特性的分析。从控制角度上来讲，是一种典型的开回路—前馈控制方式。它利用已知的非构造式动力学模型或其他已知的方式，来计算和确定控制变量（或策略）。最简单的例子莫过于在流加培养中使用的指数流加法，通过使基质流加速率与操作时间呈指数形式变化，让细胞按指数规律生长，同时保持底物浓度恒定。虽然离线控制不需要对过程状态参数进行在线测量，但是，它要求描述过程动力学特征的数学模型一定要准确。一旦实际环境下的过程动力学特性发生变化和偏移，离线控制的性能和效果就会产生不同程度的恶化。

在线控制则是典型的闭回路－反馈控制方式。在反馈控制中，至少有一个状态变量必须可以在线测量。根据测量值与被控变量设定值之间的偏差，反馈控制调节器按照一定的方式，自动地对操作变量进行调整和修改，使得测量值能够迅速和稳定地被控制在其设定值附近。反馈控制器的建立与调整，实际上就是通过确定和改变控制器的控制参数，使得反馈控制器具备良好的稳定性、响应特性和定常特性。反馈控制器的建立与调整离不开有效的数学模型，控制系统的类型也因使用的数学模型的不同而不同。如果使用非构造式的动力学模型，控制系统一般是传统 PID 控制系统；如果使用基于状态变量和操作变量时间序列数据的黑箱性质的模型，则控制系统就是所谓的在线自适应控制系统；如果使用经验型的、以言语规则为中心的定性模型，则过程控制就是所谓的模糊逻辑控制。在控制精度要求不高的条件下，甚至可以利用最简单的开关（on–off）控制的手段来控制诸如溶氧浓度、pH 等状态变量。而对于控制精度要求比较高的发酵过程，往往需要利用控制理论来设计和确定控制器的形式和参数。基于时间序列输入输出（操作变量和状态变量）数据和黑箱模型的控制，一般假定某一时段内过程的输入和输出存在着线性关系，而模型参数，即线性模型的系数可以通过逐次最小二乘回归法求得。根据在线回归得到的模型以及线性控制理论，反馈控制器的参数可以得到适当的调节，以确保控制系统具有良好的稳定性和（对于控制变量目标值变化的）响应特性。此时，由于模型是一种在线模型，模型系数要随时间和环境的变化而不断更新，反馈控制器的参数也要随着在线模型的变化而不断调整和改变。这种能够适应过程动力学特性漂移、环境因子变化的在线自适应控制系统特别适合于生物过程。

生物过程中最常见的定值控制包括发酵罐的温度和压力控制、发酵液的溶解氧和 pH 控制、代谢呼吸商的控制等。近年来，随着生物传感器技术以及其他在线检测技术的发展，诸如代谢产物和基质浓度的定值控制、细胞比增殖速率的定值控制等的研究也多有报道。由于生物过程是高度非线性的，基于线性控制理论基础上的传统 PID 控制理论，难以直接应用于这类场合。这时，通常的办法就是对状态方程式（非构造式动力学模型）在定值控制点（平衡点）附近进行线性化，也就是可以把过程在定值控制点近旁的动力学特征近似看成一个线性系统，然后再直接套用传统的控制理论和方法。

发酵过程控制通常通过以下四步来完成：

① 寻找能反映过程变化的各种理化参数及其检测方法。

② 找出这些参数的变化与发酵代谢的内在联系，获取最适水平或最佳范围。

③ 建立数学模型定量各参数之间随时间变化的关系。

④ 通过计算机实施在线自动检测和控制，验证各种控制模型的可行性及其适用范围，实现发酵过程最优控制。

10.2 发酵过程参数的检测

近年来，我国在发酵过程参数检测、建模与自动化控制等方面有了长足的发展，并通过实施发酵过程控制，取得了系列重要成果。

其中，发酵过程参数的测定是进行发酵过程控制的重要依据。发酵过程参数的检测分为两种方式，一是仪器在线检测，二是取样后进行离线检测。

常用的在线检测传感器有pH电极、溶氧电极、温度电极、液位电极、泡沫电极、尾气分析仪等。离线分析发酵液样品的仪器有分光光度计、pH计、温度计、气相色谱（GC）、液相色谱（HPLC）、气-质联用（GC-MS）等。这些在线或离线检测的参数均可用于监测发酵过程的状态，直接作为发酵控制的依据。

工业发酵对在线测量的传感器的使用十分慎重，现在采用的一些发酵过程在线测量仪器是经过考验的、可靠的传感器，如用热电耦测量发酵罐温度、压力表或压力传感器指示罐压、转子流量计测量空气流量以及测速仪测定搅拌转速等。选择仪器时不仅要考虑其功能，还要确保该仪器不会增加染菌的机会，且置于发酵罐内的探头必需能耐高压蒸汽灭菌，在生产过程中常遇到的问题是探头的敏感性受微生物的黏附而使其精确性受到影响。

10.2.1 发酵过程物理参数检测

（1）压力

发酵罐操作压力的变化，将会引起发酵液中氧和二氧化碳分压的改变，其中，对二氧化碳分压的影响更大。基于不同的敏感原理研制的测量压力的传感器，有多种，如应变式、压阻式、压电式、电容式、声表面波谐振式、光纤干涉式、电感式、电感调频式等。目前应用最为广泛的是压阻式、电容式和压电式传感器。

（2）温度

对于特定的微生物，都有一个最适宜的生长温度和产物生成温度（而且这两个温度往往不一致）。如果从生物酶动力学方面来考虑，酶的最佳活力都对应着一个最佳温度。影响生化反应温度的主要因素有微生物发酵热、电机搅拌热、冷却水本身的温度变化以及周围环境温度的改变。发酵过程中常用来测量温度的元件主要有热电偶和热电阻式测温元件。

（3）泡沫液位测量

在培养基灭菌以及发酵过程中，具有表面活性的蛋白原料和发酵过程中产生的表面活性物质，因通气搅拌产生大量泡沫，培养基或发酵液上浮厉害，稍有不慎，就可能会产生“逃液”现象。此时，采用消泡电极监测液位，称为导电电极法。

该测量方法可由一支或两支导电电极组成，若罐体是金属材料，就可用一支电极。当液面或者泡沫到达导电电极的端点时，电路接通，就会有电流信号产生，指示液体或者泡沫的存在。

10.2.2 发酵过程化学参数检测

（1）pH

在微生物培养过程中，不同环境pH会对菌体细胞产生明显的作用，主要表现在以下几个方面：①微生物生长都有最适pH，超过最适pH范围，微生物生长就受到影响甚至停止；②环境pH影响酶的生物合成；③环境pH通过影响酶的活性，改变微生物代谢产物的形成；④ pH变化可明显影响细胞壁的机械强度，细胞壁通过膨胀或收缩改变了内部的渗透压；⑤ pH的变化间接影响离子毒性作用，在环境pH较低的情况下，一些不离解的分子可透过细胞壁和细胞膜，影响细胞代谢。通常有两种方法测量发酵液中的pH：比色法（pH试纸和比色皿）和电位法。其中，电位法能够实现连续在线测量和过程监控，其核心理论是能斯特方程。常用的电极有玻璃pH电极和复合pH电极。

（2）溶解氧

在好氧微生物液体深层发酵过程中，必须连续通入无菌空气，氧由气相溶解到液相，然后为细胞所吸收，并作为碳源氧化过程的电子受体，获得满足菌体生长以及合成产物等所需要的能量。因此，发酵液溶氧浓度对菌体生长及产物生成具有极其重要的生理作用。

不同微生物生长及代谢产物生成需要发酵液维持一定浓度的溶解氧水平。在一般情况下，微生物在发酵过程中的需氧量约为 20 ~ 50 mmol/L · h，而在 0.1 MPa 罐压，25℃时，培养液中饱和空气的溶解氧，只能维持菌体正常呼吸 15 ~ 30 s。

为了维持菌体代谢活动，必需给培养液不断地补充含有氧的无菌空气。因此，就存在发酵罐持续供氧和菌体细胞持续耗氧平衡问题，当供氧速率小于需氧速率时，则培养液中氧浓度下降。在发酵过程中，可以采用溶氧电极测定发酵液中的溶解氧，指导发酵工艺优化及发酵生产过程控制。常用电极有：原电池型氧电极、极谱型氧电极。

（3）发酵尾气组分检测

① 尾气中 CO_2 的在线检测　用来测定尾气 CO_2 含量的检测仪表很多，如气相色谱法（GC）、CO_2 电极法、红外线 CO_2 测定仪（简称 IR）和质谱仪（MS）。

② 尾气中 O_2 的在线检测　常用于发酵尾气中 O_2 测量的设备包括：电化学氧传感器、氧化锆氧分析仪、顺磁氧分析仪和质谱分析仪。近年来，工业质谱仪已开始应用于工业发酵尾气氧的检测。

③ 呼吸商及其意义　呼吸商（RQ 值）是指发酵过程 CO_2 的释放率（CER）与摄氧率（OUR）的比值，即 RQ = CER/OUR。其中，摄氧率和 CO_2 的释放率可分别通过以下两个公式间接求得：

$$OUR = Qo_2 * X = F_{in}/V\{C_{O_2,in} - [C_{inert} * C_{O_2,out}]/[1-(C_{CO_2,out} + C_{O_2,out})]\} f$$

$$CER = Qco_2 * X = F_{in}/V\{[C_{inert}\, C_{CO_2,out}]/[1-(C_{CO_2,out} + C_{O_2,out}) - C_{CO_2,in}]\} f$$

式中，Qo_2—呼吸强度或比耗氧速率，mol O2 / (g · h)；Qco_2 —比 CO_2 释放率，mol CO_2/（g · h）；X—菌体干重，g/L；F_{in}—发酵罐进气流量，mol/h；C_{inert}、$C_{O_2,in}$、$C_{CO_2,in}$—进气中惰性气体、O_2、CO_2 含量，%；$C_{O_2,out}$、$C_{CO_2,out}$—尾气中 O_2、CO_2 含量，%；V—发酵液体积，L。

发酵过程中尾气 O_2 含量的变化与 CO_2 含量变化成反向同步关系，可由此判断微生物的生长和呼吸代谢情况，从而求得微生物的呼吸商 RQ 值。

RQ 值可以反映菌体的代谢情况。例如，在酵母培养过程中，RQ=1 表示糖代谢是进行有氧分解代谢，主要供酵母生长，几乎没有产物形成；若 RQ > 1.1，表示糖代谢进行无氧代谢，生产乙醇；若 RQ = 0.93，则酵母合成柠檬酸；而当 RQ < 0.7，则表示生成的乙醇被当作基质重新利用。

菌体在利用不同基质时，其 RQ 值是不同的。例如，大肠杆菌在以延胡索酸为基质培养时，RQ 值为 1.44；以乳酸为基质培养时，RQ 值为 1.02；以葡萄糖为基质培养时，RQ 值为 1；而以甘油为基质培养时，RQ 值为 0.8。

菌体在不同发酵阶段，其 RQ 值也是不相同的。例如，在抗生素发酵前期，RQ 值小于 1；在发酵中期，由于葡萄糖代谢不仅用于生长，也用于细胞生命活动的维持和产物形成，此时 RQ 值比生长期略有增加；在发酵后期产物大量形成时，对 RQ 的影响较明显，其中，若产物的还原性比基质的还原性大，则 RQ 值增加；若产物的氧化性比基质的氧化性大时，其 RQ 值就减小；其增加或减少的偏离程度取决于单位菌体利用基质形成产物的量。

（4）氧化还原电位检测

延伸阅读 10-1
氧化还原电位检测

氧化还原电位（E_h）是一个描述介质氧化还原性质相对程度的化学参数，根据 Eh 值可以直观地比较介质氧化还原性的强弱。氧化性强，E_h 值较高；还原性强，E_h 值较低。目前，除发酵液溶解氧浓度作为发酵过程控制的重要参数之外，氧化还原电位也受到重视。由于发酵体系的氧化还原电位值是 pH、溶解氧浓度和培养基中物质及代谢产物的氧化还原性质的综合反映，氧化还原电位值能够反映许多耗氧和厌氧微生物培养过程中发生的有价值的代谢信息。发酵体系中氧化还原电位可以影响胞内的酶活、NADH/NAD+ 的比例，进而影响菌体的代谢。

氧化还原电位，定义为在液接电势已消除的前提下，由某个氧化还原电对（Ox/Red）和标准氢电极组成原电池，在电极反应达到平衡时的电动势。

氧化还原电位的测定方法：将铂电极和参比电极插入水溶液中，金属表面便会产生电子转移反应，电极与溶液之间产生电位差，电极反应达到平衡时相对于氢标准电极的电位差为氧化还原电位。参比电极通常采用甘汞电极和银－氯化银电极。E_h 的计算公式如下：

$$E_h = E_0 + E_r$$

式中，E_h—相对于氢标准电极的氧化还原电位（mV）；E_0—由指示电极和参比电极测得的氧化还原电位（mV）；E_r—参比电极相对于氢标准电极的电位（mV），与温度有关。

10.2.3 发酵过程生物参数检测

发酵过程中生物参数的检测通常包括菌体形态、生物量、代谢物、代谢酶、基因转录等。

（1）菌体形态的检测

观察菌体形态是生产中最常用的方法，发酵过程中每隔一段时间就取样镜检，观察菌体的形态特征，能初步判断发酵过程代谢是否异常或染菌。

（2）生物量的检测

生物量的检测对发酵过程控制具有重要价值，可以判断发酵罐中菌体生长状况。发酵过程中常用的生物量检测方法包括：细胞重量法、直接计数法、比浊法、核酸计数法、活菌计数法等。

（3）胞内 ATP、ADP

ATP、ADP 是生物体内的重要化合物，作为中间代谢物和能量，测定它的含量具有重要生理意义。可以用荧光法测定胞内 ATP、ADP，此法是根据 ATP 与荧光素反应产生荧光的原理，包括样品处理、ATP 提取、ATP 测定。ATP 荧光法灵敏度高、操作简便。目前，应用比较广泛的有 ATP 测定试剂盒，其原理是在 ATP 存在的条件下，萤火虫荧光素酶可催化底物 D– 荧光素氧化并发射荧光，其形成量与 ATP 耗用量相关。

（4）胞内 NAD^+ 和 NADH

NAD+（氧化型烟酰胺腺嘌呤二核苷酸）和 NADH（还原型烟酰胺腺嘌呤二核苷酸）是发酵过程细胞代谢过程中的一对极为重要的氧化还原代谢辅酶。它们的质量分数及其比例反映了胞内的氧化还原状态和细胞代谢活性，具有重要生理意义。细胞内的 NAD^+ 和 NADH 水平与细胞所处环境的氧化还原状态息息相关，在发酵过程中可通过控制胞外氧化还原状态来调节细胞的生长及产物生成。

检测胞内辅酶 NAD^+ 和 NADH 的关键步骤为：胞内辅酶的高效提取和辅酶含量的准确测定。辅酶的提取方法主要有酸碱加热提取、细胞破碎提取。辅酶含量的测定方法主要有 HPLC、荧光法和酶循环法。

（5）胞内蛋白质、RNA 和 DNA

蛋白质、RNA 和 DNA 总量变化与菌体生长有直接关联，且在不同生长期其总量与组成发生变化。

① 蛋白质的测定。蛋白质的测定方法有很多，主要有凯氏定氮法、双缩脲法（Biuret 法）、Folin －酚试剂法（Lowry 法）、考马斯亮蓝法（Bradford 法）和紫外吸收法。

② RNA 和 DNA 的测定。常用的有光密度测定法和琼脂糖电泳测量法。光密度测定法主要是依据 RNA 和 DNA 在 260nm 处有很高的吸收峰，利用这个特点，可以在分别提取 RNA 或 DNA 后测定它们的 OD_{260}，再推算出其浓度。琼脂糖电泳测量法的原理是质粒 DNA 和 DNA 片段的浓度可与已知浓度的 DNA 标准品同时进行电泳，根据结合的溴化乙锭荧光强度估计其含量。

（6）代谢途径相关酶活的测定

代谢途径相关酶活的测定是胞内组分测定的重要内容。目前，测定酶活的方法主要有：还原糖法、色原底物法、黏度法、高效液相色谱法、免疫学方法、琼脂凝胶扩散法。

（7）胞内活性蛋白的测定

在发酵过程的检测分析中，还应该重视胞内相关蛋白的测定，这些蛋白有可能是代谢途径中的酶、基因表达时的变构蛋白或调控因子。随着基因组学的发展，发现基因与表型的非对称性，认为不能从mRNA的转录水平预测蛋白质的表达水平，也不能从基因序列直接推导蛋白质的修饰和加工。蛋白质组是动态的并反映生物系统的状态，进一步提出了代谢组学。代谢组学是研究各种代谢途径的底物和产物的小分子代谢物，是功能基因与代谢途径中酶的表达不一致性的差异研究，对此我们知道的还很少，发酵过程有关胞内活性蛋白的测定就是重要探索。

随着多学科的交叉技术研究，可以把凝胶电泳技术、毛细管电泳技术、色谱联用技术结合起来成为一个系统装置，实现蛋白质样品高通量分析。工作步骤可大致分为：双向凝胶电泳分离蛋白质→显色/转膜→显像→斑点识别、切割，自动转移到消化板→酶切消化→质谱→自动肽质量指纹谱分析→多肽序列标签，直接解释蛋白质序列→重新测序，获得所需的序列品质→生物信息学分析。

（8）基因表达水平的检测

代谢途径中基因表达水平的检测包括：转录水平检测和翻译水平检测。转录水平检测的常用方法有Northern blotting、反转录PCR、实时定量PCR等，翻译水平检测的方法有Western blotting。

10.2.4 发酵过程代谢通量分析

（1）代谢通量分析

代谢流（物流/通量）（flux）指参与代谢的物质在代谢网络的有关代谢途径中按一定规律流动所形成的物质流速率，代谢流是细胞生理学的一个基本决定因素，是代谢途径中的最重要参数。代谢通量分析（metabolic flux analysis）是代谢工程中的一种重要研究手段，它可用于分析微生物胞内代谢途径的代谢流量分配。假定在一定时间内，胞内中间代谢产物的浓度不变，根据代谢途径中各反应的计量关系以及实验中测得的底物消耗速率或者产物生成速率，基于质量平衡以及可能的能量平衡来确定未知的反应速率，进而确定代谢网络的通量分配图。代谢通量分析不仅精确定量描述代谢特性，还可以提供一些生物体生理方面更深入的一些信息。通过比较代谢通量的变化，可以对生物遗传和环境扰动的影响给予充分的评价，并能对特定途径和反应的重要性进行准确的描述。通过计算不同途径或不同条件下的代谢通量分布，可以表征细胞的代谢能力，洞察遗传修饰对细胞代谢状态的影响，从而为进一步更加合理的遗传改造提供理论依据。

案例 10-1
代谢通量分析

（2）代谢通量分析在发酵工程方面的应用

延伸阅读 10-2
代谢通量分析

代谢通量分析应用非常广泛，尤其是在发酵工程方面，主要包括：采用代谢通量分析方法定量分析发酵体系途径物流（测量流入和流出细胞的碳），用化学计量模型和测得的物流计算代谢物的生产速率；通过比较不同突变株和不同操作条件下的代谢通量分布，可以鉴别细胞代谢途径的节点是刚性还是柔性。若一个节点的一个或多个分支的分配率被严密控制，则称该节点是强刚性的；若流入每一分支的流量容易改变以满足需求，这样的节点称为柔性节点；若在一个节点的流量分配，由它的一个分支的动力学占优势，则称该节点是半柔性（弱刚性）节点；通过引入新途径、删除支路途径等，考察对其代谢通量影响；基于化学计量模型，如已知各种限制条件，便可以计算已知代谢物的最大理论得率，指导发酵工艺优化。

10.3 发酵过程的主要影响因素及其控制

从上一节的讨论可以看出，微生物发酵的影响因素很复杂，可检测的参数包括物理参数、化学参数和生物参数，有几十种之多。但是，对于大多数发酵过程而言，仅对其中的少数几个参数进行检测和控制。一般发酵过程主要控制参数有以下几种：温度、pH、溶解氧、基质浓度、废气中的CO_2等。本节将对这些基本参数的影响及其控制进行讨论。

10.3.1 温度对发酵的影响及其控制

生命活动可看作是相互关联的酶促反应，而任何化学反应都与温度有关，因此，温度是影响微生物发酵过程的重要的物理因素之一。一般地，发酵温度升高，酶促反应速率增大，通常在生物学的范围内温度每升高 10℃，生长速度就加快一倍，生长代谢加快，生产期提前。但是，如果温度过高，容易导致酶失活，菌体出现衰老和死亡。每种微生物都有生长发育所需的适宜温度。

温度除了影响发酵过程中的各种反应速率外，还可以影响发酵液的物理性质，如温度会影响发酵液中氧的传递和溶解氧的浓度，影响微生物细胞对基质的吸收和分解。温度还会影响生物合成的方向，如金色链球菌在低于 30℃时，合成金霉素的能力较强；当温度提高，合成四环素的比例提高，当达到 35℃时，则只合成四环素，而金霉素合成几乎停止。

因此，发酵过程在不同阶段所维持的温度与发酵过程的酶反应速率、菌体生长速率和产物合成速率等有密切关系。不同的菌种、不同产品、不同发酵阶段需要维持适当的温度。

（1）影响发酵温度的因素

发酵热是引起发酵过程中温度变化的原因。发酵热的两个主要来源，菌体利用培养基所产生的热量，机械搅拌过程转化的热能，微生物在发酵过程中产热的同时，因发酵罐壁散热、水分蒸发等也带走部分热量。因此，发酵热包括生物热、搅拌热以及蒸发热、辐射热等，代表整个发酵过程释放出来的净热量，以 $[J/m^3 \cdot h]$ 表示。现将发酵过程中产热和散热的因素分述如下。

① 生物热（$Q_{生物}$）：微生物在生长繁殖过程中，本身会产生大量的热，称为生物热。这种热的来源主要是微生物分解培养基中的碳水化合物、脂肪和蛋白质生成 CO_2、水和其他物质时释放出来的。

② 搅拌热（$Q_{搅拌}$）：好氧发酵都有大功率的搅拌。机械搅拌带动发酵液进行翻腾混合，液体之间、液体与搅拌器之间的摩擦产生了大量的热量。搅拌热与搅拌轴功率有关，可以通过以下公式计算

$$Q_{搅拌} = P \times 3\,061\ (\mathrm{kJ/h})$$

式中，P—搅拌功率，kW。

③ 蒸发热（$Q_{蒸发}$）：通气时，发酵液水分随之蒸发，被空气和蒸发水分带走的热量叫做蒸发热或汽化热。可按下式计算

$$Q_{蒸发} = q_m \times (H_{出} - H_{进})$$

式中，q_m—干空气的质量流量，kg/h；$H_{出}$、$H_{进}$—发酵罐排气、进气的热焓，kJ/kg。

④ 辐射热（$Q_{辐射}$）：因发酵罐液体温度与罐外周围环境温度的温差，发酵液中有部分热通过罐体向外辐射。辐射热的大小取决于罐内外的温差的大小，外界气温越低，辐射热越大。

因此，发酵热 $Q_{发酵}$为

$$Q_{发酵} = Q_{生物} + Q_{搅拌} - Q_{蒸发} - Q_{辐射}$$

（2）发酵热的测定

发酵热一般可通过下列方式测定和计算：

① 通过冷却水的流量和升温进行测定。为了把发酵过程稳定在一个恒定的温度，一般需要通入冷却水进行降温。发酵热可以通过测定在发酵温度稳定状态下，一定时间内冷却水的流量和冷却水进出口的温度进行计算

$$Q_{发酵} = q_v c\,(t_2 - t_1)\,/V$$

式中，q_v—冷却水体积流量，L/h；c—水的比热容，kJ/（kg · ℃）；t_1，t_2—进、出冷却水的温度，℃；V—发酵液体积，m^3。

② 通过短时间关闭发酵罐温度自动控制来测定。先使罐温达到恒定，再关闭自控装置，测量温度随时间上升的速率，按下式求出发酵热

$$Q_{发酵} = (m_1 c_1 + m_1 c_1)\,u$$

式中，m_1—发酵液的质量，kg；m_2—发酵罐的质量，kg；c_1—发酵液的比热容，kJ/（kg · ℃）；c_2—

发酵罐材料的比热容，kJ/（kg·℃）；u—温度上升速率，℃/h。

③ 根据化合物的燃烧热值计算发酵过程中生物热的近似值。根据赫斯（Hess）定律，过程的热效应取决于系统的初态和终态，而与途径无关。因此，可用燃烧热来计算发酵过程的热效应。虽然发酵是一个复杂的生化变化过程，作用物和生成物很多，但是可以主要的物质，即在反应中起决定作用的物质近似地进行计算。如葡萄糖的燃烧热为 1.566×10^4 kJ/kg，发酵过程葡萄糖的产热可以此数据进行近似计算。

（3）最适温度的选择

最适温度是指在该温度下最适宜微生物的生长或产物的合成。不同微生物、不同培养条件、不同的生长阶段以及不同的酶反应，最适温度可能会有所不同。因此，在实际发酵过程中，整个发酵周期内一般不适宜于以一个最适的温度进行恒温培养。一般在发酵初期，菌体浓度还很低，应优先考虑菌体最适于生长温度；到发酵中后期，菌体已长到一定浓度，则要把温度控制在满足产物合成的最适温度，以提高产量。

温度的控制还需要和其他的发酵条件配合。如在通气条件较差情况下，通常需要把发酵温度调低一些。这是由于较低温度下，微生物代谢速度下降，对氧的需求降低，同时较低温度下氧在发酵液中的溶解度相应提高，从而弥补了因通气不足而造成的代谢异常。

（4）温度控制方法

发酵中采用往夹套或盘管、列管中通循环水的方式控制温度。在小型发酵罐中，往往采用夹套控温，一般包含一个热水单元，通过水泵和加热水套向夹套中通入热水，以提高发酵液的温度，也包含一个冷水单元，向夹套中通入冷却水或自来水降低发酵液的温度。在大型发酵罐中，由于单位体积发酵液所对应的夹套散热面积的减少，夹套已经不能满足控温要求，一般采用盘管、列管装置进行控温。而且由于散热面积的减少导致辐射热（$Q_{辐射}$）减少，发酵过程中的控温主要是通入冷却循环水进行降温，很少需要加热单元。

10.3.2 pH 对发酵的影响及其控制

（1）pH 对微生物生长和代谢的影响

pH 可显著影响微生物的生长和代谢产物形成，不同微生物对 pH 要求不同。大多数细菌的最适 pH 为 6.5～7.5，霉菌一般为 4.0～5.8，酵母为 3.8～6.0，放线菌为 6.5～8.0。如果培养液的 pH 不合适，则微生物的生长就要受到影响。

pH 的变化会影响酶的活性、基质的利用速率和细胞结构，从而影响菌体生长和产物合成。同一种微生物在不同的 pH，也可能会形成不同的发酵产物。如黑曲霉在 pH 2～3 的情况下，发酵产生柠檬酸；而在 pH 接近中性时，则生成草酸。另外，微生物生长的最适 pH 和产物合成的最适 pH 往往不同。因此，控制适当的 pH 是保证微生物正常生长和提高产物产量的重要条件之一。

（2）影响 pH 变化的因素

在发酵过程中，pH 变化取决于微生物种类、基础培养基的组成和发酵条件。在菌体代谢过程中，凡是导致酸性物质生成或释放、碱性物质的消耗都会引起发酵液的 pH 下降；反之，凡是造成碱性物质的生成或释放、酸性物质的消耗将使发酵液的 pH 上升。如在发酵中一次加糖或加油过多，氧化不完全就会使有机酸大量堆积。另外，一些生理酸性盐，如 $(NH_4)_2SO_4$，其中 NH_4^+ 被菌体利用后，残留的 SO_4^{2-} 就会引起发酵液 pH 下降。培养基中的蛋白质、其他含氮有机物或谷氨酸发酵中尿素被尿酶水解放出氨等，pH 可迅速上升，又因氨被菌体利用，pH 则又下降。又如，$NaNO_3$ 中 NO_3^- 或有机酸被菌利用引起培养液 pH 上升。因此，发酵液中测得的 pH 变化是各种反应的综合性结果。菌体在代谢过程中具有一定的调节 pH 的能力，但外界条件发生较大变化时，pH 将会不断波动。在批式发酵中，如果 pH 没有进行控制，发酵液的 pH 不会保持恒定。

（3）pH 控制方法

视频 10-1
发酵过程 pH 控制方法

在多数情况下，为了获得最大产量，需要对发酵液中 pH 进行测量和控制。控制 pH 可以从基础培养基的配方考虑。首先应仔细选择碳源和氮源。一般说来，培养基中的碳 / 氮值（C/N 值）高，则发酵液倾向于酸性，反之则倾向于碱性或中性。同时，还应注意生理酸性盐和生理碱性盐的平衡。其次，可以在培养基设计的时候加入缓冲剂（如磷酸盐），制成缓冲能力强的培养基。

控制 pH 第二种常用的方法是在发酵过程中加弱酸或弱碱调节 pH。一般的发酵罐都具备 pH 的检测控制系统，将 pH 控制在适当的范围。

控制 pH 第三种方法是通过发酵过程的综合调控来实现。发酵过程中 pH 的变化反映了菌体的生理状况，如 pH 的上升超过最适值，便意味着菌体处于饥饿状态，可加糖调节，糖的过量又会使 pH 下降。发酵过程中如果仅用酸或碱调节 pH 不能改善发酵情况，进行补料则是一个较好的办法，既可调节培养液的 pH，又可补充营养，增加培养基的浓度，减少阻遏作用，从而进一步提高发酵产物的产率。另外，pH 还会随氧化的程度而波动，在通气充足时，糖和脂肪得到完全氧化，产物为 CO_2 和水；在通气不充足时，糖和脂肪的氧化不完全，产生有机酸类的中间产物。这些产物会使培养基的 pH 下降。因此，还可以通过控制氧的供应来控制 pH。

10.3.3　溶解氧对发酵的影响及其控制

溶解氧是需氧菌发酵的必备条件，关于微生物对氧的需求以及发酵体系中氧的传递过程理论在第 8 章已详细讲述。本节讨论溶解氧对发酵状态的指示作用及其控制方法。

（1）溶解氧对发酵状态的指示作用

发酵过程中溶解氧浓度的变化与菌体生长代谢状况密切相关（图 10-1）。一般在接种后 1 ~ 5 h 内，伴随着菌体进入对数生长期，氧的消耗速率上升，与此同时，由于菌体量上升，发酵液黏度逐渐上升，氧传递系数（K_La）将会下降。在这些因素的综合作用下，溶解氧（DO）有一个明显的下降过程，并且随着菌体活跃生长，DO 一直在低位徘徊，这取决于氧的供应状况和菌体代谢速率。二次生长时，DO 往往会从低谷处上升，菌体开始利用第二种基质的时候，DO 又开始下降。菌体生长进入停滞期或开始自溶时，DO 会逐渐上升。每一种发酵过程都是有规律性的 DO 变化过程，从这一过程可以大致判断菌体的生长情况，如果 DO 变化突然脱离了通常的变化规律，往往预示着发酵出现了异常。例如，发酵过程中 DO 异常降低可能预示通气搅拌等机械装置出现了异常，导致氧的传递能力下降，也可能预示着杂菌污染或补料过度导致氧的消耗速率太大。遇到类似情况应及时研判出现的问题，并采取补救措施。

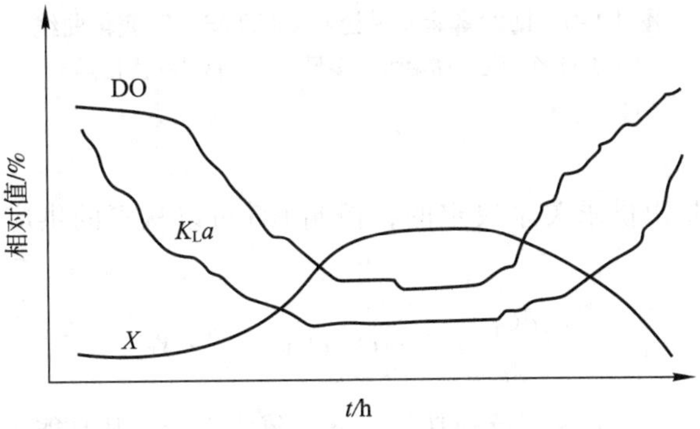

图 10-1　菌体生长与 K_La、DO 的相关性

在发酵过程中经常能看到 OUR 变化与 DO 变化呈一定的相关性（图 10-2）。一般情况是 OUR 上升时 DO 呈下降趋势，这是由于在一定的通气和搅拌等操作条件下，发酵罐供氧能力保持不变，OUR 上

升，则氧的消耗速率上升，DO 随之降低；相反，如果 OUR 下降，则 DO 上升。因此，在发酵过程正常的情况下，OUR 与 DO 的变化呈倒峰，符合物料平衡关系。

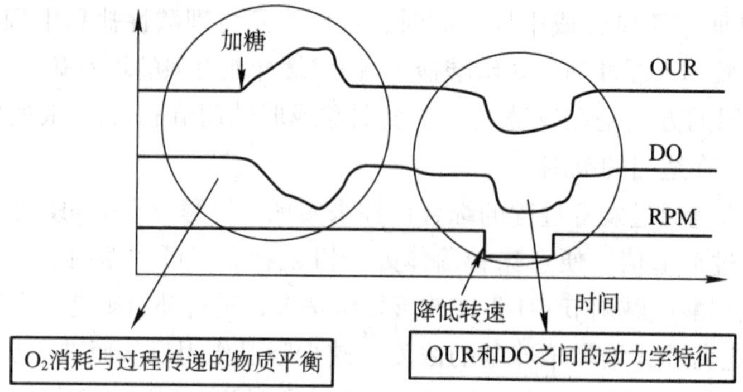

图 10-2 发酵过程 OUR 与 DO 的基本相关特征

但是，上述 OUR 与 DO 的关系不是绝对的，当 DO 下降到临界氧浓度以下的时候，DO 值的大小就会对菌体细胞的呼吸产生影响。所谓临界氧浓度是指不影响呼吸所允许的最低氧浓度，如对产物而言，就是不影响产物合成所允许的最低浓度（图 10-3）。因此，当 DO 低于临界氧浓度后，可以观察到 DO 与 OUR 同时下降，出现顺峰现象（图 10-3）。利用这一特征可以判断一个发酵过程的临界氧浓度。发酵过程应把 DO 控制在临界氧浓度以上，以保证菌体的正常生长。

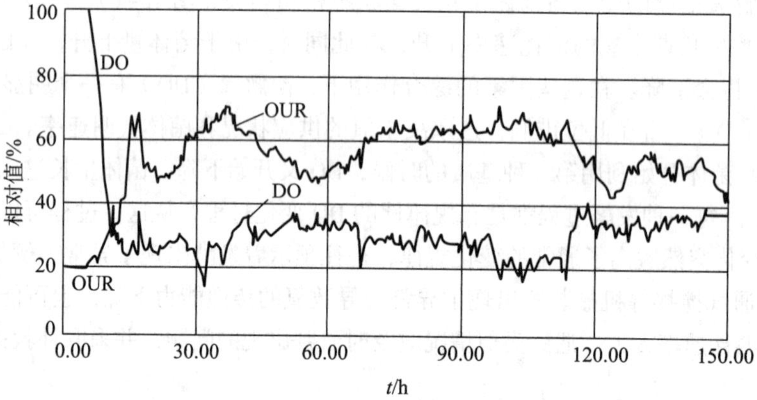

图 10-3 梅岭霉素发酵过程 OUR 与 DO 变化曲线

（引自张嗣良，储炬著《多尺度微生物过程优化》）

（2）**氧的控制方法**

发酵液中 DO 的变化是由供求关系决定的，控制 DO 可以从氧的供应和氧的消耗两方面进行考虑，即

$$\frac{\mathrm{d}C_L}{\mathrm{d}t}=K_La\,(C^*-C_L)-Q_{O_2}\cdot X$$

式中，K_La（C^*-C_L）反映供氧，$Q_{O_2}\cdot X$ 反映耗氧。从供氧能力看，凡是能提高 K_La 和 C^* 的因素都能改善供氧条件，提高 DO。当然，在最大供氧能力受限制的情况下，为了保持一定的 DO 水平，就需要适当控制菌体的耗氧速率。

① 提高 K_La，也就是提高设备的供氧能力。从改善搅拌考虑，往往更容易收到效果。常用的方法有：提高搅拌转速、改变搅拌器直径和类型、改变挡板的数量和位置；也可以采取补水、添加表面活

性剂等措施改善培养液的流变性质，提高 K_La，等等。

② 提高 C^*。一种方法是在通气中掺加纯氧或富氧，使氧分压提高。工业中采用控制通气成分的方法非常昂贵，氧气制备的成本很高，所以，这一方法一般只用于小规模发酵，在关键时候改善供氧状况。另一种常用的提高 C^* 的方法是提高罐压，由于总气压上升，氧气分压随之上升，对应的饱和氧浓度 C^* 也得到提高。值得注意的是，这种方法同时也提高了 CO_2 分压，因而提高了 CO_2 在发酵液中的浓度，这会影响发酵液的 pH 和菌体的代谢。

③ 控制菌体对氧的消耗速率。无论如何改进发酵罐的供氧能力，如果发酵工艺条件不匹配，还会出现 DO 供不应求的现象。因此，发酵过程中还需要采用适当的工艺条件，使菌体对氧的需求控制在适当的范围。常用的措施有：控制加糖或补料速率，限制养分的供应以降低菌体生长速度。改变发酵温度，一般采用降低温度的方法，低温下菌体代谢下降，OUR 下降，同时 C^* 增加，使氧传递的推动力（C^*-C_L）提高，有利于氧的供给。

通过上述措施的综合使用，才能使 DO 控制在适当水平。

10.3.4 基质浓度对发酵的影响及其控制

基质即培养微生物的营养物质。基质是发酵生产菌代谢的物质基础，既涉及菌体的生长繁殖，又涉及代谢产物的形成。因此，选择适当的基质并控制适当的浓度是提高代谢产物产量的重要方法。在分批发酵中，营养物质不足固然不利于菌体的生长和产物合成，但是营养物质过于丰富同样会带来问题，比如菌体生长过旺、黏度增大、传质变差等，导致菌丝老化，产量下降，或不得不花费较多的能量来维持菌体的生存环境，成本大量增加。所以，控制合适的基质浓度对菌体的生长和产物的形成都有利。

（1）碳源对发酵的影响及其控制

按碳源利用快慢程度，分为快速利用的碳源和缓慢利用的碳源。快速利用的碳源能较迅速地参与代谢、促进能量产生和菌体生长，并形成分解产物，有利于菌体生长，但有可能会出现分解代谢物阻遏效应，对产物合成产生阻遏作用；而对于缓慢利用的碳源，菌体只能缓慢代谢这些碳源，有利于延长代谢产物的合成，特别是延长抗生素的分泌期，有利于微生物次生代谢产物的发酵生产。因此，选择最适碳源对提高代谢产物的产量非常重要。

深入学习 10-3 受分解代谢阻遏的酶

分解代谢物阻遏效应的发现源自早期对大肠杆菌的二次生长现象的研究。葡萄糖是典型的快速利用碳源，将大肠杆菌培养在含葡萄糖和另一种缓慢利用碳源（如乳糖）的培养基上，便会出现两次旺盛的生长现象，称为二次生长。其特征是两个生长期间夹有一个停滞期。菌体在第一个生长期利用葡萄糖，而乳糖不被利用。

碳源浓度对于菌体生长和产物合成有显著影响。因此，要优化碳源浓度的控制，可在发酵过程中采用中间补料的方法进行控制，具体可采用经验法和发酵动力学法。经验法是在实际生产中，要根据不同代谢类型确定补糖时间、补糖量和补糖方式。而发酵动力学法要根据菌体的比生产速率、糖比消耗速率及产物的比生产速率等动力学参数来控制。

（2）氮源的种类和浓度对发酵的影响及其控制

氮源可分为无机氮源和有机氮源两大类，氮源的种类和浓度都能影响微生物产物合成的方向和产量。氮源也分为可快速利用的氮源（速效氮源）和缓慢利用的氮源（迟效氮源）。速效氮源如氨（或铵）态氮的氨基酸（或硫酸铵等）和玉米浆等；迟效氮源如黄豆饼粉、花生饼粉、棉籽饼粉等。速效氮源容易被菌体所利用，促进菌体生长，但对某些代谢产物的合成，特别是某些次生代谢产物如抗生素等的合成产生调节作用而影响产量。例如，链霉菌的竹桃霉素发酵中，采用促进菌体生长的铵盐，能刺激菌丝生长，但抗生素的产量反而下降。又如，铵盐对柱晶白霉素、螺旋霉素、泰洛星等的合成也具有调节作用。缓慢利用的氮源对延长次生代谢产物的分泌期、提高产物的产量十分有利。发酵培养基一般选用含有快速和慢速利用的混合氮源。有时还需要通过补加氮源来控制其浓度，生产上常采用以下方法：

① 补加有机氮源。根据产生菌的代谢情况，可在发酵过程中添加某些具有调节生长代谢作用的有机氮源，如酵母粉、玉米浆、尿素等。例如，在土霉素发酵中，补加酵母粉可提高发酵单位；青霉素发酵中，后期出现糖利用缓慢、菌浓度变稀、pH 下降的现象，补加尿素就可改善这种状况并提高发酵产量。

② 补加无机氮源。补加氨水或硫酸铵是工业上常用的方法，氨水既可作为无机氮源，又可以调节 pH。但当 pH 偏高而又需补氮时，就可补加生理酸性物质的硫酸铵，以达到提高氮含量和调节 pH 的双重目的。因此，应根据发酵控制的需要来确定如何补充无机氮源。

（3）磷酸盐浓度对发酵的影响及其控制

磷作为核酸合成的重要元素，是微生物生长繁殖和代谢产物合成所必需的。微生物生长良好时所允许的磷酸盐浓度为 0.32 ~ 300 mmol/L，而次生代谢产物合成良好时所允许的最高磷酸盐平均浓度仅为 1.0 mmol/L，提高到 10 mmol/L 就会明显抑制次生代谢产物合成。相比之下，菌体生长所允许的浓度比次生代谢产物合成所允许的磷酸盐浓度要大得多，相差几十倍甚至几百倍。因此，控制磷酸盐浓度对微生物次生代谢产物合成非常重要。磷酸盐浓度对于初生代谢产物合成的影响，往往是通过促进生长而间接产生，对于次生代谢产物，其影响机制则更为复杂。

对磷酸盐浓度的控制，一般是在基础培养基中采用适当的浓度。对抗生素发酵来说，常常是采用生长亚适量（即对菌体生长不是最适合但又不影响生长的量）的磷酸盐浓度。其最适浓度取决于菌种特性、培养条件、培养基组成和原料来源等因素，并结合具体条件和使用的原材料进行实验优化来确定。培养基中的磷含量还可能因配制方法和灭菌条件不同而有所变化。在发酵过程中，若发现代谢缓慢的情况，还可补加磷酸盐。

除碳源、氮源和磷酸盐等主要影响因素外，在培养基中还有其他成分影响发酵。例如，Cu^{2+} 在以醋酸为碳源的培养基中，能促进谷氨酸产量的提高，而 Mn^{2+} 对芽孢杆菌合成杆菌肽等次生代谢产物具有特殊作用，必须使用足够的浓度才能促进它们的合成。总之，控制基质的种类及其各成分的浓度是决定发酵是否成功的关键，必须根据产生菌的特性和产物合成的要求进行深入细致的研究，以取得满意的结果。

10.3.5 泡沫对发酵的影响及其控制

在发酵过程中，为了满足好氧微生物的需求，并取得较好的生产效果，要通入大量的无菌空气。同时，为了加速氧在水中的溶解度，必须加以剧烈地搅拌，使气泡分割成无数小气泡，以增加气液界面。因此，发酵过程中产生一定的泡沫很正常。但是，如果泡沫太多又不加以控制，就会对发酵造成损害。首先是会造成排气管有大量逃液的损失，泡沫升到罐顶有可能从轴封渗出，增加染菌的概率；其次是泡沫严重时还会影响通气搅拌的正常进行，妨碍菌体的呼吸，造成代谢异常，最终导致产物产量下降或菌体的提早自溶。

发酵过程中泡沫的多少一方面与通风、搅拌的剧烈程度有关，而且搅拌所引起的泡沫比通气来得大；另一方面与培养基所用原材料的性质有关，通常，培养基的配方含蛋白质多且浓度高，则黏度大，容易起泡，而且泡沫多而持久稳定。蛋白质原料如蛋白胨、玉米浆、黄豆粉、酵母粉等是主要的起泡因素。胶体物质多、黏度大的培养基更容易产生泡沫，如糖蜜原料与石油烃类原料，发泡能力特别强，泡沫多而持久稳定。多糖的水解不完全，糊精含量多，也容易产生泡沫。此外，培养基的灭菌方法和操作条件均会影响发酵时泡沫的产生。可见，发酵过程中泡沫的形成及其稳定性与培养基的性质密切相关。

在发酵过程中，微生物的代谢活动也会影响泡沫的形成和消长。发酵初期，由于培养基浓度大，黏度高，营养丰富，因而产生的泡沫稳定，这与发酵液具有高的表面黏度和低的表面张力有关。随着发酵进行，表面黏度下降，表面张力上升，泡沫寿命逐渐缩短。另外，菌的繁殖，尤其是细菌本身具有稳定泡沫的作用，在发酵最旺盛时泡沫形成比较多，在发酵后期菌体自溶导致发酵液中可溶性蛋白质增加，又有利于泡沫的产生。此外，发酵过程中污染杂菌有时会使发酵液黏度增加，也会产生大量泡沫。

发酵工业消除泡沫常用的方法有两种：化学消泡和机械消泡。

（1）化学消泡

化学消泡是一种使用化学消泡剂的消泡法，也是目前应用最广的一种消泡方法。其优点是化学消泡剂来源广泛，消泡效果好，作用迅速可靠，尤其是合成消泡剂效率高，用量少，安装测试装置后容易实现自动控制等。化学消泡的机理是当化学消泡剂加入起泡体系后，由于消泡剂本身的表面张力比较低，使气泡膜局部的表面张力降低，力的平衡遭到破坏，此处为周围表面张力较大的膜所牵引，因而气泡破裂，产生气泡合并，最后导致泡沫破裂。发酵工业常用的消泡剂主要有四类：①天然油脂类；②高碳醇、脂肪酸和酯类；③聚醚类；④硅酮类（聚硅油类）。

（2）机械消泡

机械消泡是一种物理作用，靠机械强烈振动以及压力的变化，促使气泡破裂，或借机械力将排出气体中的液体加以分离回收。其优点是不用在发酵液中加入其他物质，节省原料（消泡剂），减少由于加入消泡剂所引起的污染机会以及后续发酵液中产物分离的困难。但其缺点是效果往往不如化学消泡迅速可靠，需要一定的设备和消耗一定的动力，而且不能从根本上消除引起泡沫稳定的因素，常见的机械消泡装置有耙式消泡浆和旋转圆板式消泡装置，两种消泡装置见图 10-4 和图 10-5。

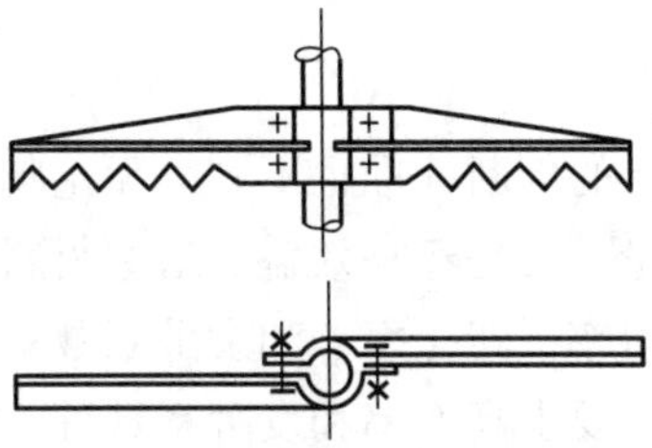

图 10-4 耙式消泡桨

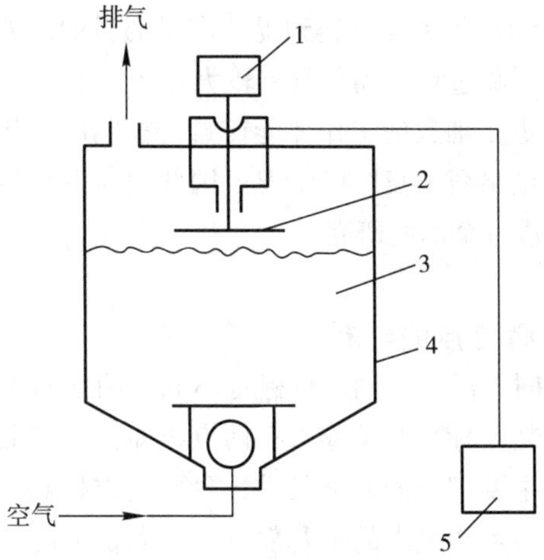

图 10-5 旋转圆板式消泡装置

1- 电极；2- 旋转圆板；3- 发酵液；4- 发酵槽；5- 供液泵

10.3.6 二氧化碳对发酵的影响及其控制

二氧化碳（CO_2）是微生物的代谢产物，又是细胞代谢的重要指标，同时也是进行生物合成的必要物质。CO_2 对菌体的生长有直接作用，影响碳水化合物的代谢及微生物的呼吸速率。大量实验表明，溶解在发酵液中的 CO_2 对氨基酸和抗生素的生产过程具有抑制作用或刺激作用。大多数微生物适应低 CO_2 浓度（0.02% ~ 0.04%，体积分数）。当尾气 CO_2 浓度高于 4% 时，微生物的糖代谢与呼吸速率下降。

CO_2 对细胞作用的机制是 CO_2 及其产生的 HCO_3^- 都会影响细胞膜的结构。当细胞膜的脂质相中 CO_2 浓度达到临界值时，膜的流动性及表面电荷密度发生变化，导致膜运输受阻而影响细胞膜的运输效率，使细胞处于“麻醉”状态，细胞生长受到抑制，形态也会发生改变。

CO_2对发酵的影响很难进行估算和优化，在大规模发酵中，CO_2的影响将成为突出问题。因为发酵罐中CO_2的分压是液体浓度的函数，10 m 深的发酵罐在 1.01×10^5 Pa 气压下操作，底部CO_2分压是顶部CO_2分压的 2 倍。而CO_2溶解度大时对菌体生长很不利，为了排除CO_2的影响，必须考虑培养液中的温度、通气情况以及CO_2溶解度。

CO_2在发酵液中的浓度变化受到许多因素的影响，如菌体的呼吸强度、发酵液流变学特性、通气、搅拌程度和外界压力大小等因素。而且设备规模大小也有影响。由于CO_2的溶解度随压力增加而增大，大型发酵罐中的发酵液静压可达 1.0×10^5 Pa 以上，若处在正压发酵阶段，可使罐底部压强达 1.5×10^5 Pa，此时若不改变搅拌转数，CO_2就不容易排出而在罐底形成碳酸，进而影响菌体的呼吸和产物的合成。

CO_2浓度的控制应随对发酵的影响而定。如果CO_2对产物合成有抑制作用，应设法降低其浓度；若有促进作用，则应提高其浓度。通气和搅拌速率的大小，皆可调节CO_2的溶解度。在发酵罐中不断通入空气，既可保持溶解氧在临界点以上，又可随废气排出所产生的CO_2，使之低于能产生抑制作用的浓度。所以，通气搅拌是控制CO_2浓度的有效方法。此外，CO_2形成的碳酸还可用适当的碱中和。

10.3.7 多参数的综合控制

从 20 世纪 80 年代开始，随着耐高温溶氧电极和 pH 电极的技术成熟和在发酵过程中的成功应用，发酵过程传感技术迅速发展，目前可以检测的参数较多，可分为物理参数、化学参数及生物参数，可供选择的参数已达百种以上。传感技术的快速发展推动了计算机控制技术在发酵领域的应用。当今发酵工厂或实验室普遍在发酵罐上装备了溶氧电极、pH 电极和温度电极等多种电极，有时还安装有发酵罐尾气中的氧和二氧化碳的浓度检测装置。通过计算机实现参数的连续采集和实时控制，希望通过对某个参数的连续检测和控制达到提高产量的目的。发酵工厂采用计算机控制技术以后，对生产的记录管理、质量控制和过程自动化都有较大作用，但目前对于提高发酵产量的作用一般只能提高 10% 左右，还需要开展更多细致的工作才能使自动控制的作用显现。由于发酵过程的复杂性远远超过目前多个单一参数检测结果所能反映的情况。因此，对发酵过程的精确控制还需要对发酵系统的多参数的测量及其变化规律进行全面的研究。

10.3.8 发酵终点的判断

发酵类型不同，需要达到的目标也不同，因而对发酵终点的判断标准也不同。无论哪一种类型的发酵，其终点的判断标准归纳起来有两点，即一是产品的质量，二是经济效益。对原材料与发酵成本占整个生产成本主要部分的发酵品种，主要追求提高产率、得率（转化率）和发酵系数。如果下游后处理工艺的成本占生产成本的主要部分且产品价值高，则除了要求高产率和发酵系数外，还要求高的产物浓度。如计算总的发酵产率，则以放罐时的发酵单位除以总的发酵时间（图 10-6）。

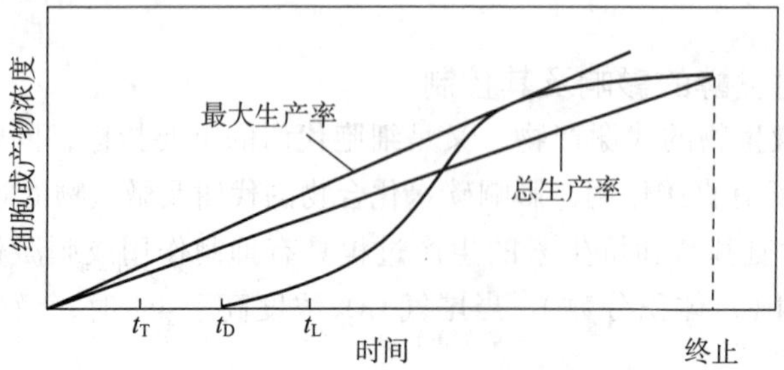

图 10-6 分批培养的产率计算

t_T—放罐检修工作时间；t_D—洗罐、配料和灭菌时间；t_L—生长停滞时间总产率可用从发酵终点到下一批发酵终点直线斜率来表示；最高产率可从原点与产物浓度曲线相切的一段直线斜率代表。切点处的产物浓度比终点最大值低。从下式可求得分批发酵总生产周期

$$t=\frac{1}{\mu_m}\cdot\ln(X_2/X_1)+t_T+t_D+t_L$$

式中，t_T—放罐检修工作时间；t_D—洗罐、配料和灭菌时间；t_L—生长停滞时间；X_1—菌体起始浓度；X_2—放罐细胞浓度；μ_m—最大比生产速率。

由上式可知，如要提高总产率，则必须缩短发酵周期。即在产率降低时放罐，延长发酵时间虽然略能提高产物浓度，但产率下降，且消耗每千瓦电力及每吨冷却水所得产量也下降，成本提高。放罐时间对下游工序也有很大的影响，放罐时间过早，会残留过多的养分如糖、脂肪、可溶性蛋白等，增加提取工艺段的负担；如放罐太晚，菌丝自溶，不仅会延长过滤时间，还可能使一些不稳定的产物浓度下降，扰乱提取工艺阶段的工作计划。

临近放罐时加糖、补料或加入消泡剂要慎重，因残留物对提取和精制有重要影响。补料可根据糖耗速率计算到放罐时允许的残留量来控制。对于抗生素发酵，一般在放罐前约 16 h 便应停止加糖和消泡剂。判断放罐的指标主要有产物浓度、过滤速度、菌丝形态、氨基氮含量、残糖含量、pH、DO、发酵液的黏度和外观等。一般地，菌丝自溶前总有些迹象，如氨基氮、DO 和 pH 开始上升、菌丝碎片增多、黏度增加、过滤速率下降等。已发酵过的老品种抗生素发酵放罐时间一般都按作业计划进行。但在发酵异常情况下，放罐时间就需当机立断，以避免倒罐。未发酵过的新品种发酵则需要探索合理的放罐时间。绝大多数抗生素发酵掌握在菌体自溶前放罐，极少数品种在菌丝部分自溶后放罐，以便胞内抗生素释放出来。总之，发酵终点的判断需综合多方面的因素统筹考虑。

（1）菌体自溶的监测

发酵后期密切监视菌体的自溶情况对稳产和提高下游工艺段的产物回收率有重要意义。通常把微生物因养分的缺乏或处在不利的生长环境下，其自身开始裂解的过程称为自溶。一些真菌的自溶与蛋白酶、β－葡聚糖酶及壳多糖酶有关。研究酵母自溶的基本过程与内部结构的变化，证实了蛋白质水解是自溶的基本动力，而细胞壁的降解是次要的，其典型特征是膜功能的丧失，区域化的破坏及自溶酶的释放。造成自溶的外部因素有化学物质，如高浓度乙醇的产生、碳氮源或氧的缺乏等。

延伸阅读 10-3
菌体自溶监测的应用

有些菌丝体在生长期就呈现自溶征兆，发酵时间长时更明显，这时菌体总量仍在增长。所以，细胞量的测定只能反映整个培养物状态的平均值，因为检测对象在某些区域内的下降可能被其他区域内的上升所掩盖。在发酵后期一直增加的自溶率到最后又开始下降，这是由于一些菌丝从裂解的大量菌丝碎片和降解物质中获取营养，以支持新的生长点，有人称此过程为“隐性生长”。

（2）影响自溶的因素

在青霉素发酵中后期，如果 NH_4^+ 的量供给不足（＜0.25～0.34 g/L），青霉素的合成终止，菌丝自溶加剧。所以，NH_4^+ 的限制可能是诱导或刺激真菌细胞自溶的外在因素。除了菌株间的遗传差异外，菌龄是影响自溶很重要的内在因素。氧限制可显著降低青霉素 V 的合成速率，出现自溶的时间比 DO 控制（≥ 40%空气饱和度）的发酵更早。在 120 h 后大多数菌丝出现自溶征兆，并伴随菌量和表观黏度的下降以及 NH_4^+ 的上升。在自溶的初期（120～148 h），碳源继续消耗，CO_2 释放速率（CER）上升，DO 仍停留在限制水平（0 %饱和度）。RQ 从 1.0（72～120 h）上升到 2.0。这反映菌体的代谢由需氧呼吸转向厌氧降解。在 120 h 后青霉素 V 被降解，到 142 h 发酵单位降至零。在这期间的平均降解速率为 0.023 g/（L · h）。

自溶初期的一种普遍现象是大量的蛋白质水解。这是由于胞内的蛋白酶被活化，液泡中的水解酶在碳、氮源限制下被解除阻遏，或液泡破坏释放出水解酶，在一些酵母的自溶过程中，β- 葡聚糖酶起重要作用。分批发酵过程中，胞内蛋白酶活性变化可分成 3 个阶段：第一阶段在 48 h，蛋白酶比活出

现一个高峰，其总酶活高峰出现在 72 h，出现这些情况可能是在指数生长期蛋白质需要快速周转和分泌到胞外，以降解和利用培养基中的外源蛋白质。第二阶段，在发酵 96 h 左右蛋白酶活性降至低谷，这是对其需要减少所致。第三阶段（120 ~ 124 h），蛋白酶活性又快速增长，并伴随能源的消耗与 NH_4^+ 的释放。自溶过程的顺序是膜功能的损坏与间室化破坏和水解酶释放。β – 葡聚糖酶的比活在发酵 72 h 降到最低点，随后逐渐升到自溶期末达到高峰。

10.4 发酵过程模拟

要实现发酵过程的优化与控制，通常首先要模拟发酵过程，包括确立发酵过程的目标函数（优化指标），确定过程的状态变量、操作变量和可测量变量，然后建立描述状态变量与独立变量（通常是时间）、操作变量间关系的动力学数学模型。数学模型可以是有明确物理和化学意义的模型，也可以是仅仅反映状态变量与操作变量之间关系的黑箱模型。最后，需要选择和确定一种有效的优化算法来实现发酵过程的优化与控制。

概括起来，发酵过程的优化与控制就是要回答和解决以下问题：

① 过程控制和优化的目标函数是什么？

② 有没有能够描述过程动力学特征的数学模型可以利用？如何建立该模型？

③ 为实现优化目标，需要掌握什么样的信息？需要检测（在线或离线检测）哪些状态参数？

④ 用来实现优化与控制的操作参数是什么？

⑤ 可以在线测量的状态参数是什么？并据此可以推定什么样的不可测状态参数、过程特性或模型参数和环境条件？

⑥ 过程的外部干扰可能有哪些？它们对于过程控制和优化的影响是什么？

⑦ 实现优化与控制的有效算法是什么？如何利用选定的算法求解最优控制条件？

⑧ 控制和优化算法能否适时解决由于环境因子或细胞生理状态的变化而造成的最优控制条件的偏移，从而实现过程的在线最优化？

10.4.1 过程方程及主要状态参数的确定

过程可以用图 10–7 的形式简略地表示。过程的输入，又称为操作变量或控制变量，一般用 u 来表示。而过程的输出，通常也称为可测量变量，用 y 来表示。过程的外部干扰则通常用 d 来表示。一般情况下，过程的动力学特性可以用下列常微分方程组来表示：

$$\frac{\mathrm{d}x_i}{\mathrm{d}t}=f_i(x_1, x_2,\cdots, x_n; u_1, u_2, \cdots, u_k) \qquad (i=1, 2,\cdots, n) \tag{10–1a}$$

$$y_j = g_j(x_1, x_2,\cdots, x_n)+d_j \qquad (j = 1, 2,\cdots, m) \tag{10–1b}$$

这里，式（10–1）称作状态方程式，$x = (x_1, x_2, \cdots, x_n)^{\mathrm{T}}$，$y = (y_1, y_2, \cdots, y_m)^{\mathrm{T}}$，$u = (u_1, u_2, \cdots, u_k)^{\mathrm{T}}$ 分别是状态变量，可测量变量和操作变量的向量表现。一般情况下，状态变量中的一部分才是可测定的，因此，$m < n$。这里，上标“T”表示向量的转置。

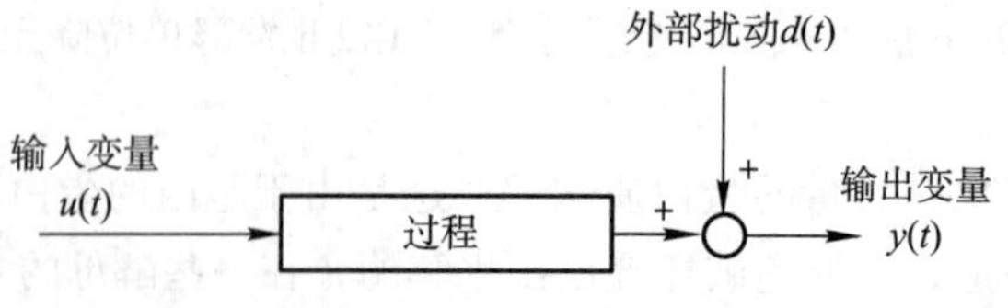

图 10–7 发酵过程模型

生物过程的建模，就是要确定式（10–1a）中 f_i 的函数形式及其参数。对生物过程而言，建立模型本身就是一项非常困难的工作，而且即使模型建立起来，在实用上还要考虑模型的非线性特征、不确定性和时变特性等诸多因素。如果过程的状态方程式可以用式（10–2）来表示，且（a_{i1}，a_{i2}，…，a_{in}）、（b_{i1}，b_{i2}，…，b_{ik}）、（c_{j1}，c_{j2}，…，c_{jn}）都是与状态变量和操作变量无关的系数，则该过程称之为线性系统，过程状态方程式是线性的状态方程式。

$$\frac{\mathrm{d}x_i}{dt} = a_{i1}X_2 + a_{i2}X_2 + \cdots + a_{in}X_n + b_{i1}u_2 + b_{i2}u_2 + \cdots + b_{in}u_n\,(\,i = 1, 2, \cdots, n\,) \tag{10–2a}$$

$$y_j = c_{j1}\,x_1 + c_{j2}\,x_2 + \cdots + c_{jn}\,x_n + d_j \quad (\,j = 1, 2, \cdots, m\,) \tag{10–2b}$$

如果将式（10–2）用向量和行列式的形式来加以表现，则上述线性状态方程式可以写成如下形式：

$$\frac{\mathrm{d}x}{\mathrm{d}t} = Ax + Bu \tag{10–3a}$$

$$y=Cx + d \tag{10–3b}$$

这里，$x^{\mathrm{T}} = (x_1, x_2, \cdots, x_n);\ u^{\mathrm{T}} = (u_1, u_2, \cdots, u_1);\ y^{\mathrm{T}} = (y_1, y_2, \cdots, y_m);\ d^{\mathrm{T}} = (d_1, d_2, \cdots, d_m)$;

$$A = \begin{bmatrix} a_{11}, a_{12}, \cdots, a_{1n} \\ a_{21}, a_{22}, \cdots, a_{2n} \\ \hline \\ a_{n1}, a_{n2}, \cdots, a_{nn} \end{bmatrix};\ B = \begin{bmatrix} b_{11}, b_{12}, \cdots, b_{1} \\ b_{21}, b_{22}, \cdots, b_{2} \\ \hline \\ b_{n1}, b_{n2}, \cdots, b_{n} \end{bmatrix};\ C = \begin{bmatrix} c_{11}, c_{12}, \cdots, c_{1n} \\ c_{21}, c_{22}, \cdots, c_{2n} \\ \hline \\ c_{n1}, c_{n2}, \cdots, c_{nn} \end{bmatrix}$$

为简单起见，假定所有可测量变量的外部干扰均为 0，即 $\mathrm{d}_j = 0$（$j = 1$，2，…，m）。式（10–3）又称为状态空间表现形式。如果对式（10–3）两边取拉普拉斯变换，过程的输入输出关系就可以用复变量代数方程的形式来加以表现，即：

$$y\,(\,s\,) = G_{\mathrm{p}}\,(\,s\,) \cdot u\,(\,s\,) \tag{10–4a}$$

$$G_{\mathrm{p}}\,(\,s\,) = C\,(\,sI–A\,)^{-1} \cdot B \tag{10–4b}$$

这里，y（s）和 u（s）分别表示 y（t）和 u（t）经过拉普拉斯变换后得到的复变量，其中，$s = \alpha+i\beta$ 表示复平面上的变量，即拉普拉斯变量。I 是单位矩阵，“–1”表示逆矩阵，B 和 C 分别是 $n \times k$ 和 $m \times n$ 阶的矩阵，A 是 $n \times n$ 阶的方阵。G_{P}（s）就是过程的传递函数，它是一个有关复变量 s 的 $m \times k$ 阶矩阵。对于生物过程，人们主要考虑的控制和优化问题一般都是单输入单输出的系统（single-input single-output system，SISO）。即操作变量和可测量变量各只有一个（$y = y$，$u = u$，$m = k = 1$）。这时，B 和 C 可以简化成 $n \times 1$ 和 $1 \times n$ 阶的向量，过程的传递函数 G_{P}（s）则是一个标量。有关多输入多输出系统（multi-input multi-output system，MIMO）也会在生物过程控制和优化中遇到。

10.4.2 发酵过程优化控制模型

发酵过程最优化控制的方法主要可以分成两类：①基于非构造式模型的最优化控制方法；②基于可实时测定的过程输入输出时间序列数据和黑箱模型的最优化控制方法。使用构造式模型（包括代谢网络模型）进行过程优化与控制的研究报道尚不多见，也未真正形成体系。这里，首先重申一下控制和最优化控制这两个不同的概念。通过改变操作条件或控制变量，使得过程的目标函数取得最大，这是过程的最优化控制。通过改变和调整控制变量，将过程的某一个或多个状态变量控制在某一水平或时间轨道上（通常是恒定水平），则称为控制。

（1）基于非构造式动力学模型的最优化控制方法

基于非构造式动力学模型的最优化控制的问题，一般来说，就是求解操作变量的时变函数集合的问题，如求解诸如温度、pH、基质流加速率、发酵罐搅拌速率等控制变量随时间变化的曲线或轨道。Pontryagin（庞特里亚金）的最大原理、格林定理、动态规划法以及遗传算法等是求解上述控制轨道的主要数学方法。为了实现最优控制轨道的求解，必须明确：①过程目标函数的具体形式。②能够比较准确地描述过程动力学特征，反映操作变量和状态变量之间关系的数学模型。模型通常以常微分方程组形式的状态方程式来表述，给定初始条件。③状态变量和操作变量是否存在限制条件，如浓度不可能出现负值，温度和流加速率等操作变量应该存在上下限等。④最有效的最优控制轨道的求解方法。除极个别的场合，最优控制轨道的解析解不可能得到，一般只能通过计算机数值运算得到数值解。几种优化算法之中，格林定理最为直观，但它只能考虑状态变量为两个的最优化控制问题，应用范围有局限性。利用最大原理求解最优控制轨道，需要求解目标函数对操作变量的梯度，它要靠引入 Hamilton（哈密顿）函数、伴随变量和伴随方程式来解决。这是一个所谓求解两点边界值的问题（即状态变量的微分方程式，初始条件已知；而伴随变量的微分方程式，终端条件已知），需要通过大量的试行错误计算才能求解出所希望的最优控制轨道。遗传算法则需要在时间和控制变量的值域上，将控制变量细分，通过基因的随机生成、交叉、变异、解码、代入状态方程式求解对应的状态变量的数值，计算和比较适合度，再利用优胜劣汰等选择操作方法，求得最优控制轨道。它同样也是一个非常复杂的数值计算求解的问题，但它不需要求解目标函数对于操作变量的梯度。

一般来说，基于非构造式模型的最优化控制是一种离线式的控制方法，只要按照计算好的最优控制轨道，随时间变更操作变量即可。一般并不需要测定任何状态变量和进行反馈控制。但是，由于生物过程中特有的模型参数漂移性和不确定性，一旦模型参数发生变化，计算得到的操作轨道就偏离了真正的最优控制轨道，造成最优化控制性能的恶化。为了提高最优化控制系统对于环境因子偏离的自适应能力，在一定的时间间隔内（如 1 ~ 2 h）在线测量某些状态变量，再结合使用遗传算法等方法，在线追踪和更新非构造式模型参数的变化，然后按照更新后的模型参数重新计算最优控制轨道，就可以实现能够适应环境变化和动力学偏移的自适应最优化控制。在计算机技术高度发展的今天，通常的微机已经完全能够满足这种反复不断的模型参数更新和操作轨道计算的要求。

（2）基于可实时测定的过程输入输出时间序列数据和黑箱模型的最优化控制方法

一般来说，基于时间序列输入输出数据和黑箱模型的在线最优化控制是一种分级递阶型的控制系统。上位的在线优化机构不断地在线探索能使整个过程目标函数最大的最优条件，并向下位的定值控制系统实时发出新的设定值。探索最优条件当然就是要找到目标函数与被控状态变量之间的关系。如果过程的目标函数和被控状态变量可以在线测量或者计算，而且它们之间的关系可以用某种函数的形式（如交叉多项式的形式）表现出来，那么同样可以通过逐次最小二乘回归法求得该函数模型的模型系数。这时，由模型系数就可以得到目标函数对于被控状态变量的梯度，再利用反复迭代的计算方法就可以不断、实时地搜寻被控状态变量的最优设定值。下位的定值控制系统，要在保证系统稳定性的同时，使各受控状态变量迅速追踪和靠近其设定值。在线最优化控制一般只适用于连续发酵、使用固定化酶和固定化细胞的生物过程的最优化，而不能用来优化那些与时间和历史经历有关的过程，如间歇发酵、流加发酵等，因为这类过程的目标函数都与发酵的最终状态有关，一般无法在线测量或使用回归模型进行计算和推定。

10.4.3 发酵过程建模和人工智能控制

建立发酵过程的数学模型是为发酵过程的优化和控制服务，也是实现发酵过程的优化与控制的基础和前提条件。发酵过程的数学模型多种多样，目的和作用也各不相同。为此，这里首先在表 10-6 中概括总结了用于发酵过程的各类数学模型的类型、特征、用途和目的，以及建模的难易程度。然后，再对每一类数学模型进行具体介绍。

表 10-6 发酵过程的各类数学模型

模型的类型	对发酵过程特征和本质的把握程度	主要用途和目的	用于过程优化和控制的可能性及难易程度	建模的难易程度	在过程控制和优化中使用的广泛性
非构造式动力学模型	较好。但不能适应环境、发酵条件和批次出现的变化	主要用于发酵过程的定值控制和离线最优化	可以。过程最优化需要一定规模的数值计算	确定模型参数和模型的形式有一定的难度。需要离线状态变量的测定	常用
代谢网络模型	好	分析发酵各个不同阶段代谢流的分布走向，为利用基因改造或酶技术提高目的产物的产量产率提供依据。不可测状态变量的速率或浓度的预测	很难，鲜有报道	比较困难。需要对特定微生物所涉及的所有代谢途径进行分析、简化和合并。需要有离线或在线状态变量的测定	不常用
基于在线时间序列数据的自回归平均移动模型	在发酵过程特定的时间段内，将过程的动力学特性用离散形式的线性或非线性的输入输出对应关系进行表现。仅在特定的时间内有效	发酵过程的在线自适应控制和在线最优化。能够适应和处理环境因素、发酵条件和发酵批次出现的变化	可以。但主要用于过程的定值控制和稳态过程的在线最优化控制。计算比较简单易行	比较简单。需要在线状态变量的测量。模型本身没有任何的实际物理意义	常用
人工神经网络模型	比较好。具有较好地处理复杂和高度非线性系统的能力和通用能力	主要用于发酵过程的状态预测和模式识别，从而间接地进行过程控制和最优化	可以。但必须与其他控制和最优化的手段并用	比较简单，需要对状态变量进行在线或离线的测量，需要一定的计算量	比较常用
正交或多项式回归模型	不是很好	利用响应面曲线的方法优化静态过程，如间歇发酵过程的初始条件等	可以进行静态过程的最优化，但优化性能十分有限	简单	较常用，但难以用于动态过程的控制和最优化

（1）非构造式动力学模型

延伸阅读 10-4
非构造动力学模型

非构造式动力学模型是最常见的描述发酵过程特征和本质、使用最广泛的数学模型。在非构造式的动力学模型中，状态变量通常是一些反映生物量和化学量的浓度，如菌体浓度、底物浓度、代谢产物浓度等，可以用以发酵时间为独立变量的常微分方程（组）的形式来表示。而且，通常情况下，上述的常微分方程（组）对于状态变量而言，是高度非线性的。非构造式动力学模型是具有统合性特征、具有明确物理意义的动态过程模型，只要动力学模型参数确定，状态变量的初始条件和过程的操作变量（控制变量，如基质的流加速率、发酵温度等）被给定，通过数值求解状态方程式的常微分方程组，就可以得到状态变量在各个发酵时刻的数值。由于非构造式动力学模型反映的是整个发酵过程的动态特征，因此，它适用于整个发酵过程的动态优化，如求解流加发酵中的最优流加速率曲线和间歇发酵中的最优温度模式曲线等。另外，在利用非构造式动力学模型确定定值控制器的控制参数时，必须要在“理想操作点或状态点”的近旁对非构造式动力学模型实施线性化，方可直接套用基于线性系统的定值控制理论和方法。建立非构造式动力学模型，实际上就是要确定模型的具体形式和模型参数。模型的形式涉及发酵反应的具体过程和机理，需要根据人们的知识和经验来加以确定。确定模型参数，是利用以下所要介绍的非线性规划法或遗传算法，通过比较状态变量的实际测量值和状态方程式的计算值，求解出两者的误差二乘值为最小的“最适”模型参数，这是一个解微分方程组和优化迭代计算的反复循环过程。如果所要确定的模型参数数量比较多，求解“最适”模型参数的优化过程将是一个复杂和比较困难的过程。最后，由于非构造式动力学模型是根据离线状态变量的测量数据求解得到。因此，它并不能适应和把握环境因子、发酵条件、发酵批次等出现的变化和漂移，使用该模型的最优化控制方式属于前馈式的离线控制方式，定值控制方式则属于反馈控制器参数不变的非自适应控制方式。

（2）代谢网络模型

代谢网络模型是依据特定的微生物在同化和代谢过程中所可能涉及的所有反应和代谢途径，再根据目的产物、发酵过程的环境特征，对全部反应和代谢途径进行简化、合并所得到的一系列（一般有10～100个）有关目的物质、包括反应底物和产物以及中间代谢物质（生成或消耗）速率的物质平衡代数方程式。代谢网络模型充分利用了生物化学的知识和模型，真正把握住了发酵过程反应的内在本质和特征，具有很大的通用性和伸缩性。代谢网络模型能够提供代谢网络的流量分配信息，了解代谢网络各个支路的流量分配关系，有助于分析目的产物流向中的瓶颈所在和计算最大理论产量。它主要适用于分析发酵过程各个不同阶段代谢流的分配和走向，为利用基因改造技术或者生物酶技术提高目的产物的产量产率提供理论依据和方向上的指导。但是，由于代谢网络模型过于复杂，现在有关直接利用代谢网络模型进行过程控制和优化的研究报道比较少。从过程控制和优化的角度来讲，利用和求解代谢网络模型的一个最重要的目的就是根据可测状态变量的（生成或消耗）速率来求解不可测的、目标物质的反应速率，从而为过程的控制和优化提供可靠的信息和依据。如果是要进行不可测的、目的状态变量的在线状态预测，就需要对某些可测状态变量的速率参数进行在线测量。近年来，国外的研究报道已经开始利用代谢网络模型来进行发酵过程的在线状态预测和过程优化。比如，利用代谢网络模型在线预测赖氨酸发酵中赖氨酸的生产速率，判定过程所处阶段，从而为是否继续添加限制性基质（亮氨酸），或者立即结束发酵提供依据。还有研究者利用代谢网络模型作为限制条件，利用动态规划法，找出使赖氨酸最终产量达到最大的苏氨酸最优流加策略。

延伸阅读 10-5
代谢网络模型

（3）基于在线时间序列数据的自回归平均移动模型

基于在线时间序列数据的自回归平均移动模型是将发酵过程在某一时段（某一采样时间窗口）内的输入和输出之间的动力学特性以离散的形式，并用一定形式的线性或者非线性的回归模型来加以近似，最后利用逐次回归最小二乘法不断地实时更新和确定上述回归模型的系数。求解基于在线时间序列数据的自回归平均移动模型的关键在于必须能够在线测量过程输入和输出的在线数据（例如，过程输入：基质的流加速率；过程输出：菌体的浓度），并随着时间的推移不断地平行移动采样时间窗口，抛弃旧的数据，添加新的时间序列数据。由于基于在线时间序列数据的自回归平均移动模型反映的是当前采样时间窗口内的过程输入和输出之间的动力学特性，因此，它可以适应和处理环境因素、发酵条件以及发酵批次中所出现的变化和漂移，进而实现发酵过程的在线最优化控制。如果某一时段内的输入和输出间的动力学特性可以用线性的回归模型来加以近似，则可以直接套用基于线性系统的定值控制的理论和方法，并可根据该时段内输入和输出间的动力学特性，自动调节反馈控制器的控制参数以确保定值控制系统具有良好的稳定性、快速的响应特性以及定常特性，从而实现所谓的“在线自适应定值控制”。由于基于在线时间序列数据的自回归平均移动模型反映的只是一段时间内的发酵过程的动态特征，而不是整个发酵过程的动态特征，因此，它不适用于整个发酵过程的动态优化，而主要用于过程的定值控制和稳态过程的在线最优化控制。由于有标准的自回归平均移动模型参数的逐次迭代计算公式可以直接利用，该模型的建模过程比较简单。需要强调的是，这类模型的参数没有任何的实

延伸阅读 10-6
基于在线时间序列数据的自回归平均移动模型

际物理意义，模型参数完全只是为过程优化和控制所用，是实实在在的黑箱性质的模型。

（4）人工神经网络模型

人工神经网络模型是近年来涌现出来的模仿人脑信息处理方式的新型数理模型。它具有高度的对环境的适应能力、自我组织能力、自我调整能力、学习归纳能力以及处理复杂和高度非线性系统的能力。只要过程的输入和输出之间存在着某种确定的对应关系，那么这种关系不管有多么复杂，都可以利用人工神经网络模型来加以关联，因此，它可以称得上是一种万能的关联模型。过程输入和输出之间的关联特性存在于人工神经网络各层各神经元的隐含函数和各层各神经元之间的结合系数之中。因此，建立人工神经网络模型就是通过对一系列的所谓学习训练输入输出数据进行学习，确定最佳的各层各神经元之间的结合系数，使得神经网络模型各输出单元的输出与人们事先所提供或规定的“教师信号”之间的误差达到最小。人工神经网络模型也是100% 黑箱性质的模型，而且完全不同于传统的使用常微分方程式的非构造式动力学模型，难以直接用于以明确的数学表达式为基础的发酵过程的控制和优化，其最主要的用途就是用于发酵过程的状态预测和模式识别，并可以结合其他一些控制和最优化的手段和方法，例如，模糊逻辑控制、遗传算法等，从而间接地进行过程的优化和控制。人工神经网络的建模方法也有标准的程序或软件包可用，并不十分复杂。由于人工神经网络模型与以上三种模型在本质上有根本的不同，其在发酵过程优化和控制中的应用也越来越受到重视（图 10-8）。

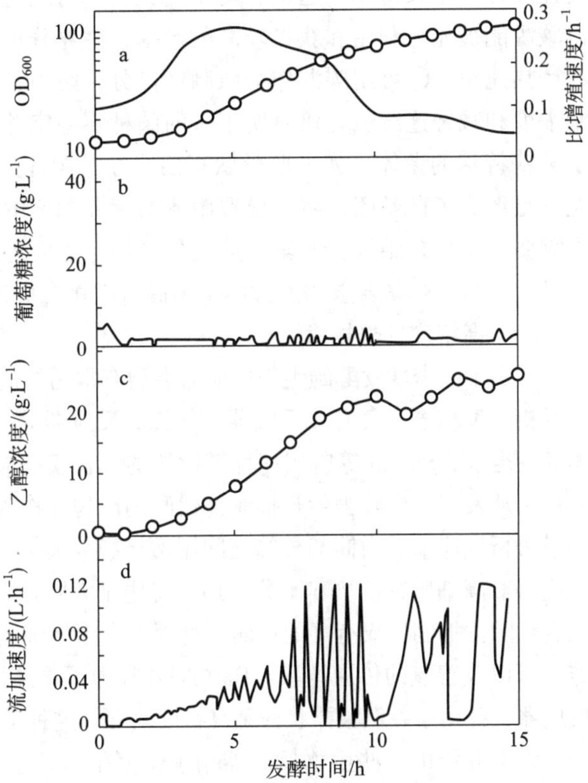

图 10-8 酵母菌流加培养过程中，在线自适应控制系统的性能和结果

（5）正交或多项式回归模型

正交或多项式回归模型也是100% 黑箱性质，相对简单和直接的模型。一般来讲，它对发酵过程特征和本质的把握程度不是很好。基于正交或多项式回归模型的响应面曲线的方法一般只能用于静态过程的优化，如优化间歇发酵过程的初始条件和培养基组成等。它不能以任何方式进行动态发酵过程的控制和优化。由于正交或多项式回归模型在有关数理统计、数据处理的教科书中多有介绍，故不在本书中另行阐述。

> **延伸阅读 10-7** 人工神经网络模型
>
> **延伸阅读 10-8** 正交或多项式回归模型
>
> **深入学习 10-3** 模糊逻辑控制系统在酵母发酵过程中的应用
>
> **深入学习 10-4** 人工神经网络的控制系统及其在发酵过程中的应用
>
> **深入学习 10-5** 高密度发酵实例

10.5 高密度发酵过程的优化控制

（1）高密度发酵

代谢产物的合成是靠菌体作为生产者来完成。通常菌体量越多，产物的产量也越大，但其前提条件是此时菌体的生产能力应保持在最佳状态，并具备适当的生产条件，包括足够的产物合成所需的基质、前体、诱导物等以及无有害代谢物的积累。高细胞密度发酵就是为了适应这一要求而得到广泛重视。

在排除所有发酵条件限制的情况下，Riesenberg 从理论上计算了大肠杆菌发酵所能达到的最高菌体

延伸阅读 10-9
高密度发酵

密度，为 400 g 干重 /L，而 Markl 等则认为最高的发酵密度应为 200 g 干重 /L，此时发酵液黏度很高，几乎丧失了流动性。迄今为止，非重组 *E.coli* W3110 和生产聚羟基丁酸的重组菌为最高密度发酵的两个实例，其密度（以干重计）分别 174 g/L 和 175.4 g/L。

（2）高密度发酵的策略

建立高细胞密度发酵试验方案可从三个方面考虑：①使用最低合成培养基以便进行准确的培养基设计和计算生长得率，这也有助于避免引入对细胞生长不利的养分限制；②细胞生长速率应优化，使得碳源能被充分利用和获得较高的产率，用养分流加来限制菌的生长速率还能控制培养物对氧的需求和产热速率；③可用碳源作为限制性养分，因为其用量比其他养分大且易控制，为了能得到最大的细胞浓度和减轻连续恒化培养所带来的菌种不稳定等问题，宜采用补料分批发酵来实现高密度培养。对于某些特殊的菌体，如一些丝状真菌，在其菌体生长量较大时，会造成整个发酵体系的混合不均匀，尤其是形成了菌丝团，将会导致菌体的营养和溶解氧不足，从而严重影响高密度发酵效果。此时，可能需要在发酵罐结构，尤其是空气分布器等方面进行调整，以保障高浓度菌丝体能继续在较为均匀且满足营养和溶解氧要求的发酵体系中保持大量合成产物的发酵能力。

（3）高密度发酵技术

可用于高密度发酵的生物反应器类型有常用的搅拌罐和带有外置式或内置式细胞持留装置的反应器，如透析膜反应器、气升式反应器、气旋式反应器等。外循环错流过滤系统可能会导致细胞的损伤，故内循环更合理；Suzuki 等曾用一种带搅拌的陶瓷膜反应器系统来进行乳酸杆菌的高细胞密度培养。过滤器可用于从发酵液中除去生长抑制性代谢副产物和作为气体分布器。Nakano 等采用一种含有内外两个圆筒的膜透析反应器，内筒与外筒之间用透析膜隔离，内外室中均有自己的搅拌器与培养基输送管道。这类反应器对高细胞密度培养十分有用，曾用于大肠杆菌与一些极端菌（extremophile）的培养，其优点在于能连续除去抑制性或有毒的代谢产物而不会损伤细胞。Holst 等将气升式反应器用嗜热菌的高细胞密度培养，可以改善氧的传递速率。Hartbichd 等为了提高溶解氧的浓度，开发了一种带有 NMR 光谱的膜旋风反应器，并用于谷氨酸棒状杆菌高密度培养。这种反应器可以无损伤地在线观察微生物培养过程。

以上介绍的一些生物反应器用于研究很有效，但在工业化生产中，还是采用通常的搅拌罐与补料工艺来进行高细胞密度发酵。因为其结构简单，且生产潜力高，适合于进行多参数的控制。

重组大肠杆菌高密度发酵成功的关键技术是补料策略，也就是根据重组菌的生长特点及产物的表达方式，采取合理的营养物流加方式。碳源和氮源是两种常用的限制性基质，葡萄糖因细菌利用快且价廉易得，已广泛用作重组菌高密度发酵的限制性基质。大肠杆菌在过量葡萄糖的条件下会发生“葡萄糖效应”，积累大量有机酸而影响重组菌的生长和外源蛋白的有效表达。因此，大肠杆菌高密度发酵中，合理流加碳源使葡萄糖效应降低，是成功的关键。常用的流加模式有 3 种：恒速流加补料、变速补料和指数流加补料。

在恒速流加培养中，作为限制性基质的葡萄糖是以恒定的速率流加，相对于发酵罐中的菌体来说，营养浓度是逐渐降低的，菌体的比生长速率也慢慢下降，总的菌体量在培养过程中线性增加。Pan 等通过恒速流加培养生产人生长激素，菌体浓度达到 120 OD_{525}；Jung 等采用该技术生产干扰素，菌体浓度（干重）达到 46 g/L，干扰素比生产率（单位质量菌体）为 17 mg/g。

变速或梯度增加流加速度可以在菌体密度较高的情况下，通过加入更多的营养物质促进细胞的生长，并对产物的表达有利。有人采用三阶段式流加葡萄糖的方式，高密度培养重组菌 YK537/pDH-B2 m 生产骨形成蛋白（BMP-2A），发酵密度达 53 OD_{600}，BMP-2A 产量（单位体积发酵液）为 2.78 g/L。

指数流加技术是一个简单而又有效的补料技术，它能够使反应器中基质的浓度控制在较低的水平，这可以大大减少乙酸等有害代谢物的生成，菌体以一定的比生长速率呈指数形式增加，还可以通过控制流加的速率控制细菌的生长速率，使菌体稳定生长的同时，有利于外源蛋白的充分表达，该技术已广泛地应用于重组大肠杆菌的高密度发酵生产外源蛋白。

（4）高密度发酵存在的问题

高细胞密度发酵有时会存在一些问题需要重点研究，主要包括：水溶液中的固体与气体物质的溶解度，基质对生长的限制或抑制作用，基质与产物的不稳定性和挥发性，产物或副产物的积累达到抑制菌体生长的水平，高浓度的 CO_2 与热的释放速率，高的氧需求与培养基的黏度不断增加的矛盾，等等。采用化学成分已知的培养基可以简化补料策略，因其得率系数与生长速率等是已知的。为了达到高密度，需要基质浓度保障，在基础料耗竭时必需添加这些基质。常用氨（作为氮源）来控制 pH，但氨浓度必须保持低水平，因其浓度高会抑制菌体生长。在好氧培养中，如碳源过量，不同的菌体形成的主要代谢副产物不同，大肠杆菌、枯草杆菌、乳酸杆菌与酿酒酵母的副产物分别为乙酸、丙酸、乳酸和乙醇，通常限制碳源的供给可以阻止这些副产物的积累。

开放讨论题

在好氧微生物的发酵过程中，需实时观察发酵罐中溶解氧的变化，请说明溶解氧在发酵过程控制中的重要意义，并分析影响发酵过程中溶解氧变化的因素有哪些。

思考题

1. 发酵过程参数检测有何意义？发酵过程中主要检测的参数有哪些？
2. 发酵过程中代谢通量的检测有何意义？请列举代谢通量检测的主要方法。
3. 用于在线检测的传感器必须符合哪些要求？
4. 发酵过程中温度为什么会发生变化？
5. 发酵温度的选择有何依据？
6. 列举发酵过程中引起 pH 变化的主要因素，并分析 pH 变化对发酵的影响。
7. 简述发酵过程中糖代谢和氮代谢的规律。
8. 简述发酵过程中泡沫形成原因及其对发酵的影响。
9. 准确判断发酵终点有何意义？
10. 简述发酵优化与控制的基本原理与方法。
11. 简述高密度发酵的意义。
12. 实施高密度发酵主要采取哪些措施？

推荐阅读

1. Goldrick S，Duran-Villalobos C A，Jankauskas K，et al. Modern day monitoring and control challenges outlined on an industrial-scale benchmark fermentation process. Computers & Chemical Engineering，2019，130：106471.

点评：该文介绍了一种用于青霉素工业发酵过程中监测与控制的软件（IndPenSim）。该软件可以对发酵过程中各种变量（温度、pH 等）进行测量和自动控制，记录不同发酵批次的工艺故障，为研究及技术人员分析、改进和优化发酵培养条件提供实时数据支持。

2. Farina D，Zinellu M，Fanari M，et al. Development of a biosensor telemetry system for monitoring fermentation in craft breweries. Food chemistry，2017，218：479–486.

点评： 该文开发了一种葡萄糖和乙醇安培生物传感器集成无线遥控测试系统，用于监控精酿啤酒的发酵过程。

网上更多学习资源……

◆教学课件　　◆自测题

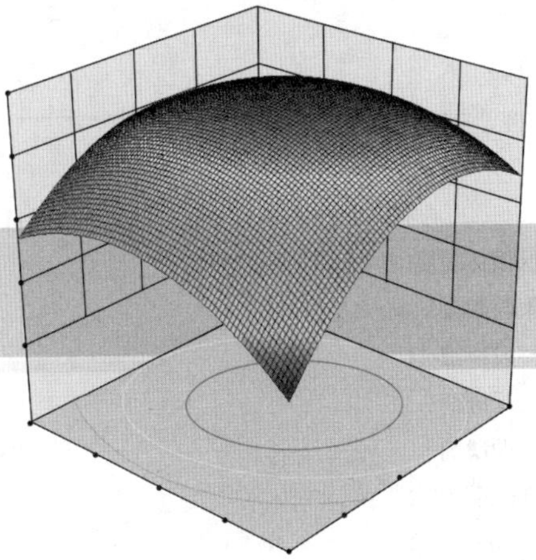

11 发酵产物分离纯化

- **11.1　概述**
- **11.2　发酵液的预处理**
  改变发酵培养物的过滤特性；发酵液初步纯化；固液分离技术；细胞破碎技术
- **11.3　发酵产物粗分离技术**
  萃取分离技术；浓缩技术；沉淀分离技术；吸附分离技术
- **11.4　发酵产物精制技术**
  色谱分离技术；膜分离技术；结晶技术；干燥技术

发酵产物的提取与精制是发酵产品生产的重要环节，它既可以获得高品质的发酵产品又可以对发酵工程上游提出新的技术及工艺改进要求，同时，该环节成本占整个发酵生产成本的比重较大，研究和不断改进提取精制技术及工艺具有重要意义。本章系统介绍了产物分离和提取精制的一般过程原理与技术，包括发酵液的预处理、发酵产物的粗分离和精制技术原理以及成品技术。

教学目的与要求

（1）掌握产物分离与精制的一般过程原理与技术。
（2）掌握发酵液预处理技术及具体方法。
（3）掌握发酵产物的粗分离技术。
（4）掌握发酵产物的精制技术。
（5）掌握发酵产品的成品技术。

重点及难点

发酵产物分离与精制的一般过程原理与技术；发酵产物的粗分离与精制技术。

知识导图

- 发酵产物分离纯化
  - 概述
    - 产物分离与精制的一般过程
    - 产物提取精制方法的优化及工艺设计
  - 发酵液的预处理
    - 改变发酵液的过滤特性
      - 降低液体黏度
      - 凝聚与絮凝
      - 调整发酵液pH
      - 加入反应剂
      - 加入助滤剂
    - 发酵液初步纯化
    - 高价无机离子的去除
    - 固液分离技术
      - 过滤分离技术
      - 离心分离技术
    - 细胞破碎技术
      - 物理法
      - 化学法
      - 生物酶溶法
      - 细胞破碎技术的发展趋势
  - 发酵产物粗分离技术
    - 萃取分离技术
      - 溶剂萃取
      - 双水相萃取
      - 超临界流体萃取
    - 浓缩技术
    - 沉淀分离技术
      - 盐析沉淀的原理与方法
      - 有机溶剂沉淀
      - 等电点沉淀
    - 吸附分离技术
  - 发酵产物精制技术
    - 色谱分离技术
      - 吸附色谱
        - 吸附分离原理
        - 吸附介质的分类及其性质
      - 离子交换色谱技术
      - 凝胶色谱技术
      - 亲和色谱技术
      - 逆流色谱技术
      - 分配层析技术
    - 膜分离技术
      - 膜分离技术的原理
      - 反渗透
      - 超滤、微滤和纳滤
      - 透析
    - 结晶技术
      - 结晶的基本原理
      - 影响结晶生成的因素
      - 发酵工业中常用的结晶方法及设备
    - 干燥技术
      - 对流加热干燥法
      - 接触加热干燥法
      - 冷冻升华干燥法

问题导读

（1）简述发酵产物分离纯化的一般步骤，并说明其中的每步通常可选取哪些分离纯化技术。

（2）发酵产物的粗分离通常选取哪些分离技术及工艺？优化该分离工艺通常采用什么参数作为判断标准？并说明理由。

（3）发酵产物粗分离后的精制通常选取哪些精制技术及工艺？优化该精制工艺通常采用什么参数作为判断标准？并说明理由。

（4）综合分析有哪些技术和方法可降低发酵产物分离纯化的成本？

关键词

发酵液预处理　固液分离　细胞破碎　萃取分离　浓缩　沉淀分离　吸附分离　色谱分离　膜分离　结晶

11.1 概述

在发酵工业中，有些发酵产物属于对热、pH或剪切力较为敏感的活性物质，分离纯化过程常常需要低温环境、合适的pH范围以及尽可能小的剪切力，同时还要严格防止外界微生物和杂物的污染。所以，整个下游提取精制加工过程应遵循如下原则：快速操作，低温环境，以及温和条件（如pH应选择在目标物质的稳定范围内），尽可能小的剪切作用，并尽可能防止污染。对于基因工程产品，还应注意生物安全（biosafety），即要防止基因工程菌的扩散，因此，通常需要在密封的环境中操作。深入研究各种发酵体系的特性及发酵产物的特点，是正确选择合适的下游加工技术及工艺、降低生产成本、提高产品质量的关键。

（1）提取与精制过程的一般工艺流程

☆ 动画 11-1 发酵产品提取与精制的一般工艺流程

发酵产物的提取分离纯化工艺的基本流程如图11-1所示，按照提取分离过程顺序可分为四个阶段：发酵液的预处理和固液分离阶段；初步提取分离阶段；纯化精制阶段；成品加工阶段。

（2）发酵产物提取精制方法的优化与工艺设计

发酵产物提取精制方法优化与工艺设计的目标：产率高、品质优、成本低、操作简便、无环境污染。

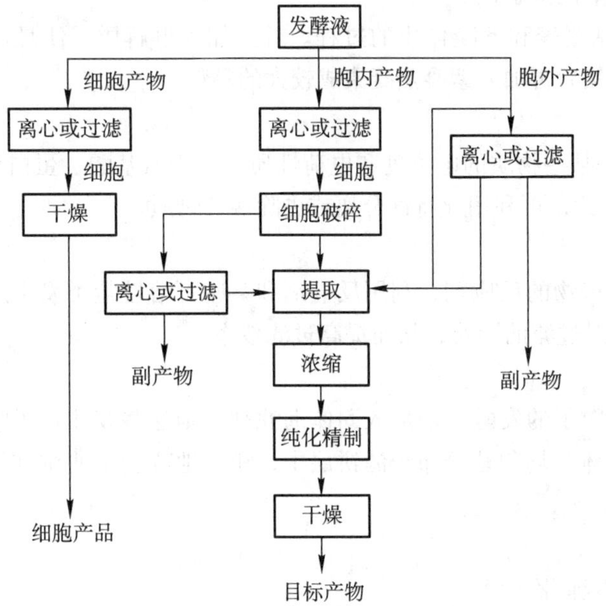

图11-1　发酵产物提取与精制过程的一般工艺流程

实现这一目标需要遵循的基本原则是：

① 采用的分离纯化步骤应尽可能少。

② 应用单元操作的次序和工艺设计要科学合理

在纯化方法的选择和设计过程中，应注意充分总结并参考前人的大量实践结果。根据每个单元操作的具体作用，发酵产物分离纯化一般工艺流程的操作顺序如下：发酵培养物的预处理、固液分离、细胞破碎或细胞干燥后破碎、细胞内目标产物的浸提或发酵液中目标产物的萃取、细胞浸提液或发酵液的萃取液浓缩、含目标产物的浓缩样上柱层析分离、结晶或重结晶、干燥等。

11.2 发酵液的预处理

微生物发酵结束后的培养物中含有大量的菌体细胞或细胞碎片、残余的固体培养基以及代谢产物，使得发酵培养物很难直接采用离心或过滤操作实现固液分离。如果对发酵培养物进行适当的预处理，通过改变其流体特性、降低滤饼比阻或离心沉降特性，以及发酵液相对纯化等措施来提高固液分离效率及后续分离效率和总收率。下面介绍几种发酵液的预处理方法以及固液分离和细胞破碎技术。

11.2.1 改变发酵培养物的过滤特性

（1）降低液体黏度

加水稀释法；加热升温法；酶解法。

（2）凝聚与絮凝

深入学习 11-1
凝聚、絮凝和混凝

① 凝聚：在中性盐作用下，由于胶体粒子之间双电子层排斥电位的降低，而使胶体体系不稳定出现聚集的现象。

凝聚值：使胶粒发生凝聚作用的最小电解质浓度（mmol/L），表示电解质的凝聚能力。

② 絮凝：在某些高分子絮凝剂存在情况下，基于架桥作用，使胶粒形成絮凝团的过程。

对絮凝剂化学结构的要求：一方面其分子中必须含有相当多的活性官能团，能与胶粒表面相结合；另一方面，必须具有长链的线形结构，以便同时与多个胶粒吸附形成较大的絮团，但相对分子质量不能过大，以便使其具有良好的溶解性。

③ 混凝：即同时包括凝聚和絮凝作用的过程。首先加入电解质，使悬浮离子间的双电层电位降低、脱稳，凝聚成微粒，然后再加入絮凝剂凝聚成较大的颗粒。

（3）调整发酵液 pH

pH 直接影响发酵液中某些物质的电离度和电荷性质。对于氨基酸、蛋白质等两性物质，在等电点（pI）下，溶解度最小，因此，可利用此特性分离或去除两性物质。

（4）加入反应剂

加入某些不影响目的产物的反应剂，利用反应剂和某些可溶性盐类发生反应生成不溶性沉淀，可以消除发酵液中某些杂质对过滤的影响，从而提高过滤效率。

（5）加入助滤剂

在含有大量细小胶体粒子的发酵液中加入固体助滤剂，则这些胶体粒子吸附于助滤剂微粒上，助滤剂就作为胶体粒子的载体，均匀地分布于滤饼层中，相应地改变了滤饼结构，降低了滤饼的可压缩性，也就减小了过滤阻力。

深入学习 11-2
常用助滤剂

11.2.2 发酵液初步纯化

发酵液中杂质很多，对后续提取步骤分离影响最大的是杂蛋白和高价无机离子等。

① 去除发酵液中的杂蛋白。

加热是最常用的使蛋白质变性的方法。变性蛋白质溶解度较小，使蛋白质凝聚成胶体，加热还能使液体黏度降低，提高过滤速度。

大幅度改变 pH，以及加乙醇、丙酮等有机溶剂等。

在酸性溶液中，蛋白质能与一些阴离子形成沉淀；在碱性溶液中，能与一些阳离子形成沉淀。

② 高价无机离子的去除。

去除钙离子：加草酸钠

去除镁离子：加三聚磷酸钠 $Na_5P_3O_{10}$，其反应式为

$$Na_5P_3O_{10} + Mg^{2+} = Mg\ Na_3P_3O_{10} + 2Na^+$$

去除铁离子：加黄血盐，其反应式为

$$4Fe^{3+} + 3K_4Fe(CN)_6 = Fe_4[Fe(CN)_6]_3 + 12K^+$$

11.2.3 固液分离技术

11.2.3.1 过滤分离技术

过滤：在压力（或真空）的情况下将悬浮液通过过滤介质以达到固液分离的目的。

（1）发酵液的特性和滤饼的质量比阻

衡量过滤特性的主要指标是滤饼的质量比阻 γ_B，它表示单位滤饼厚度的阻力系数，与滤饼的结构特性有关。对于不可压缩性滤饼，比阻值为常数，但对于可压缩性滤饼，比阻 γ_B 是操作压力差的函数，一般可用下式表示：

$$\gamma_B = \gamma(\Delta p)^m \tag{11-1}$$

式中，γ—不可压缩滤渣的比阻，对于一定的料液，其值为常数；

Δp—压力差，Pa；

m—压缩性指数，一般取 0.5 ~ 0.8，对不可压缩性滤饼，m 为 0。

恒压下，可压缩性滤饼的比阻值应为常数。如过滤介质的阻力相对较小，可以忽略不计，则恒压下的过滤方程式如下：

$$q^2 = \frac{2\Delta p}{\eta \gamma_B X_B} \cdot t \tag{11-2}$$

式中，q—到过滤时间 t，通过单位过滤面积的滤液量，m^3；

Δp—压力差，Pa；

η—滤液黏度，Pa · s；

γ_B —滤饼的质量比阻，m/kg；

X_B—通过单位体积滤液，所形成的滤渣重量（干重），kg/m^3；

t—过滤时间，s。

质量比阻可根据式（11-2），利用图解法求得。以 t/q 为纵轴，以 q 为横轴所得的直线斜率为 M，则 γ_B 可按下式计算：

$$\gamma_B = \frac{2M\Delta p}{\eta X_B} \tag{11-3}$$

过滤速率与菌种、发酵条件等因素有关，需正确选择发酵终点时间，对于难过滤的发酵液，必须设法改善过滤性能，降低滤饼的比阻值，以提高过滤速率。

（2）过滤设备的选择

过滤器的选择有许多因素应当很好地考虑，如进料性质、产品要求、操作条件、生产水平，以及

延伸阅读 11-1
过滤形式与过滤设备

过滤器的材料和结构等。

① 进料性质：悬浮固体的浓度、颗粒的尺寸分布、系统的组成、液体的物理性质（黏度、挥发性、饱和度）、温度，以及其他特殊的液体和固体性质。

② 产品要求：间歇过滤或者连续过滤操作。

③ 操作条件：无菌或者负载量的要求限制了连续过滤器的使用；而水的平衡，则要求逆流洗涤系统和连续操作，并使固体能最终合理利用、运输及保藏。

④ 生产水平：在过滤介质选择上应考虑的因素包括热（温度）、化学和机械阻力、堵塞趋势、滤饼排除的难易程度，以及与滤饼颗粒尺寸相比孔的大小、流体流动阻力和成本等。

⑤ 过滤器的材料和结构：常用在有压力情况下过滤的设备有板框式、滤叶式、滤管式等过滤机，尤以板框式过滤机使用最多；在真空条件下操作的主要是转鼓式过滤机。微孔膜过滤也可列入过滤器使用范畴，常用的有板框式、卷筒式、中空纤维束式等类型。

11.2.3.2 离心分离技术

（1）离心力场的基本特性

① 分离因数（F_r）：离心机在运行过程中产生的离心加速度和重力加速度的比值。

$$F_r = \frac{\gamma\omega^2}{g} \text{或 } \omega = 2\pi\frac{n}{60} \qquad (11-4)$$

式中，r—离心机转鼓半径，cm；

ω—转鼓的角速度，rad/s；

n—转鼓的转速，r/min

② 沉降速度（v_g）。根据斯托克斯定律，颗粒在溶液中的沉降速度 v_g 与下列因素有关：

$$v_g = \frac{d^2(\rho_d - \rho_L)}{18\eta}g \qquad (11-5)$$

式中，v_g—颗粒在液相中的沉降速度，$m \cdot s^{-1}$；

d—颗粒直径，m；

ρ_d—颗粒密度，kg/m^3；

ρ_L—液体密度，$kg \cdot m^{-3}$；

η—液体黏度，Pa · s；

g—重力加速度，$m \cdot s^{-2}$。

（2）离心机的选择

① 根据固体颗粒的大小选择离心机。

② 按工艺要求选择离心机。

案例 11-1
根据固相浓度选择离心机

脱水：使悬浮液中的固相从液相中分离出来，且要求含的液相越少越好。

澄清：大量的液相中含有少量的固相，希望把少量的固相从液相中除去，使液相得到澄清。

浓缩：使悬浮液中的少量固相得到富集。

案例 11-2
澄清时选择离心机的方法

案例 11-3
浓缩时选择离心机的方法

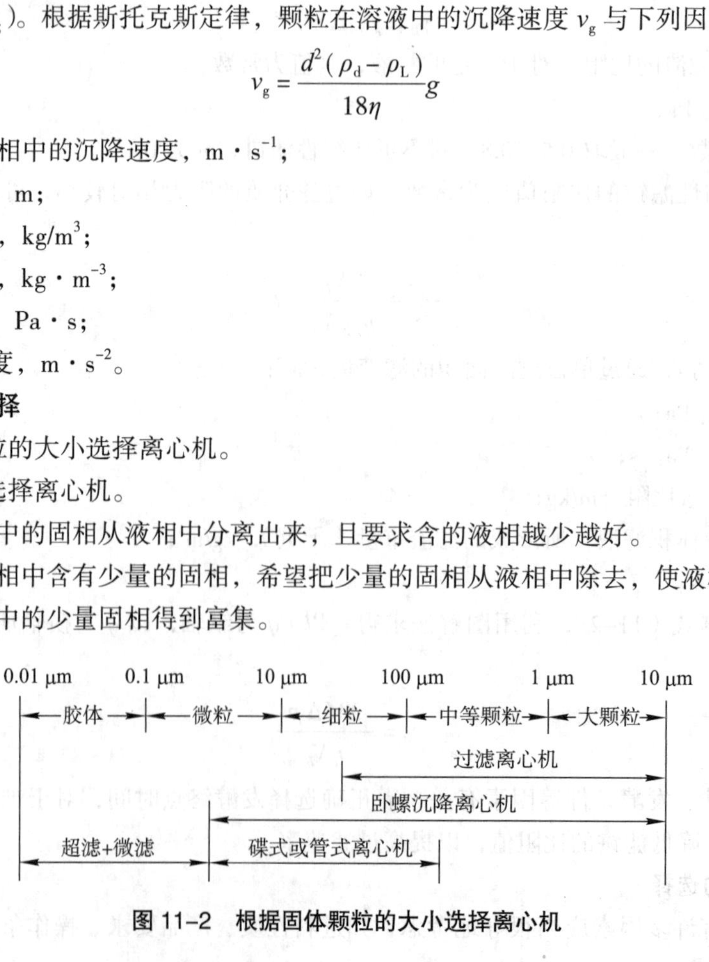

图 11-2 根据固体颗粒的大小选择离心机

11.2.4 细胞破碎技术

细胞破碎技术：利用外力破坏细胞壁和细胞膜，使细胞内目标物释放出来的技术。

11.2.4.1 细胞破碎率的测定

细胞破碎率是反映细胞破碎效果的重要指标。最常用的检测细胞破碎效果的方法是通过显微镜直接观察细胞特点，活细胞呈一亮点，而死细胞和破碎细胞则呈现为黑影，从中计算出细胞破碎率。若采用各种染色法对细胞染色后测定，则分辨起来更为方便、准确。

（1）革兰氏染色法

破壁的酵母呈粉红色，而未破壁的酵母呈蓝紫色。破壁率的计算公式如下：

$$\alpha\ (\%) = \left(\frac{C - C' \times \dfrac{n_1}{n_1 + n_2}}{C} \right) \times 100\% \qquad (11\text{-}6)$$

式中，α —破壁率（100%）；

C —破壁前的细胞数（相同稀释倍数）；

C'—破壁后的细胞数（相同稀释倍数）；

n_1—染色后呈紫色的细胞数；

n_2—染色后呈粉红色的细胞数。

（2）次甲基蓝染色法

可采用次甲基蓝染色测定细胞存活率，计算公式如下：

$$酵母存活率 = \left[1 - \frac{染色细胞总数}{酵母细胞总数} \right] \times 100\% \qquad (11\text{-}7)$$

（3）核酸与蛋白质的含量测定法

可以通过测定核酸与蛋白质的含量来判断细胞破碎率，计算公式如下：

$$核酸变化率 = \left[\frac{处理后发酵液的吸光值}{未处理发酵液的吸光值} - 1 \right] \times 100\% \qquad (11\text{-}8)$$

11.2.4.2 常用的细胞破碎技术

（1）物理法

① 高压匀浆破碎法。高压匀浆破碎法破碎微生物细胞速度快，胞内产物损失小，设备容易放大。高压匀浆法所用设备是高压匀浆器，它由高压泵和匀浆阀组成，图 11-3 是匀浆阀的结构图。

△案例 11-4
用高压匀浆法破碎啤酒酵母细胞

② 高速珠磨法。高速珠磨法也是一种有效的细胞破碎方法，珠磨机是该法所用的设备，其破碎室的结构如图 11-4 所示。

③ 超声破碎。超声波破碎法最适合实验室规模的细胞破碎，进行连续细胞破碎，图 11-5 为实验室连续破碎池结构示意图。

（2）化学法

① 酸热法。酸热法主要是利用盐酸对细胞壁中的某些成分（主要是多糖和蛋白质）的水解作用，改变这些物质的空间结构，使原来结构紧密的细胞壁变得疏松，同时经沸水浴处理，造成细胞膨胀并加速水解，胞壁结构被破坏，使得细胞内含物外泄释放。

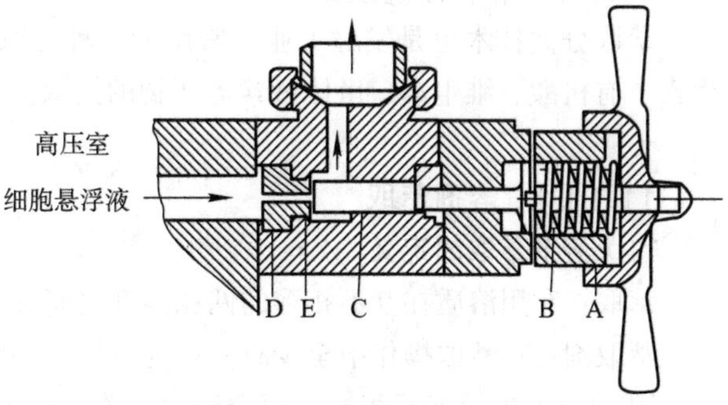

图 11-3 高压匀浆阀的结构

A. 手柄；B. 阀杆；C. 阀；D. 阀座；E. 撞击环

② 化学渗透法。化学渗透法是使用某些有机溶剂（如苯、甲苯）、抗生素、表面活性剂（SDS、triton X-100）、螯合剂（EDTA）、变性剂（盐酸胍、脲）等化学药品改变细胞壁或膜的通透性，从而使内含物有选择地渗透出来。

△ 案例 11-5
用变性剂盐酸胍或脲处理 *E.coli* 基因工程菌，渗透出重组蛋白

（3）生物酶溶法

酶溶法是生物法的代表，主要是利用生物酶将细胞壁和细胞膜消化溶解的方法。溶菌酶主要对细菌类起作用，其他酶对酵母作用显著。在溶酶系统中，产物抑制是一个不容忽视的问题，目前酶溶法还仅限于实验室规模应用。

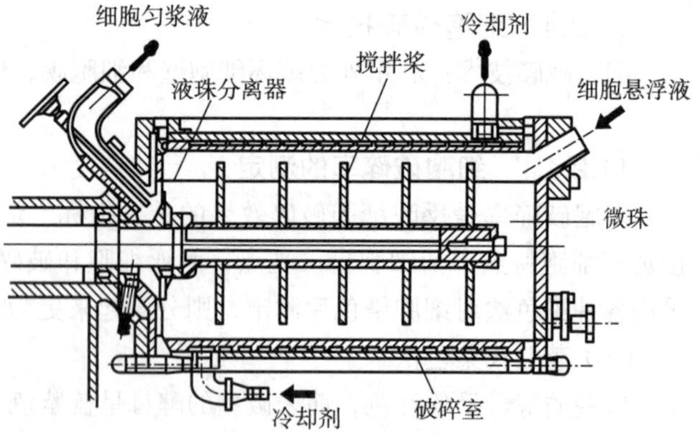

图 11-4 高速珠磨机破碎室的结构示意图

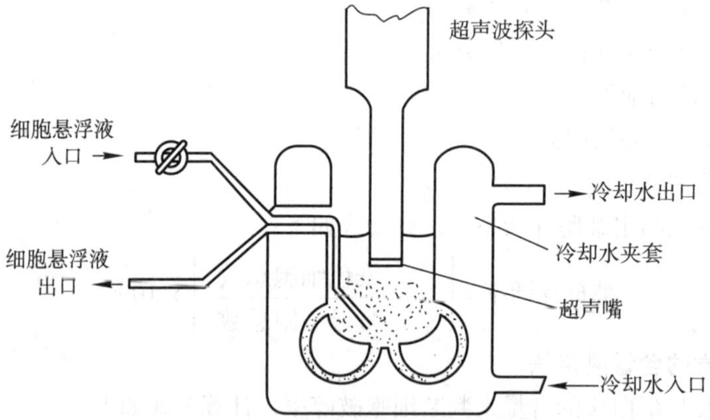

图 11-5 连续破碎池的结构简图

（4）细胞破碎技术的发展趋势

多种破碎方法相结合；与上游过程相结合；与下游过程相结合。

11.3 发酵产物粗分离技术

11.3.1 萃取分离技术

萃取分离技术也是发酵工业上常用的一种提取方法和混合物粗分离的单元操作，它广泛应用于抗生素、有机酸、维生素、甾体激素等产物的提取分离。

11.3.1.1 溶剂萃取

（1）溶剂萃取的定义

萃取：利用溶质在互不相溶的两相溶剂之间分配系数的不同而使溶质得到纯化或浓缩的方法。

萃取剂：在萃取操作中至少有一相为流体，一般称该流体为萃取剂。

图 11-6A 表示互不相溶的两个液相，若上相（密度较小）为萃取剂（萃取相），下相（密度较大）为料液（料液相），两相之间以一界面接触。在相间浓度差的作用下，料液中的溶质向萃取相扩散，溶

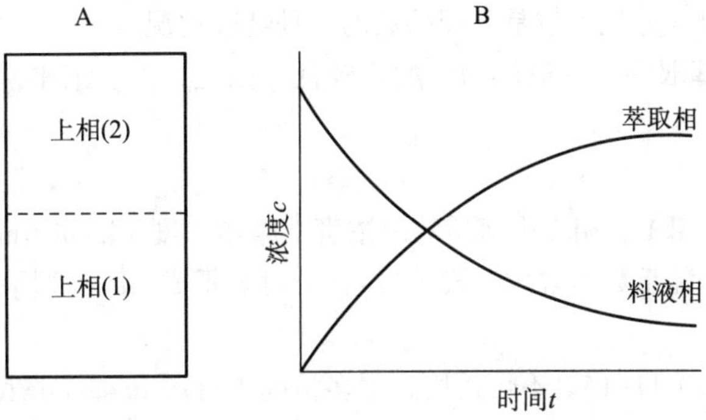

图 11-6

A. 两相接触状态示意图；B. 萃取过程中料液相和萃取相溶质浓度的变化

质浓度不断降低，而萃取相中溶质浓度不断升高（图 11-6B）。在此过程中，料液中溶质浓度的变化速率即萃取速率可用下式表示：

$$-\frac{\mathrm{d}c}{\mathrm{d}t}=ka\,(c-c^{*}) \tag{11-9}$$

式中，c — 料液相溶质浓度，$\mathrm{mol\cdot dm^{-3}}$；

c^{*} — 与萃取相中溶质浓度呈相平衡的料液相溶质浓度，$\mathrm{mol\cdot dm^{-3}}$；

t — 时间，s；

k — 传质系数，$\mathrm{m\cdot s^{-1}}$；

a — 以料液相体积为基准的相间接触比表面积，m^{-1}。

（2）溶剂萃取的原理

分配定律：溶质的分配平衡规律，在恒温恒压条件下，溶质在互不相溶的两相中达到分配平衡时，如果其与两相中溶剂不发生分解、电解、缔合和溶剂化等作用，则其在两相中的平衡浓度之比为常数（用 A 表示），即

$$A=\frac{c_2}{c_1} \tag{11-10}$$

式中，c_1—相 1 中溶质的浓度；

c_2—相 2 中溶质的浓度。

有些情况下，分配常数用溶质的摩尔分数之比表示。设相 1 和相 2 中溶质的摩尔分数分别为 x 和 y，则

$$A=\frac{y}{x} \tag{11-11}$$

分配常数是以相同分子形态（相对分子质量相同）存在于两相中的溶质浓度之比，但在多数情况下，特别是在化学萃取中，溶质在各相中并非以同一种分子形态存在。因此，萃取过程中常用溶质在两相中的总浓度之比表示溶质的分配平衡，该比值称为分配系数或分配比。

$$m=\frac{c_{2,t}}{c_{1,t}} \tag{11-12a}$$

或

$$m=\frac{y_t}{x_t} \tag{11-13}$$

式中，$c_{1,t}$ 和 $c_{2,t}$ 为溶质在相 1 和相 2 中的总摩尔浓度，y_t 和 x_t 分别为溶质在相 1 和相 2 中的总摩尔分

数，m 为分配系数。很明显，分配常数是分配系数的一种特殊情况。

在发酵产物的液－液萃取中，一般产物浓度均较低，因此，液－液平衡关系可用简单的 x–y 线图表示。即

$$y = f(x) \tag{11-14}$$

这里的 x 和 y 分别表示相 1 和相 2 中溶质的总浓度，摩尔浓度（$kmol \cdot m^{-3}$）或摩尔分数。

当溶质浓度较低时，分配系数为常数，式（11–14）可表示成 Henry 型平衡关系

$$y = mx \tag{11-15}$$

当溶质浓度较高时，式（11–15）不再适用，很多情况下可用 Langmuir 型平衡关系表示：

$$y = \frac{m_1 x}{m_2 + x} \tag{11-16}$$

式中，m_1 和 m_2 为常数。式（11–16）的一般形式为

$$y = \frac{m_1 x^n}{m_2 + x^n} \tag{11-17}$$

式中，n 为常数。

（3）溶剂萃取的操作方式

① 单级萃取。单级萃取只包括一个混合器和一个分离器。料液 F 和溶剂 S 加入混合器中经接触达到平衡后。用分离器分离得到萃取液 L 和萃余液 R，如图 11–7 所示。

延伸阅读 11–2
单级萃取应用

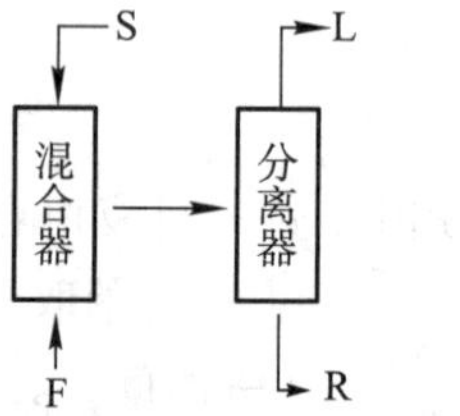

图 11–7 单级萃取工艺图

萃取率

$$\gamma = \frac{1}{E+1} \tag{11-18}$$

理论收率

$$1-\gamma = 1-\frac{1}{E+1} = \frac{E}{E+1} \tag{11-19}$$

式中，E 为萃取因素。萃取因素是在萃取过程中，溶质在萃取相与萃余相中的数量（质量或摩尔）比。即

$$E = \frac{c_2 V_S}{c_1 V_F} \tag{11-20}$$

令 $m=\dfrac{V_F}{V_S}$，m 代表浓缩倍数，则萃取时

$$E = K \times \frac{1}{m} \tag{11-21}$$

反萃取时

$$E = \frac{1}{K} \times \frac{1}{m} \tag{11-22}$$

上式中，V_F —料液体积

V_S —萃取溶剂体积

c_2 —溶质在萃取相的浓度

c_1 —溶质在萃余相的浓度

K —分配系数

② 多级错流萃取。多级错流萃取是指料液经萃取后，萃余液再与新加入的萃取剂混合进一步萃取。图 11–8 所示为三级错流萃取过程，第一级的萃余液进入第二级作为料液，并加入新鲜萃取剂进行萃取；第二级的萃余液再作为第三级的料液，操作同前。其特点是每级萃取中都加新鲜溶剂，溶剂消

耗量大，得到的萃取液平均浓度较稀，但萃取完全，总收率高。

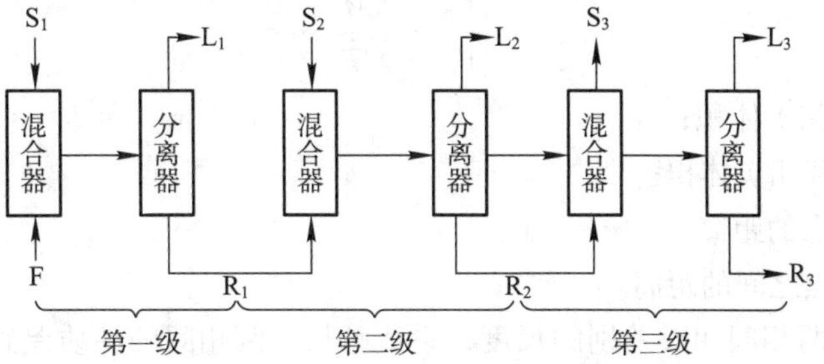

图 11-8 多级错流萃取

延伸阅读 11-3
多级错流萃取

经 n 级萃取后，萃余率为

$$\gamma_n = \frac{1}{(E_1+1)(E_2+1)\cdots(E_n+1)} \tag{11-23}$$

n 级萃取后的理论收率为

$$1-\gamma_n = 1-\frac{1}{(E+1)^n} = \frac{(E+1)^n-1}{(E+1)^n} \tag{11-24}$$

在萃取因素相同的条件下，萃取级数愈高，萃余率愈低。如果萃取级数相同，萃取因素愈低，萃余率愈高。

③ 多级逆流萃取。多级逆流萃取流程图如图 11-9 所示。

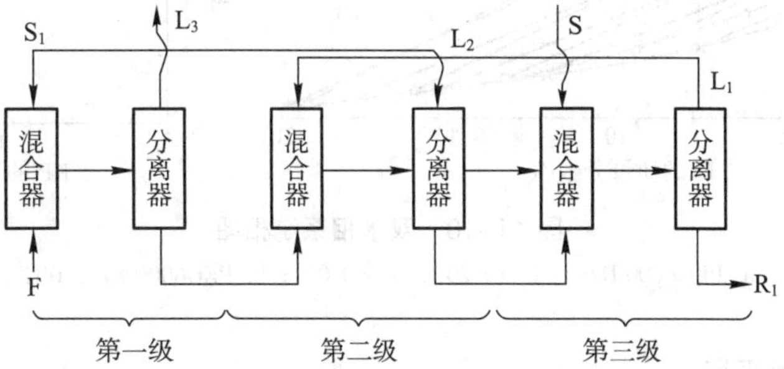

图 11-9 多级逆流萃取流程示意图

延伸阅读 11-4
多级逆流萃取

多级逆流萃取时，在第 n 级中加入料液，萃余液依次向前一级移动作为前一级料液，而在第一级中加入萃取剂，萃取液依次向后一级移动作为后一级的萃取剂。由于料液移动的方向和萃取剂移动的方向相反，故称为逆流萃取。此法与错流萃取相比，萃取剂耗量较少，因而萃取液平均浓度较高。

11.3.1.2 双水相萃取

（1）基本原理

双水相系统：某些亲水性高分子聚合物的水溶液超过一定浓度后可形成两相，并且在两相中水分均占很大比例，即形成双水相系统。

双水相萃取技术：利用亲水性高分子聚合物的水溶液可形成双水相的性质进行物质分离的方法称双水相萃取技术，又称水溶液两相分配法。

聚合物的不相容性：含有聚合物分子的溶液发生分相的现象。

图 11-10 中，a 和 b 是 PEG/Dx 和 PEG/KPi 系统的典型双水相相图。图 11-10b 中的曲线（*TKB*）称为双节线，双节线以下的区域为均相区，以上的区域为两相区。连接双节线上两点的直线（*TMB*）称为系线，在系线上各点处系统的总浓度不同，但均分成组成相同而体积不同的两相，两相的体积近

延伸阅读 11-5
双水相萃取

似服从杠杆规则，即

$$\frac{V_T}{V_B}=\frac{\overline{BM}}{\overline{MT}} \tag{11-25}$$

式中，V_T—上相（PEG 相）体积；

V_B—下相（磷酸钾相）体积；

$\overline{BM}$ —B 点与 M 点的距离；

$\overline{MT}$ —M 点与 T 点之间的距离。

系线的长度是衡量两相间相对差别的尺度，系线越长，两相间的性质差别越大，反之则越小。当系线长度趋向于零时，即在图 11-10 b 的双节线上 K 点，两相差别消失，任何溶质在两相中的分配系数均为 1，因此，K 点称为临界点。

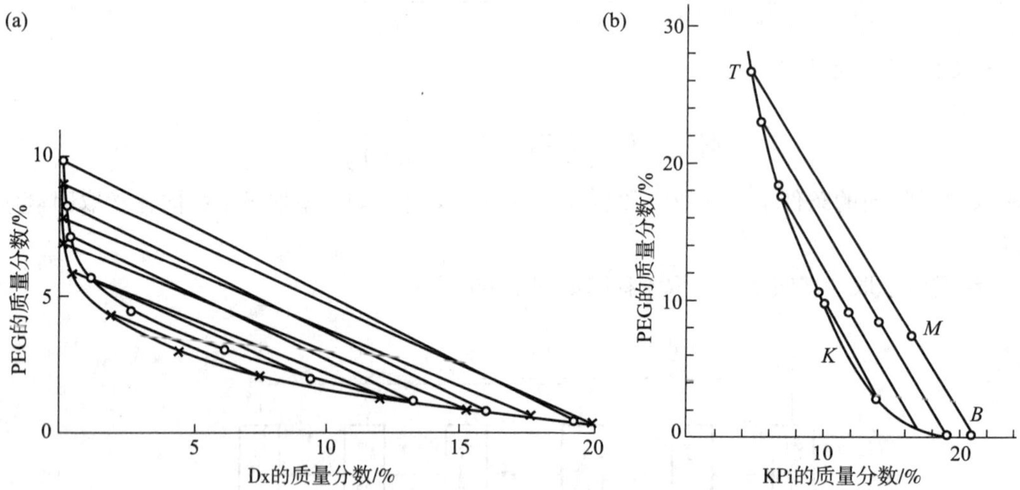

图 11-10　双水相系统相图

a. PEG6000/Dx48：（○）20℃；（×）0℃；b. PEG6000/KPi，0℃

（2）双水相中的分配平衡

溶质在双水相中的分配系数也可用溶剂萃取过程中的表达式（11-26）来表示。为简便起见，用 C_1 和 C_2 分别表示平衡状态下的下相和上相中溶质的总浓度（$mol\cdot dm^{-3}$），则

$$m=\frac{C_2}{C_1} \tag{11-26}$$

分配系数是各种相互作用的总和，有

$$\ln m=\ln m_e+\ln m_h+\ln m_l \tag{11-27}$$

式中，m_e、m_h 和 m_l 分别为静电作用、疏水作用和生物亲和作用对溶质分配系数的贡献。

（3）双水相萃取操作

选择合适的双水相系统要根据目标蛋白质和共存杂质的表面疏水性、相对分子质量、等电点和表面电荷等性质上差别，综合利用静电作用、疏水作用以及添加适当种类和浓度的盐，从而选择性萃取目标产物。

11.3.1.3　超临界流体萃取

（1）超临界流体（supercritical fluid，SF）

处于临界温度（Tc）和临界压力（Pc）以上，介于气体和液体之间的流体。超临界流体具有气体和液体的双重特性。

超临界流体萃取（supercritical fluid extraction，简称 SFE）：超临界流体对物质进行溶解和分离的过程。

（2）二氧化碳超临界流体（CO_2-SF）的溶解作用

可作为 SF 的物质很多，如二氧化碳、一氧化亚氮、六氟花硫、乙烷、庚烷、氨等，其中，多选用 CO_2（临界温度接近室温，且无色、无毒、无味、不易然、化学惰性、价廉、易制成高纯度气体）。CO_2-SF 的溶解作用基本原理为：CO_2 的临界温度（T_c）和临界压力（P_c）分别为 31.05℃和 7.38MPa，当处于这个临界点以上时，此时的 CO_2 同时具有气体和液体双重特性。超临界 CO_2 可以从物料中将目标物质溶解出来，形成超临界 CO_2 负载相，然后降低载气的压力或升高温度，超临界 CO_2 的溶解度降低，这些物质就沉淀出来，与 CO_2 分离，从而达到提取分离的目的。

延伸阅读 11-6
超临界及亚临界流体萃取

（3）夹带剂

夹带剂：具有改变溶质溶解度的第三组分。

一般地说，具有很好溶解性能的溶剂，也往往是很好的夹带剂，如甲醇、乙醇、丙酮、乙酸乙酯等。

超临界流体萃取的工艺流程如图 11-11 所示。

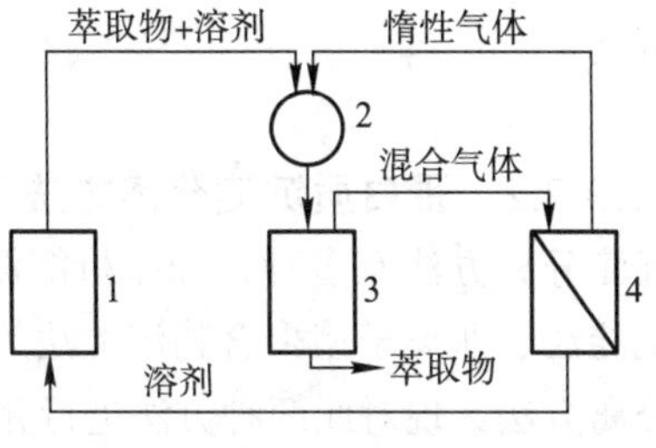

图 11-11 超临界流体萃取工艺流程示意图

1. 萃取器；2. 混合器；3. 产物分离器；4. 溶剂分离器

11.3.2 浓缩技术

浓缩过程是发酵工业提取与精制过程常用的单元操作，有时在整个发酵产品提取纯化过程中都会不断使用。浓缩的任务是将低溶质浓度的溶液通过除去溶剂变为高溶质浓度的溶液。

（1）蒸发浓缩法

蒸发的任务是使溶液中的溶剂在一定的温度和压力下加热后汽化除去或冷却回收，从而提高溶液中溶质浓度。

首先，蒸发的快慢与温度有关，温度升高，蒸发过程加快；其次，蒸发的快慢还与蒸发面积有关，液体表面积越大，单位时间内汽化的分子越多，蒸发越快。此外，蒸发的快慢还与液面蒸汽分子密度，即蒸汽压大小有关，蒸汽压越小，蒸发越快。

常压蒸发设备有中央循环管式蒸发器、横管式蒸发器、夹套式蒸发器、夹套带搅拌外循环蒸发器、强制循环蒸发器及薄膜蒸发器等。

真空减压蒸发设备根据二次蒸汽的利用情况，可分为单效蒸发和多效蒸发设备。

分子蒸馏原理是根据分子热运动理论，液体混合物的分子受热后运动会加剧，当接受到足够能量时，就会从液面逸出而成为气相分子。随着液面上方气相分子的增加，有一部分气体就会返回液体。在外界条件保持恒定情况下，最终会达到分子热运动的动态平衡。

分子蒸馏技术的核心是分子蒸馏装置，图 11-12 为分子蒸馏的原理图，其主要结构由加热器、捕集器、真空系统组成。

延伸阅读 11-7
喷雾干燥法

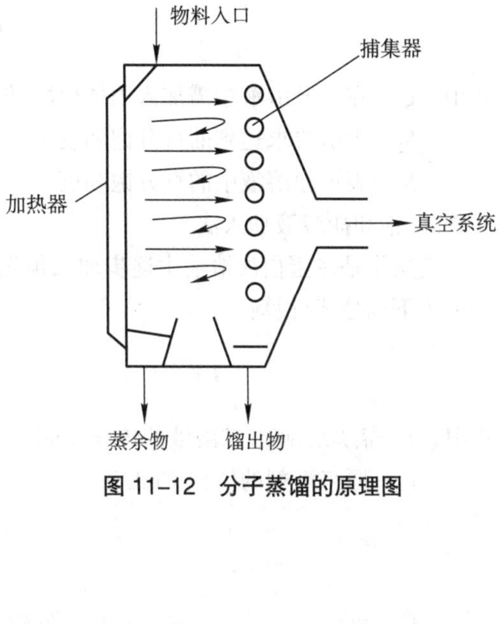

图 11-12 分子蒸馏的原理图

（2）冷冻浓缩法

冷冻浓缩法是工业发酵中生物大分子和具有生理活性的发酵产品浓缩常用的一种有效方法，也常用于生物大分子和具有生理活性发酵产品的低温干燥。

（3）吸收浓缩法

吸收浓缩法是一种通过吸收剂直接吸收除去溶液中溶剂分子使溶液浓缩的方法。要求吸收剂不与溶液起化学反应，而且对生物大分子类的发酵产品不起吸收作用，易与溶液分开，吸收剂除去溶剂后还能重复使用。实验室中常用的吸收剂有聚乙二醇、聚乙烯吡咯酮等。

11.3.3 沉淀分离技术

沉淀：由于物理环境的变化引起溶质的溶解度降低，从而生成固体凝聚物的过程。

11.3.3.1 蛋白质分子在水溶液中的稳定性

蛋白质分子周围存在与蛋白质分子紧密或疏松结合的水化层，故可形成稳定的胶体溶液，这是防止蛋白质凝聚沉淀的屏障之一。蛋白质分子间的静电排斥作用也是防止蛋白质凝聚沉淀的重要原因。

因此，可通过降低蛋白质周围的水化层以及双电层厚度来降低蛋白质溶液的稳定性，从而实现蛋白质沉淀。

11.3.3.2 蛋白质沉淀分离方法

沉淀分离方法有多种，如盐析沉淀法、有机溶剂沉淀法、等电点沉淀法、金属离子沉淀法、聚电解质沉淀法、非离子型聚合物沉淀法等。其中，盐析和有机溶剂沉淀法是工业上最常用的蛋白质（酶）沉淀分离方法，现对此两种方法进行介绍。

（1）盐析沉淀的原理与方法

盐析沉淀：根据各种物质的结构差异性（如蛋白质分子表面疏水基团和亲水基团之间比例的差异性）来改变溶液的某些性质（如 pH、极性、离子强度等），进而使目标蛋白质的溶解度发生变化。

盐析一般是指溶液中加入无机盐类而使某种物质溶解度降低而析出的过程。

选择适当的溶液特性就能使目标蛋白质与杂质的溶解度有较大差异，从而出现目标蛋白质溶解而杂质沉淀，或者相反。达到用沉淀法分离纯化目标蛋白质的目的。

① 固体加入法。在大体积的粗制品溶液中逐步加入固体硫酸铵，当加到一定饱和度时，蛋白质便可沉淀出来。

欲将蛋白质溶液变成一定的硫酸铵饱和度溶液时，需要加入的硫酸铵数量可从相关表中查得，也可用下列公式计算：

20℃时

$$g=\frac{533\,(S_2-S_1)}{100-0.3\,S_2} \tag{11-28}$$

25℃时

$$g=\frac{541\,(S_2-S_1)}{100-0.3\,S_2} \tag{11-29}$$

式中，g—在一升溶液中需加入固体硫酸铵的克数；

S_2—表示要求达到的百分饱和度；

S_1—表示原溶液中的百分饱和度。

② 饱和盐溶液加入法

其操作是在蛋白质溶液中逐步加入预先调整好 pH 的饱和硫酸铵溶液，不同饱和度所需的硫酸铵的量可用下列公式计算：

$$V=\frac{V_0\,(S_2-S_1)}{S_3-S_2} \tag{11-30}$$

式中，V—需加入硫酸铵溶液的体积（mL）；

V_0—原来溶剂的体积（mL）；

S_1—原来溶液的百分饱和度；

S_2—要求达到的百分饱和度；

S_3—需要加入硫酸铵溶液的饱和度（一般用100%）。

③ 盐析曲线的制作。取一定体积已测定含量的蛋白质或酶的待分离溶液，调节pH至稳定范围，等分成6～10份，依次加入不同量的硫酸铵，静置一段时间后，离心或过滤，取过滤清液或沉淀完全的溶液测定其蛋白质或酶的含量，根据蛋白质或酶的含量与相对应的硫酸铵浓度之间的关系作图，即可得到盐析曲线。

④ 盐析方程。蛋白质在水溶液中的溶解度一般在生理离子强度范围内（0.15～0.2 mol·kg^{-1}）最大，而低于或高于此范围时溶解度均较低。当离子强度较高时，溶解度的对数与离子强度之间呈线性关系，用Cohn经验方程描述如下：

$$\log S = \beta - K_S I \tag{11-31}$$

式中，S—蛋白质溶解度，g·dm^{-3}；β—常数；Ks—盐析常数；I—离子强度，mol·dm^{-3}。

$$I = \frac{1}{2}\sum C_i Z_i^2 \tag{11-32}$$

式中，C_i—离子i的摩尔浓度（mol·dm^{-3}）；Z_i—电荷数。

（2）有机溶剂沉淀的原理与方法

有机溶剂能降低蛋白质溶解度的原因主要是：一方面与盐溶液一样具有脱水作用，其次有机溶剂的介电常数比水小，导致溶剂的极性减小。常用的有机溶剂是甲醇、乙醇和丙酮。

① 用有机溶剂沉淀蛋白质时，需要加入的有机溶剂的用量一般是以体积为单位按下列公式计算：

$$V = \frac{V_0(S_2 - S_1)}{100 - S_2} \tag{11-33}$$

式中，V—需加入有机溶剂的体积；

V_0—蛋白溶液的原始体积；

S_1—蛋白溶液中有机溶剂的浓度（体积百分浓度）；

S_2—蛋白溶液中欲达到的有机溶剂浓度（体积百分浓度）。

② 有机沉淀法的优缺点。

优点：溶剂溶液蒸发除去，不会残留在成品中，而且有机溶剂密度低，与沉淀物密度差大，便于离心分离。

缺点：易使蛋白质变性失活，且有机溶剂易燃、易爆，安全要求高。

③ 有机溶剂沉淀法操作注意事项。

a. 降低操作温度，能增加收率和减少蛋白质的变性；

b. 所选择的溶剂必须能与水互溶，且与蛋白质不起化学反应，最常用的溶剂是乙醇和丙酮；

c. 蛋白质的相对分子质量越大，产生沉淀所需加入的有机溶剂量越少；

d. 沉淀的蛋白质不能再溶解，就可能已经变性；

e. 少量中性盐的存在（0.1～0.2 mol/L）能形成盐溶作用，增加蛋白质在有机溶剂水溶液的溶解度，这就会使沉淀蛋白质所需的有机溶剂量增大。

（3）等电点沉淀的原理与方法

等电点沉淀法是利用蛋白质在等电点时溶解度最低且不同蛋白质具有不同等电点的特点进行分离的方法。

利用等电点沉淀时需要注意以下事项：

a. 不同的蛋白质具有不同的等电点。

b. 同一种蛋白质在不同条件下，等电点不同。

延伸阅读11-8

等电点沉淀应用案例

c. 当目标成分对 pH 有要求时，采用等电点沉淀更要注意。

d. 由于各种蛋白质在等电点时仍有一定的溶解度，导致沉淀不完全，而多数蛋白质的等电点又都较为接近。因此，当单独使用等点电沉淀法效果不理想时，可以考虑采用几种不同方法结合来实现沉淀分离。

以上主要介绍了蛋白质常用的沉淀分离技术，至于其他沉淀分离技术可参考相关资料。

此外，采用沉淀分离技术时，通常必须考虑以下五个方面：

a. 采用的分离条件是否会破坏目标物质的结构。

b. 加入溶液中的沉淀剂在后续的加工中是否容易去除。

c. 加入溶液中的沉淀剂和其他物质是否对人体有毒。

d. 沉淀剂在待分离的溶液中要有很高的溶解度，且温度变化对沉淀剂溶解度的影响应该较小。

e. 沉淀剂对环境是否有污染以及是否容易回收再利用。

11.3.4 吸附分离技术

（1）吸附分离原理

吸附：吸附作用是物体表面的一个重要物理性质。理论上讲，任何两相都可以形成界面，其中一相的物质在另一相的表面发生密集行为，称之为吸附。

吸附分离法：通过吸附作用从液体或气体中除去有害成分或提取有用目标产物的分离方法称为吸附分离法。

吸附介质：凡是能够将周围其他分子聚集到某一物质表面上的物质，就称之为吸附介质，或称为吸附剂。

（2）吸附介质的分类及其性质

根据吸附介质的基本性质，吸附力可分为物理吸附、化学吸附、复合吸附等。

活性炭：活性炭是常用的一种吸附介质，制备活性炭的材料来源不同，得到的活性炭种类也不一样。一般有 3 类活性炭，即动物炭、植物炭和矿物炭。活性炭的吸附活性决定于比表面积和内部孔径的大小。

硅胶：硅胶是一种广泛使用的极性吸附介质，其优点是化学性质稳定，吸附量大。硅胶是以硅酸盐为原料制成的。硅胶的吸附活性决定于其含水量。

氧化铝：氧化铝吸附介质是一类疏水性吸附介质，主要是用于分离非极性化合物。吸附原理一般认为是被分离的物质与氧化铝表面的一些羟基相互作用，形成氢键，而铝原子提供一个亲电子中心，吸引电子供体的某些基团，如 -OH，$-NH_2$ 等。氧化铝的吸附活性决定于其表面酸度。

羟基磷灰石：羟基磷灰石对蛋白质的吸附原理是溶质分子中的酸性基团与洗脱液中的磷酸根离子对羟基磷灰石中的钙离子有竞争作用。

聚丙烯酰胺：聚丙烯酰胺属于一类化学合成的极性吸附介质，分子中的酰胺基与被分离物质之间的羟基和羧基可以形成氢键。聚丙烯酰胺的吸附活性取决于其相对相对分子质量、线性结构以及电荷密度。

11.4 发酵产物精制技术

11.4.1 色谱分离技术

11.4.1.1 吸附色谱

吸附色谱是利用固定相介质表面的活性基团对不同溶质分子发生吸附作用的强弱不同而进行分离的方法。

（1）吸附柱层析的基本原理

在吸附层析法中，使用的固定相基质是颗粒状的吸附剂。在吸附剂的表面存在着许多随机分布的吸附位点，这些位点通过范德华力和静电引力与生物分子结合，其结合力的大小与各种生物分子的结构及吸附介质的性质密切相关（图 11–13）。

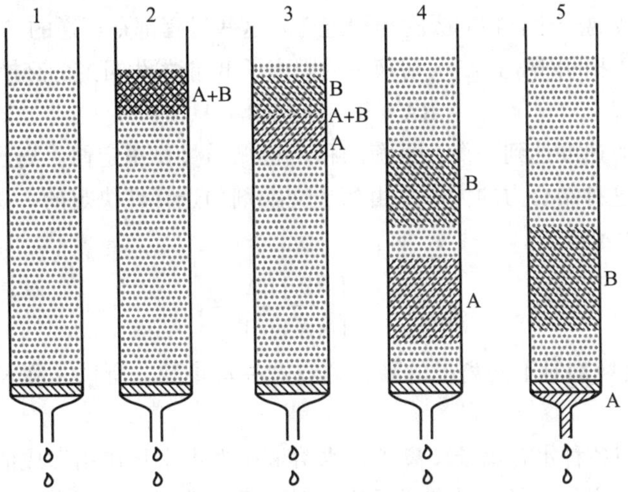

图 11–13　吸附柱层析原理示意图

1. 吸附层析柱；2. 加入 A、B 混合样品；3. 洗脱时，A 与 B 开始分离；4. A 与完全分离；5. 先收集 A 物质

（2）吸附介质和洗脱条件的选择

① 依据被分离物质的特性。通常分离极性物质选择极性吸附介质，而分离非极性物质则选择非极性吸附介质。

② 依据吸附介质的容量。通常选择表面大、吸附容量大的吸附介质。

③ 依据吸附介质的通用性。选择多功能的吸附介质，在不同层析条件下具有不同的吸附能力。

④ 依据吸附介质的稳定性。选择的吸附介质理化性质稳定，吸附介质与溶剂、洗脱剂、样品之间不发生任何化学反应。

⑤ 依据吸附介质的刚性。通常选择刚性较强的吸附介质。

（3）常用吸附剂

① 活性炭。具有价格低廉且吸附力强、分离效果好的特点。活性炭是非极性吸附剂，因此，在水溶液中吸附力最强，在有机溶剂中吸附力较弱。

② 大孔吸附树脂。大孔吸附树脂是一种具有多孔立体结构人工合成的聚合物吸附剂，是在离子交换剂和其他吸附剂应用基础上发展起来的一类新型树脂，主要依靠其与被吸附的分子之间的范德华力，通过它巨大的比表面进行物理吸附而发挥作用。在实际应用中，对一些与其骨架结构相近的分子（如芳香族环状化合物）具有很强的吸附能力。由于是分子吸附，而且大孔吸附树脂对有机物质的吸附能力一般低于活性炭，所以，解吸比较容易。

> **深入学习 11–3**
> Amberllte™ 系列大孔吸附树脂的主要型号、特性及主要特性

11.4.1.2　离子交换色谱技术

离子交换技术：在以离子交换剂为固定相、以液体为流动相的系统中进行的荷电物质分离技术。

> **深入学习 11–4**
> 大孔吸附树脂产品特性及使用方法

（1）离子交换层析的基本原理

离子交换树脂是一种不溶于酸、碱和有机溶剂的固态高分子化合物，它的化学稳定性良好，且具有离子交换能力。其巨大的分子可以分成两部分：一部分是不能移动的、多价的高分子基团，构成树

脂的骨架，使树脂具有上述溶解度和化学稳定的性质；另一部分是可移动的离子，称为活性离子，它在树脂骨架中的进进出出，就发生离子交换现象。活性离子是阳离子的称为阳离子交换树脂，活性离子是阴离子的称为阴离子交换树脂。

深入学习 11-5
常见的离子交换剂

离子交换剂一般是由基质、电荷基团（或功能基团）和反离子构成。

离子交换剂与水溶液中离子或离子化合物的反应主要以离子交换方式进行，或者借助离子交换剂上电荷基团对溶液中离子或离子化合物的吸附作用进行。这些过程都是可逆的。假设以 RA 代表阳离子交换剂，它在溶液中解离出来的阳离子 A^+ 与溶液中的阳离子 B^+ 能发生可逆的交换反应，反应式如下：

$$RA + B^+ \rightleftharpoons RB + A^+ \tag{11-34}$$

上述反应能以极快的速度达到平衡，平衡的移动遵循质量作用定律。离子交换剂对溶液中不同离子具有不同的结合力，这种结合力的大小是由离子交换剂的选择性决定的。离子交换剂的选择性可用其反应的平衡常数 $K^B{}_A$ 表示：

$$K^B{}_A = \frac{[RB][A^+]}{[RA][B^+]} \tag{11-35}$$

$K^B{}_A$ 值是反映离子交换剂对不同离子的结合力或选择性参数，所以，称 $K^B{}_A$ 值为离子交换剂对 A^+ 和 B^+ 的选择系数。

此外，离子交换剂与各种水合离子（离子在水溶液中发生水化作用形成的）的结合力是与离子的电荷量成正比，而与水合离子半径的平方成反比。对于呈两性离子的蛋白质、酶类、多肽等物质与离子交换剂的结合力，主要取决于它们的物理化学性质和在特定 pH 条件下呈现的离子状态。对于呈胶体状态的大分子物质，一般采用选择性好的弱酸性离子交换剂，并且希望其交联度小、孔隙大，以利于大分子物质渗透入网孔中进行离子交换反应。

（2）离子交换剂的分类及性质

① 疏水性离子交换剂。疏水性离子交换剂中的基质是一种人工合成的、与水结合力较小的树脂物质。常用的一类树脂是由苯乙烯和二乙烯苯合成的聚合物。这种离子交换树脂若以电荷基团的性质分类则有：

阳离子交换树脂（强酸型、中强酸型、弱酸型）；

阴离子交换树脂（强阴性、中强阴性、弱阴性）；

螯合离子交换树脂（对金属离子有较强的选择性）。

阳离子交换剂的电荷基团带负电，反离子带正电。疏水性的离子交换剂主要是离子交换树脂，一般都呈网络结构的珠状体，其大小在 20 ~ 400 目。由于含有大量的活性基团，其交换容量高，机械强度大，流动速度快，因此，主要用于分离无机离子、有机酸、核苷酸和氨基酸等小分子物质，在发酵工业中，广泛用于提取抗生素、氨基酸、有机酸等工业。

② 亲水性离子交换剂。亲水性离子交换剂中的基质是一类天然的或人工合成的，与水结合力较大的物质。常用的有纤维素、交联葡聚糖和交联琼脂糖等。

纤维素离子交换剂是以微晶纤维素为基质，通过化学方法引入电荷基团构成。这类离子交换剂按引入电荷基因的性质可分为强酸性、弱酸性、强碱性和弱碱性离子交换剂。用微晶纤维素通过交联作用制成了类似凝胶的珠状（40 ~ 160 μm）弱阴性离子交换剂（如 DEAE-Sephacel），其结构同 DEAE-纤维素一样，但它对蛋白质、核酸、激素以及其他生物聚合体都有同等的分辨率。

交联葡聚糖离子交换剂是以交联葡聚糖 G-25 和 G-50 为基质，通过化学方法引入电荷基团制成。

琼脂糖离子交换剂主要是以交联琼脂糖 CL-6B 为基质，通过化学方法引入电荷基团制成。

（3）离子交换层析的操作

① 离子交换剂的处理。离子交换剂使用之前，取适量的固体离子交换剂如树脂、纤维素和交联葡聚糖等离子交换剂，先用水浸泡，待充分膨胀后即可进行处理。常规的处理步骤是，加过量的水悬浮

除去细颗粒。再用酸碱分别浸泡，每一种试剂处理后要用水洗至中性，再用另一种试剂处理，最后再用水洗至中性，这是为了进一步去除杂质，并使离子交换剂带上需要的平衡离子。一般阳离子交换剂最后用碱处理，阴离子交换剂最后用酸处理。常用的酸是 HCl，碱是 NaOH 或再加一定的 NaCl，这样处理后阳离子交换剂为 Na 型，阴离子交换剂为 Cl 型。使用的酸碱浓度一般小于 0.5 mol/L，浸泡时间一般 30 min。处理时应注意酸碱浓度不宜过高、处理时间不宜过长、温度不宜过高，以免离子交换剂被破坏。

② 离子交换剂的再生。使用过的离子交换剂，可采用一定的方法使其恢复原来的性状，这一过程叫做再生。再生可以通过上述的酸、碱反复处理完成，但有时也可以通过转型处理完成。

③ 分离物质的交换。使用离子交换剂的方法有两种：一种是柱层析法，也叫动态法，即将离子交换剂装入层析柱内，让溶液连续通过。该法交换效率高，应用范围广。另一种是分批法，也叫静态法，将离子交换剂置入盛溶液的容器内缓慢地不断搅拌。该法交换率低，不能连续进行，但需要的设备简单，操作容易。

④ 物质的洗脱与收集。在离子交换层析过程中，常用梯度溶液进行洗脱，而溶液的梯度则是由盐浓度或酸碱度的变化形成。图 11-14 为产生梯度溶液的三种装置示意图及其各自形成的梯度变化曲线，图 11-15 为市售的梯度混合装置。在图 11-14 的 A 瓶中注入开始洗脱所需的盐浓度溶液（低浓度溶液），B 瓶中注入高浓度盐溶液，若容器 $A_1 = B_1$ 时，则为线型梯度（Ⅰ型）；若容器 $A_1 < B_1$ 时，则为凸形梯泼（Ⅱ型）；若容器 $A_1 > B_1$ 时，则为凹形梯度（Ⅲ型）。在一定时间内，不同形式的梯度溶液流经层析柱某点累积体积时的浓度 C，可用下列公式计算：

$$C = C_B - (C_B - C_A)\left(1 - \frac{V_2}{V_1}\right)^{B_1/A_1} \quad (11\text{-}36)$$

式中，C_A—梯度混合器 A 瓶的浓度（搅拌）；

C_B—梯度混合器 B 瓶的浓度（非搅拌）；

A_1— A 瓶的横切面积；

B_1— B 瓶的横切面积；

V_2—流经层析柱的体积；

V_1—梯度洗脱液的总体积。

除上述三种梯度洗脱液外，还有复合式梯度洗脱液和阶梯式梯度洗脱液（图 11-16）。前者是用多室混合器形成，后者是用依次连续增加浓度来实现。其中，色谱柱，1.5cm × 26cm；交换剂，QAE-Sephadex A-50；样品，4 mL 3%（m/V）冻干牛血清；洗脱液，0.1 mol/L Tris-HCl，pH6.5，NaCl 离子强度为 0 ~ 0.5；流速：0.2 mL/min。

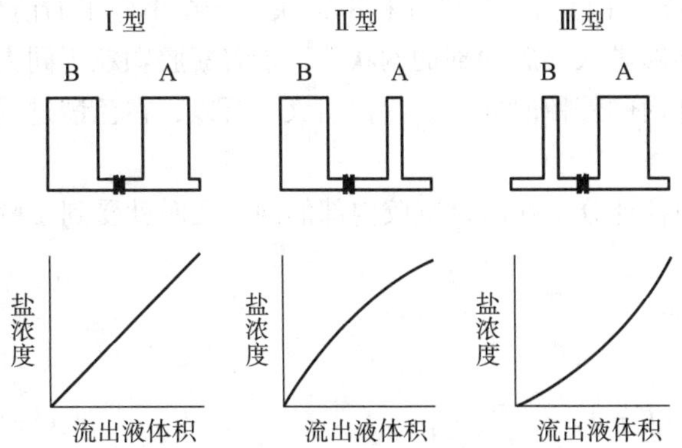

图 11-14 产生梯度溶液的三种装置

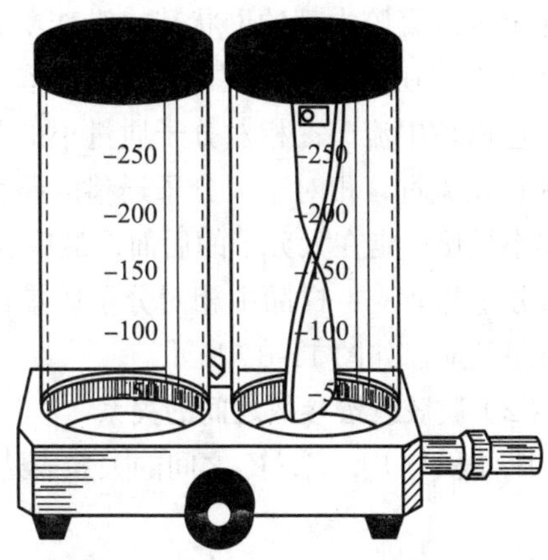

图 11-15 磁力搅拌梯度混合器装置

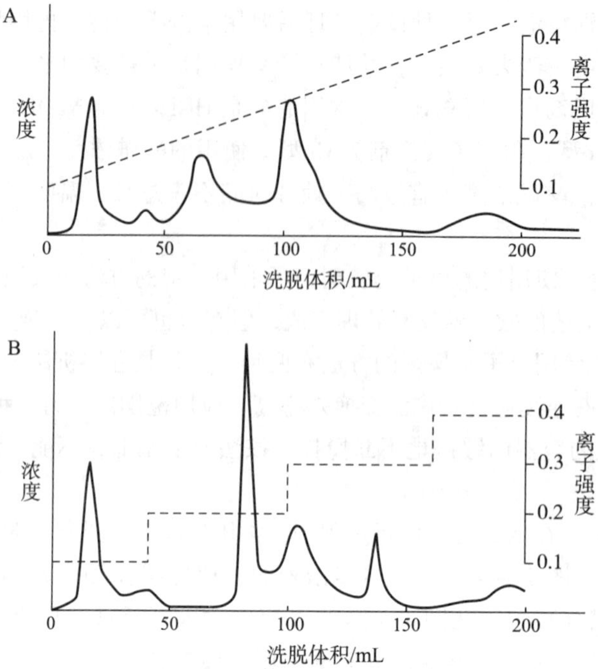

A 图为线性梯度；B 图为阶梯式梯度

图 11-16　线性和阶梯式梯度溶液分离牛血清蛋白的图谱

梯度溶液按组成来分一般有两种：一种是增加离子强度的梯度溶液。该溶液是用一简单的盐（如 NaCl 或 KCl）溶解于稀缓冲液制成，习惯上不用弱酸或弱碱的盐类。另一种是改变 pH 的梯度溶液。该溶液是用两种不同 pH 或不同缓冲容量的缓冲液制成，所用缓冲液的种类、pH 以及缓冲容量要认真选择，否则将达不到预期目的。

延伸阅读 11-9
离子交换色谱应用实例

11.4.1.3　凝胶色谱技术

凝胶色谱亦称排阻色谱或分子筛色谱，是利用生物大分子的相对分子质量差异进行层析分离的方法。凝胶色谱介质主要是以葡聚糖、琼脂糖、聚丙烯酰胺等为原料，通过特殊工艺合成的色谱介质。

（1）凝胶色谱基本原理

凝胶色谱介质是一种在球体内部具有大孔网状结构凝胶微粒，不同大小的网状孔径像筛子一样，可以把大小不同的生物大分子按一定的顺序进行分离，相对分子质量大的生物分子由于不能进入或不能完全进入凝胶内部的网状孔，沿着凝胶颗粒间的空隙或大的网状孔通过，大分子相对于小分子迁移的路径近，在柱内的停留时间短，保留值小，所以，在色谱过程中迁移率最快，走在小分子的前面，先从色谱柱中流出；相对分子质量小的分子由于能够进入凝胶内部的网状孔，沿着凝胶颗粒不同大小的网状孔流过，相对于大分子迁移的路径长，在柱内的停留时间长，保留值大，所以，在色谱过程中迁移率最慢，走在大分子的后面，最后从柱中流出。

分子筛效应：样品中相对分子质量大小不同的各种分子在流过凝胶内部的网状孔时就受到凝胶介质排阻效应。如图 11-17 所示。

（2）凝胶色谱参数之间的关系

床体积与 V_o，V_i，V_g 之间的关系表达式如下：

$$V_t = V_o + V_i + V_g \tag{11-37}$$

式中，V_o—凝胶颗粒间的空隙体积（外水体积）；V_i—凝胶颗粒内的孔洞体积（内水体积）；V_g—凝胶骨

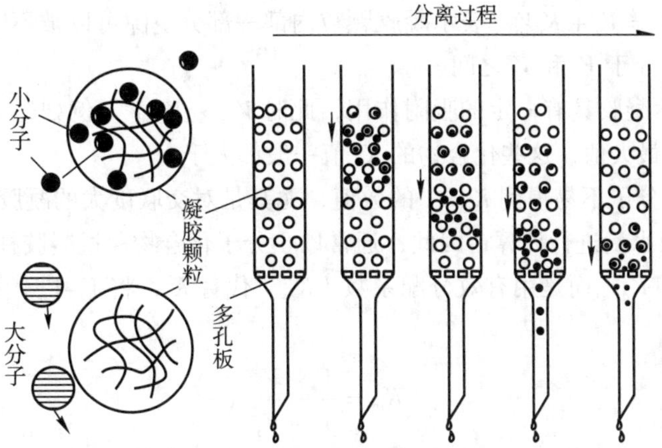

(a) 球形分子和凝胶颗粒网状结构　(b) 分子在排阻色谱柱内的分离过程

图 11–17　凝胶色谱的分离原理示意图

架体积（自身体积）。

洗脱体积与 V_o，V_i 的关系式为：

$$V_e = V_o + K_d V_i \tag{11–38}$$

式中，K_d 为样品组分在流动相和固定相之间的分配系数，其只与被分离物质相对分子质量的大小、凝胶颗粒空隙及网状孔径大小有关，与色谱柱的长短和粗细无关。K_d 可以通过实验获得。

K_d 与体积之间的关系。可以将式（11–38）变换一下，即可得到 K_d 与体积之间的关系式：

$$K_d = \frac{V_e - V_o}{V_i} \tag{11–39}$$

式中，V_e 为实验测得的实际洗脱体积；V_o 可用不被凝胶滞留的大的相对分子质量组分测得，通常用相对分子质量在 2×10^6 的蓝色葡聚糖 –2000 测定；V_i 可以通过干胶的吸水量（每克干胶所吸附水的毫升数）求得。对于一定条件的凝胶色谱柱来说，只要通过实验得知某一组分的洗脱体积 V_e，就可以计算出 K_d 值。以上关系可以通过图 11–18 表示。

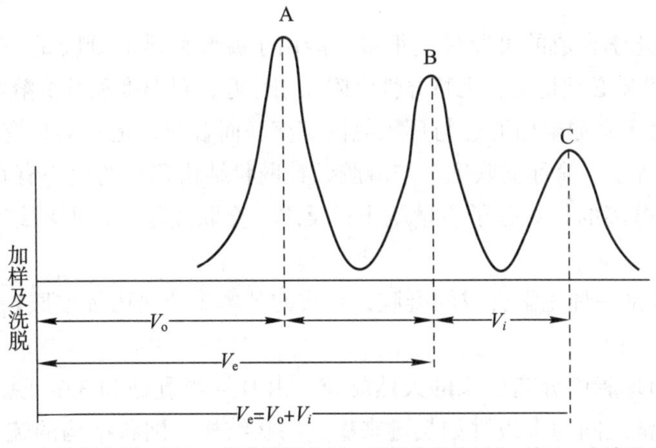

峰 A—全排阻分子；峰 B—部分渗透分子（有效分离分子）；峰 C—全渗透分子

图 11–18　凝胶柱色谱洗脱峰示意图

在凝胶柱色谱分离过程中，K_d 可以有以下几种情况：

① $K_d = 0$ 时，$V_e = V_o$。对于完全不能进入凝胶内部的大分子（全排阻），其洗脱体积就等于外水体积。

② $K_d = 1$ 时，$V_e = V_o + V_i$。对于完全可以进入凝胶内部的小分子（全渗透），其洗脱体积就等于外水体积和内水体积之和。

③ $0<K_d<1$ 时，$V_e=V_o+K_dV_i$。表示凝胶颗粒内部一部分空隙可以被不同大小的分子利用，可以有不同程度的渗入，V_e 介于 V_o 和 V_i 之间。

④ $K_d>1$ 时，表示凝胶具有一定的吸附作用，此时 $V_e > V_o+V_i$。例如，某些芳香族化合物的洗脱体积远超出理论计算的最大值，这些化合物的 K_d 值一般都大于 1。

在实际工作中，小分子不易得到 $K_d=1$ 的数值，尤其是对交联度大的凝胶介质 K_d 差别较明显，此时的 V_i 不能以凝胶的吸水量进行计算，因此，通常以小分子化合物通过凝胶柱来测定 V_i 值。另外一种计算方法是不使用 V_i 和 K_d，而是用有效分配系数（K_{av}）代替 K_d，将 V_t-V_o 代替 V_i 代入式（11-39）可得到：

$$K_{av}=\frac{V_e-V_o}{V_t-V_o} \tag{11-40}$$

$$V_e=V_o+K_{av}(V_t-V_o) \tag{11-41}$$

在这里，实际上是将原来以水作为固定相（V_i）改为凝胶颗粒（V_t-V_o）作为固定相，而洗脱剂（V_e-V_o）作为流动相。K_{av} 和 K_d 值对交联度较小的凝胶介质差别不大，而对交联度大的凝胶介质则有一定差异。

在凝胶色谱过程中，凝胶色谱介质一般情况对流动相中的组分无吸附作用，当流动相的体积 V_t 流过后，上样的所有组分都应当被洗脱出来，这是凝胶色谱与其他的色谱方法所不同之处。

（3）V_e 与相对分子质量的关系

对同一类型的化合物，洗脱特性与组分的相对分子质量有关，各种组分流过凝胶柱时，洗脱顺序按相对分子质量（M_r）的大小排列先后流出。V_e 与 M_r 的关系式如下。

$$V_e=K_1-K_2\lg M_r \tag{11-42}$$

式中，K_1—常数；K_2—常数；M_r—相对分子质量；V_e—洗脱体积。

实际操作过程中，大多数都是以 K_{av} 对相对分子质量的对数（$\lg M_r$）作图，得到工作曲线，也称之为“选择曲线”。

凝胶排阻色谱具有设备简单、操作方便、重复性好、条件温和等优点，是实验室测定相对分子质量的常用方法，也是生物大分子分离纯化常用的分离手段。

（4）凝胶色谱介质

延伸阅读 11-10
凝胶色谱应用

自然界天然凝胶和化学合成的凝胶种类很多，能用于凝胶色谱的凝胶是一种球形颗粒，球内部是多孔网状结构。其化学性质必须稳定，无特异性吸附，刚性好，对温度和有机溶剂具有较好的耐受性。

① 葡聚糖凝胶是由多聚葡聚糖通过与环氧氯丙烷交联而合成，是一类具有网状结构的珠状凝胶颗粒。葡聚糖凝胶交联的程度（简称交联度）与凝胶颗粒网状结构孔径的大小有直接关系，交联度越大，网状结构的孔径越小，分离的相对分子质量就小；反之，交联度越小，网状结构的孔径越大，分离的相对分子质量就大。

② 聚丙烯酰胺凝胶是一种化学合成的凝胶，组成的基本单位是丙烯酰胺，交联剂是 N,N,– 亚甲基双丙烯酰胺。

③ 琼脂糖凝胶是由琼脂中分离出来的天然凝胶，由 D – 半乳糖和 3,6– 脱水 –L– 半乳糖交替结合而成，交联主要依靠糖链之间的次级键如氢键来稳定网状结构。网状结构的疏密依靠改变琼脂糖浓度的方法来控制。

（5）凝胶色谱技术的操作

① 凝胶层析介质的选择与处理。

② 层析柱和流动相的选择。

③ 凝胶介质的后处理。

11.4.1.4 亲和色谱技术

根据蛋白质与配基的不同，可将亲和色谱分为许多种类：生物亲和色谱、免疫亲和色谱、金属离子亲和色谱以及拟生物亲和色谱等。

亲和吸附剂是亲和色谱技术的关键所在，亲和色谱与其他吸附色谱一样，也希望固定相与流动相的接触面积大，故通常采用粒径小、内表面积大且蛋白质可迅速扩散至颗粒内固定化配基处的吸附剂。亲和色谱以亲和吸附剂为固定相及含有目的蛋白质的料液为移动相构成整个系统。经吸附、洗净、洗脱和再生步骤达到分离纯化蛋白质的目的，柱床可重复使用几十至上百次。

11.4.1.5 逆流色谱技术

（1）原理

在用很长的软管（如聚四氟乙烯管）绕制成的色谱柱内不加入任何固态支撑体或填料，使用时由使用者根据被分离混合物的理化特征，选择某一种有机 / 水两相溶剂体系或双水相溶剂体系，此体系可以是二元的或多元的。用此体系的上层或下层作为色谱过程的固定相，首先将其注满管柱内，然后让此管柱作特定的旋转运动，用由此形成的离心力场来支撑柱内的液态相。这时，若用溶剂体系中的另一层作为流动相，带着混合样品由泵的压力推入分离管柱，样品就会穿过两个液相对流的整个管柱空间，各个组分也就会按其在两相中的分配系数分离开来。

（2）逆流色谱技术的特点

逆流色谱技术具有以下特点：

① 逆流色谱不用固态支撑体。

② 逆流色谱的分配分离是在旋转运动中完成。

③ 逆流色谱没有填料在柱内的占空体积。

④ 逆流色谱不用填料，分离过程不是淋洗或洗脱过程，而是对流穿透过程。

11.4.2 膜分离技术

11.4.2.1 膜分离技术的原理与方法

膜分离技术：指利用具有一定选择性透过特性的过滤介质（如高分子薄膜），将不同大小、不同形状和不同特性的物质颗粒或分子进行分离的技术。

（1）膜分离的主要方式

液体中的物质主要通过 3 种方式被分离，分别是：

① 直接拦截。指物料通过滤膜时，大或等于滤膜孔径的颗粒不能穿过滤膜，受到滤孔的拦截而被截留。

② 惯性冲撞。指液体流入滤膜上的孔道时，流体携带的尺寸小于滤材孔径的颗粒，由于自身的理化性质和线速度以及流体具有的直线运动的惯性，结果使颗粒离开流体中心，撞击并吸附在滤材上表面。

③ 扩散拦截。流体中尤其是气体通过滤膜的弯曲通道时，微小颗粒的布朗运动使这些小的颗粒从流体中游离开来，因而增加了颗粒碰撞过滤介质的机会并被吸附而截留。

（2）膜分离技术的优点

膜分离技术具有如下优点：

① 膜分离设备易于放大。

② 可在室温或低温下操作，适宜于热敏感物质分离浓缩。

③ 化学与机械作用强度最小，减少发酵产物失活。

④ 无相转变，节省能耗。

⑤ 有较好的选择性，可在分离、浓缩的同时，达到部分纯化的目的。

⑥ 选择合适的滤膜与操作参数，可得到较高的回收率。

⑦ 系统可密闭循环，防止外来污染。

⑧ 不外加化学物质，透过液（酸、碱或盐溶液）可循环使用，降低了成本，并减少了环境污染。

在膜分离技术中，通常用微米作为微孔滤膜孔径的计量单位。各种膜分离技术的应用范围列于表 11–1。

表 11–4 各种膜分离技术的分离范围

膜过程	分离机理	分离对象	孔径 /nm
粒子过滤	体积大小	固体粒子	> 10 000
微滤	体积大小	0.05 ~ 10 μm 的固体粒子	50 ~ 10 000
超滤	体积大小	1 000 ~ 1000 000 Da 的分子，胶体	2 ~ 50
纳滤	溶解扩散	相对离子、分子质量 < 100 的有机物	< 2
反渗透	溶解扩散	相对离子、分子质量 < 100 的有机物	< 0.5
渗透蒸发	溶解扩散	相对离子、分子质量 < 100 的有机物	< 0.5

11.4.2.2 反渗透

在一个容器中间用一张可透过溶剂（水），但不能透过溶质的膜隔开，两侧分别加入纯水和含溶质的水溶液。若膜两侧压力相等，在浓度差的作用下，作为溶剂的水分子从溶质浓度低（水浓度高）的一侧（纯水）向溶质浓度高的一侧（含溶质的水溶液）透过，这种现象称为渗透。促使水分子透过的推动力称为渗透压。

当水溶液与纯水之间的压差等于渗透压时，达到平衡状态（图 11–19a）。渗透压与溶质的浓度成正比。

$$\pi = RTC_B \tag{11–43}$$

式中，π—渗透压，kPa；

R—气体常数，8.314kJ · mol^{-1} · K^{-1}；

T—绝对温度，K；

C_B—溶质浓度，mol · m^{-3}。

同理，若上述膜两侧压力不相等，如图 11–19b 所示，当在含有溶质浓度高的一侧（含溶质的水溶液）施加外压，在该压力的作用下，作为溶剂的水分子将会从溶质浓度高的一侧向溶质浓度低的一侧（纯水）反向透过，这种现象称为反渗透。反渗透方法可以进一步浓缩含溶质的水溶液。

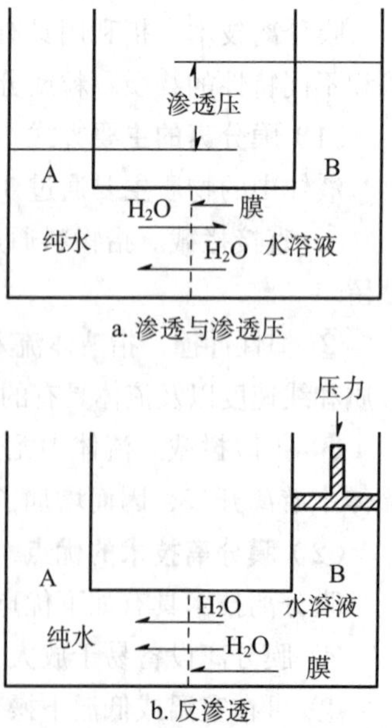

图 11–19 渗透压与反渗透示意图

11.4.2.3 超滤、微滤和纳滤

超滤（UF）和微滤（MF）与反渗透（RO）一样，都是利用膜的筛分性质，以压差为传质推动力。但与 RO 膜相比，UF 膜和 MF 膜具有明显的孔道结构，主要用于截留高分子溶质或固体微粒。

① 超滤分离的原理主要为筛分原理，在有些情况下也受粒子荷电性与荷电膜相互作用的影响。超滤过程中，膜的孔径为 0.001 ~ 0.05 μm，对应的分离相对分子质量从 3 000 到 1 000 000 Da 的可溶性大分子物质，操作压力比反渗透低，一般为 0.11 ~ 1.0 MPa。

② 微滤一般用于悬浮液（粒子粒径为 0.1 μm 至数微米）的过滤，在生物分离中，广泛用于菌体的分离和浓缩。微滤过程中膜两侧的渗透压差可忽略不计，操作压力比超滤更小，一般为 0.05 ~ 0.5 MPa，主要截留直径为 0.05 ~ 10 μm 大小的粒子。

③ 纳滤是一种介于反渗透和超滤之间的压力驱动膜分离过程，纳滤膜的孔径范围在几个纳米左右。对于液体中相对分子质量为数百的有机小分子具有分离性能，对于不同价态的阴离子存在道南效应。物料的荷电性、离子价数和浓度对膜的分离效应有很大影响。

延伸阅读 11-11
膜分离设备

图 11-20 大致给出了 RO、UF 和 MF 等膜分离法与物质尺寸之间的关系，可以看出，RO 法适用于 1 nm 以下小分子的浓缩；UF 法适用于分离或浓缩直径 1 ~ 50 nm 的生物大分子（如蛋白质、病毒等）；MF 法适用于细胞、细菌和微粒子的分离，目标物质的大小范围为 0.01 ~ 10 μm。

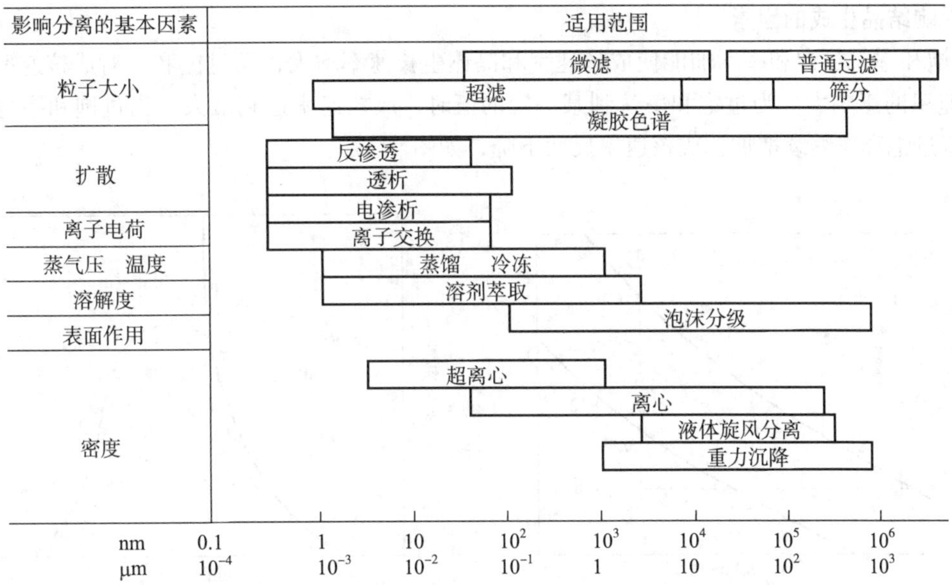

图 11-20 各种分离过程与被分离粒子或分子大小的关系

11.4.2.4 透析

透析膜一般为孔径 5 ~ 10 nm 的亲水膜，如纤维素膜、聚丙烯腈膜和聚酰胺膜等。一般制作成管状（直径为 5 ~ 80 mm）透析袋使用，将含有高分子溶质的料液装入透析袋中，封口后浸入到纯水或缓冲液（透析液）中，由于透析膜内外的溶质浓度不同，在浓度差的作用下，透析袋内的小分子溶质（如无机盐）透向膜外，透析袋外部的水透向袋内，这就是透析。透析过程中透析膜内无流体流动，溶质以扩散的形式移动，如图 11-21 所示。

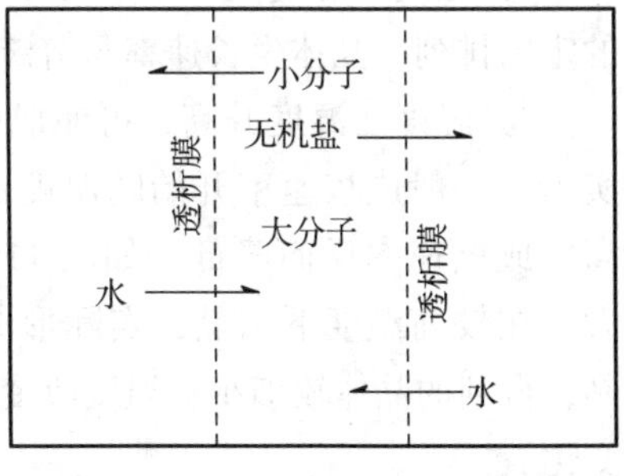

图 11-21 透析过程示意图

11.4.3 结晶技术

（1）结晶的基本原理

结晶：使溶质呈晶态从溶液中析出的过程。

过饱和率：过饱和溶液的浓度与饱和溶液浓度之比，通常表示过饱和程度。

结晶的全过程应包括形成过饱和溶液、晶核形成、晶体生长三个阶段。溶液达到过饱和是结晶的前提，过饱和率是结晶的推动力。

物质在溶解时一般吸收热量，在结晶时放出热量，称为结晶热。结晶是一个同时有质量和热量传递的过程。溶解度与温度的关系可以用饱和曲线来表示，开始有晶核形成的过饱和浓度与温度的关系用过饱和曲线来表示，如图 11-22。饱和曲线和过饱和曲线根据实验大体上相互平行，这样就可以把温度—浓度图分成三个区域——①稳定（不饱和）区：不会发生结晶；②不稳定（过饱和）区：结晶能自动进行；③介稳区：在稳定区与不稳定区之间。

图 11-22 中的点 *A* 是表示所代表的溶液，当将 *A* 所代表的溶液冷却，而溶媒量保持不变时（直线 *ABC*），则当温度降至 *C* 点时，结晶才能自动进行。另一方面，如将溶液在等温下蒸发（直线 *ADE*），则当溶质浓度升至 *E* 点时，结晶方能自动进行。进入不稳定区的情况很少发生，因为蒸发表面的浓度一般超过主体浓度，在这种表面上首先形成晶体，这些晶体能诱导主体溶液在到达 *E* 或 *C* 点前就发生结晶。

晶种：当结晶不能自动进行时，在介稳溶液中加入晶体，能诱导结晶产生，晶体能生长，这种加入的晶体称为晶种。

（2）影响结晶生成的因素

① 过饱和率。过饱和率增加能使成核速率和晶体生长速率增大，而过饱和率对成核速率的影响较晶体生长速率的影响大。当过饱和率达到某一定的值时，成核速率达到最大；当过饱和率越过这个定值时，随着过饱和率继续增加，成核速率反而下降，如图 11-23。

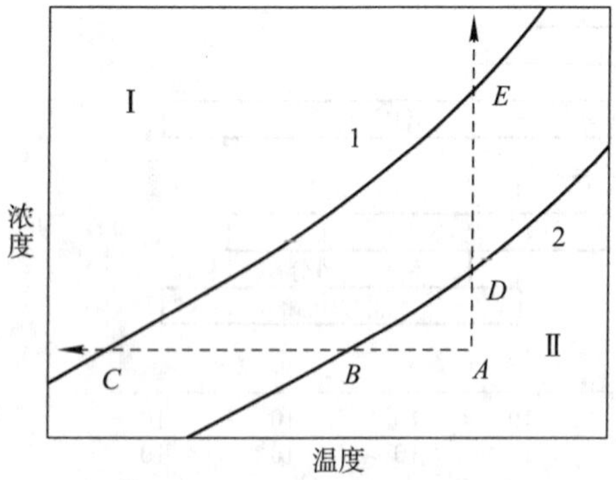

图 11-22 饱和曲线与过饱和曲线

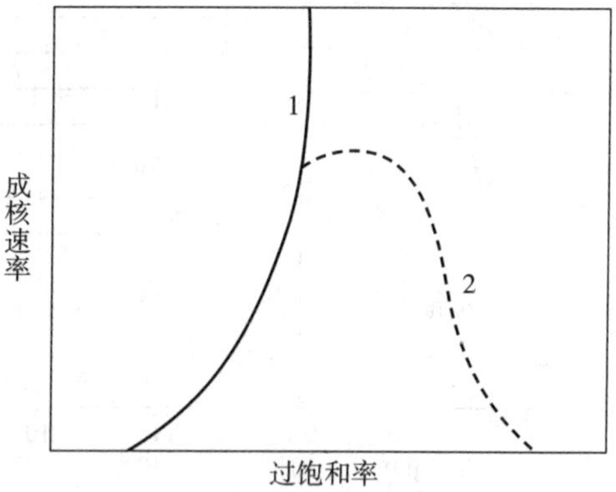

图 11-23 过饱和率对成核速率的影响

② 黏度。黏度大，溶质分子扩散速率慢，妨碍溶质在晶体表面的定向排列，晶体生长速率与溶液的黏度成反比。

③ 温度。温度升高，可使成核速率和晶体生长速率增快。根据实验，一般成核速率开始随温度而上升，达到最大值后，温度再升高，成核速率反而降低，如图 11-24。温度对晶体的大小也影响较大。在较高温度下结晶，实际形成的晶体也较大；在较低温度下结晶，得到的晶体较细小；温度改变过大时，常会导致晶形和结晶水的变化。

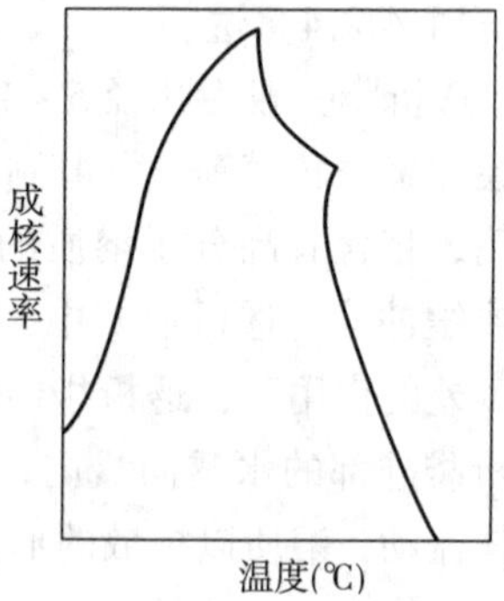

图 11-24 温度对成核速率的影响

④ 搅拌。搅拌能促进成核和扩散，提高晶核长大速率，搅拌可使晶体与母液均匀接触，使晶体长得更大和均匀生长。但当搅拌强度达到一定程度后，再提高搅拌强度效果就不显著，相反还会使晶体破碎。

⑤ 冷却速率。冷却速率能直接影响晶核的生成和晶体的大小。迅速冷却和剧烈搅拌，能达到的过饱和率较高，有利于大量晶核的生成，而得出的晶体较细小，而且常导致生成针状结构。

⑥ pH 和等电点。在接近等电点的 pH 条件下所带的阴离子与阳离子相等，两性电解质的发酵产品（溶质）便形成结晶析出。

⑦ 晶种。加入晶种能诱导结晶。晶种可以是同种物质或相同晶型的物质。

（3）工业发酵中常用的结晶方法及设备

结晶是工业发酵生产中发酵产品提纯的有效方法之一。结晶的首要条件是过饱和，创造过饱和条件，在工业生产中常用的方法是将热饱和溶液冷却、添加晶种结晶，或将部分溶媒蒸发结晶、添加有机溶剂结晶、盐析结晶以及等电点结晶等。

延伸阅读 11-12
常见结晶设备

工业发酵中常用的结晶设备可分为间歇式与连续式结晶设备两类。实际大规模生产常用的结晶设备有：单效真空煮晶锅、中央循环管煮晶罐、搅拌结晶缸、搅拌冷却结晶缸、搅拌结晶箱、管式结晶器、喷雾沸腾床结晶设备、冷冻真空结晶干燥设备和混合分级型真空连续结晶器等。

结晶后的纯品还需要进行干燥处理。

11.4.4 干燥技术

（1）对流加热干燥法

此法又称为空气加热干燥法，即空气通过加热器后变为热空气，将热量带给干燥器并传给物料。

① 气流干燥。气流干燥就是利用热的空气与粉状或粒状的湿物料接触，使水分迅速汽化而获得干燥物料的方法，又称为瞬间干燥或急骤干燥。

② 沸腾干燥。沸腾干燥是利用热的空气流使孔板上的粉粒状物料呈流化沸腾状态，使水分迅速汽化达到干燥的目的。

③ 喷雾干燥。喷雾干燥原理是利用不同的喷雾器，将悬浮液或黏滞的液体喷成雾状，使其在干燥室中与热空气接触，由于物料呈微粒状，表面积大，蒸发面积大，微粒中水分急速蒸发，在几秒或几十秒钟内获得干燥，干燥后的粉末状固体则沉降于干燥室底部，由卸料器排出。

（2）接触加热干燥法

接触加热干燥方法又称为加热面传热干燥法。即用某种加热面与物料直接接触，将热量传给物料，使其中的水分汽化蒸发除去。

（3）冷冻升华干燥法

冷冻升华干燥法是先将物料冷冻至冰点以下，使水分结冰，然后在较高的真空条件下，使冰直接升华为水蒸气而除去。

冷冻升华干燥的整个过程可分为三个阶段：①冷冻阶段；②升华阶段；③剩余水分的蒸发阶段。

本节主要介绍了发酵产物的各种精制技术，经过精制获得纯品，理论上来讲还不能称其为产品，只能作为原料，还必须经过高洁净度的精工包车间再次将所获得纯品进行复溶、重结晶、干燥甚至粉碎或造粒（片）定型，最后经无菌灌装和包装等步骤，才能变成成品。具体细节在此不再赘述。

开放讨论题

目前大多数抗生素、氨基酸等产品已经实现工业化大规模发酵生产，试分析这些发酵产品在工业生产中分离纯化的基本步骤有哪些？针对不同的发酵产品如何选用合适的分离技术？请说明理由。

思考题

1. 发酵产物的提取分离纯化工艺一般分为哪几个阶段？
2. 发酵产物精制方法优化与工艺设计需要遵循什么原则？
3. 发酵液的预处理主要有哪些方法？

4. 简述萃取分离的方式有哪些？
5. 简述浓缩技术有哪些？
6. 简述吸附分离常用的介质及其用途。
7. 色谱分离技术主要有哪些？
8. 简述膜分离技术的优点。
9. 列举影响结晶生成的主要因素。
10. 发酵产品干燥主要有哪些方法？

推荐阅读

1. Komesu A，Maciel M R W，Maciel Filho R. Separation and purification technologies for lactic acid-A brief review. BioResources，2017，12：6885-6901.

点评：该文综述了用于乳酸回收的不同工艺，主要包括沉淀、溶剂萃取和膜分离技术及相关进展。

2. Zeng W，Xu S，Du G，et al. Separation and purification of α-ketoglutarate and pyruvate from the fermentation broth of *Yarrowia lipolytica*. Bioprocess and Biosystems Engineering，2018，41：1519-1527.

点评：基于沸点不同，建立了同时分离纯化 α-酮戊二酸和丙酮酸的策略，实现了脂多糖发酵液中两种酮酸的高效分离纯化，并将该方法应用于工业生产，有效降低了生产成本。

网上更多学习资源……

◆教学课件　◆自测题

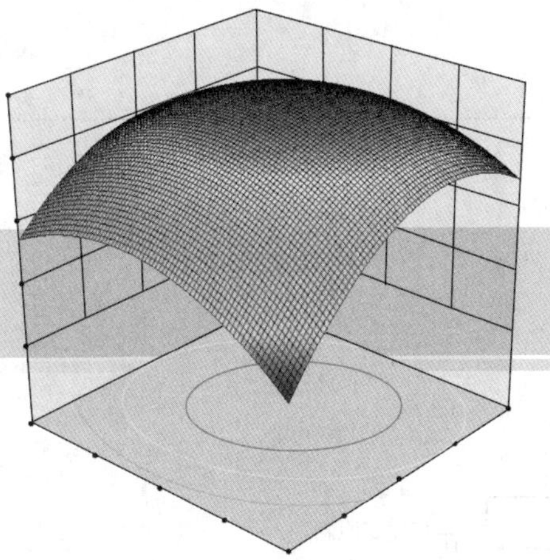

12 发酵工业的清洁生产

- 12.1 概述
  清洁生产的概念；清洁生产的主要内容
- 12.2 清洁生产与末端治理的比较
- 12.3 发酵行业清洁生产的重要性
- 12.4 发酵过程的清洁生产方法
  强化内部管理；工艺技术改革与创新；废弃资源的综合利用
- 12.5 发酵工业清洁生产实例

清洁生产是当前所有工业生产企业都非常关心并希望做到的事情。在发酵领域，清洁生产更是至关重要。本章通过介绍发酵工业清洁生产概念、要求及主要实现途径，有助于学习者未来能从发酵工业清洁生产的全局来全面提高发酵生产技术，优化发酵生产过程，不断提高发酵工业生产水平。

教学目的与要求

（1）掌握清洁生产的概念及主要研究内容。
（2）掌握发酵过程清洁生产的主要方法。
（3）全面了解清洁生产的重要性和必要性。

重点及难点

清洁生产的主要研究内容，发酵过程的清洁生产方法。

知识导图

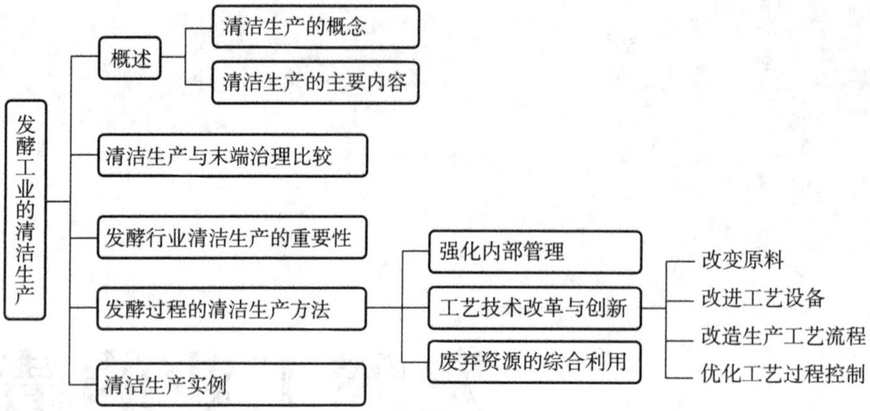

问题导读

（1）试分析发酵行业实现清洁生产的重要性。

（2）如何实现工业发酵过程的清洁生产？

关键词

清洁生产　末端治理　内部管理　工艺改革与创新　废弃物综合利用

12.1 概述

清洁生产从概念提出到推广应用主要经历了以下三个阶段：第一阶段：1989 年 5 月联合国环境规划署（UNEP）首次提出清洁生产的概念；第二阶段：1990 年 10 月 UNEP 正式提出清洁生产计划，希望摆脱传统的末端控制技术，超越废物最小化，使整个工业界走向清洁生产；第三个阶段：1992 年 6 月，UNEP 正式将清洁生产定为实现可持续发展的先决条件，并将清洁生产纳入《21 世纪议程》。

我国清洁生产的主要发展历程：20 世纪 70 年代初，提出了“预防为主，防治结合”、“综合利用，化害为利”的环境保护方针；20 世纪 80 年代，开始推行少废和无废的清洁生产过程；20 世纪 90 年代，提出了《中国环境与发展十大对策》，强调清洁生产的重要性；1993 年 10 月，将大力推行清洁生产、实现经济可持续发展作为实现工业污染防治的重要任务；2003 年 1 月 1 日，开始实施《中华人民共和国清洁生产促进法》；2004 年 12 月，国家发改委、国家环保总局联合发布了《清洁生产审核暂行办法》，对全面推行清洁生产发挥重要作用。

12.1.1 清洁生产的概念

由联合国环境规划署提出的清洁生产定义，即是一种新的创造性思想，该思想将整体预防的环境战略持续应用于生产过程、产品和服务中，以增加生态效率和减少人类及环境的风险。《中华人民共和国清洁生产促进法》中定义的清洁生产，是指不断采取改进设计、使用清洁的能源和原料，采用先进的工艺、技术与设备，改善管理、综合利用，从源头消减污染，提高资源利用效率，减少或者避免生产、服务和产品使用过程中污染物的产生和排放，以减轻或者消除对人类健康和环境的危害。综合以上定义，实行清洁生产包括清洁的能源、清洁生产过程、清洁产品和服务三个方面。

（1）采用清洁的能源

包括采用各种方法改进常规能源利用的洁净度，例如，煤采取清洁利用和城市煤气化供气等；沼气、水等再生能源的利用；新能源及各种节能技术的开发利用。

延伸阅读 12-1
生物发电

（2）采用清洁的生产过程

在生产过程中尽量少用和不用有毒有害的原料；采用清洁的生产工艺和技术，提高能源、资源利用率以及通过能源削减和废物回收利用来减少和降低所有的有毒废物的数量和毒性；尽量减少生产过程中的各种危险性因素，如高温、高压、易燃、易爆等。

（3）生产清洁的产品和服务

对产品的全生命周期实行全过程管理控制，不仅要考虑产品的生产工艺、生产的操作管理、有毒原材料替代、节约能源，还要考虑产品的配方设计、包装与消费方式，直至废弃后的资源回收利用等环节，并且要将环境因素纳入到设计和所提供的服务中，从而实现经济与环境协调发展。

由上述内容可知，清洁生产包含了生产者、消费者、全社会对于生产、服务和消费寄予的希望，它从资源节约和环境保护两方面对工业产品生产开始设计，到产品使用后直至最终处置，给予了全过程的思考和要求。因此，清洁生产可以通俗的表达为：清洁生产是人类在进行生产活动时，所有的出发点都要首先考虑防止和减少产生污染；对产品的全部生产过程和消费过程的每一环节，都要进行统筹考虑和控制，使所有环节都不产生危害环境、威胁人体健康的生产过程。

12.1.2 清洁生产的主要内容

清洁生产要求实现可持续的经济发展，即经济发展要考虑自然生态环境的长期承受能力，使环境与资源既能满足经济发展的要求，又能满足人民生活的现实需要，以及后代人的潜在需求；同时，环境保护也要充分考虑到一定经济发展阶段下的经济支持能力，采取积极可行的环境政策，配合与推进经济发展进程。

这种新环境策略要求改变传统的环境管理方式，实行预防污染的政策，从污染后被动治理变为主动进行预防规划，走经济与环境协调可持续发展的道路。

据此，清洁生产应包括如下主要内容：①政策和管理研究；②清洁生产技术研究、开发和示范；③清洁技术转让推广；④企业审计，宣传教育，信息交换。

清洁生产强调的是解决问题的战略，而实现清洁生产的基本保证是清洁生产技术的研究与开发。因此，清洁生产也具有一定的时段性，随着清洁生产技术的不断研究和发展，清洁生产水平也将逐步提高。

根据清洁生产的不同侧重点，形成了清洁生产的多种战略与方法，主要有污染预防、削减有毒物品的使用、为保护环境而设计等。

（1）污染预防

污染预防（pollution prevention）主要是通过源削减和就地再循环，避免和减少废物的产生和排放。污染预防可降低生产物料、能源的输入强度和废物的排放强度。

源削减的途径主要为：①产品改进，即改变产品的特性，如形状或原材料组成，延长产品的寿命期，使产品更易于维修或产品制造过程的污染排放更小，包装的改变也可看作是产品改进的一部分；②采用替代原材料，在保证产品较长服务期的同时，采用低污染原材料和辅助材料；③技术革新，工艺自动化，实现生产过程优化，设备重设计和工艺替代；④内部管理优化，废物产生和排放的管理。

原材料的就地再利用是指在企业生产过程中循环利用其本身产品的废弃物或副产品。近年来，污染预防的内涵也在扩展，逐步包括了"资源的多级利用"和"生命周期设计"等一些新的概念。

（2）削减有毒性物品使用

削减有毒物品使用（toxic use reduction，TUR）是清洁生产发展初期的主要活动，也是目前清洁生产中很重要的一部分，而且在实践上削减有毒品使用常常与污染预防很相似。TUR 与污染预防最大的区别在于所关注的原材料的范围不同，TUR 一般以有毒化学品名录为依据和目标，尽可能使用有毒化学品名录以外的化学品，而污染预防的范围则要宽得多。目前，国际上有毒品名录主要有美国的 33/50 项目，我国列入名录的有 47 项，欧盟也在制定相应的有毒品名录。

TUR 通常有以下技术：①注重产品配方，重新设计产品，使得产品中的有毒品尽可能少。②原料替代，用无毒或低毒的原材料替代生产工艺中的有毒或危险品。③改变或重新设计生产工艺单元。④ 改善工艺，实现现代化。利用新的技术和设备更替现有工艺和设备。⑤改善工艺过程和管理维护

通过改善现有管理和方法高效处理有毒物品。⑥工艺再循环

通过设计，采用一定方法再循环，重新利用和扩展利用有毒物品。

（3）为保护环境而设计

为保护环境而设计（design for environment，DFE）核心是在不影响产品性能和寿命的前提下，尽可能体现环境目标。相近的概念有"可持续的产品开发""绿色产品设计"等。

12.2 清洁生产与末端治理的比较

清洁生产是对产品和生产过程持续运用整体预防的环境保护战略，使污染物产生量、流失量和治理量达到最小，使资源充分利用。而末端治理把环境责任只放在环保研究、管理等人员身上，仅仅把注意力集中在对生产过程中已经产生的污染物的处理上。具体对企业来说，只有环保部门来处理这一问题，所以总是处于一种被动的、消极的地位。侧重末端治理的主要问题表现如下。

（1）污染控制与生产过程控制没有密切结合，资源和能源不能在生产过程中得到充分利用

任何一个生产过程中排放的污染物实际上都是未利用完全的物料。例如，国外生产农药收率一般为 70%，而我国只有 50% ~ 60%，也就是 1 t 产品比国外多排放 100 ~ 200 kg 的物料，导致严重浪费资源，污染环境。因此，改进生产工艺及控制，提高产品收率，可以大大削减污染物的产生，不但增加了经济效益，也减轻了末端治理的负担。

（2）污染物产生后再进行处理，处理设施基建投资大，运行费用高

"三废"处理与处置往往只有环境效益而无经济效益，因而给企业带来沉重的经济负担，使企业难以承受。

当然推行清洁生产还需要末端治理，因为工业生产无法完全避免污染的产生，最先进的生产工艺也不能避免产生污染物；用过的产品还必须进行最终处理。因此，虽然清洁生产和末端治理永远长期并存，但要将末端治理的比例降低到最低限度。只有实施生产全过程和治理污染过程的双控制才能保证环保最终目标的实现。清洁生产与末端治理的比较见表 12–1。

表 12-1 清洁生产与末端治理的比较

比较项目	清洁生产系统	末端治理（不含综合利用）
思考方法	污染物消除在生产过程中	污染物产生后再治理
产生年代	20 世纪 80 年代末期	20 世纪 70—80 年代
控制过程	生产全过程控制，产品生命周期全过程控制	污染物达标排放控制
控制效果	比较稳定	受产污量影响
产污量	明显减少	间接可推动减少
排污量	减少	减少
资源利用率	增加	无明显变化
资源耗用	减少	增加（治理污染消耗）
产品产量	增加	无明显变化
产品成本	降低	增加（治理污染费用）
经济效益	增加	减少（用于治理污染）
治理污染费用	减少	随排污标准严格，费用增加
污染转移	无	有可能
目标对象	全社会	企业及周边环境

12.3 发酵行业清洁生产的重要性

现代发酵工业以大规模的液体深层发酵为主要特征，一般一家发酵工厂日产发酵液可达几百吨甚至几千吨，而产品在发酵液中含量大都在 10% 以下，许多高价值或大分子产品浓度更低，甚至低于 1%，发酵过程中不可避免地产生了大量有机废液。按常规情况，生产 1 t 产品要排放 15 ~ 20 t 高浓度有机废水（COD 通常在 5×10^4 mg/L 以上），大量的发酵废液如果没有切实可行、经济效益和环境效益俱佳的先进技术进行处理的话，必然给环境造成严重污染。

发酵工业废水污染源主要是高浓度有机废水，如味精生产中的等电结晶母液、酒精生产中的蒸馏废液、柠檬酸发酵液中的废糖水等。这些高浓度有机废水有以下一些共同特点：一是浓度高，COD 通常在 4×10^4 ~ 8×10^4 mg/L；二是排放量大，一般在 15 ~ 20 m^3/t 产品；三是无毒且富含营养物质，如味精生产中的等电母液 COD 为 5×10^4 ~ 8×10^4 mg/L，固形物含量 8% ~ 10%，母液中谷氨酸 1.2% ~ 1.5%、硫酸根 3.5% ~ 4.0%、菌体蛋白 1.0%、铵根 1.0% 以及其他一些氨基酸、有机酸、残糖和无机盐等。若能综合利用，不仅能消除污染，还能获得巨大的经济效益。

大量研究证明，实施清洁生产具有重要的意义。①节约资源，削减污染，降低污染治理设施的建设和运行费用，提高企业经济效益和竞争能力；②将污染物消除在源头和生产过程中，可以有效地解决污染转移问题；③可以挽救一大批因污染严重而濒临关闭的发酵工厂，缓解就业压力和矛盾；④可以从根本上减轻因经济快速发展给环境造成的巨大压力，降低生产和服务活动对环境的破坏，实现经济发展和环境保护取得“双赢”，并为探索和发展“循环经济”奠定良好的基础。

12.4 发酵过程的清洁生产方法

清洁生产的实施可以从加强内部管理、改进生产工艺、废弃资源的综合利用等方面入手，分步实施。发酵工业的清洁生产亦是如此。

12.4.1 强化内部管理

在实施过程中强化内部管理十分重要，对生产过程、原料贮存、设备维修及废物处置的各个环节都可以强化管理，这是一种花钱少、容易实施的做法。

(1) 物料装卸、贮存与库存管理

检查评估原料、中间体、产品及废物的贮存和转运设施，采用适当程序可以避免化学品泄漏、火灾、爆炸和废物的产生。这些程序包括：

① 对使用各种运输工具（铲车、拖车、运输机械等）的操作工人进行培训，使他们了解器械的性能和操作方式。

② 在每排贮料桶之间留有适当、清晰空间，以便直观检查其腐蚀和泄漏情况，且防止交叉污染或者万一泄漏时发生化学反应。

③ 包装袋和容器的堆积应尽量减少翻裂、撕裂、戳破和破裂的机会。

④ 料桶应抬离地面，防止由于泄漏或混凝土“出汗”引起腐蚀。

⑤ 除转移物料时，应保持容器处于密闭状态。

实施库存管理，适当控制原材料、中间产品、成品以及相关的废物流已被工业部门看成是重要的废物削减技术。在很多情况下，废物就是过期的、不合规划的、污染了的或不需要的原料，以及泄漏残渣或损坏的制成品；这些废料的处置费用不仅包括实际处置费，而且包括原料或产品损失，这会给任何公司都造成很大的经济负担。

控制库存的方法可以从简单改变订货程序直到实施及时制造技术，这些技术的大部分都为企业所熟悉。但是，人们尚未认识到这些都是非常有用的废物削减技术。许多公司通过压缩现行的库存控制计划，帮助削减废物的生产量，这种方法将显著影响到三种主要的由于库存控制不当生产的废物源，即过量的、过期的和不再使用的原材料，如配制培养基所用的豆饼粉、麸皮、土豆等都易随着库存时间的延长而变质。

在许多生产装置中，一个容易被忽视的地方是物料控制，包括原料、产品和工艺废物的贮存及其在工艺和装置附近的输送。适当的物料控制程序将确保原料不会泄漏或受到污染后进入生产工艺中，以保证原料在生产过程中有效使用，防止残次品及废物的产生。

(2) 改进操作方式，合理安排操作次序

不同生产方式对废物的产生有重要影响，如批量生产的量以及生产周期可显著影响废物产生量，设备清洗产生的废物与清洗次数直接相关，要减少设备清洗次数，应尽量保证每批都生产相同的产品或加大每批配料的数量，避免相邻两批配料之间的清洗。这种办法可能需要调整和安排生产操作次序和计划，确保清洁生产。

(3) 改进设备设计和维护，预防泄漏的发生

化学品的泄漏会生产废物，冲洗和抹布擦抹都会额外生产废物，减少泄漏的最好办法是预防其发生，即改进设备的设计和制订操作维护预防泄漏计划。

预防泄漏计划的内容主要有：

① 在装置设计时和试车以后进行危险性评价研究，以便对操作和设备设计提出改进意见，减少泄

漏的可能性。

② 对容器、贮罐（槽）、泵、压缩机和工艺设备以及管线适当进行设计并保持经常性维护保养。

③ 在贮槽上安装溢流报警器和动停泵装置，定期检查溢流报警器。

④ 保持贮罐（槽）和容器外形完好无损。

⑤ 对现有装料、卸料和运输作业制定安全操作规程。

⑥ 安装联锁装置，阻止物料流向已装满的贮罐（槽）或发生泄漏的装置。

（4）废物分流

在生产源进行清污分流可减少危险废物处置量，主要措施有三个方面：

① 将危险废物与非危险废物分开。当将非危险废物与危险废物混在一起时，它们将都成为危险废物，因而应将两者分开，以便减少危险废物量，从而大大节省费用。

② 将液体废物和固体废物分开。将液体废物和固体废物分开，可减少废物体积并简化废水处理。例如，含有较多固体物的废液可经过过滤，将滤液送去废水处理厂，滤饼可再生利用或填埋处置。

③ 清污分流。接触过物料的污水与未接触物料的清水应分开，清水可循环利用，而污水必须进行处理。

12.4.2 工艺技术改革与创新

改革现有工艺技术是实现清洁生产的最有效方法之一，通过工艺改革可以预防废物产生，增加产品产量和收率，提高产品质量，减少原材料和能源消耗，但是工艺技术改革通常比强化内部管理需要投入更多的人力和资金，因而实施起来时间较长，通常只有在加强内部管理之后才进行研究。

工艺技术改革主要可采取以下四种方式：改变原料、改进工艺设备、改造生产工艺流程以及优化工艺控制过程。

（1）改变原料

原料改变包括：①原材料替代（指用无毒或低毒原材料代替有毒原材料）；②原料提纯净化（即采用精料政策，使用高纯物料代替粗料）。

例如，某柠檬酸生产厂最初的原料主要是山芋干，存在带渣发酵，且杂质多、收率低、污染大等问题。通过对国内外柠檬酸生产工艺、设备、自动化控制、投资额等各项指标进行深入细致的比较分析，结合企业实际，选准以新原料进行生物发酵作为柠檬酸工艺优化的重大课题为突破口，全力以赴进行攻关。当该企业完成了以玉米粉直接发酵生产柠檬酸的工业化试验，打破了国内外长期认为玉米粉不能直接发酵生产柠檬酸的结论，使柠檬酸发酵水平实现了一次新的突破，并掀起了柠檬酸技术革命。玉米粉直接发酵生产柠檬酸技术在生产中应用，很快显示出极高的经济效益。企业生产能力在原设备的基础上提高了 30%，产品质量大幅度提高，节能降耗，单位成本可降低 1 000 元 /t，并且含糖废水 COD 降低 50%。

（2）改进工艺设备

改进工艺设备就是通过工艺设备改造或重新设计生产设备来提高生产效率，减少废物量。例如，对于柠檬酸生产的下游工艺，柠檬酸发酵企业采取合作、引进技术和设备的方式，进行消化、融会、再创新，采用了分离提取技术领域的膜分离、色谱分离、分子蒸馏等先进技术，并在生产实践中取得很大突破。同样，在 L- 乳酸生产中，应用先进的微滤和纳滤技术以及分子蒸馏技术等；在酒精生产中，采用联产系列酵母及汽化膜浓缩技术；在赖氨酸生产中，应用纳滤与 ISEP 连续离子交换技术等；在谷氨酸生产中，应用低温一次连续等电结晶和副产品农用硫酸钾及氮、磷、钾三元复合肥技术等，使生产过程中酸、碱用量大为减少，生产成本大为降低，环保治理难度得到很好控制。

案例 12-1
清洁生产技术

（3）改造生产工艺流程

改造生产工艺流程，减少废物生产是指开发和采用低废和无废生产工艺来替代落后的老工艺，提高反应收率和原料利用率，消除或减少废物。

如由无锡轻工大学（江南大学）生物工程学院发明的味精清洁生产工艺，当时（1997 年）在青岛味精厂通过了部级鉴定。鉴定结论为工艺路线国内首创，技术指标国际领先，获得了经济效益、环境效益和社会效益的三同步。该工艺流程如图 12–1 所示。

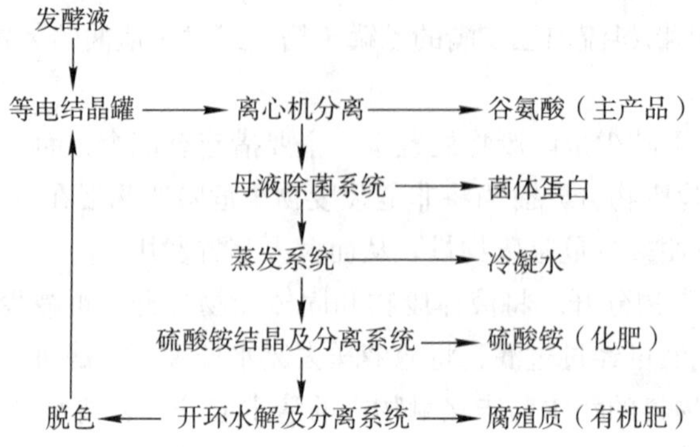

图 12–1 味精清洁生产工艺

发酵液以批次的方式进入闭路循环圈，先经等电结晶和晶体分离，获得主产品谷氨酸，母液去除菌体后，得到菌体蛋白（饲料蛋白），除去菌体后的清母液浓缩后，得到的冷凝水排出闭路循环圈；浓缩母液经过脱盐操作，获得硫酸铵（化肥）；硫酸铵结晶母液进行焦谷氨酸开环操作和过滤，滤渣（高品位有机肥）排出闭路循环圈；最终得到的富含谷氨酸的酸性脱水液替代硫酸，调节下一批次发酵液等电结晶，物料主体构成闭路循环。依此类推，周而复始。

进入主体循环圈有发酵液、硫酸铵等；离开主体循环圈的是谷氨酸（主产品），谷氨酸发酵菌体（高蛋白饲料）、硫酸铵（化肥）、腐殖质（高品位有机肥）和蒸汽冷凝水，经过 4 次循环后，闭路循环圈内操作点的物料即可达到平衡或接近平衡，保持各操作点的操作在平衡点进行可无限循环。与老工艺相比有以下优点：

① 革除离子交换工艺，没有离子交换成本。

② 改冷冻结晶为常温结晶，节约大量的冷冻电耗。

③ 因为采用闭路循环工艺，除了副产品中夹带少量目标产物外，没有其他损失，故产品收得率很高，谷氨酸提取得率高达 95% 以上。

④ 实现物料主体闭路循环，无对环境造成很大污染的母液排除，达到经济、环境和社会效益的三者统一。

⑤ 冷凝水（60℃）可循环作为工艺用水，实现废水零排放。

经青岛味精厂预测，该技术在青岛味精厂工业化后，除根治味精工业废水污染外，当时年增经济效益 600 万 ~ 800 万元人民币。

（4）优化工艺过程控制

在不改变生产工艺或设备条件下，进行操作参数的调整，优化操作条件通常是最容易而且经济的减废方法。

大多数工艺设备都是使用最佳工艺参数（如温度、压力和加料量）设计，以获得最高的生产效率为目的，因而在最佳工艺参数下操作避免生产控制条件波动和非正常停产可大大减少废物量。如果采用自动控制系统监测调节工作操作参数，维持最佳反应条件，加强工艺控制，可增加其产量、减少废物和副产物的产生。例如，安装计算机控制系统监测和自动复原工艺操作参数，实施模拟结合自动设定调节，可使反应器、精馏塔及其他单元操作最佳化。在间歇操作中，使用自动化系统代替手工处理物料，通过减少操作失误，降低了产生废物及泄漏的可能性。

12.4.3 废弃资源的综合利用

发酵工业实现清洁生产很重要的一个方面是生产过程中废弃资源的综合利用。工业生产只是利用了原料中的一部分物质，如食品与生物工程行业采用玉米、薯干、大米等主要原料，但只是利用其中的淀粉，而对于其中蛋白质、脂肪、纤维等尚未加以很好利用，这些物质以废渣或以废液的形式排出生产系统。如果不对其进行综合利用，会给废液治理带来很大负担，也给企业带来很大的资源浪费。如果对这些废渣、废水进行合理的综合利用，不但可以减少污染，给进一步的废液治理带来方便，而且还能生产出一些有经济价值的副产物，提高企业的经济效益。现在对工业生产废渣、废水的综合利用有多种形式，如可以利用工业废液生产单细胞蛋白饲料，或对废渣液中的蛋白质及其他有价值的成分通过合理的工艺进行提取，也可以通过一定的加工工艺生产肥料，或直接对含有营养价值的废渣水进行干燥等处理生产饲料，等等。

案例 12-2 废弃资源的综合利用

12.5 发酵工业清洁生产实例

一个年产量为 5 万 t 的啤酒厂一年所产生的废酵母泥约是 1 000 t。随着啤酒产量的提高，废酵母排放量也增加。许多啤酒厂将废酵母排掉或作为饲料，不但污染了环境，也造成了资源浪费。啤酒废酵母中含有丰富的蛋白质、维生素、矿物质等多种营养成分，而且蛋白质中含有大量的人和家畜必需的氨基酸，因此，啤酒废酵母粉作为人类食品和家畜饲料添加剂都具有很高的营养价值。啤酒废酵母生产饲料酵母粉工艺流程主要为：

啤酒废酵母→贮存→成浆→泵送→干燥→粉碎→产品→装袋

用啤酒废酵母制取超鲜调味剂为啤酒酵母泥的综合利用开辟了新的途径。传统工艺用豆粕酿造酱油产品中只含有十几种氨基酸，而用啤酒废酵母泥作为原料研制出的酱油可含有 30 多种氨基酸和维生素。该技术采用生物技术，结合物理方法使酵母细胞壁破裂，将酵母菌中含有的蛋白质、核酸水解转化为氨基酸和呈味核苷酸，然后提取水解产物制成富含多种氨基酸、呈味核苷酸和 B 族维生素等物质，营养丰富，色香味俱佳的调味酱油。其生产工艺流程为：

酵母泥→洗涤→水解反应→一次灭菌→半成品→二次灭菌→成品→化验指标→包装→检验→入库

该技术的利用使废酵母的 COD 去除率大于 85%，有机氮去处率大于 85%，1 t 酵母泥可产 3 t 酱油，不仅具有可观的经济效益，而且回收了啤酒酵母泥资源，其环境效益和社会效益也相当可观。

对工业生产废渣的综合利用方法还有很多种，还可以利用现代先进的生物加工技术，从发酵工业生产废渣中提取高附加值产品。随着生物技术的发展，对发酵工业废渣液的综合利用会更好，处理会更彻底，产生更高的经济效益、环境效益和社会效益。

发酵工业清洁生产技术的研发工作目前尚属起步阶段，其生命力已开始显现，随着研究和应用的展开，结合必要的末端治理技术，人类将最终实现生产和环境协调发展的美好愿望。

开放讨论题

清洁生产与末端治理有何不同？试举例说明如何在发酵过程中实行清洁生产。

思考题

1. 如何判断一个企业的生产过程是否属于清洁生产？有哪些判断指标？
2. 简要分析清洁生产未来发展方向。

推荐阅读

1. Zhu Y，Huang W，Ni J. A promising clean process for production of diosgenin from *Dioscorea zingiberensis* C.H. Wright. Journal of Cleaner Production，2010，18：242–247.

点评：发酵法生产黄姜皂素，同时大大减少了用水量，降低了环境污染。

2. Yang G，Wang J，Shen Y. Antibiotic fermentation residue for biohydrogen production using different pretreated cultures：Performance evaluation and microbial community analysis. Bioresource technology，2019，292：122012.

点评：该文介绍以抗生素的生产废渣为底物，利用微生物发酵制氢，使废渣中的抗生素得到降解，避免了环境污染，同时又生成了清洁能源——氢气。

网上更多学习资源……

◆教学课件　◆自测题

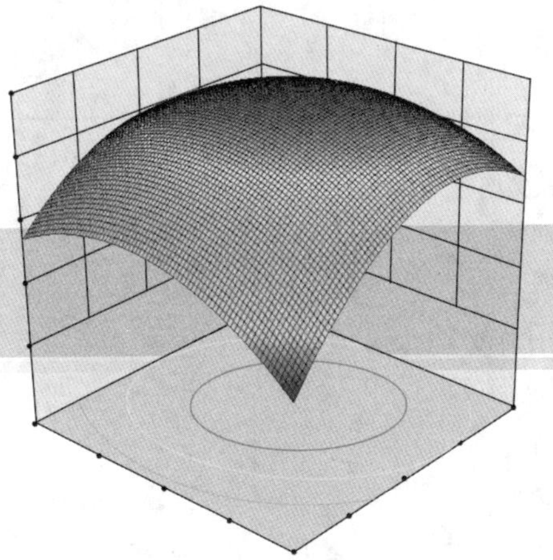

13 发酵工厂工艺设计

发酵工厂设计是发酵产品能否实现产业化的一个重要环节。要建成一个质量优良、工艺先进的发酵工厂，首先要有一个高质量、高水平、高效益的工程设计。

教学目的与要求

（1）掌握发酵工厂工程设计的基本内容。

（2）掌握发酵工艺流程设计的原则和步骤。

（3）熟悉发酵车间设备布置与管道设计。

（4）熟悉发酵工业对“三废”的处理方法。

重点及难点

发酵工艺流程设计，以及物料衡算与设备选型。

知识导图

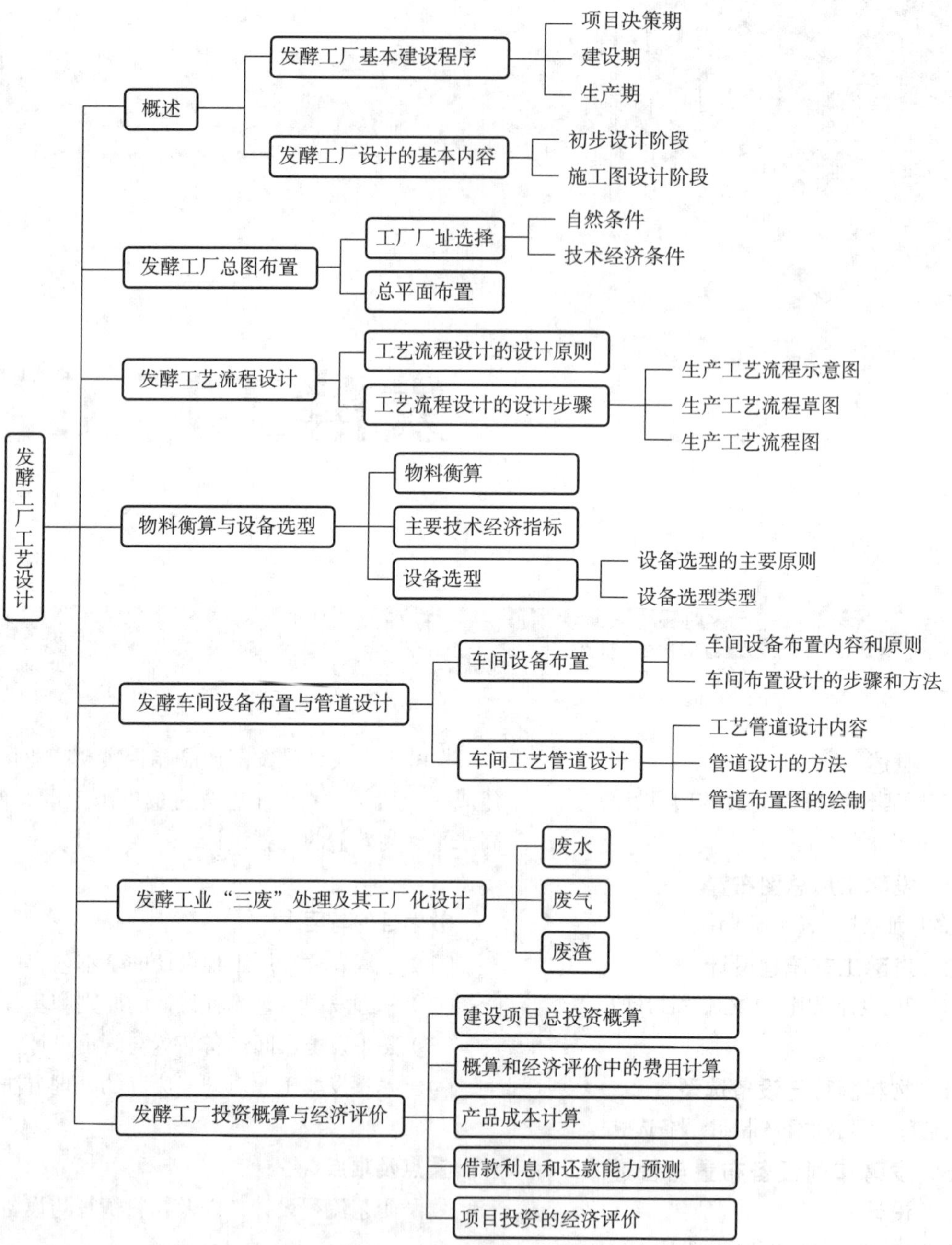

问题导读

（1）什么是发酵工厂工艺设计？

（2）为什么要进行发酵工厂工艺设计？

（3）如何开展物料衡算与设备选型？

（4）如何进行发酵车间设备布置与管道设计？

关键词

总图布置　工艺流程设计　物料衡算　设备选型　设备布置　管道设计 v 三废处理　投资概算　经济评价

13.1 概述

13.1.1 发酵工厂基本建设程序

（1）项目决策期

项目决策期的工作包括项目建议书（即初步可行性研究报告）及可行性研究报告。

（2）建设期

建设期的工作包括工程设计、土建施工、设备采购、制造及安装、设备调试、试生产、竣工验收等方面。

（3）生产期

验收合格的发酵工厂经移交之后即可正式投产，进入生产期，主要包括企业经营管理，生产指挥调度。

13.1.2 发酵工厂设计的基本内容

发酵工厂设计一般按工程规模的大小、工程的重要性、技术的复杂性、设计条件的成熟程度以及设计水平的高低，可以分为二个阶段，即初步设计阶段和施工图设计阶段。

13.1.2.1 初步设计阶段的主要内容

（1）初步设计文件

初步设计文件即初步设计说明书，由文字说明部分、图纸和总概算三部分组成。初步设计完成后，需建设单位确认。对国家投资的项目需报请相关部门审查批准，才能进入施工图设计阶段。

初步设计文件主要解决所有生产上的技术问题，并对以下几个方面要重点说明：设计依据及设计范围；设计指导思想、建设规模和产品方案；生产方法及工艺流程的比较、选择和阐述；主要生产技术经济指标和生产定额；主要设备的选型及计算；车间设备布置的说明；存在的问题及解决问题的建议。

（2）设计图纸

初步设计阶段工艺专业的图纸主要有：生产流程图、车间设备布置图、主要生产设备和电动机一览表以及主要材料估算表等。

工艺设计在初步设计阶段，可分为下面几个步骤：①选择并确定生产流程，确定技术经济指标；②进行生产工艺的各种计算；③设备的选型和计算，确定生产设备的规格和台数；④车间设备布置的方案比较和设备配置的平面和空间关系的确定及设计制图；⑤向配套专业如土建、自控仪表、供水、环保、供电、供热、采暖通风、技术经济和概算等提出设计要求和有关资料；⑥正式绘制车间生产设备布置图、工艺流程图，编制设备表和主要材料估算表；⑦编写初步设计有关生产工艺部分的文件。

13.1.2.2 施工图设计阶段的内容

（1）施工图设计文件

施工图设计文件主要包括设计和施工说明书、设计图纸和设计表格。

一般来讲，设计和施工说明书应阐明以下三个内容：①如果对初步设计的某些内容必须进行修改时，应详细说明修改的理由和原因。但有些主要内容如生产规模、产品方案、工艺流程、主要设备、建筑面积和标准、定员等，须报请原来审批初步设计的机关批准后才能据以修改。②设备安装和验收标准及其注意事项。③管道安装和验收标准及其注意事项。

施工图设计阶段的图纸（工艺部分）包括：生产工艺管道及仪表流程图；生产设备布置安装图、管路布置安装图；非标准设备制造和安装图；设备和电动机明细表，施工、安装、现场制作件材料汇总表；其他为了设备订货和安装的补充说明和图纸。

（2）工艺设计施工图设计的步骤

工艺设计施工图设计可分以下七个步骤：

① 根据建设单位确认的初步设计文件或初步设计的批复文件，进行修改和复核工艺流程和生产技术指标，并将建设单位提供的设备订货合同副本、设备安装图纸和技术说明书作为施工图设计的依据。

② 复核和修正生产工艺设计的有关计算、设备选型及其计算等数据，全部选定专业与通用设备、运输设备，以及管径、管材等。

③ 与协同设计的配套专业讨论商定有关生产车间需要配合的问题；同时根据项目工程师召开项目会议的决定，工艺与配套专业之间商定相互提交资料的期限，签订“工程项目设计内部联系合同”。工艺专业必须按期向配套专业提供正式资料，也要验收配套专业返回工艺专业的资料。

④ 绘制生产工艺仪表及管道流程图和车间设备、管路布置安装图；编制设备和电动机明细表。

⑤ 组织设计绘制设备和管路布置安装中需要补充的非标准设备和所需工器具的制造安装图纸，编制材料汇总表。向建设单位发图并就安排订货和创造配合施工安装进度要求提出交货时间的安排建议。

⑥ 编写设计和施工说明书。

⑦ 协同配套专业对相互关联的单项工程图纸进行会签，然后把底图整理编号编目，送交有关人员进行校审和签署，最后送达项目工程师统一交付完成部门打印，向建设单位发图。

13.2 发酵工厂总图布置

13.2.1 工厂的厂址选择

（1）自然条件

① 地理条件。选择厂址时，要充分了解厂址的方位及其与周围城镇的关系，以及该地段的地理情况及在该处建厂的有利与不利条件。

② 环境卫生条件。发酵工厂的厂区周围大气中含尘量应在一定范围以下，有散发大量有害气体的化工厂及大量灰尘的工厂的周围不宜建发酵工厂。

③ 地形、地势与地质。大型厂坡度应小于4%，中型厂小于6%，小型厂小于10%。厂区内主要地段的坡度以小于2%为宜，以便排积水，同时坡度又不宜小于0.5%。地质条件应符合建筑工程要求，应当避免溶洞、沼泽、断裂带和流沙。厂址应避免布置在以下地区：断层地区和基本烈度9度以上的地区；易遭受洪水、泥石流、滑坡等危害的地区；有开采价值的矿藏地区；对机场、电台等使用有影响的地区；国家规定的历史文物、生物保护和风景游览地区。

图片 13–1
风玫瑰图

④ 气象条件。气象条件包括风向、风量、雨量和气温等内容。它是工厂总平面布置的重要依据之一，也是厂房设计和排水系统设计的主要依据。收集气象资料时，要求有10年以上的历史资料。

（2）技术经济条件

① 原料、辅料等供应条件。发酵工业产品品种繁多，原料范围广泛。为减少不合理的运输，厂址应尽量接近原料产地，以降低原料运输成本。发酵工厂还要建立分装车间等辅助车间，因而涉及一些辅助原料的供应。所以，也要适当考虑辅料、燃料和包装材料的配套供应。

② 能源供应。电、热及燃料供应方便是选择厂址的重要原则之一，在选择厂址时，要对确定厂址所在地区的供电情况进行调查，以便确定输电方式和厂内变压配电所的位置，并设计供热的方式。

③ 给排水。发酵过程需要大量的水，而且水质必须符合饮用水的要求。所以，厂址应尽量靠近水源地。发酵工厂废水、污水的排放量很大，且对环境的污染比较大，需设置污水处理站，必须符合国家要求的废水排放标准。

案例 13–1
厂址选择

④ 交通运输条件。厂址的选择要以交通运输方便为原则，以便于发酵原材料和发酵产品的运输。

13.2.2 总平面设计

发酵工厂总平面布置设计主要是依据厂址选择报告和厂址总平面布置方案草图及生产工艺流程简图，并参照国家有关的设计标准和规范，逐步编制出来。一般地，总平面布置必须遵守以下几项原则：

① 总平面布置必须合理紧凑。

② 总平面设计必须符合生产流程要求，并能保证合理布置生产线，避免原材料、半成品的运输交叉和往返运输。

③ 总平面设计应将面积大、主要的厂房设在厂区的中心地带，以便其他部门为其配套服务；辅助和动力车间的配置应靠近其服务的负荷中心。

④ 总平面设计应充分考虑厂址所处地区主风向的影响，主风向可以从气象部门编制的各地风玫瑰图查得。散发煤烟灰尘的车间和易燃仓库及堆场应尽可能集中布置在场地的边沿地带和主导风向的下侧。

⑤ 总平面设计应将人流、货流通道分开，避免交叉。工厂大门至少应设置两个以上。合理设计厂区对外运输系统，将运输量大的仓库尽量靠近对外运输主干线，保证良好运输。

⑥ 总平面设计应遵从城市规划要求。厂房布置要与所在城市建筑群保持协调，以利于市容美观整齐。

13.3 发酵工艺流程设计

13.3.1 工艺流程的设计原则

发酵工厂的工艺流程设计必须遵循以下原则：

① 保证产品质量符合国家标准，外销产品还必须满足销售地区的质量要求。

② 尽量采用成熟的、先进的技术和设备。努力提高原料利用率，提高劳动生产率，降低水、电、汽及其他能耗，降低生产成本，使工厂建成后能迅速投产，在短期内达到设计生产能力和产品质量要求，并做到生产稳定、安全、可靠。

③ 尽量减少“三废”排放量，有完善的“三废”治理措施，以减少或消除对环境的污染，做好“三废”的回收和综合利用。

④ 确保安全生产，以保证人身和设备的安全。

⑤ 生产过程尽量采用机械化和自动化，实现稳产、高产。

13.3.2 工艺流程设计的步骤

生产方法确定后，即开始工艺流程的设计。工艺流程的设计通常要经历以下三个阶段。

△案例 13–2
生产工艺流程图

（1）生产工艺流程示意图设计阶段

生产工艺流程示意图的设计在物料衡算前进行，其主要作用是定性地表明原料变成产品的路线和顺序，以及应用的过程及设备。

在设计工艺流程示意图时，首先要弄清楚原料变成产品要经过哪些单元操作，其次要确定采用何种操作方式，是连续式还是间歇式。

工艺流程示意图可以用简单的设备流程图表示，也可用文字示意图表达。

（2）生产工艺流程草图设计阶段

完成工艺流程示意图设计后，即可进入生产工艺流程草图设计阶段，主要包括物料衡算、设备设计及初步的设备平面布置。

首先，通过物料平衡计算，求出原料、半成品、产品、副产品以及废水、废气、废渣等的规格、重量和体积等，并据此开始进行设备设计。

设备设计通常分为两阶段进行。第一阶段的设计内容是计算、确定计量和贮存设备的容积以及决定这些设备的尺寸和台数等；第二阶段的设备设计主要解决生物反应过程和化工单元操作的技术问题，如过滤面积、传热面积等，对专业设备和通用设备进行设计或选型。

至此，所有设备的规格、型号、尺寸、台套数等均已确定，据此对工艺流程草图进行修改和充实，并进行初步的设备平面布置。

（3）生产工艺流程图设计阶段

当生产工艺流程草图设计完成后，即可在初步的设备平面布置基础上完成生产工艺流程图设计，确定车间设备布置。在这阶段，可能会发现工艺流程草图设计中某些设备的空间位置不合适，或者个别设备的型号和主要尺寸选取不当。在车间工艺管道设计时，也需要对生产工艺流程图进行修改和完善。经过多次反复逐项审查后，最后形成工艺管道及仪表流程图。

13.4 物料衡算与设备选型

13.4.1 物料衡算

物料衡算是指根据质量守恒定律，凡引入其一系统或设备的物料重量质量 G_m，必等于所得到的产物重量 G_p 和物料损失量 G_t 之和，即

$$G_m = G_p + G_t$$

这一运算法则，既适用于每一个单元操作过程，也适用于整个生产过程。既可进行总物料衡算，也可对混合物中某一组分作部分物料衡算。

根据物料衡算结果，可进一步完成下列的设计：①确定生产设备的容量、数量和主要尺寸；②工艺流程草图的设计；③水、蒸汽、热量、冷量等的平衡计算。

对于较复杂的物料平衡计算，通常可按下述方法和步骤进行：

①弄清计算目的和要求。要充分了解物料衡算的目的和要求，从而决定采用何种计算方法。

②绘出物料衡算流程示意图。为了使研究的问题形象化和具体化，便于计算，通常使用框图和线条图显示所研究的系统。图形表达方式宜简单，但代表的内容应准确、详细。把主要物料（原料或主产品）和辅助物料（辅助原料或副产品）都在图上表示清楚。

③ 写出生物反应方程式。根据工艺过程发生的生物反应，写出主反应和副反应的方程式。对复杂的反应过程，可写出反应过程通式和反应物组成。需要注意的是，这些反应往往较复杂，副反应也较多，这时可把次要的和所占比重很小的副反应略去。但是，对那些产生有毒物质或明显影响产品质量

的副反应，其量虽小，但不能忽略。因为这是精制分离设备设计和三废治理设计的重要依据。

④ 收集设计基础数据和有关物化常数。需收集的数据资料一般主要包括生产规模，年生产天数，原料、辅料和产品的规格、组成及质量等。常用的物化常数如密度、比热容等，可在相应的化工、生化设计手册中查到。

⑤ 确定工艺指标及消耗定额等。设计所用的工艺指标、原材料消耗定额及其他经验数据，可根据所用的生产方法、工艺流程和设备，对照同类型工厂的实际水平来确定，必须是先进而又可行，它是衡量设计水平高低的标志。

⑥ 选定计算基准。计算基准是工艺计算的出发点，常用的基准有：以单位时间产品量或单位时间原料量作为计算基准，这类基准适用于连续操作过程及设备的计算；以单位重量、单位体积或单位摩尔数的产品或原料为计算基准；以加入设备的一批物料量为计算基准。一般地，后两类基准常用于间歇操作过程及设备的计算。

⑦ 由已知数据，根据式 $G_m = G_p + G_t$ 进行物料衡算。

⑧ 校核与整理计算结果，列出物料衡算表。

⑨ 绘出物料流程图。根据计算结果绘制物料流程图，该图要作为正式设计成果，编入设计文件，以便于审核和设计施工。

最后，经过各种系数转换和计算，得出原料消耗综合表和排出物综合表。

13.4.2 主要技术经济指标

技术经济指标则是衡量工厂设计的合理性和先进性的主要依据。通常主要技术经济指标包含下述各项内容：

① 生产规模，t/ 年。

② 生产方法。

③ 生产天数，d/ 年。

④ 产品年产量，t/ 年。

⑤ 副产品年产量，t/ 年。

⑥ 产品质量。

⑦ 总回收率，%。

⑧ 原材料单耗。包括：原料，t/t 产品；辅料，t/t 产品；包装材料，t/t 产品。

⑨ 公用工程单耗。包括：水，t/t 产品；电，kW · h/t 产品；蒸汽，t/t 产品；冷量，kJ/t 产品。

⑩ 总投资，万元。包括：①固定资产投资，万元；②流动资金，万元。

⑪ 劳动生产率。

⑫ 净现值，万元。

⑬ 投资利润率，%。

⑭ 投资利税率，%。

⑮ 投资回收期，年。

⑯ 内部收益率，%。

⑰ 借款偿还期，年。

⑱ 钢铁、水泥及木材等。

13.4.3 设备选型

通常把发酵工厂所涉及的设备分为专业设备、通用设备和非标准设备。专业设备系指发酵罐、糖化锅等专业性较强、仅为发酵工厂使用的设备；泵、风机等各行各业都可以使用的设备称为通用设备。

非标准设备是指生产车间中除专业设备和通用设备之外的，用于与生产配套的贮罐、中间料池、计量罐等设备和设施。

13.4.3.1 设备选型的主要原则

① 保证工艺过程实施的安全可靠，包括：设备材质对产品质量的安全可靠；设备材质强度的耐温、耐压、耐腐蚀的安全可靠；生产过程清洗、灭菌的可靠性等。

② 经济上合理，技术上先进。

③ 投资省，耗材料少，加工方便，采购容易。

④ 运行费用低，水电气消耗少。

⑤ 操作清洗方便，耐用易维修，备品配件供应可靠，减轻工人劳动强度，实施机械化和自动化方便。

⑥ 结构紧凑，尽量采用经过实践考验证明确实性能优良的设备。

⑦ 考虑生产波动与设备平衡，留有一定余量。

⑧ 考虑设备故障及检修的备用。

13.4.3.2 设备选型类型

（1）专业设备的设计与选型

专业设备设计与选型的依据如下：

① 由工艺计算确定的成品量、物料量、耗汽量、耗水量、耗风量及耗冷量等。

② 工艺操作的条件（温度、压力、真空度等）。

③ 设备的构造类型和性能。

专业设备设计与选型的程序和内容如下。

① 设备所担负的工艺操作任务和工作性质、工作参数的确定。

② 设备选型及该型号设备的性能、特点评价。

③ 设备生产能力的确定。

④ 设备数量计算（考虑设备使用维修及必需的裕量）。

⑤ 设备主要尺寸的确定。

⑥ 设备化工过程（换热面积、过滤面积、干燥面积，塔板数等）的计算。

⑦ 设备的传动搅拌和动力消耗计算。

⑧ 设备结构的工艺设计。

⑨ 支承方式的计算选型。

⑩ 壁厚的计算选择及材质的选择和用量计算。

（2）通用设备的设计与选型

属于通用设备的内容很多，下面主要介绍液体输送设备、气体输送设备及固体输送设备的计算选型。

① 液体输送设备主要涉及泵，泵的选择包括：a. 泵的选型，首先应根据输送物料的特性和输送要求考虑，然后再根据输送流量、扬程，并考虑泵的效率，选择具体型号。b. 对于间歇操作的泵选择时，注意在满足压头、耐腐蚀、防爆等方面要求的前提下，选择具有较大生产能力的泵，尽可能快地将物料输送完，尽快腾出设备，节约人力。c. 对于连续操作的泵，在考虑输送物料特性、压头、安全等方面要求的同时，则应选择流量略高于工艺要求的泵，以便留有调节余地，保证生产均衡进行。

② 气体输送设备选型：发酵工厂用于深层发酵，如机械搅拌罐和各种新型生化反应器等的通气设备，主要是往复式空压机、涡轮压缩机。用于酵母培养和麦汁生产的设备主要是罗茨式和高压鼓风机；用于固体厚层通风培养、气流输送、气流干燥、气体输送的则是离心通风机。车间通风换气，一般使用轴流式风机。连续操作的多有备用设备。

气体输送设备的选择方法、步骤如下：

a. 首先列出基本数据：气体的名称特性、湿含量、有无易燃易爆及毒性等；气体中含固形物、菌体量；操作条件，如温度、进出口压力、流量等；设备所在地的环境及对电机的要求等。

b. 确定生产能力及压头：在确定生产能力时，应选择最大生产能力，并取适当安全系数。压头的选择应按工艺要求分别计算通过设备和管道等的阻力，并考虑增加 1.05 ~ 1.1 倍的安全系数。

c. 选择机型及具体型号：根据生产特点，计算出的生产能力、压头以及实际经验或中试经验，查询产品目录或手册，选出具体型号并记录该设备在标准条件下的性能参数，配用电机辅助设备等资料。

d. 设备性能核算：对已查到的设备，要列出性能参数，并核对能否满足生产要求。

e. 确定安装尺寸。

f. 计算轴功率。

g. 确定冷却剂耗量。

h. 选定电机。

i. 确定备用台数。

j. 填写设备规格表，作为订货依据和选择设备过程的数据汇总。

③ 固体输送设备选型方法：固体输送设备选择时如无特殊需要，应尽量选用机械提升设备，因其能耗比气流输送要低 3 ~ 10 倍；皮带输送机、螺旋输送机以水平输送为主，也可以有些升扬，但倾角不应大于 20°，否则效率大大下降，甚至造成失误。

（3）非标准设备的设计

非标准设备按其作用特点大体上可分为以下三类。

① 起贮存作用的罐、池（槽）的设计。属这类设备的如味精生产的尿素贮罐、贮油罐以及啤酒麦汁的暂贮罐等。设计时，主要考虑选择合适的材质，相应的容量，以保证生产的正常运行。在此前提下，尽量选用比表面积小的几何形状，以节省材料、降低投资费用。球形容器是最省料的，但加工较困难。因此，多采用正方体和直径与高度相近的筒形容器。

这类设备的设计步骤：a. 材质的选择；b. 容量的确定；c. 设备数量的确定；d. 几何尺寸的确定；e. 强度计算；f. 支座选择。

案例 13–3
设备选型实例

如果有的物料易沉淀，还应加搅拌装置；需要换热的，还要设置换热装置，并进行必要的设计。

② 起混合、调量、灭菌作用的非标准设备设计。属这类设备的有酒精生产的拌料罐、味精生产的调浆池等。为了使混合或沉降效果好，选择这类设备的高径（或高宽）比小于等于 1 是有利的。

③ 起计量作用的非标准设备设计。属于这类设备的如味精生产的油计量罐、尿素溶液计量罐等。为使计量结果尽量准确，通常这类设备的高径比（或高宽比）都选得比较大（如取 $H/D = 4 \sim 5$）。这样，当变化相同容量时，在高度上的变化较灵敏。而把节省材料放在次要地位。设计步骤大体同前述。所不同的是要有更明显的液位指示或配置可靠的液位显示仪表。

13.5 发酵车间设备布置与管道设计

13.5.1 车间设备布置

13.5.1.1 车间设备布置内容和原则

对不同的设计阶段，车间设备布置图的要求有所不同。对初步设计或扩初设计阶段，因设备本身的安装方位一般尚未确定，因此，各设备的管口可以不必画出。厂房建筑一般只表示对基本结构的要求。设备安装孔洞、操作平台等构件有待进一步设计确定，故只需简略表示。对于施工图设计阶段而言，车间布置图应用一组平面、立面或局部剖视图来表示设备安装的方位。在布置图中设备安装的方位应绘上主要管道接口的位置。对于厂房建筑，则需进一步绘出与设备安装方位有关的孔、洞、操作平台等建筑物、构作物以及厂房结构的柱、墙、门、窗等基本结构。

在进行生产车间设备的布置设计时，应注意以下问题。首先，在布置设计时要注意本车间与其他车间的关系。要对人流和物流作出合理安排，避免原料、中间体、成品的往返交叉运输。其次，设备布置应按工艺流程顺序，做到上下、纵横相呼应。第三，在操作中相互有联系的设备，应布置得彼此接近，便于工人操作。设备排列要整齐，设备之间应保持必要的间距。间距除了要照顾到合理的操作与检修的要求外，还应考虑到物料输送通道及设备周围临时放置原料及半成品的可能性。第四，车间布置应满足检修要求，厂房应有足够高度，以便于吊装设备。对于多层车间，应设置必要的吊装孔或吊装门。第五，在布置车间时，要充分考虑劳动保护、安全防火和防腐等特殊要求。设计要符合各项设计规范。第六，车间布置要考虑车间今后发展，在厂房内、外留有发展余地。第七，工艺设计者在进行车间布置设计时，要同时满足其他非工艺专业设计要求，搞好相互协作。

13.5.1.2 车间布置设计的步骤和方法

车间布置设计的步骤和方法要视车间的复杂程度等因素而有所不同。一般先从平面布置着手，可分两个阶段进行。

（1）车间布置草图

将车间内所有设备按比例、按照设备平面投影的图形（注明设备名称与位号）逐一画在含有柱网的厂房建筑平面内，在厂房图纸上精心排列。并对不同方案布置进行比较，选择最佳方案。

（2）车间布置图

当建筑图设计初步完成后，即可绘制正式的车间布置图。该图包括设备平面布置图、立面布置图和剖面图。

① 车间平面布置图包括厂房各层建筑平面图、设备外形俯视图、操作平台等辅助设施俯视图和辅助用房、生活用房的设备、器具示意图等，在图上应标明各设备的定位尺寸。

② 立面布置图和剖面图包括厂房立面图及剖面图，设备外形的俯视图，操作平台的侧视示意图等，并标注尺寸。

③ 布置图尺寸的标注，应基本遵照《机械制图标准》，还应按《建筑制图标准》规定，绘出厂房的构件。

案例 13–4
车间设计图

④ 车间设备布置设计的最终成果是车间设备布置图（或称设备布置图）。图样一般包括以下几方面内容：

a. 一组视图：各层设备平面布置图和相应的各部分立面布置图；

b. 说明与附注：对设备安装如有特殊要求，应用文字进行说明；

c. 位号与名称：对图中各设备按流程图中位号（或设备一览表中顺序号）写明位号，并将各房间标上名称；

d. 标题栏：注明图名、图号、比例、工程名称、设计阶段、设计版次等。

13.5.2 车间工艺管道设计

（1）工艺管道设计内容

工艺管道设计是在施工图设计阶段进行，工艺管道设计应包括下列内容：

① 车间水、蒸汽、压缩空气、真空、物料等管道平面、立面布置图。

② 分区工艺设备的管道布置图和管段轴测图。

③ 管架和特殊管件施工制造图及安装图。

④ 管段材料表和车间管道材料汇总表。

（2）管道设计的方法

① 根据工艺要求和物料的性质选用合适管材、管件和阀门。

② 根据物料的输送流量，参照发酵工厂管道内常选用的物料流速来确定管径。

③ 根据带控制点的工艺管道及仪表流程图、设备布置图、单体设备施工图，结合建厂地区的气候条件、冻土层厚度等资料，进行管道布置设计。

管道布置图包括：a. 平面布置图和立面布置图等视图；b. 在图中须注明管道内介质代号、管段编号、管道尺寸、管道材料、管道中心标高和管道内介质流动方向；c. 阀门、管件和仪表自控等图形和安装位置的标注；d. 绘出管道地沟的轮廓线。此外，对有些重要工程项目，还需要绘制每一根管段的轴测图。

④ 在绘制每一根管段时，应同时填写管段材料表。管段材料表应包括管道代号；管道起止点；设计的温度和压力参数；管道直径，管材名称、规格和长度；阀门名称、型号、规格和数量；弯头、三通等的规格、材质和数量；连接管道用的法兰的名称、标准号、规格、材质和数量；法兰、密封垫片的标准号、规格和数量；固定法兰用的螺栓、螺母等紧固件的标准号、规格和数量；管道上仪表管件的名称、规格、材质和数量等。

⑤ 在设计绘制管道布置图时，同时应标绘出管架位置及管架编号。并填写管架一览表，对非标准管架，相关专业要设计管架施工制造图。

⑥ 编制管道、管件和管架等材料汇总表。

（3）管道布置图的绘制

管道布置图应以工艺管道流程图、设备布置图、设备管口方位图和制造厂提供的有关定型产品等资料为依据进行设计绘制。管道布置图应按设备布置图所划分的区域来绘制，区域分界线用粗双点划线来表示。管道布置图一般只绘制平面图，若平面图对某个部分表示不够清楚时，可加剖视图。在管道布置图中，建筑物轮廓线和设备外形轮廓线都采用细实线绘制，而管道采用粗实线绘制。

△ **案例 13–5**
管道布置图

在管道布置图上，设备编号应该与工艺管道流程图的位号一致。管道与建筑物在水平方向上的间距、管道阀的距离、管件和仪表的具体安装位置等主要尺寸，要在图上标明或在设计和施工说明书上注明。在管道布置图上，尺寸标注方法：水平方向的尺寸可用尺寸线引注，用 mm 作为计量单位，高度的尺寸可用标高来表示，其单位为 m。

13.6 发酵工业“三废”处理及其工厂化设计

发酵工业“三废”处理及其工厂化设计应在清洁生产和循环经济思想的指导下进行，这样不仅可以降低成本，还可以实现“三废”的资源化利用和发酵工业的环境友好及可持续发展。

13.6.1 废水

发酵工业产生的废水量大、成分复杂，排放之前必须进行处理。对于废水的处理，首先要贯彻积极防治的方针，以防为主，采取措施把污染尽可能减少在工艺生产过程中，主要的处理方法如下。

① 节约用水，提高水的循环利用率；杜绝跑、冒、滴、漏；提高原料利用率和化工材料的回收率。

② 改进生产工艺，尽量减少生产过程中废液的排放量。对工艺过程产生的危害人体健康的有毒物质从严处理；控制和减少事故排放；强化一级处理，降低排水的悬浮物及其他污染负荷。

③ 对于所产生的废水，要设计废水处理站进行处理。废水的处理包括一级处理、二级处理及三级

处理，所用的方法有物理方法、化学方法、物理化学方法、生物方法等。生产中的污染物多种多样，一种废水往往需要通过几种方法组成的处理系统，才能达到要求的处理效果。三级处理过程通常如下。

一级处理：以物理方法为主，目的是除去废水中悬浮状态的固形物质，并调节 pH。常见的方法有筛滤、沉淀、过滤等。经过一级处理后的废水去除 BOD 的 20% ~ 30%。当然，也可以尝试使用光催化法等新技术处理废水。

二级处理：是生化处理，目的是大幅度去除废水中呈胶体和分解状态的有机性污染物质。其典型的处理方法是活性污泥法和生物膜法。经二级处理后废水即可符合排放标准。

三级处理：需要采取物理化学法，目的是进一步去除二级处理所未能除去的污染物质，以达到生活饮用水标准。常见方法有活性炭吸附法、电渗析法、离子交换法等。经三级处理后 BOD 能降到 5 mg/L 以下。

13.6.2 废气

对于排入大气的污染物，应控制其排放浓度及排放总量，使其不超过所在地区的污染物的允许浓度和环境容量，主要的处理方法如下。

① 利用防尘装置去除排放废气中的烟尘及各种粉尘。如原料风送过程中的洗尘塔、袋滤器、离心或除尘器等。

② 采取气体吸收法处理有害气体。如用氢氧化钠、氨水吸收废气中的二氧化碳、二氧化硫等。

③ 应用冷凝、催化转化、活性炭吸附等物理、化学和物理化学方法处理排放废气中的主要污染物。如酒精生产过程中蒸馏工段的各级冷凝器。

13.6.3 废渣

废渣是在生产过程中产生的，因此，治理废渣首先是要改革工艺过程，减少废渣产生；其次是对废渣尽量回收利用，从废渣中提取有用的物质，利用废渣制造副产品，变废为宝；最后是对回收利用后剩余的残渣进行最终处理（如作为肥料、填埋等），谋求通过自然净化作用使它们迅速自然回归。废渣综合利用的主要途径如下。

① 锅炉煤渣，可用来制煤渣砖或配制水泥。

② 酒糟、麦糟、薯渣、丝苗渣等废渣。可直接作为饲料出售或经进一步加工成家畜的精饲料，如糖蜜酒糟生产白地霉，淀粉质原料酒糟生产饲料酵母，可利用酒糟、废菌丝等进行沼气发酵，也可从这些废渣中提取有用的物质，如从糖蜜酒糟中提取甘油等。

13.7 发酵工厂投资概算与经济评价

13.7.1 建设项目总投资概算

在可行性研究阶段应进行工程投资估算，初步设计阶段要进行工程投资概算，而施工图设计阶段应根据施工图纸，需对工程进行详细的预算。

建设项目总投资可按下式计算：

$$建设项目总投资 = 建设投资 + 流动资金 + 建设期借款利息$$

（1）建设投资

建设投资费用包括工程费用、其他费用和预备费等。

① 工程费用，主要包括下列六项费用。

a. 主要生产项目工程费用：指从原材料储存、产品生产到成品包装和储存等直接进行产品生产的工程费用。

b. 辅助生产工程费用：指为产品生产间接服务的工程费用，如机修、中心试验室、动物房等。

c. 公用工程费用：指空压、冷冻、给排水、供电、供热及厂区外的管线工程等费用。

d.“三废”治理工程费用。

e. 服务性工程项目费用：包括厂办公楼、食堂、车库、消防站、医务室、浴室、招待所等工程项目费用。

f. 生活福利工程项目费用。

② 其他费用：该费用包括土地征用费、青苗补偿费、供电贴费、水增容费、技术转让费、勘察设计费、建设单位管理费、联合试运转费、进出口设备材料国内检验费、保险费、银行担保费、工程监理费、生产职工培训费、环境评价费、办公及生活家具购置费、研究试验费等。

③ 预备费：该费用由基本预备费和涨价预备费组成。基本预备费是指项目实施中可能发生的难以预料的支出，需要事先预留的费用，又称不可预见费，基本预备费按工程费用与其他费用之和乘以基本预备费率计算。涨价预备费是指在建设期内可能发生材料、设备、人工等价格上涨引起投资增加，需要事先预留的费用。

（2）流动资金

工厂投产后，进行生产和经营活动所必需的周转资金称为流动资金。流动资金由储备资金、生产资金和成品资金三部分组成，发酵工厂的流动资金一般可按全年总生产成本的30%左右来计算。

（3）建设期借款利息

建设期借款利息是指项目借款在建设期内发生并应计入固定资产原值的利息。

13.7.2 概算与经济评价中的费用计算

（1）设备费概算

在发酵工厂建设投资中，设备费用要占总投资的一半以上。设备费用的概算项目中，包括设备购置费、设备运输费和设备安装费三部分。

（2）工艺管道安装费

工艺管道安装费是由管道安装材料费和人工费两部分组成。在初步设计阶段，由于尚未进行管道布置设计，也不能提供详细的管段材料表，所以，此时进行工艺管道安装费的概算是有一定的难度。但出于在初步设计阶段，车间的平、立面布置图已完成，工艺管道的计算和管道材料、阀门等选用也已明确，所以，工艺设计人员应根据设计有关的资料，估算出管道材料的需要量，然后参考《化工建设概算定额》有关规定，初步计算出工艺管道安装费用。也可根据相同类型工程中管道安装费率来计算车间内管道安装所需费用，通常对于发酵工厂而言，根据不同产品的特点，可按设备总价的25%～35%计算工艺管道安装费。

（3）土建费用计算

在初步设计阶段，厂房的平面和立面已确定，根据工艺要求，厂房的结构和各层面积也已确定，宅外的构筑物也已明确，所以，土建费用可以较精确地计算。土建费用应按当地有关部门颁发的建筑工程概算定额和建筑安装工程费用定额来计算所设计的工程项目的土建费用。其费用计算可从以下几项来进行。

① 直接费用：土建概算中的直接费用是指材料费、机械费和人工费，是以工程量（m^2）乘以定额而得，并以直接费用为计算基数，再计算其他直接费用和间接费。

② 其他直接费：其他直接费是指冬季和雨季施工增加费、二次搬运费、夜间施工费、停电误工费、流动施工津贴等。

③ 间接费：施工管理费、临时设施费、劳保费、法定利润等。

（4）电气工程和仪表自控费用

① 电气工程设备和元器件等材料应根据市场价格来进行概算，其安装费用可采用《化工设计概算指标》来考虑，并加上提价因素。

② 仪表自控费用可参考《仪表价格手册》或市场价格来计算，其安装费用可参考《化工设计概算指标》并考虑提价因素。

13.7.3 产品成本计算

产品成本的估算是根据设计所规定的技术指标（发酵产率和提取总收率），经过物料衡算、动力计算等步骤，加上管理及销售等费用，最后估算出产品成本。

某一发酵产品的年总成本可由下列步骤计算。

① 原材料和辅助材料费用：原、辅材料年总费用 = 产品消耗定额 × 年产量 × 原、辅材料价格。

② 燃料费用：燃料费用 = 燃料消耗定额 × 年产量 × 燃料单价。

③ 动力费用：动力费用 = 产品电耗 × 年产量 × 电单价。

上述①～③项都是可变成本。

④ 人工费用。

直接生产工人工资：工人工资 = 平均月工资 × 车间工人数 ×12。

工资附加费：按工资总额的 11% 计算。

⑤ 车间维修费：按车间固定资产原值的 6% 计算。

⑥ 车间折旧费：车间折旧费 = 车间固定资产原值 × 基本折旧率。

⑦ 车间管理费：车间管理过程中的办公经费支出和车间管理人员的工资及工资附加费用等。

车间管理费 =（原辅材料费 + 燃料费 + 动力费 + 人工费 + 车间维修费 + 车间折旧费）×（2%～3%）。

⑧ 车间成本费：车间成本费 = 原辅材料费 + 燃料费 + 动力费 + 人工费 + 车间维修费 + 车间折旧费 + 车间管理费。

⑨ 企业管理费：是指厂部在组织领导和管理全厂生产经营活动中所开支的各项费用总和，它包括厂部管理人员工资及附加费、厂部的办公费、差旅费、流动资金借款利息、科研费，以及厂部固定资产折旧与大修费以及三废处理费等。

企业管理费一般可按车间成本的 5%～10% 取费。

⑩ 副产品收入。在生产过程中如果产有副产品，其收入为：副产品产量 × 副产品价格

⑪ 工厂成本：工厂成本 = 车间成本 + 企业管理费 - 副产品收入。

⑫ 销售费：在销售过程中的各项费用，包括产品运输费、广告费、推销费等。

销售成本 = 工厂成本 + 销售费

上述所得的年成本除以年产量，即为单位产品的成本。此外，在进行经济评价时，还有经营成本，其可按下式计算：

经营成本 = 工厂成本 -（车间折旧 + 工厂折旧）+ 销售费用

其中，车间折旧费的计算办法为：

$$\frac{(\text{全厂固定资产原值总和}-\text{各车间固定资产原值总和})\times\text{车间固定资产原值}\times\text{折旧率}}{\text{各车间固定资产原值总和}}$$

13.7.4 借款利息和还款能力预测

（1）借款利息计算

在财务评价中，国内借款一般简化为以年计息，建设期借款利息按复利计息，到项目建成投产后还款。

每一年借款假定在年中使用，以半年计息，以后年份的借款按全年计息。同样在投产后还款当年也按半年计息。

（2）还款能力预测

发酵工厂基建项目建成投产后，其还款资金可由以下几个来源筹集：

① 利润：利润是产品销售后，扣除成本和税金后的剩余部分。

$$利润=销售收入-成本-税金$$

② 折旧费：在项目投产后，计入成本中回收的折旧费的部分资金可作还款资金。

13.7.5 项目投资的经济评价

① 综合经济指标。一个工程建设项目评价其经济上是否可行；或者有两个以上方案进行比较时，看哪一个更可行，可用综合经济指标来进行比较，其内容如下：

a. 借款偿还期，年；

b. 投资回收期，年；

c. 投资利润率，%；

d. 投资利税率，%；

e. 内部收益率，%；

f. 净现值，万元。

② 盈亏平衡点分析。盈亏平衡点分析是通过分析项目建成投产后，产品的销售收入、可变成本、固定成本和利润等四个方面的关系，求出当销售收入等于产品的生产成本时的产量，即盈亏平衡点时的产量。

③ 敏感性分析。敏感性分析也称为灵敏度分析，它是研究对项目各期现金流量起作用的各个要素发生变化时，对项目评价指标及结论所产生的影响。它是检验建设项目可靠性的一种方法。目前，一般工程项目的敏感性分析采用单因素分析，即当其他因素假定不变，只改变其一因素时，计算出此时的内部收益率和净现值，将此二项与正常情况下的数项相比较，判断建设项目的可靠性。

开放讨论题

发酵工厂设计中最关键之一就是厂址的选择，请简述厂址选择中应该考虑哪些因素。

思考题

1. 简述发酵工厂设计的基本内容。
2. 简述工厂的总平面如何布置。
3. 简述工艺流程设计的原则及具体步骤。
4. 简述车间设备布置内容及原则。
5. 简述车间设计的步骤和方法。

推荐阅读

1. 余龙江，张长银 . 生物制药工厂工艺设计 . 北京：化学工业出版社，2008.

点评： 该书以生物制药工厂工艺设计为主线，系统阐述了生物制药工厂工艺设计的基本原理和方法，包括设计基础、总图设计、工艺设计、工艺管理设计、生物药物的生产计算等。

2. 吴思方 . 发酵工厂工艺设计概论 . 北京：中国轻工业出版社，2008.

点评： 该书系统阐述发酵工厂工程建设项目的设计工作程序、内容、步骤、方法和原理，并重点介绍了工艺设计图的表达方法和绘制要求。

网上更多学习资源……

◆教学课件　　◆自测题

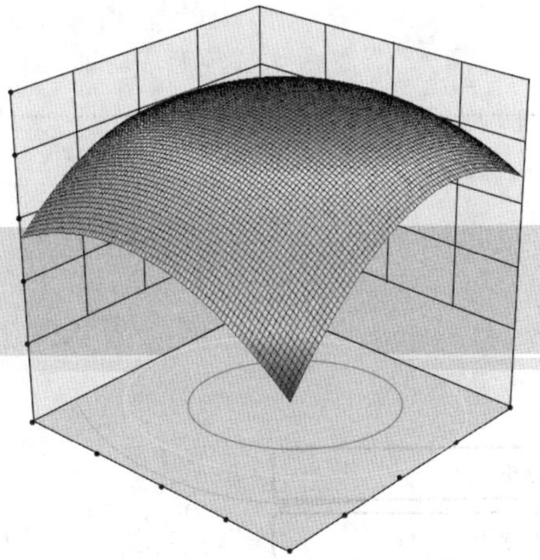

14 发酵经济学原理与应用

- **14.1　概述**
  经济学原理在发酵工业中的应用；平衡点分析；运筹学的线性规划模型；投资回收期计算
- **14.2　影响发酵成本的主要因素**
  菌株选育成本分析；发酵培养基成本分析；无菌空气与通气搅拌成本分析；热动力费的成本分析；发酵工艺中不同培养方式的成本分析；发酵产品分离纯化成本分析；发酵规模成本分析；主要成本因素的确定
- **14.3　发酵过程经济学评价**
  产物浓度；生产效率；底物转化率；单位产品的能耗
- **14.4　降低发酵成本的措施**

用发酵方法生产产品时，除了考虑发酵产品的适用性、生产技术先进性以及生产工艺的合理性外，还要考虑经济上的合理性和市场竞争能力，即发酵工业的经济效益。

教学目的与要求

（1）掌握影响发酵生产成本的主要因素，以及降低发酵生产成本的途径。

（2）了解发酵生产过程的经济学评价指标。

重点及难点

影响发酵生产成本的主要因素及降低生产成本的途径。

知识导图

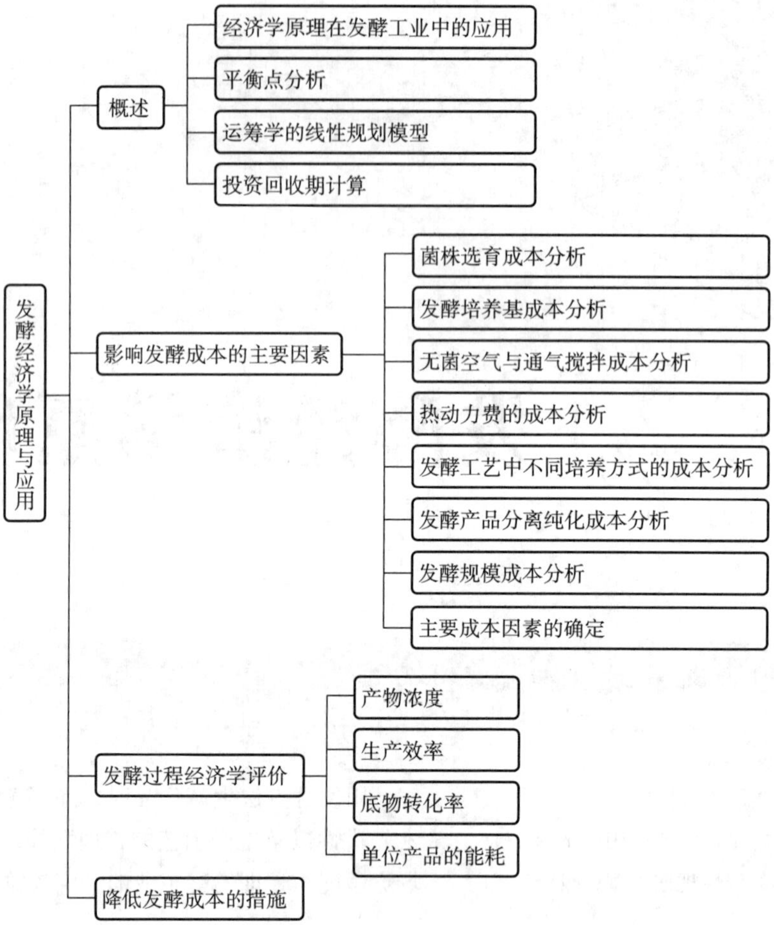

问题导读

（1）发酵经济学评价有什么作用？

（2）降低发酵成本的措施主要有哪些？

关键词

发酵经济学　成本分析　转化率　成本影响因素　经济学评价

14.1 概述

14.1.1 经济学原理在发酵工业中的应用

在竞争日益激烈的市场经济状态下，一个成功的发酵产品，除了发酵产品的市场需求广泛外，产品性价比应具有很强的竞争力。因此，一个成熟产品的发酵生产通常应具备下列条件：

① 总投资额应尽可能低，如对发酵罐等主要发酵设备及辅助设备的投资额要低，提取分离过程操作单元环节要比较少，而且发酵及分离纯化设备对不同的发酵类型要有一定的通用性，以适应不同类型的发酵，从而降低单个产品的投资成本。

② 发酵原料来源应广泛、价格低廉、易于采购、运输，且有较高的利用率，而且通常要有替代品。

③ 发酵菌种应是高产稳定、适应性强的优良生产菌株。

④ 发酵过程应尽量采用自动控制，以控制产品的质量，提高生产效率。

⑤ 发酵过程中尽量提高设备的利用率，减少非生产时间。如果采用的是分批发酵方式，则要尽量缩短微生物生长周期，对某些发酵过程可以考虑用分批补料或连续发酵方式。

⑥ 发酵生产过程中应充分利用动力和热量，最大限度降低综合能耗。

⑦ 发酵产物的回收和纯化过程要简便、快速，以降低分离纯化成本并减少生产时间。

⑧ 要尽可能减少“三废”产生，且易于处理达标排放。通过综合利用和处理后的循环使用，可大幅减少“三废”的数量，并降低废水浓度，从而降低“三废”处理难度和成本。

从发酵生产的角度来看，影响发酵成本的因素主要包括菌株性能、培养基成分、无菌空气用量、搅拌功率、发酵生产方式、发酵产物的分离纯化、“三废”处理及综合利用或循环使用，以及发酵规模等方面。对这些影响因素进行成本分析是实施发酵产品的工业化生产必须首先系统考虑的问题。可以通过成本分析，确定优化哪些环节可以进一步降低生产成本。

14.1.2 平衡点分析

盈亏平衡分析是通过盈亏平衡点（BEP）分析项目成本与收益的平衡关系的一种方法。各种不确定因素（如投资、成本、销售量、产品价格、项目寿命期等）的变化会影响投资方案的经济效果，当这些因素的变化达到某一临界值时，就会影响方案的取舍。盈亏平衡分析的目的就是要找出这个临界值，即盈亏平衡点（BEP），判断投资方案对不确定因素变化的承受能力，为决策提供依据。

盈亏平衡分析（break-even analysis）又称为保本点分析或本量利分析法，是根据产品的业务量（产量或销量）、成本、利润之间的相互制约关系的综合分析，用来预测利润，控制成本，判断经营状况的一种数学分析方法（图 14-1）。一般说来，企业收入可表示为：

收入 = 成本 + 利润

其中，收入 = 销售量 × 价格，成本 = 固定成本 + 变动成本

若利润为零，此时为盈亏平衡点，则有：

收入 = 固定成本 + 变动成本，变动成本 = 单位变动成本 × 销售量

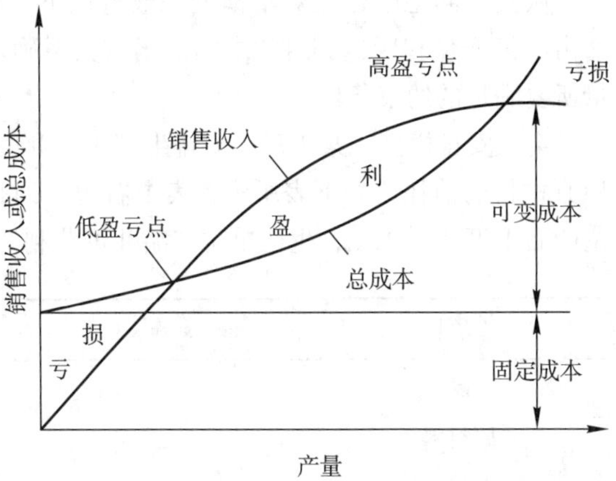

图 14-1 非线性盈亏分析

延伸阅读 14-1
盈亏平衡点分析

案例 14-1
乙醇发酵生产中盈亏平衡点分析

即：销售量 × 价格 = 固定成本 + 单位变动成本 × 销售量

由此可推导出盈亏平衡点的计算公式为：盈亏平衡点（销售量）= 固定成本 ÷ 每计量单位的贡献差数

企业利润是销售收入扣除成本后的余额，其中，销售收入是产品销售量与销售单价的乘积，而产品成本包括工厂成本和销售费用在内的总成本，分为固定成本和变动成本。所以，根据以上盈亏平衡点分析就可以初步预测项目可行性。

14.1.3 运筹学的线性规划模型

线性规划（linear programming，LP）是运筹学中研究较早、发展较快、应用广泛、方法较成熟的一个重要分支，它是辅助人们进行科学管理的一种数学方法。研究线性约束条件下线性目标函数的极值问题的数学理论和方法。它是运筹学的一个重要分支，广泛应用于军事作战、经济分析、经营管理和工程技术等方面。为合理利用有限的人力、物力、财力等资源作出的最优决策提供科学依据（图 14-2）。

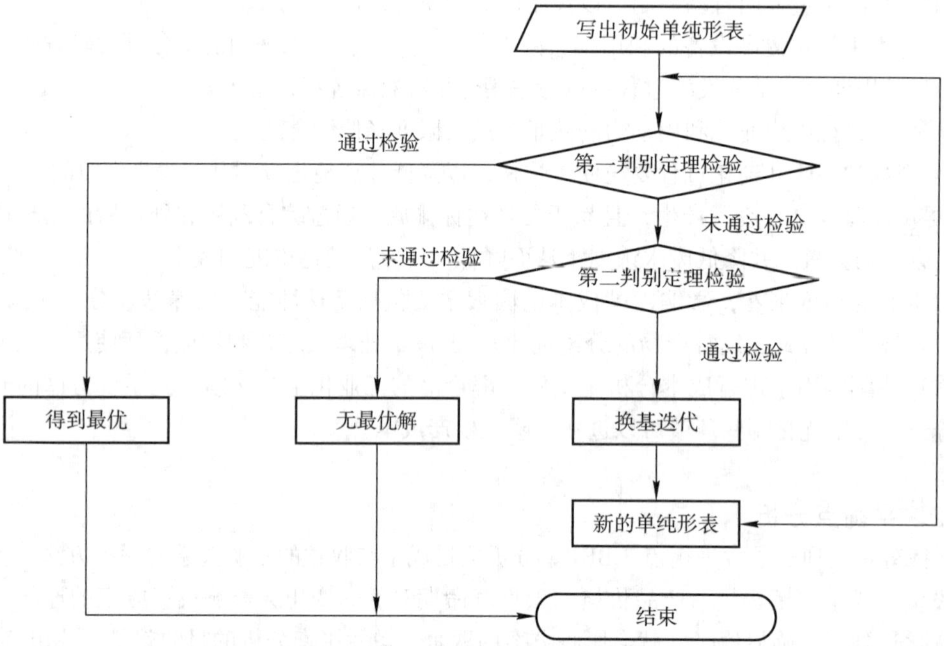

图 14-2 运筹学线性规划模型

从实际问题中建立数学模型一般有以下三个步骤：①根据影响所要达到目的因素找到决策变量；②由决策变量和所达到目的之间的函数关系确定目标函数；③由决策变量所受的限制条件确定决策变量所要满足的约束条件。

生产安排模型：某工厂要安排生产Ⅰ、Ⅱ两种产品，已知生产单位产品所需的设备台数及 A、B 两种原材料的消耗，如下表所示，表中右边一列是每日设备能力及原材料供应的限量，该工厂生产一单位产品Ⅰ可获利 2 元，生产单位产品Ⅱ可获利 3 元，问应如何安排生产，使其获利最多？

项目	Ⅰ	Ⅱ	总数
设备	1	2	8 台时
原材料 A	4	0	16 kg
原材料 B	0	4	12 kg

解：①确定决策变量：设 x_1、x_2 分别为产品Ⅰ、Ⅱ的生产数量。

②明确目标函数：获利最大，即求 $2x_1+3x_2$ 最大值。

③所满足的约束条件：设备限制：$x_1+2x_2 \leqslant 8$；原材料A限制：$4x_1 \leqslant 16$；原材料B限制：$4x_2 \leqslant 12$。

基本要求：x_1，$x_2 \geqslant 0$

用max代替最大值，s.t.（subject to的简写）代替约束条件，则该模型可记为：$\max z = 2x_1+3x_2$

s.t. $x_1+2x_2 \leqslant 8$

$4x_1 \leqslant 16$

$4x_2 \leqslant 12$

x_1，$x_2 \geqslant 0$

延伸阅读 14-2
运筹学线性规划

14.1.4 投资回收期计算

投资回收期就是使累计的经济效益等于最初的投资费用所需的时间。投资回收期也是指通过资金回流量来回收投资所需的年限。标准投资回收期是国家根据行业或部门的技术经济特点规定的平均投资回收期。其中，按是否考虑资金的时间价值，又分为静态投资回收期和动态投资回收期。

静态投资回收期：静态投资回收期是在不考虑资金时间价值的条件下，以项目的净收益回收其全部投资所需要的时间。投资回收期可以自项目建设开始年算起，也可以自项目投产年开始算起，但应予注明。

动态投资回收期：在采用投资回收期指标进行项目评价时，为克服静态投资回收期未考虑资金时间价值的缺点，就要采用动态投资回收期。

基准投资回收期：项目计划投资回收期。

静态投资回收期可根据现金流量表计算，其具体计算又分以下两种情况：

① 项目建成投产后各年的净收益（即净现金流量）均相同，则静态投资回收期的计算公式为：

$$P_t = K/A$$

式中，P_t—静态投资回收期，年；K—项目总投资费用，万元；A—项目各年的净收益，万元。

② 项目建成投产后各年的净收益不相同，则静态投资回收期可根据累计净现金流量求得，也就是在现金流量表中累计净现金流量由负值转向正值之间的年份。其计算公式为：

P_t =（累计净现金流量开始出现正值的年份数 -1）+ 上一年累计净现金流量的绝对值 / 出现正值年份的净现金流量

评价准则：

将计算出的静态投资回收期（P_t）与所确定的基准投资回收期（P_c）进行比较：

① 若 $P_t \leqslant P_c$，表明项目投资能在规定的时间内收回，则方案可以考虑接受；

② 若 $P_t > P_c$，则表示方案不可行。

动态投资回收期是把投资项目各年的净现金流量按基准收益率折成现值之后，再来推算投资回收期，这就是它与静态投资回收期的根本区别。动态投资回收期就是净现金流量累计现值等于零时的年份。

延伸阅读 14-3
投资回收期

动态投资回收期的计算在实际应用中根据项目的现金流量表，用下列近似公式计算：

P'_t =（累计净现金流量现值出现正值的年数 -1）+ 上一年累计净现金流量现值的绝对值 / 出现正值年份的净现金流量的现值

评价准则：

① $P'_t \leqslant P_c$（基准投资回收期）时，说明项目（或方案）能在要求的时间内收回投资，是可行的；

② $P'_t > P_c$ 时，则说明项目（或方案）不可行。

按静态分析计算的投资回收期较短，决策者可能认为经济效果尚可以接受。但若考虑时间因素，用折现法计算出的动态投资回收期，要比用传统方法计算出的静态投资回收期长些，该方案未必能被接受。

14.2 影响发酵成本的主要因素

14.2.1 菌株选育成本分析

一般来说，菌种选育约占生产成本的20%～60%，对优良性能的菌株的筛选和改良是降低生产成本的有效途径。

（1）优良生产菌株的筛选

最初，许多有工业价值的菌株都是从自然界中分离得到。但分离一支有产业化价值的菌株并非易事，通常要花费较长的时间和代价，有时甚至花费了大量的精力仍一无所获。例如，英国的Pfizer公司筛选一支广谱土霉素生产菌株，花费了43万英镑；礼来公司（Eli Lilly and Company）花费了20年时间，通过理化诱变方法，获得一株高产泰乐霉素的菌株。所以，提高菌种筛选效率非常重要，建立快速筛选系统和平台技术具有重要意义。此外，筛选菌株时，除了考虑所筛选到的菌株必须高产外，还应同时考虑提高发酵过程经济效益的菌株其他参数性能。主要包括：对培养基的同化能力、菌体的生长速率、遗传稳定性、抗污染能力、嗜热性能以及培养基适应性广等。

例如，Aumstrup在筛选产酶菌株时，确定了下列目标：①产酶单位高、活力强；②遗传性能稳定；③不产或少产杂酶和杂蛋白；④同化培养基的能力强，能充分利用培养基。

（2）生产菌株的改良

生产菌株的改良目前已有一系列的办法，如诱变育种、杂交育种、基因工程育种、代谢工程育种等。一般地，从野生型或现用菌株出发，选育新的高产突变株，是提高发酵生产效益通行的有效途径。

例如，青霉素生产菌株通过突变株的选育并结合培养基的不断改进，其发酵单位已从1940年的100 U/mL提高到现在的60 000 U/mL以上。曾有人计算，只要突变株的青霉素生产单位数提高10%，那么对一个生产450 t的青霉素工厂来说，其一年内增加的产值可超过选育费用的3倍。因此，国内外不少公司均设有专门的机构，从事菌种和培养基开发方面的研究工作。我国的糖化酶生产株由米曲霉改为黑曲霉，特别是1979年在全国扩大了UV-11黑曲霉变异株以后，淀粉出酒率有了大幅度提高，使糖化剂的生产出现了新的飞跃。近年来，全国各地又在UV-11基础上选育了不少新的糖化酶生产株，其中尤以UVB-11-1-3形态回复突变株性能更为突出，它具有发酵单位高（达10 000 U/mL），发酵周期短（发酵周期为80～90 h），通气量小〔1：（0.4～0.6）〕，培养温度允许较高（34～35℃，最高可达37℃），酶系统纯，成本较低等优点，故每吨酒精消耗糖化酶成本可比使用UV-11固体酶时降低50%左右。

近年来，利用基因工程、代谢工程等方法育种，获得了大量的高产菌株，降低了发酵成本，使传统的发酵产业有了较大发展。

14.2.2 发酵培养基成本分析

发酵培养基各个组分的成本，对产品成本有较大影响。一般地，不同种类的产品，培养基成本约占生产成本的40%～70%，其中，碳源用量最多，是成本占比最高的组分。目前，淀粉、糖蜜等农副产品仍然是碳源的主要来源。碳源的价格主要受两种因素影响：一是种植面积和收获情况，二是市场需求量。天然碳源是季节性很强的产品，所以，需要有一定贮备量，但工厂中大量贮存培养基原材料，不仅需要大容量仓库，而且还占用大量流动资金，影响资金的周转。例如，5 000 t酒精发酵，约需贮备 20 000 t 左右的糖蜜。大量贮存原料带来的另一个问题是如何防止其变质，因为用变质原料配成的培养基，发酵周期延长，得率很低，会严重影响发酵工厂的经济效益。降低培养基成本的主要办法有两种：一是筛选发酵单位数较高的培养基配方，提高培养基的利用率和转化率；二是在不影响发酵水平的情况下选用价格较低的碳源、氮源组分。

在确定培养基配方时，不仅要比较它们的单耗成本，而且还应同时考虑利用不同培养基的通气量与搅拌功率成本。因为有的培养基黏度较大，溶氧传递困难，通气量和搅拌功率便会相应增大，导致相应的动力费用增加。

目前，虽然各种工业废料是有潜力的廉价碳源，利用工业废料进行发酵，对环境保护十分有利。但是对它们的利用存在限制，一方面是由于其经济效益不如采用传统原料高；另一方面原因在于能利用各种工业废料的高产微生物菌种还不多见，而且工业废料性状多变、杂质较多，造成发酵后提取过程困难。我国在废醪综合利用方面（如酒精废醪用于沼气发酵和单细胞蛋白 SCP 的生产等）已取得了一定成果，但在这方面还需继续加强。

此外，原材料中无机盐所占的比重一般较小，约占培养基总成本的 4% ~ 14%。无机盐中价格较贵的是磷酸盐，而且供培养基用的磷酸盐要求是食用级的而不是肥料级的，因为食用级的磷酸盐所含的铁、砷、氟等杂质较少。还有，培养基用的钾、镁、锌、铁盐，应采用它们的硫酸盐而不是氯化物，因为后者对碳钢设备的腐蚀性较大。所以，无机盐的质量应予以重视，相应地，无机盐占培养基总成本预算也应引起重视。

14.2.3 无菌空气与通气搅拌成本分析

（1）无菌空气

经济而大量地提供无菌空气，是好氧发酵过程中影响成本高低的一个重要因素。目前，无菌空气主要是采用空气过滤器过滤供给。

利用空气过滤器过滤空气是工业生产中最常用、最经济的无菌空气制备方法。一般工艺流程是：①利用空气压缩机将空气压入储气罐；②储气罐中空气通过净化罐除去小颗粒物质；③经过热空气冷却装置以及除水除油设备除去空气中的水蒸气和油（采用无油压缩机不需要除油）；④最后，空气经过多级空气过滤器除去空气中的微生物获得具有稳定的压力和流量的无菌空气，其温度与发酵温度基本一致。据估算，空气压缩后再经空气过滤器的最经济的生产规模为 140 ~ 150 m^3/min。

根据发酵工厂所在地的气候状况可以合理优化无菌空气制备过程以降低固定资产投入和运行成本，这方面可以运用前面第 5 章中讲到的原理和技术进行成本分析和控制。此外，空气过滤器的总操作费需要单独分析，这与过滤器直径大小、介质等因素有关。过滤器直径较大时投资费较大，但压强可以降低，驱动空气的动力消耗操作费可相应减少。在确定过滤器直径时，还需考虑工艺上要有合适的空气流速，以确保空气过滤器的除菌效率。空气过滤器的总操作费还包括过滤介质的更换费和日常维修费，因此，如何选择性能优良的过滤介质，也是一个不能忽略的成本因素。所以，空气过滤器的一次性投资费与经常性消耗费之间的利弊关系要做全面的权衡分析。

（2）通气搅拌的成本分析

在好氧性发酵中，通气搅拌所耗用的费用相当大。通气费与搅拌费相互关联：对于相同的氧传递量来说，增加通气量，搅拌功率可以减少；相反，增加搅拌转速时，通气量亦可相应减小。因此，最佳的通气量和搅拌转速，应该在工艺允许的范围内，以两者合计的动力费和设备维修费为最低来确定。而且，在分批培养的不同时期，需氧量有所不同，最佳通气量及搅拌转速亦会做相应的改变，应根据工艺要求设计，使整个运行费用最低。

单细胞蛋白（SCP）发酵过程中，采用石油产品（甲烷、烃等）为原料时，基质得率系数远远高于糖类，但在耗氧和冷却费用方面，前者却远远高于后者，因而前者的生产成本约为后者的 1.4 ~ 1.8 倍。

由于以烃类为原料发酵需要很高的供氧量和热交换量，因而国外某些公司一直致力于大容量（1 000 m^3）的空气喷射式发酵罐。一个生产 100 000 t 的 SCP 工厂，采用空气喷射式发酵罐的设备成本费（含通气、搅拌费），可以做到只占总生产成本的 16%，英国 ICI 公司则致力于发展气升式发酵罐，估计其制造费约为总设备投资的 14% 左右，固定资产投入显著减少。

14.2.4 热动力费的成本分析

在发酵生产中，需要加热与冷却的工序大体有：①培养基的加热灭菌或淀粉质原料的蒸煮糊化，然后冷却到接种温度；②发酵罐及辅助设备的加热灭菌与冷却；③发酵热的冷却，保持发酵过程恒温或维持所需的发酵温度；④发酵产物提取与纯化过程的蒸发、蒸馏、结晶、干燥等，也都需要加热或冷却，有时还需冷冻。

一个以正烷烃为主要原料的年产 100 000 t 的 SCP 工厂，每小时需要移除的热量约为 4.61×10^5 kJ，因此，单细胞蛋白发酵中，用于冷却设备的投资约占设备总投资的 10% ~ 15%。一般地，发酵工厂节约冷却水用量的办法有：①采用气升式发酵罐；②选育嗜热或耐热的生产菌株；③改变原料路线，少用烃类原料作为培养基质。

在淀粉质原料的酒精生产中，能耗大是最突出的问题。其中，能耗约为成品酒精燃烧热的 1.1 ~ 1.5 倍，尤以蒸煮和蒸馏二个工序的耗能最大，前者约占总蒸汽消耗量的 40%，后者则占 50%左右。淀粉质原料酒精发酵中的节能措施主要有：①无蒸煮发酵或低温蒸煮发酵；②浓醪发酵；③高温发酵；④蒸馏流程中的热泵节能和汽相过塔，以及余热利用和废醪沼气发酵回收燃烧值等。

14.2.5 发酵工艺中不同培养方式的成本分析

发酵工艺对发酵产品的生产成本有一定的影响。合理的发酵工艺可使微生物菌种的生产能力得到充分发挥，原材料和动力消耗减少到最低限度，从而降低发酵成本。采用不同的培养方式，对发酵过程的影响有所不同。必须根据发酵过程的具体情况来选择合适的培养方式，不同培养方式之间的比较见表 14–1。

表 14–1 不同培养方式的比较

发酵工艺	分批发酵	补料分批发酵	连续发酵
辅助时间	较长	较长	短
辅助设备成本	低	较低	高
平均生产速率	低	中	高
设备利用率	很低	较低	高
产物浓度	较高	高	中
底物抑制	明显	无	可消除
产物抑制	较高	较高	较少
杂菌污染	易控制	较易控制	较难控制

（1）分批发酵

分批发酵是发酵生产最基本的操作方式之一，其优点是操作简单、技术容易掌握，易于控制杂菌污染和产品质量；其缺点是设备利用率较低，不易实现自动控制，培养开始时较高的营养物浓度易导致副产物的形成，此外，底物抑制明显。

采用分批培养时，在整个操作周期中的平均生产能力，可用下式表示：

$$P = X/\left(\frac{1}{\mu_m}\ln\frac{X_f}{X_0} + t_L + t_{辅助}\right)$$

式中，P—生产能力；

X_f—最终细胞浓度；

X_0—初始细胞浓度；

μ_m—最大比生长率；

t_L—生长迟缓期的时间；

$t_{辅助}$—各种辅助操作时间（对于空罐灭菌包括清洗、空消、进料、实消、冷却、接种、出料等）。

由上式可以看出，如果增加接种量，那么 X_0 值增大，$\ln\frac{X_f}{X_0}$减小，平均生产能力便可提高，但这需相应增加种子罐的容积。此外，接种时接入处于生产旺盛期的种子，可以有效地缩短 t_L，故也能提高发酵罐的生产能力。以菌种性能看，选育 μ_m 值较大的高产菌株，对于提高生产能力当然十分有效。至于辅助操作所占用时间的影响，对发酵周期较短的过程（如面包酵母，生产周期占 14～24 h）来说，影响很大；而对于青霉素那样的长周期发酵产品（5～6 d）来讲，其影响则较小。

值得注意的是，设备处于最大生产能力时，并不一定意味着生产成本最低，因为成本的高低，还受产品收得率的影响。

（2）补料分批发酵

补料分批发酵又称流加发酵。与一般分批发酵比较，补料分批发酵的优点是可将营养物浓度控制在最适合微生物生长与代谢的水平，从而消除底物抑制，减少副产物的形成，提高产品的收得率。此外，碳、氮、磷源的流加可用来控制发酵过程 pH 变化，减少或免除酸碱的使用。不足之处是发酵开始时发酵设备的装料容积较小，设备利用率有所下降；此外，培养基成分的流加需要增加辅助设备，易造成杂菌污染。补料分批发酵特别适合于存在底物抑制的生产菌种，或营养物浓度高时易导致副产品形成的菌种。如青霉素发酵时，葡萄糖过量会促使菌体产生较多的有机酸，使 pH 下降，需加碱调节。如采用补料分批发酵，糖的供应根据代谢需要流加，则 pH 较为稳定，不仅碱用量大量减少，同时由于副产物的减少，青霉素的产量可提高 25% 左右。

（3）连续发酵

连续发酵的优点是生产能力较高，设备利用率高，易于实现自动控制，劳动生产率高。缺点是辅助设备多，不易控制杂菌污染和产品质量。连续发酵比较适合于菌体比生长速率较高和不易污染杂菌的菌种，如单细胞蛋白的生产等。

将连续发酵与分批发酵的生产能力相比较，有如下关系式：

$$\frac{连续培养生产能力}{分批培养生产能力} = \frac{\ln\frac{X_m}{X_0} + \mu_m \cdot \mu_{辅助}}{(X_m - X_0)/X_m} \cdot D_c \cdot Y_{X/S}$$

式中，X_m—最大细胞浓度；

X_0—起始细胞浓度；

μ_m—最大比生长速率；

D_C—临界稀释速率；

$Y_{X/S}$—细胞得率系数（对于限制性基质）。

在某些发酵产品的生产过程中，其生产成本主要决定于发酵阶段的生产能力和基质的转化率，如菌体蛋白、酒精及某些有机酸的发酵。所以，如果连续发酵也能有效地利用基质，那么其经济效益必然高于分批培养。但是，以产物提取成本为主的发酵不适合进行连续发酵，因为连续发酵的培养液中产物浓度一般偏低，故提取成本较高，尽管其总生产率较高，但生产费用还是高得多。如抗生素发酵的生产成本主要花费在产物提取阶段，这时发酵的单位数对产品成本起较大的决定作用。因此，从低浓度的发酵液中提取产物时，成本相当高。

14.2.6 发酵产品分离纯化成本分析

发酵生产中，下游工艺的优劣对产品的成本影响很大，主要表现在：①最终收得率影响成本；②提取过程动力费用消耗较大；③提取过程要耗用大量的溶剂、吸附剂、中和剂等辅助材料，这些材料费用较高；④设备投资大。不少提取设备结构复杂，材质大都采用不锈钢，体积庞大，投资较大。有的已占有全厂设备总投资额的 80%，或是发酵设备投资额的 5 ~ 6 倍。故下游工艺的设备折旧费相当高。

一般地，提取收得率是后处理中判断工艺是否优越的关键指标。工艺简单、耗费低、纯度高且收得率高是十分合理的工艺。各种发酵产物的提取收得率差别相当大，如柠檬酸的提取收得率为 92% 左右，青霉素 G 在转化为钾盐之前的提取收得率为 96% 左右，谷氨酸钠的提取收得率则在 76% ~ 87% 之间。以下为几种不同发酵产品的提取成本额的实例：

① 对于糖质原料酒精发酵，当成熟醪的含酒精量为 7%（m/V）时，提取成本不能大于销售价的 18%。

② 对于石油生产单细胞蛋白，当产物浓度为 3%（m/V）时，提取成本不应大于销售价的 33%。

③ 对于有机酸或乙二醇，当产物浓度为 10%（m/V）时，提取成本不应大于销售价的 42%。

需要注意的是，对于同一种发酵产品，提取工艺不同时，其技术经济指标的差异很大。

14.2.7 发酵规模成本分析

从理论上说，发酵规模越大越经济。规模大小与成本的关系可用经验式表示：

$$\frac{\text{成本 I}}{\text{成本 II}}=\left(\frac{\text{规模 I}}{\text{规模 II}}\right)^n$$

式中，n 为规模系数（啤酒：$n = 0.6$；SCP：$n = 0.7 \sim 0.8$），但具体确定规模时，还要考虑以下性因素。

① 设备可获得的最大通气能力。供氧能力是发酵设备放大中必须解决的重要问题，这也是不少通气发酵过程尚难采用特大容积发酵罐的原因之一。例如，醋酸发酵罐的最大体积目前只有 50 t 左右。

② 冷却能力。发酵罐的容积与直径的三次方成正比，而表面积只与直径的二次方成正比。故设备直径放大后，单位体积所具有的夹套面积减少。当发酵罐容积增大到夹套难以承担应有的冷却负荷时，就得在罐内增设冷却盘管或者采用外部热交换的方式使发酵温度保持恒定，这时设备投资费用就会相应增大。当然，如果采用嗜热菌株发酵，也可改为在较高温度下发酵来解决冷却方面的问题。

③ 制造技术水平和运输安装等问题。发酵设备尺寸的放大还受到加工制造和运输安装方面的限制，特大设备只能在生产现场组装。1979 年 ICI 公司花了 600 万英镑从法国定制了一台 500 m^3 的发酵罐，罐高 80 m，当时是通过驳船才运到安装现场。虽然啤酒发酵罐已大到 360 t 的锥形罐，但与 108 t 的锥形罐相比，实际上已经丧失了经济上的优越性。超大型罐的设计力求减少设备投资费用和操作费用，致力于提高传氧效率且结构简单，以节约成本。

装置的使用寿命直接影响折旧费的大小。发酵设备的寿命视产品不同而有较大差异。一般 SCP 设备的寿命为 15 年，丙酮 - 丁醇生产设备有的已使用了 25 年，啤酒设备可用 50 ~ 100 年。在筹建或扩建一个发酵工厂时，除了应慎重考虑设备的放大方案、市场需求和原料来源等因素外，还应注意水、电、汽的配套及供应问题。

14.2.8 主要成本因素的确定

综合分析以上影响发酵成本的各项因素，做到具体问题具体分析。对于不同的发酵产品及发酵类型，其影响发酵成本的因素各不相同。只有全面系统地进行分析比较，才能有针对性地确定影响某个发酵产品的主要成本因素，并采取有效措施来降低发酵生产成本。

例如，及时了解原材料和产品的市场行情，收集、分析国内外的有关经济信息，并分析预测今后的变化趋势，及早做好应变的准备。这就是一项控制企业发酵生产成本、提高经济效益、增强产品竞争活力的极为重要的技术经济管理工作。如薯干、玉米等淀粉质原料的市场供应量，经常会随播种面积和气候等因素变化，如果薯干市场供大于求，不仅价格低，而且还有积压，因而在一定程度上影响了种植积极性，使第二年的薯干产量开始减少，加之发酵对原材料的需求，使其需求量日趋上升，就会出现供应十分紧张的局面，使得不少酒精厂只能收购新鲜甘薯生产酒精，结果价格贵，劳务费用大，原料腐败变质多，造成经济效益大幅下降，有的酒精发酵厂甚至出现亏本。

又如，从技术管理的另一个角度分析，为了增加对原材料变动的应变能力，最好开发能够利用其他代用原料的备用菌种或者为同一生产菌株筛选好几个不同的培养基配方，以便按照市场的供应情况，随时更换菌种或培养基配方。所以，也可以通过技术创新来建立有效的控制发酵生产成本的策略。

在新产品开发方面，则要根据自身的经济规模，并对今后的市场需求进行可行性分析，综合分析成本因素，才能判断该新产品的技术经济指标是否先进，产品上市后是否具有好的性价比和市场竞争力。因此，发酵产品的成本分析对于指导新产品开发立项也至关重要。

14.3 发酵过程经济学评价

一个新菌种、新工艺、新材料或新设备，在发酵生产中有没有推广和应有价值，主要是看它的技术经济指标是否先进。不同类型的发酵生产，其技术经济指标有所不同，下面仅就一些主要的技术经济指标进行分析讨论。

14.3.1 产物浓度

发酵液中的产物浓度一般以 $g \cdot L^{-1}$ 表示，也有用质量或体积分数表示，如酒精浓度通常用体积分数表示。对于活性物质产品，则常采用活性单位，称为发酵单位或发酵效价，以 U/mL 表示。其中，单位“U”随产品的不同而各有其不同的含义。

发酵产物浓度在一定情况下可以代表菌种发酵水平的高低，如酶制剂、抗生素等，不同企业的投入成本往往相差不大，其最终发酵液的活力单位就代表了企业的生产技术水平和市场竞争力。发酵产物浓度高的优点十分明显，如：

① 发酵液中产物浓度高，可减轻产品提取与分离工序的操作负荷，节省能源和分离纯化成本。

② 在一定条件下，发酵速率与菌体浓度及底物浓度成正比。高浓度发酵的菌体浓度和底物浓度都较高，因而发酵速率快、设备利用率高。

③ 在萃取、沉淀、结晶、离子交换等分离操作中，提取废液中产物的残余量往往是不变的，由其具体的操作条件所决定。在此情况下，较高的产物浓度将提高产物的收率。例如，假设某一提取过程中，提取废液中残余的产物浓度为1%，若发酵液中的产物浓度为5%，则提取过程的收率为80%；若发酵液中的产物浓度为10%，则提取过程的收率为90%。因此，较高的产物浓度可显著提高产物的收率。

14.3.2 生产效率

生产效率又称发酵速率或发酵效率，是指单位操作时间、单位发酵体积所产生的发酵产物量，它是评价发酵生产的主要指标之一。生产效率有两种表示方法，即发酵过程的生产效率和发酵设备的生产能力。

（1）发酵过程的生产效率

发酵过程的生产效率指发酵过程中，单位时间内单位发酵体积所产生的发酵产物量，以 $kg \cdot m^{-3} \cdot h^{-1}$ 或 $g \cdot L^{-1} \cdot h^{-1}$ 表示，它反映的是发酵过程的生产效率，代表了发酵生产的技术水平。对于连续发酵，其生产效率是不变的；对于分批发酵，其生产效率随时间而变，一般可用平均生产效率表示：

$$平均生产率 = \frac{最终产物浓度 - 初始产物浓度}{发酵周期}$$

（2）发酵设备的生产能力

发酵设备的生产能力指在一定时间内，单位发酵罐容积所产生的发酵产物量，如时间按年计，则以 $kg \cdot m^{-3} \cdot a^{-1}$ 表示。发酵设备的生产能力不仅包括设备的有效运转时间、辅助时间和维修时间，而且与发酵罐的装料系数等有关，因而它更能全面代表发酵生产的效率。

生产效率关系到固定成本的投资效益。在固定资产投入和劳动力不变的情况下，生产效率越高，固定成本的效益就越高。通过选择优良的菌株、先进合理的生产工艺和设备，可有效提高固定成本的投资效益。有时，通过投入更多的原料和能量消耗，也可提高生产效率，但固定成本的经济效益有可能被可变成本的增加抵消，甚至更少。

14.3.3 底物转化率

底物转化率是指发酵工艺中所使用的主要基质（一般指碳源或其他成本较高的基质）转化为发酵产物的得率，常以 $g \cdot kg^{-1}$ 或%表示。对于微生物代谢产物的发酵，底物转化率通常是指发酵使用的碳源转化为目的产物的得率；对于细胞产品，则指碳源合成细胞的得率；对于生物转化产品，底物转化率则是指前体物质转化为产物的得率；对于活性物质产品，底物转化率的含义中还必须包括活力单位。

底物转化率是原材料成本效益的指示值。由于发酵成本中原材料所占的比例较大。因此，高的底物转化率可有效降低发酵生产成本。发酵过程中，基质的消耗有三个方面的作用，即用于细胞生长及细胞生命活动维持、合成目的产物和形成代谢副产物。要想提高底物转化率，首先是要合理控制微生物细胞的生长水平，细胞生长过于旺盛，将会导致底物转化率下降；而细胞生长量过小，则会引起发酵速率下降。其次是要控制代谢副产物的形成，代谢副产物的大量形成，不仅直接导致底物转化率的下降，同时影响产品的提取与分离，特别是分子结构和理化性质与目的产物类似的副产物影响更大，导致分离纯化成本显著上升。控制代谢副产物形成的主要方法，一是通过菌种选育与改造，切断某些副产物的生产途径；二是优化发酵过程控制，使其工艺条件不适合副产物的形成。

14.3.4 单位产品的能耗

单位产品的能耗，包括水、电、汽的总的消耗量，一般用生产每吨产品所消耗的水、电、蒸汽来表示。水、电、汽三者之间的消耗指标相互关联，如煤或蒸汽的用量大，电的用量就可能要小些；对于缺水的地区，发酵过程的冷却采用冷冻循环系统，这使水的耗量减少，而电的消耗量将增加。由此可见，衡量某一发酵过程的水、电、汽（煤）的消耗量时，应以三者消耗的总费用作为评价指标。

14.4 降低发酵成本的措施

在生产过程中，应针对其发酵工艺特点制定合理的降低发酵成本的措施。在制定降低发酵生产成本措施的过程中，首先要系统分析影响其发酵成本的主要因素，并从整个生产工艺的角度，全面分析建立降低发酵成本的策略。例如，改良菌种时，选育出性能更优的菌种，或能够利用更廉价的底物，或可以适应更粗放的和更节约成本的培养方式，或是目标产物的产率提高，或是更容易分离提取，等等。总之，可以结合前面讲到的发酵全过程的成本分析，对发酵的每个环节及影响因素进行系统分析和优化，从而建立有效降低整个发酵过程成本的策略，并形成可操作的降低发酵成本的措施，就能很好地实现降低发酵生产成本的目的。

开放讨论题

以乙醇发酵生产为例，分析其发酵生产过程的主要生产成本，并提出合理的降低成本的策略。

思考题

1. 影响发酵产品成本的主要因素有哪些?
2. 如何从分离纯化的角度降低产品的生产成本?
3. 发酵过程中如何进行经济学方面的评价?
4. 举例说明，如何通过综合考虑，全面降低发酵产品的生产成本?

推荐阅读

1. Sharma D，Saini A. Lignocellulosic Ethanol Production from a Biorefinery Perspective. Singapore：Springer，2020：217–227.

点评： 该书从发酵产品的市场价值、发酵成本、回收成本、发酵过程中劳动力成本、管理费用、公众对产品的需求量、市场竞争力等方面剖析了发酵经济的影响因素，并通过案例，提出提高发酵生产经济效益的对策。

2. Qureshi N，Lin X，Liu S，et al. Global view of biofuel butanol and economics of its production by fermentation from sweet sorghum bagasse，food waste，and yellow top presscake：Application of novel technologies. Fermentation，2020，6：58.

点评： 在全球不同地区有各种各样的原料，如秸秆、甘蔗渣、甜高粱渣（sweet sorghum bagasse）、有机废物和食物废物等，它们可以被转化为有价值的生物燃料。该文对几种原料发酵产丁醇的投资成本、发酵成本、生产工艺、成本回收等进行了评估和对比，讨论了不同原料在不同国家使用的可行性。

网上更多学习资源……

◆教学课件　◆自测题

15

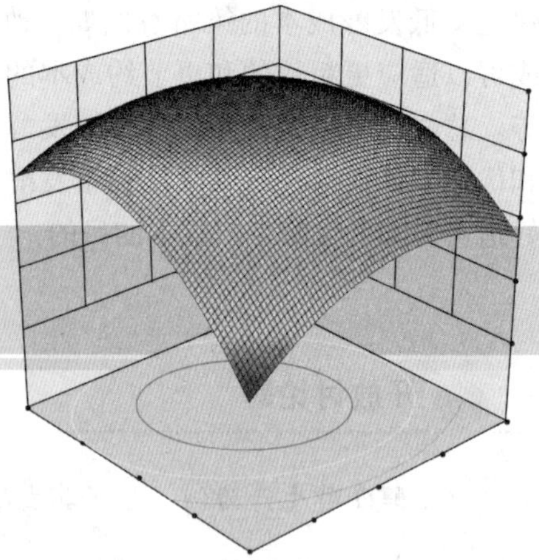

发酵工程在医药领域中的典型应用

- **15.1 维生素发酵生产**
  维生素简介；维生素的微生物来源；维生素生产的应用实例
- **15.2 核苷酸类药物的发酵生产**
  核苷酸类药物概述；核苷酸的生产
- **15.3 医用酶制剂的发酵生产**
  医用酶用途；医用酶发酵生产工艺流程；医用酶发酵原理及工艺控制；医用酶的提取与精制
- **15.4 甾体激素类药物的微生物转化**
  甾体激素类药物概述；微生物转化甾体化合物概述；甾体化合物的微生物转化工艺

应用发酵工程技术在医药领域生产了众多的医药产品，包括抗生素、维生素、疫苗、干扰素、核苷酸和单克隆抗体等，本章选取了几种典型产品进行介绍。

教学目的与要求

（1）了解维生素发酵生产流程。

（2）了解核苷酸类药物分类及生产方法。

（3）了解医用酶制剂用途及生产工艺。

（4）了解甾体激素类药物的原料来源及微生物转化工艺。

重点及难点

维生素、核苷酸类药物、医用酶制剂和甾体激素类药物的发酵生产流程。

知识导图

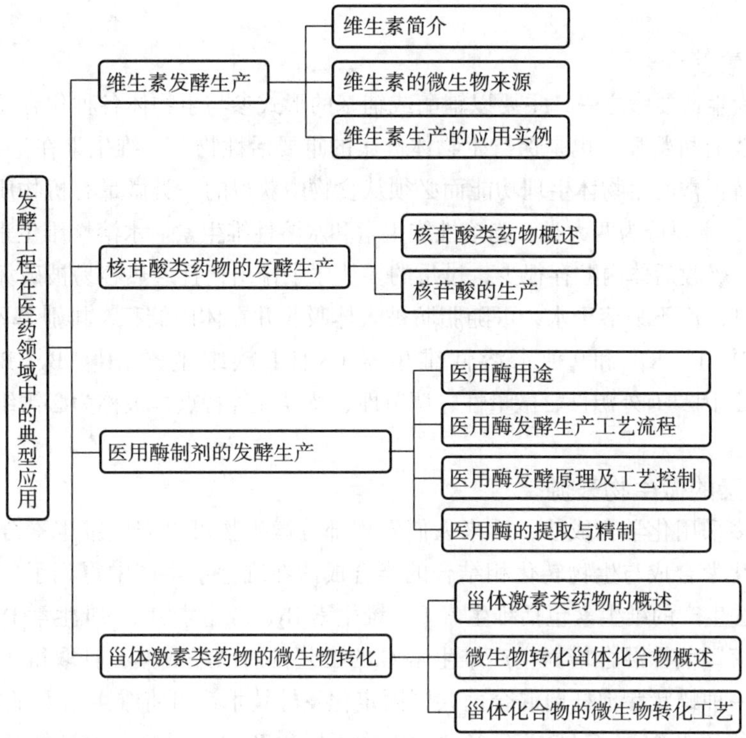

问题导读

（1）维生素发酵生产方法有哪些？

（2）核苷酸类药物和酶制剂生产方法有哪些？

（3）甾体激素类药物生产方法有哪些？

（4）分析发酵工程在医药领域中应用的优点。

关键词

生物医药　维生素　核苷酸　医用酶制剂　甾体激素　微生物转化

现代发酵工程主要用于指导抗生素、维生素等常用药物和人胰岛素、疫苗、干扰素、透明质酸等新药的生产。特别是近几十年来，发酵工程在医药领域的许多方面取得了巨大的进展，如利用传统发酵工程生产核苷酸类药物、医用酶制剂和甾醇类药物等。其中最具代表性的就是维生素 C 的生产，维生素 C 是利用微生物通过两步发酵工艺生产得到，而甾醇类药物、医用酶制剂和核苷酸类药物则可直接利用微生物发酵制备，经过分离纯化得到最终产品。

15.1 维生素发酵生产

15.1.1 维生素简介

维生素作为六大生命要素之一，主要以辅酶或辅基的形式参与生物体各种化合反应，是维持生物体生理活动必需的一类有机物质，也是保持生物体健康的重要活性物质，维生素在生物体内的含量很少，但不可或缺，为维持正常的生物体生理功能而必须从食物中获得的一类微量有机物质。目前，已知的维生素种类大于 20 种，主要分为两大类：脂溶性维生素和水溶性维生素。水溶性维生素易溶于水而不易溶于非极性有机溶剂，吸收后体内贮存很少，过量的多从尿中排出，且遇热容易被破坏。脂溶性维生素易溶于非极性有机溶剂，而不易溶于水，可随脂肪被人体吸收并在体内储积，排泄率不高。4 种脂溶性维生素（维生素 A、D、E、K）和 9 种水溶性维生素（8 种 B 族维生素，B_1、B_2、B_3、B_5、B_6、B_7、B_9、B_{12}，以及维生素 C），因具有外源性、微量性、调节性、特异性等特点，被称为必需维生素。

深入学习 15-1
脂溶性和水溶性维生素

15.1.2 维生素的微生物来源

维生素的生产多采用化学合成法，后来人们发现部分微生物可以完成维生素合成中的某些重要步骤，在此基础上，化学合成与生物转化相结合的半合成法在维生素生产中得到了广泛应用。目前可以用发酵法或半合成法生产的维生素包括维生素 C、维生素 B_2、维生素 B_{12}、维生素 D 以及 β-胡萝卜素等。利用“大小菌落”菌株混合培养生产维生素 C 的工艺目前已经成熟，且取得了较大的突破。利用氧化葡萄糖杆菌与一种蜡状芽孢杆菌混合菌共同固定化发酵技术，可将维生素 C 的收率提高至 80% 以上，生产周期较传统工艺缩短了 1/3。有多种微生物可以生产 β-胡萝卜素，如黏红酵母、布拉克须霉、丛霉等真菌以及球形红杆菌、瑞士乳杆菌等细菌，其中，国内应用较广泛的为真菌三孢布拉霉，其 β-胡萝卜素的产量可达 2.0 g/L。维生素 D 的前体麦角固醇可采用酵母菌发酵生产，对比不同种属的酵母菌株，其麦角固醇含量差别较大，最高含量可达细胞干重的 6%，最低仅为 0.3%，进一步通过杂交方法选育获得高含量麦角固醇菌株，通过有目的地调节关键酶基因的表达，可使麦角固醇产量进一步提高，其含量可从 1.0% 左右提高到 3.05%。

延伸阅读 15-1
维生素 B_{12} 的微生物发酵生产

15.1.3 维生素生产的应用实例

15.1.3.1 微生物发酵法生产维生素 C

维生素 C 的生产技术经历了浓缩提取、化学合成和生物发酵三个阶段，下面针对维生素 C 的生产技术进行具体介绍。

从 20 世纪 60 年代初期开始，中国和美国、法国、日本、德国等国的科研工作者相继进行了简化和缩短莱氏法反应路线的研究，重点集中在微生物发酵，将 D-山梨醇或 L-山梨糖作为原料直接转化成 2-酮基-L-古龙酸。70 年代初期，中国科学院微生物研究所与北京制药厂等单位合作，筛选得到一株以氧化葡萄糖酸杆菌（*Gluconobater oxydans*）为主要产酸菌，以条纹假单胞杆菌（*Pseudomonas striata*）为伴生菌的自然组合菌株。单独培养时，这两株菌产酸极微弱或不产酸且生长缓慢，然而混合菌株能将 L-山梨糖继续氧化生成维生素 C 的前体 2-酮基-L-古龙酸，最后经化学转化制备成维生素 C，此种方法称为二步发酵法。与“莱氏法”生产维生素 C 的六步化学反应相比，用微生物从山梨醇或葡萄糖经两步发酵生成 2-酮基-L-古龙酸、再经甲醇酯化生产维生素 C 的生物技术法，具有工艺流程简单、生产周期短、成本低廉等优点。

延伸阅读 15-2
维生素C生产菌株筛选及条件优化

二步发酵合成法生产维生素 C 的过程可以分为发酵、提取和转化三大步骤，其简要工艺流程如图 15–1 所示。

（1）发酵

二步发酵法的第一步是用假单孢杆菌将山梨醇转化成 L– 山梨糖。此外，弱氧化醋酸杆菌（*Acetobacter suboxydans*）、生黑葡萄糖酸杆菌（*Gluconobacter melanogenus*）、恶臭醋酸杆菌（*Acetobacter rancens*）、醋酸化醋酸杆菌（*Acetobacter aceti*）、拟胶杆菌（*Acetobacter xylinoides*）等细菌也有此转化功能。当 D– 山梨醇经过第一步醋酸菌发酵后，生成的 L– 山梨糖（醪液）必须于 80℃下加热 10 min，以杀死第一步发酵微生物细胞，然后加入一定比例的灭菌辅料（玉米浆、尿素和无机盐等），再开始第二步的混合菌株发酵。

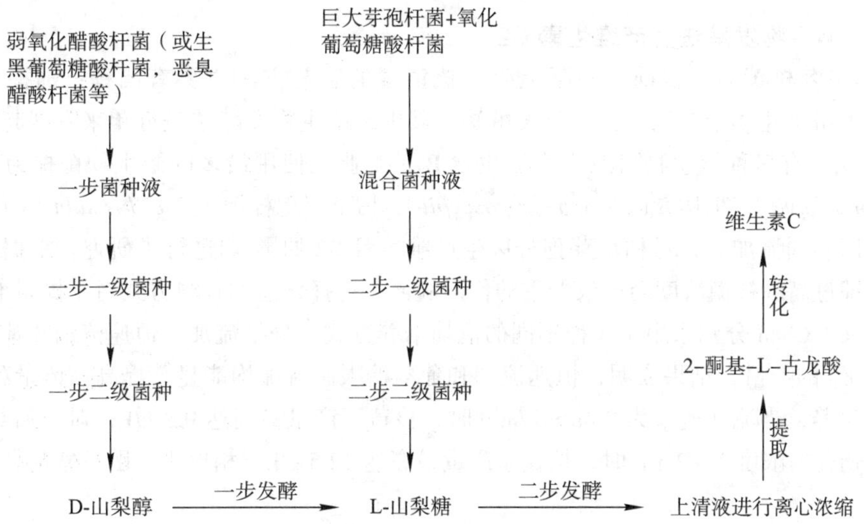

图 15–1　维生素 C 微生物发酵工艺流程图

发酵第二步采用混合发酵法，即用巨大芽孢杆菌（*Bacillus megaterium*，简称大菌）和氧化葡萄糖酸杆菌（*Gluconobacter oxydans*，简称小菌）混合培养，将 L– 山梨糖转化为维生素 C 的前体 2– 酮基 –L– 古龙酸，其中大菌为伴生菌，小菌为产酸菌。此外，在维生素 C 二步发酵法的生产实践中发现，在维生素 C 的一步 D– 山梨醇发酵和二步 L– 山梨糖发酵生产中起主要氧化作用的葡萄糖酸杆菌对作用底物（D– 山梨醇或 L– 山梨糖）的分子结构进行特异性改变，是典型的微生物转化。该细菌属于革兰氏阴性，细胞呈长或短杆状，极生鞭毛或不具鞭毛，能在 pH 4.5 时生长，可氧化葡萄糖生成葡萄糖酸并具有多元醇生酮作用。

能用作氧化葡萄糖酸杆菌产酸菌组合的伴生菌还有条纹假单孢菌、蜡状芽孢杆菌（*Bacillus cereus*）和软化芽孢杆菌（*Bacillus macerans*）等。这几种芽孢杆菌的共同特点是革兰氏阳性或不定，细胞杆状，周生鞭毛，营养细胞生长 18 ~ 48 h 的不同期间内可形成芽孢，芽孢为椭圆或圆柱形、中生或次端生且壁薄。

（2）提取

发酵液的提取工艺是维生素 C 工业生产中较为重要的环节。经过二次发酵，发酵液中 2– 酮基 –L– 古龙酸含量仅为 6% ~ 9%，且残留菌丝体、蛋白质和悬浮微粒等杂质，分离提纯比较困难，后处理的费用占总成本的比例很大，因此，提取技术的改进对降低维生素 C 的生产成本非常重要。生产上应用的提取法主要有加热沉淀法、化学凝聚法和超滤提取 3 种，其中，加热沉淀法是传统工艺，分离手段较为落后；化学凝聚法采用化学凝聚剂沉淀各种杂质，避免了加热沉淀时有效成分的损失，但是凝聚后的发酵液在离心后所得的上清液中仍然存在一定量的蛋白质，若发酵液染菌则凝聚效果更不明显，上清液浑浊，严重降低产品质量和收率，且凝聚过程中加入的化学物质加大了环境污染，因此，这两种传统方法基本被淘汰。目前应用较多的维生素 C 提取工艺为超滤提取，该法由于具有无相变、节能、操作简便、不造成新的环境污染等优点，现已在生产中获得广泛应用。

（3）转化

由 2- 酮基 -L- 古龙酸转化为维生素 C，有酸转化和碱转化两种方法。传统的酸转化法是采用浓 HCl 将 2- 酮基 -L- 古龙酸直接转化成维生素 C，该方法严重腐蚀设备、污染环境、影响产品质量，目前已普遍改用碱转化法。碱转化法是将 2- 酮基 -L- 古龙酸在甲醇中用浓硫酸催化酯化生成 2- 酮基 -L- 古龙酸甲酯，再用 $NaHCO_3$ 将 2- 酮基 -L- 古龙酸甲酯转化为维生素 C 钠盐，最后用 H_2SO_4 酸化成维生素 C。此法可避免酸转化的缺点，且操作简单，适用于维生素 C 的规模化生产。

15.1.3.2 微生物发酵法生产维生素 B2

维生素 B_2 又名核黄素，目前，国际上生产核黄素的工艺方法主要有四种：抽提法、化学合成法、半微生物发酵半化学合成法、微生物发酵法，其中，微生物发酵法是近年来发展起来的一种十分经济有效的方法。有多种微生物可以产生维生素 B_2，工业上使用最多的微生物菌株为阿氏假囊酵母（*Eremothecium ashbyii*）、棉病囊菌（*Ashbya gossypii*）、枯草芽孢杆菌（*Bacillus subtilis*）。

有研究者以不同流加方式对枯草芽孢杆菌生产维生素 B2 的影 响进行了研究。根据采用的枯草芽孢杆菌的特性即过高的初糖浓度会导致严重的代谢溢流，选择合适的补料方式对于提高维生素 B2 的产量具有重要意义。Chen 分别采用了 3 种不同的流加培养方式：分批流加、恒速流加和葡萄糖限制流加来提高维生素 B2 的产量，结果表明，恒速流加和葡萄糖限制流加均能显著提高菌体量和核黄素产量，对于恒速流加培养，当流加速率为 0.48 mL/min 时，核黄素产量最高达 9.8 g/L；对于葡萄糖限制流加，维持培养基中葡萄糖浓度 1 ~ 2 g/L 时，核黄素产量最高达 12.5 g/L，相比于间歇发酵提高了 2 ~ 3 倍。

15.2 核苷酸类药物的发酵生产

15.2.1 核苷酸类药物概述

15.2.1.1 核苷酸概述

核苷酸（nucleotide）是各种核酸的基本组成单位，是由含氮碱基、核糖或脱氧核糖以及磷酸三种物质组成的化合物。含氮碱基与糖通过糖苷键连成核苷，核苷与磷酸以酯键连成核苷酸。根据糖的不同，核苷酸有核糖核苷酸及脱氧核糖核苷酸两类。含氮碱基包括腺嘌呤、鸟嘌呤、胞嘧啶、尿嘧啶、胸腺嘧啶及次黄嘌呤等。核苷酸的结构如图 15-2。

深入学习 15-2
核苷酸的分类

15.2.1.2 核苷酸类物质的用途

核苷酸是一类在代谢过程中极为重要的生化物质，在细胞的结构组成、生长代谢、能量的储存和转化、免疫反应及信号传导等方面起着重要作用。核苷酸类物质及其衍生物是食品、医药、农业和科研等领域十分重要的生化试剂和原料。

（1）食品

核苷酸在食品行业中最初是作为食品助鲜剂，按强化风味功能的能力大小排序，依次为鸟苷酸 > 肌苷酸 > 黄苷酸。鸟苷酸和肌苷酸的钠盐与谷氨酸钠具有协同强化作用，能在很大程度上增强单独呈味核苷酸的鲜味，使鲜味提高数倍至数十倍，而且在取得相同鲜味的前提下，也极大地降低了成本。

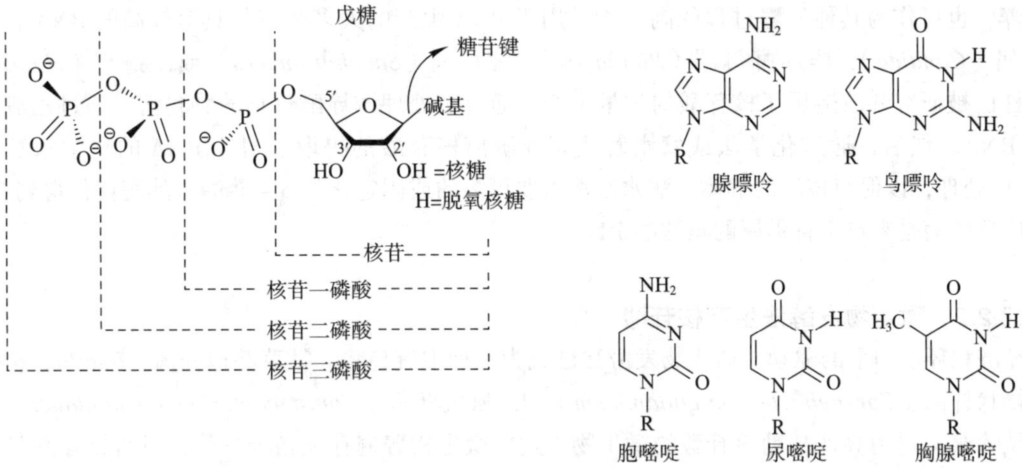

图 15-2 核苷酸的结构

核苷酸还可用于掩盖食品的腥、膻、焦、苦、咸等异味，突出食品原味。为适应当前市场对食品调味剂越来越高的要求，呈味核苷酸系列成为特色鸡精、牛肉精等复合鲜味剂中必可缺少的成分。我国在20世纪80年代中期以后先后推出了添加呈味核苷酸的固态汤料、鱼干、调味料等，为呈味核苷酸的应用开辟了更广阔的前景。

现在核苷酸已扩展为具有提高生物体免疫功能的功能性食品添加剂。核苷酸通过改善每个细胞的活力而提高机体各系统的自身功能和自我调节能力，以达到最佳综合状态和生理平衡，因此，具有广泛而稳定的营养保健作用。核苷酸添加于食品保健品中，将有利于促进婴幼儿的胃肠道发育，激活肠道免疫、细菌性免疫功能以维持胃肠道健康，减少腹泻的发生，有利于促进儿童的生长发育，增强智力，并有利于提高成年人的抗病抗衰老能力，提高人体免疫功能及手术病人的身体康复。

（2）医药

核苷酸类药物具有多种作用，有的有抗肿瘤作用，如5′-氟尿嘧啶、6-巯基嘌呤、阿糖胞苷、阿糖腺苷等；有的有抗病毒作用，如三氮唑核苷、聚肌胞苷等；有的可以治疗心血管系统、人体免疫系统疾病以及用于血液保藏、心脏制剂保藏，如肌苷、腺苷、环形核苷酸、腺苷酸等。总之，核苷酸类药物及其衍生物在抗癌、抗病毒，治疗心血管疾病、艾滋病、糖尿病等方面具有独特的疗效，它的需求正以惊人的速度增长，核苷酸类物质的生产目前已经达到60余种。

（3）农业

核苷酸作为植物生长刺激剂，具有很大的应用潜力，可用于农作物浸种、拌种，对水稻、棉花、蔬菜、水果等都有明显的增产效果。核苷酸还能够促进家禽、家畜的生长，提高饲料利用率，从而达到提高经济效益的目的；核糖核酸及其降解物的衍生物作为抗菌素，可用于防治植物病菌的农药，这类农药对人体无毒害，对环境无污染，有望发展成为新一代无毒高效农药。

核苷酸应用于农业方面，降低了生产成本，增大了农产品收益。我国作为农业大国，核苷酸的广泛使用必定会带来很好的经济效益、社会效益，其在农业生产方面的需求量一定会日益增大。

15.2.2 核苷酸的生产

目前，工业上主要有两种方法生产核苷酸：① RNA降解和核苷酸提取；②微生物发酵法得到核苷和核苷酸。

15.2.2.1 RNA降解法生产核苷酸

RNA降解法是基于从细胞培养物提取RNA并随后水解以得到游离的核苷酸。细胞既可以此为目的进行培养，也可作为其他发酵过程的副产物。用于 RNA 生产的大多数酵母具有较高的 RNA 含量，如念珠菌属（*Candida*）、毕赤酵母属（*Pichia* sp.）、酵母属（*Saccharomyces*）或汉逊属（*Hansenula*），这些菌株已被研究和改造用于核苷酸的过量生产。通过热处理诱导酵母培养物自溶，通过乙醇沉淀法来分离 RNA。然后，通过化学法或酶水解法完成游离核苷酸的提取。对于 RNA 的化学水解，常用 $Ca(OH)_2$ 处理，以促使核酸的解体。酶水解法需要可溶的或固定化的 5′- 磷酸二酯酶催化得到核苷酸，运用最广泛的酶是来自于青霉属的核酸酶 P1。

15.2.2.2 微生物发酵法生产核苷酸

受经济和环境因素的驱动，微生物发酵法已成为一种主流趋势。枯草芽孢杆菌（*Bacillus subtilis*）、谷氨酸棒状杆菌（*Corynebacterium glutamicum*）和产氨短杆菌（*Corynebacterium ammoniagenes*）是传统的被认为最有潜力高产核糖核苷酸的微生物。这些微生物普遍存在核苷酸酶，可将核苷酸降解成核苷，核苷可以直接通过细胞膜，并且在浓度很低时就能结晶析出，因而不会对嘌呤合成途径造成反馈抑制，因此有利于促进核苷发酵生产，能够在培养基中积累大量的核苷。其他微生物也可被用来生产核苷酸，如链霉菌（*Streptomycetes*）可用来生产 GMP，索多思微球菌（*Micrococcus sodonensis*）和柠檬节杆菌（*Arthrobacte citreus*）可用来生产 IMP。近来，解淀粉芽孢杆菌（*Bacillus amyloliquefaciens*）也被推荐用来生产核苷，其生产收率与枯草芽孢杆菌相当。大肠杆菌被认为是一种有潜力的嘌呤核苷生产菌株，作为模式生物，更易于进行分子生物学和遗传操作，使获得的工程菌株能过量生产嘌呤核苷。微生物发酵生产核苷，其产率较高，周期短，控制容易，产量大。

延伸阅读 15-3 核苷酸的生物合成及其调控

下面以嘌呤核苷酸生产菌株为例，对其菌株选育和工艺调控进行主要介绍。

（1）核苷酸菌株选育

选育优良的核苷酸产生菌是实现发酵法生产核苷酸的前提，目前对菌株的选育主要从以下两个方面进行。

① 菌种选育——突变。

通过几轮的随机突变，筛选抗嘌呤类似物的突变体，得到具有高嘌呤生产能力的工业菌株（表 15-1）。一般是通过发酵生产核苷后再通过化学或酶处理形成核苷酸，而不是直接发酵生产得到核苷酸，但目前已有报道，几轮组合突变后可直接生产 IMP、GMP 和 XMP。枯草芽孢杆菌和产氨短杆菌具有腺嘌呤缺陷型和低 5′- 核酸酶活性或者增加细胞膜通透性，可过量积累 IMP 为 20 ~ 27 g/L。同样地，积累 XMP 的菌株有谷氨酸棒状杆菌、产氨短杆菌和枯草芽孢杆菌等，这些菌株同时具有腺嘌呤和鸟嘌呤缺陷型，并且低 5′- 核酸酶活性，XMP 最高产量为 19 g/L。直接生产 GMP 的菌株尚未报道，GMP 通过生产 XMP 菌株获得 XMP 后，再用 XMP 脱氨酶转化为 GMP，菌株最高收率为从 40 mg/mL XMP 得到 34.8 mg/mL GMP。

表 15-1 随机突变手段积累核苷 / 核苷酸

微生物	菌株	修饰	主要产物
枯草芽孢杆菌			
B. subtilis	腺嘌呤营养缺陷型	低 5′- 核苷酸酶活性	IMP
	腺嘌呤营养缺陷型	高 PM 细胞通透性	IMP
	腺嘌呤、鸟嘌呤营养缺陷型	低 5′- 核苷酸酶活性	XMP
	腺嘌呤营养缺陷型	低 5′- 核苷酸酶活性；低肌苷酸脱氢酶	lnosine
	腺嘌呤、鸟嘌呤营养缺陷型	未描述	Xanthosine
	腺嘌呤营养缺陷型	高肌苷酸脱氢酶活性；低鸟苷酸还原酶活性；缺失 PNP	Guanosine

续表

微生物	菌株	修饰	主要产物
产氨短杆菌			
C. ammoniagenes	腺嘌呤营养缺陷型	低 5′– 核苷酸酶活性	IMP
	腺嘌呤营养缺陷型	高 PM 细胞通透性	IMP
	腺嘌呤、鸟嘌呤营养缺陷型	低 5′– 核苷酸酶活性	XMP
	腺嘌呤营养缺陷型	嘌呤核苷降解活性	Inosine
谷氨酸棒状杆菌			
C. glutamicum	腺嘌呤、鸟嘌呤营养缺陷型	低 5′– 核苷酸酶活性	XMP

通过随机突变使核苷生产菌株（枯草芽孢杆菌和产氨短杆菌）具有鸟嘌呤或者腺嘌呤缺陷型背景。具有腺嘌呤缺陷型、高 5′– 核酸酶和低 IMP 脱氢酶活性的枯草芽孢杆菌，可积累肌苷 20.6 g/L。目前高产鸟苷的枯草芽孢杆菌突变株，具有高水平的 IMP 脱氢酶和低 GMP 还原酶活性或者缺乏嘌呤核苷酸活性。例如，有一株高产菌株解除了 IMP 脱氢酶、GMP 合成酶、sAMP 裂解酶和 PRPP 转酰胺酶的反馈抑制，可积累鸟苷 20 g/L。

② 菌种选育——代谢工程育种。

根据嘌呤核苷生产菌株中嘌呤途径的遗传和生化特性，通过遗传工程手段，如基因定点突变和解除基因表达的抑制，使新一代高产菌株的选育成为可能。通过对菌株的理性改造，实现了菌株的过量表达，大幅度提高了产量（表 15–2）。

表 15–2 代谢工程手段积累核苷 / 核苷酸

微生物	靶基因	修饰	主要产物
大肠杆菌			
E. coil	*add, deoD, purA, purR, purF*	缺失，突变等位基因（*purF*）	Inosine
	add, deoD, purA, purR, PurF, gsk	缺失，突变等位基因（*purF*）	Inosine, guanosine
	purF, purA, deoD, purR, add edd, pgi, yicP, xapA and prs	缺失，突变等位基因（*purF, prs*）	Inosine
	edd, pgi, yicP	缺失	Inosine
	xapA	缺失	Inosine
产氨短杆菌			
C. ammoniagenes	*tkt*	缺失	Inosine
C. glutamicum	*pgi, purA, guaB2, purF*	缺失，突变等位基因（*purF*）	IMP
枯草芽孢杆菌			
B. subtills	*purA, guaB, punA, deoD, purR, pur* operon（5′- UTR），*pur* operon（promoter）	缺失，突变等位基因（pur 操纵子启动子）	Inosine, guanosine
	purA, deoD	缺失	Insine
解淀粉芽孢杆菌			
B. amyloliquefaciens	*pbuE, E. coli nepl*	过表达	Insine

大肠杆菌中通过基因删除和解除抑制的策略，使代谢流转向肌苷的生产方向，实现肌苷的过表达。首先，使 *add*（腺苷脱氨酶）、*deoD*（嘌呤核苷磷酸化酶）和 *purA*（腺苷酸合成酶）基因失活，阻断肌苷的转变，随后通过删除 purR 调控子和 *purF* 基因，取消了嘌呤操纵子的调控，这个突变可以从 40 g/L 的葡萄糖中积累 1 g/L 的肌苷。Shimaoka 等研究在 *E.coli* W3110（ATCC27325）中运用基因工程手段，即通过中断 *xapA* 基因，减少次黄嘌呤的产生，增加肌苷的产量，使得肌苷的收率为 5.6 g/L，之后又表达脱敏的 *purF* 和 *prs* 基因，极大地提高了肌苷积累。此外，Shimaoka 等研究大肠杆菌的中心碳代谢对高产肌苷的贡献进行研究，阻断 *edd*（6- 磷酸葡萄糖脱氢酶）基因可积累 2.5 g/L 肌苷，阻断 *pgi*（葡萄糖 -6- 磷酸异构酶）基因对提高肌苷积累显著，但是抑制了菌体生长。

延伸阅读 15-4
purF 和 *prs* 在大肠杆菌肌苷积累中的作用

枯草芽孢杆菌作为鸟苷和肌苷的工业生产菌株，其遗传背景和生理特征已经得到深入的研究，并且该菌株具有环境友好性。理性的代谢工程手段被运用于提高枯草芽孢杆菌中肌苷和鸟苷产量。首先，*purA*（腺苷酸合成酶）和 *guaB*（IMP 脱氢酶）基因被失活，从而阻止 IMP 转变为 AMP 或 GMP。然后 *punA* 和 *deoD* 基因（鸟苷 / 肌苷磷酸化酶）也被失活，可减少肌苷降解。最后嘌呤操纵子通过三个突变：*purR*（嘌呤操纵子阻遏物）基因和操纵子的 5′-UTR（包含鸟嘌呤核糖开关）被删除，*pur* 启动子的 -10 序列被优化，来增加嘌呤操纵子的转录活性。这株工程菌包含上述 7 个突变，肌苷产量能够达到 6 g/L。Miyagawa 等通过在枯草芽孢杆菌中插入失活 IMP 脱氢酶基因得到肌苷产量为 35 g/L。在枯草芽孢杆菌中克隆 IMP 脱氢酶基因用于增加鸟苷产量。供体菌 NA7821，生产低水平的核苷但是分布倾向于鸟苷（1 g/L 肌苷和 9 g/L 鸟苷）；受体菌 NA6128，腺嘌呤营养缺陷型，缺乏 GMP 还原酶和嘌呤核苷磷酸化酶，并且抗 8- 氮杂鸟嘌呤、腺嘌呤和腺苷，生产 19 g/L 的肌苷和 7 g/L 的鸟苷。克隆 NA7821 的 IMP 脱氢酶到 NA6128 中，得到重组的 NA6128，能够产 5 g/L 肌苷和 20 g/L 鸟苷。Matsui 等研究表明，增加 5′- 核酸酶活性可以增加枯草芽孢杆菌突变体的肌苷产量，可积累 20.6 g/L 肌苷。

肌苷的过表达在解淀粉芽孢杆菌中也有报道，通过表达核苷转运子 pbuE 和来自大肠杆菌 *nepI* 同源基因的异源表达，为未来的菌株改造提供了一个有趣的遗传修饰。Zakataeva 等将解淀粉芽孢杆菌中的野生型和抗反馈的磷酸核糖焦磷酸合成酶（PRS）分别纯化、鉴定，并用来增加鸟苷和肌苷的产量。Sheremet 等通过对枯草芽孢杆菌与核苷分泌相关的基因进行遗传修饰，增强细胞外嘌呤核苷积累。

延伸阅读 15-5
基因工程菌在肌苷发酵生产中的应用

总之，核苷酸类物质积累代谢工程手段中的一些共同的特征可被归纳为以下 5 个方面：①对中心代谢流重新定向：增加核糖 -5- 磷酸的供应；②抑制从头合成途径的反馈调节；③改进核苷酸补救途径；④改变调节基因；⑤增加核苷分泌到培养基。

（2）发酵工艺控制

核苷酸类物质与氨基酸类物质一样，都是微生物的初级代谢产物，它们在生物体内受到严密的调节和控制。因此，用于工业生产的产生菌都是经过选育的突变株，一般为营养缺陷型或代谢调节型的高产突变株。

① 碳氮源。嘌呤核苷酸类物质的发酵生产，碳源多为葡萄糖，可考虑使用淀粉水解糖。若葡萄糖浓度过低，则不能提供微生物发酵所需的足够碳源；而若葡萄糖浓度过高则会产生底物抑制作用，影响菌体的生长，进而影响发酵产苷。所以工业生产中采用低初始葡萄糖浓度，通过流加的方式来降低底物抑制作用。有机氮源多为酵母粉、豆粕水解液、玉米浆等；无机氮源多为氯化铵、硫酸铵或尿素等，使用量一般较高。

② 无机盐。对无机盐的要求，不同种属菌有所不同。例如产鸟苷的枯草芽孢杆菌中，磷酸盐是许多酶的激活剂，能促进糖代谢，提高鸟苷发酵过程中糖苷转化率，从而有利于提高鸟苷产量，并在发酵培养基中具有缓冲作用。

③ 生长因子。一般嘌呤核苷酸类物质生产菌都是有关的营养缺陷型，培养基中加入亚适量的有关嘌呤或者含有嘌呤的物质如酵母粉等是必需的，使嘌呤浓度保持在不能引起反馈调节浓度，从而有利于嘌呤核苷的积累。外源添加发酵前体物质，也可使核苷的补救途径发挥重要作用，例如在发酵罐中

添加 0.1% 的次黄嘌呤，可使肌苷产量增产 30%。

④ 微量元素。使用产氨短杆菌时，IMP 的积累受 Mn^{2+} 的显著影响。Mn^{2+} 限量时，会引起细胞形态变化，造成细胞伸长或膨胀，呈不规则形，积累 IMP。若 Mn^{2+} 过量，则 IMP 产量急剧减少，转换成次黄嘌呤发酵。适量的 Mn^{2+} 可提高细胞膜透性，将产物释放出来，从而减少产物反馈抑制。在工业生产中，要把 Mn^{2+} 控制在 10 ~ 20 μg/L 的浓度范围内，但发酵工业上所用的工业原料和工业用水都含有较多的 Mn^{2+}。为解决这个问题，可采用两种方法，一是在发酵期间添加如链霉素、环丝氨酸及青霉素等抗生素或者羟乙基咪唑系物质等表面活性剂，对积累 IMP 是有效的；另一种方法是选育对 Mn^{2+} 有抗性的突变株。

⑤ 调节剂。发酵过程中通过添加调节剂，可以达到提高终产物产量或缩短发酵周期等目的，从而降低生产成本，提高经济效益。例如，摇瓶发酵中 10 g/L 的葡萄糖酸钙能够诱导葡萄糖酸激酶的生成，增大枯草芽孢杆菌 HMP 途径的通量，提高肌苷的产量。发酵过程中适量添加二噁烷可降低菌体浓度，使鸟苷的发酵周期缩短 8 h 左右，大大降低了工业生产成本。

⑥ 培养条件。初始 pH 要控制在微生物生长的最适 pH。发酵过程中，由于硫酸铵以及葡萄糖的消耗，会造成培养基的 pH 不断下降，为保持 pH 稳定，可在发酵培养基中加入氨水或碳酸钙等物质维持 pH。

温度一般控制在 30 ~ 37℃。温度越高，反应速度加快，菌体快速生长，产物合成提前，但是酶受热容易失活。温度越高，酶失活越快，菌体也容易老化。因此，找到微生物最适的温度范围很重要，但最适的产苷温度与菌体最适生长温度不一定一致。

通气搅拌很重要，因为通气搅拌影响供氧，氧对核苷生产有很大影响。例如，肌苷生产菌枯草芽孢杆菌在溶解氧分压小于 0.01 Pa 的供氧不足条件下，会引起发酵转换，转而积累 3- 羟基丁酮、2,3- 丁二醇及乳酸；富氧通气则可降低发酵过程中产生的 3- 羟基丁酮及 2,3- 丁二醇等物质的生成，对积累肌苷有利。通过计算流体力学（CFD）模拟优化生物反应器搅拌流场、剪切力、空气体积分率等，改变搅拌桨位置来改善发酵罐内流场和气体分布，从而提高核苷产量。发酵放大过程中，Aoki 等发现摇瓶发酵中肌苷积累的最适氧吸收速度系数 k_d 为（5.8 ~ 7.0）$\times 10^{-6}$ mol/（atm · ml · min），随后提出以氧传递速率为依据调整空气流量和搅拌转速并成功放大到 50 m^3 反应器规模。

在发酵工艺耦合方面，采用肌苷发酵 30 h 后，部分发酵液通过离子交换柱分离发酵产物、并与流加补糖及补料结合的耦合发酵方法，使产苷率较间歇发酵提高了 78.68%，该方法的优点在于能及时解除产物抑制作用，并能及时补充消耗的基质，使菌体浓度趋于动态平衡，保持其产苷能力。

15.3 医用酶制剂的发酵生产

酶是生物体生命活动不可缺少的催化剂，其研制而成的产品称为“酶制剂”，医用酶是整个酶制剂的重要组成部分，它与人体健康息息相关。因此，医用酶在疾病诊断与治疗或药物生产、开发和应用等方面有着重要意义。

15.3.1 医用酶用途

深入学习 15–3
医用酶制剂的用途和前景

医用酶根据其功能的不同，其用途主要可分为三个方面：①分析检测及诊断；②疾病治疗；③药物生产。

（1）在分析检测及疾病诊断方面的应用

① 酶法检测分析。利用酶催化作用的高度专一性，以酶作用后反应体系物质的变化（底物的减少、产物的增加或辅酶的变化等）为依据，并根据物质的特性采用物理和化学等检测方法对物质进行

图片 15-1
便携式血糖仪

分析检测称为酶法检测或酶法分析酶法检测已成为物质尤其是药物分析检测以及疾病诊断的重要手段。酶法检测可以分为单酶反应、多酶偶联反应和酶标免疫反应等几类。

② 酶学疾病诊断。通常健康人体内一些酶的量（或活性）以及某些物质的量恒定在某一范围内，但在患某种疾病的情况下，与疾病相关酶的量（或活性）以及相关代谢物质的量就会发生变化。因此，检测这些酶量（或活性）或代谢物质量的变化，即可有效地对疾病进行诊断。目前，疾病的酶学临床诊断方法主要有以下两种：一是根据体内与疾病有关的酶活性变化来诊断某些疾病；二是利用酶测定体内与疾病有关的某些物质含量的变化来对疾病进行诊断。

（2）在疾病治疗方面的应用

由于酶制剂具有作用机理明确、专一性强、用量少、疗效显著、副作用小等特点，可作为药用酶治疗多种疾病，已被广泛应用于助消化、抗炎、促凝、促纤溶、解毒以及抗肿瘤等方面的治疗。目前，在疾病治疗中常用的酶有各类蛋白酶、淀粉酶、脂肪酶、溶菌酶、纤维素酶、青霉素酶、链激酶、尿激酶、凝血酶、胶原酶、溶纤酶、降纤酶、尿酸酶、胆碱酯酶、L- 天冬酰胺酶、L- 精氨酸酶、L- 组氨酸酶、L- 蛋氨酸酶、谷氨酸酰胺酶、透明质酸酶、激肽释放酶、α - 半乳糖苷酶、右旋糖苷酶、葡聚糖酶、超氧化物歧化酶等。

（3）在药物生产方面的应用

利用酶高效专一的催化作用可将某些前体物质转变为有价值的药物，这就是酶在药物生产方面的应用。目前，蛋白酶、脂肪酶、酰化氨基酸水解酶、青霉素酰化酶、α - 甘露糖苷酶、5′- 磷酸二酯酶、11- β - 羟化酶、L- 酪氨酸转氨酶、β -D- 葡萄糖苷酶、β - 酪氨酸酶、核苷磷酸化酶等已在许多药物的酶法生产中得到广泛应用，其中有许多酶（如青霉素酰化酶、11- β - 羟化酶、β - 酪氨酸酶、5′- 磷酸二酯酶）已采用固定化技术进行药物生产。

15.3.2 医用酶发酵生产工艺流程

大部分医用酶制剂主要通过发酵法生产，其工艺流程包括菌种保藏、试管斜面活化、摇瓶扩大培养、种子罐培养、发酵罐发酵、分离纯化（精制）、干燥。对于医用酶的商品化，针对产品的用途，需要考虑制剂化和包装等环节。酶发酵生产一般工艺流程见图 15-5。

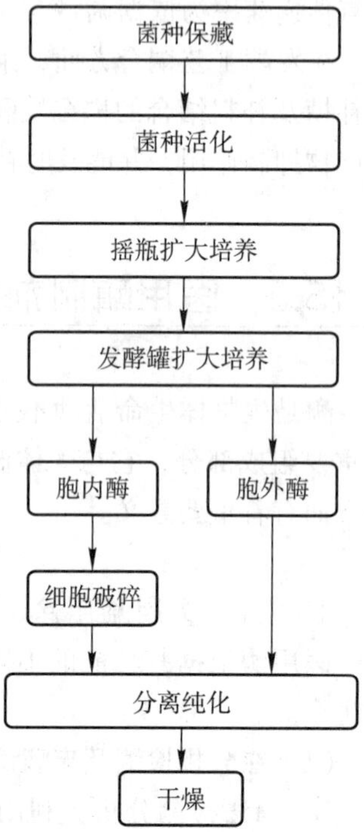

图 15-5 酶发酵生产一般工艺流程

15.3.3 医用酶发酵原理及工艺控制

随着越来越多新型酶制剂的问世，医疗用酶成为国际医药市场的增长新亮点。提高产量、降低产品价格成为新型医用酶制剂发展的一个重要方面，因此，了解医用酶制剂的发酵原理、优化工艺控制、提高产量极具现实意义。

15.3.3.1 培养基成分对产酶的影响

由于酶是蛋白质，酶的形成也是蛋白质的合成过程，因此，微生物产酶的培养基要有利于蛋白质的合成。工业生产中的多数酶生成受外源物诱导、产物反馈阻遏、分解代谢物阻遏等调节作用，为提高酶产量，应向培养基中添加适量的诱导物，并尽量减少阻遏物的浓度。其次，各种营养物质的比例要适当，应注意到有些微生物生长繁殖的培养基不一定有利于酶的合成，也就是说生长繁殖与产酶可能需要两种不同组分的培养基。同时，还应创造一个适于微生物生长和产酶的培养条件。

（1）碳源

碳源是微生物细胞生命活动的基础，是合成酶的主要原料之一。工业生产上应考虑原料的价格及来源，通常的碳源为各种淀粉及其水解物如糊精、葡萄糖等，以及甘油、甲醇等其他种类碳源。此外，各种微生物利用碳源的能力不相同，有的可以利用多种碳源进行生长和产酶；有的却只有利用某种特定的碳源才能进行酶的合成。通常，生产与分解代谢有关的酶类，不宜使用葡萄糖等易被利用的碳源为培养基，也不宜提供太丰富的碳源营养，否则可能导致分解代谢产物阻遏。某些碳源是酶的诱导物，选择适宜的碳源有利于定向地促进某些酶的合成，如淀粉可诱导 α – 淀粉酶的生成。

（2）氮源

氮是组成细胞蛋白质和核酸的重要元素之一，也是酶分子的主要组成元素。氮源可分为有机氮和无机氮，有机氮源主要是各种蛋白质及其水解产物，无机氮源是含氮的无机化合物。选用何种氮源由微生物或酶种类决定，如用于生产蛋白酶、淀粉酶的发酵培养基，多数以豆饼粉、花生饼粉等有机氮源为主。各种微生物对氮源的利用情况相当复杂，例如，用地衣芽孢杆菌生产纳豆激酶，菌体的生长和产酶都以有机氮效果为好。有的菌株却倾向利用无机氮，例如以黑曲霉生产葡萄糖淀粉酶，用硝酸盐可使其产酶效率显著提高。还有一类情况，菌体生长和产酶对氮源要求不同，例如有机氮可促进绿色木霉（*Trichoderm virida*）生长，而铵盐或硝酸盐却有利于其纤维素酶的合成。此外，氮源的具体性质、使用浓度等都能对菌体生长和酶的形成带来不同程度的影响。

碳氮比（C/N）在某些情况下对菌的生长和产酶也有直接关系。例如较低的 C/N 常有利于蛋白酶产量的提高，但是这种条件下，发酵后期的 pH 往往会升高，反过来又会抑制蛋白酶的积累，因此，选择合适的 C/N 也是提高酶产量的一个重要因素。

（3）无机盐类

无机盐的主要作用是提供细胞生命活动所不可缺少的无机元素，并对培养基的 pH、氧化还原电位、渗透压起调节作用。金属离子及其对应的阴离子或者直接参与细胞物质的组成，或者作为酶的活性组成部分与激活剂发挥作用。在酶的形成过程中，它们可能起促进作用，也可能起抑制作用。例如，链霉菌生产葡萄糖异构酶时，当 Co^{2+} 浓度小于 5×10^{-3} mol/L 时能显著提高葡萄糖异构酶的产量，但当大于 5×10^{-3} mol/L 时，它的效果却是负效应。根据细胞需要量的大小，无机元素可分为主要元素（大量元素）和微量元素两大类。主要元素有磷、硫、钾、钠、镁、钙等。微量元素有铜、锰、锌、钼、钴、碘等。

（4）生长因子

生长因子是指细胞生长必需的微量有机化合物，主要包括各种氨基酸、嘌呤、嘧啶、维生素以及生长激素等。各种氨基酸是蛋白质和酶的组分，嘌呤和嘧啶是核酸和某些辅酶的组分，维生素主要扮演辅酶的作用，生长激素调节着细胞的生长和代谢。在产酶菌的培养过程中，如果添加含有某种生长因子的物质，常可使酶产量大大提高。例如，在培养基中添加大豆酒精提取物，可以使米曲霉的蛋白酶产量提高近 2 倍，使泡盛曲霉（*Aspergillus awamori*）的脂肪酶提高约 1.5 倍。在酶的发酵生产中，通常在培养基中加入玉米浆、酵母膏和麦芽浸膏等，以提供各种必需的生长因子。

（5）产酶促进剂

某些表面活性剂能增加酶的产量，例如，添加 0.1% 吐温 80，可提高多种酶的产量。表面活性剂提高酶产量的作用机制目前还未完全了解。生产上使用表面活性剂必须考虑对微生物是否有毒性；一般非离子表面活性剂对微生物几乎无毒性，生产上提高胞外酶的活性剂一般都采用非离子表面活性剂。产酶的促进剂很多，常见的有吐温 80、植酸钙镁（菲汀）、洗净剂 LS（脂肪酰胺磺酸钠）、聚乙烯醇、乙二胺四乙酸（EDTA）等。

15.3.3.2 培养条件对产酶的影响与调节控制

（1）温度对产酶的影响与调节控制

温度是影响细胞生长繁殖和发酵产酶的重要因素之一。不同的微生物有各自不同的最适生长温度。很多微生物发酵产酶的最适温度与生长最适温度有所不同，而且往往低于生长最适温度。这是由于较低的温度条件可以提高酶所对应的 mRNA 的稳定性，增加酶生物合成的延续时间，从而提高酶的产量。

酶的发酵生产在不同阶段可以采用不同的温度条件进行变温发酵。在细胞生长繁殖阶段控制温度处于生长最适温度范围内，以利于提高细胞浓度；在产酶阶段，则需要将温度控制在最佳产酶温度，以利于提高酶产量。据报道，以枯草芽孢杆菌进行中性蛋白酶生产时，培养温度从 31℃逐渐升温至 40℃，然后再降温至 31℃进行培养，变温发酵蛋白酶产量比恒温发酵工艺的提高 66%。

（2）pH 对产酶的影响与调节控制

发酵过程中培养液的 pH 是微生物在一定条件下代谢活动的综合指标，它对菌体生长和产物积累有很大的影响。因此，在配制培养基和发酵过程中应根据微生物的需要调节 pH，及时监测并加以控制，使它处于最佳的状态。

在一般情况下，多数细菌、放线菌生长的最适 pH 为中性至微碱性，而霉菌、酵母菌则偏好微酸性。培养基的 pH 不仅影响微生物的生长和产酶，而且对酶的分泌也有作用。很多微生物能同时产生几种相关的酶，改变培养基的 pH，可能影响到各种酶的比例，例如用黑曲霉生产葡萄糖淀粉酶，当 pH 近中性时 α－淀粉酶活力高，而葡萄糖淀粉酶合成量较少；当 pH 偏酸时糖化酶产量上升，而 α－淀粉酶、葡萄糖苷转移酶的产量下降。

（3）溶解氧对产酶的影响与调节控制

细胞的生长繁殖以及酶的合成过程需要消耗大量能量，这些能量一般是由 ATP 等高能化合物提供，而培养基中的能源主要经过细胞有氧分解才能获得 ATP。因此，发酵过程中必须供应大量的氧气。在培养基中生长的产酶细胞，一般只能利用溶解在培养基中的氧气——溶解氧，各种微生物对发酵液中溶解氧浓度有一个不影响其正常代谢的最低要求，这一浓度称为“临界氧浓度”。当溶解氧浓度低于临界氧浓度时，细胞得不到所需的供氧量，必然影响其生长和产酶；然而溶氧过高，有时对发酵也不利，一方面造成能源浪费，另一方面可能会影响菌丝生长以及酶的合成。例如过度通气对青霉素酰化酶的生产会有明显的抑制作用，而且在剧烈搅拌和通气下容易引起酶蛋白发生变性失活。利用细菌进行酶生产时，一般培养后期的通气搅拌程度应比前期加强，但也有例外的情况，例如利用枯草芽孢杆菌生产 α－淀粉酶，在对数生长期末期降低通气量可促进 α－淀粉酶生产。

延伸阅读 15-6
泡沫和湿度对产酶的影响

15.3.4 医用酶的提取与精制

医用酶的提取与精制是酶制剂生产至关重要的一步，包括以下四个阶段。

（1）发酵液的预处理

发酵液预处理的目的主要有三个：①改变发酵液的物理性质，以提高固液分离的效率；②尽可能使产物集中到便于后处理的某一相中（多数是液相）；③去除发酵液中的部分杂质。

由于发酵液和其他生物大分子溶液较难过滤，且发酵液黏度高，所以常采用加热、凝聚和絮凝及加助滤剂等方法进行预处理。目前常用的高分子絮凝剂主要是有机合成的聚丙烯酰胺类衍生物。它们具有絮凝速度快、用量少、效果好等特点。不同特性的电解质之间或电解质与絮凝剂的联合使用可以提高发酵液的预处理效果。过滤前在发酵液中添加助滤剂，发酵液中的胶体吸附在助滤剂颗粒上，随助滤剂一起被滤膜截留下来，目标蛋白则透过滤膜，从而得到目的产物粗产品。目前用于预处理最有效的助滤剂有硅藻土和珍珠岩。另外在有些特殊领域不能使用含硅类材料时，可以使用木浆、淀粉等作为助滤剂。有研究报道了在利用蜡状芽孢杆菌（*Bacillus cereus*）生产青霉素酶的发酵液中添加絮凝剂有助于酶的提取，实验结果表明，发酵液膜处理的难易程度与芽孢释放程度成正比，在发酵液中添加 0.02 g/mL 絮凝剂进行预处理，过滤效率提高 10 倍，而酶活仅损失 5%。

根据酶在生物体的分布，可将其分为胞内酶和胞外酶两大类。胞外酶在细胞内合成后，透过细胞膜分泌到细胞外介质中，这类酶不必破碎细胞即可从发酵液、固体物浸提液中提取。而胞内酶存在于细胞内的一定部位或区域，必须经过细胞破碎后，才能释放出来。不同物种的细胞壁结构差异显著，采用的细胞破碎方法和条件也有所不同。实际操作中应根据对象的细胞特性和处理量等，选用合适的方法进行细胞破碎。细胞破碎按照处理方法一般可分为机械破碎法、物理破碎法、化学破碎法和酶促破碎法等。

（2）酶的提取

酶的提取又称酶的抽提，指在一定的条件下，用适当的溶剂处理含酶原料，使酶充分溶入溶剂的过程。由于目标酶在生物体内存在的部位及状态不同，采用的提取方法也有所不同，培养物的胞外酶可以直接利用溶剂进行提取，而胞内酶的提取则首先需要进行组织和细胞的破碎，而后进行提取操作。利用各种提取方法，将提取尽可能多的酶、尽量少的杂质，从原料引入溶剂是进行酶分离纯化之前的必需步骤。

进行酶提取时，首先应根据酶的结构和溶解性质，选择合适的溶剂。一般说来，酶蛋白遵循“相似相溶”的原则，即极性物质易溶于极性溶剂中，非极性物质易溶于非极性的有机溶剂中，酸性物质易溶于碱性溶剂中，碱性物质易溶于酸性溶剂中。进行酶提取前，要了解酶在各种溶剂中的溶解性及酶的极性等，以选择合适的提取方法和条件。

根据酶提取时所采用的溶剂或溶液的不同，酶的提取方法主要有盐溶液提取、酸溶液提取、碱溶液提取和有机溶剂提取等。

（3）酶的分离纯化

酶的分离纯化通常包括两方面的工作：①除杂，即将酶提取液中的杂蛋白以及其他大分子物质除去；②浓缩，即提高目标酶的浓度。由于酶种类繁多，且不同的使用目的对酶的纯度要求也不相同，要根据实际需求选择合适的纯化方法。酶的分离纯化方法一般是依据酶分子的大小、形状、电荷性质、溶解度、亲和专一性等性质而建立起来的，表 15-3 列举了常用的酶提纯方法。如果对酶的纯度要求较高，则需要将多种方法联合使用。

延伸阅读 15-7
蛋白质的层析方法

表 15-3　常用的酶提纯方法

依据性质	方法
溶解度	盐析、等电点沉淀、有机溶剂沉淀、溶剂萃取
电荷极性	电泳、离子交换层析、等电聚焦、色谱聚焦
分子大小	离心、超滤、透析、凝胶过滤
亲和专一性	共价亲和层析、免疫亲和层析、金属离子亲和层析，染料亲和层析、凝聚素亲和层析等

（4）酶的干燥

酶的后处理包括干燥及加工。干燥的方法有多种，常用的有喷雾干燥、气流干燥、吸附干燥、真空干燥和冷冻干燥等。喷雾干燥是通过喷雾装置将酶液喷成直径几十微米的雾滴，在热流中干燥，只需几秒至十几秒便能得到粉末状的干酶。气流干燥是把粉粒状湿物料分散到热气流中，在与热气流并流输送的同时进行干燥得到粉末状干酶。吸附干燥是在密闭的干燥器中利用各种干燥剂吸收湿酶中的水分，从而达到干燥的目的，该法条件温和，对酶的活性没有影响，适合实验条件有限的场所。真空干燥是在与真空系统相连接的密闭干燥器内，通过真空环境加热，使酶液在较低温度下加热干燥。冷冻干燥先将酶液降到冰点以下，然后低温下抽真空，使冰直接升华为气体，得到干燥酶。酶蛋白经过干燥以后，可以提高产品的稳定性，有利于运输和保存。

15.4 甾体激素类药物的微生物转化

15.4.1 甾体激素类药物概述

（1）甾体化合物概述

甾体化合物又称类固醇化合物，是环戊烷多氢菲类化合物的总称，普遍存在于动植物组织内。甾体化合物都含有一个由 4 个环组成的基本骨架，即由 3 个六元环和 1 个五元环稠合的碳结构，这个骨架是甾体化合物的母核，即环戊烷多氢菲。4 个环分别用字母 A、B、C 和 D 表示，并将 17 个碳原子按特定顺序编号。大多数甾体化合物在环戊烷多氢菲的母核上还有三个侧链，它们分别连在 C-10、C-13 和 C-17 的碳原子上。其结构通式如图 15-6。

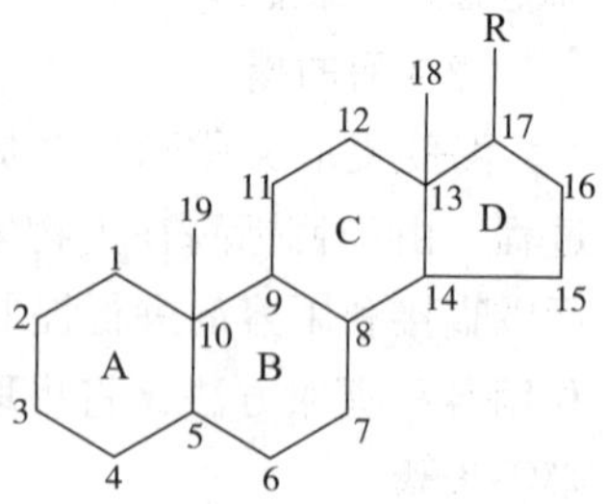

图 15-6 甾体化合物的通式

📖 深入学习 15-4 激素类药物的分类

（2）原料来源

自 1992 年 WHO 宣布禁用化学法生产甾体激素药物以来，甾体药物的制备就主要依赖于半合成，即利用天然甾体骨架结构进行改造。我国于 1958 年建立了以薯蓣皂素为主要原料的甾体激素药物工业。薯蓣皂素一般以皂苷的形式存在于薯蓣属植物中，通常是以野生薯蓣属植物黄姜（盾叶薯蓣）、穿龙薯蓣、柴黄姜、黄山药等的根茎为原料，经直接酸水解法获得。在相当长的一段时间内，薯蓣皂素均为合成甾体药物的主要原料。由于薯蓣皂素价格波动较大，近些年国内外也开始了采用动植物甾醇资源进行甾体化合物的合成。动物甾醇如洗羊毛废水或鱼油中所含的胆固醇；植物甾醇广泛存在于植物的组织中，其中含油植物的种子和果实中甾醇含量特别丰富。大豆油、菜油、棉籽油的残渣、甘蔗渣和造纸废液等植物甾醇含量丰富。

延伸阅读 15-8 甾体激素药业路在何方

通过采用动植物来源的天然骨架结合微生物转化和化学合成手段可以合成一系列甾体激素类药物。

图片 15-2 甾体类合成概览

15.4.2 微生物转化甾体化合物概述

微生物几乎对甾体每个位置都能进行转化，主要分为以下类型。

📖 深入学习 15-5 几种重要的甾体微生物转化反应

① 羟基化反应：是最普遍、最重要的氧化反应。微生物对甾体羟化时，其中以 C-9α，C-11α、β，C-16α、β，C-17α 和 C-19 角甲基及边链上 C-26 的羟基化反应的羟基较为重要。

② 羟基变为酮基：最常见的是 C-3β 或 C-3α 羟基变为 C-3 位酮基以及 C-17α 羟基转化为 C-17 位酮基。

③ 脱氢反应：微生物对甾体脱氢作用常发生在 A 环的 C-1，2 和 C-4，5 之间。

④ 环氧化反应：环氧化经常发生在 C-9，11 和 C-14，15 之间。

⑤ A 环芳构化反应：微生物转化甾体时产生芳香化主要发生在 A 环上。

⑥ 还原反应：主要是 C-3、C-7、C-20 位上的酮基还原。

⑦ 双键的氢化：常为 A 环上的 C-1，2 和 C-4，5 以及 B 环上的 C-5，6 之间的双键还原。

⑧ 边链降解：微生物对甾体边链的降解发生在边链 C-26 位上羟化，经过 β 氧化，最终截断在 C-17 位或 C-22 位。

15.4.3 甾体化合物的微生物转化工艺

微生物转化即利用微生物使有机物某一特定部位或基团转变成结构上相似的另一种化合物。微生物转化甾体与常规的氨基酸和抗生素发酵不同，转化产物不是微生物的代谢产物，而是利用微生物所产生的酶对底物的某一部位进行特定的生物化学反应来获得的特定产物。甾体或甾醇一般不是微生物代谢途径中起生理作用的物质（除了麦角固醇或胆固醇是酵母或某些细菌细胞膜上的组成部分之外），因此，甾体类物质像其他营养物质一样，会被微生物最终分解为二氧化碳和水。

微生物转化甾体的工艺一般分为两个阶段，第一阶段：菌体生长阶段，为了提高底物—甾体化合物的转化率，在甾体转化的初始阶段，通常是将菌体培养至一定的浓度后再添加底物；第二阶段：甾体转化阶段，这个阶段主要是添加底物，由于底物的疏水性，底物添加需要增溶措施。底物添加的方法有很多，最普遍的方法是将底物先溶解到丙酮、乙醇、甲醇等有机溶剂中，进一步加入到培养基中，但这种方法有两方面不利于转化：①底物加入到培养基中后会析出，②有机溶剂对菌体有毒性，影响菌体生长。由于甾体化合物是疏水性物质，水中溶解度极低，这就使得底物与微生物细胞不能很好地接触，导致转化率偏低及发酵时间延长。因此，为了提高转化率，近年来，人们提出了一系列新的理论并开发出一些新的技术来提高底物的溶解度，促进底物与微生物细胞的接触。

（1）水相中甾体的微生物转化

甾体在水相中的低溶解度，大大限制了底物的传递，环糊精包合、表面活性剂和微乳化技术可使甾体化合物在水中的溶解度增加。

环糊精是 6 ~ 8 个葡萄糖分子以 1,4– 糖苷键连接，筒状结构，筒内壁空腔为 0.16 ~ 1 nm，由于葡萄糖的羟基分布在筒的两端并在外部，糖苷键氧原子位于筒的中部并在筒内，因此，环糊精的两端和外部为亲水性，而筒的内部为疏水性。表面活性剂都具有极性头部和非极性尾部，在水相里可以形成类似脂质双层或微囊胶束结构，外层是亲水的，内层是疏水的，疏水性的底物会进入疏水腔内，从而达到增溶的效果。微乳液是一种热力学稳定、光学透明、宏观均匀而微观不均匀的体系，它能提供酶催化所需要的大量油 / 水界面。生物催化剂增溶于油包水（W/O）微乳液中的纳米级“水池”中，可使生物催化剂以分子水平分散。同时，由于底物可以充分溶解在有机介质中，对于水难溶性底物，有助于克服传质阻力。

（2）双液相体系中甾体的微生物转化

由于水相中甾体溶解度太低（10^{-5} ~ 10^{-4}），导致转化困难，即使利用水溶性增溶剂来辅助溶解，加入的底物量仍然有限，而双液相体系的应用克服了该限制，有利于产量的提高。双液相体系主要是用疏水性有机相作为底物和产物的溶剂来完成生物转化的。在双液相体系中，溶剂对底物和产物的溶解度、细胞活性以及产物分离影响较大，因此，双液相体系的构建重点在于有机溶剂的选择，有机溶剂一般选用底物溶解度大，生物兼容性好的疏水性有机溶剂，水相通常由缓冲液配制的细胞悬浮液构成，也可直接使用发酵液。

（3）浊点体系中甾体的微生物转化

在水溶液中非离子型表面活性剂浓度随温度上升而降低，在升至一定温度值时出现浑浊，经静置或离心可形成双层体系，这个温度被称之为该表面活性剂的浊点。非离子表面活性剂溶液在温度高于其浊点或有一定添加物存在时，会自动形成表面活性剂浓度很小的稀相和表面活性剂浓度很高的凝聚层相，存在于这一系统的溶质将不均匀地分配于两相。两相分配系统在解决具有疏水性底物溶解度和产物抑制的微生物转化中具有较大的潜力。微生物转化甾体的过程中，通常情况下，起始阶段会将底物转化成相应的产物，然而随着转化过程的进行，微生物会将产物进一步降解。浊点系统能够改进微生物转化的效率。它能够将产物从细胞带到凝聚层相，不仅可以保护产物而且可以去除产物的抑制作用。底物在两相中不均衡分配使得稀相中的底物浓度维持在一个适当的水平，从而改进底物的传质和降低底物的抑制作用。在一定浓度的 Triton X100 和 Triton X114 组成的表面活性剂溶液中，在转化培养温度和产物的诱导下表面活性剂溶液会形成浊点系统。

（4）固定化细胞转化技术

采用固定化技术可以实现甾体药物的半连续化生产，利于生物催化剂与产物的分离以及细胞的重复使用，避免含酶细胞的频繁制备，减少细胞培养过程中杂菌污染的机会。甾体的微生物转化往往是一个带有辅酶的多酶系统，它较单酶系统的固定化难度要大。人们对甾体药物固定化细胞转化技术进行了广泛深入的研究，研究的最多和最有成效的是活细胞的固定化包埋技术。由于活细胞本身具有内源性的辅酶系统，从而解决了多酶系统固定化细胞中辅酶的供给和再生问题。同时，由于固定化后，酶在细胞内是处于自然环境中，稳定性也相对较好。

（5）原生质体转化技术

甾体药物微生物转化过程中，催化反应所需的酶大多为胞内酶，细胞膜的通透性便成为影响传质的主要因素，采用原生质体转化技术将有助于克服这一困难。采用原生质体进行甾体微生物转化，能使底物分子更易到达酶促反应位点。研究人员用溶菌酶处理 *Cunninghamella elegans* 获得的原生质体转化 11- 脱氧皮甾醇，5 mg 该底物经 4 h 转化，可获得 1.1 mg 的 11 α - 羟化产物和 0.4 mg 的 11 β - 羟化产物。研究表明，2- 脱氧葡萄糖和多氧菌素是细胞壁合成的抑制物。

（6）混合培养转化和顺序发酵技术

混合培养转化技术是利用不同微生物混合培养实现甾体激素的协同转化作用。采用多种微生物进行混合培养对甾体化合物进行转化，既可解除酶的抑制作用，又可减少对酶活性的影响，同时还能抑制副反应过程。

顺序发酵技术是利用不同微生物的酶促反应能力，采用多种微生物混合，达到脱氢和羟基化反应顺序进行，从而实现重要甾体激素前体物质的合成。

开放讨论题

可以通过生物发酵来商业化生产青蒿素，试分析需要考虑哪些因素来提高产品竞争力？

思考题

1. 维生素是如何分类的，主要包括哪些种类？
2. 微生物发酵生产维生素 C 的工艺特点是什么？
3. 举例说明利用微生物生产一种维生素的发酵过程。
4. 核苷酸发酵菌株应该具有哪些特性？
5. 对于医用酶蛋白异源微生物工程表达，请依据酶蛋白特征，说明选用表达宿主的重要性。
6. 甾体激素产业的瓶颈在哪里？为什么？

推荐阅读

1. Liu X，Cheng J，Zhang G，et al. Engineering yeast for the production of breviscapine by genomic analysis and synthetic biology approaches. Nature Communications，2018，9：1–10.

点评：通过基因工程育种获得一株高产灯盏花素的工程酵母，使灯盏花素的生产由自然萃取转向为生物合成，大大提高了生产效率，降低了生产成本。

2. Kung S H，Lund S，Murarka A，et al. Approaches and recent developments for the commercial production of semi-synthetic artemisinin. Frontiers in Plant Science，2018，9：87.

点评：利用酵母发酵生产青蒿素前体，使青蒿素的半合成在 2013 年进入了商业化时代。

3. Marinescu G C, Popescu R G, Stoian G, et al. β-nicotinamide mononucleotide (NMN) production in *Escherichia coli*. Scientific Reports, 2018, 8 (1): 1-11.

点评： 素有“长生药”之称的烟酰胺单核苷酸有着巨大的市场潜力，该文报导了利用大肠杆菌低成本发酵生产烟酰胺单核苷酸的策略。

网上更多学习资源……

◆教学课件　　◆自测题

16

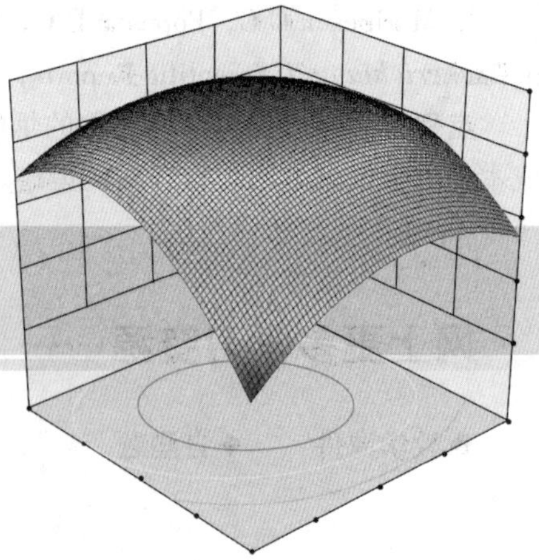

发酵工程在食品领域中的典型应用

- **16.1 营养补充剂的发酵生产**

  多不饱和脂肪酸简介；多不饱和脂肪酸的合成及其调控；多不饱和脂肪酸的纯化；多不饱和脂肪酸发酵实例；β－胡萝卜素的生产；高产菌株的选育；发酵工艺优化；β－胡萝卜素的提取分离

- **16.2 多糖的发酵生产**

  多糖种类；微生物多糖发酵生产工艺流程；黄原胶发酵原理及工艺控制；黄原胶的提取与精制

目前，利用微生物发酵生产的营养补充剂有多不饱和脂肪酸、β－胡萝卜素和维生素（C、B_{12}、B_2）等。在多糖类产物生产中，主要集中在黄原胶、结冷胶、透明质酸、虫草多糖和普鲁兰多糖等。本章选取了食品领域中营养补充剂和多糖的发酵生产作为实例，系统介绍了菌种选育方法和发酵代谢调控及其应用。

教学目的与要求

（1）了解营养补充剂的种类。

（2）了解多不饱和脂肪酸、β－胡萝卜素和多糖的生产工艺流程。

重点及难点

营养补充剂和多糖的发酵生产工艺。

知识导图

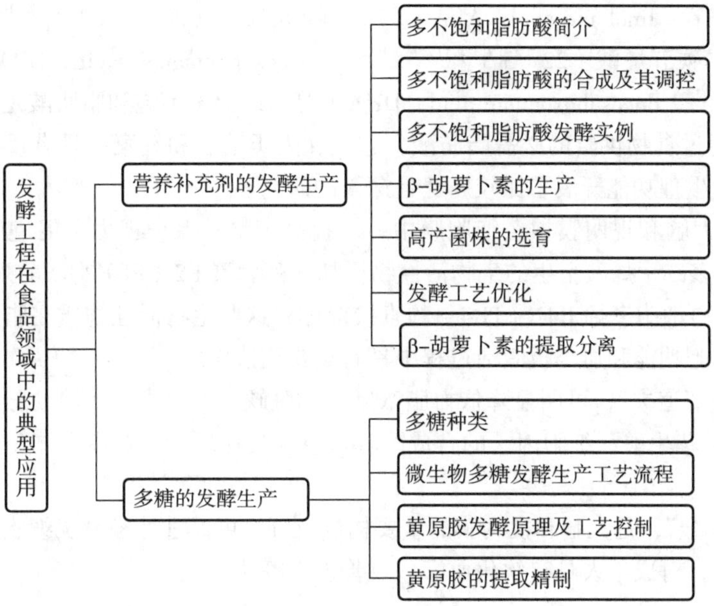

问题导读

（1）简述发酵工程在食品领域中的应用情况。

（2）简述 ARA、DHA 和黄原胶的用途及其发酵生产方法。

关键词

营养补充剂　多不饱和脂肪酸　β－胡萝卜素　多糖　黄原胶

古人云“民以食为天”，食品是人们日常生活不可或缺的一部分。随着社会的发展，人们越来越关注食品的种类与安全。自 20 世纪 70 年代以来，以发酵工程为代表的现代生物技术，广泛应用于食品生产与开发，如用于酒类及调味品、味精、氨基酸和单细胞蛋白的发酵生产，而且利用现代生物技术也成为了解决食品工业生产所带来的环保和健康等问题也成为了一条有效途径。传统的食品加工工艺一般是从植物和动物中提取所需原料或采用化学法合成所需产物，但都存在较多的问题，如从植物中提取成本高，原料来源有限；化学合成法虽成本低，但化学合成率低，周期长，而且可能危害人类健康。利用微生物发酵生产能克服上述存在的问题，因此，发酵工程技术已经成为食品领域生产的首选方法之一。

16.1　营养补充剂的发酵生产

16.1.1　多不饱和脂肪酸简介

多不饱和脂肪酸（polyunsaturated fatty acids，PUFAs）系指含有两个或两个以上双键的长链脂肪酸，碳链长度一般由16～22个碳原子组成，根据甲基端第一个双键碳原子的位置，多不饱和脂肪酸可分为n-6、n-3等系列脂肪酸，其中，n-6系列包括γ-亚麻酸（18∶3$\Delta^{6,9,12}$，γ-linolenic acid，GLA）、花生四烯酸（20∶4$\Delta^{5,8,11,14}$，arachidonic acid，AA）等；n-3系列包括α-亚麻酸（18∶3$\Delta^{9,12,15}$，α-linolenic acid，ALA）、二十碳五烯酸（20：5$\Delta^{5,8,11,14,17}$，eicosapentaenoic acid，EPA）、二十二碳五烯酸（22∶5$\Delta^{7,11,13,16,19}$，docosapentaenoic acid，DPA）、二十二碳六烯酸（22∶6$\Delta^{4,7,11,13,16,19}$，docosahexoenoic acid，DHA）等，以上多不饱和脂肪酸是人体必需而自身又不能大量合成、必须通过食物供给的必需脂肪酸，它们在人类营养和健康中具有重要作用，目前，针对AA、EPA和DHA的生理功能开展了比较广泛且深入的研究。

AA大量存在于大脑和视网膜神经细胞膜中，对提高记忆、保护视力、促进胎儿发育具有重要作用，而且AA还是许多二十烯酸衍生的生物活性物质如前列腺素E2（PGE2）、前列环素（PGI2）、血栓烷素A2（TXA2）和白细胞三烯B4（LTB4）的直接前体，这些生物活性物质在脂蛋白代谢、血液流变学、血管弹性、白细胞功能和血小板激活过程中具有重要调节作用。

EPA俗称"血管清道夫"，可明显降低血脂浓度和心脏缺血性损失、防治动脉粥样硬化等疾病的发生，且EPA可促进类花生酸、细胞因子的合成，降低急性炎症反应，提高人体免疫调节功能，增强人体防御疾病的能力。

DHA俗称"脑黄金"，是大脑和视网膜的重要构成成分，可促进神经系统细胞生长，对胎婴儿智力和视力发育至关重要，对成年人具有软化血管、改善视力等功效。

16.1.2 多不饱和脂肪酸的合成及其调控

多不饱和脂肪酸是对人体具有重要生理功能的必需脂肪酸，用途广泛，特别是AA、EPA、DHA等在人类健康领域起到重要的作用，引起研究人员的广泛关注。发酵法生产多不饱和脂肪酸主要集中在多不饱和脂肪酸的微生物来源、合成途径、发酵工艺调控、分离提取技术等。

（1）多不饱和脂肪酸的微生物来源

微生物发酵法因具有不受外界因素如地点、气候等限制，且具有生长快、发酵周期短、操作条件简单易控、可规模化生产等优点，日益成为生产PUFAs的首选途径。

① AA的来源。自然界中多种微生物都具有AA油脂合成能力，主要集中在较为原始的几个纲中，如卵菌纲（Oomycetes）、丝壶菌纲（Hyphochytridiomycetes）、壶菌纲（Chytridiomycetes）、被孢霉属（*Mortierella*）等，高山被孢霉是目前工业化生产AA油脂的唯一具有正式安全评估的菌株。

② EPA的来源。目前，商业化的EPA油脂主要来源于深海鱼油的提取，利用微生物发酵生产EPA油脂未见产业化报道，已报道的具有EPA油脂合成能力的微生物主要包括：海洋细菌、藻类和真菌等。海洋细菌合成EPA的产量较低，单胞藻（*chlorella mimutissima*）、菱形藻（*Nitzschia laevis*）是藻类中EPA合成的代表，EPA产量较高；高山被孢霉（*Mortierella alpina*）、终极腐霉（*Pythium ultimum*）、畸雌腐霉（*Pythium irregulare*）、华丽腐霉（*Pythium splendens*）等丝状真菌是目前可用于EPA生产的具有潜力的菌株。最新研究发现，利用解脂耶氏酵母（*Yarrowia lipolytica*）通过合成生物学方法生产EPA油脂，菌体中的油脂含量为30%，油脂中的EPA含量最高达56.6%，是目前报道的最高水平，该方法成为目前最有可能实现产业化的方法之一。

③ DHA的来源。商业化的DHA来源主要分为两个方面：深海鱼油的提取和微生物发酵生产。富含DHA的深海鱼油种类包括远东拟沙丁鱼油、长鳍金枪鱼油、大比目鱼油、鳕鱼油等；目前发现的能够合成DHA的微生物主要是一些低等海洋细菌、海洋真菌和微藻类，包括希瓦氏菌（*Shewanella*）、破囊壶菌（*Thraustochytrium*）、裂殖壶菌（*Schizochytrium*）、寇氏隐甲藻（*Crypthecodinium cohnii*）等，其中，裂殖壶菌、寇氏隐甲藻等是目前工业化生产DHA油脂的主要菌株。

（2）多不饱和脂肪酸合成途径

在真核微生物包括真菌和藻类中，脂肪酸合成是在脂肪酸合成酶的作用下，通过乙酰基转移反应、丙二酰转移反应、缩合反应、还原反应、脱水反应和再还原反应合成软脂酸，PUFAs 的生物合成是在饱和脂肪酸合成途径基础上通过脂肪酸延长酶和脱饱和酶（脱氢酶）在线粒体或者内质网上经过一系列反应而获得。

硬脂酸（stearic acid，SA）在 Δ9 去饱和酶催化下生成油酸（oleic acid，OA），然后在 Δ12 去饱和酶的作用下转化成亚油酸（oleic acid，LA）。LA 是 n–6 系列的第一个多不饱和脂肪酸，在 Δ6 去饱和酶的作用下，在 LA 羧基端第 6 个碳原子处增加一个双键形成 GLA，GLA 通过延长酶的作用在羧基端增加两个碳原子生成双高 γ－亚麻酸（dihomo–γ–linolenic acid，DHGLA），Δ5 去饱和酶又在 DHGLA 第 5 个碳原子处引入一个双键形成 AA。LA 也是 n–3 系列不饱和脂肪酸的前体，LA 经 Δ15 去饱和酶催化在碳链甲基端第 3 个碳原子位置增加一个双键生成 ALA，ALA 通过 Δ6 去饱和酶在第 6 个碳原子处增加一个双键形成十八碳四烯酸（Stearidonic acid，SDA；octadecatetraenoic acid，SDA），SDA 通过延长酶在羧基端增加两个碳原子生成二十碳四烯酸（eicosatetraenoic acid，ETA），然后在 Δ5 去饱和酶的作用下在 ETA 第 5 个碳原子处引入一个双键形成 EPA，EPA 进一步通过延长酶和 Δ4 去饱和酶两次催化反应合成 DHA（图 16–1）。然而，在小眼虫藻和球等鞭金藻中研究发现了脂肪酸合成的替代途径 Δ8 合成途径，有研究者在解脂耶氏酵母中重构 Δ8 合成途径，用于生产 EPA 油脂。此外，在某些海洋微生物中，PUFAs 合成不需要通过脂肪酸延长酶和脂肪酸去饱和酶来形成，其合成 PUFAs 的途径主要是通过聚酮合酶（polyketide synthase，PKS）来催化完成。目前，研究发现 DHA 生产菌株裂殖壶菌可通过 FAS 途径和 PKS 途径合成 PUFAs。

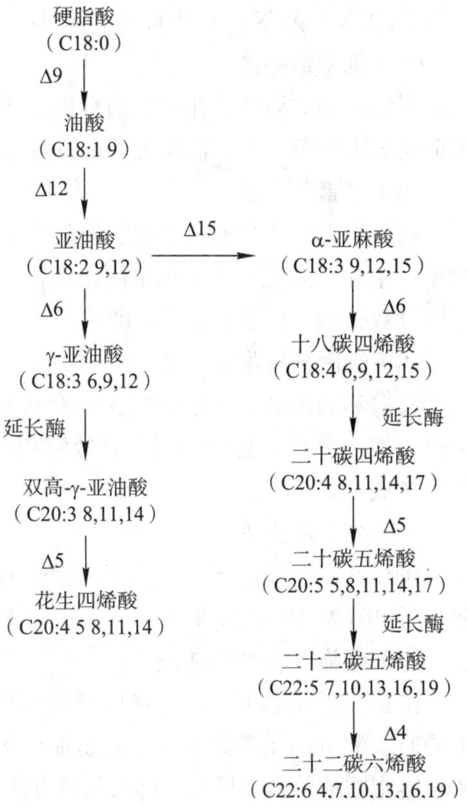

图 16–1　脂肪酸的一般合成途径

延伸阅读 16–1
海洋裂殖壶菌 DHA 生物合成 PKS 途径的研究

（3）多不饱和脂肪酸发酵工艺流程及其调控研究

多不饱和脂肪酸一般发酵工艺流程：多不饱和脂肪酸原种（斜面或甘油管）→种子活化→ 250 mL 摇瓶种子培养→ 10 L 发酵罐种子放大培养→ 100 L 发酵罐发酵培养。

对多不饱和脂肪酸合成的调控研究主要是在发酵培养阶段，与培养过程中的碳源、氮源、溶解氧浓度、温度、pH 等多种因素有关，发酵工艺条件的优化是提高多不饱和脂肪酸产量的关键。碳氮比可显著调控油脂积累，利用深黄被孢霉（*Mortierella isabellina*）生产油脂，通过对不同碳氮比的优化，油脂产量显著提高，由 2.2 g/L 提高至 9.3 g/L；利用不同流加策略对裂殖壶菌进行高密度培养，发酵 5 d 后，其生物量、油脂量及 DHA 含量分别为 60.6、40.2 和 8.0 g/L，DHA 累计速率为 66.7 mg/（L · h）。充足的溶氧是 PUFAs 高效转化的关键，可通过调控增加转速、通气量、添加 Tween20 活性氧载体等、显著提高发酵体系中的 K_La，提高 AA 产量至 10 g/L 以上。低温更有利于 n–3 脂肪酸的合成，将 *P.irregular* 在低温 12℃下培养，EPA 产量最高达 1.4 g/L，将高山被孢霉在低温发酵，EPA 产量最高达 1.88 g/L。提高发酵液中的 pH 可促进 PUFAs 的转化，在高山被孢霉发酵过程中，通过流加氨水调控 pH，在小试水平，发酵周期 12.5 d 条件下，AA 产量可达到 18.8 g/L。目前，已有多种 PUFAs 来源于微生物发酵并实现了工业化应用生产，包括 AA、DHA、γ－亚麻酸等。

16.1.3 多不饱和脂肪酸的纯化

(1)低温结晶法

利用不同的脂肪酸在低温的有机溶剂中溶解度不同而加以结晶分离。该方法原理简单、操作方便、但分离效率较低，且需消耗大量有机溶剂。

(2)尿素包合法

利用尿素分子与不同脂肪酸的包合度不同进行分离。尿素可与饱和脂肪酸形成稳定的晶体包合物、与单不饱和脂肪酸形成不稳定的包合物，而 PUFAs 不易被尿素包合。该方法成本低、应用较普遍，但对双键数目相近的脂肪酸分离度低。

(3)吸附分离法

根据不同饱和度的脂肪酸在吸附剂上的分配系数不同而得以分离。该法可以将不同脂肪酸与银离子进行络合萃取，目前，利用高效液相色谱法也可以获得高纯度的 PUFAs。上述方法分离效果较好，但生产成本高。

(4)分子蒸馏法

在高度真空条件下，根据不同脂肪酸挥发度不同而进行分离。该方法分离度高，且在真空条件下防止了 PUFAs 的氧化，PUFAs 品质好，但在维持高度真空过程中能耗高。

(5)超临界流体萃取法

在超临界状态下，从原料中萃取溶质，通过升温和降低压力分离溶质和溶剂，达到分离的目的。不同脂肪酸分离主要是采取 CO_2 超临界萃取技术，该方法高效、节能、实用性强，但对碳原子数接近的长链脂肪酸分离效果差，可与其他方法如尿素包合法等结合使用。

16.1.4 多不饱和脂肪酸发酵实例

16.1.4.1 利用合成生物学方法在解脂耶氏酵母中生产 EPA 实例

首次利用解脂耶氏酵母通过合成生物学实现 EPA 油脂生产。

(1)GC-MS 分析解脂耶氏酵母的油脂组成成分

通过 GC-MS 分析解脂耶氏酵母的脂肪酸组成成分可知，其油脂的终产物为亚油酸。

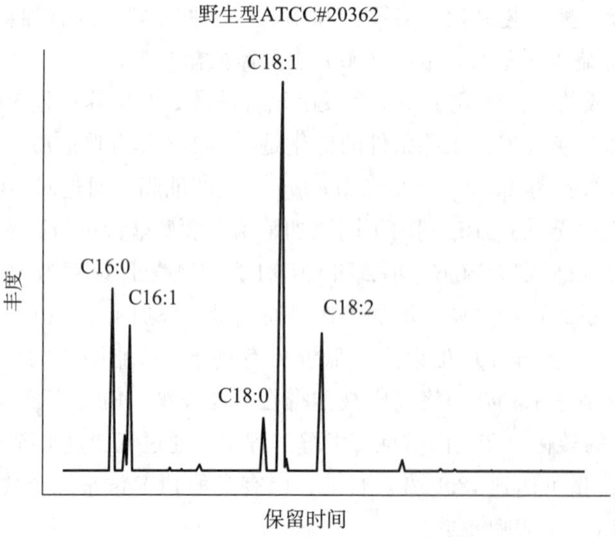

图 16-2 解脂耶氏酵母的油脂组成成分分析

（2）构建解脂耶氏酵母 EPA 合成途径

对目前已报道的 EPA 可能的来源途径进行分析可知，EPA 可能通过 Δ6 途径或 Δ9 途径的相关基因合成。研究发现，在解脂耶氏酵母中构建 Δ6 途径合成 EPA 的相关基因时，γ-亚麻酸大量积累，说明 γ-亚麻酸转化为双高 γ-亚麻酸是 EPA 合成的限速步骤。

为了避免 γ-亚麻酸的大量积累，进一步选择了构建 Δ9 途径相关基因，主要包括 Δ9 延长酶、Δ8 脱氢酶、Δ5 脱氢酶和 Δ17 脱氢酶等合成 EPA。构建过程主要包括以下步骤：

① 将载体 pZKLeuN-29E3（包含单拷贝 Δ12 脱氢酶、双拷贝 Δ9 脱氢酶、单拷贝延长酶基因）转入解脂耶氏酵母菌株 Y2224，获得菌株 Y4001；

② 将载体 pKO2U-F8289（包含单拷贝 Δ12 脱氢酶、单拷贝 Δ9 脱氢酶、双拷贝 Δ8 脱氢酶基因）转入解脂耶氏酵母菌株 Y4001，获得菌株 Y4036；

③ 将载体 pKSL-555R（包含三拷贝 Δ5 脱氢酶）转入解脂耶氏酵母菌株 Y4036，获得菌株 Y4070；

④ 将载体 pZP3-PA777U（包含三拷贝 Δ17 脱氢酶）转入解脂耶氏酵母菌株 Y4070，获得菌株 Y4086。

通过以上步骤获得的菌株 Y4086 可以合成 EPA，但 EPA 含量相对较低为 9.8%。

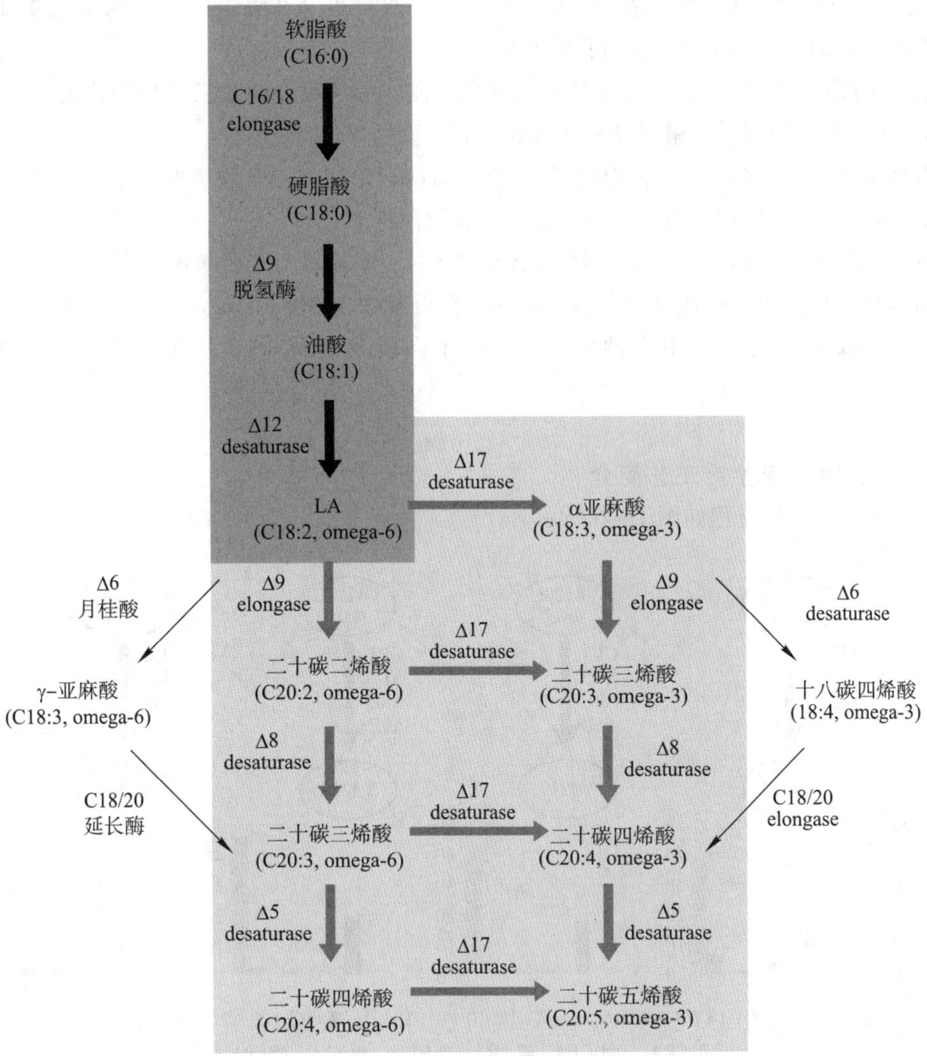

图 16-3 解脂耶氏酵母中构建的 EPA 合成途径

彩图

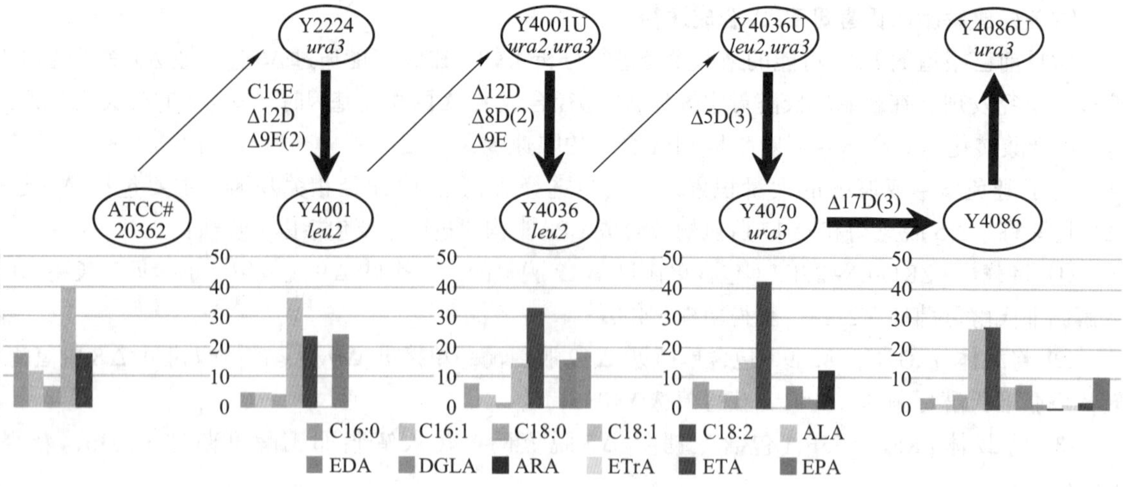

图 16-4 解脂耶氏酵母 EPA 合成途径构建步骤

（3）**增加基因拷贝数，提高 EPA 含量**

在已获得 EPA 生产菌株的基础上，进一步通过增加 EPA 合成相关基因的拷贝数，来提高 EPA 含量。

① 将载体 pZP2-2988（包含单拷贝 Δ12 脱氢酶、双拷贝 Δ8 脱氢酶、单拷贝 Δ9 延长酶基因）转入解脂耶氏酵母菌株 Y4086，获得菌株 Y4128；

② 将载体 pZKL2-5U89GC（包含单拷贝 Δ5 脱氢酶、单拷贝 Δ9 脱氢酶、单拷贝 Δ8 脱氢酶、转磷酸胆碱酶基因）转入解脂耶氏酵母菌株 Y4128，获得菌株 Y4217；

③ 将载体 pZKL1-2SP98C（包含单拷贝 Δ12 脱氢酶、单拷贝 Δ9 脱氢酶、单拷贝 Δ8 脱氢酶、转磷酸胆碱酶基因）转入解脂耶氏酵母菌株 Y4217，获得菌株 Y4259；

④ 将载体 pZKD2-5U89A2（包含单拷贝 Δ5 脱氢酶、单拷贝 Δ8 脱氢酶、单拷贝 Δ9 脱氢酶、单拷贝 Δ12 脱氢酶）转入解脂耶氏酵母菌株 Y4259，获得菌株 Y4305。

通过以上步骤获得的 EPA 生产菌株包含 9 个不同的基因及 30 个拷贝，使 EPA 含量最终达到 56.6%。

16.1.4.2 DHA 发酵生产工艺简介

DHA 发酵过程的一般流程如图 16-6 所示。

彩图

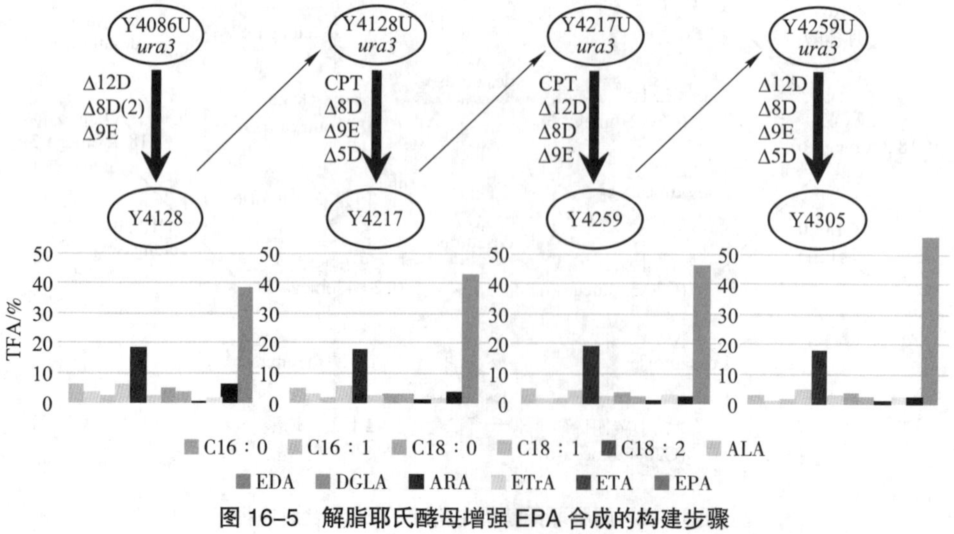

图 16-5 解脂耶氏酵母增强 EPA 合成的构建步骤

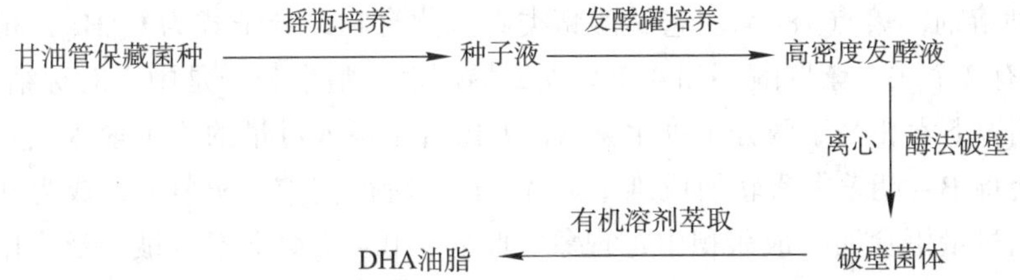

图 16-6 DHA 油脂发酵工艺流程图

① 菌种的活化：将 -80℃冻存的裂殖壶菌甘油管在 250 mL 摇瓶进行活化，装液量为 50 mL，初始接种量为 0.5%，活化温度一般为 28℃，摇床转速控制在 200 r/min，活化周期为 2 ~ 3 d。

② 一级种子制备：将活化好的种子，按 5% 接种量转接于 10 L 发酵罐中，培养温度 28℃条件下培养至对数期。

③ 二级种子的制备：将一级种子液按照 10% 接种量转接于 100 L 发酵罐中，培养温度 28℃条件下培养至对数期。

④ 三级种子的制备：将二级种子液按照 10% 接种量转接于 1 000 L 发酵罐中，培养温度 28℃条件下培养至对数期。

⑤ 发酵罐培养：将制备好的种子液接种到 10 000 L 发酵罐中，发酵温度一般选定为 25 ~ 28℃，阶段控制发酵过程中的搅拌转速和通气条件以满足裂殖壶菌最适发酵条件。

⑥ DHA 油脂提取：将发酵结束后获得的菌体经离心机离心分离收集菌体，采用酶法对菌体进行破壁处理，利用有机溶剂萃取破壁后菌体，获得富含 DHA 的油脂。DHA 产量在 10 ~ 20 g/L。

图 16-7 单个大型发酵罐（50 t）

图 16-8 某工厂大型发酵罐组（50 t）

此外，发酵过程中为了获取较高的发酵产量，采用补料控制，一般选择添加一定浓度的碳源和（或）氮源，根据发酵周期来确定补料次数，补料时间一般是在发酵的中期，此时的碳源浓度消耗大半，菌体已获取一定的浓度，而高浓度碳源和氮源的添加，利于菌体的大量生长，显著提升目标产物的产量。

16.1.5 β - 胡萝卜素的生产

β - 胡萝卜素是一种广泛存在于绿色和黄色蔬果中的天然类胡萝卜素，呈深红色至暗红色，遇热、氧和光极易发生氧化反应而降解，不溶于水，微溶于甲醇和乙醇，易溶于氯仿、正己烷、石油醚、乙酸乙酯等非极性溶剂，熔点 184℃。它属四萜类碳氢化合物，分子式为 $C_{40}H_{56}$，相对分子质量约为 537，其分子中含有 2 个 β－紫罗酮环和 4 个异戊二烯侧链，整个分子是中心对称结构，如图 16–9 所示。一分子 β－胡萝卜素相当于两分子维生素 A，人体直接摄入过量的维生素 A 会造成中毒，而仅当需要时，人体才会将 β－胡萝卜素转换成维生素 A，这一特征使 β－胡萝卜素成为维生素 A 的一个安全来源，不会有因过量摄食而造成累积中毒现象。此外，β－胡萝卜素也被广泛应用于食品工业，是良好的着色剂和抗氧化剂。这些功能使得 β－胡萝卜素有着广阔的应用前景，全球市场需求预计在 2015 年超过 2.8 亿美元。

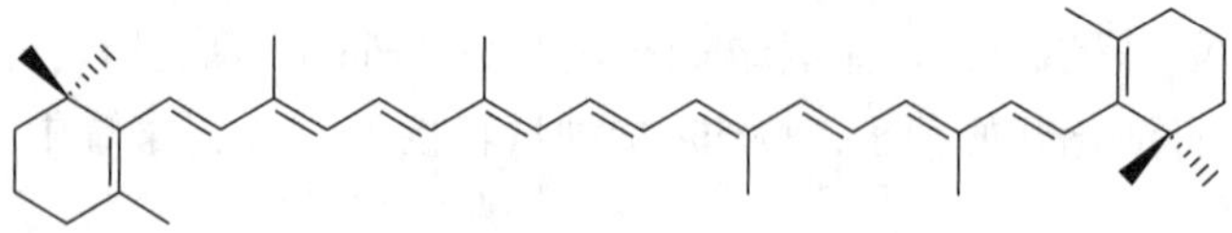

图 16–9　β－胡萝卜素结构式

目前，β－胡萝卜素的来源主要有 3 个：从天然植物中提取、化学合成和生物合成，其中，从植物组织提取的方法受到资源短缺和资源品质不稳定的限制，无法满足连续工业化生产类胡萝卜素的需求，而化学合成的抗氧化剂副产物多，可能存在毒性风险，食品安全性不高，对环境的污染较大，因此，利用微生物发酵生产 β－胡萝卜素是最具工业化前景的方法。三孢布拉霉凭借其菌丝生长迅速、菌体中 β－胡萝卜素含量高的特点，成为目前唯一能够用来工业化发酵生产天然 β－胡萝卜素的微生物菌株。

发现之旅 16–1
β-胡萝卜素人工合成技术发明人

三孢布拉霉（*Blakeslea trispora*）是一种常见的丝状真菌，属于接合菌门，接合菌纲，毛霉目，笄霉科，布拉霉属，为异宗接合菌，包括正菌 *B. trispora*（+）和负菌 *B. trispora*（–）两种单性菌株。在三孢布拉霉菌体中 β－胡萝卜素是源于乙酰 CoA 的次生代谢产物，经由甲羟戊酸（MVA）途径合成。最初 3 个乙酰 CoA 分子失去 1 个分子的羧基缩合生成 MVA，MVA 在相关酶的作用下依次生成异戊二烯焦磷酸（IPP）、二甲基丙烯焦磷酸酯（DMAPP），DMAPP 再与 IPP 联合生成法尼基焦磷酸酯（FPP），FPP 经相关酶的催化作用依次生成 GGPP、八氢番茄红素、番茄红素（lycopene），最后番茄红素再经番茄红素环化酶催化，两端环化生成 β－胡萝卜素（β－carotene）。FPP 还是合成角鲨烯、麦角固醇、辅酶 Q 的中间体。FPP 在角鲨烯合成酶的作用下生成角鲨烯，角鲨烯最终转化成麦角固醇，同时 FPP 在系列酶催化下最终生成辅酶 Q。因此，麦角固醇和辅酶 Q 生物合成途径是 β－胡萝卜素生物合成途径的两个主要代谢支流。

深入学习 16–1
三孢布拉霉中 *β*-胡萝卜素合成途径

与一般的菌种发酵生产方式不同，在发酵生产 β－胡萝卜素的过程中，需要三孢布拉霉正负菌两种单性菌株按照一定配比联合作用，如果利用单一菌株进行发酵，β－胡萝卜素的含量会非常低。这是由于在正负菌混合培养时，会发生相互作用，反应生成三孢酸。三孢酸是 β－胡萝卜素分解代谢的衍生物，主要有三孢酸 A、B、C 三类，常见的是三孢酸 B，其具体合成途径见图 16–10。三孢酸作为一种性激素，不但可以有效刺激三孢布拉霉的有性生殖过程，它的量也与 β－胡萝卜素的产量息息相关。研究表明，三孢布拉霉菌体发酵液中添加三孢酸后，β－胡萝卜素合成途径的关键酶基因（*ipi*、*carG*、*carRA* 和 *carB*）的表达量显著增加，这就强化了 β－胡萝卜素合成途径的代谢流，进而使 β－胡萝卜素的产量得到显著提高。

利用微生物工业化发酵生产 β－胡萝卜素主要包括了高产菌株的选育、发酵工艺的优化及产品的分离纯化三个方面，下面就这三个方面对 β－胡萝卜素的生产进行简要介绍。

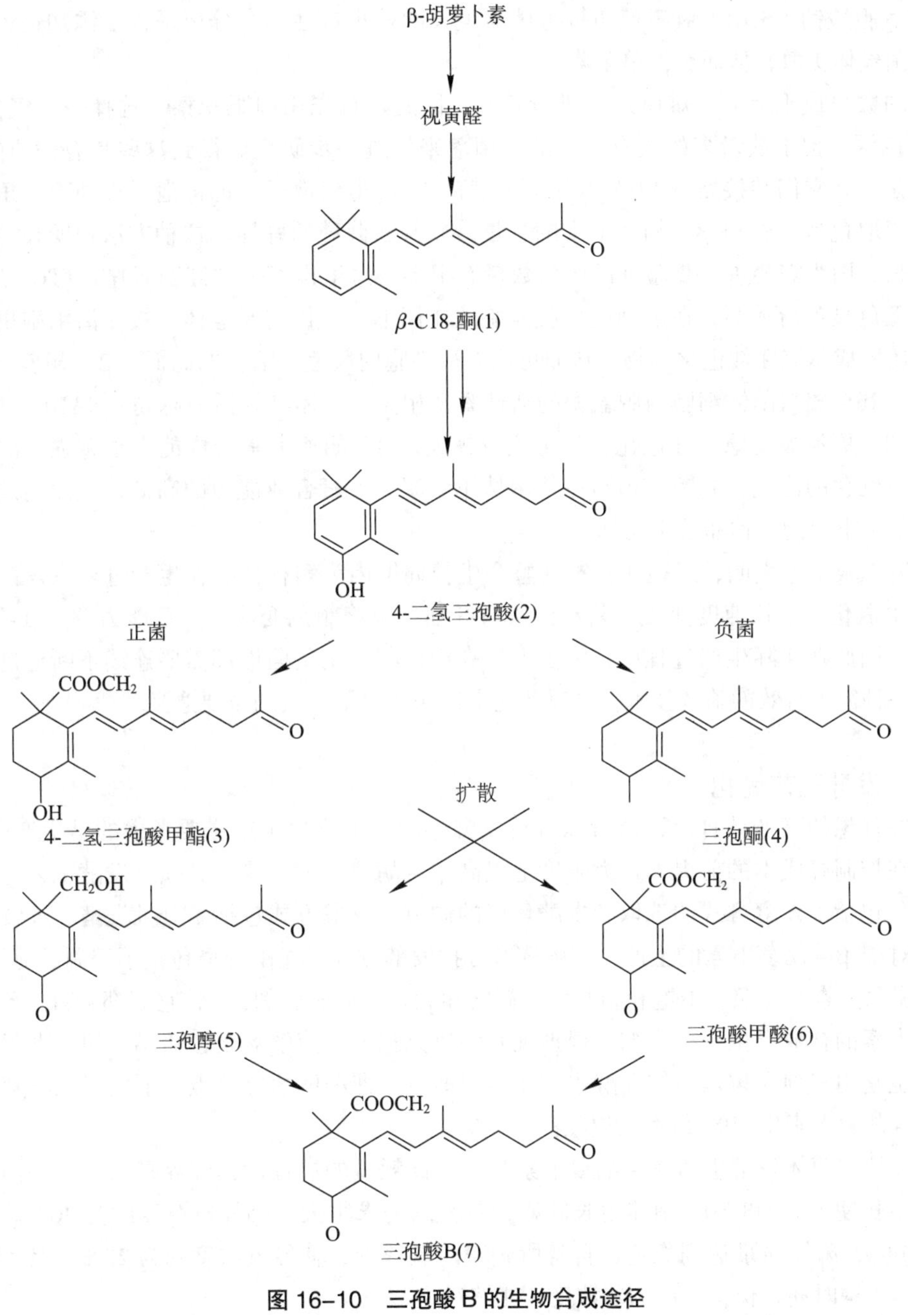

图 16-10 三孢酸 B 的生物合成途径

16.1.6 高产菌株的选育

高产菌株是工业化发酵生产的前提条件。在利用三孢布拉霉菌体发酵生产 β-胡萝卜素的过程中，首要任务就是选育出高产菌株，而选出高产菌株的前提是有高产 β-胡萝卜素的三孢布拉霉菌株。因此，菌株选育的第一步工作是将大量普通菌株采用一定的手段进行诱变，以期望得到一个有部分高产菌株的突变库。不同菌株采用的诱变方法差别不是很大，对于三孢布拉霉的诱变主要采用紫外线、$^{60}Co-\gamma$ 射线、亚硝基胍等比较传统的物化诱变方法。

接下来，要将上面构建的突变库中的大量菌株一个个分开，得到单菌落，以免不同菌体间相互干扰。但三孢布拉霉作为一种丝状真菌，生长旺盛，平板培养时，菌丝体迅速蔓延至整个平板，难以分离获得单菌落。因此，必须找到一种试剂能有效抑制三孢布拉霉的生长，但这种试剂毒性不能太大，否则会影响三孢布拉霉的生存、破坏 β-胡萝卜素的合成。研究发现，脱氧胆酸钠（SDC）正符合要求，利用脱氧胆酸钠（SDC）对三孢布拉霉菌体生长的较小毒性，在分离平板上添加适当浓度的SDC能有效抑制菌丝体扩散，从而获得单菌落。

单菌落的数目成千上万，难以逐一进行筛选。因此，首先用肉眼观察，选择一些气生菌丝粗壮、营养菌丝颜色深、孢子数量多的很有潜质的单菌落来做进一步研究。得到这些具有潜质的单菌落后，传统的方法是：将它们转接新鲜PDA培养基上培育7 d，得到孢子；再将孢子接种于三角瓶发酵7 d，收集菌体，提取色素，检测β-胡萝卜素的含量，以判断菌种的好坏。这种方法很明显的缺点是工作量大、周期长，因为需要进一步验证的菌株数量有很多。这里推荐一种红四氮唑（TTC）染色的方法，TTC是一种无色显色指示剂，在活细胞里脱氢酶的作用下，它作为受氢体，接受活细胞里基质脱下的氢离子，被还原成不溶性红色化合物，从而可以表征细胞内脱氢酶活性的高低。β-胡萝卜素是不饱和萜类化合物，其合成与菌体细胞内脱氢酶的活性紧密相关。菌体细胞活力越高，NADH、NADPH的浓度就越高，TTC更易被还原，红色化合物生成量越大，β-胡萝卜素合成能力也越强，因此，可以依据菌落染色后红色的深浅，判断三孢布拉霉菌株β-胡萝卜素合成能力的高低，从而高效快速地筛选出高产β-胡萝卜素的三孢布拉霉菌株。

此外，富尔根染色表明，三孢布拉霉在整个生长周期内为多核体。在生产过程中，菌体经过多次传代后易发生退化，生长速度变慢，菌丝体灰白纤细，菌落颜色变浅，产孢能力差，β-胡萝卜素产量显著下降。因此在实际生产过程中，为了保持高产性状，正负菌株都需要连续不断地进行筛选，特别需要建立一种简单有效的筛选技术，这就凸显出红四氮唑染色法的重要意义。

16.1.7 发酵工艺优化

在选育好理想的高产菌种后，就可以进行发酵生产。工业化生产主要考虑的是生产的经济效益。因此，为了在控制好成本的前提下最大限度地提高β-胡萝卜素产量，必须对发酵工艺进行优化。发酵工艺的优化包括了发酵方式的选取和发酵环境的调节。发酵方式包括了分批发酵、连续发酵和补料发酵三种，对于β-胡萝卜素的生产，一般选取分批发酵方式。发酵环境包括了碳源、氮源、溶解氧、抗氧化剂、微量元素、光照、不饱和脂肪酸、温度和pH等各种环境因子，它们都会对三孢布拉霉菌体内β-胡萝卜素的合成产生直接影响。根据现有的研究报道，溶解氧是影响β-胡萝卜素产量的关键因素之一，也是用三孢布拉霉菌体发酵生产β-胡萝卜素课题的研究热点。下面就以溶解氧的调节为例，介绍β-胡萝卜素生产的发酵工艺优化。

用三孢布拉霉菌体发酵生产β-胡萝卜素是一个高耗氧的过程，其临界氧浓度变化如图16-11所示。在菌体生长期（0~48 h），菌体生长旺盛，对氧的需求很大，临界氧浓度约为30%；在产物合成期（48~120 h），菌体质量达到稳定，自身所必需的氧减少，临界氧浓度约为20%，但此时是β-胡萝卜素合成的关键时期，保持较高的氧浓度，能够对菌体产生一定的氧化压力，极大地刺激β-胡萝卜素的生成。因此，在整个发酵周期中，对氧的需求量都较高。但是发酵液黏度高，菌体分散度差，氧气在水中溶解度低，这些不利因素都使得发酵液中的溶解氧很难满足三孢布拉霉菌体生长和β-胡萝卜素合成的需要。

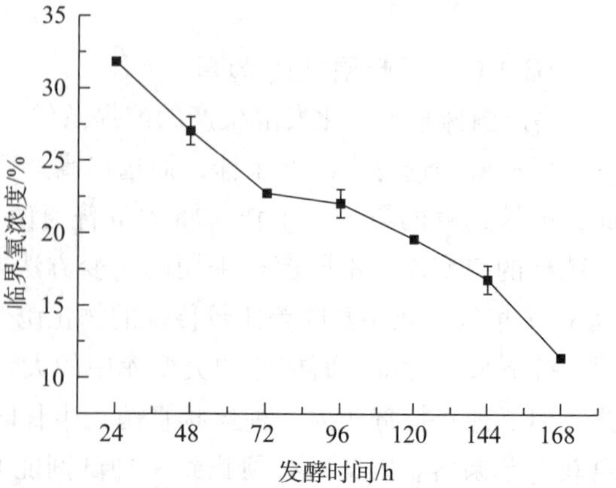

图16-11 发酵过程中三孢布拉霉临界氧浓度的变化

为了解决供氧不足的问题，首先应减少氧气在传递过程中的阻碍。由于三孢布拉霉生长旺盛，菌丝体相互缠绕，分散度很差，使得氧气传递困难，正负菌间也不能很好地进行接触反应。因此，传质限制是制约菌丝体生长和β-胡萝卜素合成的重要因素，必须设法使菌丝体分散开。研究表明，添加一定量的非离子表面活性剂Span 20，达到了预想的目的，其具体原理是：Span 20的非极性基吸附在三孢布拉霉菌体表面，降低了固液界面的张力并形成一定的空间位阻，有利于菌丝体在水相中分散。所以，在发酵液中Span 20的添加不但限制菌丝体的聚集，使菌丝体分散度增加，形态变小，强化传质，增加了菌体细胞的摄氧率，而且还增加了细胞膜的通透性，促进了三孢布拉霉正负菌间的反应，增加了三孢酸的生物合成，从而促进了β-胡萝卜素的合成。

在解决传质问题后，接下来应考虑的是生物反应器的通气系统。很明显，改变生物反应器的通气条件，提高通气量，可以强化发酵液的溶氧能力。在用搅拌釜生物反应器发酵生产β-胡萝卜素的过程中，搅拌速度和通气量都能显著影响菌丝体形态和生物量及溶氧体积传质系数，从而影响β-胡萝卜素的含量与产量。正负菌丝融合形成的接合菌丝有利于β-胡萝卜素的合成，高搅拌速率不仅会干扰正负菌丝的融合，还会产生较大的剪切力，对菌体造成损伤，使得β-胡萝卜素的产量降低。因此，在实际生产过程中，通常将参数控制为低搅拌速率和高通气量。

延伸阅读 16-2
溶解氧对β-胡萝卜素合成的影响

此外，为了在不增加能耗的基础上进一步提高发酵液的溶解氧浓度，可以添加一定量氧载体。氧载体是一种与水不互溶、具有很高溶氧能力的有机物，包括正十二烷、正己烷等。在载体中氧气的溶解度比在水中的溶解度高得多，它们能够与氧分子可逆结合，在一定的条件下，它们与氧分子结合形成加合物，在减小氧分压和升高温度后，它们又可逆地放出氧气而恢复原来的状态。这种增加溶氧的方法具有氧气传递速度快、利用率高、能耗低、气泡少、液体剪切力小等优点，能够很好地满足实际生产的需要。

通过上述方法的应用，溶解氧的问题得到了很好的解决。其他的优化方式也与溶解氧的调节差不多，它们都遵循一条相同的原则：采取一种最经济的方式，使发酵环境满足要求。

16.1.8 β-胡萝卜素的提取分离

现有工业化规模的提取类胡萝卜素的技术路线为：发酵结束收集湿菌体，先在40℃真空干燥48 h，再菌丝体粉碎过筛，最后用乙酸乙酯多次提取至菌体无色。该提取方法收率低，小于75%，且菌体β-胡萝卜素含量越低提取收率也越低。该方法还需要脱水干燥和菌丝体粉碎工序，工艺流程长、效率低、提取剂用量大，能耗和其他成本高，工业化应用受到限制。因此，研究一种工艺流程短、单次提取收率高且用时短、提取用量少、成本低、提取操作简单、质量可控且具备工业化生产应用潜力的提取方法，是工业化制备类胡萝卜素亟待解决的技术难题。目前，有关β-胡萝卜素提取分离的研究，多在菌体破碎方面，主要采用一定的物理手段包括超声、微波、蒸汽爆破等方法，直接破碎湿菌体，然后用丙酮将β-胡萝卜素提取出来。上述方法省略了真空干燥的步骤，提取率也较高。但超声、微波、蒸汽爆破等手段对设备的要求均较高，因此，还处于实验室研究阶段。

总之，无论在高产菌种选育、发酵工艺研究，还是在产物分离提取方面，尚有很多其他相关的研究报道，有些已经实际应用于工业生产，有些还处于实验室探索阶段。对于β-胡萝卜素的实际生产，还有许多难题如高产性状的不稳定、发酵能耗高、β-胡萝卜素提取率低等需要攻破。

16.2 多糖的发酵生产

多糖（polysaccharide）是由多个单糖分子缩合失水而成，是一类分子结构复杂且庞大的糖类物质。凡符合高分子化合物概念的碳水化合物及其衍生物均称为多糖，可用通式（$C_6H_{10}O_5$）$_n$表示。结构单位之间以苷键相连接，常见的苷键有α(1→4)、β(1→4)和α(1→6)-苷键。

自然界中糖类主要以多糖形式存在。多糖是高分子化合物，相对分子质量极大，它们大多不溶于水，属于非还原糖，不呈现变旋现象，无甜味，一般不能结晶。

延伸阅读 16-3
多糖在医药领域中的应用

16.2.1 多糖种类

根据糖类组成不同，可分为同多糖和杂多糖；根据生物来源不同，又可分为植物多糖、动物多糖和微生物多糖。微生物多糖是细菌、真菌和蓝藻等微生物在代谢过程中产生的对微生物有保护作用的生物高聚物，根据在细胞中不同的存在形式，通常被分为 3 种类型：

① 构成微生物细胞成分的胞内多糖；

② 黏附在细胞表面上的胞壁多糖；

③ 分泌到培养基中的胞外多糖，包括微荚膜、荚膜、黏液层和菌胶团。

常见已产业化的微生物多糖有以下几种：黄原胶、结冷胶、透明质酸、普鲁兰多糖等。

（1）黄原胶

黄原胶（xanthan gum），是一种胞外多糖。它是由 β(1→4)键连接的葡糖基主链与三糖单位的侧链组成，其侧键由 D- 甘露糖和 D- 葡萄糖醛酸交替连接而成，分子比例为 2 : 1；三糖侧链由在 C_6 位置带有乙酰基的 D- 甘露糖以 α(1→3) 链与主链连接，在侧链末端的 D- 甘露糖的羟基与丙酮酸的羰基形成缩醛。它属于水溶性胶，具有良好的水溶性、增黏性、假塑性和耐酸碱、耐盐、耐酶解的能力。现代工业生产上发酵黄原胶的菌种一般采用野油菜黄单胞菌（亦名甘蓝黑腐病黄单胞菌）(*Xanthomnas campestris*)、菜豆黄单胞菌（*X. phaseoli*)、锦葵黄单胞菌（*X. malvacearum*）和胡萝卜黄单胞菌（*X. carotae*）。

（2）结冷胶

结冷胶（gellan gum）是一种高分子线性多糖，由 4 个单糖分子组成的基本单元重复聚合而成，其基本单元是由 1,3- 和 1,4- 连接的 2 个葡萄糖残基、1,3- 连接的 1 个葡萄糖醛酸残基和 1,4- 连接的 1 个鼠李糖残基组成。结冷胶是用伊乐假单胞杆菌（*Pseudomonas elodea*）工业发酵得到的胞外多糖胶质凝胶剂，是一种新型的全透明的凝胶剂，在食品行业、医药行业、日化用品行业和造纸行业具有广泛用途。

（3）透明质酸

透明质酸（hyaluronic acid，HA），又称玻尿酸，是糖胺聚糖中的一种，为具有 *O*-*β*-D- 葡萄糖醛酸基（1→3）-*N*- 乙酰基 -*β*-D- 氨基葡萄糖基（1→4）为单位的双糖重复结构的一种酸性黏多糖。透明质酸常见于动物的关节液和眼球玻璃体等的分泌液，还可作为 A 型、C 型链球菌（*Streptococus*）等某些细菌的荚膜成分。发酵工业上采用利用马链球菌兽疫亚种（*S. equi*）生产透明质酸。

（4）普鲁兰多糖

普鲁兰多糖是由 α(1→4)糖苷键连接的麦芽三糖重复单位经 α(1→6) 糖苷键聚合而成的直链状多糖，可通过出芽短梗霉（*Aureobasidium pullulans*）发酵生产。该多糖有两个重要的特性：结构上富有弹性，溶解度比较大。普鲁兰多糖的成膜性、阻气性、可塑性、黏性均较强，并且具有易溶于水、无毒无害、无色无味等优良特性，已广泛应用于医药、食品、轻工、化工和石油等领域。

16.2.2 微生物多糖发酵生产工艺流程

目前，微生物多糖采取的生产工艺为：

保藏菌种→斜面活化→摇瓶种子（或茄瓶培养）→一级种子扩大培养→二级种子扩大培养→发酵罐发酵→多糖提取→干燥→粉碎→筛分→成品包装

16.2.3 黄原胶发酵原理及工艺控制

黄原胶是野油菜黄单胞菌以碳水化合物为主要原料，经发酵产生的一种微生物胞外杂多糖。

工艺控制：

（1）菌种分离与育种

菌种分离是黄原胶生产的第一步，能否得到优良性能的菌种，是发酵生产的关键因素之一。诱变育种是提高黄原胶生产效率的有效方法之一。诱变剂的种类很多，如紫外线、氯化锂、硫酸二乙酯和亚硝基胍等。用此方法筛选的突变菌株，能提高黄原胶的黏度、稳定性、盐溶性和耐温性，而且有些菌株经诱变处理后，可以使一些产色基因受到抑制或不能表达，从而降低了黄原胶的色泽，提高了产品质量。由于生物技术的迅速发展，基因工程定向育种是重要的育种手段。它将所需要的基因通过一定方式导入受体菌，然后筛选出目的基因能够表达的菌株。例如，敲除 *gumD* 基因可以得到无色黄原胶。

（2）培养基优化

黄原胶主要是由甘蓝黑腐病黄单胞菌进行有氧发酵生产，发酵培养基包括碳源、氮源、无机盐和有机酸等。碳源主要是葡萄糖、蔗糖、淀粉等。氮源有蛋白胨、酵母粉、玉米粉和一些无机氮化合物，其中有机氮源要优于无机氮源。黄原胶工业化生产氮源含量不能过高，因为这会造成菌体生长过剩，引起 C/N 减小，导致黄原胶产量降低。在培养基中添加某些氨基酸如谷氨酸可增加黄原胶的产量。某些无机离子和微量元素也能对菌体生长和产物合成产生影响，如镁、锰元素对菌体生长有刺激作用，碳酸钙不仅是 pH 的缓冲剂，还对黄原胶合成具有明显促进作用。

（3）发酵条件控制

黄原胶发酵的产量和质量除了受培养基的影响，还取决于发酵过程参数的控制，包括温度、溶氧、接种量等。一般认为黄原胶产生的最适温度为 30 ~ 33℃。细胞生长的最适温度为 24 ~ 27℃。发酵温度不仅影响黄原胶产率，还能改变黄原胶的结构组成。较高温度可提高黄原胶产量，但会降低产品中丙酮酸基团含量。因此，如需提高黄原胶产量，应选择温度在 31 ~ 33℃，而要增加黄原胶中的丙酮酸基团含量就应选择温度范围在 27 ~ 31℃。

pH 范围在中性时最适于黄原胶生产，随着产品产出，酸性基团增多，pH 降至 5 左右。控制反应中 pH 对菌体生长有利，但对黄原胶生产没有显著影响。溶氧对于需氧微生物的发酵极为关键，特别是在高黏度的发酵体系中，溶氧过低将会影响到黄原胶的丙酮酸含量及其分子质量，进而影响黏度。

（4）下游加工

黄原胶生产下游加工过程直接决定黄原胶的质量和生产成本，是黄原胶生产的关键工序。

16.2.4 黄原胶的提取与精制

大分子胞外多糖分离纯化步骤一般包括：发酵液预处理、粗提取、除蛋白质及小分子等杂质、除热源、醇沉等几个步骤。

大分子多糖通常具有较高的黏度，分离纯化时应首先了解发酵液的温度、浓度、无机盐、pH、剪切速度等因素对其黏度的影响，在保证多糖生物活性的前提下尽可能降低黏度以便提取分离。因此，提取分离前一般要对发酵液稀释处理。

目前，市售黄原胶主要有工业级、食品级及药用级等，不同级别的黄原胶质量标准不同，分离纯化的方法也不同。工业级黄原胶由发酵液粗提取即可实现，食品级、药用级黄原胶在发酵液预处理的基础上，还要经过固液分离、沉淀、干燥等步骤实现。对于黄原胶的提取与精制主要通过以下步骤得以实现。

放罐发酵液组分主要组成为：黄原胶 10 ~ 30 g/L，细胞 1 ~ 10 g/L，残余营养物质 3 ~ 10 g/L，及其他代谢物。预处理工序主要是去除菌体细胞和各种不溶性杂质，使黄原胶中不再含有活性菌体细胞、不溶性杂质及其他杂质和色素等。方法有过滤法、离心法、酶降解法和次氯酸盐氧化法等。

黄原胶分离提取方法如下。

（1）溶剂沉淀法

先将黄原胶发酵液用 6 mol/L HCl 酸化，然后加入工业酒精使黄原胶沉淀。过滤后沉淀物先后用工业酒精和 10% KOH 洗涤、过滤，沉淀物干燥后进行粉碎，经过筛分，制得成品。本法由于直接用 HCl 和工业酒精进行酸化沉淀，没有去除掉菌体，产品为工业级黄原胶。

溶剂沉淀法工艺简单，产品收得率高，产业化生产技术成熟，是目前国内采用的主要生产方法，但该方法溶剂用量大，需添置溶剂回收设备，投资较大，生产成本高。该法提取率在 97.7% 左右。

（2）钙盐 - 工业酒精沉淀法

在酸性条件下，黄原胶与氯化钙形成黄原胶钙凝胶状沉淀，加入酸性酒精脱去钙离子，使成短絮状沉淀。然后过滤，在沉淀物中加入酒精并用氢氧化钾溶液调节 pH，再过滤，得到工业级产品。本法与溶剂法相比，溶剂的耗用量较少，酒精用量减少一半，但在成品中带入了钙离子，成品颜色略灰。本法提取率在 93.2% 左右。

（3）絮凝法

絮凝剂与黄原胶作用产生絮状沉淀，将沉淀物脱水，得到湿滤饼。然后在适当条件下洗提湿滤饼，使其变为水溶性多糖，并过滤，将水溶性滤液干燥。经粉碎、筛分后得到合格的黄原胶成品。

（4）除菌澄清 - 超滤浓缩 - 混合溶液沉淀法

先用水稀释发酵液，然后离心分离去除菌体，超滤浓缩上述离心上清液，最后在 pH 11 ~ 13 条件下，用二价金属盐及与水相溶的有机溶剂配成混合液作为沉淀剂，将黄原胶沉淀析出。该法较大幅度地减少了溶剂的用量，并提高了黄原胶的产品纯度。

（5）酶处理——超滤浓缩法

本法用酶处理发酵液，将蛋白质水解，从而使发酵液变得澄清，简化了离心过滤工序。本法使用的酶包括碱性蛋白酶、酸性或中性蛋白酶，或复合酶。用酶处理后，提高发酵液澄清度，降低氮含量，改善过滤性能，在微孔过滤中过滤速度可提高 3 ~ 20 倍，成品质量也有所提高。

开放讨论题

试列举几种生活中常见的发酵食品，并说明发酵生产的主要生产菌种和发酵生产的典型过程。

思考题

1. 多不饱和脂肪酸的分类及命名原则是什么？
2. 脂肪酸合成途径的调控方法主要有哪几种？
3. 举例说明某种脂肪酸的微生物发酵过程。
4. β - 胡萝卜素生产菌株的诱变方法有哪些，各有何优缺点？
5. 请绘制黄原胶发酵生产工艺流程。
6. 请比较几种黄原胶分离提取方法的原理及优缺点。

推荐阅读

1. Liu N，Liu B，Wang G，et al. Lycopene production from glucose，fatty acid and waste cooking oil by metabolically engineered *Escherichia coli*. Biochemical Engineering Journal，2020，155：107488.

点评：利用大肠杆菌工程菌生产番茄红素，经高密度发酵后产量能达到2.7g/L，这是利用大肠杆菌生产番茄红素的最高产量。

2. Wood B J. Microbiology of fermented foods. Berlin：Springer，2012.

点评：该书介绍了食醋、酸黄瓜、橄榄油、可可、咖啡、茶、面包、豆豉等生活中常见食品的发酵过程。

网上更多学习资源……

◆教学课件　　◆自测题

17

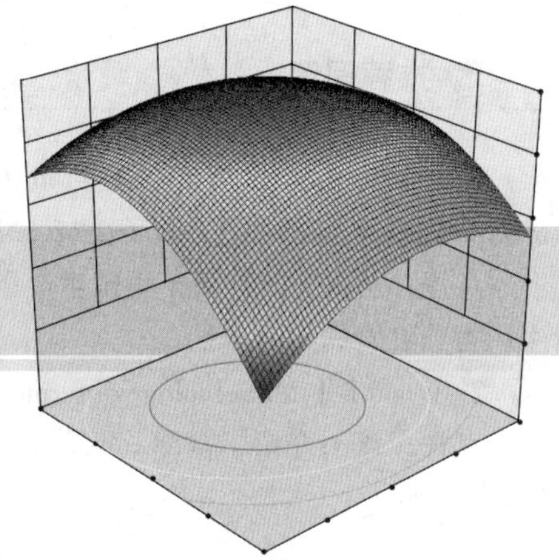

发酵工程在材料领域的典型应用

- **17.1 聚乳酸的生产与乳酸发酵**
  乳酸发酵菌种的选育；廉价生产原料的筛选；底物和产物抑制解除；高生产率发酵；目标产物的分离纯化；应用案例

- **17.2 聚羟基脂肪酸酯的发酵生产**
  PHA 简介；PHA 的生产菌株和原料；PHA 的生物合成途径；PHA 的发酵生产；PHA 的提取

- **17.3 长链二元酸的发酵生产**
  长链二元酸的应用；长链二元酸的来源；长链二元酸的发酵生产；长链二元酸的分离提取

- **17.4 细菌纤维素的发酵生产**
  细菌纤维素的特点；细菌纤维素的生物合成；细菌纤维素的发酵生产；展望

材料领域中的几种热门生物材料，如生物乙烯、聚乳酸、聚羟基烷基酸酯、长链二元酸衍生物、细菌纤维素等，都是发酵工程在生物材料制造领域中应用的典型案例。本章将对上述产品的发酵生产特点进行介绍。

教学目的与要求

（1）了解乳酸及聚乳酸的发酵生产。

（2）了解聚羟基脂肪酸酯的应用及发酵生产。

（3）了解长链二元酸的来源及生物合成方法。

（4）了解细菌纤维素的优点及大规模生产方法。

重点及难点

微生物发酵生产乳酸、长链二元酸及细菌纤维素等发酵工艺流程及其应用。

知识导图

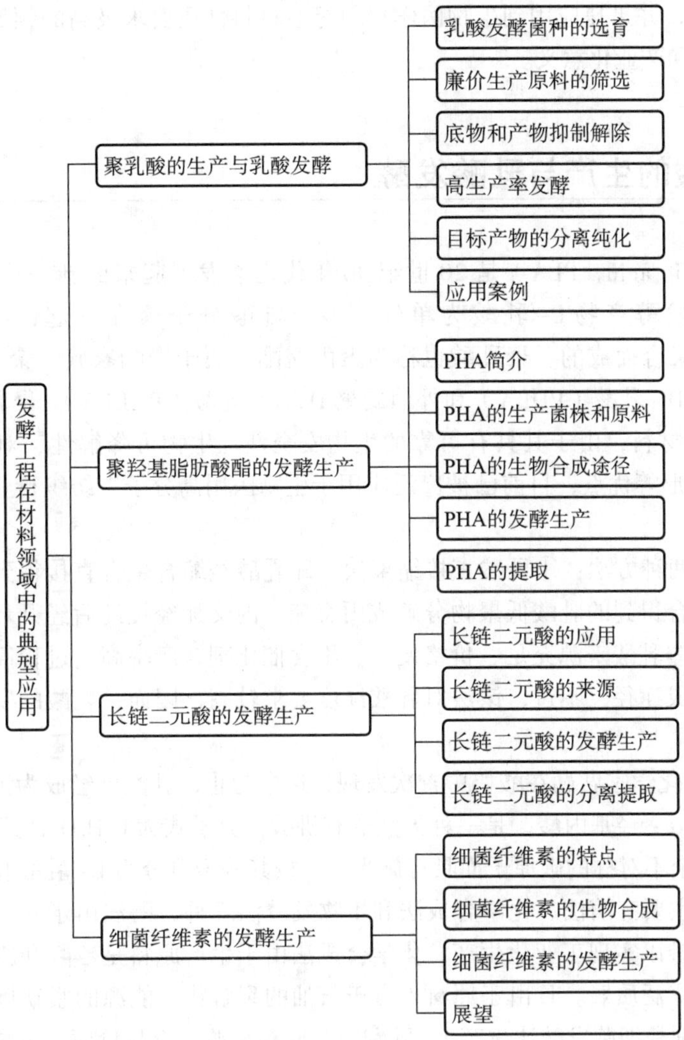

问题导读

（1）简述乳酸发酵对后续聚乳酸材料的影响。

（2）简述聚羟基脂肪酸酯的应用。

（3）简述长链二元酸的发酵生产方法。

（4）细菌纤维素与植物纤维素相比有哪些特点？

关键词

生物材料　聚乳酸　聚羟基脂肪酸酯　长链二元酸　细菌纤维素

材料是人类赖以生存和发展的物质基础。20 世纪 70 年代人们把信息、材料和能源誉为当代文明的三大支柱。20 世纪 80 年代以高技术群为代表的新技术革命，又把新材料、信息技术和生物技术并列为新技术革命的重要标志。生物材料科学，跨越了材料、医学、物理、生物化学和现代高科技等诸多学科领域，是 21 世纪新兴学科中最耀眼的新星之一。传统化学合成材料由于其难降解、毒性大、不可再生等特性，极大地限制了其应用领域，而生物材料由于其生物可降解性、生物相容性和可再生性，迅速引起全世界的关注，并迅速应用到生物医学材料等对材料性质要求极高的领域，在生物制造领域中具有极其重要的研究和产业化意义。

17.1 聚乳酸的生产与乳酸发酵

聚乳酸（polylactic acid，PLA）是 20 世纪 90 年代迅速发展起来的新一代可完全降解高分子材料，它是以微生物发酵产物 L- 乳酸为单体，多个乳酸分子聚在一起，-OH 与另一乳酸分子的 -COOH 脱水缩合聚合而成的。聚乳酸也称为聚丙交酯，属于聚酯家族。聚乳酸包括左旋聚 L- 乳酸（PLLA）、右旋聚 D- 乳酸（PDLA）和外消旋聚 D，L- 乳酸（PDLLA）。聚乳酸（PLA）是一种典型的可完全生物降解材料，由于其具有可靠的生物安全性、生物可降解性、对环境友好、良好的力学性能及易于加工成形等优点，目前已被广泛应用于生物医用高分子、纺织行业、农用地膜和包装等行业。

视频 17–1
环保塑料食用餐具

聚乳酸的合成有两种方法：①乳酸直接缩聚法，即乳酸经缩合聚合直接得到聚乳酸；②开环聚合法，即乳酸经缩合聚合得到的乳酸低聚物分解成丙交酯，丙交酯经提纯后经开环聚合得到聚乳酸。乳酸直接缩聚法由于单体乳酸来源充足、价格便宜、不含催化剂、产率高、过程简单及流程简短等优点成为聚乳酸的主要合成途径，不过，该法对乳酸纯度要求较高，因而，乳酸的发酵生产则成为聚乳酸合成的重中之重。

发现之旅 17–1
聚乳酸产业化及加工成型关键技术获突破

乳酸是 1780 年由化学家席勒在酸奶中首次发现，迄今为止，乳酸已经成为世界上公认的三大有机酸之一。乳酸，又称 α- 羟基丙酸，是一种天然的有机酸，分子式为 $C_3H_6O_3$，其相对密度约为 1.206 4（25℃），因其含有一个不对称的碳原子而具有旋光性。按其构型可分为 L- 乳酸和 D- 乳酸两类。

乳酸的生产方法主要有酶法、化学合成法和生物发酵法三种，酶法由于其工艺比较复杂，并且所用酶制剂价格较高，难以实现工业化生产，化学合成法由于生产原料是乙醛和剧毒物氢氰酸，食用安全性难以保证，受到广泛质疑。且由于原料来自于石油的裂解物，能源的紧缺极大地限制化学合成法生产乳酸。发酵法特别是细菌发酵法生产 L- 乳酸因其原料来源广泛且价廉、乳酸光学纯度高、安全性好、生产成本低等特点而成为目前 L- 乳酸生产的主要方法。

本节将从乳酸发酵菌种的选育、廉价生产原料的筛选、底物和产物抑制解除、高生产率发酵、目标产物的分离纯化等乳酸发酵的几个重要方面展开介绍。

17.1.1 乳酸发酵菌种的选育

大自然中可以产生乳酸的微生物很多，但目前应用于工业发酵生产乳酸的常用微生物仅有两大类，一类为细菌，包括乳杆菌属（*Lactobacillus*）、链球菌属（*Streptococcus*）、乳球菌属（*Lactococcus*）和芽孢杆菌属（*Bacillus*）；另一类为霉菌（mould），多采用根霉（*Rhizopus*）。细菌乳酸发酵多为同型乳酸发酵，根霉则为混合酸发酵，同型乳酸发酵工业意义更大。随着对细菌发酵 L- 乳酸优点的认识，细菌发酵 L- 乳酸成为国内外研究的热点。

乳酸菌是一类能发酵糖、主要生成乳酸的细菌的总称，兼性厌氧或专性厌氧，营养类型为化能异养型，它们缺乏对许多有机化合物的合成能力，必须提供多种营养物质和生长因子。

菌种是工业生产乳酸的首要问题，因而选育高产高鲁棒性乳酸工业生产菌株具有十分重要的意义，下面简要介绍常见的基因工程手段构建优良菌株的方法。

（1）全局转录机器工程（gTME）

利用易错 PCR 或 DNA 改组等方法，改造 RNA 聚合酶亚基编码基因或转录因子来改变相关基因的转录水平，筛选出需要的表型。

（2）多重自动基因组改造（MAGE）

TAG 终止密码子是大肠杆菌基因组中最稀有的，只有 314 个，这也让它成为替换的首要目标。研究人员利用 MAGE 这种方法，用同义的 TAA 密码子进行位点特异性替换 32 种大肠杆菌菌株中的 TAG 终止密码子，可以考虑将此方法应用于乳酸菌中。

（3）基因组改组（genome shuffling）

通过对出发菌进行传统的诱变并获得一个突变体库，从中筛选出若干正突变株作为原生质体融合的出发株，然后经过多轮的递推式原生质体融合使众多突变株的基因发生随机重组，最终从融合菌中筛选出性状被提升的目的菌株。

（4）集群规律穿插短回文重复-Cas9 核酸酶（CRISPR-Cas9）

CRISPR/Cas 是细菌和古细菌在长期进化过程中形成的一种适应性免疫防御，为了对抗入侵的病毒及外源 DNA。CRISPR/Cas 系统通过将入侵的噬菌体和质粒 DNA 片段整合到 CRISPR 中，并利用相应的 CRISPR RNAs（crRNAs）来指导同源序列的降解，从而提供免疫性。

crRNA 通过碱基配对与 trans-activating RNA（tracrRNA）结合形成 tracrRNA/crRNA 复合物，此复合物引导核酸酶 Cas9 蛋白在与 crRNA 配对的序列靶位点剪切双链 DNA。通过人工设计这两种 RNA 可以改造形成具有引导作用的 short guide RNA（sgRNA），从而引导 Cas9 对 DNA 的定点切割，最终便利地实现基因组编辑以及基因组调控。

17.1.2 廉价生产原料的筛选

乳酸发酵选择发酵原料的原则有如下几条：①低廉的价格；②几乎没有杂质和污染物；③碳源被微生物利用速率较快，发酵转化率较高；④几乎不产生副产物；⑤前处理过程尽量简便；⑥原料丰富易得；⑦乳酸生产厂尽可能建在原料产地附近，以便就地取材，节省运输成本。

乳酸发酵生产总成本一般由原料、发酵、分离和纯化及精制等部分费用构成，Akerberg 和 Zacchi 分析认为，生产原料成本约占乳酸总生产成本的 30%～40%，是造成目前乳酸生产成本较高的一个主要因素。因此，削减原料成本成为乳酸发酵研究的热点，其途径主要包括：①寻找廉价碳源，如淀粉质或糖质的非粮碳源和纤维素质的工农业废弃物是一个极有潜力的替代方向，因为淀粉极易转化成葡萄糖被微生物利用，预处理费用相对较低。纤维素类物质是制备发酵工业培养基的潜在资源库，如果将这些纤维素转化成可发酵的糖，也可以缓解发酵工业淀粉原料短缺、成本上涨的问题。②从农副产品中筛选廉价的氮源，以替代昂贵的蛋白胨，其中最为重要的是寻找廉价等效的酵母粉替代物。氮源在乳酸发酵上用量虽不多，但因其价格昂贵，市场价格远高于碳源，约占原料成本的 38%，因此，筛选廉价氮源是削减原料成本的有效方法。

17.1.3 底物和产物抑制解除

乳酸发酵生产存在着典型的底物抑制和产物抑制。底物抑制主要是指葡萄糖抑制，这种现象在高浓度底物发酵中普遍存在；产物抑制主要是指乳酸或乳酸盐的反馈抑制。它们会直接影响细胞的正常生长和乳酸的生物合成，近年针对这两类抑制的解除开展了系列研究，取得一定的进展。为解除底物—还原糖的抑制，采用了补料发酵技术，先使培养基中的初糖浓度处于较低水平，然后补加高浓度的糖液，以便满足细胞生长和代谢的碳需求，这样就不会在发酵刚开始进行时就产生抑制效应。

解除产物—乳酸和乳酸盐的抑制主要采取中和剂法和产物在线（原位）分离法。中和剂法是解除乳酸产物抑制的传统方法，其优点是工艺简便、设备简单，缺点是原料消耗大、产物分离复杂、污染较大。

常用的中和剂为 $CaCO_3$ 粉末、6 mol/L 氨水和 6 mol/LNaOH，三者之中，$CaCO_3$ 粉末 pH 调节缓慢，将 pH 调节在 4.9 ~ 5.2 范围内。$CaCO_3$ 的优点是将发酵液中的部分乳酸以乳酸钙的形式沉淀下来，方便于下游乳酸的分离提取，因此，$CaCO_3$ 对于传统的乳酸分批式发酵，仍是一种较经济的中和剂。氨水和 NaOH 溶液都能较准确地将发酵液的 pH 调控在 6.0，其中氨水既有利于乳酸菌的生长又能促进乳酸的生物合成，相比较而言，氨水是最理想的乳酸发酵中和剂。但应该注意的是，考虑到发酵液的渗透压因素对菌体的影响，不同的菌种应选择不同的中和剂。

解除乳酸或乳酸盐产物抑制的另一个思路是在发酵过程中及时地移走发酵液中的乳酸或乳酸盐产物，降低发酵液中的产物浓度以解除其对细胞的压力。

17.1.4 高生产率发酵

对于批式发酵，提高生产速率可以缩短发酵周期；对于半连续和连续发酵，高的生产速率可以减少能耗和提高后续产物分离纯化的效率，具有重要的工业生产意义。在生物乙醇和一些有机酸的发酵生产中，采用高密度发酵技术来实现高产率发酵。为了获得较高的细胞密度，细胞循环技术被采用，一般通过微滤和超滤来实现，将被膜组件截留的细胞送回反应器再次利用，使反应器中的细胞处于指数期，从而绕过较长的延迟期；也有将膜分离与电渗析串联，再与生物反应器偶联起来，实现连续发酵、在线分离的偶合生产，可以明显提高乳酸的生产速率。

17.1.5 目标产物的分离纯化

乳酸或乳酸盐的下游分析纯化，传统的两条路线是：①发酵液澄清，乳酸盐浓缩，乳酸钙结晶，硫酸酸化得到粗乳酸；②发酵液中的乳酸钙结晶沉淀、过滤、溶解，随后用硫酸酸解，活性炭脱色，离子交换纯化，得到粗乳酸。传统工艺中剩余的碳酸钙沉淀和菌体混合在一起难以分离，酸解后产生大量的硫酸钙废渣与脱色后的活性炭粉末难以处理。发酵液主要包含诸如残糖、蛋白质、色素和其他有机酸杂质，可以通过萃取、吸附、电透析、酯化、精馏及水解等方法去除。

乳酸的有机溶剂萃取曾经研究较多，但是乳酸具有较好的水溶性，传统的有机溶剂萃取效率极低。一种称为反应萃取的方法，是利用萃取剂与被萃取物之间的化学反应进行萃取，生成的复合物溶解于有机相，乳酸再从有机相分离出来，萃取效率较高。

乳酸可以在较高 pH 的发酵液中被萃取出来，甚至反复萃取，且萃取剂可回收和多次循环利用，因此，萃取剂和稀释剂不得对发酵的微生物有毒性，如果能找到这样的萃取剂，就可以实现连续发酵与萃取。

膜萃取克服了萃取发酵中诸多缺点如不会返混，而且萃取剂不会直接接触微生物，从而确保了生物相容性。此外，该法不用搅拌，潜在效率高。因此，膜萃取是一个非常有希望替代传统萃取分离乳酸的技术。

17.1.6 应用案例

案例 1：利用橡木水解淀粉、柿子汁和麦麸作为营养物质发酵生产 L- 乳酸

该研究提出一种全新的非粮材料利用方式，即采用水解橡子淀粉和柿子汁作为碳源和生长因子来生产 L- 乳酸。另外，也采用前期工作中获得的廉价的麦麸水解物作为氮源，余龙江课题组的卢正东博士研究发现低碳氮比有助于提高 L- 乳酸的产量。同时，采用响应面分析方法对培养基成分中柿子汁和麦麸水解物用量进行优化，结果在 5 L 发酵罐中，最优条件下即柿子汁为 12.30 g/L、麦麸水解物为 24.55 g/L 时，每 100 g 干橡子可以生产 L- 乳酸 45.78 g，终浓度达到（57.61 ± 1.37）g/L，产率为（1.60 ± 0.12）g/（L · h）。通过使用不同的原材料：橡子淀粉、木薯淀粉、玉米淀粉进行批次发酵生产

L- 乳酸，采用橡子淀粉时 L- 乳酸的产量和产率最高。因而，橡子淀粉可以作为 L- 乳酸生产中谷物原料的较佳替代品。

案例 2：通过发酵偶联膜分离反应器提高中试规模 L- 乳酸产量

该案例主要关注提高 L- 乳酸的体积产率来降低 L- 乳酸的生产成本。在 L- 乳酸生产过程中，批次发酵应用最为广泛，但是由于较长的发酵时间（50 ~ 70 h），依然存在明显的不足。低体积产率意味着发酵过程的高能耗，而体积产率可以通过细胞循环利用技术以达到高密度发酵进而提高乳酸产量。常规手段是采用超滤进行细胞的回收，但超滤由于滤膜的细微孔径和过滤过程中过高的工作压力对细胞有较大的损伤。

使用非粮材料盾叶薯蓣和柿子汁作为细胞循环发酵的部分培养基替代物，并采用一个 3 000 L 的微滤膜过滤设备进行细胞的循环发酵，重复补料培养基用作底物抑制的缓解作用，当等量糖被消耗时，L- 乳酸的最大产量为（157.22 ± 3.42）g/L，产率为（8.77 ± 0.15）g/（L · h），较传统批次发酵提高了 4.23% 和 315.64%。由于产量和产率的提高，L- 乳酸的生产成本成功降低了 2/3。

通过偶联微滤膜过滤设备，12 轮细胞循环发酵在中试规模设备中成功进行（图 17–1）。微滤膜过滤产率达到（61.27 ± 2.74）L/（m^2 · h），与超滤相比提高了 172.8%，细胞损伤率下降至 3.88% ± 0.18%，与超滤相比降低了 85.77%。在膜过滤过程中，相比有机超滤膜，陶瓷膜表现出在温度、压力和酸耐受方面的优势，该研究结果可以为 L- 乳酸工业规模生产降低生产成本提供参考。

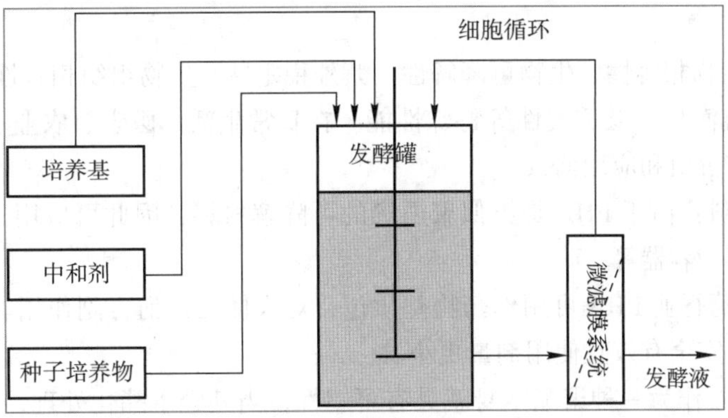

图 17–1　发酵罐与微滤膜过滤设备偶联生产 L- 乳酸的膜反应器系统

17.2　聚羟基脂肪酸酯的发酵生产

17.2.1　PHA 简介

聚羟基脂肪酸酯（polyhydroxyalkanoates，PHA）是广泛存在于微生物体内的一类生物聚酯，在生物体内主要作为碳源和能量的贮藏物质。PHA 是近 20 年来迅速发展起来的生物高分子材料，是一种典型的“低碳材料”。

> 深入学习 17–1
> PHA 为何被称为“低碳材料”

（1）PHA 的结构和分类

PHA 由含有羟基的脂肪酸单体组成，单体的羧基与相邻单体的羟基之间形成酯键，分子结构如图 17–2 所示。

> 深入学习 17–2
> 了解更多有关 PHA 知识

根据 PHA 的单体组成，可将其分成 3 类：①单体组成在 3 ~ 5 个 C 原子的 PHA 称为短链 PHA（short chain length PHA，scl PHA）；②单体组成在 6 ~ 16 个 C 原子的 PHA 称为中长链 PHA（medium chain length PHA，mcl PHA）；③由短链和中长链单体共聚形成的短链中长链共聚 PHA（scl–mcl

PHA)。按照单体单元的连接方式不同，PHA可大致分为3类：①只含有一种单体的均聚PHA(homopolymer)；②由两种或者更多种单体单元随机聚合而成无规共聚PHA(random copolymer)；③主链由两个或两个以上的链段构成，且每一链段只含有一种单体单元的嵌段共聚PHA(block copolymer)。

深入学习 17-3
常见的PHA单体结构组成

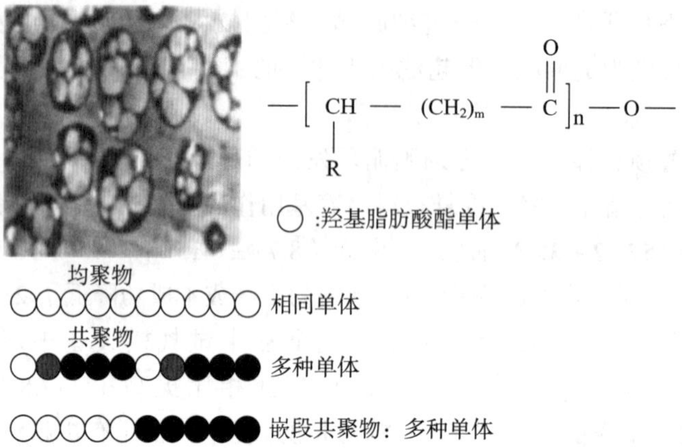

图 17-2 PHA 结构通式

(2)PHA 的应用

PHA具有良好的生物相容性、生物可降解性、紫外稳定性、生物组织相容性和塑料的热加工性能、光学活性、压电性、抗潮性、低透气性等特殊性能。在日常生活、医学、农业、工业、环境保护等各个领域有着巨大的研究价值和应用前景。

① 可降解包装材料：由于PHA是类似聚丙烯的可降解材料，因此可应用于制造可抛弃型的材料用具，如手袋、包装膜、容器等。

② 医药行业：医药行业PHA可用作药物基质包，对人体无任何毒副作用。PHA还可以用来生产手性药物，使用起来更安全有效且使用剂量更小。

③ 生物能源：PHA作为一种聚酯本身就具有可燃性，当其经甲酯化处理，PHA可得到3-羟基脂肪酸甲酯，可以直接作为生物燃料，燃烧热稍低于乙醇。

④ 提高微生物的适应性：PHA的合成能提高非PHA生产菌株的抗压能力，相关的合成机制可借用来改善在不断变化的包括温度、pH、底物类型和浓度等环境压力下工作的非PHA生产菌的生产能力。

深入学习 17-4
PHA的其他应用

⑤ 食品行业：PHA可用来代替奶油，具有奶油的口感，若减少或者除掉其中的脂肪，可形成低脂肪或者无脂肪产品，主要用于冰淇淋、酸奶酪、色拉味调料、牛奶、调味料等。

17.2.2 PHA 的生产菌株和原料

(1)PHA 生产菌株

目前，研究人员在各种环境中分离到可以合成PHA的细菌超过65属300多种，但是发酵水平较高的野生型菌株只有真氧产碱杆菌(*Ralstonia eutropha*)、恶臭假单孢菌(*Pseudomonas putida*)、甲基营养菌(*Methylotrophs*)等少数几种。用于各种PHA大规模生产的野生型细菌和重组细菌，如表17-1所示。

真氧产碱杆菌(*R. eutropha*)是目前研究最为广泛的PHA生产菌种，它可以利用葡萄糖、果糖、醋酸等简单碳源大量积累PHA。在均衡的营养条件下，*R. eutropha*胞内PHB的积累量低于细胞干重(CDW)的3%，而碳源充足，氮源、磷源等限制补充时，该菌胞内PHB的积累量可以高达细胞干重的80%。

肥大产碱杆菌(*Alcaligenes latus*)在利用葡萄糖、蔗糖做碳源的情况下，合成PHB的速率与*R. eutropha* H16不相上下。通过加大接种量，可以大大缩短发酵时间，以*A. latus*为生产菌，采用高密度发酵方法培养 18 h，得到细胞干重为 142 g/L，PHB 产量为 68 g/L。

假单胞菌属（*Pseudomonas*）是另一类 PHA 生产菌，其中包括嗜油假单胞菌（*Pseudomonas oleovorans*）、恶臭假单胞菌（*Pseudomonas putida*）、斯式假单胞菌（*Pseudomonas stutzeri*）、荧光假单胞菌（*Pseudomonas Fluorescens*）等，均能利用廉价碳源高效生产 PHA 或 PHB。

表 17-1 用于 PHA 大规模生产的野生菌株和工业化菌种

菌株	DNA 修饰	PHA 类型（产量）/（t·年）	G · Source	总重 /（g/L）	PHA/ 干重	公司
真氧产碱杆菌	No	PHB（10）	葡萄糖	> 20	80%	天津北方食品有限公司
大肠杆菌	phbCAB + vgb	PHB（10）	葡萄糖	> 150	> 80%	江苏蓝天化工有限公司
真氧产碱杆菌	No	PHB（300 ~ 2 000）	葡萄糖，Propionale	> 160	> 75%	英国帝国化学工业集团；宁波天安（集团）股份有限公司
肥大产碱杆菌	No	P3HB4HB（>10 000）	葡萄糖，1,4-丁二醇	> 100	> 75%	美国 Melabolix 公司
大肠杆菌 真氧产碱杆菌	phbCAB phbCAC	PHBHHx（1）	脂肪酸	> 100	> 80%	天津国韵生物材料有限公司；美国宝洁公司；日本 Kaneka 公司
嗜水气单胞菌	No	PHBHHx（1）	月桂酸	> 50	> 50%	美国宝洁公司；江门生物技术开发中心
嗜水气单胞菌	phbAB + vgh	PHBHHx（0.1）	月桂酸	50	> 50%	山东鲁抗医药股份有限公司
恶臭假单孢菌	No	mel PHA（1）	脂肪酸	45	> 60%	瑞士 ETH 公司
芽孢杆菌	No	PHB（5）	蔗糖	> 90	> 50%	巴西 Biocyles 公司

（2）生产原料

对于大规模应用来说，PHA 生产成本必须足够低，否则 PHA 无法进入市场。目前，PHA 生产主要依赖于微生物发酵，在微生物发酵合成 PHA 的所有发酵条件因素中，原料是一个重要因素，其成本占到总成本的 28% ~ 50%。采用廉价原料将在很大程度上降低 PHA 的生产成本。

甲醇是一种大宗工业原料，与葡萄糖等碳源相比较，在价格上具有很大的优势。*Methylobacterium extorquens* DSMZ134 利用甲醇为原料积累 PHA，优化好的培养基在 5 L 发酵罐中进行小试，最后得到细胞干重为 15.4 g/L，PHA 积累量达到细胞干重的 62.3%。*Methylobacterium sp.* ZP24 能够利用乳糖或蔗糖等二糖合成 PHA，在分批补料研究中，间歇补加乳糖和硫酸铵，PHA 产量提高了 1.5 倍。乳清是牛奶加工工业中产生的副产物，富含糖类、蛋白、维生素等营养物质，以它作为主要碳源替代乳糖生产 PHA 时，产量可提高 2.5 倍。以乳清和硫酸铵为底物，限制溶氧，PHA 产量提高了 4.58 倍，以乳清替乳糖生产 PHA，不仅可以减少生产成本，而且还提高了乳清的附加值，为乳清的合理利用开辟了一条绿色途径。此外，还可以利用废弃油脂（如生物柴油的副产物甘油、餐厨废油等）合成 PHA，如能进一步形成产业化的工艺，有望大大降低 PHA 的生产成本。

17.2.3 PHA 的生物合成途径

深入学习 17-5
PHA 生物合成途径

很多细菌能够在自然条件下积累 PHA，其生物合成途径主要有 3 条（图 17-3），所需的酶及其底物特异性各有不同。根据合成途径的不同和相关酶的底物特异性，PHA 的单体结构也多种多样，其中 3- 羟基脂肪酸单体包括了 3- 羟基丙酸到 3- 羟基十六酸的所有成员，此外还有 4-、5-、6- 羟基脂肪酸以及含有不饱和键、带有甲基侧链或者其他功能基团的 3- 羟基脂肪酸作为 PHA 单体的情况。

（1）由乙酰辅酶 A 合成 PHB 途径

聚 3- 羟基丁酸酯（polyhydroxybutyrate，PHB）是结构最简单、最早被发现的 PHA 成员，其生物合成途径以罗氏真养菌 *Ralstonia eutropha* 为代表。糖类碳源经过糖酵解途径生成乙酰辅酶 A，β – 酮基硫解酶 PhaA 催化 2 个乙酰辅酶 A 缩合形成乙酰乙酰辅酶 A，然后在 NADPH 依赖的乙酰乙酰辅酶 A 还原酶 PhaB 的作用下还原为（R）-3- 羟基丁酰辅酶 A，最后由 PHA 合酶 PhaC 聚合成 PHB。

（2）由脂肪酸 β – 氧化途径合成 PHA

以铜绿假单胞菌 *Pseudomonas aeruginosa* 和豚鼠气单胞菌 *Aeromonas caviae* 为代表的细菌能利用脂肪酸的 β – 氧化途径合成 PHA。β – 氧化途径的中间产物烯脂酰辅酶 A 在水合酶 PhaJ 的催化下形成（R）-3- 羟基脂酰辅酶 A，再由 PHA 合酶聚合成 PHA。

（3）由脂肪酸从头合成途径合成 PHA

以恶臭假单胞菌 *Pseudomonasputida* 为代表的细菌，能够利用脂肪酸从头合成途径合成 PHA。乙酰辅酶 A 进入脂肪酸的从头合成途径后，其中间产物（R）-3- 羟基脂酰 -ACP 在酰基转移酶 PhaG 的催化下形成（R）-3- 羟基脂酰辅酶 A，然后由 PHA 合酶聚合成 PHA。

细菌合成 PHA 所利用的碳源中，结构与 PHA 单体类似的被称为相关碳源，如脂肪酸等；结构与 PHA 单体不同的被称为非相关碳源，如糖类碳源。很多细菌可以利用相关碳源合成包含有多种不同单体的 PHA，如细菌可以利用 3- 羟基丙酸（3HP）、4- 羟基丁酸（4HB）和 5- 羟基戊酸（5HV）等相关碳源合成包含有 3HP、4HB 或 5HV 的 PHA。

17.2.4 PHA 的发酵生产

（1）短链 PHA 的发酵生产

短链 PHA（short-chain-length PHA，scl PHA）的单体碳原子个数在 3 ~ 5 个，主要包括聚 3- 羟基丁酸酯、聚 3- 羟基丁酸 3- 羟基戊酸酯（PHBV）和聚 3- 羟基丁酸 4- 羟基丁酸酯（P3HB4HB）等。*R.eutropha* 是最常见的 scl PHA 生产菌，它能利用糖类碳源积累超过细胞干重 80% 的 PHB，细胞干重可达 200 g/L 以上；当添加丙酸或 4- 羟基丁酸等作为 3HV 或 4HB 的前体时，*R.eutropha* 能够合成 PHBV 或者 P3HB4HB。广泛产碱菌 *Alcaligeneslatus* 也可以用来生产 PHB 或 PHBV，其优点是生长迅速，能利用蔗糖为碳源，但是 PHB 含量较低，一般只能达到细胞干重的 50% 左右。

（2）中长链 PHA 的发酵生产

中长链 PHA（medium-chain-length PHA，mcl PHA）的单体碳原子个数在 6 ~ 14 个。嗜油假单胞菌 *Pseudomonas oleovorans* 能够利用烷烃为碳源合成 mcl PHA，采用两步法连续发酵，前期积累生物量，后期限制氮源供给积累 PHA，能够获得超过细胞干重 60% 的 mcl PHA，产率为 1.1 g/（L · h）。*P. putida* 可以利用脂肪酸作为碳源合成 mcl PHA，采用脉动补料法，既可以防止碳源限制，又可以防止脂肪酸积累到可以产生抑制的浓度，36 h 发酵可获得生物量 131 g/L，PHA 含量 59%，最大产率为 2.3 g/（L · h）。

（3）短链中长链共聚 PHA 的发酵生产

短链中长链共聚 PHA（scl-mcl PHA）是指 3HB 与长链 mcl 3HA 单体（C6-C14）形成的共聚

物，根据单体组成不同其性能可以从硬塑料到弹性体之间有很大调节空间。嗜水气单胞菌 *Aeromonas hydrophila* 可以利用超过 12 个碳原子的脂肪酸积累 3- 羟基丁酸和 3- 羟基己酸共聚酯（PHBHHx）。据报道，在 20 000 L 的发酵罐中 *A. hydrophila* 两步法培养生产 PHBHHx 的实验，细胞最初在 50 g/L 的葡萄糖中培养，之后在 50 g/L 的月桂酸中限磷培养，最终培养 46 h 后得到的细胞干重和 PHA 含量分别为 50 g/L 和 50%，共聚物中 3HHx 的单体含量为 11%。

17.2.5 PHA 的提取

目前限制 PHA 大规模工业化应用的一个主要原因是它的提取成本较高，所用的提取剂是影响 PHA 生产成本的重要因素，也直接影响到回收率的大小、相对分子质量的大小和产品纯度的高低。

（1）有机溶剂萃取法

溶剂萃取法的基本原理是有机溶剂一方面改变细胞壁和膜的通透性，另一方面能使 PHA 溶解到溶剂中，而非 PHA 的细胞物质（NPCM）不能溶解，从而将 PHA 与其他物质分离开来。用于萃取 PHA 的溶剂主要有四氢呋喃、氯代烃（如氯仿、1,2- 二氯乙烷、二氯甲烷等）、乙酸酐、碳酸乙烯酯及碳酸丙烯酯等。溶剂萃取法操作简单、步骤少，并且有机溶剂对 PHA 分子不产生降解作用，所获得的 PHA 纯度高，相对分子质量大。但存在一些缺点：① PHA 在有机溶剂中溶解度较低，并且含量达到 5% 时，溶液就变得黏稠，使得 PHA 的提取变得很困难；②经过多次提取仍有一定量的 PHA 存在于菌体中，提取率难以达到很高；③使用大量有毒、易爆、易挥发溶剂，成本高昂、环境污染严重且操作不便。因此，用有机溶剂提取 PHA 通常作为实验室的一种提取方法。

（2）次氯酸盐法

次氯酸钠能够破胞且对细胞中的 NPCM 的消化很有效，因而所得产品的纯度较高，与有机溶剂萃取法相比，处理过程简单，提取速度快。该法最大的优点是不使用大量有机溶剂，但由于次氯酸钠对 PHA 分子有严重的降解作用，因而所获得的 PHA 相对分子质量小。如果想获得高纯度和高相对分子质量的 PHA，菌体与次氯酸钠浓度比一定要合适，而且当理想的纯度达到后要将 PHA 尽快从次氯酸钠溶液中分离出来，否则 PHA 在达到最高纯度后将继续被降解。

（3）次氯酸盐——氯仿法

氯仿法对 PHA 降解少，所得 PHA 相对分子质量大，而次氯酸盐法 PHA 纯度高，但相对分子质量小。将两者优势结合起来，次氯酸钠在液相中从细胞里分离出 PHA，释放出的 PHA 立即转移到氯仿中，由于 PHA 是疏水亲油物质、细胞膜具有亲水性，从而避免了 PHA 分子被次氯酸钠进一步破坏。在该方法中次氯酸钠主要起破胞作用，氯仿对破胞产生的 PHA 起保护作用，因而不但可得到较高纯度（97%）的 PHA，而且 PHA 被次氯酸钠降解程度大大减少，在初始相对分子质量为 127.2 万的情况下，提取得到的相对分子质量达到 102 万。同时由于破胞较完全，因而可获得较好的提取收率（91%）。但该方法仍然需要使用大量有机溶剂，并且操作比较复杂，限制了其在工业上的应用。

（4）次氯酸盐——表面活性剂法

阴离子表面活性剂（SDS）破胞原理是表面活性剂分子能插入到细胞膜的双层脂质体中，表面活性剂浓度越大，插入到细胞膜中的分子越多，膜体积也被越撑越大，达到饱和后，再加入活性剂，就会导致细胞膜破裂，胞内物释放，活性剂和磷脂形成大量胶团，PHA 颗粒则被包裹在肽聚糖中。此外，SDS 能使蛋白质变性也有助于细胞破裂。使用该方法能够比较方便地实现在水相中提取 PHA，这是它的突出优点，但要使用较大量的表面活性剂，而且次氯酸钠的使用不可避免地造成了 PHA 的降解。最终得到的 PHA 纯度达 97% 以上，相对分子质量为 73 万 ~ 79 万。

（5）酶裂解法

酶裂解法提取原理与次氯酸盐类似，即让大量的 NPCM 溶解而 PHA 不溶解，从而达到分离、提纯的目的。单纯使用酶来消化细胞中的杂质成分，所得 PHA 纯度不高，往往要结合其他方法。酶法通常包括细胞的热处理、酶处理和用阴离子表面活性剂等步骤，操作十分复杂。尽管它实现了在水相体系中提取 PHA，但由于酶作用的条件比较苛刻，而且所获得的产品纯度越高，处理过程就越复杂，所以酶法的应用在提取成本、过程放大等方面仍然受到很大限制。

（6）机械破壁法

大规模微生物细胞破碎通常采用高压均质或高速珠研磨，为防止产物过热和细胞颗粒微化，破壁前使用化学试剂预处理，降低细胞壁强度，从而减少操作压力或通道数。例如短时间碱性 pH 休克可显著弱化细胞壁强度而不会损伤多聚物，提高预处理的碱性可增加高压匀质前后 PHA 的释放；加入 EDTA、阴离子表面活性剂、溶菌酶裂解等预处理方法使得高压均质能在较低的能量输入下获得最大的细胞破碎，提高 PHA 的释放率。机械破壁法操作简单、提取成本低、收率高，与其他方法联合使用效果更理想，工业应用前景广阔。破壁后用有机溶剂提取或密度梯度离心收集产物。

17.3 长链二元酸的发酵生产

长链二元酸（long chain dicarboxylic acids，DCA）是指碳链中含有 10 个以上碳原子的脂肪族二羧酸，包括饱和及不饱和二羧酸，其结构通式为 $HOOC-(CH_2)_n-COOH$（$n=9\sim16$，缩写形式为 $DC_{11}\sim DC_{18}$）。

17.3.1 长链二元酸的应用

长链二元酸分子含有两个羧基，遇热能发生分解反应，脱羧成为一元酸或生成酸酐和水。在催化剂存在下，长链二元酸和一元醇发生酯化反应，生成一系列重要的二元酸脂类，较高的烷基脂类通常是用较低的烷基二元酯通过酯交换反应制取。在酸性或碱性催化条件下，脂肪族二元酸和二元醇反应可生成低熔点聚酯；高熔点聚酯一般由脂肪族二元酸和芳香族二元醇反应制得；长链二元酸和二元胺反应可生成聚酰胺。

脂肪族二元酸活泼的化学性质使得长链二元酸能衍生出很多的化工产品，是一类具有重要和广泛工业用途的精细化工原料，是化学工业中合成高级香料、高性能尼龙工程塑料、高档尼龙热熔胶、高温电介质、高级油漆和涂料、高级润滑油、耐寒性增塑剂、树脂、医药和农药等的重要原料。

① 合成高级香料：用 10 个碳原子以上的二元酸，可以合成一系列不同香型的香料。麝香 -T 可以由 DCA_{13} 合成，是一种较好的定香剂，具有无毒、香气纯正、留香持久等特点，可用来调制各种高级香料。DCA_{15} 和 DCA_{16} 可以合成麝香酮、环十五酮和环十五内酯，合成麝香酮可以代替名贵、稀有的天然麝香用于配制中成药。

② 合成高级 PF 尼龙热熔胶：目前我国热熔胶的生产和使用都以 EVA 热熔胶为主，而用长链二元酸（如 DCA_{12}）合成的 PF 尼龙热熔胶具有强度高、耐腐蚀、耐磨、耐热和耐寒性好、吸水率低等特点，可用于彩色显像管与偏转线圈粘合用胶和高档热熔衬布用胶，DCA_{12} 等偶数的长链二元酸都是制造这种高级热熔胶的重要原料。

③ 合成高性能尼龙工程塑料：利用长链二元酸为原料，可以合成几十种双号码长碳链尼龙（nylon），即聚酰胺，简称 PA。它们的相对密度很小，吸水率低，尺寸稳定性好，耐药性优良，电性能良好，耐腐蚀、耐磨损、质地特别坚韧，抗疲劳和耐低温性能非常突出，在航天、航空、汽车和信息等领域具有广阔的应用前景。

17.3.2 长链二元酸的来源

长链二元酸在自然界中不单独存在，其来源主要如下。

（1）植物油裂解制取

部分长链二元酸，可以从植物油裂解制取。例如，癸二酸（DCA_{10}）是从蓖麻籽油裂解而得到；十三碳二元酸（DCA_{13}）需从菜籽油中提取出甘油芥酸酯，然后再用臭氧氧化裂解制取，但用此法制取的 DC_{13}，其纯度只达到 70% 左右，不符合化工上合成麝香 -T 香料的纯度要求；十五碳二元酸（DCA_{15}），是从蒜头果油中提取出脑神经酸，再经裂解制取。以上 3 种二元酸，虽可分别从 3 种植物油中制取，但因受农田和气候等条件限制，其产量都不大。

（2）化学合成法制取

所有的长链二元酸都不可能用化工方法，从石油中的正构烷烃直接氧化制取，因为化学氧化时，正烷烃发生断链而得不到和正烷烃相应链长的单一二元酸。迄今只有十二碳二元酸（DCA_{12}）可以通过化学方法合成并进行工业化生产。合成过程既需高温、高压和催化剂，又需防火、防爆和防毒装置，而且条件苛刻、步骤多、收率低、成本高和环境污染严重等影响了其大规模工业化生产。

（3）生物合成法生产

应用生物工程技术，采用微生物发酵的方法生产长链二元酸，具有化学合成法无可比拟的优越性。此法是利用微生物特有的氧化能力，通过胞内酶的作用，在常温常压下氧化石油副产物正构烷烃两端两个甲基，加上 4 个氧原子，一步生成二羧酸（二元酸）。与化学合成法相比，生产工艺简单、生产条件温和、规模大、收率高、成本低，尤其是不造成环境污染，是一种新发展起来的绿色化学产业。

17.3.3 长链二元酸的发酵生产

17.3.3.1 生产菌株

不同的细菌、酵母菌、霉菌都能同化和氧化各种不同链长的烷烃，并产生各种不同的代谢产物。能利用石油烃类的细菌、霉菌和放线菌的种类很多。1960 年，Kester 和 Foster 首先观察到棒状杆菌能将正烷烃分子的两末端氧化成饱和二元脂肪酸。以后在假单胞杆菌（*Pseudomonadaceae*）、葡萄孢菌（*Botrytis cinerea*）等许多微生物中也观察到 X- 氧化反应的存在，但是一般生成二元酸的量很低，而且大都只积聚短碳链二元酸。

已报道的可利用脂肪族正构烷烃，产生二羧酸的酵母属有：毕赤氏酵母属（*Pichia*）、汉逊氏酵母属（*Hansenuta*）、隐球酵母属（*Cryptococcus*）、*Mycotoruta*、内孢霉属（*Endomyces*）、红酵母属（*Rhodotorula*）、丝孢酵母属（*Trichosporon*）、拟球酵母属（*Torulapsis*）、酵母属（*saccharomyces*）、白地霉（*Geotrichum candidum*）、酒香酵母属（*Brettanomyces*）、拟内孢霉属（*Endomycopsis*）、掷孢酵母属（*Sporobolomyces*）、娄德酵母属（*Lodderomyces*）、假丝酵母属（*Candida*）等。

到目前为止，世界上用于发酵生产长链二元酸研究和工业生产的假丝酵母都是从自然界中筛选得到的热带假丝酵母野生菌株，经过多次诱变筛选等手段选育而得，成为发酵生产二元酸的优良菌种，可以氧化癸烷到十八烷的正烷烃生成相应链长的长链二元酸（癸二酸到十八碳二元酸）。

延伸阅读 17–1
长链二元酸的生产装置

17.3.3.2 发酵模型

长链二元酸发酵过程属非生长偶联型发酵（Gaden- Ⅲ型发酵），即酵母菌增殖与二元酸产物积累之间无关联，菌体增殖与产物代谢分两步进行（图 17–3）。以热带假丝酵母为例，其生产长链二元酸的发酵过程分为菌体生长期和产酸期两大阶段，在菌体生长期，菌体主要利用蔗糖来增殖以获得尽可能多的菌体，其中的烷烃仅起诱导作用，用于产生进入代谢途径的各种酶，pH 控制在 3 ~ 5 最佳；在产酸期，发酵液中糖含量很低，菌体的增殖量较少，菌体主要代谢烷烃形成发酵产物长链二元酸，pH 控制在 6.5 ~ 7.5 最佳。

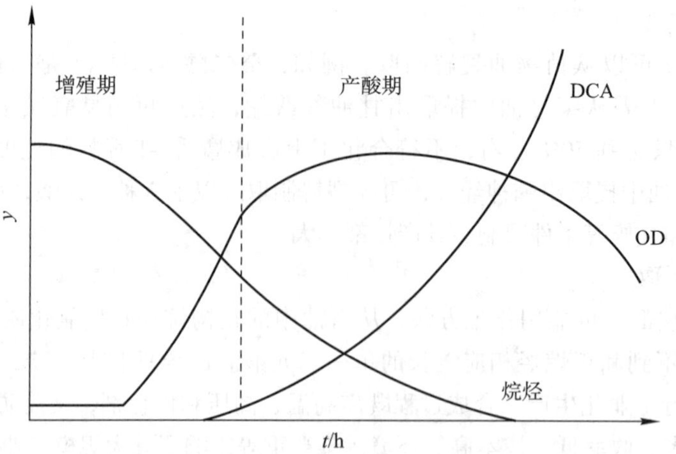

图 17–3 长链二元酸发酵曲线

17.3.3.3 代谢途径

微生物对正烷烃的氧化类型可分为三种：①正烷烃分子末端的甲基氧化生成醇、醛、酸的单端氧化；②正烷烃分子第二碳的亚甲基氧化形成甲基酮的次末端氧化；③正烷烃分子两端的甲基氧化形成二羧酸的双端氧化。

由图 17–4 可以看出，热带假丝酵母代谢烷烃的途径可分为 5 个步骤：①酵母细胞吸收烷烃并转运至细胞内；②烷烃被 P450 酶系 α– 氧化成 DCA_{12}；③十二碳一元酸进一步被相同酶系 ω– 氧化成 DCA_{12}；④十二碳一元酸或 DCA_{12} 被 β– 氧化成二氧化碳和水；⑤酵母细胞利用 H^+ 浓度梯度转运 DCA_{12}，分泌至酵母细胞外。其中，步骤②、③是慢速反应过程，步骤⑤是快速反应过程。

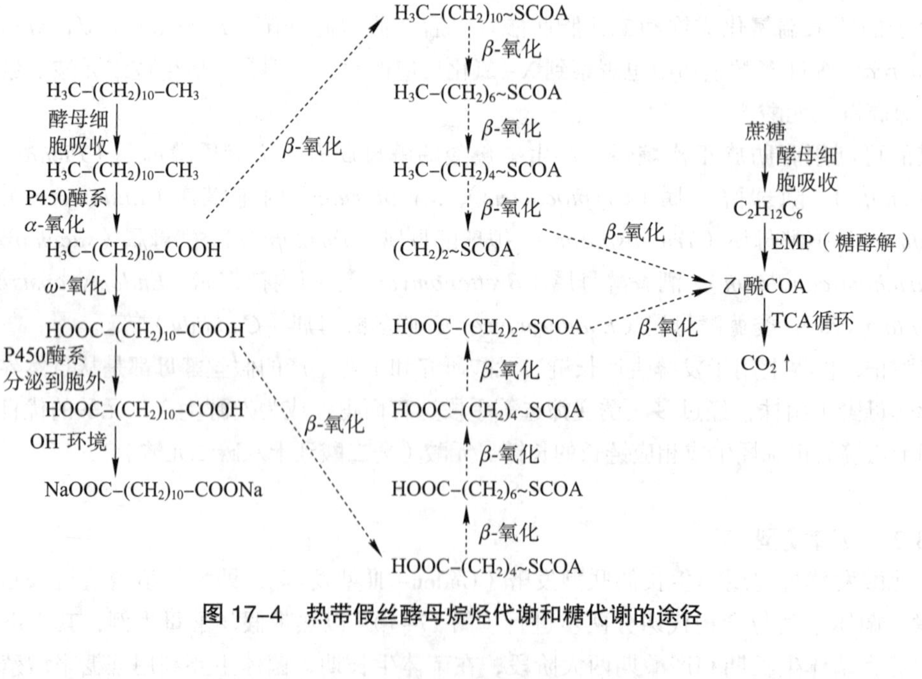

图 17–4 热带假丝酵母烷烃代谢和糖代谢的途径

结合代谢烷烃和碳水化合物消耗的途径，高产热带假丝酵母菌株要求：①菌株的 α，ω– 氧化能力强，在蔗糖碳源中生长良好，产酸水平高；②菌株的 β– 氧化能力相对较弱，难以利用烷烃或同化烷烃生长，对产物 DCA_{12} 降解能力差。

17.3.3.4 相关酶系调控

获得优良生产菌株后，对发酵过程进行必要的代谢调控十分重要。经诱变选育出来的高产菌株，其 ω- 氧化能力增强、β- 氧化能力削弱，但 β- 氧化并没有完全被阻断。因此，在发酵过程中必须进一步降低 β- 氧化酶活力、增强 ω- 氧化酶活力。

（1）ω- 氧化酶系调控

热带假丝酵母菌在烷烃代谢过程中的 α，ω- 氧化过程主要由细胞色素 P450 酶系（CYP）、醇氧化酶（FAO）和醛脱氢酶（FALDH）等催化完成，反应在细胞内的微粒体中发生。

CYP 是 ω- 氧化过程中的关键酶和限速酶，CYP 酶活力的提高必然会提高细胞的产酸能力，例如，①在种子培养基中（或发酵的生长阶段）加入烷烃可以诱导 CYP 酶活的提高。Bertrand 等发现 CYP 在以烷烃为底物时含量比以葡萄糖为底物时高出 20 倍。高浓度的烷烃条件下，虽然烷烃本身并不利于细胞的生长，但是却促进了 CYP 的表达。②在烷烃代谢过程中添加 Fe^{3+} 可以提高 CYP 酶活力。③青霉素的添加可改善细胞膜的渗透性，有助于 ω- 氧化能力增强。④苯巴比妥是 CYP 的诱导剂，苯巴比妥类诱导剂可与 CYP 基因的阻碍蛋白结合。王丽菊在发酵 12 h 时添加 0.5 g/L 苯巴比妥能增强 ω- 氧化能力，但过量添加则会产生抑制作用。⑤过氧化物酶体增殖物激活受体（PPARs）对 CYP 也有诱导作用。张剑等指出 H_2O_2 能明显提高产酸和 CYP 酶活，还可以提高 ω- 氧化酶活力。

（2）β- 氧化酶系调控

热带假丝酵母降解长链二元酸的 β- 氧化酶系包括酰基辅酶 A 氧化酶（ACO）、烯酰辅酶 A 水合酶、3- 羟基脂酰辅酶 A 脱氢酶、3- 酮脂酰辅酶 A 硫解酶和乙酰辅酶 A 硫解酶，脂肪酸的 β- 氧化是降低烷烃转化率的主要因素。相关的酶还包括酰基辅酶 A 合成酶、肉毒碱脂酰转移酶等。

在热带假丝酵母中，ACO 是长链二元酸降解的限速酶，而 β- 氧化在过氧化物酶体中进行。脂肪酸 β- 氧化中间产酸［脂酰辅酶 A，即 $HOOC\text{-}(CH_2)_n\sim SCOA$］的转运是 β- 氧化中的重要环节，这一环节中起关键作用的是肉毒碱脂酰转移酶。研究表明，β- 氧化酶系的调控方式主要有：①添加 ACO 抑制剂。丙烯酸是 ACO 的反竞争性抑制剂，添加量为 0.05% ~ 0.10% 时有明显促进作用，但用量超过 0.2% 时，反而不利于二元酸的积累；维生素 C 是 ACO 的竞争性抑制剂，有强烈的抑制作用，但维生素 C 具有酸性和较强的还原性，不利于长链二元酸的分泌。②添加金属离子 Ag^+ 和 Pb^{2+} 完全抑制 ACO 活性，添加 Ba^{2+}、Ca^{2+} 和 Mg^{2+} 有明显抑制作用。③添加非离子型表面活性剂对 ACO 有不同程度的抑制作用。④利用基因工程技术阻断 β- 氧化途径。2001 年，Hara 等构建热带假丝酵母 M1210A3，指出 ACO 的表达与长链二元酸产量没有必然联系，而酰基辅酶 A 合成酶表达量降低时，长链二元酸产量提高。

📖 深入学习 17-6
长链二元酸的生物合成

17.3.4 长链二元酸的分离提取

随着二元酸碳数的增加，其在水中的溶解度相应降低。同一种二元酸，温度升高，其溶解度也相应增大。奇数碳二元酸比偶数碳二元酸在水中溶解度大得多。各种二元酸在多种有机溶剂如醚类、醇类、酮类等中的溶解度都比较大。发酵液中二元酸的分离提取方法主要根据上述性质而定，归纳起来有如下方法。

（1）水相提纯法

水相提纯法是用活性炭或超滤膜脱除发酵清液中部分色素、蛋白质及有机杂质等，再用浓 H_2SO_4 酸化结晶、冷却和过滤，得到长链二元酸结晶，但纯度 < 97.5%，色素含量仍比较高。该法具有投资少、操作简单、安全环保等优点，但产品纯度低、色泽差、晶体粒度不均匀、蛋白质及其他杂质含量高。要想获得高质量产品，需进一步改进母液除杂与结晶控制的方法。

（2）酯化提纯法

酯化提纯法对原料纯度要求不高，是将长链二元酸粗品与低碳醇进行酯化反应、皂化水解和酸析结晶，长链二元酸纯度可达 99% 以上。但该法存在醇加入量过高、反应时间长、能耗高等缺点，不适宜大规模工业化生产，还需要进一步加以研究改进。

（3）醇溶结晶法

醇溶结晶法是将发酵液经膜过滤除去菌体，活性炭脱色、酸化结晶、过滤，得到的湿滤饼溶解于加热的 C2 ~ C5 醇类（如乙醇、辛醇、C2 ~ C5 二元醇等）中，再经活性炭脱色过滤、冷却、结晶，得到长链二元酸纯品。因常温下醇类对长链二元酸溶解性比较高，该法存在溶液损失率 > 15%、产品损失率约 10%、产品中残留少量酯化物杂质、结晶颗粒细小等问题。

（4）盐析结晶法

盐析结晶法是将发酵清液在碱性条件下加热，加入盐析剂，冷却，将析出的长链二元酸盐晶体再溶于热水中，经酸化结晶、分离干燥，得精制长链二元酸。该法存在酸损失较大、盐析剂投入量高、产品纯度可控性差等问题。

（5）溶剂精制法

溶剂精制法是将发酵液经膜过滤除去菌体、活性炭脱色、酸化结晶、过滤得到的长链二元酸粗品溶解于醋酸、丙酮、甲基异丁基酮等与其不产生化学反应的有机溶剂中，再经活性炭脱色、抽滤，滤液冷却结晶，得白色长链二元酸结晶。该法具有产品纯度高、色泽好、结晶颗粒大等优点，可满足聚合级产品质量的要求，但存在投资大、成本高、污染环境等问题。

考虑到成本和产品纯度，在工业生产中主要用水相提纯法和溶剂精制法。现有长链二元酸提纯工艺方法各有优缺点，如何组合它们的优点建立易于操作、投入少、环保、产品纯度高的提纯工艺路线，也是需要进一步研究的重要内容。

17.4 细菌纤维素的发酵生产

17.4.1 细菌纤维素的特点

提到纤维素，人们首先想到的是木材、棉花、秸秆等植物产生的纤维素。地球上每年产生约 1 500 亿 t 的纤维素，为人类提供了近乎不可枯竭的原材料来源，人类文明的发展离不开这一由 β（1→4）糖苷键连接组成的长链多糖高分子。然而，除了人们熟知的植物纤维素外，还有另外一种纤维素无意间闯入了人们的生产生活中，也许是在厨房角落遗忘许久的半瓶残醋中，亦或是在无意间半月未洗的茶杯里，一种白色的凝胶状物质在其中孕育而生。1886 年，细心的德国科学家 Brown 发现这一在食醋表面生长的凝胶是由一种细菌合成的，且化学结构与植物细胞壁的相同，随之将此凝胶称之为细菌纤维素（BC），而合成此种纤维素的细菌命名为木醋杆菌。

尽管与植物纤维素有着相同的化学结构，但 BC 的特性是一般植物纤维素无法比拟的。

① BC 具有高纯度。与植物纤维素相比，天然的细菌纤维素不含有任何木质素、果胶或阿拉伯聚糖。这使得天然细菌纤维素的纯化仅需要杀菌与自然浸泡去除杂质，不需要任何复杂的物理、化学、酶处理过程，这样既不会破坏纤维素本身结构，又不会浪费能源与污染环境。

② BC 纤维是天然的纳米纤维且具有高的结晶度。在细菌合成过程中，单长链纤维素在胞外第一步自组装成直径 2 nm 的亚纤维，亚纤维线性排列自组装成纤维素微纤维，纤维素微纤维最后组装排布成宽 30 ~ 100 nm、厚度 6 ~ 10 nm 的 BC 纳米纤维。BC 纤维的有序自组装和排列使得 BC 具有良好的结晶结构。

③ BC 纤维互相交织，具有精细的三维网络结构，使得 BC 具有良好的机械性能。BC 的合成是细菌在气液交界面一层一层地合成，所以纤维交织方向结合紧密，而层层之间的紧密程度不如纤维交织方向，使得 BC 的机械性能具有各向异性。已有许多研究者对 BC 的机械性能做了研究，包括纤维交织

方向、层层方向以及单纤维的杨氏模量。因为生产 BC 的菌种、培养条件、后期处理方式的不同，使得 BC 的杨氏模量数值的分布很广，差异很大。湿态下的 BC 水凝胶，纤维交织方向的杨氏模量分布在 1 ~ 15MPa，断裂伸长率为 10% ~ 30%，层层叠加方向的压缩杨氏模量则要小得多，在 1MPa 以下。通过对 BC 热压干燥后测其机械性能，纤维交织方向的杨氏模量得到大幅度的提高，可以达到 9 ~ 30GPa，但其断裂伸长率则大幅减小到 1% ~ 4%。热压过程使细菌纤维素纤维变得紧密，增加了纤维之间的作用，使得干燥 BC 具有高的杨氏模量。

④ BC 具有水凝胶特性。BC 的凝胶特性可使各种化学反应单体浸入到 BC 的三维网络结构之中，通过引发单体聚合反应，令聚合物聚合在网络孔隙中，或与纤维素链上基团发生反应接合在纤维素长链上。纤维素为各种聚合物提供了一个机械性能高、生物相容性良好的基底。天然的细菌纤维素具有良好的生物相容性，以往研究已说明了 BC 对多种细胞均无急性毒性、长期毒性和基因毒性，在生物医学方面得到广泛研究和应用。

1992 年，细菌纤维素获得美国食品药品监督管理局（FDA）的安全认证。由于以上独特的特性，使得细菌纤维素逐渐走入人类的生活当中，如图 17-5 所示，它成为人们的风味食品（椰果及膳食纤维添加剂等）、护肤品（面膜、眼膜）、生物医用产品（创伤敷料、人造血管、软骨组织支架、药物缓释材料等）以及功能化产品（光电功能复合物、高品质音响材料、高机械强度水凝胶等）。然而如何能够使细菌纤维素更多地服务人类，首当其冲的是提高其工业化产量，这一工作必须由生物发酵工程来完成。

延伸阅读 17-2
细菌纤维素在食品中的应用

延伸阅读 17-3
基于细菌纤维素皮肤创伤修复材料的现状与应用

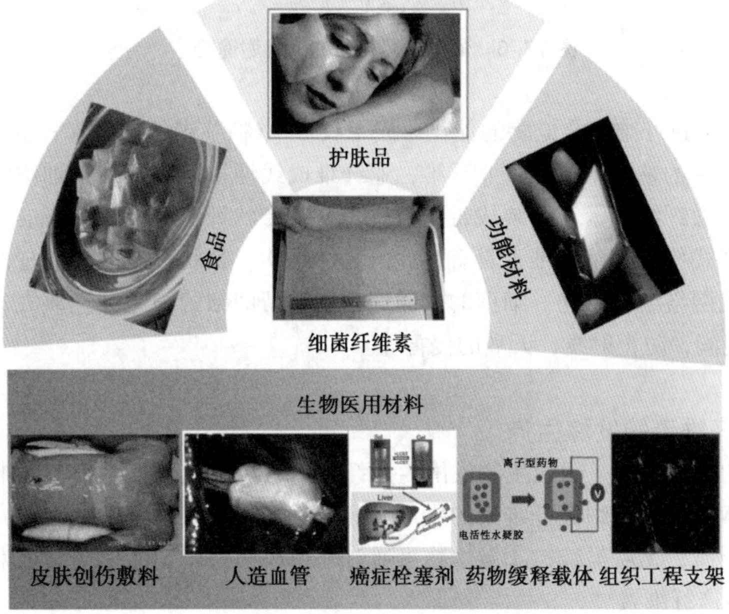

图 17-5 细菌纤维素及其潜在应用

17.4.2 细菌纤维素的生物合成

主要合成细菌纤维素的微生物包括：醋酸菌属（*Acetobacter*）、土壤杆菌属（*Agrobacterium*）、根瘤菌属（*Rhizobium*）和八叠球菌属（*Sporosarcina*）等。目前被广泛研究的菌属是醋酸菌属（现被分类为葡糖醋杆菌属 *Gluconacetobacter*），是革兰氏阴性菌，好氧，菌体是大小范围在（0.6 ~ 0.8）μm ×（1.0 ~ 4.0）μm 的椭圆、杆状或微螺旋状的细菌，无致病性，一般在水果或水果产品中能发现。木醋杆菌的碳代谢途径如图 17-6 所示，细菌纤维素形成的步骤如下（包括五个功能酶参与）：先将 D 型葡萄糖渗透入胞内，再转化为尿苷二磷酸（UDP）- 葡萄糖，其间通过葡萄糖 -6- 磷酸和葡萄糖 -1- 磷酸

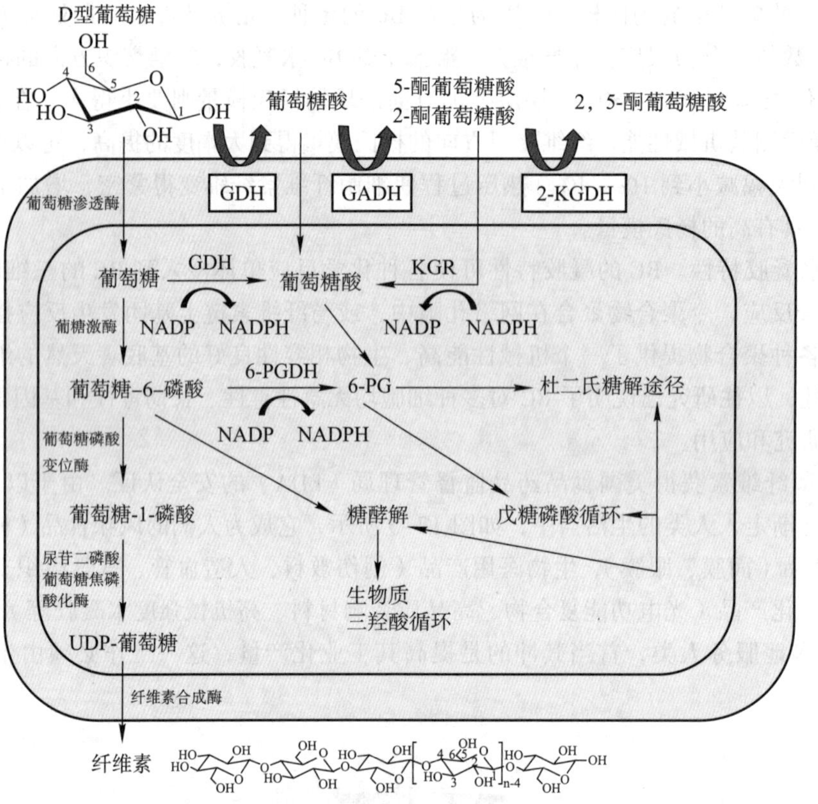

图 17–6 葡糖木醋杆菌的碳代谢途径

两个中间体，并最终通过纤维素合成酶的催化形成 β(1 → 4) 糖苷键的纤维素长链。这些合成的纤维长链就是组成纤维素纤维的基本单位——亚纤维，亚纤维成线性排列，从细菌细胞的表面分泌出，紧接着自组装成微纤维，微纤维又紧密组装成带状纤维。这些带状纤维宽 30 ~ 50 nm，厚 6 ~ 10 nm。带状纤维的这种自组装形式使得细菌纤维素具有良好的晶体结构。带状纤维的相互延伸缠绕，组成了纤维素水凝胶精细的三维网络结构。这一细菌的代谢产物能够帮助细菌细胞到达氧气丰富的气液界面，保持细菌生长环境的湿润，防止射线、天敌的侵害等。

17.4.3 细菌纤维素的发酵生产

与植物纤维素的生产相比，用微生物发酵生产纤维素有如下优势：①细菌纤维素的生产不受地区和气候的影响；②微生物生产细菌纤维素的生产率和质量可控；③通过微生物合成的纤维素不含有半纤维素、木质素等杂质，无需提纯；④微生物可通过基因改性获得功能化的纤维素；⑤工农业废弃物可用于微生物发酵生产纤维素。

但细菌纤维素的大规模应用最大的瓶颈是其生产成本高、产量低，尚达不到工业生产的要求。为了使微生物生产纤维素的生产成本降低，产量提高，必须着眼于菌种的改良、发酵原料的选择以及发酵设备的设计与改进。

（1）菌种的改良

获得高产菌株是实现大规模生产 BC 的有效途径，目前主要是以葡糖木醋杆菌为模式菌株产生细菌纤维素。以往的研究者也通过物理和化学诱变的方法筛选菌株，然而这类物理化学诱变方法一方面工作量巨大很难找到人们需要的结果，另一方面提升产量有限，且不能保证其遗传稳定性，再加上这些方法的实施对人类自身有害，使得诱变育种没有在获得 BC 高产菌株方面有所突破。也有一些其他的方法，如有报道利用高静水压的方法处理葡糖木醋杆菌菌株，使 BC 产量有所提高。近年来，葡糖木醋杆菌其中的一个菌株 E25 的基因测序已经完成，这为利用分子生物学方法改造菌株、提高产量奠定了基础，而且也为构筑特异功能化的菌株提供了蓝图。例如，构建趋光型工程菌株，木葡糖酸醋杆菌（*Gluconacetobacter oboediens*）生产细菌纤维素的生化过程是受到分子第二信使 c-di-GMP 的调控，如图 17-7（A）所示，无氧条件下，PDE 导致 c-di-GMP 的降解，抑制纤维素的合成；有氧条件下，氧气抑制 PDE 的活性，使 c-di-GMP 可与纤维素合成酶特异性位点结合，从而促使纤维素的合成。光 -c-di-GMP 调控机制如图 17-7（A）所示，红光可激活 c-di-GMP 合成酶（BphS）活性，而蓝光可以激活 c-di-GMP 分解酶（EB1）的活性，可见，通过光可以调控 c-di-GMP 的合成和分解。因此，通过基因敲除技术将目标菌种中 O2-PAS 域以及 DGC、PDE 等相关编码序列敲除，而将获得的编码 BphS 和 EB1 蛋白的基因序列导入目标菌株，从而完成由氧控到光控的工程菌株的构建。利用光信号诱导菌株定向运动以及纤维素的有序化分泌，将获得具有三维微纳有序界面的纤维素材料。

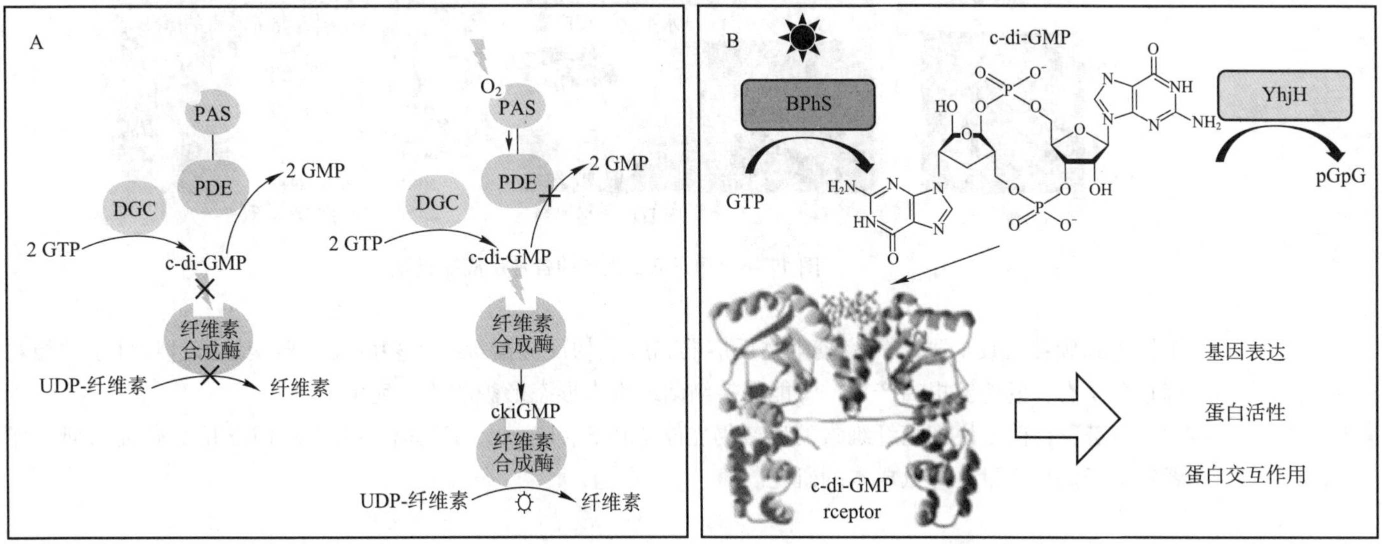

图 17-7 （A）氧气 -c-di-GMP 调控机制与（B）光 -c-di-GMP 调控机制示意图

（2）发酵原料的选择

为了减少 BC 生产成本，对于发酵原料的选择也是必须考虑的。实验室培养 BC 多采用 Schramm's and Hestrin's（HS）培养基：葡萄糖 2%，酵母粉 0.5%，蛋白胨 0.5%，柠檬酸 0.114%，Na_2HPO_4 0.27%，使用双蒸水配制而成。这种培养基由于成本太高只适合于实验室研究而不适于工业化生产。因此，采用价格低廉的 BC 发酵原料是工业化生产的前提条件。近年来，研究者们分别采用工业、农业废弃物用于细菌纤维素的生产。玉米浆、糖浆、魔芋粉水解液、茶汤、醋、果汁、秸秆水解液等都可用于细菌纤维素的发酵生产，而且保证了相应的 BC 产量，降低了生产成本。亦有不少研究者通过调节培养条件，如氧气与二氧化碳的浓度、pH 的变化、离子的种类与浓度等提高了 BC 产量，而一些有机酸、醇、烟碱、海藻酸钠等物质的适量添加也会促进 BC 产量的增加。

（3）发酵设备的设计与改进

各种用于细菌纤维素生产的反应器被设计与改进，用于提高细菌纤维素的产量。细菌纤维素的生产分别可在静态和动态两种条件下进行（图 17-8）。静态培养条件下 BC 的产量更高，且获得的细菌纤维素能够很好地保持形态和表面形貌，用合适的模具可获得结构特殊的纤维素材料，可用于人造血管或人造皮肤等。但这种生产方式需要大的生产空间和人力，使得生产成本提高。动态培养下的细菌纤维素可形成多种浆状、丝状和球状等，相对于静态培养，动态培养节约生产空间和人力，从而减少了生产成本。现今，许多反应器被设计与制造出来，用于提高细菌纤维素的产率，包括旋转圆盘反应器、

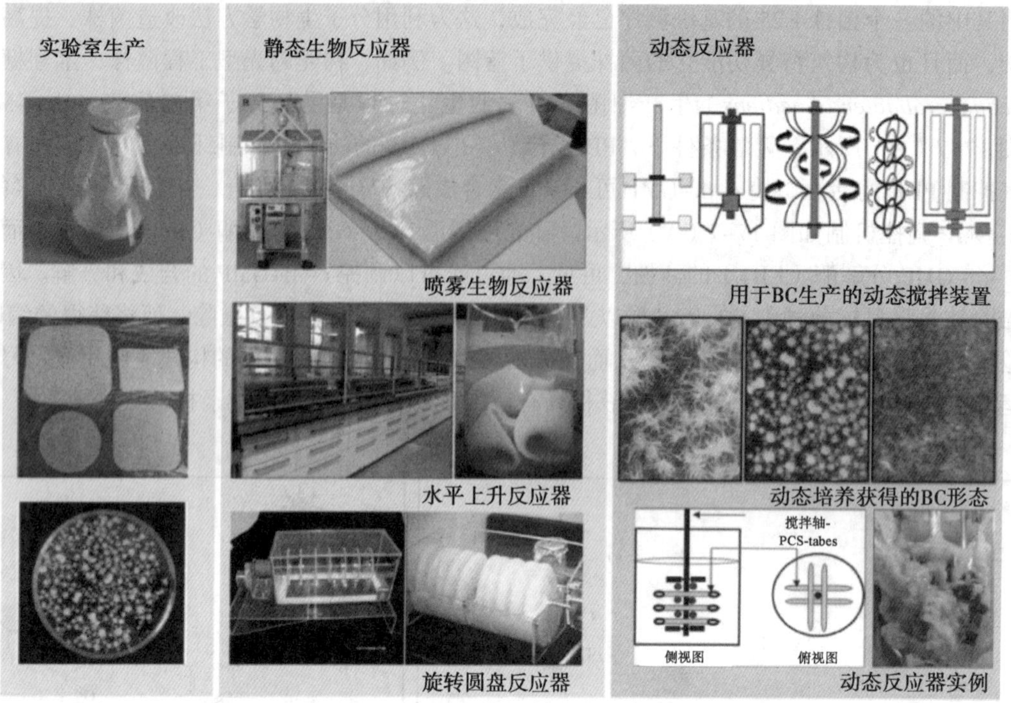

图 17-8 用于 BC 生产的各种反应器类型

旋转生物膜接触反应器、气溶胶生物反应器和膜生物反应器等，更多的反应器使发酵过程处于“相对静止”状态，既能够提高产率，又能保持细菌纤维素形态形貌的均一完整。

但是，目前来说细菌纤维素的生产仍然停留在 5 ~ 15 g/L，产率不足 0.2 g/（L · h），仍需科研工作者致力于提高产量、降低成本的研究。

17.4.4 展望

细菌纤维素这种环境友好型的生物材料由于具有良好的生物相容性及其纳米尺度的特殊结构正逐渐应用于许多领域，特别是皮肤护理、生物医学、高性能材料等领域。然而如何降低成本，实行商业化大规模生产，最终被人类普遍应用是摆在科研工作者面前的问题。发酵工程学科旨在通过改良菌种、筛选发酵原料、设计合适的生物反应器等方法实现细菌纤维素的大规模生产，最终将这一优良的生物材料低成本、高效率地提供给人类的生产生活。通过在分子水平上构造菌株以及对细菌个体以及群落的有序控制，同时通过发酵原料的筛选与生物反应器的设计，将在工艺水平上实现细菌纤维素的大规模生产。相信不久的将来，细菌纤维素将成为大众熟知的生物材料产品。

开放讨论题

你认为目前大宗量化学品工业生产的瓶颈可能在哪里？为什么？

思考题

1. 简述乳酸发酵微生物的分类及其在工业应用上的优劣。

2. 试述乳酸发酵底物及产物抑制的原理及解决方法。

3. 请利用基因工程手段结合高通量筛选方法设计选育一株具备特殊性能的乳酸发酵菌株（如耐高温、耐乳酸等）的方案。

4. 总结可以提高 PHA 产量和纯度的方法和手段。

5. 结合现有 PHA 提取方法，设计一种提取工艺，保证低成本的同时获取较高的回收率、纯度和较大的相对分子质量。

6. 原料正烷烃如何快速转运入细胞内？产生的二元酸如何快速转运出细胞外？

7. 根据现有长链二元酸提纯工艺方法，建立一种易于操作、投入少、环保、产品纯度高的提纯工艺路线，给出你的思路。

推荐阅读

1. Lasprilla A J R，Martinez G A R，Lunelli B H，et al. Poly-lactic acid synthesis for application in biomedical devices：A review. Biotechnology Advances，2012，30：321-328.

点评：文章综述了乳酸发酵生产聚乳酸的研究进展，以及聚乳酸在生物医学中的应用。

2. Hussain Z，Sajjad W，Khan T，et al. Production of bacterial cellulose from industrial wastes：A review. Cellulose，2019，26：2895-2911.

点评：该文综述了低成本底物生产细菌纤维素的现状，并简介了细菌纤维素的性质和应用。

网上更多学习资源……

◆教学课件　◆自测题

18

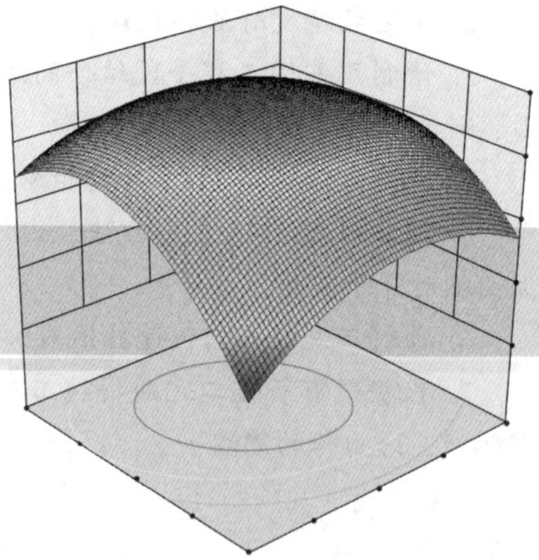

发酵工程在生物基化学品及能源领域中的典型应用

能源是人类生活和社会发展的基础，常规能源（煤、石油、天然气等）日益减少，促进人们去研究和开发新的能源，其中，利用微生物发酵制备生物基化学品和生物能源受到广泛关注。本章以乙醇、丁醇、丙二醇、沼气发酵以及生物制氢、微生物燃料电池为例，介绍发酵工程在生物基化学品及能源领域中的典型应用。

教学目的与要求

（1）了解乙醇发酵的原料、菌种及发酵工艺流程。

（2）了解丁醇发酵生产方法。

（3）了解丙二醇理化性质和发酵生产及制备方法。

（4）了解沼气发酵原理及其工艺。

（5）了解生物制氢过程和发酵产氢的影响因素。

（6）了解微生物燃料电池的原理及其应用。

重点及难点

各类生物基化学品的生物制备方法和原理，以及微生物燃料电池的原理。

知识导图

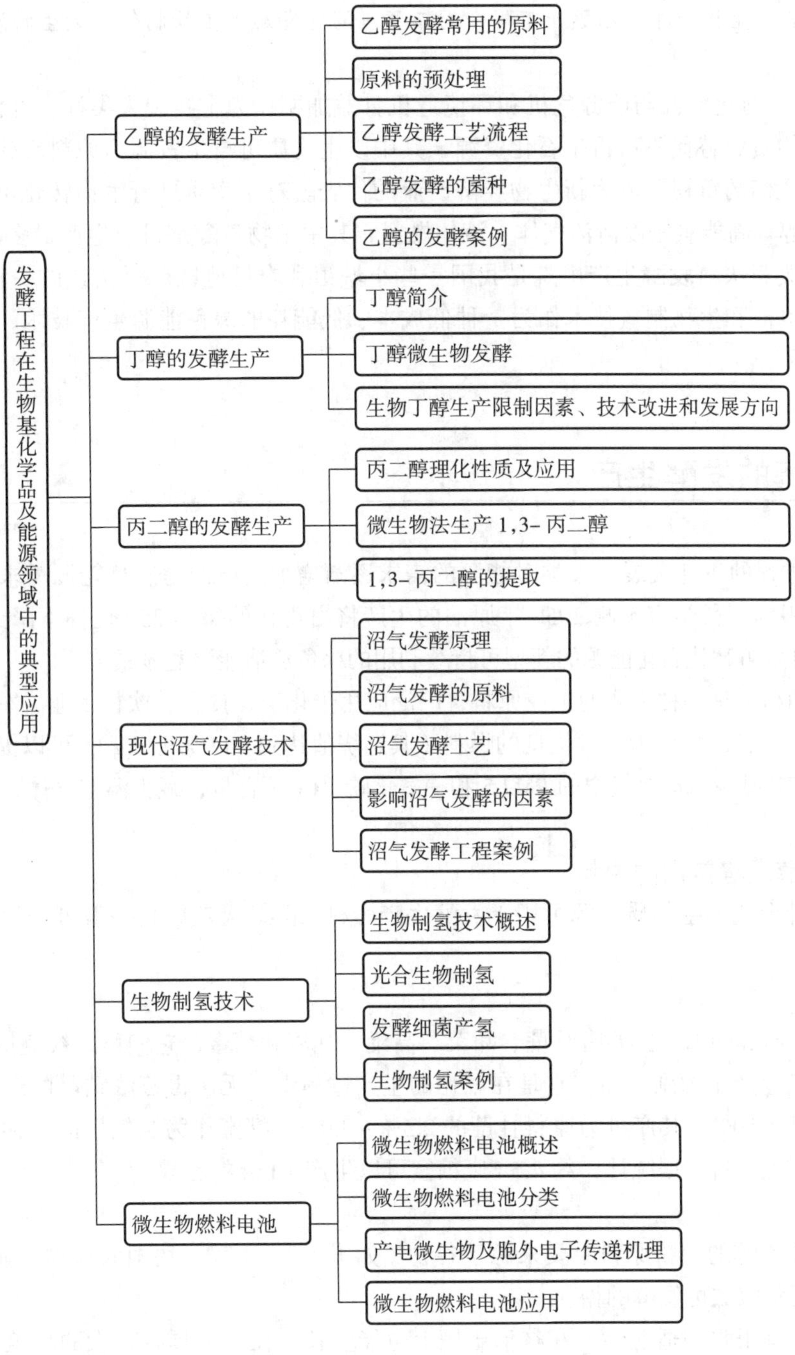

问题导读

(1) 试列举生物基化学品的代表性类型。

(2) 归纳乙醇和丁醇的制备方法有哪些?

(3) 简述沼气发酵原料的主要来源。

(4) 试分析生物制氢和微生物燃料电池的应用前景?

关键词

生物基化学品　生物能源　乙醇　丁醇　丙二醇　沼气发酵　生物制氢　微生物燃料电池

进入21世纪，石化资源与能源危机和环境危机日益加剧，为了实现人类社会经济的可持续发展，必须以可再生生物资源替代不可再生石化资源，其中以生物质可再生资源为原料转化得到的生物基化学品越来越受到人们的重视，成为新生物经济产业的代表。对生物质进行生物转化可以制取甲烷、乙醇、丁醇和丙二醇等高能量密度清洁气体、液体燃料，其中生物乙醇是目前生产最多的生物燃料之一。另外，利用各种废料厌氧发酵生产甲烷是我国一些小城镇和农村地区广泛实践的一种能源转化手段，同时微生物燃料电池和生物制氢技术作为一种低成本、低能耗的绿色能源生产技术，对缓解当前的能源危机有重大意义。

18.1 乙醇的发酵生产

发现之旅 18–1
生物乙醇发展的机遇和挑战

视频 18–1
乙醇汽油的推广

随着工业化进程的飞速发展，人类对能源的需求逐渐增加。石油是满足能源需求的主要资源，但是石油资源是有限的，科学家预测2050年原油的生产将由现在的每年250亿桶下降到50亿桶，所以全球范围内对于开发可替代石化能源的新型可持续利用的绿色清洁能源益显紧迫。

乙醇（俗称酒精）是一种重要的工业原料，广泛应用于化工、食品、饮料工业、军工、日用化工和医药卫生等领域，并且乙醇作为一种优良的燃料（其燃烧值达到26 900 kJ/kg），可以提高燃油品质。燃烧乙醇汽油能够有效减少汽车尾气中的PM2.5和一氧化碳（CO）含量，减少温室气体和污染物排放。

18.1.1 乙醇发酵常用的原料

世界上有各种形式的生物质资源可用于发酵生产燃料乙醇，天然原料一般可分为糖类、淀粉和纤维素三种。

（1）糖类

用于发酵生产乙醇的糖类主要有甘蔗、甜菜、高粱、乳清和糖蜜，它们可以被直接转变成乙醇。

糖蜜是制糖工业产生的副产品，它是在蔗糖的生产过程中，无法再蒸浓结晶的母液，约含有全糖分（蔗糖和还原糖）50%，其产量为原料甘蔗的2.5% ~ 3.0%。糖蜜作为制糖厂的一种副产品，是制作生产燃料乙醇的理想原料，据统计，约4.5 t废糖蜜可以生产1 t燃料乙醇。

（2）淀粉

用于发酵生产乙醇的淀粉原料主要来源于谷物（如玉米）、小麦、块根农作物（如木薯），它们必须首先经酶的作用水解成可发酵的糖。

木薯产量高，有很强的适应性，在贫瘠土壤上也能生长，在我国具有很大的种植潜力。木薯淀粉含量较高，鲜木薯的淀粉含量达25% ~ 30%，木薯干的淀粉含量可达到75%，所含淀粉品质较纯，且淀粉颗粒大，加工方便，是生产乙醇的良好原料。

（3）纤维素

使用糖类原料和淀粉原料生产乙醇，原料成本占乙醇生产成本的比例高达50%以上。因此，降低乙醇生产成本的一个选择是开发廉价的原料资源。可用于发酵生产乙醇的纤维素资源主要有木材、秸秆、农业废弃物（如蔗渣）和植物残余物，它们也必须首先转变成糖。

在我国，以农作物秸秆和蔗糖生产废弃物甘蔗渣为代表的木质纤维素生物质资源越来越受到人们的关注。农作物秸秆通常指小麦、水稻、玉米、薯类、油料、棉花、甘蔗和其他农作物收获子实后的废弃物。中国农作物秸秆年产量约为 7 亿 t，居世界首位。甘蔗渣是甘蔗制糖工业的主要副产品，是甘蔗在糖厂经过多座压榨机或用渗透法把蔗汁提取后剩下的甘蔗茎的纤维性残渣，产率一般为 11.5% ~ 13%。我国南方蔗区甘蔗总产量超过 7 000 万 t，甘蔗渣纤维的产量将达到 700 万 t。

18.1.2 原料的预处理

乙醇的发酵生产通常分为三个阶段：生物质的预处理（可发酵糖溶液的制备），乙醇发酵，乙醇的分离和纯化（蒸馏—精馏—脱水）。利用糖类、淀粉、纤维素三种原料进行乙醇发酵生产工艺的主要区别在于发酵前的预处理阶段。通常的乙醇发酵菌种只能利用单糖或双糖，不能直接利用淀粉、纤维素、半纤维素等多糖发酵生产乙醇，这就需要将这些多糖转化为可被菌种直接利用的简单糖类，将这一转化过程统称为预处理。

（1）糖蜜

糖蜜干物质浓度很大，糖分高，产酸细菌多，灰分与胶体物质很多，如果不预先进行处理，酵母是无法直接进行发酵的，因此必须进行预处理。糖蜜原料生产制作乙醇稀糖液及稀糖液预处理的工艺流程如图 18-1 所示。

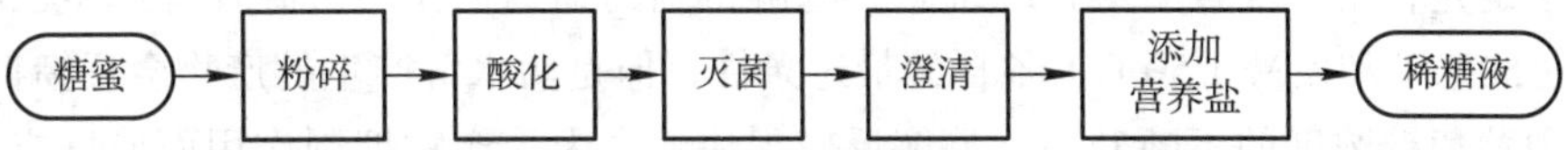

图 18-1 稀糖液制作及稀糖液预处理的工艺流程

（2）木薯淀粉

为了将原料中的淀粉充分释放出来，增加淀粉向糖的转化，对淀粉原料进行预处理是十分必要的。淀粉原料预处理一般工艺流程如图 18-2 所示。

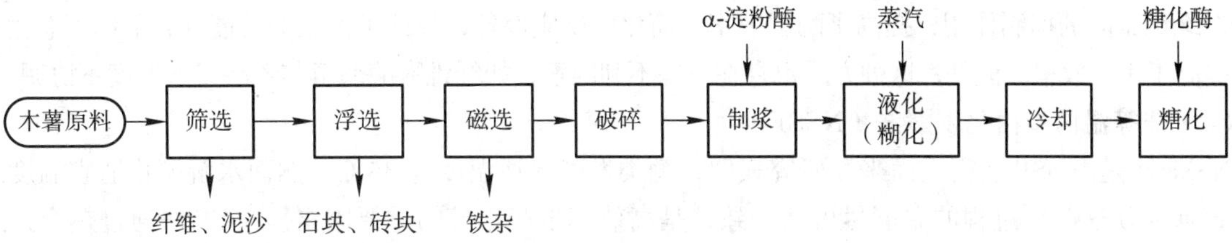

图 18-2 淀粉类生物质原料预处理一般工艺流程

（3）木质纤维素

由于木质纤维素原料主要由纤维素、半纤维素和木质素组成，其中木质素与半纤维素以共价键形式结合，并将纤维素分子包埋其中，形成一种坚固的天然屏障，使纤维素酶很难接近纤维素使其降解。因此，预处理在木质纤维素乙醇的生产中非常重要。常用的预处理方法有：物理法、化学法、物理－化学联合法和生物法。

深入学习 18-1
纤维素生物质预处理方法的比较

水解是纤维素原料生产乙醇工艺中关键的一步，与淀粉原料糖化的目的一样，纤维素原料水解也是为了将纤维素、半纤维素等多糖转化为单糖等简单的、能被发酵菌种直接利用的糖类。不过，纤维素原料水解的难度更大，主要有浓酸水解、稀酸水解和酶水解三种类型，它们有不同的机理，因原料性质及生产规模不同选择不同的工艺类型。

浓酸水解在 19 世纪即已提出，其原理是结晶纤维素在较低温度下可完全溶解在硫酸中，转化成含几个葡萄糖单元的低聚糖。将此溶液加水稀释并加热，经一定时间后就可把低聚糖水解为葡萄糖。浓酸水解的优点是糖的回收率高（可达 90% 以上），可以处理不同的原料，相对迅速（总共 10 ~ 12 h），水解后的糖降解较少。但对设备要求高，且酸必须回收。

稀酸水解的机理是溶液中的氢离子可和纤维素上的氧原子相结合，使其变得不稳定，容易和水反应，纤维素长链即在该处断裂，同时又放出氢离子，从而实现纤维素长链的连续解聚，直到分解成为最小的葡萄糖单元。

酶水解是生化反应，其工艺主要包括原料预处理、酶生产和纤维素水解等部分。

视频 18-2
生物乙醇发酵

18.1.3 乙醇发酵工艺流程

发酵是乙醇生产的核心技术，先进的发酵技术可以降低乙醇生产的物耗和能耗，进而降低生产成本。

（1）直接发酵法

直接发酵法是基于纤维分解细菌直接发酵纤维素生产乙醇，不需要经过酸水解或酶解前处理过程。可直接发酵的细菌有嗜热菌（40 ~ 65℃）和极端嗜热菌（65℃），研究最多的是热纤梭菌（*Clostridium thermocellum*），它是嗜热产芽孢的严格厌氧菌，革兰氏染色呈阳性，能够分解纤维素，并能使纤维二糖、葡萄糖、果糖等发酵。目前看来，热纤梭菌是将纤维素直接转化为乙醇的最有效菌种。在分解过程中，处理工艺简单，但是乙醇产率还有待于提高。

（2）间接发酵法（SHF）

间接发酵法是先利用纤维素酶水解纤维素，酶解得到的葡萄糖作为碳源发酵产生乙醇。该法可以分别使用水解（50℃）和发酵（50℃）各自的最适条件，但是酶水解产生的产物会反馈抑制水解反应。随着水解过程中葡萄糖浓度的不断升高，酶解反应很快就会因为产物抑制作用而使反应速度降低，导致反应进行不完全。为了克服末端产物的积累，必须持续地从发酵罐中移除乙醇，目前实验室中通常采用的方法主要有减压发酵法、快速发酵法等。

（3）同步糖化发酵法（SSF）

SSF 法开创于 20 世纪 70 年代，该工艺将纤维素水解（糖化）和乙醇发酵在同一个反应器中进行。由于纤维素酶解产生的葡萄糖立即为酵母所利用，所以纤维二糖和葡萄糖的浓度很低，解除了纤维二糖和葡萄糖对纤维素酶的抑制作用，提高了酶解效率，简化了反应设备，降低了污染的可能性，节约了总生产时间，提高了生产效率。但是，这种方法也存在一些不利因素，如纤维素酶酶解与乙醇发酵温度不协调。

（4）非等温同步糖化发酵法（NSSF）

NSSF 法是由 SSF 法衍生而来。研究表明，糖类发酵最适温度为 35℃，然而水解糖化适宜温度约为 50℃，如何使这两个过程的温度尽可能一致，是高效率生产乙醇的重要因素。NSSF 法通过热交换进行能量传递，最大限度地减少了系统能量损失，使水解糖化和发酵过程保持各自的最佳温度。采用 NSSF 法可以大大减少纤维素酶的用量，同时乙醇的产量和产率均显著提高。

（5）固定化细胞发酵法

固定化细胞发酵法可以使得细胞连续使用，反应器细胞浓度升高，进而提高发酵液乙醇浓度。目前研究最多的是酵母和运动发酵单胞菌的固定化。研究结果表明，固定化运动发酵单胞菌比酵母更具优越性。固定化细胞的新动向是混合固定细胞发酵，如酵母与纤维二糖酶一起固定化，将纤维二糖基质转化成乙醇，此法已备受关注，被看作是纤维素生产乙醇的重要方法。

18.1.4 乙醇发酵的菌种

到目前为止，由传统的酿酒酵母（*Saccharomyces cerevisiae*）生产乙醇所具有的优势仍然是其他酵母、真菌或细菌所不可比拟的。酿酒酵母能够利用单糖（如葡萄糖）和二糖（如蔗糖），还能在完全缺氧的条件下生长，并且具有较高的乙醇耐受力，可耐受 150 g/L 的乙醇。

与许多微生物相同，酿酒酵母是通过埃姆登 - 迈耶霍夫途径（Embden-Meyerhof pathway，简称 EMP 途径）代谢葡萄糖，在厌氧条件下利用其自身酶系进行厌氧呼吸，将生物质原料中的单糖或双糖转化为乙醇，同时产生自身生命活动所需的三磷酸腺苷（ATP）。

其反应的总方程式为：

$$C_6H_{12}O_6+2ADP+2H_3PO_4 \longrightarrow 2C_2H_5OH+2CO_2+2ATP$$

除此之外，恩特纳－杜多罗夫途径（Entner–Doudoroff pathway，简称 ED 途径）也是许多细菌利用葡萄糖的方式，如发酵单胞菌属（*Zymomonas*）。发酵单胞菌是唯一通过 ED 途径在厌氧条件下代谢葡萄糖的微生物，这种独特的代谢途径使其具有高乙醇产量和产率的优点。ED 途径每消耗 1 mol 葡萄糖产生的 ATP 只有 EM 途径的一半，因此，发酵单胞菌生成的生物量比酿酒酵母少，从而更多的碳流向发酵产物。

📖 深入学习 18–2
EMP 途径

📖 深入学习 18–3
ED 途径

细菌乙醇发酵的总反应式可以表示为：

$$C_6H_{12}O_6+ADP+H_3PO_4 \longrightarrow 2C_2H_5OH+2CO_2+ATP$$

运动发酵单胞菌（*Zymomonas mobilis*）是一种革兰氏阴性的厌氧细菌，由于其具有某些“优良特性”而被考虑代替酿酒酵母作为发酵生产乙醇的菌种。运动发酵单胞菌能通过 ED 途径进行同型乙醇发酵，具有较高的乙醇耐受力，耐受乙醇浓度最高可达 120 g/L。与酵母相比，它具有葡萄糖利用率高、酒精产率高、生长和发酵的能耗低、能在较高糖浓度中生长发酵、酒精发酵率接近理论值及在连续发酵细胞再循环系统中不需控制氧浓度等优点。它的缺点是只能利用葡萄糖、果糖和蔗糖等有限的糖源，因此并不适用于所有的生物质原料。

利用纤维素原料发酵生产乙醇可以使用不同的嗜热厌氧细菌，如热纤梭菌（*Clostridium thermocellum*），也可以使用一些丝状真菌，包括念珠菌属（*Monilia* sp.）、脉胞菌属（*Neurospora* sp.）和曲霉（*Aspergillus* sp.）等。然而，利用这些微生物发酵生产乙醇的速度慢（3 ~ 12 d），产量低（0.8 ~ 60 g/L 乙醇），且产生各种副产物（主要是乙酸和乳酸）。

热纤梭菌是一种严格厌氧的嗜热革兰氏阳性菌，其最适生长温度为 55 ~ 60℃。嗜热厌氧梭菌能直接利用纤维素或微晶纤维素、纤维二糖发酵生产乙醇，并产生乙酸、乳酸、甲酸、氢气和二氧化碳等副产物，但不能发酵戊糖和淀粉。热纤梭菌能够产生一种对结晶纤维素具有高活性的纤维素酶系统，是由多种组分高度有序组合而成的蛋白复合体，称为纤维小体（cellulosome），除此之外，它还能产生很多自由的蛋白水解酶。这些酶系的密切协同作用使热纤梭菌高效降解纤维素，产生葡萄糖供自身细胞生长代谢。因此，热纤梭菌具有发酵生产乙醇的巨大潜力。然而由于较低的乙醇产量，这种菌还难以达到工业化生产的要求，主要原因是其存在产生乙酸、乳酸和氢气等旁支代谢途径，分流了碳源的走向，另外代谢过程中的终产物乙醇对菌体生长的抑制作用也是困扰其工业化的另一个主要原因。

18.1.5 乙醇发酵案例

（1）糖蜜乙醇发酵

图 18–3 是广西钦州某工厂采用双浓度连续发酵法糖蜜乙醇发酵的流程图。

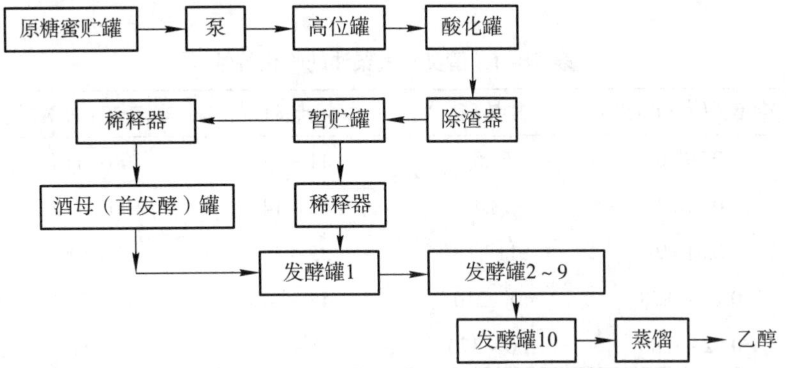

图 18–3 广西钦州某工厂双浓度糖蜜乙醇发酵流程

延伸阅读 18-1
乙醇发酵案例

在这一流程中，经过澄清、除灰的糖液从暂贮罐流出后，用两个稀释器分别稀释成酒母稀糖液（16 ~ 20°Bx）和发酵稀糖液（32 ~ 36°Bx）。培养成熟的酒母和基本稀糖液连续均匀地同时加入发酵罐1，接种量为50%左右。从发酵罐1出来的醪液顺次流入后面的发酵罐，直至末罐时发酵结束。该流程的发酵周期为28 ~ 30 h，成熟醪含乙醇体积分数为9% ~ 10%，pH为3 ~ 4。

（2）玉米秸秆乙醇发酵

玉米秸秆制燃料乙醇的工艺流程见图18-4，按工艺操作的顺序，将整个流程分解为7个部分：秸秆预处理、酶水解、发酵种子培养、酒精发酵、醪液分离、蒸馏脱水和木糖制备。

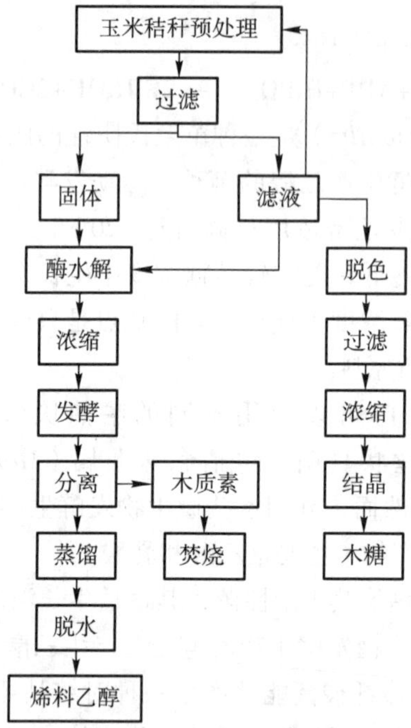

图 18-4 玉米秸秆制乙醇的工艺流程

18.2 丁醇的发酵生产

18.2.1 丁醇简介

丁醇是无色液体，相对密度0.810 9，熔点 −88.9℃，沸点117.7℃，丁醇在水中的溶解度为7.7%（20℃），可溶于醇醚等有机溶剂，丁醇和其他生物燃料的基本性质如表18-1所示。

表 18-1 醇类和汽柴油的物化特性

名称	密度 / (g · mL^{-1})	沸点 /℃	闪点 /℃	辛烷值（RON）	十六烷值
甲醇	0.792 0	64.5	11 ~ 12	106 ~ 115	3 ~ 5
乙醇	0.798 3	78.4	13 ~ 14	100 ~ 112	8
丁醇	0.810 9	117.7	35 ~ 37	95 ~ 100	25
汽油	0.72 ~ 0.78	40 ~ 210	−45 ~ −48	80 ~ 98	5 ~ 25
柴油	0.82 ~ 0.86	180 ~ 370	65 ~ 88	约 20	45 ~ 65

丁醇在化工医药塑料有机和印染等行业具有广泛用途。作为化工原料，丁醇可用于生产邻苯二甲酸和柠檬酸等正丁酯类增塑剂，可用于合成丁醛、丁酸和丁胺等有机化工原料，也可用作油脂、香料、抗生素及维生素等药物的萃取剂，还可用作有机染料与印刷行业的油墨溶剂和脱蜡剂。

丁醇是继乙醇之后又一潜力巨大的新型生物燃料，已被联合国国际能源署列为第二代生物燃料，其燃烧特性如表 18–2 所示。作为燃料丁醇有如下性能优势：①丁醇具有 4 个碳架结构，丁醇的体积热值为 28.43 MJ /L，比乙醇（21.26 MJ /L）高出 33.7%，比甲醇（15.77 MJ /L）高出 80.3%，与汽油相当。②丁醇的燃点高于乙醇，使用更安全。③与乙醇相比，丁醇更易溶于汽油和柴油，而不易溶于水。车辆无需改造，就可以使用近 100% 浓度的丁醇，经济性更高。④丁醇挥发性和腐蚀性小，可以通过现有燃料供应系统进行运输和销售。⑤丁醇作为生物燃料可以减少 SOx、NOx、CO 碳氢化合物以及温室气体的排放，产生良好的环境效益和社会效益。

表 18–2　醇类燃料的燃烧特性

特性	甲醇	乙醇	丁醇
体积热值 /（$MJ \cdot L^{-1}$）	15.77	21.26	28.43
着火温度 /℃	470	434	385
理论燃烧体积分数 /%	12.22	6.51	3.36
着火界限 /%	6.0 ~ 36.5	3.5 ~ 18.0	1.4 ~ 11.2
理论空燃比 /（$kg \cdot kg^{-1}$）	6.498 8	9.029 3	11.217 1
表观活化能 /（$kJ \cdot mol^{-1}$）	172.9	176.7	202.6
水油度（HLB 值）	8.4	8.0	7.0
理论分子变更系数	1.061 3	1.065 3	1.067 5

18.2.2 丁醇微生物发酵

（1）丁醇发酵方法

丁醇的工业生产方法主要有：醇醛缩合法、糖基合成法和生物发酵法。前两种方法属于化工工艺，生物发酵法是以糖蜜、甜菜、玉米淀粉、玉米芯和秸秆等生物基为原料，利用产丁醇菌种进行发酵，发酵液经精馏分离制得丁醇。

发现之旅 18–2
丁醇发酵的历史

丁醇发酵的主要方法是丙酮—丁醇—乙醇（ABE）发酵，即通过产丁醇菌种的新陈代谢，将底物转化成丙酮、丁醇和乙醇，在传统发酵工艺中三种溶剂的体积比约为 6∶3∶1，ABE 发酵的反应方程式如下：

$$95\ C_6H_{12}O_6 = 60\ C_4H_9OH + 30\ CH_3COCH_3 + 10\ C_2H_5OH + 220\ CO_2 + 120\ H_2 + 30\ H_2O$$

（2）丁醇发酵的特点

利用梭菌发酵产丁醇的典型特征分为如下两个阶段：

① 产酸阶段（the acidogenic phase）。该阶段酸形成路径非常活跃，主要在指数生长期发生。主要产物是乙酸（acetate）、丁酸（butyrate）、H_2 和 CO_2，导致 pH 下降到 4.5 左右。另外当氢化酶（hydrogenase）在受到缺铁或者一氧化碳（CO）抑制的情况下会生成乳酸（lactate）。

② 产溶剂阶段（the solventogenic phase）。在产酸阶段的末期，因为低 pH 的影响导致酸的代谢减慢。为了抵御低 pH 不利影响，细胞由产酸阶段转向产溶剂阶段。该阶段乙酸和丁酸被作为底物消耗转化合成丙酮（acetate）和丁醇（butyrate），且该阶段细胞不再增殖。

产酸阶段和产溶剂阶段的转换主要是由基因表达的改变所导致。

(3)丁醇发酵使用的主要菌株

现在国际上用于ABE发酵的主要微生物是梭菌属的一系列细菌，梭菌属细菌为杆状、产孢子的革兰氏阳性严格厌氧菌。主要菌种有：*Clostridium acetobutylicum*、*C.beijerinckii*、*C. saccharoperbutylacetonicum*、*C. saccharobutylicum* 等。另外就是构建非本体生物（异源物种表达）生产丁醇，如利用 *S. cerevisiae*，*E. coli* 和某些藻类等。

深入学习 18-4
丁醇菌株选育及产溶剂梭菌基因表达

其中丙酮丁醇梭菌 *C. acetobutylicum* ATCC 824 和拜氏梭菌 *C.beijerinckii* NCIMB 8052，研究最为热门且最具遗传改造前景。它们全基因组测序已经完成。

(4)丁醇的发酵工艺

① 分批发酵（batch fermentation）：又称为分批培养，培养基的量一次性加入，产品一次性收获，是目前广泛采用的一种发酵方式。

② 补料分批发酵（fed-batch fermentation）：是将培养基和底物浓度持续控制在较低水平的模型，当底物被微生物使用以后，底物以较低的浓度和速率缓缓加入，以确保发酵罐的底物浓度水平低于微生物的底物中毒水平。该技术主要是针对高底物浓度对培养物有毒害作用所设计。一般当发酵罐中的发酵液达到发酵罐总体积的 75% 左右时回收产物。因为丁醇对 *C.acetobutylicum* 和 *C.beijerinckii* 细胞有毒害，所以补料分批发酵必须配合可以同时移除产品的回收技术才能够应用。

③ 连续发酵（continuous fermentation）：连续发酵相对分批发酵的优点是：可以一次接种以后长时间运转，节约灭菌和接种时间从而提高生产效率。包括多种形式：①游离细胞连续发酵（free cell continuous fermentation）和固定化细胞发酵（immobilized cell fermentation）：后者相对前者的优点是在没有细胞增殖的产溶剂阶段，减少了细胞的机械损伤从而延长了细胞存活的时间。②改良的游离细胞连续发酵—细胞再循环和过滤（improved free cell continuous fermentation-cell recycling and bleeding）：该技术一方面使用膜过滤细胞，通过过滤后的细胞循环利用来提高发酵罐中的生物量，从而提高丁醇的生产效率；另一方面通过优化稀释比例，促进细胞从发酵罐中移除（即移除多余的细胞）以维持发酵液中细胞的最佳密度。③改良的游离细胞连续发酵 - 连续闪蒸发酵（improved free cell continuous fermentation-continuous flash fermentation）：该技术是由 Mariano et al. 提出，用于克服丁醇合成的低生产率问题。该创新技术由发酵罐、细胞维持系统和真空闪蒸罐（用于持续回收发酵液中的丁醇）三个互联单位组成。动力学分析显示该技术很有希望达到高丁醇生产率，丁醇的终浓度将有希望大于 20 g/L，而且该技术在降低蒸馏成本的同时产生的废水对环境的影响也较少。

(5)丁醇的回收技术

丁醇是一种比其他溶剂更有毒性的亲脂性溶剂，它会破坏细胞膜的磷脂组成，从而导致膜的流动性增加。目前菌株对丁醇的耐受性很少有超过 20 g/L 这一问题是大规模丁醇发酵生产的瓶颈之一。为了减少溶剂对菌株的抑制和毒害，以及提高溶剂的回收率，目前普遍采用的与丙酮和丁醇发酵联用的回收技术有：①吸附法（adsorption）；②气提法（gas stripping）；③液液萃取法（liquid-liquid extraction）；④渗透萃取（perstraction）；⑤反渗析（reverse osmosis）；⑥渗透气化膜分离法（pervaporation）

18.2.3 生物丁醇生产限制因素、技术改进和发展方向

生物丁醇发展的最大限制因素是高成本，这也是目前生物质能源大规模产业化发展的瓶颈。主要因素有以下几方面：①总溶剂浓度低、产率低。低浓度会增加后期分离的设备投入和能耗，这也是生物法制取丁醇成本高的重要原因。②丁醇对菌种产生毒害，当丁醇质量浓度达到 11 g/L 时，会抑制菌种生长，影响丁醇最终浓度和产率。③丁醇在总溶剂中比例低，约为 60%，其余为 30% 的丙酮和 10% 的乙醇，导致后期的分离和提取成本增加。④原料成本高。目前生物丁醇的主要原料是玉米等粮食作物，成本相对较高。

针对以上问题，可从以下几方面努力以解决问题：①改良菌种，提高丁醇耐受性和产丁醇比例；

②开发高效的发酵工艺，即针对丁醇梭菌的生理生态酶催化和发酵特点，开发多级连续发酵、固定化发酵和高密度发酵等工艺，提高菌种利用效率；③开发高效低能耗的分离工艺；④拓展原料品种，开发非粮和废弃纤维素等生物质丁醇生产清洁生产工艺等。

18.3 丙二醇的发酵生产

18.3.1 丙二醇理化性质及应用

丙二醇是有机化合物，分子式是 $C_3H_8O_2$，分为 1,2- 丙二醇和 1,3- 丙二醇两种。无色透明，有吸湿性，可与水、乙醇、乙醚等溶剂混溶，难溶于苯、氯仿，无腐蚀性，对眼和皮肤无刺激作用。丙二醇为二元醇，具有普通二元醇的大部分性质，例如，可与羧酸在高温下聚合成酯；可与异氰酸反应生成氨酯；在过量高碘酸（HIO_4）下氧化成甲醛和甲酸；酸催化下与醛酮反应生成二氧代烷等。

1,2- 丙二醇的典型用途是作为合成不饱和聚酯树脂的原料、官能液体（防冻、除冰、传热）、药物、食品、化妆品、液体洗涤剂、烟草湿润剂、香精和芳香剂、个人护理、油漆和动物饲料等。

1,3- 丙二醇（1,3-PD，PDO）是近年迅速发展起来的一种重要的化工原料，可作为溶剂用于油墨、印染、涂料、药物、润滑剂、抗冻剂、化妆品等方面，其中最重要的是它能够和对苯二甲酸反应合成聚对苯二甲酸丙二醇酯（PTT）。PTT 较之以乙二醇作单体的聚酯（PET）具有更优良的特性，如尼龙材料的弹性恢复（拉伸 20% 后仍可恢复原状）、在全色范围内无需添加特殊化学品即能呈现良好的连续印染特性，抗紫外、臭氧和氮氧化合物的着色性，抗内应力、低水吸附、低静电以及良好的生物降解、可循环利用等特性。这些特性显示是一种极具发展前途的新型聚酯高分子材料，可用于生产地毯、短丝及长丝产品，用于生产薄膜、非织造布和单丝，用作热塑性工程塑料等。PTT 还将有可能替代聚对苯二甲酸丁二醇酯（PBT），并为目前使用其他聚酯原料的玻璃填充系统提供更高的价值。特别使人感兴趣的一点还在于，现有的 PET 装置仅需少量的资金就可改造为生产 PTT 产品。

PDO 其他有潜力的市场包括热塑性聚氨酯（PTUs）和用作 PVC 的高分子型增塑剂。实际上，作为二元醇，它能代替像 1,4- 丁二醇和新戊二醇这样的中间体。近年 ChemSystems 公司研究指出，PDO 的二醇官能团使其用于聚氨酯很有潜力，实例包括聚酯多元醇的生产和作为链增长剂的应用。在这方面，PDO 将与酯基多元醇如由 1,4- 丁二醇与己二酸制得的聚己内酯二醇、聚（乙烯己二酸酯）二醇及聚酯二醇竞争。用于 TPUs 链增长剂的主要是 1,4- 丁二醇和双（2- 羟乙基）醚，ChemSystems 公司称 PDO 在价格 / 性能比上能够与之竞争。

18.3.2 微生物法生产 1,3- 丙二醇

1,3- 丙二醇有多种合成方法，目前有工业应用前景的生产方法主要有三种：环氧乙烷羰基化法、丙烯醛水解法和微生物法。目前国内外 1,3- 丙二醇的生产以化学合成为主，而化学合成法存在生产成本高，易造成环境污染等问题，这使以“绿色环保”为特征的微生物生产法成为目前开发研究的热点，发展前景广阔。

1881 年，August Freund 发现在利用巴氏梭状芽孢杆菌（*Clostridium pasteurianum*）发酵甘油的发酵液中含有 1,3- 丙二醇。但是近一个世纪以来微生物发酵法生产 1,3- 丙二醇未能引起足够的重视。20 世纪 80 年代以来，随着国际市场甘油生产过剩，1,3- 丙二醇应用开发逐渐得到深入的研究，对 1,3- 丙二醇用途的认识也逐渐加深，微生物转化甘油生产 1.3- 丙二醇越来越受重视。随着研究的深入，将逐步实现工业化生产，微生物法生产 1,3- 丙二醇是以生物技术为特征的“绿色工业”向传统石油化工提出的强有力的挑战，具有重要的现实意义。与化学合成法相比，它具有条件温和、操作简便、无环

延伸阅读 18-2
产 1,3- 丙二醇克雷伯氏菌诱变菌株的发酵动力学研究

境污染等优点。目前，微生物法生产 1,3- 丙二醇主要有两大类：一是以德国国家生物技术中心（GBF）为代表的利用肠道细菌将甘油歧化为 1,3- 丙二醇；二是以杜邦公司（DuPont）为首的利用基因工程菌将葡萄糖一步发酵为 1,3- 丙二醇。

18.3.2.1 以甘油为原料的发酵法

（1）甘油生产现状

甘油是一种重要的化工原料，其生产方法主要有三种，一为天然油脂皂化 / 酶催化水解；二为化学合成；三为发酵法生产。在多数发达国家，甘油的来源主要是前两种方法，特别是在欧洲，由于天然脂肪价格相对于石油裂解物的价格较低，导致工业上较多地采用脂肪分解的方法来生产脂肪酸，致使脂肪分解的副产品——甘油在市场上大量过剩。随着欧洲利用过剩的菜籽油和豆油为原料生产生物柴油（其主要副产物甘油）获得推广应用，已逐步成为甘油的主要来源。因此，在欧洲甘油来源主要靠第一种方法，即油脂皂化 / 酶催化水解。

在我国则三种方法并存，江南大学（原无锡轻工学院）利用耐高渗酵母采用淀粉质原料发酵生产甘油，并建立了我国发酵甘油研究基地，其生产水平处于国际领先地位。目前，该学校选育的 WL-2002-5 菌种是国内能产甘油的耐高渗酵母的优良菌株，在含糖 25% 左右的发酵液中产甘油高达 12% 以上，总糖转化率可达 50%，生产强度 30 g/（L · d），达到国际领先水平。该校研制的蒸馏设备与载体蒸馏技术，在甘油和残糖比为 1∶1 的情况下，提取率可达 80% 以上，且残渣的清洗也较容易。发酵法生产甘油，操作简单，对设备无特殊要求，发酵工艺路线成熟。目前生产强度高达 350 g/（L · d），该校后来又筛选了发酵后期不消耗甘油或少消耗甘油的优良菌株，并已申请国家专利。但目前发酵法生产甘油成本相对较高，加之我国甘油市场不景气，大部分甘油生产厂处于停产、半停产状态，因而各种方法生产的甘油价格都基本持平。不过，由于发酵法生产的甘油有特殊的应用领域，如食品、药品行业等，所以从工艺和应用角度考虑，仍以发酵法为首选。

（2）甘油代谢的菌种

能将甘油转化为 1,3- 丙二醇的菌种主要有：克雷伯杆菌属、柠檬酸菌属和梭状芽孢杆菌属等，其中肺炎克雷伯氏菌（*Klebsiella pneumoniae*）和丁酸梭状芽孢杆菌（*Clostridium butyrium*）具有较高的转化率和 1,3- 丙二醇生产能力，因而受到更多的关注。甘油作为上述微生物的唯一碳源和能源物质，经过微生物代谢后，除目的产物 1,3- 丙二醇外，还有乙酸、乙醇、丁酸、2,3- 丁二醇、乳酸、琥珀酸等副产物，但浓度相对较低。发酵的底物、产物及副产物都能抑制微生物的生长。克雷伯杆菌和丁酸梭状芽孢杆菌具有较高的甘油耐受力，发酵速度较快，克雷伯杆菌与弗氏柠檬酸杆菌属于兼性菌，而丁酸梭状芽孢杆菌则要求严格的厌氧条件。虽然克雷伯杆菌与弗氏柠檬酸杆菌是转化 1,3- 丙二醇的良好菌种，但由于它们属于条件致病菌，故在实际应用上应有严格的操作规范，以防患于未然。

（3）甘油转化为 1,3- 丙二醇的厌氧代谢途径

以甘油为底物的微生物发酵法生产 1,3- 丙二醇的代谢途径如图 18-5 所示。由图 18-5 可见，微生物代谢甘油有三条途径。其一为生成菌体生物量，此过程消耗能量 ATP，产生还原力 $NADH_2$。另外两个途径分别为氧化途径和还原途径。

氧化途径中，甘油在甘油脱氢酶（GDH）作用下生成二羟丙酮，然后磷酸化为磷酸二羟丙酮，进入糖代谢途径，进而生成丙酮酸。这一过程在所有 1,3- 丙二醇产生菌中为共有途径，可以为微生物代谢体系提供 ATP 和还原当量 $NADH_2$。还原途径包括两步反应：第一步反应为甘油在甘油脱水酶（GDHt）催化下生成 3- 羟基丙醛，此酶需要 B_{12} 作为辅酶；第二步反应为在 1,3- 丙二醇氧化还原酶（PDOR）催化下生成目的产物 1,3- 丙二醇，此过程需要消耗还原当量。

在氧化途径中，丙酮酸可以进一步氧化生成乙酸、乙醇等副产物，其中丁酸和 n- 丁醇只在梭菌中

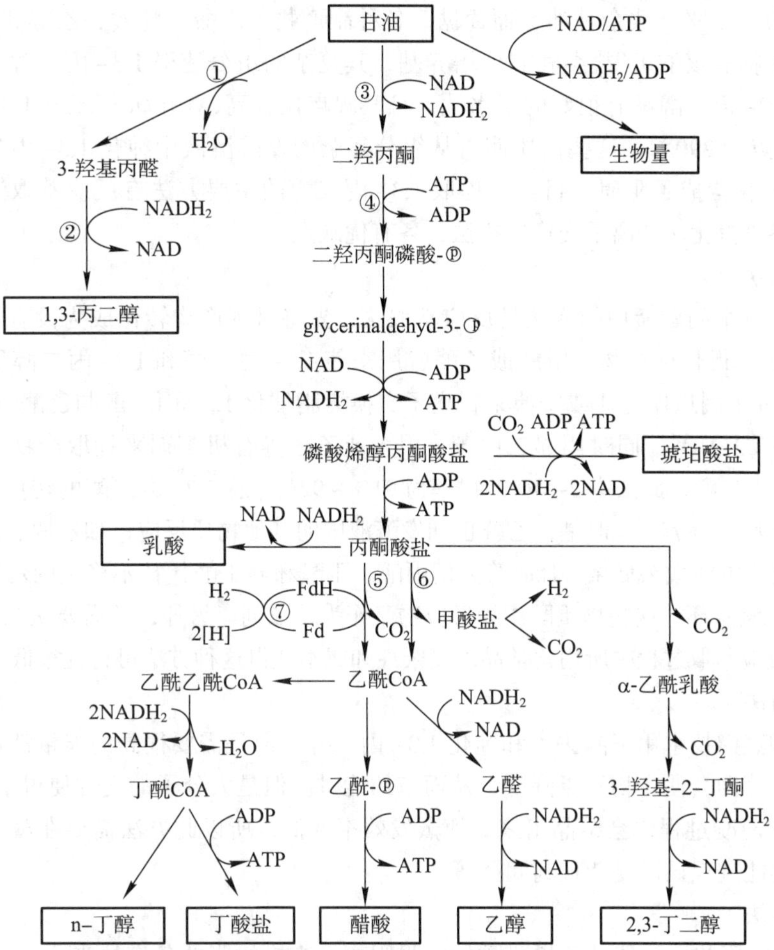

图 18-5 微生物厌氧代谢甘油途径

①甘油脱水酶；② 1,3- 丙二醇氧化还原酶；③甘油脱氢酶；④二羟基丙酮激酶；
⑤丙酮酸脱氢酶系；⑥丙酮酸甲酸裂解酶；⑦铁氧蛋白还原酶

产生，2,3- 丙二醇只在肠杆菌中产生，乙酸和乙醇在所有 1,3- 丙二醇生产菌中都会产生。在氧化途径中产生的能量 ATP 可以供给微生物菌体的生成或在副产物生成中消耗掉。还原途径的生物学作用就是为了消耗掉氧化途径生成的还原当量，以维持微生物代谢体系 $NAD^+/NADH_2$ 的平衡。

18.3.2.2 以葡萄糖为原料的发酵法

此方法先是利用酿酒酵母等菌种将发酵液中葡萄糖转化为甘油，然后再接种肺炎克雷伯氏菌等菌株发酵甘油生成 1,3- 丙二醇。这种方法利用相对廉价的葡萄糖为原料，可以大大降低成本。然而利用酿酒酵母等转化发酵液中葡萄糖生成甘油，这一代谢过程势必会将其他一些副产物比如乙醇等引入发酵液，再次接种肺炎克雷伯氏菌代谢甘油时，这些物质会对代谢甘油生产 1,3- 丙二醇途径产生抑制作用，从而会导致 1,3- 丙二醇产量降低。

以葡萄糖为原料的另一条途径为利用基因工程技术构建工程菌一步生成 1,3- 丙二醇。这一技术的实现有两种方法：将 1,3- 丙二醇生产菌的相关基因导入酿酒酵母中，或者将酿酒酵母中葡萄糖转化为甘油的基因以及 1,3- 丙二醇生产菌中甘油转化为 1,3- 丙二醇的基因都导入大肠杆菌中。

18.3.3 1,3- 丙二醇的提取

成功商业化生物资源生产 1,3- 丙二醇的一个技术障碍是目标产物有效的纯化策略。发酵后的溶

液中含有多种组分，如水、残余甘油、葡萄糖、各种副产物（乙酸、乳酸、乙醇和2,3-丁二醇）、大分子（蛋白质、多糖和核酸）、盐类和剩余培养基，其复杂的组分使得1,3-丙二醇下游的分离操作比较困难。另外，1,3-丙二醇具有很好的亲水性，且其沸点比较高，1个大气压下1,3-丙二醇的沸点为214℃，甘油的沸点为290℃。这些性质使得从组分复杂的发酵溶液中纯化1,3-丙二醇比较困难，对1,3-丙二醇的商业化构成了阻碍。目前，提取1,3-丙二醇的主要方法有反应萃取法、蒸发法、蒸馏法、膜过滤法、渗透汽化法和离子交换层析法，各有优缺点。

（1）反应萃取法

最初尝试解决这个问题所用的方法是反应萃取法，先将目标产物转化成为没有羟基的物质，然后用溶剂萃取的方法获得目标产物。甲醛或乙醛曾用来使1,3-丙二醇和1,2-丙二醇形成二氧已环衍生物。Malinowski研究了用道埃克斯或安博莱特离子交换树脂催化1,3-丙二醇与乙醛可逆反应形成2-甲基-1,3-二氧已环（2-MD），同时用邻二甲苯、甲苯或乙苯等有机溶剂来提取产物，然后通过水解将2-MD转变回1,3-丙二醇，此法中2-MD的得率为91%~92%，总1,3-丙二醇的转化率为98%，有机溶剂中二氧六环的回收率为75%。但是，乙醛也和发酵液中的其他物质反应，如乙醇、2,3-丁二醇、甘油和可溶蛋白，使这个方法效果低微。Hao等人用丙醛、丁醛和异丁醛代替不稳定的乙醛和有毒的甲苯来形成替代的1,3-二氧六环，这些物质既作为反应物又作为萃取剂。另外，还需要从二氧戊环衍生物中再生1,3-丙二醇，反应萃取过程中所用化学品的复杂性和成本使得这种方法可行性很低。

（2）蒸发蒸馏法

常规的蒸发和蒸馏技术用来除去水和纯化1,3-丙二醇，但是需要很高的能量消耗，导致目标产物的成本升高。真空蒸馏会使产物沸点降低，从而节约能量。但是大分子的变性使得培养液变得很黏稠，发酵液中的盐分在冷凝过程中会结晶出来，使蒸发效率变低，所以此方法需要在蒸发之前进行脱盐和脱蛋白作用，使得此过程显得复杂且利润微薄。

（3）色谱层析法

Hilaly和Binder用装填了聚苯乙烯磺酸钠的强阳离子交换树脂的色谱柱来回收1,3-丙二醇，这个过程在模拟的移动床装置中实行，加水来洗脱物料，原始的流入溶液被稀释了10倍，尽管总的纯度和1,3-丙二醇得率比较高，但是1,3-丙二醇溶液没有得到浓缩反而被稀释了，因为树脂吸附剂的选择性和吸附性都比较低。这种方法比简单的蒸发和蒸馏消耗更多的能量，另外，如果进料没有经过脱盐或脱蛋白作用，还需要经常再生层析介质。

（4）其他方法

目前开发了一种新的从发酵液中纯化1,3-丙二醇的方法，该方法共有三步，一是除蛋白，二是浓缩发酵液，三是用色谱法分离1,3-丙二醇。该方法与其他可能的方法相比使用了相对简单的设备，并且很好维护，该法也解决了目前方法成本过高的主要问题，采用便宜可用的物质代替昂贵的壳聚糖来除去蛋白质从而降低纯化成本。在发酵液的浓缩过程中采用真空蒸馏的方法，浓缩的溶液随后用色谱进行纯化，该法从发酵液中回收1,3-丙二醇的得率为98%。

18.4 现代沼气发酵技术

沼气是生物质在多种微生物一系列的厌氧发酵中而产生的一种可燃气体，又被称为生物气，主要成分为甲烷（50%~70%）和二氧化碳（25%~40%），此外还包含少量的氮气、一氧化碳、氢气、氧气、氨气、硫化氢等气体，但是所占总体积约占总体积的5%。1776年意大利的物理学家A·沃尔塔（Alexander Volta）首次发现沼气含有甲烷气体；1875年俄国的学者波波夫（Popof）将纤维素加入到河泥中产生了沼气，并发现沼气是通过微生物作用产生的，这一突破性的发现引起微生物学家的密切关注，由此为沼气的研究和应用奠定了基础。

沼气发酵的原料为非粮材料，同时沼气也作为一种可再生的优质清洁能源将会在今后的能源系统中占据重要一席之地。我国的沼气事业早在 20 世纪 30 年代前后就开始了，70 年代又产生了一次发展沼气的热潮，80 年随着沼气研究的丰硕成果，我国的沼气发酵技术得到了大幅度提高，2000 年农业部将沼气的综合利用作为重点建设项目，推进了我国的沼气发酵事业。

18.4.1 沼气发酵原理

沼气发酵是厌氧微生物的一个复杂的生物转化过程，对于其发酵阶段的划分尚存在争议，目前主要有两阶段、三阶段和四阶段学说，学者们倾向于三阶段理论。Thumm、Reichie 于 1914 年，Imhoff 于 1916 年分别提出了两阶段理论，将沼气厌氧发酵过程分为酸性发酵阶段与碱性发酵阶段。1917 年布赖恩（M. P. Bryant）根据研究结果在两阶段理论的基础上提出了三阶段理论，将厌氧发酵过程分为三个阶段，分别为水解阶段、产酸阶段和产甲烷阶段（图 18–6）。

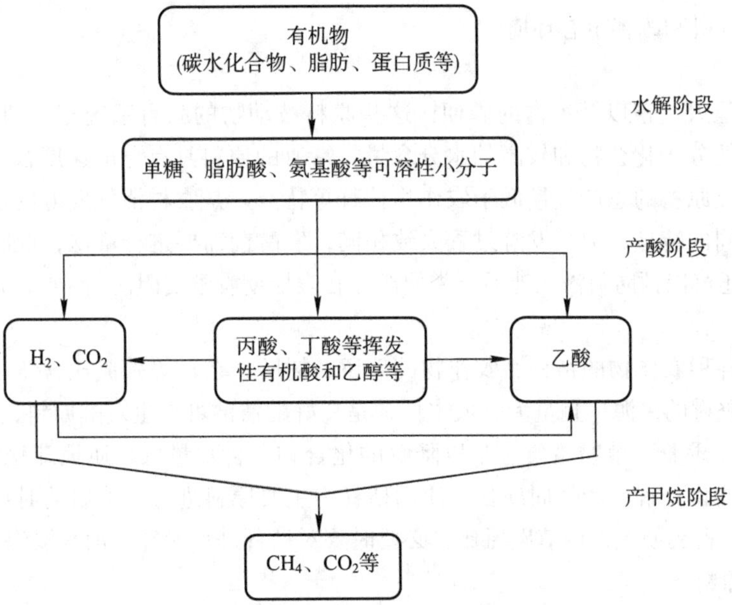

图 18–6 沼气发酵的三阶段

第一个阶段为水解阶段，此阶段主要是特定菌群产生的胞外酶将细胞难以利用（木质素、纤维素等物质）和易于利用的物质水解为小分子的糖类、氨基酸、脂肪酸等。液化过程是整个厌氧发酵的限速步骤，决定整个发酵过程的快慢。

📖 深入学习 18–5
沼气发酵相关微生物的分类

产酸阶段是水解阶段的产物进入微生物体内后，在胞内酶的催化作用下进一步转化为低分子化合物，如挥发性脂肪酸、醇、氢气等。此阶段中乙酸是主要的代谢产物，达到 80% 左右，故称为产酸阶段。此阶段中产生的氢气导致氢气分压升高，会抑制产乙酸菌群的活性，但由于产生的氢气可以被产甲烷菌群利用，因此保证了此过程的顺利进行，反应式如下：

$$CH_3CH_2OH + H_2O \longrightarrow CH_2COOH + 2H_2$$

$$CH_3CH_2COOH + 2H_2O \longrightarrow CH_3COOH + 3H_2 + CO_2$$

$$CH_3CH_2CH_2COOH + 2H_2O \longrightarrow 2CH_3COOH + 2H_2$$

产甲烷阶段是利用不同底物的产甲烷菌群将前两阶段的产物作为基质产生甲烷的过程。产甲烷菌可以利用乙酸也可以利用 CO_2 作为电子的最终受体，合成甲烷，其中约 70% 来源于乙酸的分解，约 30% 来自氢还原 CO_2。这个过程是严格厌氧并自发进行放能的，在此阶段中产氨细菌的大量繁殖降低了氧化还原势，同时降低了挥发酸的浓度，为产甲烷菌提供合适的生长环境，反应式如下：

$$CH_3COOH \longrightarrow CH_4+CO_2$$

$$CH_3CH_2OH+CO_2 \longrightarrow CH_3COOH+CH_4$$

$$4H_2+CO_2 \longrightarrow CH_4+2H_2O$$

三个阶段只是被人们理论分成的，实际上这三个阶段是相互依存和连续进行的，并不能完全地孤立分开。不产甲烷菌通过生命活动为产甲烷菌提供基质和能量，而产甲烷菌对整个过程起调节和促进作用，三个阶段相辅相成，共同维护系统的动态平衡。

四阶段理论是在三阶段理论的基础上增加一个同型产乙酸阶段，认为在沼气发酵的过程中存在一种被称为同型产乙酸菌的参与，此菌群利用 CO_2 和 H_2 为底物转化为乙酸，为产甲烷菌提供原料。

18.4.2 沼气发酵的原料

深入学习 18-6
原料预处理方法的分类

原料是沼气发酵的物质基础，充足的发酵原料是沼气发酵持续进行的保证，可以根据当地的条件因地制宜，选择合适的原料。沼气发酵的原料来源丰富，多种再生生物质和废弃物均有较好的产气效果，可以缓解能源危机和改善生态环境。

（1）富氮原料

富氮原料指的是人、畜以及家禽的粪便，这些原料被动物的肠胃系统充分消化，氮含量比较高，同时也含有较多的低分子化合物和较高的水分含量。富氮的原料具有分解速度快、发酵周期短、沼气产生速度快，但单位原料的总产气量低于农作物秸秆等特点，是农村沼气发酵的主要原料之一。不同种类的粪便具有不同的特点，但是发酵过程大致相同，发酵前需要进行堆沤，此时细菌大量繁殖，可以缓解酸化作用，还可以预防料液入池后干粪便漂浮在表层使发酵受阻。

（2）富碳原料

富碳原料是指各种农作物的秸秆、农作物的残留、树叶、杂草等碳氮比含量一般为 30：1 以上的原料。这类原料在农村的来源广且量大，成本低，是良好的清洁可再生发酵原料，主要成分为纤维素、半纤维素、木质素、果胶、植物蜡质等难以降解的化合物，含水量低、质地疏松、厌氧分解速度慢、不容易在沼气池中消化分解、产气周期长。使用秸秆为主要原料进行发酵启动时可以加入一定量的含氮量高的原料（人、畜粪便）来调节碳氮比，必要时要对秸秆进行粉碎、加水浸泡等处理。

（3）水生植物原料

农村附近的江河湖泊等富有一些水生植物，如水葫芦、藻类、水花生和水草等原料，这类原料与其他原料相比具有三个明显的特征，一是通常的含水量高达 95% 左右；二是含有丰富的蛋白质；三是根部富集了众多重金属等污染物。这类原料用于发酵时具有菌群繁殖速度快、原料易于被沼气菌群分解利用、沼气产量高、成本低等优点，是沼气发酵的一种良好原料。

（4）工业有机废物和废水

工业生产特别是农产品加工过程中会产生大量的有机废物、废水，这些废弃物中含有机物成分，但是由于来源不同、化学成分不同，其不同种类的废弃物发酵潜力差异较大，因此发酵工艺迥异。尽管如此，这些废弃物仍是沼气发酵的好原料，若不合理利用或随意丢弃都会造成环境的污染，沼气发酵可以使其变废为宝。

（5）城市垃圾及生活废水

随着经济发展和城镇化，我国有大量的城市人口，每年会产生大量的城市垃圾和生活废水。城市垃圾是城市中固体废弃物的混合物，除无机物外，主要是淀粉、纤维素、蛋白质等有机物，且有机物的含量较高，有些发达国家城市垃圾中的有机物高达 70%，城市垃圾的累积会产生严重的污染问题。生活污水指居民、机关、学校等在日常生活中产生的废水，生活废水与城市垃圾一样含有大量的有机物，还含有病原菌、病毒等病原微生物，且一般氮、磷、硫含量高，是重要的环境污染源。将城市垃圾和生活废水用来进行沼气发酵，不仅可以获得能源，还可以降低环境污染和病原微生物的影响。

18.4.3 沼气发酵工艺

厌氧消化是一个复杂的微生物学过程，在这个过程中，发酵微生物需要适宜的生存条件，对温度、pH、氧化还原势等多种环境因素都有一定的限制要求，沼气发酵工艺就是最大限度满足发酵微生物的生长条件。

深入学习 18–7
规模化沼气的使用

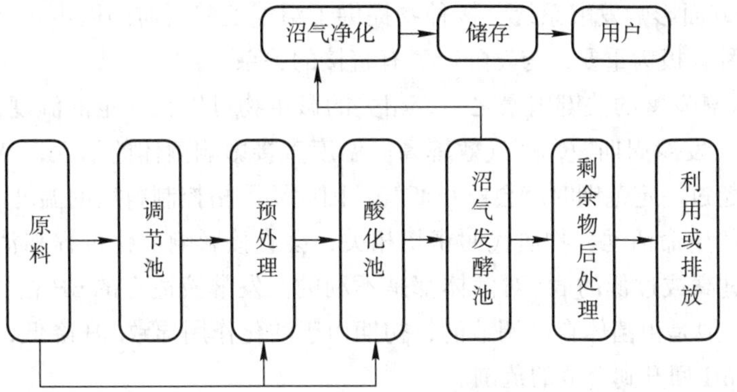

图 18–7 沼气发酵的工艺流程

沼气发酵的工艺流程一般包括原料的预处理、发酵运转和发酵后处理三个阶段，一般包括以下工艺流程：原料（废水）的收集、预处理、消化池（沼气池）、出料的后处理和沼气的净化和存储等。按投料方式可以分为连续发酵工艺、半连续发酵工艺以及批量发酵工艺。基于沼气发酵的代谢过程和反应器级数，可以将发酵工艺分为单相工艺和两相工艺。单相工艺中的水解、产酸和产甲烷过程在一个反应器中完成；两相工艺适于各种易降解废水和固体有机废物等的处理，分为产酸和产甲烷过程，第一相用于原料的水解产酸，第二相用于转化产甲烷。单相工艺由于工艺简单、操作简单、成本低和技术相对成熟，在沼气发酵过程中得到了广泛的应用。

视频 18–3
沼气工厂的发酵流程

根据其他的分类方法可以将发酵工艺分为多种类型，如表 18–3 所示。

深入学习 18–8
沼渣的综合利用

表 18–3 不同类型的发酵工艺

分类标准	类型	特点	优点	缺点
水分含量	湿法发酵技术	干物质量浓度在 6%～10%，一般为 8%	用料广、可连续进行、加热和传质效率高，气体输配和使用安全性高	易造成二次污染，周期较长、耗用能量较高、处理干物质的成本高
	干法发酵技术	干物质含量在 15%～35%，一般在 20% 以上	适合高温发酵、产气效率高、成本低、易于管理、所需水量低、剩余物可直接利用	需预处理、利用率较低、需喷淋回流系统、尚未解决大批量进出料问题
发酵温度	高温发酵技术	温度在 45℃以上	菌群生长活跃、气产量大、产气效率高	需热量较大、冬季效率低、成本较高
	中温发酵技术	温度在 25～45℃	菌群生长活跃、生产稳定性强、成本低	效率较低、冬季效率低
	低温发酵技术	温度在 25℃以下	可在低温环境中生产	低温菌株较少、产气效率低、利用率低、启动时间长、周期长

18.4.4 影响沼气发酵的因素

厌氧消化产甲烷的过程中一些基本参数对甲烷的产量有重要影响，其中包括有利于提高甲烷转化效率的参数，也包括一些对甲烷过程有抑制和毒害作用的参数，人们可以对这些参数进行科学的调控，促使甲烷产生各阶段微生物的平衡、稳定的代谢，可以获得高效稳定的甲烷产量。

① 发酵原料是沼气微生物赖以生存和产生沼气的物质基础，不同原料在组成成分上的不一致性，导致产气速度上差距较大，快慢不一，同时产生量不同。原料通过影响碳氮比、营养元素浓度、料液的黏度及传质能力等方面影响发酵系统。接种物提供了沼气发酵所需的微生物，在发酵过程中加入一定量的微生物作为接种物极为重要，与发酵产气有直接的关系。

② 温度是影响厌氧发酵的关键因素之一，相关的微生物可以在一定的温度范围内进行代谢活动，一般情况下，温度高，发酵周期短，产气效率高。温度直接影响菌体的活性，从而影响发酵的速率和产气质量，温度突变超过一定范围时就会停止产气，因此要严格控制料液的温度。

③ pH 与微生物的生命活动、物质代谢密切相关，会直接影响消化过程和消化产物，不同微生物所要求的 pH 不同，过高或过低的 pH 对菌体都是不利的。发酵液适宜的 pH 范围为 6.5 ~ 8.0，在发酵过程中，料液的 pH 一般是由菌体自己调节的，初期由于酸化作用导致 pH 降低，之后有机酸被利用和氨化作用促使料液的 pH 回升到合适的范围。

④ 搅拌能够为沼气发酵提供均匀的基质、均衡的营养，使菌体与原料充分接触，使消化效率提高，产气量增强并且反应周期缩短，搅拌还可以破碎浮渣，促使有害气体迅速排出。适当的搅拌可以提高发酵效率，但是需要控制好合适的搅拌强度，剧烈的搅拌可能会破碎菌体絮团结构，打破发酵体系的平衡。

⑤ 金属元素是菌体细胞的重要元素，钾、钠、镁和铁元素是维持酶活性的必须营养元素，镍和钴对甲烷菌的生长至关重要，在一定的范围内会刺激菌体的生长。

延伸阅读 18–3
沼气发酵与环境之间的关系

⑥ 毒性物质是指能够抑制发酵菌体生命活动的物质，大多数化学物质在较高浓度时会产生抑制作用，而且随着浓度的升高抑制作用俞加强烈。毒性物质种类很多，包括部分重金属离子、醇类、酸类、苯、硫化物、氰化物等，大多数物质的毒性是相对而言的，在一定范围内，也可以对发酵系统产生有利的影响，同时还可以通过驯化增强菌体适应毒性物质的能力。

18.4.5 沼气发酵工程案例

广西某淀粉有限公司的沼气纯化制备生物燃气项目以木薯加工生产过程中产生的高浓度有机废水为原料，利用快速高效厌氧发酵技术生产沼气，并对沼气进行压缩后制备压缩生物燃气，设备主要包括可编程逻辑控制器（PLC 机）、沼气净化、干燥、压缩加气柱等。该工艺以公司现有的废液、废渣处理设施为基础，每天利用 1 000 t 木薯酒精废水、5 000 t 木薯淀粉废水和木薯渣为原料，采用改进型的上流式厌氧污泥床反应器——层流、涡流和脉冲（UASB–TLP）进行处理，日产沼气达 3×10^4 m^3，经脱硫脱碳系统和压缩系统纯化压缩后，可以得到 2.1×10^4 m^3 的生物燃气。该项目带来的不仅是经济利益，而且实现了节能环保的目标。

上海某垃圾综合处理厂是典型的大型固态厌氧发酵工程，处理规模是 280 kt/a，工程总投资约 1.6 亿元，将普通生活垃圾和餐饮垃圾经过简单分选后，采用 55℃的高温 Volorga 工艺发酵，停留时间为 20 d，经过处理后日均产残渣 96.9 t、废水 360 t，预计日产生物沼气 70 535 Nm^3，年产电 111 MW · h，除了满足自用外，还可以供上网电量 0.46 亿 kW · h · a^{-1}，实现了生活垃圾的沼气化工程。

建立在奥地利 Gussing 地区的 STREM “全能源作物原料沼气发电农场”，300 hm^2 土地全部种植专用玉米青贮、黑麦草和小黑麦，采用腊熟期整株青贮，2 个厌氧反应器容积各 1 500 m^3，采用 49.5℃的高温发酵工艺。年消耗青贮原料 5 940 t，沼气产量为 5 150 m^3/d，沼气直接发电，发电产能

500 kW（热电联产）。年发电和供热量分别为 415 万 kW · h 和 4 200 MW · h，全部电能售给电网，热量出售 1/3。

18.5 生物制氢技术

随着化石能源的短缺，石油价格日益攀升及化石燃料燃烧引发的环境问题日渐凸显，寻求可替代的可再生能源迫在眉睫。氢气具有清洁、高效和可再生的特点，是未来理想的“绿色能源”之一。在不同的制氢方法中，生物制氢具有低能耗、少污染的特点，因此，生物制氢技术备受关注。

18.5.1 生物制氢技术概述

目前，传统生物制氢技术主要包括电解水制氢和采用化石燃料制氢两种途径。而在传统制氢技术中需要消耗大量电能和天然的碳氢化合物（煤、石油和天然气等不可再生资源），难以摆脱对化石燃料的依赖，同时传统生物制氢技术对生产设备和工艺条件要求苛刻，成本高昂。

延伸阅读 18–4
光解水制氢新机制

生物制氢是利用微生物自身所具有的代谢产氢特性来制取氢气的方法，与传统制氢技术相比，它具有反应条件温和、过程清洁和不消耗化石燃料等优势，同时生物制氢技术可将氢能源的生产与环境污染治理、废弃物利用以及太阳能转化等方面相结合，因此，生物制氢被认为是目前最有发展潜力的环境友好型制氢新方法。

目前生物制氢方法主要分为以下两大类：①光合生物产氢；②发酵细菌产氢。光合生物主要包括藻类和光合细菌。

18.5.2 光合生物产氢

18.5.2.1 藻类产氢

藻类产氢主要是通过光解水制氢。绿藻和蓝细菌直接利用太阳能通过体内光合系统将 H_2O 分解为 H_2 和 O_2，从长远角度来看，通过藻类光解水制氢可能是最具潜力的生物制氢方式。

（1）绿藻产氢

绿藻是目前研究较多的用于光解水产氢的藻类，它含有两个光合系统（PSI 和 PSII），但不含固氮酶，氢代谢途径全部由氢酶调节。其产氢途径主要有两条：一条途径是通过葡萄糖等底物分解代谢产生的还原剂作为电子供体，电子再经过传递链即电子供体→ PSI → Fd →氢酶的传递，最后生成 H_2 并伴随 CO_2 放出。另一条是生物光解水产氢，电子传递途径是：H_2O → PSII → PSI → Fd →氢酶→ H_2，同时伴随着 O_2 的生成，如图 18–8 所示。生物光解水产氢可以与太阳能转化系统相关联，其原料水和太阳能来源丰富且价格低廉，是一种理想的制氢方法。但是水分解产生的 O_2 会抑制氢酶的活性，并促进吸氢反应，这是生物光解水制氢目前亟待解决的问题，因此，通过绿藻光解水制氢在目前技术水平下难以实现工业化。

（2）蓝细菌产氢

蓝细菌是一类能够进行产氧光合作用的原核生物。蓝细菌具有与革兰氏阴性菌相似的细胞壁结构和组成，以及与真核细胞中叶绿体相似的光合作用单元。蓝细菌中参与氢代谢的酶主要有固氮酶、吸氢酶和可逆氢酶（或称双向氢酶），其中，固氮酶在催化固氮的同时催化氢的产生，吸氢酶可氧化固氮酶放出的氢，可逆氢酶既可以吸收也可以释放氧气。蓝细菌放氢是这三种酶共同作用的结果。固氮酶、吸氢酶和可逆氢酶对氧气都非常敏感，可以被空气中的氧和光合作用放出的氧抑制而失活。

蓝细菌产氢分为两类：一类是固氮酶催化产氢，另一类是氢酶催化产氢。

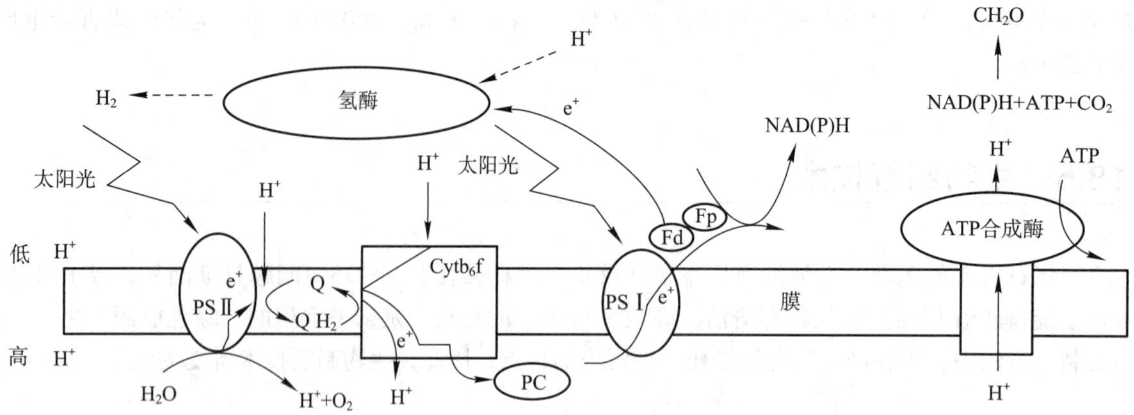

图 18-8 绿藻细胞中的光合系统和生物制氢过程

PSI 表示光合系统 I 反应中心；PSII 表示光合系统 II 反应中心；Q 表示 PSII 阶段的主要电子接收体；PC 表示质体蓝素；Cytb$_6$f 表示细胞色素 b$_6$ 与细胞色素 f 的复合体；Fd 表示铁氧还原蛋白；Fp 表示黄素蛋白；NAD（P）H 表示还原型辅酶

蓝细菌是进行放氧光合作用的生物，而固氮酶遇氧会失活，对于蓝细菌来说，固氮放氢机制因种而异。A.*cylindrina* 是一种丝状好氧固氮菌，细胞具有营养细胞和异形胞两种类型。营养细胞含有光合系统 PSⅠ和 PSⅡ，可进行 H_2O 的光解和 CO_2 的还原，产生 O_2 和还原性物质。产生的还原性物质可通过厚壁孔道运输到异形胞，作为氢供体用于异形胞的固氮和产氢。异形胞只含有光合系统 PSⅠ，具有细胞壁较厚的特性，为异形胞提供了一个局部厌氧或低氧分压环境，从而使固氮放氢过程顺利进行。

无异形胞单细胞好氧固氮菌，其产氢也由固氮酶催化。由于没有防氧保护机构，产氢只能发生在光照与黑暗交替情况下。光照条件下，细胞固定 CO_2 储存多糖并释放氧气；黑暗厌氧条件下，储存的多糖被降解为固氮产氢所需电子供体。

对氢酶产氢研究较少。沼泽颤藻（*Oscillatoria limnetica*）是一类无异形胞兼性好氧固氮丝状蓝细菌，其光照产氢过程由氢酶催化，白天光合作用积累的糖原在光照、通氩气和厌氧条件下水解产氢。钝顶螺旋藻（*Spirulina platensis*）和铜绿微囊蓝细菌（*Microcystis aeruginosa*）可在黑暗厌氧条件下通过氢酶产氢。研究还报道了一种可逆氢酶，它能以相同的速度吸氢和放氢。但对于该类酶，目前仍存在争议。以这种机制产氢的蓝细菌产氢效率是极低的。

解决放氧和产氢的矛盾，是蓝细菌光合放氢中需要解决的主要问题。采用连续不断地提供氩气以维持较低的氧分压的方法用于实验室研究尚可，但难以规模化。

18.5.2.2 光合细菌产氢

深入学习 18-9
利用细菌光合作用合成生物燃料

延伸阅读 18-5
产氢的光合细菌

光合细菌是一类厌氧微生物，它可以利用多种有机或无机来源的还原力还原 CO_2。它们均为原核生物，具有细菌叶绿素 a，只含有一个光合系统 PSI，进行不放氧的光合作用，以此区别于蓝细菌的具有两个光合系统的放氧光合作用。

光合细菌的氢代谢与 3 种酶有关：固氮酶、氢酶和可逆氢酶（蚁酸脱氢酶）。光产氢与固氮酶有关，暗产氢与可逆氢酶有关，吸氢现象与氢酶有关。光合产氢是这 3 种酶共同作用的结果。

与蓝细菌和绿藻不同，光合细菌的光合作用仅提供 ATP，并不提供还原力（图 18-9）。与产氢有关的甲酸脱氢酶（FDH）催化非产能反应，受 O_2、NO_3^- 等的阻遏，由另外一种反向电子传递链产生。在限氮或产氢条件下，有机物氧化产生的电子传递给 Fd 使之还原，固氮酶的铁蛋白（固氮酶还原酶）在接受还原型 Fd 传来电子的同时使之氧化再生。在 ATP 和 Mg^{2+} 的作用下，铁蛋白活化形成还原型固氮酶还原酶 -ATP-Mg^{2+} 复合物。该复合物再将电子转移给固氮酶的铁钼蛋白使之成为有活性的固氮酶，这时，固氮酶在没有合适底物时，将 H^+ 作为最终电子受体使其还原产生分子 H_2，反应方程式如下：

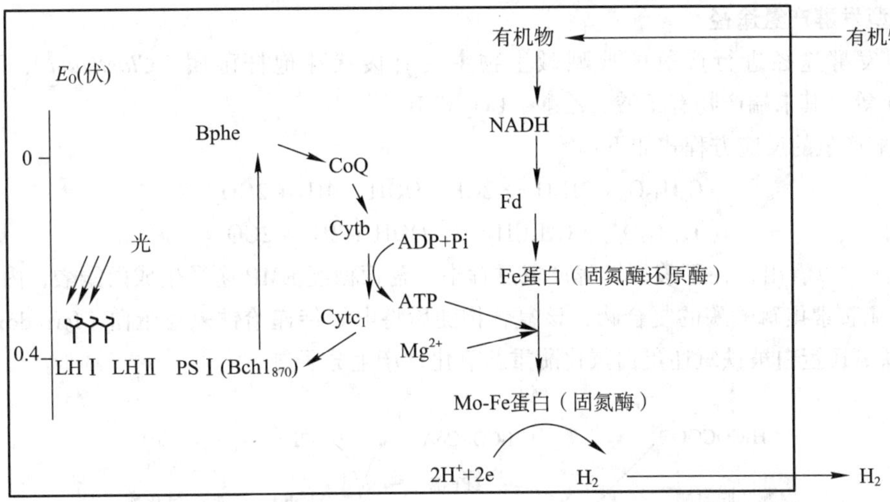

图 18-9 光合细菌的光合产氢途径

PSI 表示光反应中心 RC；LH 表示光合色素复合体 I 和 II；Bchl 表示细菌叶绿素；Bphe 表示细菌脱镁叶绿素；CoQ 表示泛醌；Cytb、Cytc 分别表示细胞色素 b、细胞色素 c

$$2H^+ + 4ATP + 2e^- \rightarrow H_2 + 4(ADP+Pi)$$

在暗条件下，光合细菌可利用葡糖糖和有机酸（包括甲酸）厌氧发酵产生 H_2 和 CO_2。暗发酵休止细胞，在暗处有较高的放氢活性，光照时放氢活性下降 25% 左右，而且 CO_2 抑制发酵休止细胞的放氢，20%CO_2 几乎完全抑制放氢，这种现象说明黑暗条件下的产氢可能与固氮酶无关，而是由氢酶催化。

延伸阅读 18–6 太阳能光合细菌连续制氢试验系统

延伸阅读 18–7 光合细菌生物制氢技术研究进展

18.5.3 发酵细菌产氢

一些发酵细菌在代谢过程中可以产生氢气。能够发酵产氢的细菌很多，约有 20 多个属，包括专性厌氧细菌、兼性厌氧细菌和极少量的好氧细菌，例如梭菌属（*Clostridium*）、类芽孢杆菌属（*Paenibacillus*）、肠杆菌属（*Enterobacter*）等。

18.5.3.1 发酵细菌产氢途径

发酵细菌产氢过程有四个基本途径：混合酸发酵、丁酸型发酵、乙醇型发酵和 $NADH+H^+/NAD^+$ 平衡调节产氢途径。

（1）混合酸发酵产氢途径

以混合酸发酵途径产氢的典型微生物主要有埃希氏菌属（*Escherichia*）和志贺氏菌属（*Shigella*）等，主要末端产物有乳酸（或乙醇）、乙酸、CO_2、H_2 和甲酸等，总反应方程式如下：

$$C_6H_{12}O_6 + H_2O \rightarrow CH_3COOH + C_2H_5OH + 2H_2 + 2CO_2$$

由图 18–10 可以看出，在混合酸发酵产氢过程中，由 EMP 途径产生的丙酮酸脱羧后形成甲酸和乙酰基，然后甲酸裂解生成 CO_2 和 H_2。

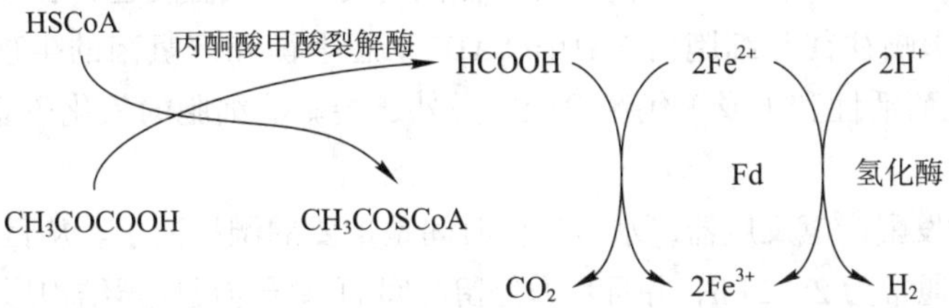

图 18–10 混合酸发酵产氢途径

(2)丁酸型发酵产氢途径

以丁酸型发酵途径进行产氢的典型微生物主要有梭状芽孢杆菌属（*Clostrium*）、丁酸弧菌属（*Butyrivibrio*）等，其末端产物有丁酸、乙酸、CO_2 和 H_2 等。

丁酸型发酵产氢的反应方程式如下：

$$C_6H_{12}O_6 + 2H_2O \rightarrow 2CH_3COOH + 4H_2 + 2CO_2$$

$$C_6H_{12}O_6 \rightarrow CH_3CH_2CH_2COOH + 2H_2 + 2CO_2$$

从图 18-11 可以看出，在丁酸型发酵产氢过程中，葡萄糖经 EMP 途径生成丙酮酸，丙酮酸脱羧后形成羟乙基与硫胺素焦磷酸酶的复合物，该复合物随后将电子传递给铁氧还蛋白（ferredoxin，简写为 Fd），还原的铁氧还蛋白被铁氧还蛋白氢化酶重新氧化，产生分子氢。

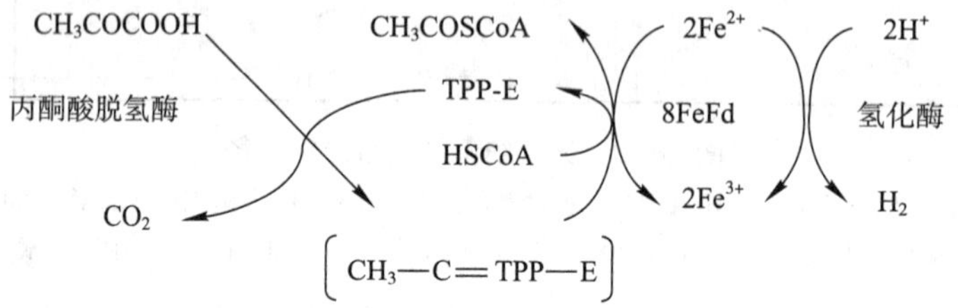

图 18-11 丁酸型发酵产氢途径

(3)乙醇型发酵产氢途径

以乙醇型发酵途径进行产氢，其主要末端产物有乙醇、乙酸、CO_2、H_2 和少量丁酸。

乙醇型发酵产氢途径和丁酸型发酵产氢途径相同。它们的不同之处在于在不同 pH 和氧化还原电位下，产氢后得到的乙酰辅酶 A 有三种后续的发酵类型。

(4)$NADH+H^+/NAD^+$ 平衡调节产氢途径

丁酸型发酵和混合酸发酵是两种直接产氢途径，而 $NADH/NAD^+$ 则是一种平衡调节途径。在微生物的新陈代谢过程中，碳水化合物经 EMP 途径产生的 NADH 和 H^+ 一般可通过与一定比例的丙酸、丁酸、乙醇或乳酸等发酵相偶联而得，以氧化为 NAD^+，从而保证代谢过程中 $NADH/NAD^+$ 的平衡，这也是有机废水厌氧生物处理中之所以产生各种产酸发酵类型的原因之一。生物体内的 NADH 和 NAD^+ 的比例是一定的，当 NADH 的氧化过程相对于其形成过程较慢时，必然会造成 NADH 积累。为了保证生理代谢过程的正常进行，一些发酵细菌必须采取其他调控机制，如在氢化酶的作用下，通过释放分子氢以使过量的 NADH 氧化。

$$NADH + H^+ \rightarrow H_2 + NAD^+$$

18.5.3.2 发酵产氢的影响因素

研究认为，温度、pH、水力停留时间（HRT）、底物种类和底物浓度是影响发酵产氢的主要生态因子。

温度是影响微生物生长代谢的重要因素之一。大部分产氢微生物属于嗜温菌，厌氧菌的最适生长温度在嗜温菌生长温度范围的上限，但不同发酵产氢微生物的产氢温度也存在较大的差异。

pH 对发酵产氢的影响往往与细胞内 $NADH/NAD^+$ 动态平衡和产氢菌的生理条件有关。pH 会影响产氢微生物细胞内氢化酶活性和（或）代谢途径，另外还会影响细胞的氧化还原电位、基质可利用性、代谢产物及其形态等。

对于连续流运行的发酵产氢反应器，水力停留时间是重要的调控因子。从目前的研究看，厌氧反应器控制的水力停留时间通常为 2 ~ 24 h，并且水力停留时间的差异与反应器结构形式的差异密切相关。

底物种类及底物浓度亦对产氢能力有较大影响，碳水化合物是产氢的最适底物，底物浓度是受微生物生长等因素综合影响的。

在技术研究方面，研究者们对不同类型发酵制氢反应器的研发和反应器工艺参数的优化控制等方面也开展了大量研究。

延伸阅读 18-8
生物制氢技术的发展及应用前景

18.5.4 生物制氢案例

哈尔滨工业大学生物制氢研究团队于 1990 年开始对有机废水发酵法生物制氢技术进行研究和开发，经过二十多年的不懈努力，先后完成了连续流反应系统的小试和中试研究，研制成功高效发酵生物制氢设备，并在中试研究成果的基础上，开发适合大规模生产的工业化生产工艺。从生物能源角度来看，这种方法是利用废水中含有的生物质进行氢气的生产。

生物制氢反应器是该研究的主体设备，是自主研制的国家发明专利产品（ZL 92 14474.1），属连续流搅拌槽式反应器（CSTR），内设气 - 液—固三相分离装置，为反应区和沉淀区一体化结构，反应器没有搅拌装置，通过轴封保证反应区的密封条件。小试研究中最小的模型反应器的有效容积为 9.3 L，由有机玻璃制成。中试研究采用的生物制氢反应器为钢制结构，有效容积为 1.48 m^3，沉淀区为 0.4 m^3。为了使中试更接近于工业化生产的要求，提高工艺的自动化程度，同时配套装备了在线智能热导气体分析器、工业 ORP/pH 测定仪等现代化检测设备。该制氢技术中试研究中所采用的其他主要设备及工艺流程如图 18-12 所示。

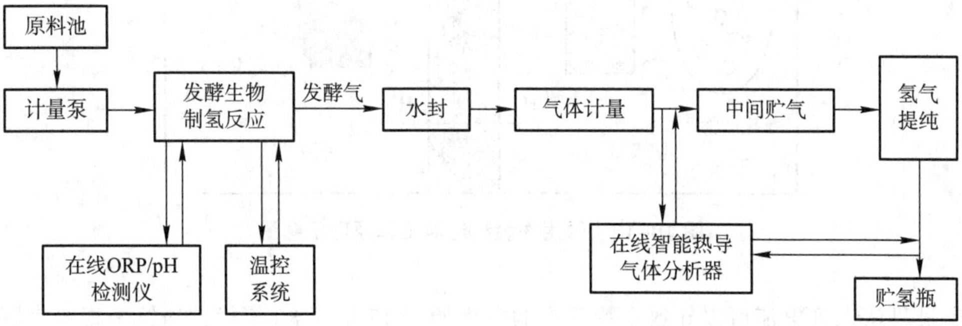

图 18-12 有机废水发酵法生物制氢中试工艺流程

研究证明，发酵生物制氢模型反应器的产氢能力很高，在适宜的条件下产氢能力可达 10.4 ~ 11.4 m^3 H_2/（m^3 · d），比产氢速率达 36 ~ 40 mL H_2/（gVVS · h）。发酵气中仅含有 H_2 和 CO_2，其中的 H_2 含量可达 45% ~ 49%。中试条件下，反应器表现出的持续产氢能力达到 5.7 m^3 H_2/（m^3 · d），比产氢速率为 33.3 mL H_2/（gVSS · h）。

案例 18-1
发酵细菌产氢案例

18.6 微生物燃料电池

生物质中的化学能转化成电能，作为一种新兴的能源，正在引起世界各国的广泛关注。微生物燃料电池（microbial fuel cell，MFC）的出现为从可生物降解、具有还原性的化合物中生产能源提供了一个可行的机会。MFC 可以利用各种不同种类的碳水化合物，还可以利用诸如污水中的复合性底物，在处理废弃物和生物质的同时回收电能，是解决能源危机和环境污染问题的最有前景的途径之一。

18.6.1 微生物燃料电池概述

MFC 是利用微生物作为生物催化剂将碳水化合物所蕴含的化学能转化为电能的装置，主要由阳极室、阴极室和传质材料三部分组成。

MFC 的基本工作原理如图 18-13 所示，在阳极室微生物通过自身的新陈代谢作用降解或氧化生物有机质（葡萄糖、乳酸、有机废水等），获得 ATP 为细胞提供能量。而有机物质在微生物的催化作用下生成氧化产物。同时，有机质分子化学键断裂分解过程释放电子（e^-）和质子（H^+），电子通过介体或细胞膜传递到阳极，再经外电路到达阴极，质子则通过质子交换膜（proton exchange membrane fuel，PEM）或盐桥等传质材料到达阴极，最终电子受体（terminal electron acceptor，TEA）如氧气、铁氰化钾等在阴极室得到电子自身被还原，由此形成完整的闭合回路，整个反应过程达到电荷与物质的平衡，产生电流，外电路接入电阻，可采集电压值并与电脑相连记录。

☆ 动画 18-1
MFC 带动小风扇

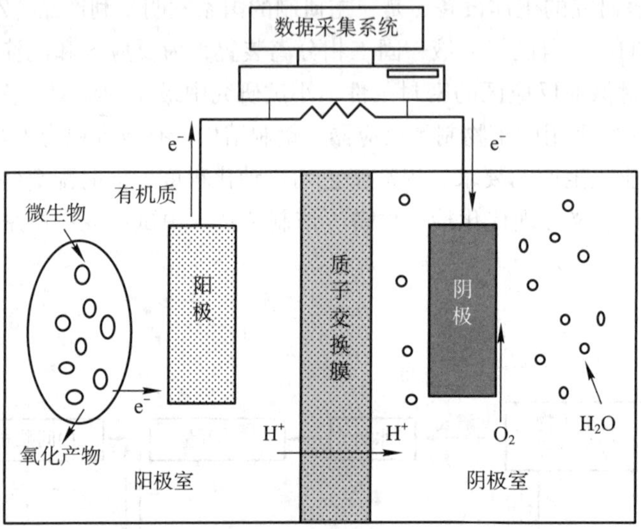

图 18-13 微生物燃料电池工作原理示意图

科学家最早认识到电流可以导致生物反应的发生始于 17 世纪 80 年代，当给予青蛙大腿电流刺激时会产生所谓的搔扒反射，由此推测生物过程也会产生电能。1911 年，英国植物学家 Potter 将铂电极插入含有酵母或大肠杆菌的培养基里，发现可以产生 0.3 ~ 0.5 V 的开路电压和 0.2 mA 的电流，由此拉开了 MFC 研究的序幕。19 世纪 50 年代末至 60 年代初，美国空间技术的发展促进了生物燃料电池的发展。当时的研究目标是处理空间飞行器中宇航员的生活废物并用其产生适当的电能。但伴随太阳能电池成功应用于空间技术中，MFC 的研究一直处于低迷状态。

直到 20 世纪 90 年代初，氧化还原介体的广泛应用使生物燃料电池的输出功率密度有了很大提高，显示了它作为小功率密度电源的可能性。但由于介体（中性红、亚甲基蓝、硫堇等）昂贵并且一部分具有毒性，阻碍了 MFC 的进一步发展。自从 2000 年发现可直接将电子传递到阳极的金属还原菌后，MFC 的研究大多集中在无介体 MFC 上。

进入 21 世纪，世界范围内的 MFC 领域的研究发展迅速，成为了 21 世纪初利用微生物产生新能源最热门的研究领域之一，在 MFC 领域研究的各国学者分别在 MFC 构型、阴极和阳极材料的选择与改进、底物选择、电子传递机理、筛选纯种产电菌等方面都进行了深入的研究。特别是美国学者 Logan 以市政及工业污水为底物开展了一系列重要的研究工作，国内学者在此方面的研究也取得了重要的进展。

发现之旅 18-3
Bruce Logan 简介

18.6.2 微生物燃料电池分类

随着对 MFC 研究的不断深入，MFC 的构型也根据不同研究目的不断被创新，依据电子转移方式、电池构型以及微生物营养类型的不同，MFC 主要可分为以下几种。

① 依据阳极室溶液中是否添加中间体，微生物燃料电池可分为有介体微生物燃料电池和无介体微生物燃料电池。

有介体微生物燃料电池又称间接微生物燃料电池，阳极室中被微生物氧化后产生的电子不能直接传递到电极上，因为生物细胞中的电活性基团存在于微生物细胞中，电绝缘的细胞膜导致细胞和电极之间电子传递难以进行，需要通过电子中介体传递到电极上。中性红、亚甲基蓝、硫堇、劳氏紫、Fe（Ⅲ）TA 等有机物和金属有机复合物可以作为 MFC 的电子传递介体。

无介体微生物燃料电池中的产电菌可以直接将电子传递给电极产生电，也被称为直接微生物燃料电池。直接微生物燃料电池因为其高效性和经济性成为当前微生物燃料电池的研究重点。

② 根据微生物燃料电池的外型可以分为单室微生物燃料电池和双室微生物燃料电池。

实验室研究中最经常使用的电池形式为"H"型双室微生物燃料电池，主要由阳极室、阴极室和质子交换膜组成，阴、阳极室分别充满电解质溶液，并通过质子交换膜隔开。阳极厌氧，阴极的最终电子受体有铁氰化钾、铁离子、高锰酸盐等，还可以在阴极室溶液中曝气，以氧气作为最终电子受体。双室 MFC 可以对阳极室、阴极室和传质材料单独研究，主要用于研究 MFC 的产电机理；缺点是阴极室和阳极室间存在一定距离，电阻较高，导致功率密度较低，且很难进行放大。

延伸阅读 18–9
以偏氟乙烯碳为空气阴极制作微生物燃料电池

单室微生物燃料电池是一种简单有效的电池系统，它省去阴极室直接把质子膜固定在阴极上，阴极室暴露在空气中，空气中的氧气直接传递给阴极，增加了反应面积，在一定程度上提高了电量。近几年，结合废水处理反应器和燃料电池设计理念，为适应不同研究目的，MFC 结构形式层出不穷。

③ 依据微生物电池系统中微生物的营养类型，微生物燃料电池可分为异养型、光能异养型和沉积物型 MFC。

案例 18–2
制作属于自己的 MFC

异养微生物燃料电池是指厌氧菌代谢有机底物产生电能；光能异养微生物燃料电池是指光能异养菌（如藻青菌）利用光能和碳源作底物，以电极作为电子受体输出电能；沉积物微生物燃料电池是微生物利用沉积物相与液相间的电势差产生电能。

18.6.3 产电微生物及胞外电子传递机理

（1）产电微生物

在整个产电过程中，起决定作用的是电子在阳极部分的传递。能够利用有机物维持生长，氧化有机物，并将获得的电子传递到阳极的微生物被称为产电微生物（electricigen）。微生物产电的能力差异很大，产电微生物决定着 MFC 的功能与应用，是 MFC 系统的核心。产电微生物的种类较分散、来源较广泛，已经分离到的产电菌主要来自变形菌门 *Proteobacteria*、厚壁菌门 *Firmicutes* 和酸杆菌门 *Acidobacteria*。表 18–4 对部分产电微生物及其底物进行了总结，这些产电微生物多数为铁还原菌，即以 Fe（Ⅲ）为呼吸链的最终电子受体的微生物。

希瓦氏菌 *Shewanella* 属于兼性厌氧菌，是研究较多的产电微生物，其中腐败希瓦氏菌 *S. putrefaciens*IR–1 是最早用于 MFC 的阳极菌。奥奈达希瓦氏菌 *S. oneidensis* MR–1 和泥细菌 *G. sulfurreducens* 都是典型的异化铁或锰还原菌，能以铁或锰氧化物为唯一电子受体获得能量。而且它们的全基因组序列的测序已经完成，有很好的遗传背景。铜绿假单胞菌 *P. aeruginosa* 是最早发现能够自身产生电子穿梭体传递电子的微生物，能够利用自身的绿脓菌素作为电子穿梭体。丁酸梭菌 *C. butyricum* 和拜氏梭菌 *C. beijerinckii* 属于严格厌氧菌，可利用淀粉等复杂多糖进行产电。红螺菌 *R. ferriceducens* 最重要的优势是它能将糖类物质转化为电能，并可完全氧化葡萄糖。

电极微生物的来源十分广泛，大多数的研究都以生活污水、厌氧污泥和水体沉积物作为接种物，而且一般认为混合菌群的产电能力要高于纯培养菌株。而且混合菌群微生物燃料电池抗冲击能力强，具备更高的底物降解率，更低的底物专一性和更高的能量输出效率。但是纯培养的菌株具有易保存、培养和控制反应条件等特点，同时有生理学甚至是基因组学方面的相关数据，在产电机理的研究上具有不可替代的优势。

表 18-4 微生物燃料电池中分离出的微生物

微生物	底物	微生物	底物
产琥珀酸放线杆菌（*Actinobacillus succinogenes*）	葡萄糖	肺炎克雷伯氏菌（*Klebsiella pneumoniae*）	葡萄糖
嗜水气单胞菌（*Aeromonas hydrophila*）	醋酸盐	植物乳杆菌（*Lactobacillus plantarum*）	葡萄糖
丁酸梭状芽孢杆菌（*Clostridium butyricum*）	淀粉，葡萄糖	奇异变形杆菌（*Proteus mirabilis*）	葡萄糖
拜氏梭菌（*Clostridium beijerinckii*）	淀粉，葡萄糖	铜绿假单胞菌（*Pseudomonas aeruginosa*）	葡萄糖
脱硫脱硫弧菌（*Desulfovibrio desulfuricans*）	蔗糖	铁假红假单胞菌（*Rhodopseudomonas ferriceducens*）	葡萄糖，蔗糖
欧文氏菌（*Erwinia dissolven*）	葡萄糖	沼泽红假单胞菌（*Rhodopseudomonas palustris*）	乙酸盐
大肠埃希氏杆菌（*Escherichia coli*）	葡萄糖，蔗糖	沙雷菌（*Shewanella oneidensis*）	乳酸盐
金属还原地杆菌（*Geobacter metallireducens*）	醋酸盐	腐败希瓦氏菌（*Shewanella putrefaciens*）	乳酸盐
硫还原地杆菌（*Geobacter Sulfurreducens*）	醋酸盐	乳链球菌（*Streptococcus lactis*）	葡萄糖
氧化葡糖杆菌（*Gluconobacter oxydans*）	葡萄糖		

（2）产电微生物的电子传递机理

无论是哪一类产电菌，其电子转移方式、效率和速率是影响电池电能输出的主要因素之一。根据目前的报道，普遍认可的微生物传导电子的方式有三种：细胞接触转移、电子中介体转移和纳米导线转移。

细胞接触转移主要通过膜外细胞色素完成，需要细胞（细胞色素）和电极发生物理接触，也就是说生长在电极表面的细菌只有将细胞膜接触到电极的表面，代谢过程产生的电子才能通过细胞膜中的细胞色素传导到电极上。

电子中介体是一种能够介入氧化还原体系对电子起到运载作用的无机或有机小分子。当中介体处于氧化状态时，可以作为细胞的电子受体，在细胞外膜上得到还原酶的电子被还原，变成还原态的分子扩散到电极将电子送到电极表面，同时自身又转化成氧化态分子。这些外源中介体包括中性红、2,6- 蒽醌、二磺酸（AQDS）、硫堇、铁氰化钾和甲基紫等。

纳米导线（nanowire）最早在 Fe（Ⅲ）还原的研究中被发现，它能与固体铁氧化物直接接触，把电子从菌体传递给 Fe（Ⅲ）。纳米导线主要由泥细菌和希瓦氏菌属产生，推测其在微生物中是广泛存在的现象。

18.6.4 微生物燃料电池应用

（1）MFC 在废水处理中的应用

目前，污水处理的高成本不仅制约了污水处理的发展，也直接威胁到人们的健康和安全。很久以来人们就采用微生物处理废水，传统厌氧废水处理工艺能够从有机废水中产生甲烷或者氢气，可以作为燃料间接发电，但是这种间接方式会使总能量浪费 30% 以上，而且反应过程中会产生氮气、硫化氢和二氧化碳这些没有实用价值的气体。

视频 18-4
MFC 用于废水处理

传统好氧废水处理工艺需要曝气，反应过程中消耗的电能占污水处理厂全部运行费用的 70% 以上，同时产生大量污泥，大约每去除 1 kg COD 产生的污泥量为 0.4 kg，处理这部分剩余污泥仍需要巨大的费用。

利用 MFC 技术可以在降解废水中有机物、净化污水的同时产生电能，降低了中间过程的能量损失；反应过程中电子以电流的形式被转化，很难形成废气；MFC 技术处理废水属于厌氧处理过程，污泥产率是好氧过程的 1/5；空气阴极 MFC 还可以省去曝气浪费的能量。由此可见，MFC 处理废水是废水资源化的一种技术，也是 MFC 最有前景的一个应用方向。

延伸阅读 18–10 微生物电化学技术的应用

MFC 的利用和研究仍处于起步阶段，串联多个反应器以进一步提高输出功率、优化电极及反应器设计、降低基础造价以及 MFC 的放大与大规模应用等工作的开展会开创 MFC 更广阔的应用前景。

（2）MFC 用于环境污染治理

MFC 可以通过微生物作用，将污染环境中的有机物甚至有毒物质降解。硫酸盐、硫化物等含硫化合物是水体和大气污染的一种重要化合物，在氧化还原电势高于 −0.274 V 时，硫化物可依次被氧化为 0 价硫、亚硫酸盐和硫酸盐。还有人将 MFC 与厌氧甲烷消化装置结合，不但可以去除硫化物硫酸盐和乙酸盐，还提高了甲烷生产效率。作为生物电化学装置，MFC 同样可以用于脱氮过程以及降解偶氮类燃料，并在垃圾渗滤液处理和纤维类固体生物质资源化中表现出较好的应用前景。有研究表明，将 MFC 插入土壤，还可以促进石油烃降解菌的生长，有效去除烷烃和多环芳烃。

（3）MFC 用于生物传感器

因为电流或电量产出和电子供体量之间存在一定关系，所以 MFC 的另外一个有价值的应用是底物含量的测定，实现有机污染物的在线监测。例如已经使用的乳酸传感器，BOD 传感器以及细菌活性检测传感器和微生物数量检测传感器等。

开放讨论题

生物丁醇大规模产业化的瓶颈有哪些？可以通过哪些努力来克服这些困难？

思考题

1. 与汽油相比，乙醇作为燃料的优点与缺点是什么？
2. 酿酒酵母、运动发酵单胞菌和热纤梭菌在乙醇发酵上各有何特点？
3. 画出淀粉原料生产乙醇的工艺流程图。
4. 试从原料、菌种、代谢途径和生产成本几方面来阐述如何提高 1,3- 丙二醇的产量和纯度。
5. 你认为哪一种沼气发酵阶段学说更合理？
6. 你可以找到其他合适沼气发酵的原料吗？你认为哪种原料更利于沼气发酵？
7. 发酵细菌产氢与光合生物产氢相比在工业化应用方面存在哪些优势？

推荐阅读

1. Tomas C A，Welker N E，Papoutsakis E T. Overexpression of *groESL* in *Clostridium acetobutylicum* results in increased solvent production and tolerance，prolonged metabolism，and changes in the cell's

transcriptional program. Applied and Environmental Microbiology，2003，69：4951–4965.

点评：通过在丙酮 – 丁醇梭菌中过表达关键基因 *groESL*，使得丙酮 – 丁醇梭菌更加耐受丙酮、丁醇等有机质，工程菌表现出更出色的丙酮、丁醇等生物燃料的生产性能。

2. Beyene H D，Werkneh A A，Ambaye T G. Current updates on waste to energy（WtE）technologies：A review. Renewable Energy Focus，2018，24：1–11.

点评：该文综述了焚烧、热解、气化、厌氧消化、乙醇发酵、垃圾填埋等能源转化技术，展望了微生物燃料电池、微生物电解池等技术的发展趋势。

3. Li Y，Tang W，Chen Y，et al. Potential of acetone-butanol-ethanol（ABE）as a biofuel. Fuel，2019，242：673–686.

点评：生物丁醇已被证明是一种优越的生物替代燃料，但是在丙酮 – 丁醇 – 乙醇（ABE）发酵工艺中回收生物丁醇的成本高，阻碍了生物丁醇的大规模应用。因此，直接利用 ABE 作为一种替代生物燃料受到越来越多的关注。该文从生物工程的发展、生物发酵材料的选取等方面分析了 ABE 作为替代生物燃料的可能性。

网上更多学习资源……

◆教学课件　　◆自测题

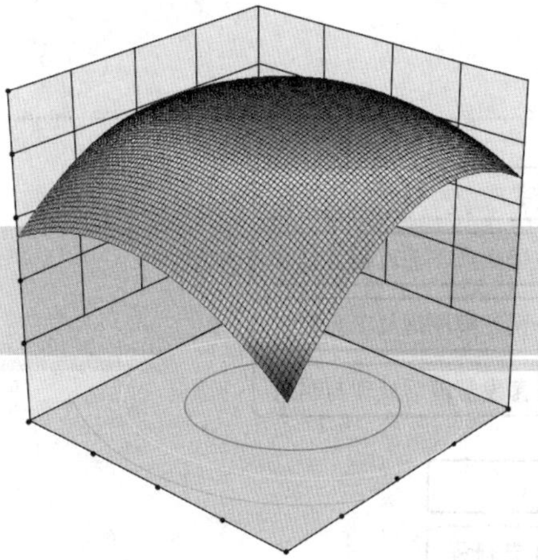

19 发酵工程在现代农业中的典型应用

● 19.1 生物农药的发酵生产

微生物农药种类；微生物农药发酵生产工艺流程；苏云金芽孢杆菌发酵原理及工艺控制；苏云金芽孢杆菌发酵液后处理与制剂

● 19.2 生物肥料的发酵生产

生物肥料种类；生物肥料发酵生产工艺流程；根瘤菌发酵原理及工艺控制；根瘤菌发酵液后处理与制剂

● 19.3 食用菌的发酵生产

食用菌种类；香菇多糖发酵生产

● 19.4 生物饲料发酵生产

生物饲料种类；生物饲料发酵生产工艺流程；发酵原理、工艺控制及后处理

● 19.5 动物疫苗发酵生产

动物疫苗种类；动物疫苗生产工艺流程；发酵原理及工艺控制；发酵液后处理与制剂

随着现代发酵工程不断进步，微生物作为一种重要资源，因其生长周期短，易于大规模培养等优点，已被广泛运用于现代农业生产的许多方面。本章主要介绍发酵工程在生物农药、生物肥料、生物饲料、食用菌以及疫苗的生产中应用的相关知识。

教学目的与要求

（1）了解生物农药种类及其发酵生产工艺。

（2）了解生物肥料分类及其发酵生产工艺。

（3）了解食用菌分类及香菇胞外多糖发酵生产工艺。

（4）了解生物饲料概念。

（5）了解动物疫苗种类及其生产工艺。

重点及难点

生物农药、肥料和饲料的发酵生产工艺，以及食用菌和动物疫苗的制备方法。

知识导图

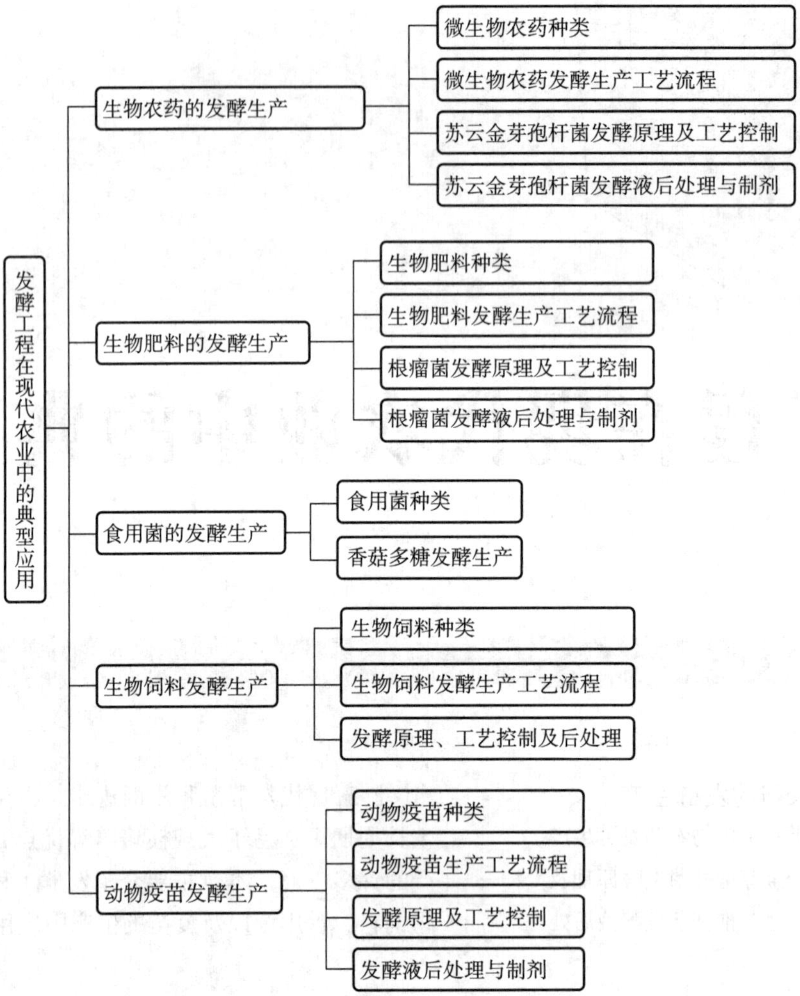

问题导读

（1）发酵工程在农业领域有哪些方面的应用？
（2）比较分析生物农药的优势。
（3）比较分析生物肥料和生物饲料发酵生产的异同点。
（4）简述动物疫苗的发酵生产流程。

关键词

现代农业　生物农药　生物肥料　食用菌　生物饲料　动物疫苗

农业是世界上最重要的产业之一，在发展中国家如中国其农业总产值占国内生产总值的10%，在许多的发达国家，其农业总产值占据国民生产总值的20%以上。发酵工程技术及其产品可以为农业发展提供有利的支持。利用发酵工程技术可以生产生物农药、生物肥料和生物饲料等，生物农药中的生物杀虫剂如苏云金芽孢杆菌或其变种，可以产生杀死害虫的BT蛋白等；生物肥料包括根瘤菌、固氮菌、磷细菌和钾细菌等，对土壤有增肥的作用。在食用菌方面，可利用农作物副产品生产蘑菇以及具有药用价值的灵芝和虫草。发酵工程技术在动物疫苗的制造方面也发挥着十分重要的作用，特别是新型生物反应器的使用，不但减少了杂菌污染，更是大大提高了活菌滴度，显著提高了疫苗的抗原产量。

19.1 生物农药的发酵生产

生物农药是指利用生物活体（真菌、细菌、昆虫病毒、天敌等）或其代谢产物（信息素、生长素、抗生物质等）针对农业有害生物进行杀灭或抑制的制剂。根据药源，生物农药可分为动物生物农药、植物生物农药和微生物生物农药等类型。

19.1.1 微生物农药种类

微生物农药是利用微生物及其基因产生或表达的各种生物活性成分，制备出用于防治植物病虫害、杂草、鼠害以及调节植物生长的制剂的总称。按照用途，微生物农药包括微生物杀虫剂、微生物杀菌剂、微生物除草剂、微生物生长调节剂、微生物杀鼠剂、微生态制剂等。美国环保局和一些公司还把转苏云金芽孢杆菌杀虫晶体蛋白基因的抗虫植物称为微生物植物杀虫剂。以下主要介绍微生物杀虫剂、微生物杀菌剂和植物生长调节剂等微生物农药。

（1）微生物杀虫剂

微生物杀虫剂包括细菌杀虫剂、杀虫抗生素、真菌杀虫剂、病毒杀虫剂、原生动物杀虫剂、昆虫病原线虫制剂等。

细菌杀虫剂是应用最早的微生物农药，如苏云金芽孢杆菌（*Bacillus thuringiensis*）、球形芽孢杆菌（*Bacillus sphaericus*）、金龟子芽孢杆菌（*Bacillus popilliae*）等。杀虫抗生素是微生物产生的具有杀虫活性的次级代谢产物，阿维菌素及其衍生物是应用最广的杀虫抗生素；莫能菌素、盐霉素、马杜霉素、海南霉素等是重要的聚醚类抗球虫畜用抗生素；杀蝶素、杀螨素、浏阳霉素和杀蚜素在农业生产中防治蝶类、螨类和蚜类害虫占有重要地位。真菌杀虫剂主要有白僵菌（*Beauveria*）、绿僵菌（*Metarhizium*）等品种。核型多角体杆状病毒（NPV）和颗粒体病毒（GV）是主要的杀虫病毒。

△ 案例 19–1
苏云金芽孢杆菌可湿性粉剂产品图示

（2）微生物杀菌剂

微生物杀菌剂大多数是放线菌经发酵得到的次级代谢产物，井冈霉素是其中的杰出代表。目前，芽孢杆菌产生的脂肽类抗生物质是植物生防菌剂的重要活性物质。

（3）植物生长调节剂

有的微生物在生长过程中能够产生具有促进植物生长的次级代谢物，如赤霉素和脱落酸是由真菌产生的两种植物生长调节剂。赤霉素又称“九二〇”，为双萜类化合物，主要通过藤仓赤霉菌（*Gibberella fujikuroi*）或串珠镰刀菌（*Fusarium moniliforme*）发酵生产而获得。脱落酸是具有倍半萜羧酸结构的植物激素，主要利用灰葡萄孢霉（*Botrytis cinerea*）等发酵生产。

19.1.2 微生物农药发酵生产工艺流程

微生物农药发酵工艺流程主要包括以下几个方面：①培养基的制备，培养基、发酵罐和附属设备的灭菌；②菌种活化和种子扩大培养；③发酵及过程控制；④产物的提取、纯化和精制；⑤三废处理。

下面以苏云金芽孢杆菌杀虫剂为例，介绍苏云金芽孢杆菌液体深层发酵生产工艺流程（图19–1）：

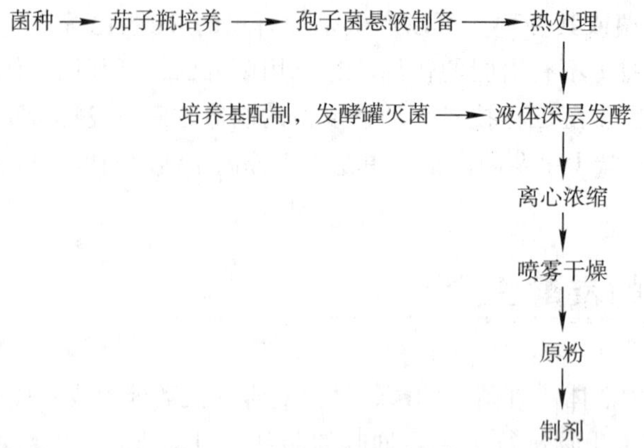

图 19-1 苏云金芽孢杆菌液体深层发酵生产工艺流程

19.1.3 苏云金芽孢杆菌发酵原理及工艺控制

📖 **深入学习 19-1** 苏云金芽孢杆菌简介

苏云金芽孢杆菌是昆虫病原细菌，属于革兰氏阳性菌。苏云金芽孢杆菌杀虫主要因子为稳定生长期产生的伴孢晶体蛋白（δ－内毒素），伴孢晶体由相对分子质量（5～200）$\times 10^3$ 的杀虫蛋白组合而成。此外，苏云金芽孢杆菌还能产生一些具有增效作用的物质例如，营养期杀虫蛋白、双效菌素以及一些酶类如几丁质酶等。苏云金芽孢杆菌杀虫效果除了受自身杀虫基因和增效基因控制以外，发酵培养基配方和发酵工艺与发酵水平密切相关。

苏云金芽孢杆菌在代谢葡萄糖的过程中会产生许多中间产物（主要是乙酸、丙酮酸、乳酸等有机酸），而氮源代谢会产生氨，从而使得整个发酵过程中 pH 总是在较大的范围内变动。为了克服这种变动往往在培养基中加一些有缓冲能力的无机盐。苏云金芽孢杆菌芽孢萌发率在 pH 为 7.0 时最高。当 pH 小于 6.5 或大于 8.0 时，萌发率均在 40% 以下。如果培养基 pH 不合适，不仅会影响芽孢的萌发，而且还会影响芽孢的形成，更主要的是降低了毒素产量，甚至完全不产生伴孢晶体毒素。在一般情况下，培养基灭菌后 pH 为 7.0 对苏云金芽孢杆菌的生长最有利；在芽孢形成期 pH 维持在 6.5～7.2 晶体的产量较高。

苏云金芽孢杆菌是好气菌，在氧气充足的环境中生长良好。发酵过程中氧气的供应量不仅影响其菌体生长，而且严重影响到毒素的合成和芽孢的萌发。通过临界氧的分析确定不同时期的临界氧浓度，并控制溶氧接近于临界氧浓度进行发酵，则杀虫晶体蛋白含量和毒力效价大幅提高。

苏云金芽孢杆菌的生长发育和温度有密切关系，温度不仅影响芽孢的萌发率，而且影响酶的生成和活性，最终影响菌体数量和晶体质量。接种前，芽孢悬液经高温—低温和低温—高温交替处理，可提高芽孢萌发率；苏云金芽孢杆菌不同亚种或菌株的最佳发酵温度不一样，需要针对不同菌株选择最有经济效益的温度。一般最适生长温度为 28～33℃。温度过高，会导致菌体过早衰老，菌株毒素基因丢失，毒力效价降低；温度过低则生长缓慢，发酵周期延长，产量降低。一般在 26～28℃时发酵生物产量最高，但从产量和发酵周期综合考虑，选择 28～30℃为宜。

发酵过程根据菌体的生长特性、营养需求及发酵特性，对发酵工艺加以改进，可以显著提高发酵液及产品的毒力效价。在菌体生长阶段，碳源被大量利用，产生有机酸，发酵液 pH 下降，需要进行控制。在芽孢和晶体产生的阶段，主要是氮源被消耗，以合成芽孢和晶体的蛋白质。采用分批发酵工艺时，菌体的生长环境在发酵前后期有明显改变，发酵初期可能存在底物抑制，而发酵中后期则可能营养不足。补料发酵是在反应过程中不断补充营养物，避免了发酵初期的底物抑制和发酵产物合成时的营养不足，在一定程度上弥补了分批发酵的缺陷，提高了发酵水平。

19.1.4 苏云金芽孢杆菌发酵液后处理与制剂

发酵液的后处理一直是制约苏云金芽孢杆菌杀虫剂发展的瓶颈。发酵结束时，发酵液中的有效成分，即晶体和芽孢量仅占发酵液总量的1%~2%，后处理的核心是如何将晶体、芽孢与发酵废液相分离，将有效成分浓缩出来。此外，分离过程不能大幅丢失杀虫增效因子。

发酵液的浓缩处理主要有板框压滤法、减压浓缩法和离心分离法。板框压滤法是苏云金芽孢杆菌工业生产较早采用的一种浓缩方法，过滤前需要加入大量惰性填料；减压浓缩法是在较低温度下将发酵液浓缩到一定体积的方法；离心分离法仍是目前苏云金芽孢杆菌大规模生产中应用最广的方法。

由于发酵液离心浓缩引起了毒力效价的严重损失，因而发酵液杀虫活性成分的回收成为了苏云金芽孢杆菌发酵液后处理的热点研究之一。目前工业采用的方案有发酵原液直接喷雾干燥，或是从离心回收的发酵上清液中降膜浓缩回收增效物质。

苏云金芽孢杆菌杀虫剂的主要剂型包括：粉剂、可湿性粉剂、悬浮剂、浓水剂、油剂、油乳剂、颗粒剂、片剂、缓释剂和生物包衣剂等。我国目前的苏云金芽孢杆菌杀虫剂产品剂型有粉剂、可湿性粉剂、悬浮剂、水分散颗粒剂、油剂等。此处，介绍市面上最常用的可湿性粉剂。

可湿性粉剂是用原药、湿润剂和填料，经机械粉碎而制成的粉状混合物制剂，一般包含50%~80%原粉、15%~45%填料、1%~10%分散剂和3%~5%表面活性剂。它易被水湿润，可分散和悬浮于水中，供喷雾使用。填料多为亲水性的物质且一般含有硅藻土，湿润剂的加入改善了药剂的性能，它具有分散性能好、易于附着植物表面、经济效益较高的特点。用作苏云金芽孢杆菌制剂湿润剂的有曲拉通等表面活性剂。与乳油相比，它可以制成高浓度的制剂，只要加入少量表面活性剂即可，不需溶剂，所以节省原料，并且在包装、运输和保存上都比乳油安全、经济。与其他固体剂型相比可湿性粉剂具有货架时间长、可溶性好、易喷撒等优点。

19.2 生物肥料的发酵生产

生物肥料又称为微生物肥料、接种剂或拌种剂等，指一类含有微生物的特定制品，通过其中所含微生物的生命活动，增加植物养分的供应量或促进植物生长，调整根际土壤微生态区系及农业生态环境。

19.2.1 生物肥料种类

微生物肥料的种类很多，按照制品中特定的微生物种类分为细菌肥料（如根瘤菌肥、固氮菌肥）、放线菌肥料（如抗生菌肥料）和真菌类肥料（如菌根真菌）；按其作用机理分为根瘤菌肥料、固氮菌肥料（自生或联合共生类）、解磷菌类肥料和硅酸盐菌类肥料等；按其制品中组分不同分为单一微生物肥料和复合（或复混）微生物肥料。复合（或复混）微生物肥料有菌与菌复合，也有菌与各种肥料复合。目前我国市场上出现的固氮、溶磷解钾的微生物肥料主要有以下几种类型。

（1）根瘤菌菌剂

以根瘤菌为生产菌种制成的微生物接种剂。根瘤菌能和豆科植物共生、结瘤、固氮，利用该菌生产的微生物肥料，称为根瘤菌肥料。

> 📖 **深入学习 19-2**
> 根瘤菌菌株形成的大豆根瘤图示

（2）固氮菌菌剂

以自生固氮菌和/或联合固氮菌为生产菌种制成的微生物接种剂。自生固氮菌不与植物共生，没有寄主的选择，独立生存于土壤中，能固定空气中游离的分子态氮，并能将其转化成植物可利用的化合态氮素。常用的自生固氮菌微生物菌株包括圆褐固氮菌和固氮类芽孢杆菌，巴西固氮螺菌（*Azospirillam brasilense*）则属于联合固氮菌菌株。

（3）溶磷微生物菌剂

以溶磷微生物为生产菌种制成的微生物接种剂。溶磷微生物能分解土壤和有机物质中有机磷化合物或转化土壤中难溶性磷酸盐，一般常用黑曲霉（*Aspergillus niger*）、巨大芽孢杆菌（*Bacillus megaterium*）、恶臭假单胞菌（*Pseudomonas putida*）等溶磷能力较强的微生物。

（4）硅酸盐细菌菌剂

硅酸盐细菌又名钾细菌，在土壤中能通过自身的生命活动，分解硅铝酸盐类矿物，释放钾素营养，改善植物的营养条件，并具备生产应用性能的细菌纯培养物。此外，兼有分解土壤中难溶性磷的能力。硅酸盐细菌包括胶质芽孢杆菌（*Bacillus mucilaginosus*）和土壤芽孢杆菌（*Bacillus edaphicus*）等。

19.2.2 生物肥料发酵生产工艺流程

生物肥料的液体发酵生产工艺流程如下：菌种→种子扩大培养→原料预处理→液体发酵→浓缩→干燥→制剂→成品。其中，对于不同类型产品及不同剂型，工艺路线有所调整。

（1）原料及预处理

① 菌种及载体原料。生物肥料分为固态肥料和液态肥料，主要由微生物活菌体及载体构成，微生物活菌体通过液态发酵或固态发酵生产得到，根据生物肥料的制作要求，选择优质固氮菌、溶磷菌、硅酸盐细菌、促生菌等功能菌株进行发酵生产。载体通常选择风化煤、草炭、泥炭或者褐煤等腐殖酸类有机物料，其具有有机质含量高、价格低廉、资源丰富等特点。

② 有机质的活化处理。虽然以草炭或褐煤、风化煤类腐殖酸作为有机质载体原料十分理想，但其有机质不经活化处理是不能被植物吸收的。为此，可采用酸析—氨化有机质活化处理技术，采用硫酸、液氨经酸析—氨化两步处理后使风化煤转化为高活性有机物质。

（2）生产工艺流程

液体发酵生产微生物肥料的生产工艺流程如图 19-2 所示。

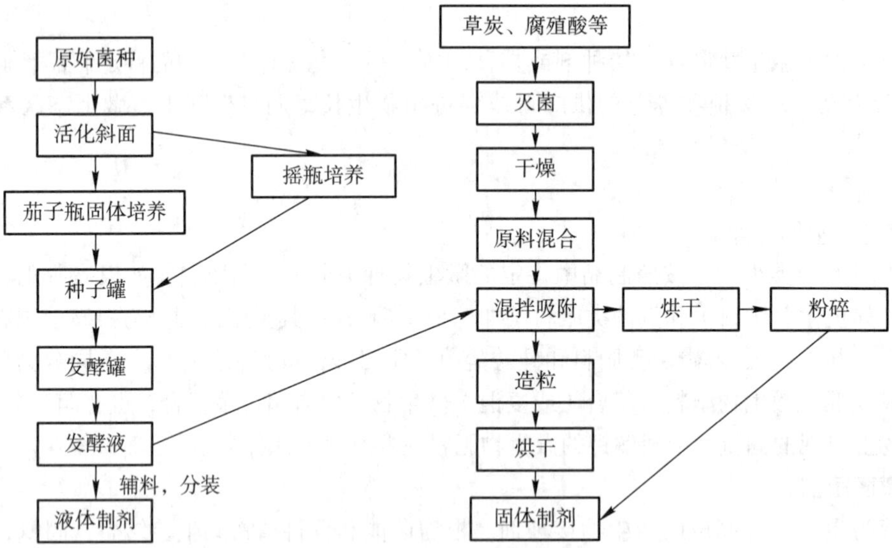

图 19-2 微生物肥料的生产工艺流程

微生物肥料具体的发酵过程为：

① 在无菌环境中进行菌种斜面活化，然后将活化后的菌株转接茄子瓶固体培养，或接种三角瓶液体培养，制作一级种子。

② 活化种子转接种子罐，进行种子扩大培养，然后接种发酵罐，液体发酵。当制作复合微生物菌肥时，菌液必须分别发酵，然后混合，其原因是不同种类微生物所需的营养、条件和繁殖代时各不相同。

③ 菌液发酵检测符合标准后，通过板框分离，或通过碟片离心，或微滤浓缩等方法收集菌体。

④ 对于微生物肥料液体制剂生产，采用添加防腐剂、保护剂、增稠剂等辅料，制备液体制剂。

⑤ 对于固体制剂生产，采用活化处理后的草炭或腐殖酸等，并添加植物营养元素或保水剂等进行固体吸附。造粒是将粉状物料制成颗粒肥料的过程，利用转鼓造粒机对吸附后的肥料进行造粒，造粒前需将吸附后的菌剂调制成具有一定水分从而利于造粒的粉状肥料，造粒后的物料经烘干、冷却、筛分、包膜、计量、包装后，成为成品的生物肥料。

19.2.3 根瘤菌发酵原理及工艺控制

根瘤菌肥料中的功能微生物是根瘤菌，包括快生型根瘤菌（*Rhizobium*）和慢生型根瘤菌（*Bradyrhizobium*）。根瘤菌侵染豆科植物根系形成根瘤，根瘤中的根瘤菌类菌体利用豆科植物提供的碳源和能源进行固氮作用，将空气中的氮气还原为氨，为植物提供氮素营养。我国常用的根瘤菌剂品种有：大豆根瘤菌肥、花生根瘤菌肥、紫云金根瘤菌肥、苕子根瘤菌肥、苜蓿根瘤菌肥、三叶草根瘤菌肥等。

在培养条件下，根瘤菌的个体形态为杆状，大小为（0.5 ~ 0.9）μm ×（1.2 ~ 3.5）μm。革兰氏反应为阴性，周生鞭毛，或端生或侧生鞭毛，能运动，不形成芽孢。细菌内常含有许多折光性强的聚 β-羟基丁酸颗粒，造成细胞染色不均，有时呈环节状。细胞外会形成荚膜和黏液物质，在含碳水化合物多的培养基上生长时，黏液更为丰富。

📖 深入学习 19-3
根瘤菌常用培养基

根瘤菌为化能异养微生物，能利用硝酸盐和铵盐作为氮源。但培养基中仅有无机氮源时，根瘤菌生长不好，适当添加富含 B 族维生素的植物性氮源（如豆芽汁）以及酵母抽提物等，可促进根瘤菌生长。

根瘤菌生长还需要各种矿物元素，尤其是对磷的需求特别高，对铁、钙、镁、钼、钴和钨有一定要求。

根瘤菌是好气菌，进行液体发酵时必须通气。最适生长 pH 为 6.5 ~ 7.5，最适生长温度为 25 ~ 28℃。

工艺控制：

（1）斜面种子

按 YMA 培养基配方，制作斜面试管，在 121℃高压蒸汽灭菌 30 min。斜面菌种 28℃活化培养 24 h。

（2）液体种子

所用的培养基配方除了琼脂之外与斜面菌种的相同，无菌接种后，摇瓶振荡培养 2 ~ 4 d（慢生型 3 ~ 7 d），菌液由清晰变黏稠，有清香气味，镜检没有染菌后，可用于扩大培养。

（3）液体发酵

为降低发酵生产成本，液体发酵培养基的碳源可用蔗糖替代 YMA 培养基中的甘露醇，液体发酵接种量一般为 5%，培养温度 25 ~ 28℃，慢生型培养 2 ~ 4 d，快生型培养 1 ~ 2 d，即可放罐。

19.2.4 根瘤菌发酵液后处理与制剂

我国生物肥料剂型按制成品性状来划分，主要包括液体和固体两种。其中液体剂型多由发酵液加辅料（防腐剂、保护剂增稠剂等）混匀装瓶，少量用矿油封面；固体剂型主要以草炭为载体，包含粉剂、颗粒两种类型，近年来也有以蛭石为吸附剂的；此外，还有将发酵液浓缩后冷冻干燥的制品。从内含物看，则有单菌株制剂和多菌株制剂，部分还添加有增效物，如大量、微量元素化肥及有机物质等。

为了保证活菌数和便于运输的考虑，我国根瘤菌剂常采用固体菌剂，即将发酵好的菌液吸附在质地疏松、无毒副作用的有机或有机—无机载体上，常用的吸附剂有草炭、泥炭、蛭石等。以草炭作为吸附剂时，草炭是有机质含量较高的物质，菌体被吸附后还可以进行繁殖，为了保证有效活菌数的增加，草炭中还可以添加一些营养物。

19.3 食用菌的发酵生产

食用菌（edible fungi）是高等真菌中能形成大型肉质（或胶纸、木栓质、蜡质等）子实体，可供人们食用（或药用）的菌类总称，通常也称为“菇”“菌”“耳”等，是人类食物中不可多得的绿色食品，具有高蛋白、低脂肪、低热量、老少皆宜等特点，被誉为“植物性食品的顶峰”“素中之荤”“上帝食品”“健康食品”。

19.3.1 食用菌种类

食用菌种的重要种、属代表如下。

① 蘑菇科：代表有蘑菇属中的巴氏蘑菇、双抱蘑菇、草地蘑菇等；鬼伞属中的毛头鬼伞、小孢毛头鬼伞。

② 木耳科：代表有木耳属中的木耳、毛木耳、褐黄木耳、皱木耳、银白木耳、角质木耳。

③ 粪锈伞科：代表有田头菇属中的柱状田头菇，别名杨树菇。

④ 铆钉菇科：代表有铆钉菇属中的铆钉菇。

⑤ 猴头菌科：代表有猴头菌属中的猴头菌，亦称猴头菇。

⑥ 鬼笔科：代表有竹荪属中的棘托竹荪、短裙竹荪、长裙竹荪、红托竹荪。

⑦ 侧耳科：代表有亚侧耳属中的元蘑；侧耳属中的平菇。

⑧ 多孔菌科：代表有多孔菌属中的虎乳灵芝；卧孔菌属中的茯苓。

⑨ 红菇科：代表有乳菇属中的松乳菇。

⑩ 革菌科：代表有裂褶菌属中的裂褶菌。

⑪ 绣球菌科：代表有绣球菌属中的绣球菌。

⑫ 球盖菇科：代表有球盖菇属中的皱环球盖菇。

⑬ 银耳科：代表有银耳属中的银耳、金耳、雪耳。

⑭ 口蘑科：代表有火菇属中的金针菇，别名金钱菇、金针蘑；香姑属中的爪哇香菇、虎皮香菇、香菇。

目前我国进行人工栽培的具有经济价值的食用菌有 40 余种，其中进行商业化生产的有 20 余种，包括香菇、木耳、银耳、平菇等。食用菌因其含有蛋白质、氨基酸和维生素等多种营养物质，因而其得到许多科学家的关注。相关研究表明，许多食用菌都有抗癌物质的存在，其主要抗癌的有效成分是多糖，其中香菇多糖、灵芝多糖、云芝多糖等多糖制剂都已通过鉴定并用于临床，取得了很好的经济效益。下面将以香菇多糖为例，介绍香菇多糖的发酵生产流程。

19.3.2 香菇多糖发酵生产

液体发酵生产香菇胞外多糖工艺流程如下：

斜面菌种→平板培养→液体种子培养→液体深层发酵→板框分离→发酵上清液→超滤膜浓缩→浓缩液→醇沉→真空干燥→多糖测定。

19.3.2.1 香菇液体菌种制备

（1）培养基

母种 PAD 斜面培养基：土豆 20%、蔗糖 2%、琼脂 2%。

液体种子培养基：玉米粉 2.5%、黄豆粉 1%、红砂糖 1%、酵母膏 0.5%、KH_2PO_4 0.1%、$MgSO_4$

0.1%，pH 自然。

（2）**菌种制备工艺流程**

香菇菌种制备的一般流程见图 19-3。

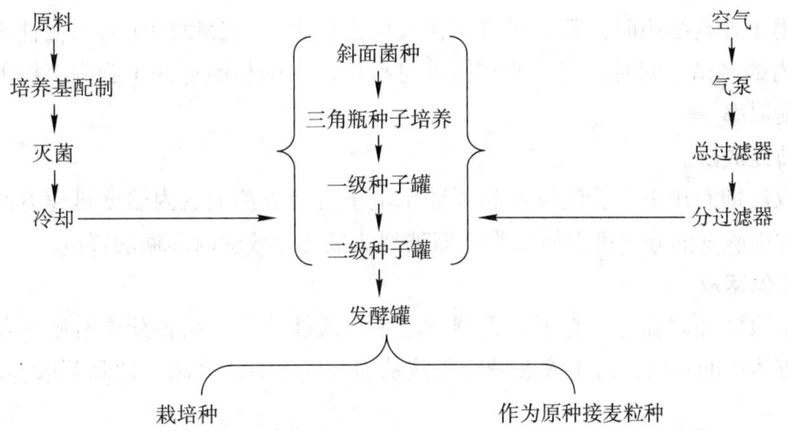

图 19-3　菌种制备流程图

香菇液体菌种二级种子罐培养工艺参数如表 19-1 所示。

表 19-1　液体菌种二级种子罐培养工艺参数

发酵罐容积 /L	50 ~ 500	搅拌转速 /（r/min）	160 ~ 200
培养温度 /°C	25 ~ 27	罐压 /MPa	0.04 ~ 0.06
pH	5.0 ~ 5.5	培养时间 /d	5 ~ 7
每分钟投气量（体积比）	1 ：（0.8 ~ 1.0）	接种量 /%	20 ~ 30

19.3.2.2　香菇多糖液体发酵生产

香菇过去通常是在野外采集或人工培养获取，此生产方法周期很长，占用土地面积多，同时受到气候、地域、环境等因素的影响，而采用液体发酵技术，不仅不受环境的影响，还具有生产连续化、发酵周期短、产品质量稳定等特点。

香菇液体发酵时培养基中的碳源、氮源、无机盐和生长因子对香菇多糖的积累有着重要影响。研究表明，不同碳、氮源的比例对菌丝体产量有较大的影响。适宜的培养条件对香菇的生长同样有着重要影响，香菇合适的生长温度在 24 ~ 29℃，温度过高或过低都会影响菌丝体的正常生长，抑制菌体内代谢产物的合成。香菇发酵过程中对氧气的需求也较大，研究发现香菇菌丝体密度是随着液体发酵中搅拌速率和通气量的增加而增加。发酵过程中培养液的 pH 对香菇菌体内酶的代谢活性有重要影响，进而影响菌丝体的生长和多糖的合成，大多数真菌包括香菇，其最适宜生长的 pH 在 5 ~ 7。

19.3.2.3　香菇多糖的提取

（1）**水提醇沉法**

水提醇沉法即利用多糖易溶于水中而不易溶于醇类的特点来提取多糖。当在外界热力作用于香菇细胞时，香菇细胞中的质壁发生分离，溶剂中水分子进入质壁间的空隙，并携带胞内多糖穿越出细胞进入溶液。再向溶液中加入过量的醇类物质，多糖就会从溶液中沉淀析出。

（2）酶提取法

酶提取法采用专一性酶去除真菌外部的组织，使多糖类物质更易于从香菇细胞中分离出来，有效提高了提取率。

（3）超声波辅助提取法

当超声波作用于香菇细胞时，其引起的空化效应会产生一定强度的压力，促使香菇的细胞壁和组织破裂释放出胞内的多糖，同时，超声波在震动过程中产生的热能加快了胞内多糖的移动速率，进一步提高了多糖的提取率。

（4）微波辅助提取法

微波辅助提取法即利用电子管激发的超强频率电子波使真菌细胞内温度迅速升高，水蒸气蒸发的同时引起细胞膜和细胞壁的分离进而使细胞收缩破裂，最终导致胞内多糖的释放。

（5）超临界流体萃取

超临界流体萃取即在超临界状态下，香菇与超临界流体接触，从香菇中溶解香菇多糖，当恢复常温常压时，溶于流体中的多糖会溶于液态的吸收液从而与气态流体分离，达到萃取香菇多糖的目的。

19.4 生物饲料发酵生产

生物饲料是指利用某些特殊的有益微生物与原、辅料混合发酵，经干燥或制粒等特殊工艺加工而成的含活性益生菌的安全、无污染、无药物残留的优质饲料。由于经过某些特殊的微生物发酵，能够产生消化酶、有机酸、抑菌素、B族维生素、氨基酸等有益物质，同时含有大量有益于动物健康的微生物，对动物健康安全生产具有重要意义。生物饲料的功能主要体现在增强动物免疫力，促进生长；调节微生态系统，保护环境；提高肉蛋奶品质，增进身体健康。

19.4.1 生物饲料种类

目前生物饲料主要分为如下几类：①利用农副产物加工的生物饲料：如秸秆、草粉、酒糟、果渣、豆渣等与其他原料配合，经微生物发酵加工而成；②利用畜禽废弃物或餐厨废弃物等加工而成的生物饲料：如畜禽粪便、餐厨垃圾等有机废弃物经微生物发酵后转化为高活菌、高蛋白、高能量的活性微生物菌群，这样的菌群再经特殊加工而制成生物饲料；③利用饼粕类加工的生物饲料：如豆粕、菜籽粕、棉籽粕和花生粕等。上述各种生物饲料，经过微生物处理后，气味芳香，pH低，富含酸性物质、有益菌群、蛋白酶、脂肪酶、纤维素酶和维生素等。

深入学习 19–4
全价和非全价生物饲料

19.4.2 生物饲料发酵生产工艺流程

纯培养好氧发酵饲料技术，其典型的工艺如下：原料→消毒→冷却→接种→培养→干燥→包装。原料需要消毒，成品需要干燥，在发酵过程中需要严格控制空气的流通和发酵热的释放。整个过程耗能高，在实际生产中提高了饲料成本，目前上述方法应用较少。

相对于好氧发酵饲料，厌氧发酵饲料具有以下优点：①呼吸消耗饲料小，一般不超过1.0%；代谢产物主要是有机酸和二氧化碳，有利于保存物料营养。②发酵过程散热量较小，操作容易控制。③设备投资少，生产成本低，容易推广。因此在养殖业中往往采用厌氧发酵技术。

厌氧发酵饲料生产方式较多，比较常见的是养殖户用酵母菌和乳酸菌接种饲料，装入密封的包装袋，袋口用绳扎紧，饲料的含水量在30%～40%。在夏季，发酵3～5 d就有明显的酸香味。在冬季，需要适当延长发酵时间。饲养员主要根据排出的酸香味来判定发酵的成熟度。其优点包括：①如果环境温度适宜，时间控制得当，采用袋装式“土办法”发酵，也可以获得质量很好的微生物发酵饲料。

②在生猪配合饲料中添加15%～20%，采食量能明显提高，最多能提高10%以上，增重速度和健康水平也有显著提高。

传统厌氧发酵存在的问题：①如果环境温度长期低于12℃，发酵很可能失败。酵母在低温下长期代谢缓慢，耗氧速度很慢，物料中的氧气能长时间与乳酸菌接触，导致乳酸菌活力大减，繁殖很慢，甚至死亡。②不能确定发酵结束时间，同时又要求发酵成熟以后需要尽早使用，以防霉变。③产品基本不能流通。

理想的生物发酵饲料应该具有以下特征：①发酵过程基本不受环境温度限制。②产品质量不受存放时间限制，或者保质期能达到3个月以上。③产品储存和运输过程中不受外界空气干扰。现代生物饲料厌氧发酵工艺流程如下：将发酵活菌制剂，按发酵前饲料每吨放100 g，菌体生长促进剂900 g，一同投入25 kg营养液中，20～30℃保温40～50 min，再将25 kg发酵液投入到300 kg调配液中，搅拌后再与1 t饲料原料一同送入卧式搅拌机连续搅拌均匀，装入特制的包装袋内封严，在库房中堆放一段时间就可以使用。该技术最主要的特征是包装袋上附加一个可以调节气压的硅胶膜。物料在发酵过程中产生二氧化碳，内部产生正压，当气压达到设定值，呼吸阀开放，以减少压差。低于设定压力，呼吸阀自动关闭。

19.4.3 发酵原理、工艺控制及后处理

目前，发酵饲料实际生产中主要以固态厌氧发酵为主，以下主要介绍固态厌氧发酵原理、工艺控制及后处理。

首先将发酵原料进行简单粉碎处理，然后与发酵菌种（乳酸菌、酵母等）、菌种繁殖激活剂混合后，直接装入包装袋中，热合封口。保持与空气隔绝。发酵过程中产生的二氧化碳，通过袋上的硅胶膜呼吸阀排出。发酵物料的含水量保持在34%～36%比较经济。发酵成熟时间长短与环境温度有很大关系。从夏天到冬天，时间从4 d到30 d不等。物料中蛋白含量增加，微生物的生长代谢速度下降。糖类含量增加，微生物的生长速度会增加。

该技术有如下显著优势：发酵原料不需要消毒处理，发酵质量不受外界气温影响，物料产生温度梯度差异不超过3℃；设备投资少，操作简便，产品品质稳定，特别适合在我国农村推广应用；发酵原料的含水量在30%～50%，蛋白含量在4.5%～42%，操作弹性极大，可大比例使用廉价的玉米浆、豆渣和果渣等高水分含量的农业和轻工副产物。

19.5 动物疫苗发酵生产

动物疫苗是指为了预防、控制传染病的发生、流行，用于动物预防接种的预防性生物制品。其原理是将病原微生物（如细菌、病毒等）及其代谢产物，经过人工减毒、灭活或利用基因工程等方法制成的用于预防传染病的主动免疫制剂。动物疫苗效果与生产工艺水平有很大关系。其中一个关键因素就是抗原含量问题，即病毒或细菌浓度。传统转瓶、摇瓶培养方式，对于一些细胞而言难以达到其技术生产要求，而悬浮培养技术符合当前疫苗生产对抗原含量的高要求。

19.5.1 动物疫苗种类

疫苗从大的范围讲，主要分为细菌性疫苗和病毒性疫苗两大类。细菌性疫苗包括活菌疫苗（弱毒苗）和死菌疫苗（灭活苗）两类，如猪巴氏杆菌病活疫苗、鸡大肠杆菌多价灭活疫苗等。病毒性疫苗包括活病毒疫苗（活苗）和死病毒疫苗两类，如鸡新城疫中等毒力活疫苗、猪伪狂犬病灭活疫苗等。除以上几种疫苗外，还有DNA疫苗、亚单位疫苗、寄生虫疫苗等。

19.5.2 动物疫苗生产工艺流程

主要介绍细菌性疫苗和病毒性疫苗的生产工艺流程。

细菌性疫苗生产程序是将继代后合格的菌种接种于适宜培养基进行大量繁殖、收集培养物、活苗的分装及冻干，或灭活苗的灭活及配苗、检验。

病毒性疫苗的生产程序是毒种鉴定、选择和制定病毒培养材料、病毒增殖、收毒、活苗分装及冻干，或死疫苗的灭活及配制、疫苗检验。

19.5.3 发酵原理及工艺控制

（1）细菌性疫苗

△ **案例 19–2**
猪链球菌疫苗的制备

细菌性疫苗的抗原发酵主要是为了得到大量的菌体抗原。其发酵原理主要是通过控制培养基的组成以及发酵过程温度、pH、溶氧等，最终实现目标菌株的高密度规模化培养。

（2）病毒性疫苗

病毒性疫苗的抗原生产与细菌性疫苗的抗原生产有很大不同。病毒性疫苗抗原生产的前提必需实现动物细胞的大规模培养。传统动物细胞规模化培养技术以转瓶培养为主，主要用于贴壁依赖性细胞的单层贴壁培养。这种细胞培养方法存在资源消耗大、生产效率低、自动化水平低、操作过程不可控等一系列缺点。随着生物制品生产规模的不断扩大和工艺水平的不断提高，显然传统的转瓶培养模式已不能满足这一要求，而生物反应器细胞培养技术的应用适应了工业化大规模细胞培养的客观需要。用于动物细胞培养的生物反应器通常包括两大类：机械搅拌式生物反应器和气升式生物反应器。前者是开发较早、应用较广的一类生物反应器，培养物的混匀由马达带动的不锈钢搅拌系统来实现。这类反应器的最大优点是能培养各种类型的动物细胞，培养工艺容易放大，产品质量稳定，非常适合工厂化生产，但不足之处是机械搅拌所产生的剪切力对细胞有较大损伤。气升式生物反应器则是通过气体混合物从底部的喷射管进入反应器的中央导流管，使中央导流管侧的液体密度低于外部区域从而形成循环。与搅拌式生物反应器相比，这种反应器虽没有机械搅拌产生的剪切力，但由于在运行中气泡的聚并和在液体表面的破裂等过程产生的剪切力对动物细胞有极大的伤害作用，因此使得其在工业化生产中的应用受到了一定的限制。另外，一些中小型细胞培养生物反应器，如中空纤维管生物反应器、回转式生物反应器、填充床生物反应器、流化床式生物反应器、摇床式生物反应器等，在科研和生产应用中也取得了较好的效果。

△ **案例 19–3**
口蹄疫疫苗的制备

19.5.4 发酵液后处理与制剂

（1）细菌性疫苗的发酵液后处理与制剂

以猪链球菌疫苗为例：发酵后的菌液加入灭活剂（例如，发酵液终浓度 4‰～8‰甲醛），在灭活罐中 37℃处理，直至检验灭活彻底；然后通过离心收集沉淀的灭活菌体，加入无菌 PBS 缓冲液反复重悬离心，直到去除发酵培养基中的杂质和甲醛；最后用无菌 PBS 重悬后测得浓度，加入佐剂，并在乳化罐中乳化，封装制备成猪链球菌疫苗。

（2）病毒性疫苗的发酵液后处理与制剂

以口蹄疫疫苗为例：从反应器中收集的病毒液含有大量的动物细胞碎片，这些杂质处理不当会影响病毒的纯度及后期疫苗免疫效果。因此，首先要对收集的病毒液进行浓缩纯化。将收获的口蹄疫病毒液反复冻融 3 次，分别用 60 目的纱网进行粗滤；将粗滤后的病毒液分别进行一级澄清（80 目→100 目→120 目纱网过滤），二级澄清（10 μm→1 μm→0.45 μm）；然后使用切向流超滤浓缩设备进行浓缩纯化；最后将浓缩纯化后的病毒液加入灭活剂，按照固定工艺进行灭活，检验合格后与佐剂进行乳化，封瓶包装。

开放讨论题

生物农药与传统农药相比有哪些优点？生物农药是否也有缺点，若有，如何针对其不足进行改进？

思考题

1. 简要回答微生物发酵工程在农业中的应用。
2. 分析苏云金芽孢杆菌发酵过程参数控制要点。
3. 分析食用菌液体制种优越性。
4. 简要回答微生物肥料种类。
5. 为什么发酵饲料常用固体发酵工艺？
6. 简要绘制细菌性疫苗和病毒性疫苗生产工艺流程。

推荐阅读

1. You C，Chen H，Myung S，et al. Enzymatic transformation of nonfood biomass to starch. Proceedings of the National Academy of Sciences，2013，110：7182–7187.

点评：该文利用枯草芽孢杆菌来源的葡聚糖内切酶、木霉来源的葡聚糖内切酶Ⅱ、嗜热纤维梭菌来源的纤维二糖磷酸化酶，以及土豆来源的葡萄糖 -1- 磷酸酶，将非食用型的生物质（如玉米秸秆等）转化为淀粉的具体方法，通过该法能更加环保地处理秸秆等农副产品，生成的淀粉也能更加广泛地应用于食品、饲料等。

2. Hao P F，Qiu C W，Ding G，et al. Agriculture organic wastes fermentation CO_2 enrichment in greenhouse and the fermentation residues improve growth，yield and fruit quality in tomato. Journal of Cleaner Production，2020，275：123885.

点评：农业有机废弃物通过微生物发酵生成生物肥料，该生物肥料对番茄的生长发育、产量和果实品质的提升具有显著影响。

3. Godoy M G，Amorim G M，Barreto M S，et al. Agricultural residues as animal feed：Protein enrichment and detoxification using solid-state fermentation. Current Developments in Biotechnology and Bioengineering. Amsterdam：Elsevier，2018：235–256.

点评：通过固态发酵技术去除农业废弃物中的有害成分，富集蛋白制成动物饲料。

网上更多学习资源……

◆教学课件　◆自测题

20

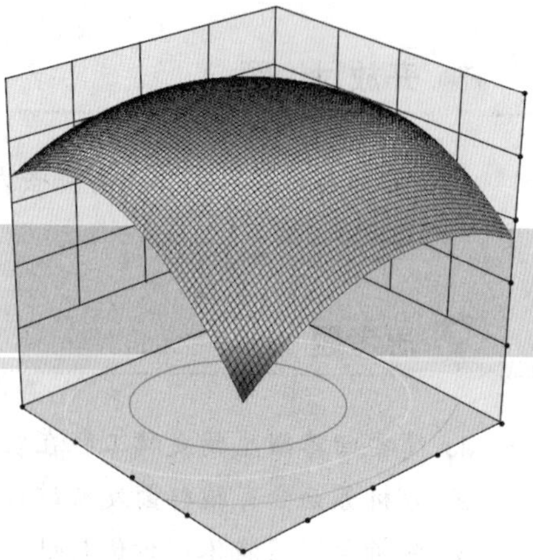

发酵工程在工业有机废弃物处理中的典型应用

● 20.1 概述

工业有机废弃物及其治理策略；工业有机废弃物的处理方法；发酵工程在工业有机废弃物处理中的作用

● 20.2 发酵工程在工业有机废弃物末端治理中的应用

医药工业有机废弃物末端治理；食品工业有机废弃物末端治理；轻工业有机废弃物末端治理

● 20.3 发酵工程在清洁生产中的应用

医药工业清洁生产；食品工业清洁生产；轻工业清洁生产；重工业清洁生产

随着现代科学技术不断创新，发酵工程在工业有机废弃物中的应用日益引起了广泛的关注，大力推动发酵工程在工业有机废弃物资源化和高值化中的应用，促进节能减排具有重要意义。本章主要介绍发酵工程在工业有机废弃物处理及清洁生产中的应用。

教学目的与要求

（1）了解工业有机废弃物概念及其处理方法。

（2）了解发酵工程在末端治理中的应用。

（3）了解发酵工程在不同领域清洁生产中的应用。

重点及难点

发酵工程在工业有机废弃物处理及清洁生产的应用。

知识导图

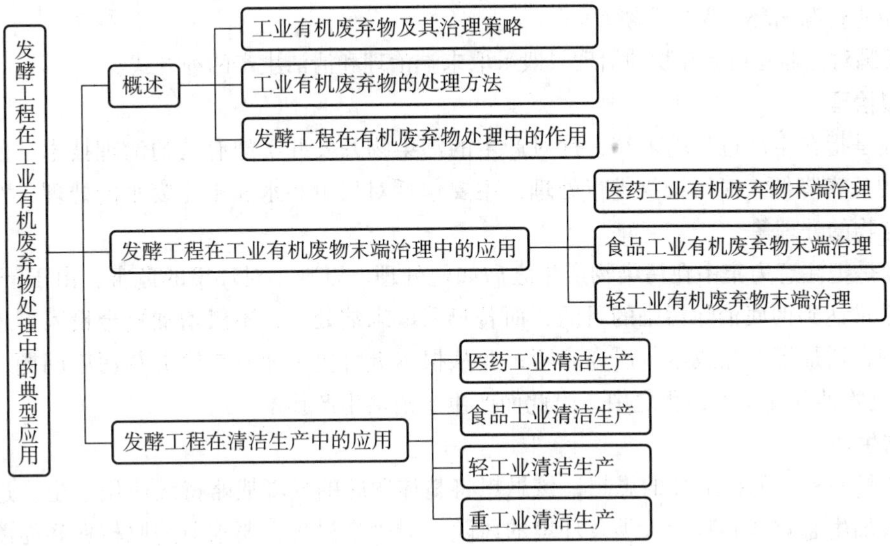

问题导读

（1）简述工业有机废弃物特点及其危害。

（2）工业有机废弃物处理方法有哪些？

（3）比较分析发酵工程处理工业有机废弃物有何优势？

（4）简述末端治理和清洁生产概念。

关键词

有机废弃物　末端治理　清洁生产

自然界中存在着丰富的微生物种群，在生物圈物质循环中主要担任分解者的角色。微生物通过发酵作用，可以对物质进行降解与转化。利用发酵工程技术处理工业三废、生活垃圾和农业废弃物，不仅可以净化环境，还可以变废为宝，具有显著的经济效益和社会效益。

20.1 概述

20.1.1 工业有机废弃物及其治理策略

有机废弃物是指含有机物成分的废弃物，按其产生来源主要可以分为工业有机废弃物、农业有机废弃物、城市有机废弃物三种类型。其中工业有机废弃物主要是废水和废渣，工业有机废水对环境造成的污染极大。工业有机废水种类复杂，处理起来比较困难，其中含有多种高分子化合物，如造纸废水中的木质素。

视频 20-1 水污染及其危害

工业有机废弃物的处理遵循减量化、无害化和资源化三项原则，其中，减量化是指通过适宜的手段减少有机废弃物的数量和容积；无害化是指有机废弃物通过工程处理，达到不损害人体健康、不污染周围自然环境的目的；资源化是指通过各种方法从有机废弃物中回收有用组分和能源，目的是减少资源消耗、加速资源循环、保护环境。

目前，我国对工业有机废弃物的治理一般采取末端治理和清洁生产两种方式。

延伸阅读 20–1
清洁生产和末端治理的发展

（1）末端治理

末端治理是指在生产过程的末端，针对产生的污染物开发并实施有效的治理技术，使污染物对自然界及人类的危害降低。对污染物进行处理，主要包括对城市污水和工业废水的处理、对城市生活垃圾和工业废弃物的处理等。

末端治理是把注意力集中在污染物产生之后如何处理，以减小对环境的危害，由于治理技术有限，实际上往往很难达到彻底消除污染的目的，而若只采取末端处理，不仅增加资金投入，还使部分可回收的资源浪费，增加了产品成本。研究表明，要从根本上解决工业有机废弃物污染问题，必须“预防为主”，将污染物消除在生产过程之中，由此而产生了清洁生产技术。

（2）清洁生产

清洁生产是一种新的创造性的思想，该思想将整体预防的环境战略持续应用于生产过程、产品和服务中，以增加生态效率和减少人类及环境的风险。对生产过程，要求节约原材料和能源，淘汰有毒原材料，减降所有废弃物的数量和毒性；对产品，要求减少从原材料提炼到产品最终处置的全生命周期的不利影响；对服务，要求将环境因素纳入设计和所提供的服务中。

延伸阅读 20–2
清洁生产发展历程及相关背景

清洁生产包含了两个清洁过程控制：生产全过程和产品周期全过程。对生产过程而言，清洁生产包括节约原材料和能源，淘汰有毒有害的原材料，并在全部排放物和废物离开生产过程以前，尽最大可能减少它们的排放量和毒性。对产品而言，清洁生产旨在减少产品整个生命周期过程中从原料的提取到产品的最终处置对人类和环境的影响。

20.1.2 工业有机废弃物的处理方法

工业有机废弃物主要需要处理的是有机废水和废渣。在我国，污染所导致的水质性缺水问题已成为经济建设与社会发展的制约因素，给我国国民饮水安全和可持续发展带来了严重的负面影响。据研究在水生态环境影响中最严重的是有机污染，主要污染途径是生活污水和工业、农业、养殖业有机废水的排放，因此，对水污染的治理一直都是传统环保领域关注的重点。同时，伴随着工业的发展、资源的利用，工业有机废渣的数量也逐年增大，对环境造成严重影响，成为社会发展的负担，这也是需要大力治理的方面。

工业有机废水处理技术，按作用原理可分为物理法、化学法、物理化学法和生物法四大类。生物处理法是利用微生物代谢作用，使废水中的有机污染物转化为稳定、无害的物质，常见的方法主要有活性污泥法、生物膜法、厌氧消化法等。

工业有机废渣具有两方面特点，一是占用土地面积大，污染环境；二是其含有多种有用物质，是一种资源。过去人们多选择填埋和焚烧来处理有机废渣，现在则由消极处理方法转向资源化处理，对废渣多采用微生物处理，即堆肥法处理技术。堆肥法又称好氧堆肥化处理，是在人工控制的条件下，依靠自然界中广泛分布的细菌、放线菌、真菌等微生物，人为地促进有机废弃物向稳定的腐殖质转化的微生物学过程。

20.1.3 发酵工程在工业有机废弃物处理中的作用

有机废弃物处理领域中采用的技术种类很多，主要集中在物理法、化学法和生物法。在这里重点介绍有机废水处理中的生化处理技术。生化处理就是通过微生物来对有机废水中的有机污染物进行消化和分解，微生物从废水中的有机物污染物得到营养，提供自己生长所需的原料。依据生化反应的不同可以将生化处理技术分为好氧处理与厌氧处理两种。好氧法是在没有游离氧存在的条件下，兼性细菌与厌氧细菌降解和稳定有机物的生物处理法；而厌氧法是指在厌氧条件下，兼性细菌与厌氧细菌降解和稳定有机物，将各种有机物转化为甲烷、二氧化碳等的过程。

许多科研工作者研究发现，处理高浓度有机废水，特别是处理含有较高浓度难降解物质的有机废水，如制药、轻工和酒精等行业，宜先采用厌氧法处理，以降低有机废水中的COD和BOD_5，再采用好氧法处理，可取得较好的处理效果。

（1）好氧处理技术

污水好氧生物处理技术是一种在好氧条件下，利用微生物将污水中的污染物质转化为稳定、无害物质的处理技术。好氧处理技术主要有活性污泥法和生物膜法两种方法，这两种方法在工业中都被广泛采用。

活性污泥法：在人工充氧条件下，对污水和各种微生物群体进行连续混合培养，形成活性污泥。利用活性污泥的生物凝聚、吸附和氧化作用，以分解去除污水中的有机污染物。然后使污泥与水分离，大部分污泥再回流到曝气池，多余部分则排出活性污泥系统。

生物膜法：使含有营养物质和接种微生物的污水在滤料的表面流动，一定时间后，微生物会附着在滤料表面而增殖和生长，形成一层薄的生物膜。生成的生物膜上繁殖着大量的微生物，它们吸附和降解水中的有机污染物，能起到与活性污泥同样的净化污水作用。

（2）厌氧处理技术

厌氧处理技术在发酵工业、酿酒和制酱等领域有悠久的应用历史，但直到1881年英国Louis Mouras开发出处理污水污泥的自动净化器，厌氧处理技术才在水环境保护中得到应用。自20世纪70年代起，厌氧消化工艺由于兼备产能和低能耗的双重优点引起人们的重视，继而研发出厌氧滤池（AF）、厌氧流化床（AFB）、上流式厌氧污泥床（UASB）、厌氧附着膜膨胀床法（AAFEB）、厌氧折流板反应器（ABR）和厌氧序批式反应器（ASBR）等厌氧反应器。近些年来，厌氧处理技术逐渐应用到工业、农业和养殖业等有机废水和生活污水的处理中。

厌氧滤池（AF）：是采用填料作为微生物载体的一种高速厌氧反应器。厌氧菌在填充材料上附着生长，形成生物膜，生物膜与填料一起形成固定的滤床。厌氧滤池的填料可用颗粒活性炭、碎石、陶瓷材料的拉希环、聚丙烯鲍尔环和各种软性填料等。

厌氧流化床（AFB）：反应器内填充着粒径小、比表面积大的载体，厌氧微生物组成的生物膜在载体表面生长，载体处于流化状态，具有良好的传质条件，微生物易与废水充分接触，细菌具有很高的活性，设备处理效率高。

上流式厌氧污泥床（UASB）：USAB反应器是20世纪70年代发展起来的一种高效厌氧反应器，具有污泥停留时间（SRT）长、处理负荷高、运行稳定等优点。这种反应器的高效运行取决于反应器内形成沉降性能好、活性高的颗粒污泥。

厌氧颗粒污泥膨胀床（EGSB）：EGSB实际上是改进的UASB反应器，不同之处是EGSB的高径比大，上流速度也较高，颗粒污泥处于悬浮状态，从而使进水与颗粒污泥充分接触，传质效果更好。特别是在处理低浓度污水时，比UASB具有更高的容积负荷。

厌氧折流板反应器（ABR）：ABR反应器是20世纪80年代以来发展的一种高效厌氧处理工艺，其实质是一系列升流式污泥悬浮反应器，具有结构简单、生物截留能力强、处理效果好、运行管理方便等优点。反应器分为若干隔室，处理高浓度污水时，位于反应器前端的隔室中，主要以产酸菌为主，而在较后的隔室中，以甲烷菌为主。

厌氧序批式活性污泥法（ASBR）：将序批式活性污泥法（SBR）应用于厌氧生物处理过程的方法。典型的ASBR运行周期包括五个阶段，即进水、反应、沉淀、出水和空转。

厌氧附着膜膨胀床法（AAFEB）：利用反应器中膨胀床载体上的生物膜对废水进行厌氧生物处理的过程。载体常采用烟道灰或硅藻土。

采用不同厌氧生物反应器处理不同的低浓度废水的研究结果见表20-1。

表 20-1 低温厌氧处理低浓度废水的研究结果

底物	COD/（mg/L）	温度 /℃	水力停留时间 HRT/h	COD 去除率 /%	反应器形式和体积（L）
加入蔗糖、乙酸钠的生活污水	500 ~ 860	8 ~ 23	10 ~ 46	56 ~ 88	ASBR（2）
加入蔗糖、乙酸钠的生活污水	450 ~ 780	8 ~ 24	6 ~ 20	46 ~ 92	AF（1.5）
巴氏灭菌的半脱脂奶粉	500	10 ~ 20	10	60 ~ 70	ABR（10）
沉淀后生活污水	186	20	1 ~ 5	70 ~ 80	AAFEB
沉淀后生活污水	115 ~ 595	13 ~ 25	4.7	70	UASB（21.5）
乙醇废水	500	25	0.5 ~ 2	75	UASB（4.5）
玉米酒精厂废水	767.8	14.5	12	78.9	UASB/ITS（16.10）

20.2 发酵工程在工业有机废弃物末端治理中的应用

20.2.1 医药工业有机废弃物末端治理

（1）抗生素工业有机废水的处理

抗生素废水是一类含有难降解物质和生物毒性物质的高浓度有机废水，其成分十分复杂，含有多种难降解的有机物和无机物，一般处理起来很困难。目前，抗生素废水处理方法主要有化学处理法、物化处理法、生物处理法以及多种组合法。其中生物处理法具有处理条件温和、费用低、微生物适应性强、易培养和可强化等优点，故已广泛应用于抗生素废水的处理。

无锡某制药厂采用大型厌氧污泥床（UASB）装置直接处理抗生素有机废水，其具体工艺条件为：温度（38 ± 2）℃，滞留时间为 20 d，有机负荷最高可达 COD 19.0 kg/m^3 · d。用 UASB 法处理抗生素废水，COD 去除率为 85%，且每去除 1 kg 废水 COD 可产沼气 0.46 m^3。

国内某抗生素生产厂对有机废水进行处理，其工艺流程见图 20-1。

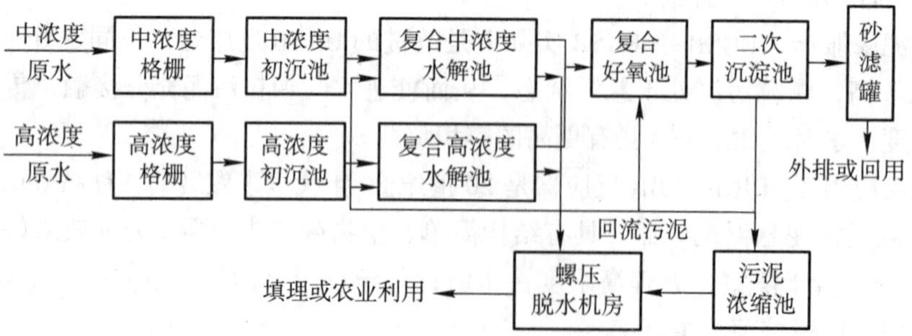

图 20-1 抗生素废水处理工艺流程图

有机废水处理工艺中采用复合微氧水解—好氧工艺处理抗生素生产废水，其微氧水解酸化系统提高了抗生素废水的可生化性，减弱或消除了生物毒性的抑制性作用，为后续好氧生物处理提供了良好的基质准备。该工艺兼性水解酸化菌的生理代谢功能，改善了水力条件，增加了微生物与有机底物之间的接触机会，强化了水解污泥与有机底物之间的传质作用，加速了有机底物从废水中向微生物细胞的传递过程。

（2）维生素工业有机废水的处理

某维生素生产厂，其废水中总氮和氨氮含量高，含盐量高。工厂综合原水水质状况，以兼性厌氧好氧生化技术结合化学强氧化技术处理废水，其工艺路线为：

预处理工艺→兼性厌氧好氧生化工艺→化学除磷工艺→臭氧 + 生物活性碳工艺

生化工艺阶段采用的是兼性厌氧好氧生物技术，该生物技术使用的是复合功能性生物填料，是由硬质网状物包裹微孔介质块和功能性填料块组成，填料表面、介质块内部微孔均有利于微生物着床，为微生物提供丰富的栖息场所，同时，生物填料表面和微孔内部容易形成不同的氧浓度，有利于不同微生物群生长。在 B/C（可生化性）小于 0.15 的条件下，系统中大多数有机污染物在兼性厌氧好氧生化系统中得到降解去除，同时系统产泥量极小，在满足废水处理达标的前提下，大大降低系统的投资和运行费用。

20.2.2 食品工业有机废弃物末端治理

食品工业原料广泛，制品种类繁多，排出废水的水量、水质差异很大，其主要特点是有机物质和悬浮物含量高，易腐败，一般无毒性。食品工业废水处理除按水质特点进行适当预处理外，一般均宜采用生物处理。

无锡某食品有限公司根据排放的废水水质和水量特征，采用序批式活性污泥（SBR）处理工艺，设计了一套废水处理装置。根据废水特点及排放要求，主体处理工艺采用序批式活性污泥法（SBR），其具体工艺流程如图 20–2 所示。

SBR 处理池工作周期设计为 24 h，设计进水时间为 8 h，进水采用半限制曝气方式（进水后期曝气），开始进水不曝气，这时，池中溶解氧接近于零，此时活性污泥中菌胶团等微生物将对水中的有机物发生吸附作用。进水达到设定液位后进行鼓风曝气，采用 PP 曝气头曝气，设计曝气时间为 15 h。曝气结束后，静置条件下进行固液分离，设计沉淀时间为 2 h，然后通过固定排水点将上清液排出池外，再排除多余的活性污泥，设计工作时间为 3 h，继而进入下一个运行周期。SBR 工艺运行效果见表 20–2。

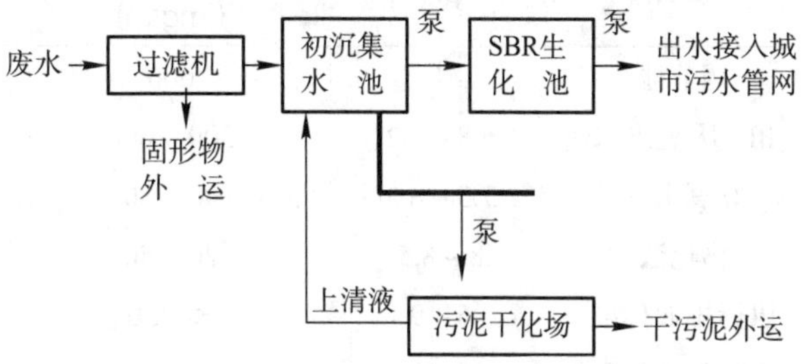

图 20–2 废水处理工艺流程

表 20–2 SBR 工艺运行效果

项目	原废水	处理水	去除率
COD/（mg/L）	1 000 ~ 3 000	200 ~ 400	80% ~ 86%
BOD_5/（mg/L）	700 ~ 1 800	20 ~ 60	91% ~ 96%
SS/（mg/L）	400 ~ 1 200	80 ~ 200	80% ~ 83%
pH	3.5 ~ 6.0	6.5 ~ 7.5	—

柠檬酸行业产生的废水为高浓度的有机废水，pH 较低，COD 浓度高，适合采用生化法处理。江苏某生化有限公司是一家柠檬酸专业制造企业，该公司根据柠檬酸废水含钙高和废水水量大等特点，好氧处理选用传统活性污泥法，采用射流曝气，对废水进行处理，其工艺流程见图 20–3。

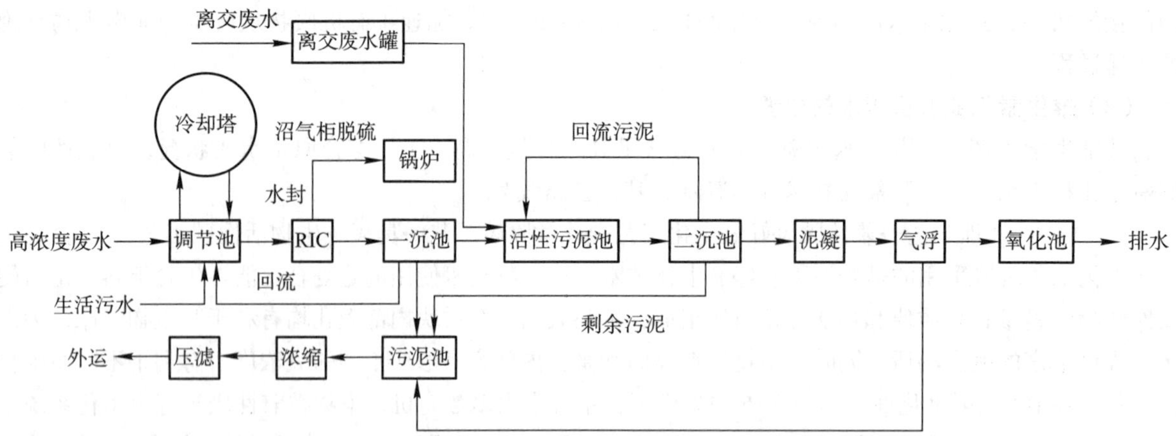

图 20–3 柠檬酸废水处理工艺流程

有机废水首先加到BIC厌氧罐内进行厌氧发酵，去除废水中的大部分有机物。厌氧罐出水经沉淀池将污泥和部分钙盐沉淀下来，沉淀池出水部分回流到调节池，剩余部分进入活性污泥池进行好氧处理。在活性污泥池内好氧微生物将废水中剩余的大部分有机物氧化分解，出水自流到二沉池，沉淀的污泥一部分回流到好氧池，上清液则进入混凝气浮系统，进一步将废水中的细微悬浮物等沉淀分离出来。有机废水的处理效果见表 20–3。

表 20–3 废水处理效果

项目	pH	SS/（mg/L）	COD/（mg/L）	BOD_5/（mg/L）	平均去除率 /%
调节池	4	600	12 489	8 000	98.9
BIC 厌氧出水	6.8 ~ 7.2	300 ~ 600	604	200 ~ 300	95
好氧出水	7.5 ~ 8.5	40 ~ 80	183	—	67
物化法	8 ~ 8.5	20 ~ 50	132	—	—
执行排放标准	6 ~ 9	≤ 350	≤ 800	≤ 300	—
实际处理效果	6 ~ 9	≤ 80	≤ 150	≤ 80	—

20.2.3 轻工业有机废弃物末端治理

（1）造纸工业有机废水的处理

造纸工业能耗、物耗高，对环境污染也很严重，其废水是一种水量大、色度高、悬浮物含量大、有机物浓度高、组分复杂的难处理有机废水，废水中的 SS、COD 浓度较高，对环境和人类健康带来巨大危害。

由于造纸废水中含有大量有机物，废水可生化性较好，所以活性污泥法在造纸废水处理中得到广泛应用。SBR 处理流程简洁、控制灵活，可根据进水水质和出水水质控制指标处理水量，改变运行周期及工艺处理方法，适应性很强，可实现高容积负荷 [6 ~ 10 kg COD_{cr}/（m^3 · d）] 和高去除率（COD_{cr} 去除率 80% ~ 90%）。此外，往处理造纸废水的活性污泥厂的膨胀污泥中投加石灰、粉状褐煤或焦炭等物质能改善污泥沉降性能和生化降解能力。

生物接触氧化法是一种好氧生物膜法工艺，即在生物接触氧化池内装填一定数量的填料，利用栖附在填料上的生物膜和充分供应的氧气，通过生物氧化作用，将废水中的有机物氧化分解，达到净化目的。实践证明，生物接触氧化法能够较好地处理造纸废水，尤其适合脱墨废水的处理，但在实际应用中其挂膜的效果和生物膜的优劣直接决定处理效果。在处理造纸废水过程中，生物膜的活性厚度在

70 ~ 100 μm 之间，生物膜的活性较好。在挂膜不同阶段，对 COD_{cr} 的去除率有所不同，在挂膜前期去除率较低，在正常运行后，去除率稳定在较高水平，能够达到 88% 的去除率。

（2）制糖工业有机废水的处理

制糖工业是食品加工业的基础行业，也是其他食品加工类如发酵、制药等工业的原材料。制糖废水主要来自制糖生产过程和制糖副产品综合利用过程，主要是以甜菜或甘蔗为原料的制糖过程中所排出的废水，混合了斜槽废水、榨糖废水、蒸馏废水、地面冲洗废水等，COD 浓度波动往往比较大。

废水的厌氧处理在有机物含量较高时很适用。由于厌氧处理时，污泥产生量少，对营养元素要求低，同时产生的甲烷可作为潜在的能源，可消除气体排放的污染，投资成本一般较低，因此厌氧生物法在制糖工业废水处理中得到了广泛的应用。河南某厂建成 1 700 m^3UASB 厌氧系统处理制糖废水，在 30 ~ 35℃条件下运行，当进水 COD 浓度平均为 8 000 mg/L 时，系统稳定运行，日处理废水近 1 000 m^3，COD 去除率 80% 以上，UASB 有效容积负荷为 5 kg COD/（m^3 · d）以上。运行实践证明，采用 UASB 工艺处理制糖废水，具有有机负荷高，HRT 短，无需填料、污泥回流装置及搅拌装置，效率高，运行成本低等优点。

某糖业公司的废水处理工艺流程见图 20–4，其每天排放的制糖废水、酒精废水等工业废水和生活污水均排入沉淀调节池。废水在沉淀调节池内沉淀除去废水中的 SS，进行废水水质的调节，并在缺氧情况下，兼氧微生物对废水中有机物进行酸化水解处理，把大分子有机物分解生成小分子有机物，提高废水的可生化性。然后废水流入集水池，除去废水中直径大于 3 mm 的固型物，将废水提升入 IC 厌氧反应器，与厌氧污泥混合，厌氧微生物中的产酸菌将有机物分解生成有机酸，厌氧微生物中的产甲烷菌进一步把有机酸降解为 CH_4、CO_2 和 H_2O。经厌氧处理后的废水，进入混凝沉淀池，在投加金属盐混凝剂后，废水中的硫化物与金属盐生成硫化物沉淀，去除硫化物和悬浮物后，废水自流进入深层曝气池进行好氧生物处理。深层曝气池的出水进入混凝沉淀池，加药去除部分 COD，以改善废水的 B/C；经混凝沉淀池处理后的废水进入接触氧化池，继续进行好氧生化处理，以进一步降低废水中的有机物，接触氧化池出水再进行混凝沉淀脱色处理，去除废水中的色度，使废水达标排放。

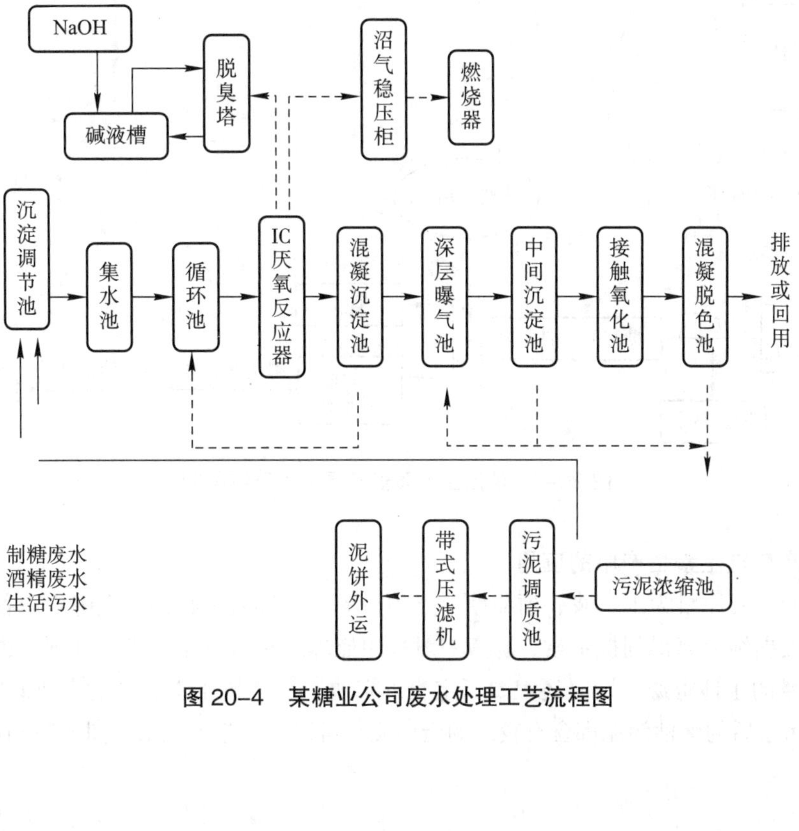

图 20–4　某糖业公司废水处理工艺流程图

20.3 发酵工程在清洁生产中的应用

20.3.1 医药工业清洁生产

制药工业是国民经济发展的重要产业之一，其产品种类繁多，所用原材料繁杂，而且有相当一部分原材料是易燃易爆或是有毒有害物质，除原材料引起的污染问题外，其工艺环节收率不高，往往耗费几吨、几十吨的原材料才制造出1吨的成品，因此造成的废液、废气、废渣量相当大，严重影响了周边环境。为此，必须大力提倡和发展清洁生产，强化原辅材料的替代，改革和发展新工艺、新技术，提高各环节的收率，以求将污染排放降至最低。

（1）清洁生产在黄姜产业中的应用

黄姜中提取的皂素可用于生产肾上腺皮质激素、性激素和蛋白同化激素3大类1 000多种甾体激素药物，市场需求巨大。然而，黄姜皂素企业的污染问题一直是黄姜产业发展的瓶颈。据报道，现开发了一种利用微生物技术清洁生产黄姜皂素新工艺，即通过选育的系列微生物菌株发酵处理黄姜粉碎后的浆液，能将黄姜皂苷与其他组分彻底分开；通过进一步富集得到浓缩的黄姜皂苷溶液；浓缩的黄姜皂苷溶液经产糖苷酶的微生物菌株发酵，可将皂苷水解成为皂素；再通过少量有机溶剂提取就能得到黄姜皂素产品。该新技术具有黄姜皂素收率高、生产过程水用量少、不用酸、废水量少且污染程度低等显著优点，而且该新技术还具有效率高、成本低、黄姜淀粉利用充分等特点。微生物技术清洁生产黄姜皂素新工艺流程见图20-5。

该新技术大大降低了废水COD、BOD、总氮、总磷等各项指标，因此显著减少了酸、水用量及后续有机溶剂用量，并且新工艺产生的综合废水量和污染程度都大大降低，后续只需通过相对简单的环境处理手段即可达到黄姜皂素行业废水排放标准。

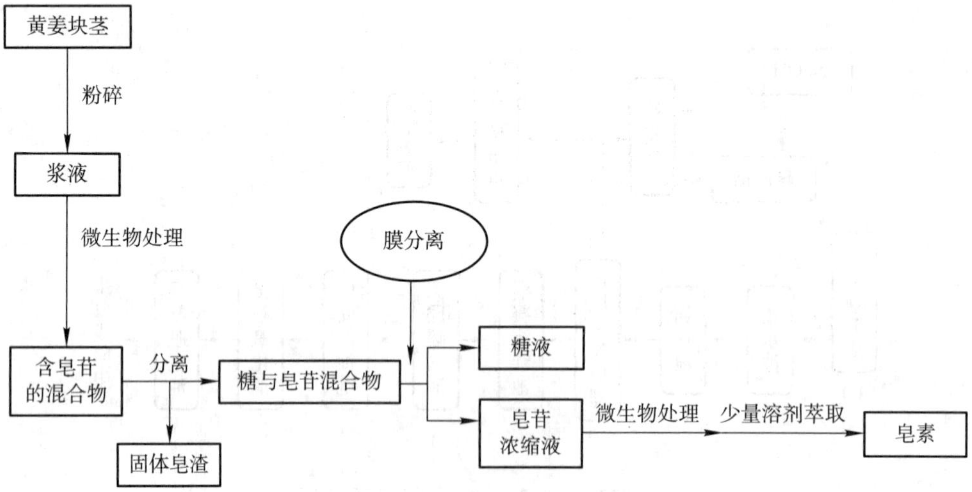

图20-5 清洁生产黄姜皂素新工艺流程图

（2）清洁生产在抗生素生产中的应用

抗生素生产的主要原料为玉米浆、葡萄糖、豆粕粉等，经过微生物菌种发酵生产各种抗生素，然后经固液分离、滤液提纯分离得到抗生素，滤渣一般采用掩埋或排入下水道进行处理，这不仅严重污染环境，还占用了大量的土地资源，同时还浪费了宝贵的资源。由于抗生素生产的主要原料均为农副产品，因此药渣及处理污水后的活性污泥都含有较高的蛋白质，可以用来生产高效有机肥料和饲料添加剂。

在末端治理中的废水生物处理之前，可运用清洁生产的理念，对微生物制药生产菌种利用基因工程技术进行改造，研究微生物药物的生物合成和调控机制、发酵工艺和过程优化，以提高微生物发酵技术和效率。

20.3.2 食品工业清洁生产

近年来食品工业企业越来越认识到发展循环经济和清洁生产的重要性和必要性，不但加大了对生产过程中产生的废水、废渣和废气的治理，同时也在提高原料转化率、副产品的综合利用率方面做出了很大努力。

采用谷氨酸温度敏感菌种进行发酵，是目前国际谷氨酸发酵的主流。温度敏感突变株的突变位置是在与谷氨酸分泌密切相关的细胞膜结构基因上发生了碱基的转换或置换，使该基因所指导的酶在高温下失活，导致细胞膜某些结构的改变。当控制培养温度为最适温度时，菌体正常生长；当温度提高到一定程度时，菌体停止生长而大量产酸。谷氨酸温度敏感菌种发酵性能稳定，发酵周期短，设备利用率高，当生物素过量时，可以强化 CO_2 固定反应，提高糖酸转化率，而且菌株能够利用粗制原料（粗玉米糖、糖蜜等）发酵生产谷氨酸。该技术不仅可降低味精生产过程中的粮耗和能耗，并可通过提高菌种产酸率和糖酸转化率达到降低水耗（产酸率可达到 17%～18%，糖酸转化率可达到 65%～68%，发酵周期为 32 h）、间接减少 COD 产生，其吨产品玉米消耗可降低 19% 以上，能耗可降低 10%，COD 产生量减少 10%。

谷氨酸发酵理论糖酸转化率为 81.7%，扣除菌体合成和副产物生成等转化率又降低 5% 左右，但目前国内谷氨酸发酵的平均糖酸转化率仅 60% 左右。研究表明，发酵过程中过多的菌体呼吸作用产生的 CO_2，是造成碳源损失的主要原因。实验表明，磷酸烯醇式丙酮酸羧化酶和丙酮酸羧化酶的高活力可以促使氨基酸合成前体物草酰乙酸大量合成，有利于将中心代谢途径的代谢流更多地导入相应氨基酸合成途径。因此，由羧化酶催化的 CO_2 固定反应符合氨基酸发酵低碳化的发展方向。据测算，若氨基酸生产菌的 CO_2 固定反应增强 50%，氨基酸产量可提高 10% 以上，糖酸转化率提高 2% 以上，发酵过程直接排放的 CO_2 总量减少 10%。

20.3.3 轻工业清洁生产

（1）清洁生产在苎麻脱胶中的应用

苎麻韧皮纤维胶质主要由果胶、半纤维素等多种成分构成，欲获得高质量苎麻纤维产品，需要通过适当的脱胶工艺处理苎麻以达到符合国标要求的产品。

目前建立了一种使用微生物高效脱胶的技术，通过以苎麻韧皮纤维胶质成分作为碳源构建选择压力定向筛选野生和诱变的菌株获得优势脱胶菌株，利用此菌株处理苎麻。相比传统化学脱胶，苎麻原位生物脱胶技术使整个脱胶过程完全不用酸，且碱和水的用量大幅降低，通过分析不同脱胶工段的废水量及其性质，建立了各个脱胶工段废水的分段处理与循环利用方法，确定废水处理后可循环利用的批次，进一步降低新工艺所产生的废水总量及其处理难度，以达到苎麻脱胶的清洁生产。原位脱胶废水分段处理与循环利用具体流程见图 20-6。

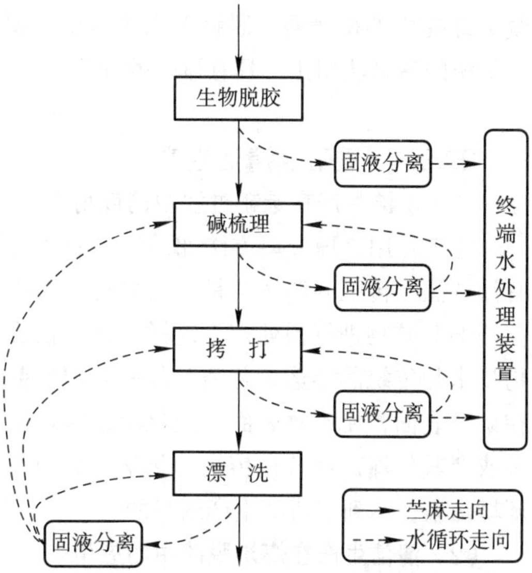

图 20-6 废水分段处理循环利用示意图

废水分段处理与循环利用具体策略可简略概述为，针对苎麻韧皮纤维原位微生物法生产过程各步骤废水污染程度不同进行分段处理，其中生物脱胶步骤的脱胶废水因整体污染较小可通过板框过滤或微滤膜过滤等固液分离方法处理后，将液体直接排入终端水处理装置；碱梳理步骤和拷打步骤的废水可在经固液分离循环回用一定次数，然后再经固液分离后排至终端；漂洗步骤的废水因量大且 BOD、COD 都相对偏小，不仅可以循环回用，还可以套用到拷打步骤或碱梳理步骤。通过上述分段处理及回用或套用策略的实施，可实现总废水量的显著减少以及排至终端水处理装置的废水处理难度根本性降低，进而实现高品质微生物脱胶苎麻精干麻的清洁生产、节能减排。

（2）清洁生产在造纸工业中的应用

现代造纸工业的发展给环境带来了很大的危害，目前我国制浆造纸工业污水排放量约占全国污水排放总量的 10% ~ 12%，造纸工业已成为我国污染环境的主要行业之一，所以降低造纸工业的污染十分紧迫。在造纸行业的传统末端处理中，对废水的处理只是一个治标不治本的措施，大力推进清洁生产工艺技术，从源头防止和减少污染物产生才是必由之路。随着生物技术的发展，将发酵工程技术用于造纸工业的清洁生产以降低污染具有十分重要的意义。

生物制浆是直接利用微生物降解纤维原料中的木素，解离出纤维，使之成为纸浆。该过程具有环境友好性，可降低能耗和化学品用量，因此将生物技术应用于制浆造纸过程，有利于克服化学法所存在的缺点（高化学品消耗及高污染负荷），从而降低纤维原料用量和废水污染负荷。研究表明，在机械磨浆前利用真菌处理木片，与传统的木片磨木浆（RMP）法比较可节约 25% ~ 50% 的电能。

纤维素酶和半纤维素酶一般应用于机械制浆，很少用于化学制浆。机械制浆有较高得率、较好的光学性能。然而机械制浆生产的纸浆强度较化学制浆低，通常机械制浆只能使用木材纤维为原料，制成的浆料中含有大量的细小纤维、纤维束和纤维碎片，尽管这些机械浆纤维可以用来抄纸，但还是有很大的局限性，同时机械浆的一个主要缺点就是高能耗等。为了克服这些缺点，以往在机械制浆前加化学预处理，以除去或改变一部分木素结构，改善纸浆强度，但该法降低了纸浆的得率，损害了纸浆的光学特性，且废水的排放量和污染负荷增加。目前，采用生物机械制浆技术，即在制浆过程中使用纤维素酶和半纤维素酶进行处理，该技术结合了机械法制浆和化学机械法制浆的优点，克服了两者的缺点。生物机械制浆除了可以增加纸浆的强度性能外，还能显著降低机械磨浆时的能耗。

（3）清洁生产在甲壳素生产中的应用

现行的甲壳素生产方法为传统的酸碱法，即用盐酸脱除矿物质，用氢氧化钠脱除蛋白质、油脂和色素，这一生产方式会产生一定的副产物。据报道每生产 1 t 甲壳素，产生废水 400 ~ 1 000 t，每年向环境排放废水 200 万 ~ 500 万 t，这种废水非常难处理，严重污染周边环境。利用微生物生长产生的酸脱去虾壳中的矿物质（脱钙）来进行甲壳素的生产，基本上不产生污染，同时可大量降低生产用水，与传统的酸碱法相比，具有显著的优势。

20.3.4 重工业清洁生产

（1）清洁生产在选矿过程中的应用

选矿是用物理分离方法如浮选、磁选、重选、电选等从矿石中回收有价矿物的一种技术，常用的有浮选法。传统的浮选法是利用矿物表面物理化学性质的差异来分选矿石的一种方法，过程中使用化学药剂对矿物进行预处理，这样势必会在后续的工艺中残留化学药剂。使用生物浮选技术，即将微生物技术与传统的浮选工艺结合起来处理各种难选矿石，微生物外膜上的某些特殊基团可选择性地吸附在矿物表面，使矿物表面物理化学性质发生改变，利用此特性实现矿物之间的分离。选矿过程使用细菌或者其代谢产物替代传统的化学选矿药剂，减少了选矿废水中的有机、无机浮选药剂含量，降低了环境污染，达到了清洁生产的目的。

（2）清洁生产在煤炭脱硫中的应用

煤炭脱硫可分为物理法和微生物法两类，物理法如浮选法脱硫等虽然成本较低，但排出的硫废渣中灰分高、精煤产率低、能量损失大；而微生物法具有脱硫反应条件温和、成本低、能耗省、煤损耗较小等优点。

微生物脱硫就是把煤粉悬浮在含细菌的气泡液中，细菌产生的酶促使硫氧化为硫酸盐，从而达到脱硫的目的。用于脱除煤中硫化物的微生物种类较多，但主要的种类是氧化亚铁硫杆菌（*T. Ferrooxidans*）和氧化硫杆菌（*T. Thiooxidans*）。氧化亚铁硫杆菌是一种典型的化能自养型细菌，它除能利用一种或多种还原态和部分还原态的硫化物作为能源外，还具有通过氧化 Fe^{2+} 为 Fe^{3+} 及不溶性金属硫化物获得能量的能力。据研究报道，利用微生物脱硫，黄铁矿的硫去除率可达 90%，有机硫的去除率约 40%。

开放讨论题

微生物在工业有机废弃物处理中有哪些应用？试举例说明。

思考题

1. 工业有机废弃物有哪些，各有什么危害？
2. 末端治理和清洁生产有何不同？
3. 工业有机废水有哪些处理方法，各有何特点？
4. 与活性污泥法相比，生物膜法的优点和缺点有哪些？

推荐阅读

1. Sen B，Aravind J，Kanmani P，et al. State of the art and future concept of food waste fermentation to bioenergy. Renewable and Sustainable Energy Reviews，2016，53：547–557.

点评：该文综述了从食品废物到生物能源转化过程的生物技术，提出了食品废物生物精炼厂的框架，并列举了从食品废物转化为生物能源的中试实验案例。

2. Tian H，Li J，Yan M，et al. Organic waste to biohydrogen：A critical review from technological development and environmental impact analysis perspective. Applied Energy，2019，256：113961.

点评：从工艺和环境两个方面对生物发酵、热化学气化和微生物电解池等利用废弃物制氢技术进行了综述。

网上更多学习资源……

◆教学课件　◆自测题